第三届气象服务发展论坛文集

主编：孙　健

气象出版社
China Meteorological Press

内 容 简 介

本书汇集了第 30 届中国气象学会年会分会场"第三届气象服务发展论坛"的报告和论文,涵盖了气象服务理论和技术方法研究、公众气象服务技术与应用、行业专业气象预报服务技术与应用、气象灾害区划与影响评估、气象服务分析评价技术、典型气象服务案例分析等领域的研究方法和研究成果,展示了各级气象及相关部门专业气象预报业务和公共气象服务发展取得的成绩。可供从事公共气象服务和气象防灾减灾业务、管理和研究人员参考。

图书在版编目(CIP)数据

第三届气象服务发展论坛文集/孙健主编. —北京:气象出版社,2014.7
ISBN 978-7-5029-5962-3

Ⅰ.①第… Ⅱ.①孙… Ⅲ.①气象服务-文集 Ⅳ.①P451-53

中国版本图书馆 CIP 数据核字(2014)第 143282 号

出版发行:气象出版社

地　　址:	北京市海淀区中关村南大街 46 号		邮政编码:	100081
总 编 室:	010-68407112		发 行 部:	010-68409198
网　　址:	http://www.cmp.cma.gov.cn		**E-mail**:	qxcbs@cma.gov.cn
责任编辑:	黄红丽		终　　审:	周诗健
封面设计:	易普锐创意		责任技编:	吴庭芳
印　　刷:	北京京华虎彩印刷有限公司			
开　　本:	787 mm×1092 mm　1/16		印　　张:	29.375
字　　数:	752 千字			
版　　次:	2014 年 8 月第 1 版		印　　次:	2014 年 8 月第 1 次印刷
定　　价:	120.00 元			

本书如存在文字不清、漏印以及缺页、倒页、脱页等,请与本社发行部联系调换

《第三届气象服务发展论坛文集》编委会

主　编:孙　健

副主编:毛恒青　梁家志

编　委:裴顺强　赵鲁强　刘颖杰　包红军　刘　茜

前　言

2013 年 10 月 22—25 日,以"创新驱动发展,提高气象灾害防御能力"为主题的中国气象学会第 30 届年会在江苏省南京市召开。为更好地响应时代对气象服务的新要求,促进气象服务领域的技术交流,同时进一步推动专业气象服务为防灾减灾和经济建设服务,中国气象学会公共气象服务委员会、中国气象学会中国水利学会水文气象学委员会,以及两个学科委员会依托单位中国气象局公共气象服务中心和水利部水文局联合承办了 S3 分会场暨第三届气象服务发展论坛,主题为"公众、专业气象预报服务技术与应用"。

论坛共收到气象服务理论和技术方法研究、公众气象服务技术与应用、行业专业气象预报服务技术与应用、气象灾害预警系统研究、气象服务分析评价技术、典型气象服务案例分析等领域论文 210 篇。经专家审定,论坛选择口头学术报告 36 篇、墙报 32 篇,同时,特邀 10 位水文气象、公共气象服务领域的知名专家学者做会议主题报告。论坛涵盖了气象服务理论和技术方法研究、公众气象服务技术与应用(网络、手机、电视等)、气象服务分析评价技术、气象灾害预警系统研究、行业专业气象预报服务技术与应用(水文地质、交通、能源、旅游)等方面的最新研究方法和技术,展示了专业气象预报业务和公共气象服务发展取得的成果,为各级气象部门探寻相关业务发展提出了新思路,为科研院所开展理论技术方法研究指出了新方向。

为全面反映此次论坛的成果,进一步推进公众、专业气象预报预警服务水平的提高,我们组织、编辑、出版了论坛文集,全文择优收录论文 61 篇。为方便读者查阅,文集分为公共气象服务篇和专业气象篇两部分。希望能为从事公共气象服务和专业气象服务的业务、管理和研究人员提供思考和借鉴。

编者
2014 年 4 月

目　录

公共气象服务篇

安徽省冬小麦种植保险天气指数设计与应用

杨太明[1]　刘布春[2]　孙喜波[3]　李　德[4]　苟尚培[1]

(1. 安徽省气象科学研究所,合肥　230031;2. 中国农业科学院农业环境与可持续发展研究所,北京　100081;
3. 国元农业保险公司,合肥　230031;4. 安徽省宿州市气象局,宿州　234000)

摘　要:利用安徽省宿州市 1993—2009 年的逐日气象数据并结合区域冬小麦生育期的主要农业气象灾害,对历史产量损失与主要灾害的气象指标进行对比分析,为设计小麦种植天气指数保险产品,确定了干旱指数、倒春寒指数、干热风指数、阴雨日数指数 I、阴雨日数指数 II 共 5 个小麦关键生育期天气指数。通过历史天气指数赔付率与历史产量损失率的对比,定义基差风险函数和最小化基差风险,确定指数保险赔付的触发值及赔付标准。将设计的保险产品在安徽省宿州市试验应用,2010—2012 年成功销售推广 1300 hm²,总保费约 11 万元,因触发干旱指数,实际赔付额超过22 万元。表明天气指数保险产品的应用,能客观、快捷地提供灾害的经济补偿。

关键词:冬小麦种植保险;天气指数;干旱指数;倒春寒指数;干热风指数;阴雨日数指数;农业保险

引　言

安徽省是冬小麦主产区和商品麦主要调出省份之一[1],全省耕地面积 414.5 万公顷,冬小麦种植面积常年在 200 万公顷以上。2009 年种植面积和总产量均居全国第四位[2]。安徽省冬小麦主产区位于沿淮淮北和江淮地区,该区地处北亚热带与暖温带的南北气候过渡地带,天气气候复杂多变,又属典型的易孕灾环境地带,干旱、低温、连阴雨、干热风等气象灾害是冬小麦生产中的主要气象灾害。尤其是在全球气候变化的背景下,冬小麦生育期多种气象灾害呈现多发、频发、重发态势,已成为安徽小麦高产稳产的重要影响因素[3-5]。然而,目前安徽省经济基础尚薄弱,难以在短时期内实现全方位的综合减灾。为提高冬小麦种植的防灾减灾能力以及灾后恢复能力,分散农业气象灾害风险,行之有效的方法就是农业保险。但是传统的农业保险(即政策性农业保险)以实际灾害损失作为赔付依据,操作复杂,保险公司与投保户双方常在查险、定损、理赔、估价等方面存在较大分歧,一定程度上限制了这项保险业务的推行[6-7]。天气指数农业保险是在一个事先指定的区域内,以事先规定的气象事件或变量如天气事件、降水量、气温、风速等发生为基础,确立损失补偿支付合同[8-13],是印度、南非、墨西哥、美国等采用的主要农业保险方式[13]。

天气指数农业保险的核心是天气指数的设计。国外 20 世纪 90 年代开始天气指数的研究,其成果已投入保险业务。2000 年,加拿大农业金融服务公司(AFSC)开发了以玉米热量单位为指数的玉米天气指数;2003 年,印度研发了花生生长季累计降水量指数;2005 年,墨西哥烟草公司研发了以最低气温低于 12℃的日数为基础的烟草天气指数等[12-13]。近年来,国内学

资助项目:国家自然基金面上项目(41171410);中国气象局新技术集成项目"小麦种植天气指数保险优化及应用推广"(CAMGJ2012M24)

者在天气指数研发方面也进行了一定探索[13-17]。毛裕定等[14]2007年设计了浙江柑橘天气指数,刘应宁等[15]2010年研究了陕西苹果花期冻害保险指数,娄伟平等[16]2010年探讨了浙江茶叶霜冻气象指数,谈丰[17]2010年研究了福建龙岩烟叶气象保险指数等。天气指数一般是依据特定地区植物设计的,具有很强的区域性,很难直接移植到其他区域应用。小麦种植天气指数保险是以气象数据为依据计算赔偿金额的新型农业保险产品,与传统农业保险相比具有节约理赔成本、加快赔款速度、减少保险纠纷、控制道德风险、科学厘定费率、有利于农险分保等优势。因此,天气指数保险作为传统农业保险的补充完善方式,在未来具有广阔的发展前景。

本文拟针对安徽省冬小麦种植农业保险工作的需求,利用2008年农业部、国际农业发展基金会(IFAD)和联合国世界粮食计划署(WFP)"农村脆弱地区天气指数农业保险"项目,选择安徽省冬小麦主产区——宿州市埇桥区进行小麦种植保险的天气指数研究试验,以期为天气指数农业保险在安徽省内深入推进提供技术支撑。

1　资料和方法

1.1　资料来源

安徽省宿州市埇桥区1993—2009年冬小麦种植面积、总产量、单产(kg/667 m²)资料来自宿州市历年统计年鉴。1981—2009年冬小麦生育期(10月中旬—翌年6月上旬)日照、气温、降水量、风速等气象资料来自安徽省气象信息中心。灾情资料来自安徽省民政局、安徽省宿州市农业气象试验站上报的历史气象灾情和农业气象观测资料等。

宿州市位于安徽省淮北平原腹地,气候资源丰富,是中国冬小麦主产区和重要商品粮基地之一,常年冬小麦产量占安徽省总产量的40%以上,近年来,在全球气候变暖的大背景下,该地每年极端天气气候事件和旱涝发生频率呈增加趋势,冬小麦生育期的气候生态条件也呈明显变化,干旱、低温、连阴雨等多种灾害并存[18]。埇桥区位于宿州市中部,其气候条件在淮北平原具有极强的代表性。

1.2　方　法

冬小麦生育期观测资料、单产数据的处理和不同天气指数模型采用常规统计分析手段进行对比,利用SPSS、Excel等软件进行统计分析。

2　结果与分析

2.1　小麦种植保险天气指数设计原则

(1)指数尽可能选取受人为因素影响较小的气象灾害。现代农业生产中人为因素对灾害的影响日趋显著,如冬小麦在抽穗扬花期(3—4月),如果气温突降(发生倒春寒天气)会导致小麦减产,这一气象灾害人力一般不可防治,所以适宜作为天气指数进行设计。

(2)指数相对稳健,能与历史实际损失较好吻合,波动较小。结合历史气象数据和产量情况,对比指数赔付与历年产量损失情况,设计的指数应尽可能覆盖冬小麦生长期的主要风险,与历史损失较好吻合。指数赔付相对稳健,可以估计相应的概率和测算费率。

（3）指数相对简单,便于理解和推广。冬小麦种植保险天气指数是面向农户推广的新型保险产品,应便于农户、保险业务人员理解和接受,同时便于气象部门对指数进行采集和发布。另外,设计的指数应尽可能为直观并直接影响作物生长的气象指标,如降雨量、气温、风速等常用气象指标作为指数设计主要考虑因素。

总之,一个合适的指数必须满足客观性、可观测或测量、独立可验证、及时获取、在时间序列上具有稳定性和可持续性的标准。天气或气象数据基本来自统一标准的气象观测站,台站场地选择、仪器设置、数据采集等均执行世界气象组织统一标准,因此,从气象台站获取的天气或气象数据均可满足以上作为保险赔付的天气指数的标准。

2.2　小麦种植保险天气指数选取

宿州市冬小麦主要发育期的历年平均日期及各发育期主要气象灾害统计结果见表1。逐项分析各灾害发生的原因、时段、可防控程度以及影响程度,依据上述原则确定针对冬小麦主要生长发育关键期（苗期、分蘖拔节期、抽穗开花期、灌浆成熟期）、主要农业气象灾害（干旱、倒春寒、干热风、连阴雨）对产量影响程度以及作物受灾风险,设计开发小麦种植保险指数。

（1）针对冬小麦分蘖—拔节期低温导致影响小麦正常生长而减产,设计倒春寒指数。

（2）针对冬小麦拔节—抽穗灌浆期干旱灾害导致麦苗缺水而减产,设计干旱指数。

（3）针对冬小麦灌浆乳熟期干热风灾害导致麦粒空瘪而减产,设计干热风指数。

（4）针对冬小麦扬花授粉期阴雨天气导致授粉率下降而减产,设计阴雨日数指数Ⅰ。

（5）针对冬小麦成熟—收获期阴雨天气导致穗发芽而减产,设计阴雨日数指数Ⅱ。

表 1　冬小麦天气指数产品选定的时段和设计的参量

生育期	灾害类型	是否为主要影响	指数选择时段	涉及参量	成灾原因
播种期 (10-16—10-26)	干旱	×	—	—	推迟播种导致减产
	涝渍	×	—	—	推迟播种导致减产
出苗期 (10-24—11-06)	冻害	×	—	—	极端低温,冻伤
	干旱	×	—	—	缺墒
拔节期 (03-13—03-29)	干旱	√	03-11—04-30	降雨量	缺墒
	涝渍	×	—	—	内涝等
	倒春寒	√	03-10—03-31	气温	0℃以下,冻伤
孕穗期 (04-09—04-20)	干旱	√	03-11—04-30	降雨量	缺墒
	涝渍	×	—	—	内涝等
抽穗期 (04-12—04-25)	干旱	√	03-11—04-30	降雨量	缺墒
	连阴雨	×	—	—	赤霉病等
开花期 (04-21—05-03)	阴雨	√	04-21—05-03	降雨量	影响授粉
乳熟期 (05-16—05-21)	大风雨(倒伏)	×	—	—	倒伏
	干热风	√	05-15—06-01	风速、气温、湿度	颗粒干瘪
	连阴雨	×	—	—	内涝等
成熟期 (05-28—06-03)	大风雨(倒伏)	×	—	—	倒伏
	阴雨	√	05-28—06-12	降雨量	烂场雨,发芽等

2.3 小麦种植保险天气指数计算模型

2.3.1 历年产量数据处理及历年损失率计算

小麦历年单产 y_t 与其所在年份 t 的回归方程为

$$y_t = \beta_0 + \beta_1 \cdot t + \varepsilon_t \tag{1}$$

式中,年份 $t = 1993, 1994, \cdots, 2009$;$\varepsilon_t$ 表示回归方程的残差项;β_0、β_1 表示回归系数。

利用回归模型计算相应年份的回归产量 y_t^*,用回归残差与回归产量的比值表示历年损失情况,定义损失率(L)为

$$L = \min(\varepsilon_t / y_t^*, 0) \tag{2}$$

历年产量及损失率见表 2。

表 2 历年产量数据处理及损失率

年份	历年单产(kg/667 m²)	回归产量(kg/667 m²)	残差	残差与回归产量比(%)	损失率(%)
1993	263.99	243.01	20.98	9	0
1994	250.05	252.85	−2.80	−1	−1
1995	253.00	262.68	−9.68	−4	−4
1996	240.35	272.51	−32.16	−12	−12
1997	376.76	282.34	94.42	33	0
1998	244.27	292.18	−47.91	−16	−16
1999	330.05	302.01	28.04	9	0
2000	266.53	311.84	−45.31	−15	−15
2001	353.50	321.67	31.83	10	0
2002	298.24	331.51	−33.27	−10	−10
2003	286.44	341.34	−54.90	−16	−16
2004	377.44	351.17	26.27	7	0
2005	300.00	361.00	−61.00	−17	−17
2006	413.33	370.84	42.50	11	0
2007	414.73	380.67	34.06	9	0
2008	396.40	390.50	5.90	2	0
2009	403.35	400.33	3.02	1	0

注:残差为历年单产与回归产量之差

2.3.2 指数设计

(1)拔节—抽穗期干旱指数

将 3 月 11 日—4 月 30 日分成 4 个交叉时段统计(3 月 11—31 日、3 月 21 日—4 月 10 日、4 月 1—20 日、4 月 11—30 日),每段小麦用水量大于该段降雨量,表示该段发生干旱,记为 1,否则记为 0,将 4 段指标值求和得到干旱指数 DI,即

$$DI = \sum_{i=1}^{n} \text{sign}\left\{ \max\left[\sum_{j=a_i}^{b_i} (WD_j - P_j), 0 \right] \right\} \tag{3}$$

式中,WD_j 为日需水量[19];P_j 为日降雨量;n 为分时段数,取 4;a_i、b_i 为具体分时段的起期和

止期,a_1 取 Mar11,a_2 取 Mar21,a_3 取 Apr1,a_4 取 Apr11,b_1 取 Mar31,b_2 取 Apr10,b_3 取 Apr20,b_4 取 Apr30;sign 为符号函数,$x>0$ 时,$\mathrm{sign}(x)=1$,$x=0$ 时,$\mathrm{sign}(x)=0$,$x<0$ 时,$\mathrm{sign}(x)=-1$。

当干旱指数大于某一阈值或称触发值[13]时,启动赔付。

（2）分蘖—拔节期倒春寒指数

统计期间为 3 月 10 日—4 月 5 日,某日日平均气温比前 1 d 降低 7℃以上,且在随后的 5 d 内出现日最低气温小于 0℃ 的情况,则将此小于 0℃ 的最低气温记为有效低温。将统计期间的有效低温进行累计,记为倒春寒指数 SFI,即

$$SFI = \sum_{i=\mathrm{Mar}10}^{\mathrm{Apr}5} \left\{ \mathrm{sign}\{\max[(AT_{i-1} - AT_i - a), 0]\} \times \sum_{j=i}^{i+b} \min(MT_j, 0) \right\} \tag{4}$$

式中,AT_i 为第 i 日的平均气温,MT_j 为第 j 日的最低气温,i 为日期,3 月 10 日—4 月 5 日;a 为降温控制值,取 7;b 为低温影响时间域,取 4。

当倒春寒指数小于某一阈值时,启动赔付。

（3）灌浆乳熟期干热风指数

统计在 5 月 15 日—6 月 1 日期间出现日最高气温大于 30℃、14 时风速大于 3 m/s、相对湿度小于 30% 的天数累计值,记为干热风指数 DHI,即

$$DHI = \sum_{\mathrm{May}15}^{\mathrm{Jun}1} D_i \tag{5}$$

式中,D_i 为日最高气温大于 30℃,14 时风速大于 3 m/s、相对湿度小于 30% 的天数,i 为日期,5 月 15 日—6 月 1 日。

当干热风指数大于某一阈值时,启动赔付。

（4）扬花期阴雨日指数

4 月 21 日—5 月 10 日,统计日前 5 d(含统计日),每天日照时数小于 5 h,5 d 内累计降雨量大于 5 mm,则将统计日记为小麦扬花期阴雨日。扬花期阴雨日指数 CRI_1 为

$$CRI_1 = \sum_{i=\mathrm{Apr}21}^{\mathrm{May}10} \left\{ \left\{ \prod_{j=i-a}^{i} \mathrm{sign}[\max(b - ST_j, 0)] \right\} \times \mathrm{sign}\left\{ \max\left[\left(\sum_{j=i-a}^{i} P_j - c \right), 0 \right] \right\} \right\} \tag{6}$$

式中,ST_j 为第 j 日的日照时数;P_j 为第 j 日降雨量;i 为日期,4 月 21 日—5 月 10 日;a 为阴雨影响时间域,取 4;b 为日照控制值,取 5;c 为累积降雨控制值,取 5。

当扬花期阴雨日指数大于某一阈值时,启动赔付。

（5）成熟—收获期阴雨日指数

5 月 28 日—6 月 12 日,统计日前 5 d(含统计日),每日降雨量大于 1 mm,5 d 内累计降雨量大于 10 mm;或统计日前 3 d(含统计日),每日降雨量大于 1 mm,3 d 累计降雨量大于 20 mm;或统计日日降雨量大于 30 mm,则将统计日记为小麦成熟期阴雨日。

成熟—收获期阴雨日指数 CRI_2 为

$$CRI_2 = \sum_{i=\mathrm{May}28}^{\mathrm{Jun}12} \{ \mathrm{sign}[\max(A_i + B_i + C_i, 0)] \} \tag{7}$$

式中

$$A_i = \prod_{j=i-a}^{i} \left\{ \mathrm{sign}[\max(P_j - b, 0)] \times \mathrm{sign}\left\{ \max\left[\left(\sum_{j=i-a}^{i} P_j - c \right), 0 \right] \right\} \right\} \tag{8}$$

$$B_i = \prod_{j=i-d}^{i} \left\{ \text{sign}\left[\max(P_j - e, 0)\right] \times \text{sign}\left\{\max\left[\left(\sum_{j=i-d}^{i} P_j - f\right), 0\right]\right\} \right\} \qquad (9)$$

$$C_i = \text{sign}\left\{\max\left[(P_i - g), 0\right]\right\} \qquad (10)$$

式中,P_j 为第 j 日降雨量;i 为日期,5 月 28 日—6 月 12 日;a 为阴雨影响时间域,取 4;b 为降雨控制值,取 1;c 为累计降雨控制值,取 10;d 为阴雨影响时间域,取 2;e 为降雨控制值,取 1;f 为累积降雨控制值,取 20;g 为累计降雨控制值,取 30。

当成熟期阴雨日指数大于某一阈值时,启动赔付。

2.4　小麦种植保险天气指数赔付触发值及赔付标准的确定

2.4.1　天气指数的历史发生情况

根据设计的天气指数模型,统计 1993—2009 年当地各项天气指数的历史发生情况,结果见表 3。

表 3　1993—2009 年小麦各项天气指数

年份	干旱指数 DI	倒春寒指数 SFI	干热风指数 DHI	开花期阴雨日指数 CRI_1	成熟期阴雨日指数 CRI_2
1993	1	0	1	0	0
1994	1	0	6	2	0
1995	4	0	0	0	0
1996	1	0	1	0	0
1997	0	0	4	0	0
1998	0	−0.7	1	0	1
1999	0	0	1	0	0
2000	3	0	2	0	1
2001	0	0	3	0	0
2002	3	0	2	7	0
2003	0	0	0	5	0
2004	3	0	0	1	0
2005	1	−5.2	1	0	1
2006	3	−1.7	1	0	0
2007	0	0	1	0	0
2008	0	0	0	0	0
2009	3	0	1	0	0

2.4.2　天气指数的赔付触发值及赔付标准

通过历史天气指数赔付率与历史产量损失率的对比,定义基差风险函数和最小化基差风险,确定指数保险赔付的触发值及赔付标准。

根据表 3 中 5 个指标合计后计算值与产量损失率(表 2)进行对比,使得历年保险赔付与产量损失年份尽可能一致,同时使得基差比(基差比(%)=−1−历年平均损失率/历年平均保险赔付率)尽量接近 0,在这两个限制条件下,寻找赔付触发值。

具体过程:

(1)计算 1993—2009 年的回归产量,利用回归产量计算 1993—2009 历年产量损失率,如

表1所示。

（2）按照5个指数的定义，计算1980—2009年历年天气指数，根据给定指数单位和保险条款约定单位赔付金额（约定：干热风指数超过触发值后每单位赔5元，其他指数超过触发值后每单位赔10元）。

（3）然后将5个指数触发值先设定初值，计算1980—2009的历年天气指数保险赔付率，再计算1980—2009年的平均历年赔付率；改变5个指数触发值先设定初值，重新计算1980—2009的历年天气指数保险赔付率和历年平均赔付率；直到使得历年保险赔付与产量损失年份尽可能一致，同时使得基差比尽量接近0。

1993—2009年历年损失率和赔付率计算结果见图1。最终平均赔付率为5.84%，平均历年产量损失率为−5.33%，基差比为−9%，指数吻合年份占17a（1993—2009年）的75%。满足赔付基差风险最小[13]的原则中的要求。相应地，宿州市各个天气指数的赔付触发值及赔付标准见表4。

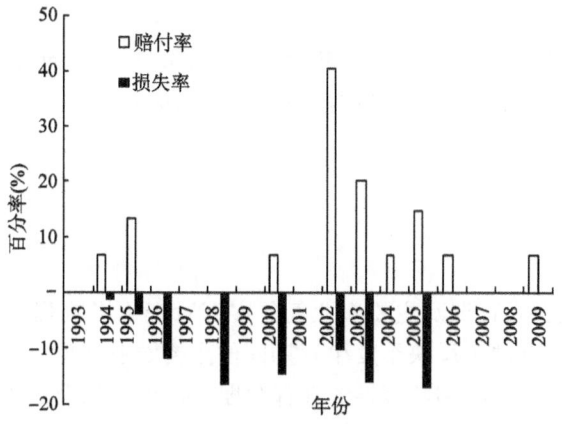

图1　历年损失率与天气指数对比情况

表4　冬小麦天气指数赔付触发值和赔付标准

天气指数	干旱指数 DI	倒春寒指数 SFI	干热风指数 DHI	扬花期阴雨日指数 CRI_1	成熟期阴雨日指数 CRI_2
触发值	2	3	4	2	1
启动赔付概率（%）	27	10	3	7	10
单位指数赔付标准（元/667 m^2）	10	10	5	10	10

2.5　小麦种植保险天气指数赔付计算

在确定小麦种植保险天气指数值、触发值及赔付标准后，可以按照保险条款进行保险赔付，赔付金额 PD（元/667 m^2）为

$$PD = (A_1 - DI) \times B_1 + (SFI - A_2) \times B_2 + (A_3 - DHI) \times B_3 +$$
$$(A_4 - CRI_1) \times B_4 + (A_5 - CRI_2) \times B_5 \tag{11}$$

式中，$A_i(i=1,2,3,4,5)$分别为干旱指数、倒春寒指数、干热风指数、扬花期阴雨日指数 CRI_1、成熟期阴雨日指数 CRI_2 的起赔值触发值（阈值）（表4）；$B_i(i=1,2,3,4,5)$分别为相应单位指

数的赔付标准(由保险公司根据保障程度确定)(表4)。一般 A_i、B_i 为固定值。

2.6　小麦种植保险天气指数应用

2.6.1　承保情况

2011年初,某农业保险公司共签订2笔小麦天气指数保险合同,合计承保农作物 769.33 hm²,参保农户 989 户,累计保险收入 11.42 万元,保险金额 173.1 万元(表5)。

表5　2011 年某农业保险公司根据天气指数对小麦种植的承保情况

投保人	承保时间	投保面积(hm²)	农户数	保险金额(元)	保险费(元)	赔付金额(元)
三里村	2011-03-11	736	988	1655940	110451	221896
某农场	2011-03-01	33.33	1	75000	3750	0
合计		769.33	989	1730940	114201	

2.6.2　赔付情况

保险合同中,干旱指数达到启动,实际赔付为 20 元/667 m²。而该试点年小麦拔节—抽穗期确实发生了干旱灾害,造成小麦株高偏矮,与常年相比穗数减少 1/10、穗粒数减少 1/8,赔付金额达到 221896 元。

3　结论与讨论

针对冬小麦主要生长发育期及主要农业气象灾害对产量影响程度和作物受灾风险,设计开发小麦种植保险指数,有助于反映小麦生育期间的主要农业气象灾害性风险,可以避免信息不对称导致的逆选择、道德风险和政策性农业保险赔付时效低以及成本高等问题,是对农业保险可持续发展的一项积极有效的技术措施,值得深入研究推广应用,以期成为政策性农业保险外的一项有效补充。小麦种植保险天气指数在分析区域主要农业气象灾害的基础上,结合冬小麦生育期特点、单产变化和长序列气象监测数据,设立了一组涵盖小麦全生育期的天气指数。设计中考虑了人为因素对农业气象灾害影响少、历史拟合效果佳、计算简单、资料易于获取等因素,经在安徽省宿州市埇桥区试验应用,2010—2012 年成功销售推广 1300 hm²。

在天气指数设计时涉及的气象参量,所利用的国际标准化气象站距离投保农田的距离不应超过 20 km[13],本文利用的气象站距离投保农田 30 km。由于试验区为平原,且气象数据均为当地天气气候空间变化较小的秋、冬、春季,本研究近似认为无区域小气候影响。下一步将在投保农田内建立自动气象站,通过对实际监测数据与标准化气象站数据进行科学分析以确定这种较小的差异大小。

结合本研究和其他农业气象及农业经济领域的研究成果,可使天气指数农业保险覆盖到更多种类的作物、灾害和更广泛区域。天气指数设计时采用的数据,其采集地点与参保地块之间的环境差异,是否会导致产生系统误差,这将是下一步设计天气指数需要解决的主要问题。

参考文献

[1]　胡承霖.安徽麦作学.合肥:安徽科学技术出版社,2009:1,14.

[2]　中华人民共和国国家统计局. 2001—2010 年中国统计年鉴. 北京:中国统计出版社,2002—2011.

[3]　马晓群,吴文玉,张辉. 利用累积湿润指数分析江淮地区农业旱涝时空变化. 资源科学,2008,**03**(3): 371-377.

[4]　张爱民,马晓群,杨太明,等. 安徽省旱涝灾害及其对农作物产量影响. 应用气象学报,2007,**18**(5): 619-626.

[5]　陈晓艺,马晓群,孙秀邦. 安徽省冬小麦发育期农业干旱发生风险分析. 中国农业气象,2008,**29**(4): 472-476.

[6]　Lou W P,Qin X F,Wu L H,et al. Scheme of weather-based indemnity indices for insuring against freeze damage to citrue orchards in Zhangjiang, China. *Agricultural Sciences in China* ,2009,**8**(11):1321-1331.

[7]　GlobalAgRisk. Designing agricultural index insurance in developing countries: A GlobalAgRisk market development model handbook for policy and decision makers. Lexington K Y: GlobalAgRisk,2009: 12-13.

[8]　Skees J R, Hazell P B R, Miranda M. New approaches to public/private crop-yield insusance. Washington D C:International Food Policy Research Institute,1999.

[9]　Makki S S. Crop insurance: Inherent problems and innovative solutions. Agricultural Policy for the 21st Century. Ames: Iowa State Press,2002.

[10]　Smith V H, Chouinard H H, Baquet A E. Almost ideal area yield crop insurance contracts. *Agricultural and Resource Economics Review* ,1994,**23**:75-83.

[11]　Wenner M, Arias D. Agricultural insurance in Latin American: Where are we. Paving the Way Forward for Rural Finance an International Conference on Best Practices,2003.

[12]　曹前进. 农业保险创新是解决农业保险问题的出路. 财经科学,2005(3):155-160.

[13]　刘布春,梅旭荣. 农业保险的理论与实践. 北京:科学出版社,2010:230-262.

[14]　毛裕定,吴利红,苗长明,等. 浙江省柑橘冻害气象指数保险参考设计. 中国农业气象,2007,**28**(2): 226-230.

[15]　刘应宁,贺文丽,李艳丽,等. 陕西果区苹果花期冻害农业保险风险指数的设计. 中国农业气象,2010,**31** (1):125-129.

[16]　娄伟平,吉宗伟,邱新法,等. 茶叶霜冻气象指数保险设计. 自然资源学报,2011,**26**(12):2050-2060.

[17]　谈丰. 龙岩市烟叶气象灾害风险评价及其气象指数保险设计. 南京:南京信息工程大学,2012.

[18]　李德. 气候变化对安徽省农业气候资源潜力的影响. 中国农业气象,1993(04):11-14.

[19]　李金冰,曹秀清,汤广民. 安徽省淮北地区不同水文年小麦、玉米水量供需平衡分析. 节水灌溉,2003(6): 11-14.

山西省煤矿瓦斯气象预报预警系统研究

朱俊峰[1]　范永玲[2]　陈红萍[1]　裴克莉[2]

郭雪梅[2]　李清华[2]　侯润兰[2]　郭彩萍[1]　张　荣[2]

(1. 山西省晋中市气象局,山西省晋中市　030600;2. 山西省气象服务中心,山西省太原市　030002)

摘　要:煤矿井下瓦斯爆炸与井上天气变化有密切关系,煤矿瓦斯爆炸是煤矿生产中的恶性事故,它不仅严重影响着煤炭工业的正常生产,更造成巨大的生命财产损失。本文分析了煤矿瓦斯的主要气象诱因,建立了井下自然通风区瓦斯积聚的预报模式,搭建了山西省煤矿瓦斯气象预报预警平台。可提前预报煤矿瓦斯浓度变化趋势,辅助煤矿管理人员及时加大通风,搞好煤矿安全生产管理,减轻事故发生。建立了气象为能源安全发展服务的一种新模式。

关键词:煤矿瓦斯;气象预报预警

引　言

煤矿井下瓦斯爆炸与井上天气变化的关系密切,在瓦斯浓度与气象因子变化研究方面,国内外专家学者做了许多工作:英国对 5 年发生的 990 次瓦斯爆炸事故分析,证实有 51.6% 是在地面大气压急剧下降的情况下发生的;日本也推出了同样的论断;20 世纪 90 年代以来,我国气象专家在前人研究的基础上,注意到煤矿井下瓦斯爆炸与井上天气变化的密切关系,张明初、汪法鉴、韩虹等发现瓦斯爆炸与降压、增温、风速变化相关,与大范围天气型变化、局地垂直速度变化及地面近期局地变化等气象因子具有一定的相关性。利用已知的气象条件,通过统计计算,结合中短期天气预报,建立逐日瓦斯浓度预报模型成为可能。

1　煤矿瓦斯的气象因子选取

利用晋中市 1995—2009 年煤矿重特大瓦斯爆炸事故年表(共 14 起 10 人以上事故,仅 3 年无重大以上事故)与天气图表资料分析,对瓦斯事故发生当天天气进行分型并对单站气象要素进行逐日统计分析,得出如下结论。

分析在瓦斯爆炸事故发生当天影响我区的天气特点如下:影响我区的高瓦斯天气特点为两种,即低压或槽带冷锋过境占一半;高空有槽配合的 4 次,都产生了小雨天气(只占 20%)。另一种为从地面到高空都为高压或高脊控制,也占一半。前一种锋前降压、增温,锋后增压降温,锋前后风向转换、风速较大。后一种则是风小、增温强烈、下沉运动强。

从表 1 可看出下列特点:

(1)前 2 天或前 2~3 天的降压过程,前 1~2 天增温过程,以及前 1 天或前 1~2 天和进、出风井风流方向相反的风速加大过程是造成瓦斯爆炸的气象诱因。此三要素,简称诱因三要素。

(2)上述三要素的变化过程,是在前述天气型下,由影响我区的具体天气条件所决定的;低压(低槽)冷锋前部造成降压增温,冷锋过境前后的风向转换、风速加大,低压到高压的转换造成风向变化;而从地面到700百帕的深厚高压控制,少云、便于地面增温和大范围的下沉运动,加强了增温趋势。

(3)地面的降压过程,直接影响到井下降压,使风速极低区域瓦斯泄出量增加。地面的增温过程,产生负风压,使进风量减少;而和进出风井风流相反的风速加大,直接减少了出风井的排风量,因而造成井下瓦斯超限,是爆炸的基础。从表1可以看出,三因子系数分别为0.999、0.98、0.909,影响瓦斯排泄程度的顺序是:风速加大(反向变化)、降压、增温。

表1　气象因子与瓦斯浓度相关分析

	型别	瓦斯浓度	$\sum ff_{-1\sim-2}$ (m/s)	Δff_{-1} (m/s)	$\sum \Delta T_{-1\sim-2}$ (℃)	ΔP_{-2} (hPa)	$\Delta\Delta P_{-2}$ (hPa)	r	选择
平均	①	4.2	6.47	−0.33	0	−2.9	−3.2		
	②	6.4	8.26	1.14	4.14	−3.3	−5.1		
	③	1.3	5.75	−2.5	−5.25	−1.3	−1.0		
	④	0.3	4.43	−3.3	−2.67	−0.7	−1.1		
相关性	$\sum ff_{-1\sim-2}$			0.964	0.818	−0.926	−0.929	0.966	
	Δff_{-1}				0.9	−0.985	−0.978	0.999	√
	$\sum \Delta T_{-1\sim-2}$					−0.847	−0.969	0.909	√
	ΔP_{-2}						0.939	−0.98	√
	$\Delta\Delta P_{-2}$							−0.983	

2　瓦斯浓度变化预报模型建立

通过以上分析,建立瓦斯浓度变化与气象因子的相关关系模型:

$$R = 0.155\Delta ff_{-1} + 0.332\Delta P_{-2} + 0.015\sum \Delta T_{-1\sim-2}$$

式中,R 为煤矿瓦斯浓度气象因子诱因系数;Δff_{-1} 为当日与前一日风向风速的变化,以−1 d的风为准。其他日段风向量订正到方向相邻差<90°时风速为准;ΔP_{-2} 为前2日气压变化值;$\sum \Delta T_{-1\sim-2}$ 为前1~2日气温变化,可以看出前1天降压过程、前−1~−2天增温过程。

在此基础上,计算当日实时监测资料与对应时次数值预报产品基础上的实时瓦斯浓度变化值以及未来24小时瓦斯浓度变化预报值。

3 瓦斯分色预报预警等级划分(表 2)

表 2 瓦斯分色预报预警等级划分

等级	诱因系数(R)	危险程度	发生可能	预报及提示用语
一级(绿色)	$R<0$	极低	很小	因气象原因造成瓦斯爆炸的可能性很小
二级(蓝色)	$0.2\leqslant R<0.4$	较低	较小	因气象原因造成瓦斯爆炸的可能性较小
三级(黄色)	$0.4\leqslant R<1.0$	较高	较大	因气象原因造成瓦斯爆炸的可能性较大,井下须注意防范
四级(橙色)	$1.0\leqslant R<2.0$	高	大	因气象原因造成瓦斯爆炸的可能性大,井下须加强瓦斯检查和机电设备的管理,合理地控制风流或采取其他相应的措施
五级(红色)	$R\geqslant2.00$	极高	很大	因气象原因造成瓦斯爆炸的可能性很大,井下须严格加强瓦斯检查和机电设备的管理,合理地控制风流或采取其他相应的措施。应安排专职瓦检员检查瓦斯,充分发挥监测系统的作用,实行连续监测,做到瓦斯超限及时断电,以抑制瓦斯的贮存和涌出

4 煤矿瓦斯气象预报预警平台

4.1 系统构架

煤矿瓦斯气象预报预警系统基于地理信息平台(ArcGIS)开发,围绕 SOA 架构模型,结合 REST 服务技术、WCF 服务技术、ajax 技术和 SILVERLIGHT 前台技术,采用成熟的 C/S 与 B/S 相结合的架构方式搭建而成,系统采用分层设计的思想,把整个系统分成了基础数据层(基础数据和空间数据)、通用数据访问层、基础应用层、管理应用层、地图服务层和数据服务层。

该系统具有良好的开放性、支持各类硬件平台及操作系统(windows xp\2003\win7\server2008),支持主流商业数据库(sql server),支持通用协议;系统具有应用级和系统级的、多行政多区划的、多级安全认证机制和周密完善的权限审核管理,保证了系统的安全性。

4.2 系统工作流程图

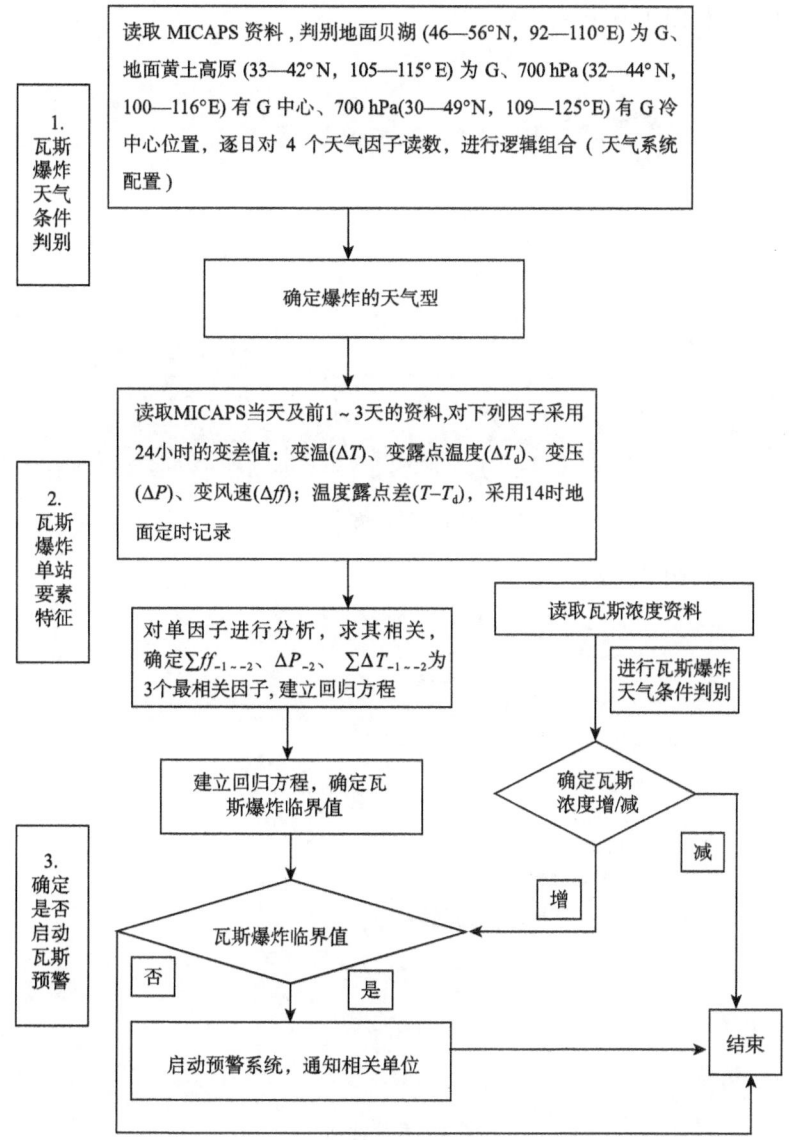

1. 瓦斯爆炸天气条件判别

读取 MICAPS 资料,判别地面贝湖 (46—56°N, 92—110°E) 为 G、地面黄土高原 (33—42°N, 105—115°E) 为 G、700 hPa (32—44°N, 100—116°E) 有 G 中心、700 hPa(30—49°N, 109—125°E) 有 G 冷中心位置,逐日对 4 个天气因子读数,进行逻辑组合 (天气系统配置)

确定爆炸的天气型

2. 瓦斯爆炸单站要素特征

读取MICAPS当天及前1~3天的资料,对下列因子采用 24 小时的变差值:变温(ΔT)、变露点温度(ΔT_d)、变压(ΔP)、变风速(Δff);温度露点差($T–T_d$),采用14时地面定时记录

对单因子进行分析,求其相关,确定 $\sum ff_{-1--2}$、ΔP_{-2}、$\sum \Delta T_{-1--2}$ 为 3 个最相关因子,建立回归方程

读取瓦斯浓度资料

进行瓦斯爆炸天气条件判别

3. 确定是否启动瓦斯预警

建立回归方程,确定瓦斯爆炸临界值

确定瓦斯浓度增/减

减

增

瓦斯爆炸临界值

否　是

启动预警系统,通知相关单位

结束

4.3 瓦斯等级建模模块建设

针对煤矿瓦斯灾害设立灾害等级指标库。根据用户提供的灾害等级计算模型,结合地理信息平台及相关煤矿资料(实况资料、精细化预报产品资料、格点数据)、气象资料完成对瓦斯等级的分析运算。系统建立模型计算公式库,用户通过调用计算公式库中的计算公式,完成相关计算,得到灾害数据,建立灾害模型数据库,将这些灾害数据保存到灾害数据库中。

根据各种灾害指标库系统结合相关数据实现对各种灾害的实时监测,在地图上以图示的方法显示受灾地区及灾情相关信息。

4.4　瓦斯预警系统显示功能

系统登录界面,如图 1 所示。

图 1　系统登录

系统注册界面,如图 2 所示。

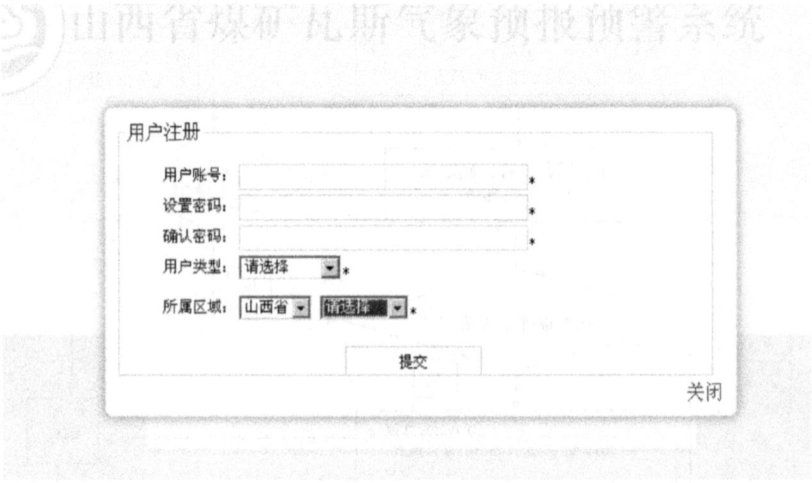

图 2　系统注册

该部分用于用户注册,主要是负责五类用户的注册(包括系统管理员、政府用户、煤管局用户、煤矿用户、煤矿管理员)。注册成功后必须通过管理员的审核才能登录,进行相关操作。

4.4.1　瓦斯灾害监测

根据瓦斯灾害指标库系统结合相关数据实现对各种灾害的实时检测,在地图上以图示的方法显示受灾地区及灾情相关信息。具体操作:点击主界面左侧受灾目录查看相应地区受灾情况,分别可以查看省、市、县、煤矿四级受灾分布和相关受灾详情。如图 3 至图 6 所示。

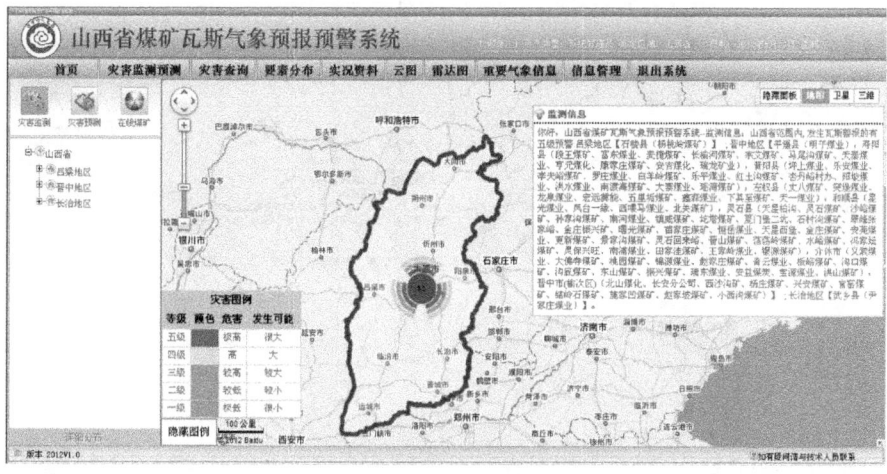

图 3　山西省范围瓦斯灾害监测界面

图 4　长治地区(地区级别)瓦斯灾害监测界面

图 5　平遥县(县级别)瓦斯灾害监测界面

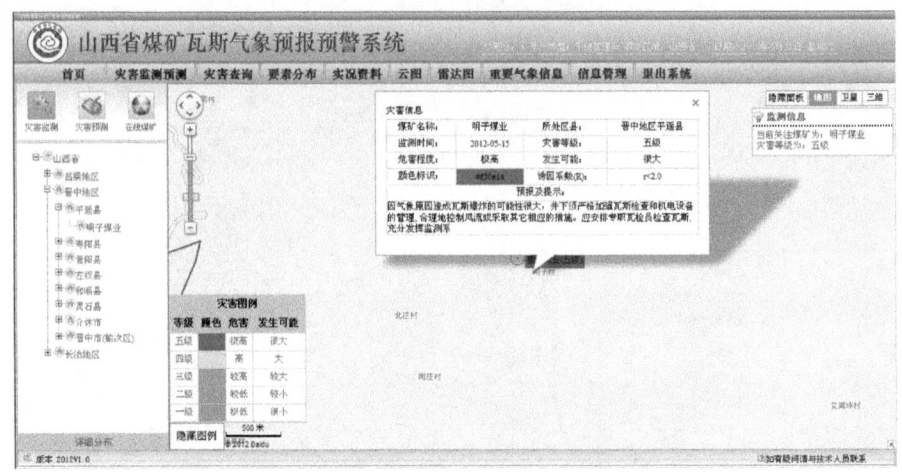

图 6　明子煤矿（煤矿级别）瓦斯灾害监测界面

4.4.2　瓦斯灾害预测

根据各种灾害指标库系统结合相关数据（煤矿实时数据、煤矿分布数据、气象预报数据、气象实况数据）实现对煤矿瓦斯等级灾害的实时预测，在地图上以图示的方法显示受灾地区及灾情相关信息。具体操作：点击主界面左侧受灾目录查看相应地区受灾情况，分别可以查看省、市、县、煤矿四级受灾分布和相关受灾详情。如图 7 所示。

图 7　煤矿瓦斯灾害预测图

4.4.3　在线煤矿

该部分主要是体现当前系统中处于在线监测状态的煤矿数据量及具体分布，该部分可以为省、市、县、煤矿四级用户提供煤矿的精确地理定位和煤矿详细信息，还可以结合电子交通图和卫星图为用户和决策者提供地理空间、时间上的与煤矿相关的空间地理信息，为决策服务提供实质性的、有用的 GIS 服务，为用户提供方便。在线煤矿分布如图 8 至图 12 所示。

图 8　山西省在线监测煤矿总数

图 9　晋中市在线监测煤矿总数

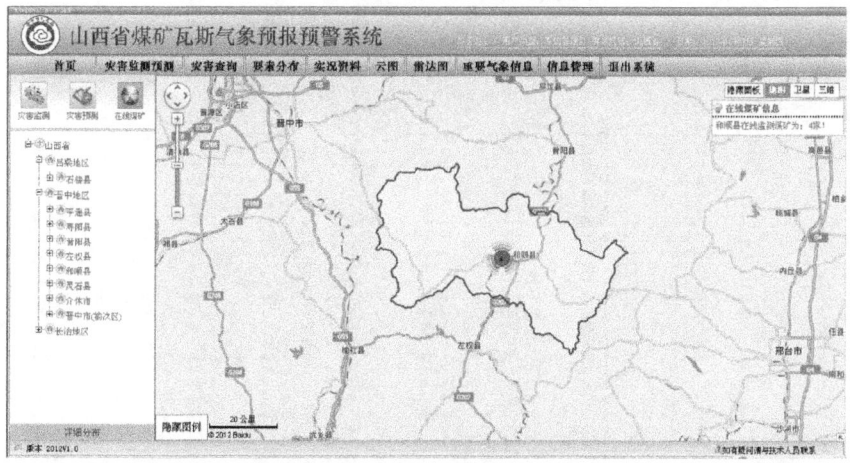

图 10　和顺县在线监测煤矿总数

图 11　和顺县在线监测煤矿详细分布图

图 12　和顺县西喂马煤业地理位置及详细信息

4.4.4　历史灾情查询

此模块的功能主要针对灾害的历史数据进行分析和查询,用户选择"灾害查询"菜单项时在左侧目录下会显示发生灾害的日期列表,当选定日期后相关灾害信息会以表格的形式显示在右侧区域内,以便用户查询和分析使用。如图 13 所示。

图 13　历史灾情数据的查询

4.4.5　重要气象信息

该部分主要是方便政府部门、各级煤管局用户、煤矿用户能够从该系统中实时、方便地获取关于气象方面的重要信息,如暴雨(雪)、寒潮、大风(沙尘暴)、雷电、道路结冰、地质灾害气象预警信息等,该部分由气象局管理员在后台添加、发布。效果图如图14所示。

图14　重要气象信息管理界面

4.4.6　灾害调整

在此处,省级气象局管理员、煤矿管理员可以进行访问和编辑。煤矿管理员可以对自己煤矿的信息加以编辑、反馈和调整;省级气象局管理员可以对省、市、县、煤矿四级发生的灾害进行查询,如果发觉数据有误可以调整相关灾害信息,系统会把修改后的数据保存在服务器,确认无误后对灾害信息通过各种渠道(LED\WEB等)进行发布。如图15所示。

图15　灾害调整管理界面

4.4.7　灾害等级设置

该部分主要是对煤矿瓦斯灾害预警等级的维护,包括:查询、增加等级指标、修改等级指标、删除等级指标。如图16所示。

该部分显示查询指标列表信息,用户可以点击相应的编辑、删除按钮对指标等级进行删除和修改。

图 16　灾害等级设置界面

点击列表右上方的新增按钮,系统将显示添加界面,可以按照实际情况,对指标的等级、诱因系数、危险程序、发生可能、预警颜色、是否参与运算、预报提示语句进行设置、添加。如图 17 所示。

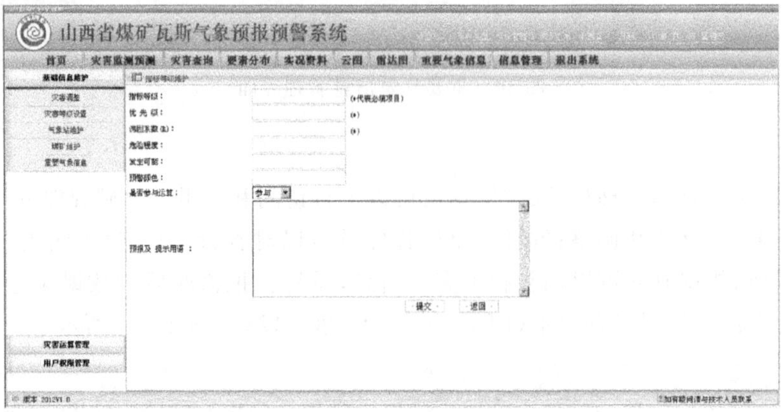

图 17　指标添加界面

点击列表中某指标的编辑按钮,系统将显示编辑界面,可以按照实际情况,对指标的等级、诱因系数、危险程序、发生可能、预警颜色、是否参与运算、预报提示语句进行设置、修改。如图 18 所示。

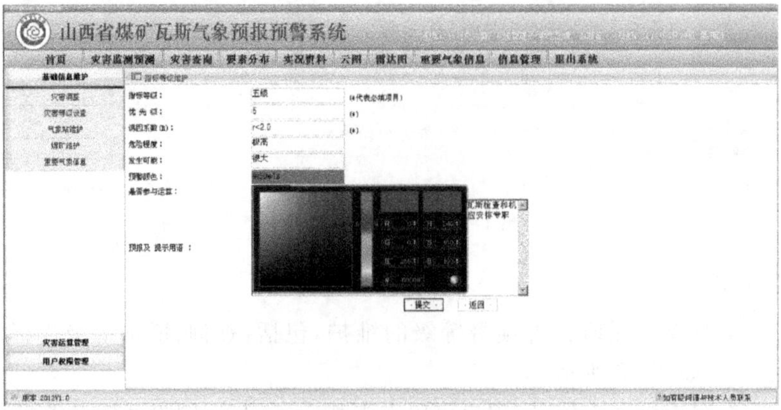

图 18　指标编辑界面

5　小　结

　　本项目收集了山西省历年主要矿区重大典型事故案例资料、地面气象要素资料、高空气象要素资料,对收集的资料进行标准化处理;应用数理统计学方法,找出引起瓦斯积聚的关键气象因子;建立瓦斯气象条件预警模型,并建立了山西省煤矿瓦斯气象预报预警平台,为研究煤矿瓦斯爆炸、减少煤矿安全生产事故的发生提供科学依据,对地方能源安全发展服务意义重大。

参考文献

阿尔介莫夫 A B,等.1980.关于按煤的介电性质预测其突出危险性的可能.川煤科技(04).

陈健民.1995.地应力与岩体红外辐射现象理论探讨.煤炭学报(3).

韩虹,等.2006.煤矿瓦斯浓度与气象因子相关分析及预报模型.气象科技(6).

何学秋,刘明举.1995.含瓦斯煤岩断裂电磁动力学.徐州:中国矿业大学出版社.

黄录基,等.1983.地光.北京:地震出版社.

李春生.2001.大同煤田北部瓦斯赋存规律.中国煤田地质(4).

吕绍林.1995.孔测超声波预测瓦斯突出煤体结构的理论基础.焦作矿业学院学报(1).

吕绍林.1997.地球物理方法预测瓦斯突出研究综述.焦作工学院学报(2).

汪法鉴.2005.安龙"4·15"瓦斯爆炸与天气条件分析.贵州气象(6).

尹忠彦,等.2002.GIS 在瓦斯预测及管理中的应用.矿山测量(3).

岳建华,等.1994.煤矿井下直流层测深方法与原理.煤炭学报(4).

张明初.1994.煤矿瓦斯爆炸与气象要素关系的分析.江西气象科技(4).

基于 SEM 的气象服务公众满意度测评研究

巢惟忐 米卫红 苏志侠 卞娟娟 支 星

(上海市气象科技服务中心,上海 200030)

摘 要:本文在传统的顾客满意度测评模型(ACSI)的基础上,结合气象服务的特点,对其进行了修正,构建了气象服务公众满意度测评模型(PWSSI)。并用结构模型方法对其进行了相应的实证研究。通过问卷调查获得数据,运用 SPSS 和 AMOS 等统计软件进行检验,经过一次修正获得较好的拟合模型,并且对青年人和中老年人两种人群分别进行了满意度测评分析,在研究分析的基础上给出相应的结论和建议。

关键词:气象服务;公众满意度;结构方程

引 言

公众气象服务是指通过社会公众媒体向广大公众提供的气象服务,是社会大系统中不可缺少的重要组成部分[1]。随着我国社会经济的快速发展和生活水平的持续提高,人们对公众气象服务的需求也越来越高。欧文·E. 休斯[2]指出,对于公共部门的绩效评估除了应该有关于目标的全面进展情况,或者关于财政目标的成就的指标之外,还应该有关于顾客或委托人满意程度的指标。因此,在公众气象服务中引入顾客满意度理论,集成气象服务专业的特点,开发属于公众气象服务满意度的测评模型是很有必要的。

在国外,最早将顾客满意度测评研究引入到气象服务的是美国国家海洋和大气管理局(NOAA)。2005 年,NOAA 委托科罗思咨询公司(CFI Group)进行了公众气象服务满意度调查[3];在国内,罗慧等[4]、王桂芝[5]均在传统 ACSI 模型(美国顾客满意度指数模型)的基础上,结合气象服务特点,构建了气象服务公众满意度测评的结构方程模型;巢惟忐等[6]运用结构模型构建了台风气象服务满意度评价体系。

就目前来说,对气象服务内容、方式以及公众对气象服务需求的不断变化,国内缺乏系统研究气象服务公众满意度测评的相关成果,还没有形成一套科学合理的评价标准和简便易行的评价方法。本文将顾客满意度理论引入气象服务公众满意度测评,尝试构建了气象服务公众满意度指数模型,并以实证研究来检验模型和方法的合理性。

1 公众气象服务满意度测评模型

1.1 模型构建

世界上许多国家都开发了运用于评价公共部门公众满意度的相关测评模型和方法,如瑞典

资助项目:公众气象服务满意度及其影响因子分析方法研究(YJ201215)

的 SCSB 测评模型、欧洲的 ECSI 模型[7]、韩国的 KCSI 模型方法、马来西亚的 MCSI 模型方法,以及我国学者提出的 CSI 模型等[8],但应用最广泛的却是美国研究的 ACSI 模型方法,如图 1 所示。

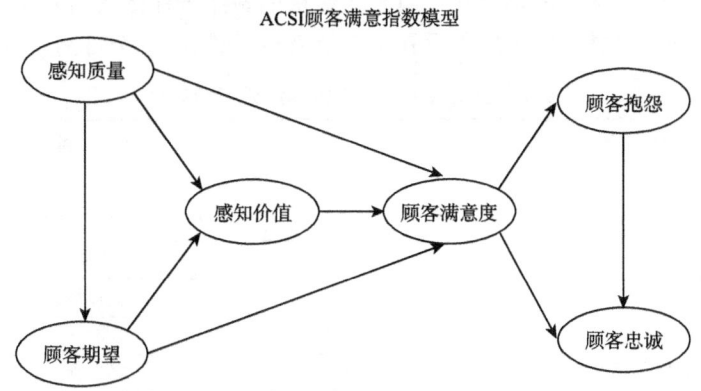

图 1　美国顾客满意度指数模型(ACSI)

对于公众气象服务而言,需要考虑四个比较重要的问题:

其一,气象服务的基本属性是一种公共服务,对其感知价值的测评是有别于一般的商品的。气象服务不以营利为目的,无法用产品或者服务的价格进行衡量,也无此必要[9]。

其二,气象服务作为服务产品来说,其感知质量可以分为感知硬件质量和感知软件质量[10]。感知硬件质量即为产品质量本身,对气象部门来说,即是气象预报的准确性;感知软件质量则为服务过程中同顾客交互的一些因素[10],包括服务提供的便捷性、及时性、丰富性和适配性等。

其三,公众对气象服务的满意度,不仅仅取决于感知服务质量和公众期望,还受到气象部门形象的直接影响。部门形象目的在于考虑气象部门与公众之间的沟通和反馈,在公众心目中是否具有社会责任感、是否专业可信等。这些因素会受到公众对气象服务期望和感知质量的影响,进而影响公众满意度。

其四,对于商业部门来说,其关键问题是如何增强顾客的满意度从而进一步增加公司的利润;而作为气象服务的提供者——气象部门,其最终目的是如何提高公众的气象服务满意度从而增强公众对气象部门的信任感[8]。

因此,本研究研判 ACSI 模型的优缺点并结合气象服务专业的特点,集成了公众接受气象服务的心理过程,最终建立了公众气象服务满意度测评模型 PWSSI,如图 2 所示。

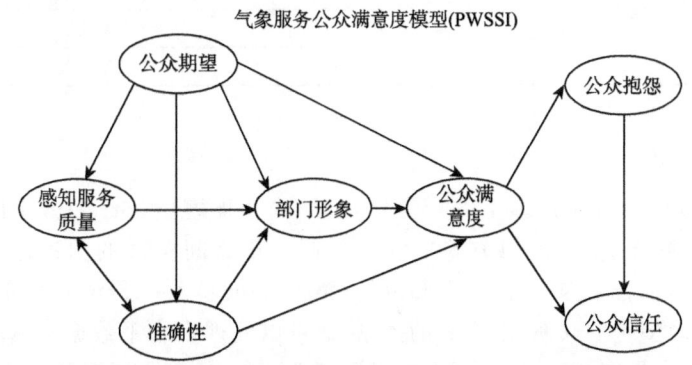

图 2　气象服务公众满意度测评模型(PWSSI)

2.2 可测变量的确定

可测变量的建立,实际上即是公众气象服务满意度测评指标体系的建立,根据上述建立的气象服务公众满意度指数模型,本文共设置了 7 个潜在变量和 27 个可测变量,见表 1。

表 1 公众气象服务满意度测评指标体系

潜在变量	可测变量
公众期望 ξ	准确性期望
	服务质量期望
	总体期望
感知服务质量 η_1	便捷性
	及时性
	丰富性
	内容适配性
	形式适配性
准确性 η_2	今明预报准确性
	五日预报准确性
	短临预报准确性
部门形象 η_3	专业性
	互动性
	社会责任感
	公信力
	气象科普宣传
公众满意度 η_4	准确性满意度
	服务质量满意度
	总体满意度
公众抱怨 η_5	投诉
	停止使用
	关注其他渠道
	向朋友抱怨
公众信任 η_6	向朋友宣传
	作为第一选择
	公众支持
	长期使用

2.3 方法遴选

在模型的模拟估计方法选取上,本文采用了结构方程模型(Structural Equation Model,SEM),SEM 是一种基于变量的协方差矩阵来分析变量之间关系的验证性多元数据分析工具。其优势在于,它结合了因素分析、回归分析、路径分析,弥补了传统回归分析和因子分析的不足,可以分析多因多果的联系、潜变量的关系,还可以处理多水平数据和纵向关系[11]。结构方程模型所研究的变量有两种形式:观测变量和潜在变量;模型中还涉及到外生变量和内生变量的概念;结构方程模型分为结构模型(潜在变量之间关系的模型)与测量模型(观测变量与潜

在变量之间的模型)两个基础模型,具体形式如下:

$$\text{测量模型：}\begin{cases} X = \Lambda_x\xi + \delta \\ Y = \Lambda_y\eta + \varepsilon \end{cases} \tag{1}$$

式中,X 为外生指标构成的向量,Λ_x 表示外生指标与外生潜变量之间的关系,是外生指标在外生潜变量上的因子负荷矩阵,δ 是外生指标的误差项;Y 为内生指标构成的向量,Λ_y 表示内生指标与内生潜变量之间的关系,是内生指标在内生潜变量上的因子负荷矩阵,ε 是内生指标的误差项。

$$\text{结构模型：}\eta = B\eta + P\xi + \zeta \tag{2}$$

式中,η 为内生潜在变量;ξ 为外生潜在变量;B 表示内生潜在变量之间的关系;P 表示外生潜在变量对内生潜在变量的影响;ζ 为结构方程的残差项,反映了 η 在结构方程中不能被解释的部分。

因此,PWSSI 模型根本来看就是一个结构方程模型,可以用如下方程组进行描述,如式(3)所示。

$$
\begin{bmatrix} \text{服务质量} \\ \text{准确性} \\ \text{部门形象} \\ \text{公众满意度} \\ \text{公众抱怨} \\ \text{公众信任} \end{bmatrix} =
\begin{bmatrix} 0 & \beta_{21} & 0 & 0 & 0 & 0 \\ \beta_{22} & 0 & 0 & 0 & 0 & 0 \\ \beta_{13} & \beta_{23} & 0 & 0 & 0 & 0 \\ 0 & \beta_{24} & \beta_{34} & 0 & 0 & 0 \\ 0 & 0 & 0 & \beta_{45} & 0 & 0 \\ 0 & 0 & 0 & \beta_{46} & \beta_{56} & 0 \end{bmatrix}
\begin{bmatrix} \text{服务质量} \\ \text{准确性} \\ \text{部门形象} \\ \text{公众满意度} \\ \text{公众抱怨} \\ \text{公众信任} \end{bmatrix} +
\begin{bmatrix} \lambda_1 \\ \lambda_2 \\ \lambda_3 \\ \lambda_4 \\ \lambda_5 \\ \lambda_6 \end{bmatrix} \text{公众期望} +
\begin{bmatrix} \zeta_1 \\ \zeta_2 \\ \zeta_3 \\ \zeta_4 \\ \zeta_5 \\ \zeta_6 \end{bmatrix} \tag{3}
$$

本研究采用结构方程(SEM)考察各影响因素与气象服务满意度之间的关系,以及各影响因素之间的关系,运用 SPSS18.0 和 AMOS19.0 进行数据分析。

3 实证研究

3.1 问卷设计与数据收集

本研究采用 Likert 5 点标尺,即 1 表示程度最低,5 表示程度最高[12],目的在于便于各个价值观量表相互间的比较研究。

本次问卷调查在上海市进行实证研究,对中心城区和 9 个区县的 813 名市民进行了拦截性问卷调查。其中,崇明 36 份、闵行 73 份、松江 54 份、奉贤 42 份、嘉定 50 份、金山 44 份、宝山 47 份、青浦 50 份、浦东 188 份、市局 229 份(含茅台社区 95 份)。经过严格的质量控制,最终获得了 638 份有效问卷。其中,男女各占 39.01%、60.99%;年龄在 45 岁以下的占了63.3%,45 岁以上的占了 36.7%;职业方面,教师等知识工作者以及技术人员占 35.3%,企事业单位工作人员占 18.7%,待退休、待业及其他人员占 13.5%,学生占 10.1% 等。

3.2 数据可靠性分析

学术界普遍采用内部一致性系数(Cronbach's Alpha)来检验数据的可靠性,根据 Nunnally 的观点 Cronbach's Alpha 的系数越接近 1 信度越高[13]。本研究中,运用 SPSS18.0 对每组变量进行一致性检验(结果见表 2),每组变量的 Cronbach's Alpha 值均大于 0.6,表明该问卷的内部信度通过检验。

表 2　可靠性检验

潜在变量	Cronbach's Alpha 检验值	项数
公众期望	.916	3
感知服务质量	.831	5
准确性	.825	3
部门形象	.819	5
公众满意度	.880	3
公众抱怨	.605	4
公众信任	.809	4

3.3　效度分析

用 SPSS 软件对数据进行效度分析,KMO 检验和巴特利(Bartlett)球形检验的输出结果列入表 3。

表 3　KMO 和 Bartlett 的检验

取样足够度的 Kaiser-Meyer-Olkin 度量		0.924
Bartlett 球形度检验	近似卡方	9175.305
	df	351
	Sig.	0.000

如表 3 所示,KMO 检验值为 0.924,表明变量间存在潜在因子结构,因子分析法非常适用于本次调查数据;巴特利球形检验的结果说明各变量的独立性假设不成立,变量间存在相关性,适合用因子分析法。检验结果表明,测量量表的结构效度较好。

3.4　模型拟合度分析

本文采用 AMOS 软件[14]进行参数估计,得到模型标准化路径系数和假设检验,见表 4。

表 4　标准化路径系数

潜变量路径	$\xi \to \eta_1$	$\xi \to \eta_2$	$\xi \to \eta_3$	$\xi \to \eta_4$	$\eta_1 \to \eta_2$	$\eta_1 \to \eta_3$
标准化路径系数	0.43	0.41	0.07	0.30	0.71	0.52
P 值	***	***	0.056	***	***	***
潜变量路径	$\eta_1 \to \eta_2$	$\eta_2 \to \eta_4$	$\eta_2 \to \eta_4$	$\eta_4 \to \eta_5$	$\eta_2 \to \eta_6$	
标准化路径系数	0.36	0.50	0.11	-0.46	0.32	
P 值	***	***	0.069	***	***	

注:*** 表示在 0.001 水平上显著

基于以上检验对模型进行修正,可以发现,$\xi \to \eta_3$ 路径系数的 P 值为 0.056,$\eta_2 \to \eta_4$ 路径系数为 0.069,均大于 0.05,说明其在 0.05 水平上不显著,即:公众期望和气象产品的准确度对公众满意度的影响是不显著的,需要对模型修正。删除 $\xi \to \eta_2$ 和 $\eta_2 \to \eta_4$ 两条路径,再次建立结构方程模型,得到公众气象服务满意度模型拟合结果,见图 3。

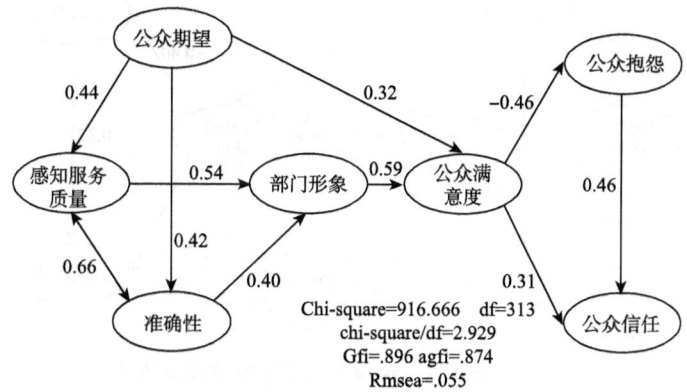

图 3 公众气象服务满意度拟合结果

对修改后的模型进行分析,观察输出的各个路径的显著性均在 0.001 水平上显著,具有统计学意义。为确保模型的合理性,本文考察了模型的各项拟合指数,拟合度参数列表[15],见表 5。

表 5 拟合度指标

拟合度指标	chi-square	CMIN/DF	GFI	AGFI	RMSEA	NFI	TLI	IFI	CFI
理想值	愈小愈好	>1,<3	>0.8	>0.8	<0.08	>0.9	>0.9	>0.9	>0.9
本模型拟合值	916.666	2.929	0.896	0.874	0.055	0.902	0.925	0.933	0.933

综合考虑这几项拟合指标,表明气象服务公众满意度测评模型具有较好的拟合度,可以用来对实际公众对气象服务的满意度进行测评。

4 进一步分析——分组群分析

为了进一步探知气象服务满意度的人群特征,本文根据联合国世界卫生组织对年龄阶段的划分,将接受气象服务的人群按年龄分为两大群体:青年人(10~44 岁)和中老年人(45~89 岁)。两个人群的气象服务满意度模型拟合结果见图 4、图 5。

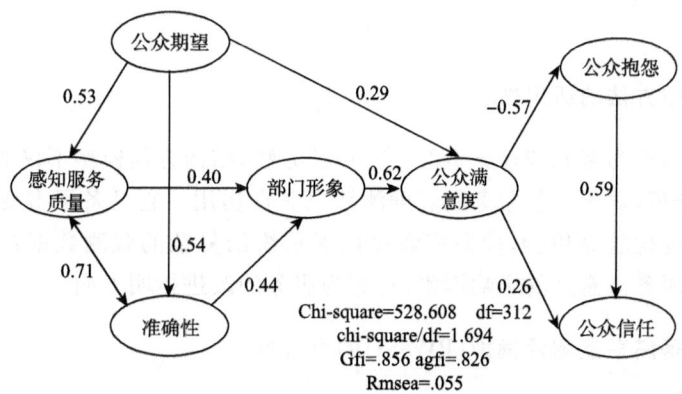

图 4 青年人气象服务满意度模型拟合结果

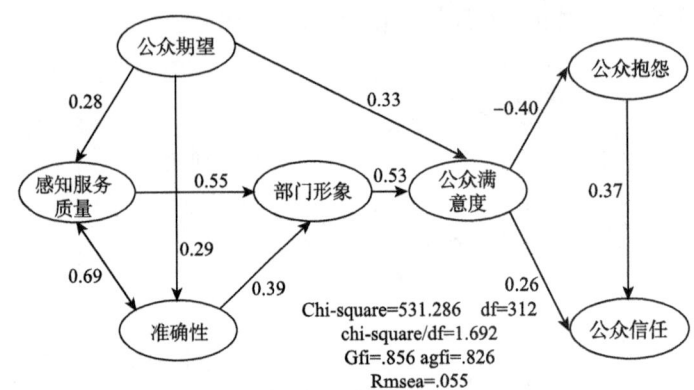

图 5　中老年人气象服务满意度模型拟合结果

从以上两个人群的结果可以得出以下几点结论：

(1)青年人对服务质量和准确性的期望更高。青年人对感知服务质量和准确性的期望分别是 0.53 和 0.54,而中老年人对于感知服务质量和准确性的期望分别是 0.28 和 0.29。这是一个很有趣的现象,意味着由于青年人受到时代进步的影响,对气象部门的服务质量和技术水平抱有更高的预期。

(2)青年人对气象产品的准确性更敏感,而中老年人对感知服务质量更敏感。青年人的准确性对部门形象的影响是 0.44,大于感知服务质量对部门形象的影响 0.4;而中老年人的准确性对部门形象的影响为 0.39,小于感知服务质量对部门形象的影响 0.55。这可能是由于中老年人由于知识阅历的积累,更能理解提高天气预报准确性的困难,并且更能乐于接受服务质量对于准确性的补偿作用。气象部门在服务时,应关注不同人群对气象服务需求的不同。

(3)青年人更易产生抱怨,若处理得好也易转化为信任。可以看到,青年人的满意度产生抱怨的可能性为 0.57,大于中老年人的 0.4;如果气象部门对青年人的抱怨能及时处理做出反馈,那么其转化为信任的可能性为 0.59,同样也大于中老年人的 0.37。由此可见,青年人是一个易近易远的人群,气象部门在服务时,应注意对青年人的需求反馈信息做及时的处理,才能赢得青年人对气象服务满意度及信任的提高。

5　研究结论和意义

5.1　结构方程模型方法的适用性

上述研究表明,作为多元统计分析的"全包式"方法,结构方程模型不仅能适用于工商业顾客满意度的数据分析,对于气象服务满意度测评也非常实用。它具备了潜变量之间因果关系的分析、模型拟合度检验等功能,使研究者可以揭示纷纭复杂的观测数据背后潜在的影响关系,探索公众气象服务满意度的影响因素,进而为服务的改进指明方向。

5.2　公众气象服务满意度测评模型(PWSSI)的可行性

从上述研究可以看出,本文建立的公众气象服务满意度测评模型(PWSSI)修正后对不同对象的评价都显示较好的拟合度,说明其具有可行性。虽然该模型在对不同群体评估时,会根据该群体特征得出不同的路径系数,但就总体而言,可以得出以下结论:(1)气象部门应以提升部门形象为第一要务,随着人民生活质量的提高,人们已越来越关注公共服务部门的形象,这在很大程度上决定了服务部门的命运;(2)气象部门应提供更优质和贴身的气象服务,面对信息化大数据时代,使公众更便捷、更直观地感受到随处可见的气象服务是气象部门的努力方向;(3)气象部门应重视公众的投诉反馈,公众对气象部门的投诉意见是一把双刃剑,如果处理得好,气象部门可以把抱怨和投诉转化为对其的信任,如果处理得不好,就会产生相反的效果。

5.3 需要进一步研究的问题

本研究只是公众气象服务满意度研究的初步尝试,还有许多问题需要进一步探讨,例如对于不同职业、文化背景的服务对象,其公众气象服务满意度的差异性?对于公众气象服务来说,公众的满意度和信任度哪一个更为重要[16]?如何在气象服务满意度模型中加入由于信息不对称而导致的满意度下降问题[17]?总之,公众气象服务满意度是一个相当复杂的课题,还需要做进一步的大量研究。

参考文献

[1] 许小峰.气象服务效益评估理论方法与分析研究.北京:气象出版社,2009.

[2] [澳]欧文·E.休斯.公共管理导论.张成福,王学栋,等,译.北京:中国人民大学出版社,2001:219.

[3] NOAA. National Weather Service Customer Satisfaction Survey. 2005.

[4] 罗慧,李良序.气象服务效益评估方法与应用.北京:气象出版社,2009.

[5] 王桂芝.基于 SEM 的气象服务公众满意度测评模型.数理统计与管理,2011,**30**(3).

[6] 巢惟志,米卫红.基于结构方程模型 SEM 的气象服务满意度分析//第九届长三角气象科技论坛论文集.

[7] Manfred B, Michael A. Ground theory, development and implementation of national customer satisfaction indices: The Swiss Index of Customer Satisfaction(SWICS). *Total Quality Management & Business Excellence*, **11**(7):1017-1028.

[8] 朱国玮.公共部门公众满意度测评研究.理论与改革,2004,**6**:42-45.

[9] 史达.辽宁省电子政务绩效测评——基于公众满意视角的研究.财经问题研究,2006,**5**(5).

[10] 朱国玮,郑培.公众满意度服务型政府测评理论与实践.北京:科学出版社,2010.

[11] 杨凤华.结构方程模型在公共部门公众满意度测评中的应用.南通大学学报(社会科学版),2008(5):127-131.

[12] Bradburn N M, Sudman S, Wansink B. Asking Questions: The Definitive Guide to Questionnaire Design—For Market Research, Political Pulls, and Social and Health Questionnaires. San Francisce, CA: Jossey-Bass,2004.

[13] Nunnally J P. Sychometric Theory. New York:McGraw-Hill, 1978:3-6.

[14] 吴明辉.结构方程模型——AMOS 的操作与应用.重庆:重庆大学出版社,2009:212-217.

[15] 张伟豪,郑时宜.与结构方程模型共舞.前程文化事业有限公司,2012:108-110.

[16] 张新安,天澎.顾客满意与顾客忠诚之间关系的实证研究.管理科学学报,2007,**10**(4):62-70.

[17] 吴建南,张萌,黄加伟,等.基于 ACSI 的公众满意度测评模型与指标体系研究.广州大学学报(社会科学版),2001,**1**(6):14-17.

智能人机交互技术在气象服务系统中的应用

卞娟娟[1] 米卫红[1] 张 晖[2] 支 星[1] 袁利智[1]

(1. 上海市气象科技服务中心,上海 200030;2. 上海市气象局应急与减灾处,上海 200030)

摘 要:介绍了依托人机交互的智能气象服务新技术及在智能手机终端的实现。用户体验是通过智能终端提出问题,智能搜索引擎进行语义转换和逻辑分析后,将数据信息反馈给用户。该系统支持自动应答和在线客服两种模式,可通过不断完善气象数据库和智能引擎逐步实现智能化而不影响用户体验,满足用户个性、互动的需求。该技术可拓展至微博、微信等新媒体平台,大大提升气象部门的互动服务能力。

关键词:智能人机交互;气象服务;互动

引 言

气象服务作为现代气象业务的重要组成部分,是气象工作者的立业之本,也是发展气象事业的出发点和落脚点,而气象信息的服务手段和服务方式,则为优质、高效的气象服务提供了可能[1-2]。因此,随着信息化水平的不断提升,气象信息的传播方式成为了近年来气象服务工作者关注的热点问题[3-4]。

传统的气象传播方式包括电视、广播、报纸、短信等[5],这些媒体本质上只是一个承载信息的工具,公众接收信息较为被动,且信息量较少、信息形式单一;随着气象产品的日益增多和公众需求的不断增大,传统媒体的不足日益凸显,网站[6-7]、微博[8-9]、手机 APP[10-12]等新的传播手段[13]逐渐加入气象服务的行列,这些新媒体携带信息量大,信息形式多样化,公众可以便捷、灵活地获取需要的信息。

然而,不管是传统媒体还是新媒体,服务方式均为主动提供气象产品,很难针对性地为用户提供精准化、个性化的服务,因此,本文要介绍的是一种气象服务新技术——智能人机交互技术[14-15],它是一种在数据产品库和知识库引擎的支撑下,通过对自然语言处理、语义分析和逻辑处理,通过各种智能终端,与用户形成的实时交互技术。它实现了将产品获取的主动权交给用户,满足用户对所在位置的气象灾害提醒,重大天气过程、重要活动气象保障,分人群、分区域、分时段的全天候、实时滚动的气象信息服务需求。

1 人机交互智能气象服务系统技术原理

1.1 系统组成和技术框架

人机交互智能气象服务系统主要分为终端用户、智能交互通信平台、智能服务引擎、气象数据库以及智能气象管理后台五个部分(图 1)。用户通过手机、IM、WEB、WAP、SMS 等智能终端,在智能交互通信平台实现通信,智能服务引擎接收用户信息,将用户提供的自然语言经过语义分析转换成计算机可以识别的信息,在精细化的气象预报、预警等动态服务产品和静态气象科普知识数据库的支撑下,服务引擎将信息进行逻辑处理,通过管理后台知识库调用相关服务,从数据库获取正确数据,再通过智能服务引擎转换为图文答案显示给用户,对于后台没有服务产品的信息,管理后台自动将信息转入在线客服,可手动编辑答案通过智能交互通信平台提供给用户,实现交互。

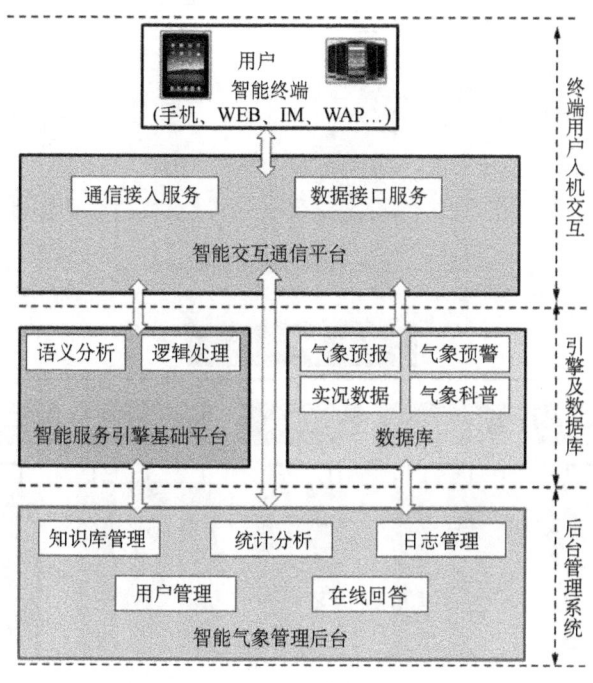

图 1   系统组成和流程框架

1.2 智能化服务的逐步实现

智能服务引擎和智能气象数据库是气象服务"智能"的核心,智能服务引擎具有语言分析、上下文关联、语义匹配、逻辑推理和回答组织五大功能,如同人的大脑,直接反映智能化水平;智能气象数据库包括气象预警、气象预报、气象服务、实况和气象科普知识等,是支撑整个气象服务系统的基础。系统初始运行阶段,一是由于智能服务引擎的语义分析和逻辑处理能力无法满足所有用户的个性化需求;二是需求的差异使数据库凸显出不足,不管是基于自动回答或是转入在线客服,人机交互会出现逻辑处理错误、语义理解错误和无服务产品三种情况。为了不断提升气象服务智能化水平,需要不断完善气象服务知识库、研发气象服务智能搜索引擎、根据用户需求制作气象产品,将海量气象信息智能组合成个性化的市民应用信息,使智能化水平不断提升(图 2)。

1.3 智能人机交互后台管理功能

智能气象管理后台主要用于配置系统运行所需的系统参数、管理知识库以及终端用户交互的日志信息,它包括知识管理、日志管理、在线客服、统计分析和系统管理五大功能(图 3)。

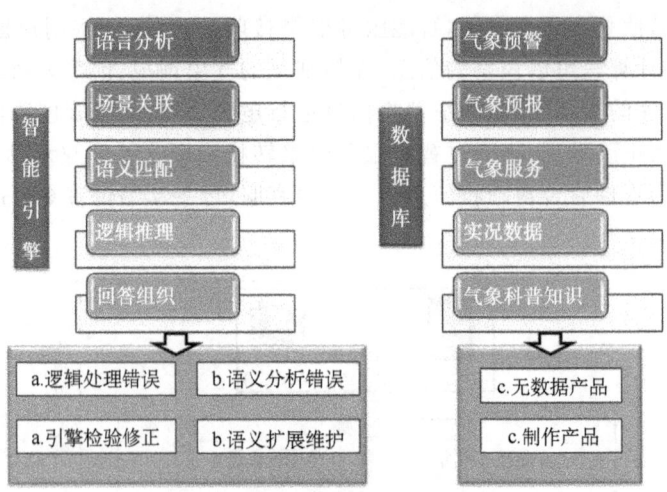

图 2　智能引擎和数据库的功能

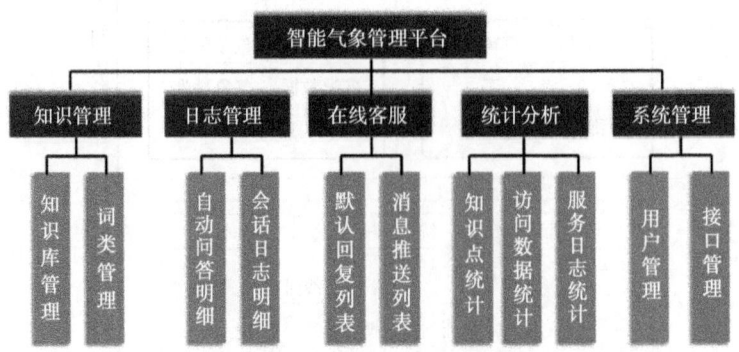

图 3　智能气象管理平台总体框架

　　知识管理本质上是根据自然语言处理算法逻辑,包括知识库管理和词类管理两个模块,所有的知识点都是以词类为基础,将词类根据编写规则进行排列组合,形成对知识点的句型扩充,进而使每个知识点支持不同的问法,智能引擎根据问题的相似度找到正确答案,从而实现智能交互。

　　日志管理包括自动问答明细和会话日志明细两个模块,自动问答明细详细记录每个用户的提问和终端给出的回答,通过对自动问答明细的分析,可以找出逻辑处理、语义分析错误,帮助系统不断提升智能化水平;会话日志主要记录每个用户的会话开始和结束时间,以此分析用户的交互体验。

　　在线客服中的默认回复列表即为人工回答的部分,消息推送列表则记录了回复的内容和回复对象。在气象服务中,我们可以利用此功能对用户群进行预警推送服务。用户接到预警信息后,可以根据实际需求发起交互,以此达到个性化服务的目的。

　　统计分析功能主要用于统计后台的主要用户交互常用知识点、访问量和默认回复等,服务数据主要统计独立用户的交互情况,包括总提问数、总会话数、总服务次数等。

　　系统管理则对于用户权限、数据接口等进行管理,促使系统在支持不同终端及多人管理的情况下可以有条不紊地运行。

2 系统在智能手机终端的应用

根据上海"智慧城市三年行动计划",上海气象部门依托精细化预报、气象预警、实况、生活指数等产品,应用人机交互智能气象服务技术,开发了基于 IOS 平台的"小爱天气超人"手机客户端软件,为公众提供个性化气象信息的定制、检索和交互,使公众便捷、有效地获取气象信息。

2.1 客户端用户体验

公众可通过手机客户端下载"小爱天气超人"免费 APP,它是一款以"问天气"主要功能为核心的智能互动气象服务软件。通过"问天气"界面,用户可以主动咨询各类天气问题,包括精细到上海 11 个区县的乡镇预报、国内国际城市预报、气象科普、天气与生活相关的各类问题。通过点击查询和人机交互两种方式获得想要了解的气象信息、天气知识等相关问题的解答。

除了"问天气"功能,用户可实时定位所在街道的天气实况;"天气速递"为用户提供精确到用户位置 1 千米范围内的降雨量级预报、全市 11 个区县的气象要素排名;"天气预警"提供全市及各区县的分区预警;"今日热点"提供国内国际天气热点新闻(图 4)。

图 4 "小爱天气超人"主要界面

2.2 管理后台功能

"小爱天气超人"的管理后台,是可以不断完善和扩充的气象服务知识库,同时可以分析用户需求,实现点对点、点对群的气象信息服务。具体功能如下(图 5):

（1）气象服务数据库和气象科普知识库可完善,使智能水平不断提升。知识库是智能的核心,包括气象服务数据库和气象科普知识库。通过知识库维护工具可以根据热点问题和用户需求不断更新知识库,包括标准问题(对同一类问题的唯一标准的描述)、扩展问题(标准问题对应的表示同一个意思的不同的描述)、扩展语义集合(在标准问题和其对应的扩展问题的基础上归纳总结得出的语义描述的集合)、树状对话库(对于某些用户问到的知识点,需要根据用户各自不同的具体情况给出不同的解决方案)等,从而制作推出个性化的气象产品,提升智能化水平。

（2）支持在线推送,解决个性化问题。后台将已经解决的问题和有待解决的问题进行分类,便于在线推送功能的实现。系统管理员可根据利用在线推送功能,找到问题并寻找答案,编辑答案后推送给用户。整个在线推送过程有记录,便于查找。

（3）分析用户行为,实现点对群服务。后台可以分析同一个用户经常咨询的问题,分析用户行为,根据不同用户群的需求进行有针对性的信息推送。

（4）支持信息的全局推送,并且记录推送成功用户数及推送时间;考虑到气象信息的时效性,推送信息可选择过期时间,个别用户若当时没有网络,会延迟收到信息,避免用户接收到无用信息。互动类软件的推送速度非常迅捷,可以有效缩短气象灾害预警信息的发布时间。

（5）统计功能可以统计分析用户需求。后端系统管理员根据日志及报表统计的结果,有针对性地更新维护系统的知识库,以增强用户体验。

图 5　智能气象管理后台功能界面

2.3　应用系统的环境配置

本系统共有两台服务器,系统业务通信平台和管理后台安装一台服务器;智能服务引擎、数据库安装到一台服务器。服务器统一采用 4G 内存,双核双 CPU2.1G,2M 缓存,160G SA-TA HD 配置,服务器安装 Windows/Linux 操作系统,并安装其他如防火墙等安全和性能调节软件,数据库服务器采用 MySQL 5。见表 1。

表 1　系统硬件环境

序号	子系统名称	开发语言	运行环境
1	通信平台	Java	Windows/Linux＋Jetty
2	智能服务引擎	Java	Windows/Linux
3	智能气象管理平台	Java	Windows/Linux＋Resin/Tomcat

2.4　系统运行业务支撑

"小爱天气超人"业务系统分为两种模式:一种是自动客服模式,由气象服务知识库和气象搜索引擎共同支撑,用户通过智能终端与后台直接进行智能交互;另一种是在线客服模式,气象搜索引擎未匹配到知识点无法进行自动回答时,由在线客服实时编辑答案,与用户进行交互。为不断提升"小爱天气超人"的智能化水平,系统运行共有 5 个岗位进行业务支撑(图 6)。

在智能服务初期,为确保自动客服的准确性和针对性,由信息汇总分解岗(02 岗)根据后台会话日志按照引擎出错、语义处理错误、无产品 3 种问题类型进行分解至产品制作岗(03 岗)、知识库维护岗(05 岗)进行产品制作和知识维护,03 岗处理结果再经 05 岗进行知识创建和维护,不断补充完善气象服务知识库。通过引擎检验修正和气象服务知识库的不断完善,未准确匹配问题将会逐渐减少,自动客服模式配备的岗位人员也将不断减少。

用户需求的差异在某一阶段会凸显现有知识库的不足,需要在线客服模式给予补充。管理后台会自动梳理出该类问题,在线客服(01 岗)需第一时间给出响应,在自身能力不具备的情况下需要启动专家应急响应机制,由专家应急支持岗(04 岗)支撑寻求解决方案并推送给用户。涉及新产品制作则转至 03 岗。在线客服当天回复产品和 03 岗新增产品再经 05 岗进行知识创建和维护,入库前所有产品均需经过认证。在线客服模式岗位人员的配置最终会与用户需求的多样性达到平衡,并逐步下降。

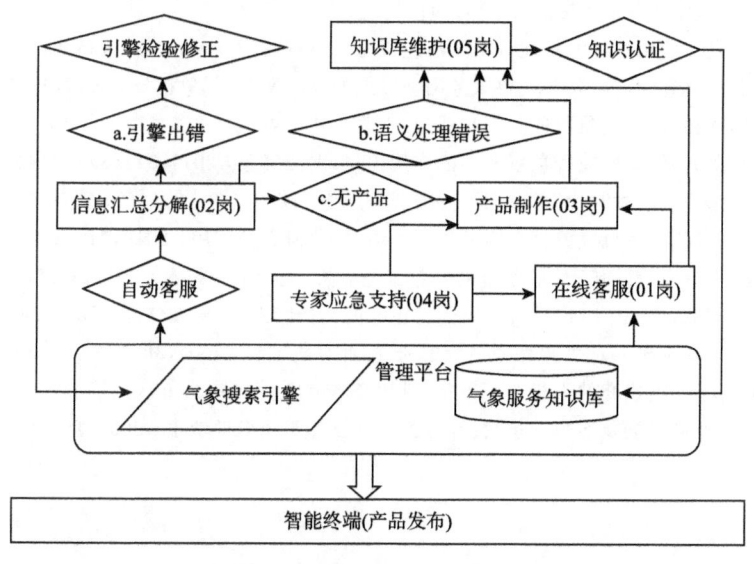

图 6　系统运行业务支撑体系

3　结论与讨论

新媒体时代,气象信息服务的发展处在一个关键时期,受到移动互联网等各种新技术高速发展带来的冲击,公众获取天气信息的渠道更加便利和多样。然而,伴随着气象产品的不断增多,信息交叉越来越多,产品质量也良莠不齐。而新时代的用户对精准化产品和个性化服务的需求却愈发迫切,传统的被动接收信息的方式已经无法满足他们的需求,这使得人机交互的智能气象服务技术成为可能。本文介绍了依托人机交互的气象服务新技术及其智能化的实现,通过实时互动、智能的服务方式,满足市民在家中、在工作、在路上、在休闲各种状态下对居家、健康、出行、防灾减灾等方面的气象信息服务需求,建立属于市民自己的"生活气象平台"。系统主要特色如下:(1)支持语义分析和逻辑推理的智能搜索引擎;(2)可不断补充完善的气象信息数据库和气象科普知识库;(3)统一的智能气象管理后台;(4)智能回答和在线客服两种互动模式;(5)支持全渠道的智能交互引擎。

智能交互手机客户端"小爱天气超人"试运行即受到了广大用户的好评与追捧,下载使用的人数达到3000多人,目前用户数还在上升。因此,人机交互智能气象服务技术未来有很大的发展空间,可继续在微博、微信等新媒体平台做接口开发,以提升气象部门的互动服务能力,从而真正形成基于用户需求提供个性、互动的服务业务模式,实现服务引领,促进气象测报、预报、预警能力的提升。

参考文献

[1]　矫梅燕,王志华.探索公共气象服务发展的体制机制创新.气象软科学,2009(004):13-18.
[2]　陈国华,陈利萍,王中平.关于公共气象服务的探讨.广东科技,2009,7:103-104.
[3]　丁建武.新形势下公共气象服务发展的思考.气象软科学,2010(1):70-74.
[4]　彭兰.新媒体:大有可为的公共信息平台.中国记者,2006,2:49-50.
[5]　李娜,秦鹏.天气短信用户行为特征分析及适应策略.气象研究与应用,2012,33;(4):91-94.
[6]　何险峰,蒋丽娟,雷升锴,等.公共气象服务网站数据的及时发布.气象科技,2011,39;(4):483-488.
[7]　孙健,李海胜,陈钻.网络气象服务分析与展望.气象科技进展,2012,2;(1):44-48.
[8]　梁晓妮,雷俊,周亦平.微博在气象服务中的应用探析.浙江气象,2011,32;(3):37-40.
[9]　王骊华,张宏,朱丽荣."微时代"背景下气象信息的传递.陕西气象,2013(2):42-44.
[10]　孙梦琪,张怿,张红欣.手机气象信息服务发展对策.气象研究与应用,2010,31;(2):236-238.
[11]　张延龙,杨昆,李炳文,等.基于3G手机的气象服务分析.现代电子技术,2011,34;(18):24-25.
[12]　杨武,陈静,李晓娜,等.3G时代手机气象信息服务的可持续发展.广东气象,2012,34;(3):53-56.
[13]　刘冬韡.基于Web Service的气象服务系统的研究.计算机工程,2004,30(B12):625-628.
[14]　王艳贞.浅谈基于网络媒介的人机交互策略.科技经济市场,2009,3:053.
[15]　董士海.人机交互的进展及面临的挑战.计算机辅助设计与图形学学报,2004,16(1):1-13.

HTML5 在公共气象服务上的应用

卞　赟[1]　朱雷磊[2]

(1. 中国气象局气象影视中心,北京　100081;2. 江苏新浪互联信息服务有限公司,南京　210000)

摘　要:HTML5 技术是互联网界的发展趋势,可用于气象类网站的在线视频播放、多样化数据展示等多个方面。相对于传统的 Flash 技术,具有开发成本低、对移动终端支持良好、方便易用、对搜索引擎收录友好、视频性能强大和节能省电等多方面优势。

关键词:HTML5;Flash;移动终端;气象服务

1　什么是 HTML5

HTML5 是用于取代 1999 年所制定的 HTML4.01 和 XHTML1.0 标准的 HTML 标准版本,现在仍处于发展阶段,但大部分浏览器已经支持某些 HTML5 技术。HTML5 有两大特点:首先,强化了 Web 网页的表现性能;其次,追加了本地数据库等 Web 应用的功能。广义论及 HTML5 时,实际指的是包括 HTML、CSS 和 JavaScript 在内的一套技术组合。它希望能够减少浏览器对于需要插件的丰富性网络应用服务(plug-in-based rich internet application,RIA),如 Adobe Flash、Microsoft Silverlight 与 Oracle JavaFX 的需求,并且提供更多能有效增强网络应用的标准集。

所谓的 HTML5 能达到的效果,并不是孤立的 HTML 升级版,而是 HTML＋CSS3＋JS 综合起来的表现。HTML 只是一个标记语言,只是进行了更加语义化的优化,增加了一些被认为更加科学的标签,也去掉了一些标签。但标记是标记,行为是行为,没有 CSS3、没有 JS,HTML 也永远只是个 HTML 而已。

HTML5 目前仍然是个草案,仍处于完善之中。然而,大部分现代浏览器已经具备了某些 HTML5 支持。现在支持 HTML5 的浏览器有:Firefox、Chrome、Safari、Opera、IE9。

2　HTML5 在公共气象服务上的应用

HTML5 在气象上可以应用于多媒体、数据多样化展现等方面。以中国天气网为例,目前在各市、区、县的天气预报详情页面,使用了大量的 Flash 来直观化地展示气象监测数据,从而给公众更好的参照,但是 Flash 表现有兼容性差、费电、无法被搜索引擎收录等问题,想要更好地解决,就得引入 HTML5 了,它拥有可多平台访问、省电高效、对搜索引擎友好等优点,以实现更好地为公众服务的目的,使得公众通过不同客户端,诸如手机、电脑、电视等,更直观地获取,也能更简易地理解气象工作中所需要传递的有效气象服务信息。

3　HTML5 的现状

目前气象网站上的视频播放、大部分动态数据展现使用的均是 Flash 技术,如天气视频(图 1)。

图 1　中国天气网——天气视频

从图 1 可以看到,这是 Flash 的产品,并未使用到 HTML5 的相关技术,在电脑上下载完 Flash Player 插件后观看正常,而到了苹果手机上,则因为手机不支持 Flash 而无法观看(图 2)。

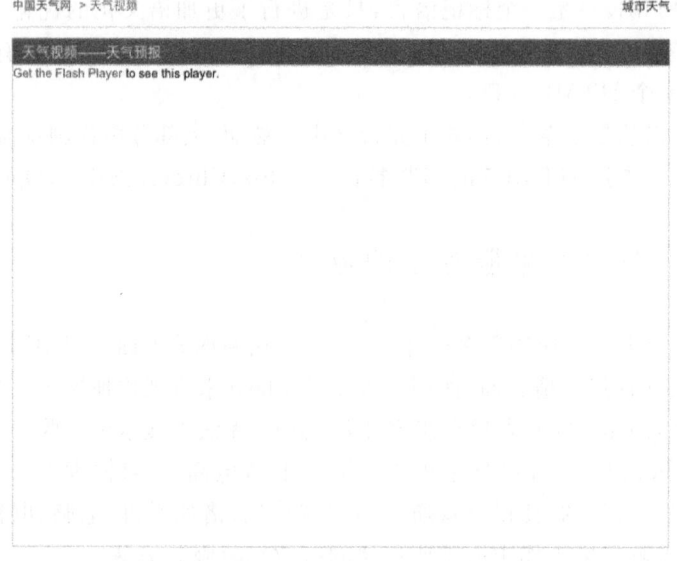

图 2　苹果手机上打开中国天气网——天气视频

目前国内比较知名的几个在线视频网站均推出了 HTML5 页面,自动识别用户访问终端,若是手机用户,则自动跳转至 HTML5 页面。以优酷为例,同样用苹果手机打开视频,则可以正常观看,且不需要下载任何插件(图 3)。

图 3   HTML5 在 IOS 终端上的视频应用

更加方便、快捷、省电! ——这是 HTML5 给公众最直观的感受,具体优势下文中将详细介绍。

4   HTML5 与 Flash 技术的详细对比

4.1   HTML5 的优点

经过市场的广泛实践,HTML5 的自身优点有很多,也给 IT 业界带来了全新的感官体验,具体分析如下。

4.1.1   开发成本

Flash 产品的开发需要购买 Adobe 公司的开发软件,Flash 程序开发也被称为 RIA(Rich Internet Applications)开发,主要运用 Flash 后台脚本及服务器技术的强大编程功能,实现各种丰富的实例效果,相关技术人才的人力成本也不能忽视。

而 HTML5 则是一项 Web 标准,完全免费使用,相关学习资料或者使用心得也极易获取,甚至可以通过搜索引擎,找到大段已经成型的代码,从而降低开发工作量。

4.1.2　对移动端的支持

如今智能手机大行其道,手机已经不再是单纯的通信工具,人们用手机上网的频率正在逐步升高。比如,通过手机查阅新闻、观看视频、获取知识,甚至是处理各种公私事务等,都非常普遍,但是如果显示页面不够友好,或者说代码化的形式表达比较多,用户难以捕获有效信息的话,使用效率会大打折扣。因此,要想更好地做好公共气象服务,也必须遵循这个规则。

由于手机端对于 Flash 的支持很差,尤其是苹果手机,早已宣布完全不会支持 Flash,所以需要 HTML5 的引入。HTML5 是基于浏览器的,只要有相应的浏览器即可使用,目前主流的手机操作系统 IOS、Android、Windows 均集成了支持 HTML5 的浏览器。

4.1.3　方便性

Flash 的正常运行需要浏览器下载 Flash Player 插件,同时为了应对病毒的侵扰和操作的兼容性,自身也在通过互联网不断更新,这对于广大的电脑新手来说比较陌生,也不便于操作,甚至会造成误操作。而 HTML5 则可以直接运行,通常浏览器也是随操作系统一并安装,因此免去了不必要的麻烦,未来也不需要再去特别地进行软件维护等操作。

4.1.4　搜索引擎友好度

网站的访问量很大程度来自于搜索引擎,所以现在网站对于搜索引擎友好度的提升已经成为了一项重要的任务。Flash 内容基本是由后台代码编写而成,展示出来的只是效果成品,程序等原始字符是不被搜索引擎抓取的,也就是说网民搜索的关键字无论与 Flash 中的文字有多匹配,搜索引擎也不会列出该网站。

而 HTML5 是单纯的 HTML 结构,也同样是开放的,不仅便于修改加工,同时搜索引擎可以完整抓取关键字,所以,对于搜索引擎(SEO)优化,HTML5 有着绝对的优势,也可以为网站带来更多的访问量。

4.1.5　节电性能

由于目前移动设备的耗电量都在大幅增加,基本上也就是 1～2 天的电量,因此在电池技术未能实现重大突破的前提下,如何将软件耗能降低,就成为各大厂商工程师们的主要攻关难题。有业内人士对 Flash 和 HTML5 在电池续航性上进行了测试,结果是:相较于 Flash,HTML5 视频对电池更好;在笔记本上,从 HTML5 改为 Flash 将增加 17% 的电池消耗(对应电池寿命的减少),而平板上则增加了 12%。两种平台上,HTML5 都比 Flash 画质更流畅,跳帧更少,同时对于产品的用户反馈度也是很有意义的。

4.1.6　视频性能

HTML5 在视频播放上的卓越性能,是 Flash 所无法企及的。特别是 HTML5 与 H.264 硬件上的强强配合。播放 480P 的视频,Flash 没有问题,但对于 720P 的 Flash 视频,Flash 就显得力不从心了。纵观现在的移动设备,包括手机、平板电脑或者笔记本,720P 都是最低的要求,1080P 也非常常见,用户对于画质的精细度要求也是非常高,所以仅仅停留在 480P,显然是无法做到与时俱进,很快也会被社会淘汰。另外,随着 H264 编码的普及,以及 RMVB 彻底退出历史舞台,用户对于 HTML5 的认知也会大大加强。

4.2 HTML5 的缺点

任何新技术的出现,都会伴随着一些问题的出现,当然,相关技术人员也会不断完善提高,具体如下。

4.2.1 尚未定案

HTML5 目前仍然是个草案,仍处于完善之中。现在支持 HTML5 的浏览器有:Firefox、Chrome、Safari、Opera、IE9 等,但是各有差异,相同的功能在不同的浏览器上有可能表现形式不一。

4.2.2 普及性低

当前国内的大环境导致使用 IE6 浏览器的用户较多,而 IE6 不支持 HTML5 特性。

5 HTML5 在公共气象服务中的应用

当前是互联网时代,中国网民数量庞大,网民每天通过互联网获取各种各样的信息,其中就包括气象信息。人们通过手机、笔记本、平板电脑等终端,安装或未安装客户端,都可以轻松地获取最新的气象信息,给自己的工作和出行做好提前规划。

随着移动运营商网络大提速,使用移动终端获取气象信息的用户越来越多,大有赶超电脑之势。同样,也基本能够实现气象信息的实时更新,所以在各类平台上,都可以查阅气象实况数据、最新的天气云图,甚至最新的雷达回波动画等,可以说,公共气象服务的内容也是越来越多种多样。

现在,网民选择访问哪个网站,或者使用哪一款软件,已经不是单纯停留在获取所需数据的阶段,而是需要一定视觉效果,通俗点说就是比较炫酷、同时又能方便有效地获取所需信息,一看即懂,同时不需要过多的设置。

应运而生,Flash 无疑是多年来互联网界的最佳解决方案,Adobe 公司长期致力于 Flash 的开发和应用,也达到了一个相对成熟的高度。但一个现实问题不容忽视,同时也令无数网站站长头疼不已。

目前市面上的手机操作系统各异,软件编写的制式差别也非常大,特别是很多手机(尤其是应用 IOS 系统的手机)根本不支持 Flash,无法实现 Flash 所能呈现出的效果。所以,开发人员想要同时满足如此多样化的电脑和手机用户的访问,就必须去选择开发两套产品:一方面是常规地使用 Flash 网站产品,而另一方面就是完全摆脱 Flash 应用的软件(App)。从公共气象服务近些年的产品来看,对应的就是中国天气网和中国天气通,这无形中大大增加了开发成本和后期维护成本。人力、设备及技术的更新换代,基本是成倍的负担,同时也为软件的长期稳定运营埋下了巨大的隐患。

以中国天气网为例,该网站天气预报详情页的实况曲线 Flash 是一款广受好评的产品,24 小时之内气温、相对湿度、降水量及相对湿度的变化都可以展示,直观、炫酷又能方便有效地供用户查询相关信息,用户也不必再去查询枯燥无味的数字(图 4)。虽然网站上很成功,但是在 IOS 系统的手机上却无法使用,表现为一片空白,完全丧失了存在的意义(图 5)。

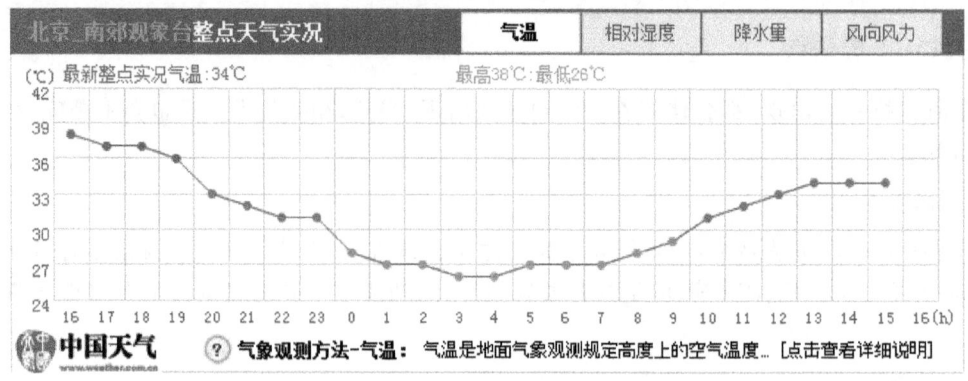

图 4　中国天气网——实况曲线图产品

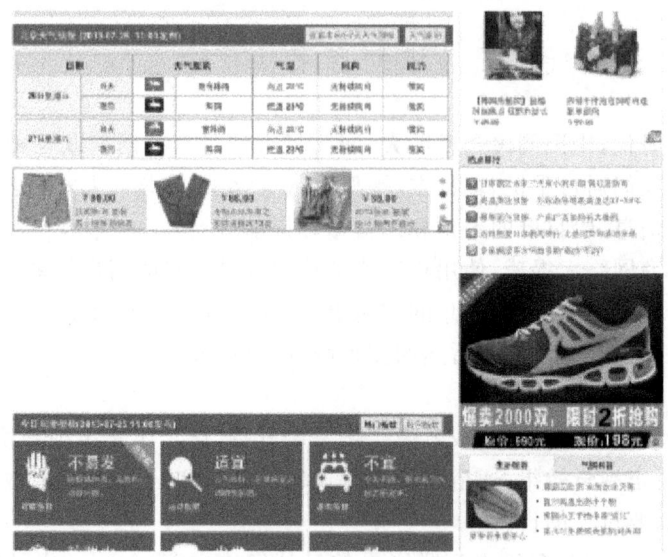

图 5　手机访问中国天气网——实况曲线图产品

而在中国天气通上,由于实况数据资料过于庞大,同时移动 2G/3G 网络的通道带宽十分有限,所以没有办法很好地移植,短期内也很难攻关。不过在天气预报方面,也有类似的曲线图产品,是未来几天预报的曲线图,而非实况。据统计资料显示,公众对于这一类曲线图的表现形式还是非常认可的。

如果使用的是 HTML5 技术,用户电脑和手机均可正常访问使用,做到无缝衔接,就不需要在手机端下载软件安装,打开浏览器就可以访问,为用户减轻负担,同时可以免除开发两套产品的冗余,又可以避免因数据同步的不及时导致的用户访问数据不统一等一系列问题,可谓一举多得。至于效果方面,更是有突飞猛进的改观,此前在 HTML5 的优点中已经阐述,这里就不再重复。

6　HTML5 的发展趋势

HTML5 技术正在逐步普及,当前国内外各大在线视频网站均开发了 HTML5 版本,如

YouTube、优酷(图 3)等。用户访问时会自动判断其浏览器是否支持 HTML5 特性,如果支持,则自动转到 HTML5 播放页面,而非传统的 Flash 播放模式,智能程度非常高。

7 结 论

HTML5 相比于现有的 Flash 技术,有着各种各样的优势,是互联网界发展的未来趋势,在气象服务类网站上可替换现有的 Flash 产品,使多平台多终端用户方便快捷地访问,同时对搜索引擎友好,更容易被收录,从而带来更大的访问量,更好地为公众提供服务。

参考文献

陈培爱.2004.现代广告学概论.北京:首都经济贸易大学出版社:204.
蒂莫西·萨马拉.2008.完成设计——从理论到实践.南宁:广西美术出版社:272.
侯一阳.2001.电视频道品牌的包装设计.记者摇篮(06).
骆月珍,吴利红.2008.关于公共气象服务的几点思考.浙江气象,29(1).
英菲尼特.2008.网络媒体与传统媒体.北京:中国传媒大学出版社.
中国互联网信息中心.2011.第 27 次中国互联网络发展状况统计报告.

基于微信开展应急气象服务

俞　宙　林　江

（广东省气象服务中心，广州　510080）

摘　要：通过阐述应急气象服务的背景及市场上微信服务的现状，对基于微信开展应急气象服务的意义和建设内容做出了初步设计。重点说明了基于微信的应急气象服务可以实现快速主动推送、基于 LBS 地理位置的服务等区别于传统渠道的优势功能。最终表达了要努力通过各种服务渠道和手段做好应急气象服务工作的目标。

关键词：应急气象；气象灾害预警；微信；公众平台；主动推送；LBS 地理位置定位

引　言

随着广东社会经济的快速发展，公众对应急气象服务的关注度越来越高，需求日益增多。应急气象服务同时也是气象现代化建设的重要组成部分，省委省政府对气象灾害预警和突发事件预警信息发布工作高度重视。经过几年不懈努力，广东省气象部门初步建立起了从政府到公众、从城市到农村、覆盖广东全省陆地和海洋的气象灾害预警信息发布体系。台风、暴雨、高温、寒冷、强对流等气象灾害预警信息可通过手机短信、微博、网站、报纸、电视、电台、12121语音、电子显示屏和大喇叭等方式发送到政府决策人员、防灾责任人、气象信息员以及广大公众手中，应急气象服务的覆盖面不断扩大[1]。但是受这些服务手段本身的特点限制和公众使用习惯等的影响，各种手段都有优缺点。尤其在 3G 网络快速发展、智能手机迅速成为"街机"的大背景下，气象部门仍主要以传统的短信方式进行主动推送的应急气象服务，传输速度慢，发送成功率低，已经远远不能满足气象预警信息"提速"和"扩面"快速有效发布的需求[2]。因此，气象部门要不断探索和创新服务手段和渠道，加强应急气象服务的针对性，不断扩大服务覆盖面，健全公共气象服务效益评估与反馈机制，提高社会公众的参与度，以适应公众不断变化的各类需求。为此，不断提高服务能力、拓展服务领域、丰富服务产品、完善服务体系，进一步完善政府主导、部门联动、全社会参与的气象灾害防御体系是应急气象服务发展的主要目标。而其中，拓展服务领域，探索服务新方法、新渠道是重要组成之一。

微信作为目前移动互联网新媒体的典型代表，是腾讯公司于 2011 年 1 月正式推出、提供类 Kik 免费即时通信服务的免费聊天软件。用户可以通过手机、平板、网页快速发送语音、视频、图片和文字[3]。微信提供公众平台、朋友圈、消息推送等功能，用户可以通过摇一摇、搜索号码、附近的人、扫二维码方式添加好友和关注公众平台，同时微信可以将内容分享给亲友以及将用户看到的精彩内容分享到微信朋友圈。微信于 2012 年 8 月推出公众平台，个人和机构都可以建立微信公众账号，通过文字、图片、语音与用户沟通互动。"再小的个体，也有自己的品牌"，这是微信公众平台为自己打出的口号。微信公众平台目前已经有 3 万认证公众号，其中企业账号的比例已经超过 70%。所有企业公众账户中,微信官方最推崇的是像南方航空、招商银行等服务类的公众账号模式。目前南航的微信公众账号已经有 33 万的订阅数,并以每月 10 万的速度在递增。招行信用卡公众号的订阅数已经超过 100 万,每天发送的提醒消息数量在 10 万以上。2013 年 1 月,微信用户正式突破 3 亿,预计 2013 年底达 5 亿。

微信信息传递具有快速高效的特性[4]。同时,微信在信息主动推送、互动交互、地理位置定位等方面也有着传统渠道无法比拟的优势。在当前海量信息的时代,各类信息都在赛跑,而利用好优势渠道是赢得公众信任的关键。一方面,可以利用微信"主动推送"强大的能力,将应急预警信息主动、快速发送到公众手中,实现应急预警信息的"提速""扩面"[5];另一方面,利用微信"互动交互"优势功能,向广大公众提供优质的应急气象信息查询服务,如应急信息、气象科普、气象预报、台风路径查询等,让微信成为贴身的综合天气查询微信门户;再者,借助微信强大的"地理位置定位"功能和"主动推送"服务,开展基于地理位置的气象精细化信息服务,让应急气象官方微信成为老百姓的贴身服务小帮手,成为体现服务价值的阵地。下面结合微信的特点,对基于微信开展应急气象服务的意义和内容建设做初步探讨。

1 服务意义

1.1 利用微信用户受众基础面广的特点,拓展气象服务新媒体,体现气象服务"第一时间、第一声音"的优势

2013 年 1 月,微信用户正式突破 3 亿,所以微信已经名副其实地成为主流信息渠道,各种政府公共服务、商业服务都如雨后春笋般在微信渠道上提供各种服务。气象服务作为关乎民生、极受公众欢迎的公共服务,除满足公共气象服务"第一时间、第一声音"的服务要求外,也为气象部门承担的突发公共事件预警信息发布拓展了一条新型的、主流的信息渠道。

1.2 先行先试,有利于以点带面,全国全面铺开

广东是腾讯微信研发团队的大本营,广东气象在"广东气象"微博以及腾讯 QQ Tips 等各种服务中已经和腾讯建立了良好的合作关系,广东气象微信服务建设有着天然的地理优势和合作优势。广东应急气象微信服务建设过程中的经验可以供全国各省参考;建设过程中的新需求,广东气象可以及时与腾讯开展研讨,充分考虑应急气象的需求引导微信的发展。所以微信服务在广东省先行先试,有利于产生以点带面的效果;全国全面铺开,有利于气象服务在微信信息渠道建设的长远发展。

1.3 探索统一品牌、地市个性化服务的发展之路

微信团队开放了简单易用的接口,方便了中小型企业或事业单位的简单式接入,完成简单的服务。气象服务确实可以快速接入,简单服务。但往往容易出现服务分散、服务质量不一、各自为战、重复开发等不利局面,难以形成品牌效应。广东气象通过建设"广东应急气象微信"官方账号,探索一种统一品牌、集中管理、各级服务的新型气象微信服务体系。

2　优势功能

2.1　消息主动快速推送[6]

微信为气象部门提供强大的互联网主动推送接口(推送基于互联网,能力强大),每天不限条数向关注用户主动推送纯文本信息内容,为应急预警信息服务的开展提供了巨大的便利。消息主动推送系统突破上述的限制壁垒,实现基于地理位置信息或行政区划信息,每日可多条地发送给区域用户。上线实现不低于400条/秒的精准信息主动推送。

2.2　基于LBS的逆向地理位置服务

此服务是指把微信发过来的经纬度信息转换为行政区划信息,满足50个并发且满足响应时间低于2秒,为开展如精细化预报、精细预警、实景天气(LBS报灾)、随行天气等业务提供基础服务[7]。

2.3　强互动性

微信是强互动性的服务产品。企事业单位可以利用微信的强交互性,通过对互动流程和方式的设计,从而达到在与用户的互动中实现服务的目的,如互动查询、互动统计、互动推荐、互动游戏等。正因为微信用户活跃程度高、终端便利,利用微信开展及时沟通等互动往往能比传统的网站、SNS收到更快更好的效果[8]。

2.4　自动应答菜单

自动应答菜单是指企事业单位信息、提供的服务以菜单形式展现,起到引导用户的作用。内容可以是文字、语音、图文消息、微网页链接。

3　服务内容设计

3.1　栏目设计

包括三大模块和九项服务(图1)。三大模块为:应急气象、天气信息和个性服务。九项服务为:应急信息、气象预警、应急科普、预报实况、雷达图、卫星云图、台风路径、语音预报、气象生活;二期将考虑:LBS报灾(天气实景)、精细化预报、随行天气、语音查询等用户较为关注的服务。

3.2　互动服务

根据业务需求研发各种交互式互动类产品,用户通过在微信界面输入相关指令完成如互动问答、互动统计、互动推荐、科普游戏等互动活动。

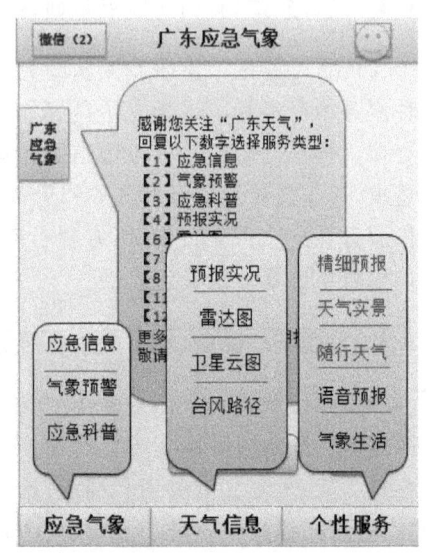

图1　自定义菜单栏目设计

3.3 应急气象产品介绍

3.3.1 应急信息

政府应急部门发布突发事件预警信息(简称"应急信息"),通过微信向关注用户推送应急信息。同时,公众可以通过自定义栏目中的"应急信息"查询当地最新生效的应急信息内容[9]。

3.3.2 气象预警

气象部门发布气象灾害预警信息(简称"气象预警"),达到一定级别的气象预警将主动推送给关注用户(如红色台风预警、红色暴雨预警等)。此外,公众可以通过自定义栏目中的"气象预警"查询当地最新生效的所有气象预警内容。

3.3.3 应急科普

提供与应急和气象相关的各类科普信息内容,并保持更新,如图 2 所示。

3.3.4 预报实况

提供关注地区未来三天预报,如图 3 所示。

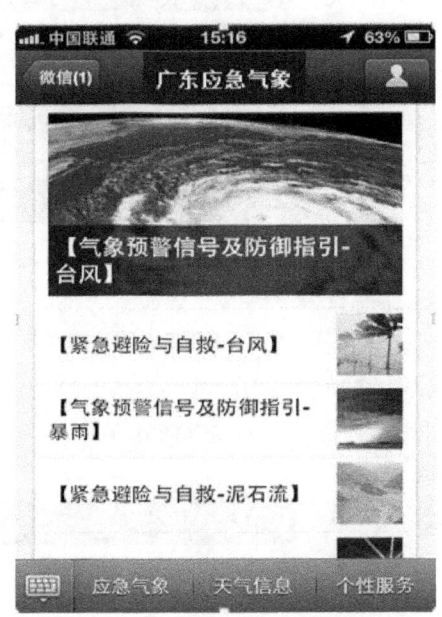
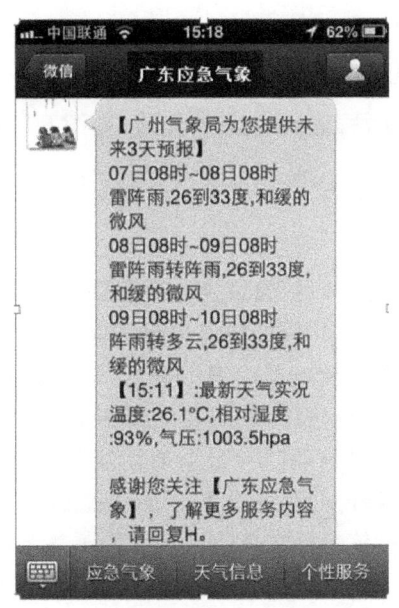

图 2 "应急科普"栏目   图 3 "预报实况"栏目

3.3.5 各类气象图

各类气象图如图 4 所示。

图4　卫星云图、雷达图、台风路径图

3.3.6　语音预报

通过语音方式播报广东省内各市县未来24小时天气预报。

3.3.7　气象生活

即与生活息息相关的小贴士,如图5所示。

4　总　结

综上所述特点,微信这一新互联网社交媒体,其信息发布特点能满足气象、应急信息的高效、快速、主动发送;也可以提供基于地理位置的深度气象服务产品;其互动特性是电话、短信、网站等传统服务渠道无法相比的,能进一步加强气象部门与公众的沟通与交流,同时也能在普及气象科普知识、强化公众防灾意识等方面发挥重要作用;最后,信息可选择的特点应用于气象服务能较好地解决以往气象服务个性化的难题,真正做到气象服务以需求为导向,"以人为本、无微不至、无所不在"[10]。

图5　"气象生活"栏目

参考文献

[1]　范维澄.国家突发公共事件应急管理中科学问题的思考和建议.中国科学基金,2007,**21**(2).

[2]　程李,彭浩,赵宏娅,等.3G时代手机气象信息服务发展思路.气象软科学,2009,**6**(3):40-45.

[3]　海诺.世界悄悄进入移动IM时代.创新科技,2012(3).

[4]　付宁.浅谈微信平台下的网络营销.商情,2012(44).

[5]　闪淳昌.建立突发公共事件应急机制的探讨.中国安全生产科学技术,2005,**1**(2).

[6] 卫晓君,郭连江,张振中.手机媒介传播的效应分析.江西气象科技,2005,**28**(03):53-54.

[7] 周傲英,杨彬,金澈清,等.基于位置的服务:架构与进展.计算机学报,2011,**34**(7).

[8] 蔡立青,蔡赛缄.3G 时代的气象科技服务.广东气象,2010,32(增刊Ⅱ):63-65.

[9] 贾子冰,李娜.突发灾害事件的应急气象短信服务策略.广东气象,2008,**30**(6):49-50.

[10] 秦大河.中国气象事业发展战略研究.北京:气象出版社,2005.

电视气象节目存在的问题和发展的新趋势

侯亚红

(辽宁省气象影视中心,沈阳　110016)

摘　要:2011 年 10 月,第八届全国气象影视服务业务竞赛中共有 31 个省(区、市)气象部门的 215 档节目参赛。这届参评的节目与前几届节目相比,无论在形式、内容还是在包装制作上都取得了令人欣喜的变化,可以说是与时俱进、亮点纷呈。详细地分析了第八届全国气象影视服务业务竞赛中参赛节目存在的问题和目前电视气象节目呈现出的新趋势,提出了一些增强气象节目可视性的思路和看法。

关键词:节目;新趋势;微博互动;形式;内容

引　言

气象之于生活,不可或缺。小到穿衣戴帽,大到国家经济利益、人民生命财产安全,气象信息都起着不可替代的作用。从 1980 年 7 月 1 日我国首次在央视新闻联播中播出天气预报节目到现在,气象节目形式由单一预报服务已经发展到包含新闻、资讯、访谈、科普等多种表现形式的电视节目。

1　气象节目发展的新趋势

1.1　实时性和现场感增强

电视气象节目从常规的演播室解说开始拓展到现场报道,节目的实时性和现场感明显增强。目前中国气象频道和浙江、上海、青岛等地的天气预报节目中都有记者现场出镜,其中中国气象频道和东方卫视采用的是现场直播,从现场直播中我们能解读出"同步""现场""真实"这些电视传播的基本元素,更深刻地感受到气象新闻的魅力。以 2010 年台风"梅花"的报道为例,上海的《气象直播连线》中,一边是记者从滴水湖发来的现场报道,另一边是节目主播在演播室中分析各类图表、数据,从降水量到台风路径,都是当时、当刻最新鲜的第一手资料。同样是对台风"梅花"的报道,中国气象频道的节目中,前方记者在狂风中报道台风最新动态,其身后的海面波涛汹涌,记者被风吹得无法站稳,眼睛也很难睁开……从各个角度都表现了当时现场的情况,为观众提供了相当真实的现场感受。这两档节目都是将记者的现场行为作为电视表达的手段,另外前方记者和演播厅主持人的设置使电视有了自己的视线和论点,尤其是与事件相关的天气分析和气候背景的解读更是强化了电视媒体的权威性。

1.2 可看性和实用性加强

电视气象节目中，主持人正襟危坐、面无表情播报天气的少了，节目中让人听得懂、记得住、用得着的内容多了；枯燥的专业叙述少了，贴心实用的人文关怀多了。在上海的一期生活类气象节目《生活天天侃》中，以职业为切入点，像交警、厨师、游泳教练、出租车司机，这些职业都是必须要与高温为伴的，自然而然的，这些职业的工作者也会有一些对抗高温的小妙招。这期节目就围绕着炎热天气以及节气热点，以"达人"支招的方式来呈现，将上海"吃、喝、玩、乐"等特色内容进行大盘点、大总结，体现了浓浓的地方特色和人文关怀。浙江的一期《天气预报》中，在描述台风影响舟山时，着重预报了舟山跨海大桥上的风向、风速，沿海的浪高，封桥时间及当时桥面最大风力，重新开放时间及开通后桥面风力，还有开通后桥面可能出现的横风及限速情况，服务非常细致、周到。

1.3 节目形式推陈出新

气象节目与新闻节目、娱乐节目相融合。天气信息贯穿在新闻背景和深度报道中。如《朝闻天下》《东方卫视》等栏目的《天气预报》已经成为了新闻节目的有机组成部分，新闻演播厅当中就设置天气预报的演播区域，新闻主播和天气预报主持人通过聊天形式，结合新闻需求针对当前的天气预测报道。还有一些气象节目借鉴或直接采用了新闻报道的形式，这种形式虽然简单、易操作，但效果却真实可信、实效性强，达到了事半功倍的效果。一些电视气象节目中还增加了娱乐化的元素，让人觉得很有趣，江苏的《气象百科堂》模仿《比格曼的世界》，节目风格时尚、风趣、"无厘头"，但又不违背科学，让观众在笑声中了解了气象的相关知识，让人感觉到气象节目也可以做得很有趣。

1.4 主持人语言更有亲和力

电视气象节目在语言的运用上，开始使用大胆诙谐的网络语言发布天气信息和提醒，例如："给力""伤不起""不负恩泽"等，都是时下流行的词汇，在节目中的运用使得节目一下子拉近了与观众的距离，完全颠覆了之前人们对天气预报常规模式的刻板印象。比如：《凤凰气象站》的主持人崔莉，在节目中聊得自然，说得明白，讲得专业，让人感到亲切，如沐春风。四川的科普节目《小崔谈天气》中，小崔描述闪电时，语言轻松活泼，介绍球形雷时使用了"也许是父母管得严，球形雷发生的概率很低"，在建议雷电中要远离金属时，用了"金属是雷电的忠实粉丝，每当雷电到来，它们往往异常亢奋"等，幽默的语言让人忍俊不禁，节目内容也因此让人印象深刻。

1.5 电视与网络结合、互动性增强

电视气象节目在与观众的互动方式上，从原来的主持人与观众现场电话互动、短信互动过渡到更方便、快捷的微博互动和微信互动，微博和微信都具有参与人群的草根性、交互方式的创新性和信息内容的原创性特点，传播迅捷、执行力强。在微博和微信炙手可热、影响力日渐扩大的今天，把微博和微信引入天气预报节目，不但增加了现场感，还可以通过了解受众的需求和理解习惯，设计更多更好的天气预报节目娱乐模式。

在与观众的互动内容上，从原来天气预报主持人强制性的单向讲解，到现在更细致、更生

活化的问答。苏州的《谈天说地》节目中,是这样解说当日的天气的:"今日降水至今,不甚给力,多数是毛毛小雨浇花润草,可看官细想,和风细雨无高温,岂不妙极。"这样的解说让人惊诧,天气预报也可以这样萌,一瞬间让人觉得可爱。好的天气预报节目应该是互动式的,在不久的将来,可能观众询问公园的梨树哪一天开花、未来一个月哪里办结婚典礼最好,都能得到满意的答案。

2　目前电视气象节目中存在的突出问题

2.1　主持人弱化现象仍普遍存在

在气象节目中,主持人仍然是清一色的帅哥美女,虽然现在大多数节目已经脱离了播报的方式,语言更加随性、亲和,但仍然感觉主持人和节目是分割的两部分,没有融为一体。这一点美国气象频道的主持人就完全不同,weather central 中天气播报员在整个节目中的作用十分重要,美国的新闻节目,除了主播以外,还有两个重要角色,一个是天气播报员,一个是交通播报员。在全国广播公司《今日》节目(Today Show)中主持人罗克尔在整个节目中虽然只是负责气象预报,但他又是整个新闻节目中很重要的组成部分,罗克尔风趣健谈,与其他主持人以及观众互动频繁,是《今日》节目中的灵魂人物之一。

气象节目主持人并非只是在节目中简单地播报天气,他(她)不但需要有节目主持人的素养以及气质,而且要对天气有自己独到的洞察力和解读能力,在节目中成为人们解读天气的向导,把专业词汇与预报人员的思维过程,通过生活化的浅显语言传达给公众,让天气预报变得更生动、形象、直观。我们的主持人往往是靓丽有余而专业不足,专家主持寥寥无几,只有中国气象频道中的气象观察员是以主持人和专家的双重身份出现,其他大多数节目仍旧是单纯主持人身份一统天下,或者是主持人、专家分别扮演各自的角色,一问一答,难以吸引观众的眼球。

2.2　节目形式与内容的矛盾越来越突出

气象节目的形式创新令人目不暇接,包括节目模式的完善、电视语言的拓展等都是气象节目形式变革的细化,但气象节目形式的创新力度远大于在节目内容上的深度拓展。

以气象创意类节目为例,其中四个省份都是模仿了 Intel 一个镜头到底的广告,四个地区的节目在语言表达、背景音效、播报场景等方面无不注入了制作者的创新意念,新颖的表现方式令人耳目一新。但在内容、形式上多有雷同,使节目不分伯仲,难以脱颖而出。另外,我们的一些节目视野仍然很狭窄,专业类节目中旅游气象节目几乎占据了半壁江山,涉及其他行业的所占比例很少,不少旅游节目都是以景点的天气气候特点作为切入点引入天气现象以及旅游天气"提醒",把重点放在了旅游景点的介绍上,气象资讯单薄而模糊,穿插的时尚资讯也使节目变得不伦不类。个别 5 分钟的节目到了 3 分半时才出现与气象相关的内容,虽然热热闹闹,但感觉有点头重脚轻。

气象节目的形式变革是否必然导致内容特色的相对弱化呢? 以国外的气象栏目、气象频道为参照,其播报方式新意迭出。如英国电视气象栏目主持人以平民化姿态、滑稽幽默的表情调侃、讽刺坏天气;欧洲一些美女主持穿上鸵鸟服,形象化地预报强风等。这些灵活的播报方式很好地与气象资讯相结合,因而获得很高的认同。这些都说明内容特质也可以依赖形式创新来提携。电视学者黄匡宇一直强调这样一个观点:"内容为王,形式是金。"在内容差异化的可能性很小而趋向同质化时,电视节目形式的有效创新可以产生大于内容制作的传播效果。但是内容和形式要两个轮子同时向前,气象栏目才可以通过提升"可视性"进而深入挖掘其潜在的"必视性"价值。

2.3 角度单一化、对象混乱化普遍存在

目前的电视气象节目中还存在角度单一的问题,大多数气象节目没有注意观众的差异,比如说城市观众群和农村观众群之间的差异、老人和年轻人之间的差异等。我们经常会发现在一些气象节目中出现诸如"今天天气晴好,适宜出游""今后几天,都是阳光明媚的晴好天气"之类泛泛的天气预报信息。对城市观众来说,这样的天气预报确实是不错的信息,但是,对于那些田地里急需雨水的农村观众,只能是一个令人沮丧的消息。相反,让城市观众头疼的,容易造成气温突变、交通堵塞和安全问题的雨雪天气,在农村观众看来则有可能是"春雨贵如油"或"瑞雪兆丰年"的好兆头。所以资讯类节目要变角度单一化为多元化;专业预报类节目要对象清晰,关注节目收视人群,也就是该节目最能吸引的那部分受众。有针对性的节目能从个性上最大程度地吸引兴趣相投的人,从而赢得更多的观众。

3 结 语

气象节目完全可以加料做"大菜"。著名的传媒学学者喻国明教授曾指出:"从市场角度讲,天气预报是人们必看的一个信息资源,将天气预报拓展开的节目自然就能吸引观众,这是一个不争的事实。"在第八届全国气象影视服务业务竞赛的参赛节目中,我们欣喜地看到天气预报节目的视野越来越开阔,预报服务也越来越具有针对性,比如《凤凰气象站》台风即将来临前的"风雨牵挂指数"、湖北《旅游风向标》中的"漂流指数"等,相信未来的天气预报节目可以达到无所不包、无孔不入的境界,丰富电视气象节目的角度和内容势必是气象节目未来发展的大势所趋。

参考文献

任金州,等.2002.电视策划新论.北京:北京广播学院出版社.
赵淑萍.1997.电视采访与写作.北京:中国广播电视出版社.

基于 Web GIS 的公共气象服务模型

雷升锴　罗永康　刘红阳

(四川省农村经济综合信息中心,成都　610072)

摘　要:为满足用户对公共气象服务精细化和个性化的需求,提出基于 Web GIS 的公共气象服务模型。该模型设计符合中国气象局标准的公共气象服务分类和命名规范,使用 OWL(Ontology Web Language)标准文件格式保存分类,采用地球科学内容管理系统(RAMADDA)管理各种不同产品,选择 IDV(Integrate Data View)生成背景完全透明的气象要素分析图,用 OpenLayers 技术将道路地图与气象要素实况分析图叠加。目前,根据本模型设计的公共气象服务系统已成功应用到中国天气网四川站的实况分析栏目。结果表明,基于 Google Map 的公共气象服务模型能够满足用户需求,有利于气象服务事业的发展。

关键词:Google Map;公共气象服务;OWL;内容管理系统;Openlayers GIS

引　言

公共气象服务是气象工作的出发点和归宿[1-4]。气象要素实况分析与大众日常生活息息相关,在公共气象服务工作中具有重要意义。目前,服务于公众的气象实况分析产品主要以图片的形式服务,该服务模式未能与当前热点技术 GIS 结合,不能实现在 GIS 平台对该分析图无限放大以及缩小,有一定的服务局限性。为了更好地服务于公众,本模型提出的基于 Web GIS 的公共气象服务模式能较好地改变目前的图片服务方式,实现与 Web GIS 叠加,用户能实现基于 Google Map 的无限放大与缩小,且实现分析图层与填值叠加等多图层叠加。该模型设计包括全国、区域、省、市、县 5 个空间尺度和小时、日、旬、月 4 个时间尺度的服务产品,服务产品多样化、个性化、精细化,能在一定程度上满足公众的需求。

本模型的实现主要借助 OWL、IDV、RAMADDA、OpenLayers 等先进技术。OWL 是基于互联网的 Web 本体语言,用于实现知识的描述和网络共享。OWL 以一阶谓词逻辑的描述逻辑为基础,以互联网知识共享作为出发点,在概念或知识的表达方面没有操作系统、开发语言等技术推广应用的障碍。IDV 是一款基于 Java 框架,用于分析和可视化地理信息的软件。该软件是由美国科学基金资助美国科罗拉多州博尔德市的 UCAR(University Corporation for Atmospheric Research)下属部门 UPC(Unidata Program Center)开发的一款通用公共授权的免费软件。具有可展示卫星图像、格点场数据、地表观测、探空气球、NOAA 国家探查网络数据,有统一接口,提供 3D 地球信息展示等功能和优点。RAMADDA 内容管理系统主要处理文本、图片、Flash 动画、图像等不同形式的文件。OpenLayers 是一个用于开发 Web GIS 客户端的 JavaScript 包,该包支持包括 Google Map、Yahoo、Map、微软 Virtual Earth 等不同地图来源。利用 OpenLayers 可以方便地使地图与其他的图层进行叠加。除此之外,OpenLayers 实现访问地理空间数据的方法都符合行业标准,并支持 Open GIS 协会制定的 WMS(Web Mapping

Service)和 WFS(Web Feature Service)等网络服务规范,可以通过远程服务的方式,将以 OGC 服务形式发布的地图数据加载到基于浏览器的 OpenLayers 客户端中进行显示。

基于 Web GIS 的公共气象服务模型设计以 OWL[5]统一管理中国气象局应急减灾与公共服务司发布的公共气象服务分类及命名规范,OWL 为本模型的灵魂,规范了根据本模型设计的公共气象服务系统的各个子系统;以 RAMADDA 地球科学内容管理系统作为统一的产品库,根据 OWL 规范管理各种服务产品;以 IDV 生成各个时次背景完全透明的气象要素分析图,并根据 OWL 规范传入 RAMADDA 产品库;以 OpenLayers 技术将不同时间尺度、空间尺度的气象要素分析图叠加到 Google Map,实现气象要素分析图以 Web GIS 形式展示给公众,为公众提供更方便实用的产品,让公众获得更好的用户体验。

1 设计思路

如图 1 所示,本模型的设计思路以本体 OWL 为核心,规范管理公共气象服务分类、命名规范和地理信息,是整个模型的灵魂,贯穿模型上下。Oracle 数据库中气象数据信息为原始气象观测数据,记录每个地面气象观测站观测数据;数据处理层将原始的气象观测数据处理成符合 HDF 标准的气象信息 NC 文件,根据 OWL 规范存储;图形处理层——IDV 根据 OWL 规范获取相应的气象信息 NC 文件生成背景色完全透明的气象要素分析图,并按照 OWL 规范命名和存入内容管理系统对应位置;内容管理层——RAMAD-DA 对内容起到监控与展示作用,根据 OWL 规范将不同方式获得的服务内容统一管理;表现层——OpenLayers 根据 OWL 规范获取气象要素分析图以及

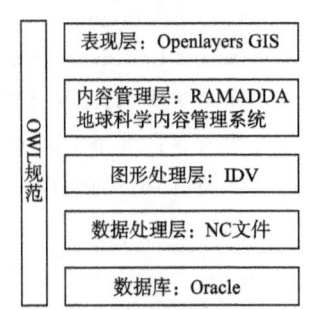

图 1 总体设计思路

站点实况 CSV,将简单图片和列表的服务产品叠加到 GIS 上,为用户提供更具吸引力的气象服务。

2 模型实现

2.1 统一的分类及命名规范管理系统(OWL)

本模型设计符合中国气象局应急减灾与公共服务司发布的公共气象服务分类及命名规范,有推广到全国的理论依据;使用 OWL 标准文件保存相应分类、命名规范以及地理信息等相应信息,方便各种不同应用访问,不同应用通过 HTTP 协议访问该 OWL 文件获取需要的统一的规范信息。

在 OWL 中,类(Class)与概念具有相同的含义,在公共气象服务模型中分为三大类(图2):g、气象服务产品、气象服务产品属性。g 类主要统一不同空间尺度区域的经纬度以及地区编码等信息,见图 2a。气象服务产品类主要统一不同气象服务产品的分类以及命名规范等信息,见图 2b。气象服务产品属性类主要统一各种气象服务产品的影响因子信息,如农业气象要素信息、产品覆盖区域信息和产品内容地理高度等信息,见图 2c。

图 2a　g 类图　　　　　图 2b　产品类图　　　　　图 2c　产品属性类

2.2　气象要素分析图生成系统(IDV)

　　在基于 Google Map 的公共气象服务模型中,IDV 主要用于生成气象要素序列分析图。IDV Script Language 使分析图黑色背景区域完全透明,便于与道路地图和其他图形叠加。

　　如图 3 所示,IDV 生成的中国小时气温图和四川小时相对湿度图,依据本体 OWL 的概念分类和内容管理系统的分类管理,通过服务器上传到 RAMADDA 内容管理系统对应分类目录中存储,在用户查看所需的信息时调用。

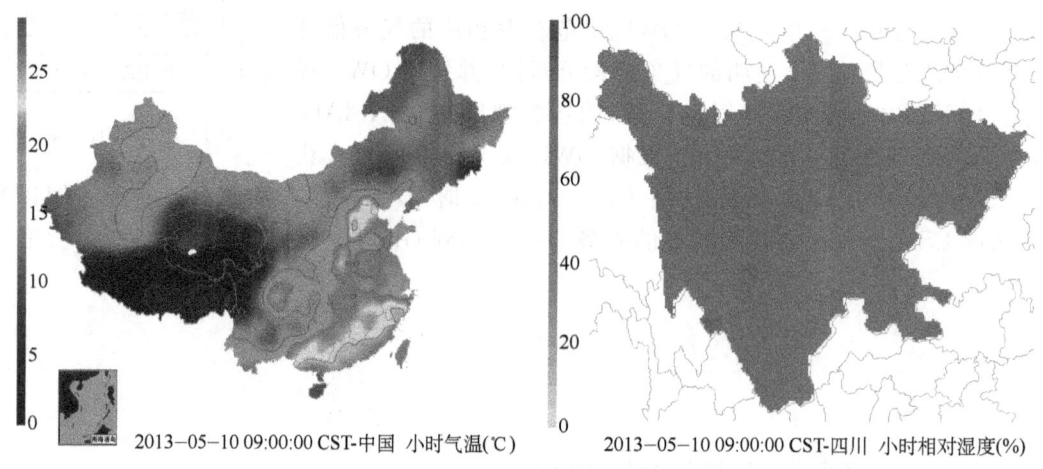

2013-05-10 09:00:00 CST-中国 小时气温(℃)　　　2013-05-10 09:00:00 CST-四川 小时相对湿度(%)

图 3　IDV 生成的气象要素序列分析图

2.3　统一的地球科学内容管理系统(RAMADDA)

　　气象服务方面的产品数量多,信息量大,而且形式多样,有文本、图片、动画等,需要用专门的内容管理系统,对这些信息进行管理。RAMADDA 内容管理系统根据本体 OWL 中的概念分类,将气象产品归类整理,见图 4。

　　如图 4a 所示,RAMADDA 内容管理系统根据本体 OWL 气象产品分类,将不同类型的产品统一管理,如站点时间序列分析图,分为小时、日、旬、月时间序列分析图。RAMADDA 系统可以直接将图片、文档等不同产品上传至内容管理系统,如图 4b 所示,RAMADDA 内容管理系统中将小时气温二维分析图放在二维分析图分类中。

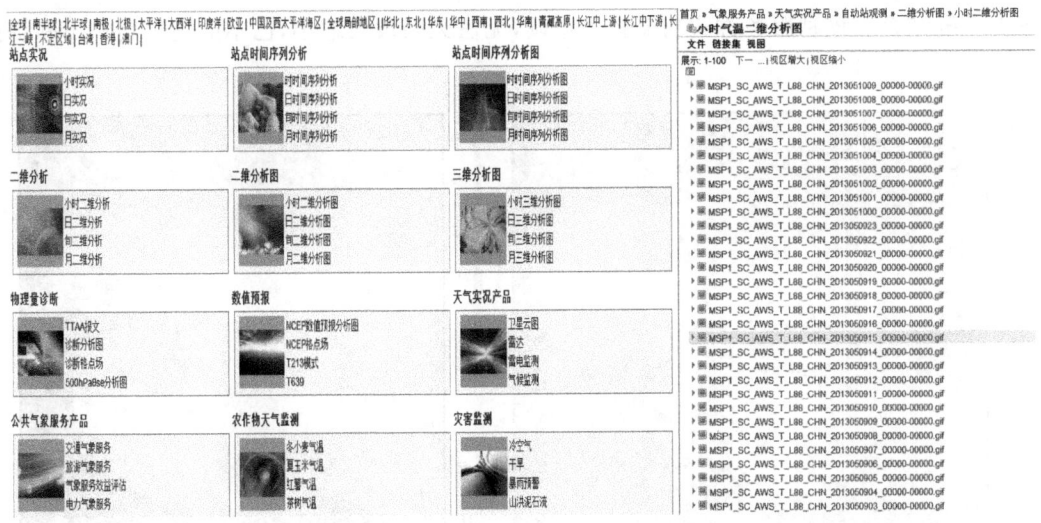

图 4a   RAMADDA 内容管理系统中的分类图   图 4b   小时气温二维分析图整理

2.4   OpenLayers GIS 技术

OpenLayers 技术可以实现气象要素分析图与道路地图叠加并无限放大缩小。如图 5 所示,用户可以方便地选择自己需要了解的气象要素分析图。

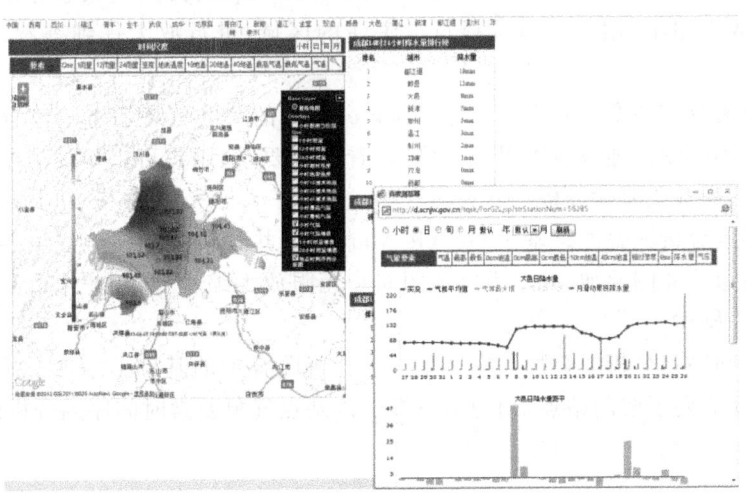

图 5   气象要素序列分析图叠加

采用 OpenLayers GIS 技术实现的气象要素叠加图产品内容更加丰富,整体美观,用户操作方便。该种方式实现的气象要素图通过用户选择叠加,默认情况下,气象要素选择栏最小化,需要时展开,使整个产品图更加美观。并实现分析图与气象要素时间序列分析图叠加,用户选择分析图中的站点,则可以弹出新窗口为用户展示时间序列分析图。

2.5   与之前服务模式对比

如图 6 所示,之前发布的气象要素分析图为简单图片方式,并未叠加到 GIS,无法实现与地图的无缝结合。该种服务方式功能较为单调,无法无限放大缩小,已不能满足用户不断提高的服务需求。

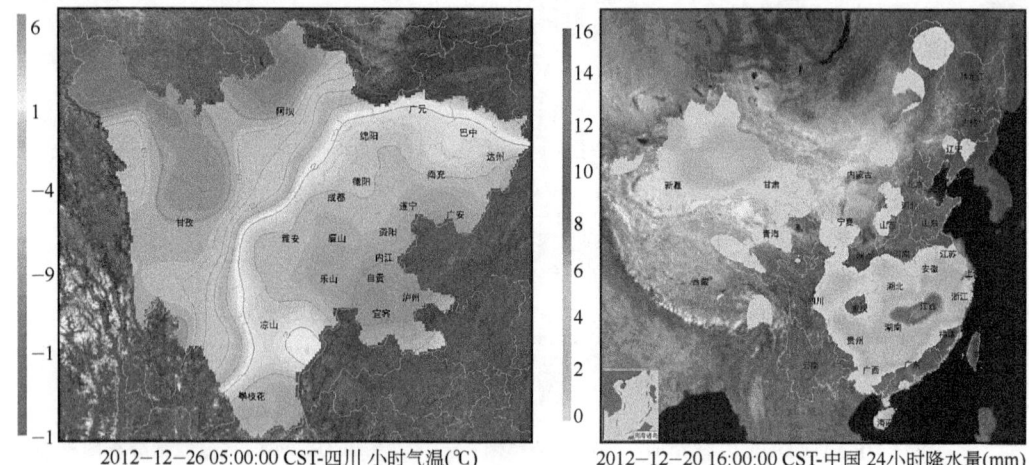

2012—12—26 05:00:00 CST-四川 小时气温(℃)　　　2012—12—20 16:00:00 CST-中国 24小时降水量(mm)

图6　之前服务模式的气象要素分析图

基于 Google Map 的公共气象服务模型正式应运而生新的气象服务模式,该模式与当前非常热门的 GIS 技术结合,为用户提供更为优质的服务。该模式有以下优点:

(1)气象要素分析图无限放大缩小。基于 Google Map 的公共气象服务模型气象要素分析图可以无限放大缩小,用户可以选择自己关注的区域,进行放大仔细查看,不受图片大小限制。

(2)气象要素分析图全屏查看。基于 Google Map 的公共气象服务模型气象要素分析图可以全屏查看,不受图片加载位置限制,全屏查看气象要素,用户可以更加清晰地了解所关注的细小区域的不同气象要素分析。

(3)气象要素分析图叠加。基于 Google Map 的公共气象服务模型气象要素分析图的背景透明,可以与道路地图叠加,并与道路地图同步无限放大缩小,在用户全屏查看气象要素分析图时方便用户操作。

(4)站点时间序列分析图叠加。在气象要素分析图叠加的基础上增加了站点时间序列分析图。用户选择需要了解的站点,则为用户提供该站点气象要素时间序列分析图。

3　结　论

目前,基于 Google Map 的公共气象服务模型的主要功能都已实现,并投入中国天气网四川站《实况分析》栏目使用,反响良好。

但该模型未能实现用户自主定制任意区域分析图展示,而是固定以行政区域分类展示,对用户个性化追求有一定的不足,希望在下一期工作中解决。

参考文献

[1]　何险峰,马力,罗永康,等. 近实时公共气象服务分析图网站发布.气象科技,2012,**40**(4):578-584.

[2]　雷升锴,何险峰,薛勤,等.Integrated Data Viewer 和 OpenFlashChart 在公共气象服务系统中的应用.信息系统工程,2011,**7**:14-17.

[3]　何险峰,郑丽娟,徐箐,等.GIS 在公共气象服务网站的应用.计算机应用与软件,2012,**29**(2):227-230,278.

[4]　何险峰,蒋丽娟,雷升锴,等.公共气象服务网站数据的及时发布.气象科技,2011,**39**(4):483-488.

[5]　何险峰,张祥锋,郑利娟,等.气象灾害本体设计.气象科技,2012,**40**(6):1007-1012.

基于黄金分割法的人体舒适度计算及应用

张志薇 王式功 尚可政 马玉霞 王宏斌 马 盼

(兰州大学大气科学学院,甘肃省干旱气候变化与减灾重点实验室,
兰州大学气象环境与人体健康研究中心,兰州 730000)

摘 要:利用中国大陆(除港、澳、台)547 个地面观测台站 1961 年 1 月 1 日—2010 年 12 月 31 日的常规气象要素观测资料,主要包括日平均气温、气压、相对湿度、风速、降水量等气象要素,采用"黄金分割法"计算体感温度,建立动态的舒适度等级划分标准,分析中国大陆各舒适度等级年均日数分布特征和四季体感温度的空间分布特征;采用 Mann-Kendall 法检验中国五个典型气候区的体感温度突变状况,可用于城市健康气候舒适度的评估。结果表明:(1)偏热(炎热、热)日数集中在北回归线(23.5°N)以南的地区,但是舒适度等级—酷热日数出现最多的站点为新疆吐鲁番盆地,年平均酷热日数出现最多区域为华中地区(25°~32°N,110°~132°E);(2)舒适日数集中在中国地区西南部,可认为此地区为气候较适宜地区;(3)平均体感温度在 20 世纪 80 年代中期之后表现为明显的上升趋势,平均体感温度上升了 0.5~1℃,这种现象在冬季表现得更加明显。(4)青藏高原地区受到海拔高度的影响,平均气温较低,舒适度较差,此地区全年寒冷日数远大于温热日数,从体感温度季节分布来看,由于青藏高原地区的地形特征,体感温度变化特征与东北地区在春、秋两季表现出一致的趋势,而在夏、冬两季有明显的区别。(5)M—K 突变检验结果表明冬季的增暖趋势始于 1970 年,尤其在 1985 年之后增暖趋势表现得更明显。西南地区增暖时间在各个季节均晚于其余地区,华南地区的增暖时间均早于其余地区,尤其在夏季。

关键词:黄金分割;体感温度;人体舒适度;健康气候

引 言

IPCC 第四次评估报告指出:气候环境要素(如温度、降水量、海平面高度等)是人类重要的生存条件之一,它与水资源、食物质量、人群健康等有直接的联系,例如:2003 年欧洲的高温热浪事件和人类对寒冷的不适应等诸多极端天气气候事件都导致了大量人口的死亡[1]。有研究表明,当工作环境气温超过 32℃、生活居住环境气温超过 35℃,并且相对湿度超过 60% 时可认为是高温高湿环境[2],在这种环境下工作和生活对人体健康造成极大的威胁,尤其是身体较弱的人群[3-7]。面对此类与人类健康直接相关的问题,本着以治疗疾病为主向以预防疾病为主的生活理念的改变,人体舒适度的研究受到越来越多的关注[8-13]。

人体舒适度是以人类机体与近地大气之间的热交换原理为基础,从气象角度评价人类在不同气候条件下舒适感的一项生物气象指标[14],提示公众可以根据天气的变化,调节自身,适

资助项目:国家自然科学基金(41075103);公益性行业(气象)科研专项(GYHY201106034);兰州大学中央高校基本科研业务费专项资金(lzujbky-2013-246)

应冷暖环境以及防范天气冷热突变,预防由某些天气造成的人体不舒适而导致的疾病等。人体舒适度的研究方法众多[15],Nikolopoulou 等对欧洲不同国家的城市热舒适性进行了研究[16];Victor 等利用气温和相对湿度序列,计算墨西哥城内 5 所公园及其周边舒适指数,结果表明舒适度与气温的变化相关性较大,与相对湿度的相关程度小于气温[17]。在中国地区,许多省(市、区)气象台站都有针对于本地区的地形、气候特点设计的舒适度经验公式[18-20]。中国气象局规定在发布的气象舒适指数中,认为夏季以计算炎热指数为主,而冬季则以计算风寒指数为主[21]。Yu 等基于慕尼黑人体热量平衡模型的生理等效温度的计算方法,分析了中国地区省会城市的体感温度,其研究表明春、冬两季的年平均体感温度变化速率最大,秋季次之,夏季的变化速率最小[22]。Tang 等计算了辽宁省 1964—2008 年人体各舒适度级别日数,结果显示辽宁省的东南部沿海城市为全省最适宜人类居住的城市,东北部为人体感觉冷不舒适日数最多的地区,西部为人体感觉热不舒适日数最多的地区[23]。Yang 对山东省人体舒适度指数研究表明,20 世纪 80 年代中期以前,山东省舒适度以偏凉为主,变凉时中西部地区的变化幅度大于半岛地区,而变暖时半岛地区的变化幅度大于中西部地区[24]。

诸多的舒适度、舒适度指数计算方法多为经验公式,并不能真实、准确地反映出人体对温度的感觉,随后,有人提出用体感温度表示人体舒适度,由于百叶箱所测得的环境温度是屏蔽了太阳辐射等自然因素的结果,所以通过对湿度、风速、降水量等因素的修正能更真实地反映出人体的感觉环境温度的高低,即"体感温度"[25],与舒适度指数相比较,体感温度更能贴近人群的感受。Toros 等通过对土耳其最低气温和风寒指数对人体健康的影响,认为在夏季高温高湿的天气条件下,体感温度高于真实的环境气温,所以人体产生热量;在冬季风速较强时,人体感觉到的温度比实际环境气温略低[26]。吕伟林根据 Houghton 和 Jaglou 提出的计算方法进行修改、订正[27],所得结果在北方地区应用广泛,但是由于气候和地理条件差异,在南方地区应用效果并不是很好。

本文采用自主研发的适用范围广的体感温度计算方法(专利申请号为:2012105963660),计算所得的体感温度是指裸露人体皮肤所感觉到的温度,以体感温度为基础分析中国地区 547 个地面观测站的各舒适度等级年平均日数的时间、空间分布特征和春季、夏季、秋季、冬季的体感温度空间分布特征,以此作为评估中国地区健康气候舒适度的基础,具有更高的敏感性,能够较真实、准确地反映出人体对环境温度的响应程度,公众便可及时增减衣物,达到防病养生的效果。

1 研究范围和资料

本文采用中国气象局信息中心整编的中国大陆(除港、澳、台之外)547 个地面观测台站 1961 年 1 月 1 日—2010 年 12 月 31 日逐日常规地面观测资料,资料时间序列长度为 50 年,主要包括日平均气温、相对湿度、降水量、风速、气压等常规气象要素;对气象资料进行质量控制,保证资料时间长度一致,剔除资料不完整的站点,剔除曾经迁移站点所在地的海拔变化在 10 hPa 以上的站点。站点分布如图 1 所示,其中海拔 3000 m 以上的气象观测站 37 个;能反映出"黄金分割法"计算的体感温度可适用于计算体感温度不同海拔高度、不同纬度的地区。

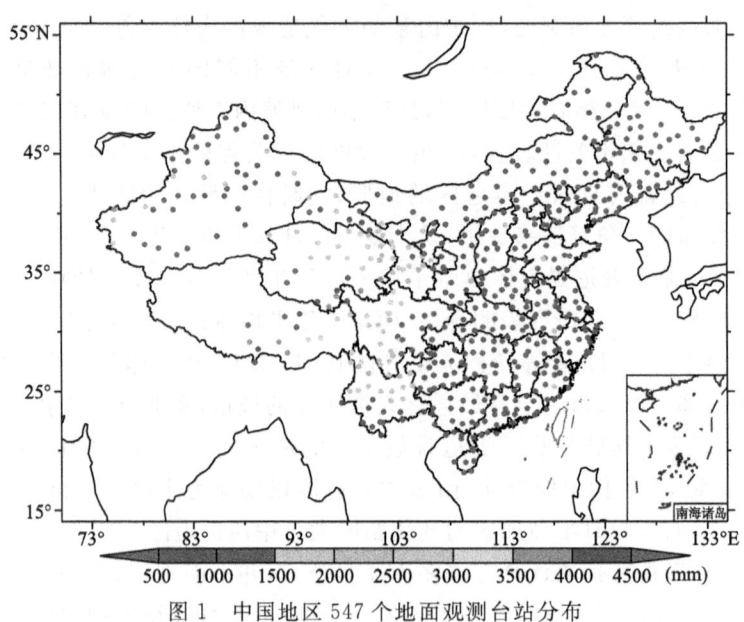

图 1　中国地区 547 个地面观测台站分布

2　方　法

　　黄金分割是一种数学上的比例关系,在数学上定义为把一条线段分割为两部分,使其中一部分与全长之比等于另一部分与这部分之比,其比值用分数表示为$(\sqrt{5}-1)/2$,取其近似值即 0.618。在很多科学实验中,选取方案常用 0.618 法,即优选法,由于按此比例设计的造型十分美丽,因此称为黄金分割[28-29]。黄金分割具有严格的比例性、艺术性、和谐性,蕴藏着美学价值,也广泛应用在建筑、文艺、工农业生产和科学实验中,但是从未应用在气象研究中。在气象上,人体是一个对环境温度响应最直接的载体,则可认为黄金分割点即可代表为人体感觉到最为舒适的环境温度值。

2.1　公式基本思路

　　人体平均体温为 36.75℃,基于此基础体温采用黄金分割法,$36.75 \times 0.618 = 22.7$,即认为 22.7℃为生活在南北回归线(23.5°N(S))内人体皮肤裸露时感觉到的最佳舒适温度,纬度在南北回归线内的站点对纬度效应项和季节差异项不做任何调整,随着纬度的增加和季节的变化,某地区的最佳舒适度随之而变化。在考虑调整了纬度效应和季节效应后,认为该最佳舒适温度为某一地区的当月最佳舒适环境温度。

2.2　黄金分割法计算体感温度的普适性、稳定性、简洁性

　　中国地区地形复杂多变,由于纬度的影响,南北气温呈现出一定的差异,所以公式中各标准量均为动态变化,随站点纬度和季节的变化而变化;某地某月最佳舒适温度数学表达式为:

$$T_s = 22.7([1.0 - 0.3\sin(\varphi - 23.5)] - |0.3\cos[15° \times (M-1)]| - 2.0 \times \tan(H/100) \quad (1)$$

式中,T_s 为"最佳舒适温度",φ 为纬度,M 为月份,H 为海拔高度。其中,北回归线(23.5°N)以南和南回归线(23.5°S)以北的热带地区不需要订正,中国地区 31 省会城市(除港、澳、台之外)

每月最佳舒适温度见附录。

修正了纬度跨越较大、站点海拔高度不同而带来的气温、气候差异性,公式适用于不同海拔的城市;$|0.3\cos[15°×(M-1)]|$为季节效应项,随着月份的变化而变化,季节效应项的调整是因为中国地区气候差异性较大;35°N以南的南方地区冬季较短、夏季较长;35°N以北的北方地区夏季较短、冬季较长的气候特点。$2.0(\tan(H/100))$为海拔调整项,当某地海拔高度低于500 m时,此项为0。季节项和海拔高度项的调整,区分了地域特点而引起的最佳舒适温度的变化,能够更好地体现地方性差异和黄金分割法计算体感温度的普遍适用性。

黄金分割法计算体感温度的表达式为:

当 $T_a \geqslant T_s$ 时,

$$T_g = T_a + A\{\exp[0.05(T_a - T_s)(RH - RH_s)] - 1\} - 0.03(T_a - T_s)V \qquad (2)$$

当 $T_a < T_s$ 时,

$$T_g = T_a - A\{\exp[0.013(T_s - T_a)(RH - RH_s)] - 1\} - 0.01(T_s - T_a)V \qquad (3)$$

以上两式中,系数$A=36.75×(1-0.618)≈14$;T_g为体感温度(℃),认为是人体皮肤裸露时感觉到的环境温度;T_a为平均气温(℃);T_s为最佳舒适温度(见公式(1));V为平均风速(m/s);RH为相对湿度;RH_s为最适相对湿度,其中,无降水时,$RH_s=0.5$,有降水时,$RH_s=0.618$。e指数和三角函数的特殊属性保证了公式的稳定性;此外,各变量均为日常观测气象要素,简单易得。

2.3 舒适度等级划分标准

以计算所得的日平均体感温度为基础,将人体舒适度划分为11级,由表1查出相应的舒适度等级即可。其中,$D_t = 22.7 - T_s$表示某地的实际最佳舒适温度(经纬度效应、季节和海拔高度影响调整后的)与理论最佳舒适温度值的偏差,用以动态调整不同等级所覆盖体感温度值的范围。当体感温度为($(18-D_t)$℃,$(22.7-D_t)$℃)时,人体感觉最为舒适;当体感温度高于$(31-D_t)$℃(酷热)或低于$(-15-D_t)$℃(严寒)时,人体感觉最不舒适,此时,患有相关疾病人群应注意采取适当的方式预防疾病发作。

表1 舒适度等级划分标准

等级	舒适度	划分标准	体感及应对措施
4级	酷热	$T_g > 31 - D_t$	极度热,特别不舒适,注意防暑降温
3级	炎热	$28 - D_t < T_g \leqslant 31 - D_t$	非常热,很不舒适,尽量少去户外
2级	热	$25 - D_t < T_g \leqslant 28 - D_t$	较热,不舒适,适度穿着易散热夏装
1级	微热	$22.7 - D_t < T_g \leqslant 25 - D_t$	较舒适,不影响正常生活
0级	舒适	$18 - D_t < T_g \leqslant 22.7 - D_t$	很舒适,可高效地工作学习
-1级	凉爽	$13 - D_t < T_g \leqslant 18 - D_t$	较舒适,不影响正常生活
-2级	凉	$8 - D_t < T_g \leqslant 13 - D_t$	略感微凉,注意添衣
-3级	微冷	$3 - D_t < T_g \leqslant 8 - D_t$	感觉微冷,不舒适,注意保暖
-4级	冷	$-5 - D_t < T_g \leqslant 3 - D_t$	感觉较冷,不舒适,注意防寒保暖
-5级	寒冷	$-15 - D_t < T_g \leqslant -5 - D_t$	感觉寒冷,很不舒适,防寒保暖,防止冻伤
-6级	严寒	$T_g \leqslant -15 - D_t$	感觉特别寒冷,极不舒适,加强防寒保暖,防止冻伤

2.4 Mann-Kendall 突变检验

Mann-Kendall 法是一种非参数统计检验方法,常用于气候突变检测。对于有 n 个样本量的时间序列 x,构造一个秩序列:

$$S_k = \sum_{i=1}^{k} r_i \qquad (k = 2, 3, \cdots, n)$$

式中,$r_i = \begin{cases} +1, 当 x_i > x_j \\ 0, 当 x_i \leqslant x_j \end{cases} \qquad (j = 1, 2, \cdots, i)。 \tag{4}$

在时间序列随机独立的假定下,定义统计量:

$$UF_k = \frac{[s_k - E(s_k)]}{\sqrt{\mathrm{var}(s_k)}} \qquad (k = 1, 2, \cdots, n) \tag{5}$$

式中,$UF_1 = 0$;$E(s_k)$;$\mathrm{var}(s_k)$ 是累计数 s_k 的均值和方差,在 $x_1, x_2, \cdots, x_n$ 相互独立,且有相同连续分布时,由下式算出:

$$\begin{cases} E(s_k) = \dfrac{k(k-1)}{4} \\ \mathrm{var}(s_k) = \dfrac{k(k-1)(2k+5)}{72} \end{cases} \qquad (k = 2, 3, \cdots, n) \tag{6}$$

UF_i 为标准正态分布,它是按时间序列 x 顺序 $x_1, x_2, \cdots, x_n$ 计算出的统计量序列,给定显著性水平 α,若 $|UF_i| > U_\alpha$,则表明序列存在明显的趋势变化[30]。

3 结 果

3.1 1961—2010 年中国地区舒适度等级日数空间分布特征

1961—2010 年中国地区舒适度等级——酷热年均日数分布(图 2a)表明年均酷热日数主要集中出现在华中地区(25°—35°N,110°—122°E),但是年均酷热日数出现最多的站点是新疆的吐鲁番盆地,酷热日数达平均 80 d/a;其余地区,酷热日数达 15 d/a 以下。

1961—2010 年中国地区舒适度等级——炎热年均日数分布图(图 2b)表明,年均炎热日数在 107°E 以东的地区随着纬度的增加呈现递减的趋势;105°E 以西的地区的青藏高原年均炎热日数少于12 d/a。年均炎热日数集中在华南沿海地区、华中地区、江淮流域、华北的东部地区以及新疆的部分地区,最大值出现在中国地区纬度最南端的海南省东方市,为 126.6 d/a,该市每年炎热日数占该市总日数的 34%。

1961—2010 年中国地区年均舒适度等级——热日数分布(图 2c)表明,年均体感舒适度等级为热的日数与炎热日数分布趋势基本相同,在 105°E 以东地区随着纬度的增加,热日数减少;105°E 以西的地区的青藏高原舒适度等级为热的日数出现很少,少于20 d/a。年均舒适度等级为热的日数较少地出现在青藏高原地区、东北地区西部(即中国地区纬度最北端的寒温带地区),热日数集中在华南地区,最大值出现在云南南陵水县,舒适度为热的日数为 158 d/a;其次,年均热日数较多出现在新疆的南部地区,年均热日数在 48 d 左右。

1961—2010 年中国地区年均舒适度等级——微热日数分布(图 2d)表明,除了青藏高原地区,中国各地区年均微热日数均在 20~40 d。出现微热日数最多的站点为位于中国地区西南部的云南省澜沧县,该站微热日数为 50 d/a,可认为是气候较适宜地区。

1961—2010 年中国地区年均舒适度等级——舒适日数分布(图 2e)表明,中国地区舒适日数最多地方为位于中国地区西南部的云南省,舒适日数最高达到 170 d/a,占全年总日数的 46.6%,舒适日数出现最少的地区为青藏高原地区,年平均舒适日数在 30 d 以下,最少为 0 d。除此之外,全国各地区舒适日数在 40~80 d/a。

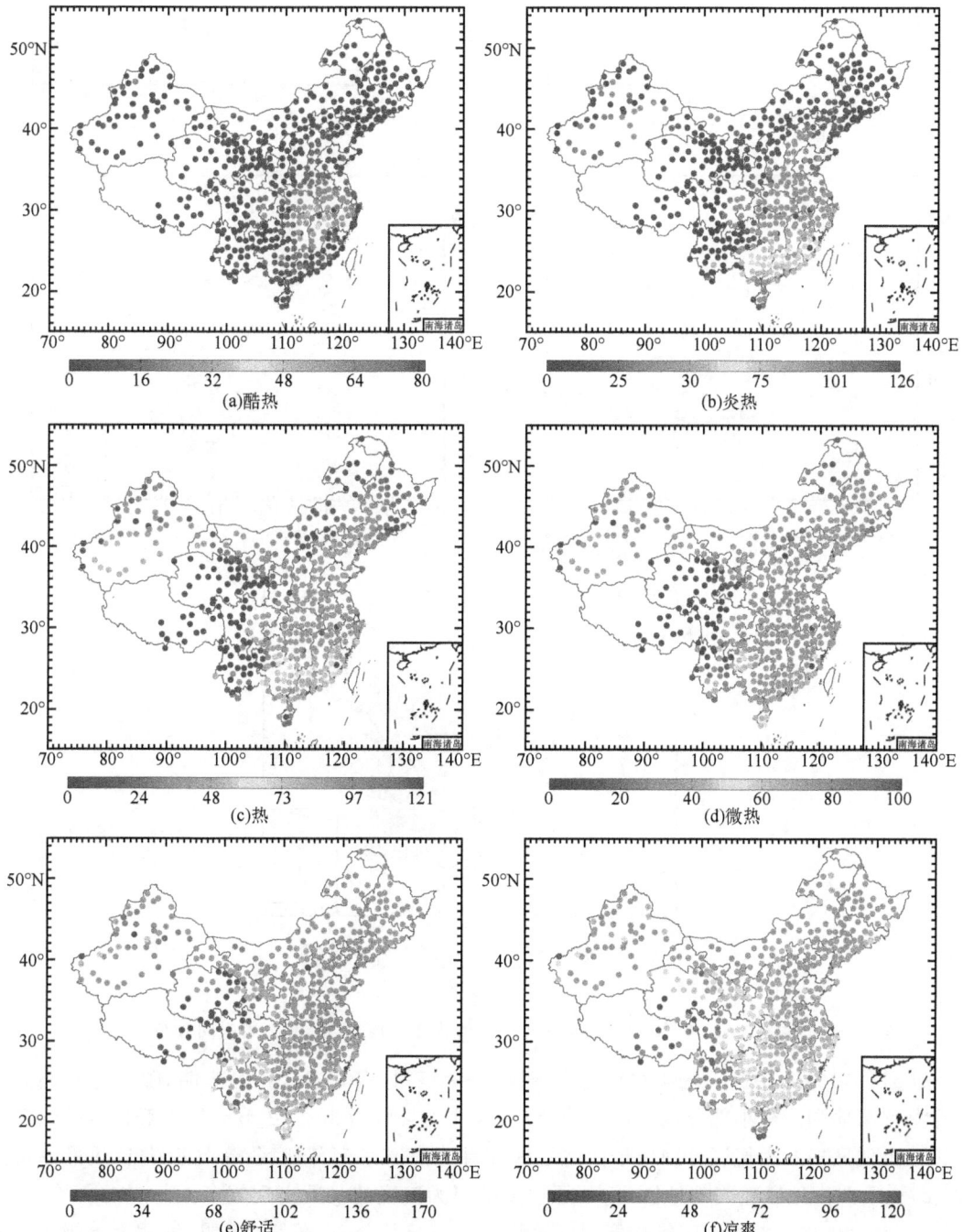

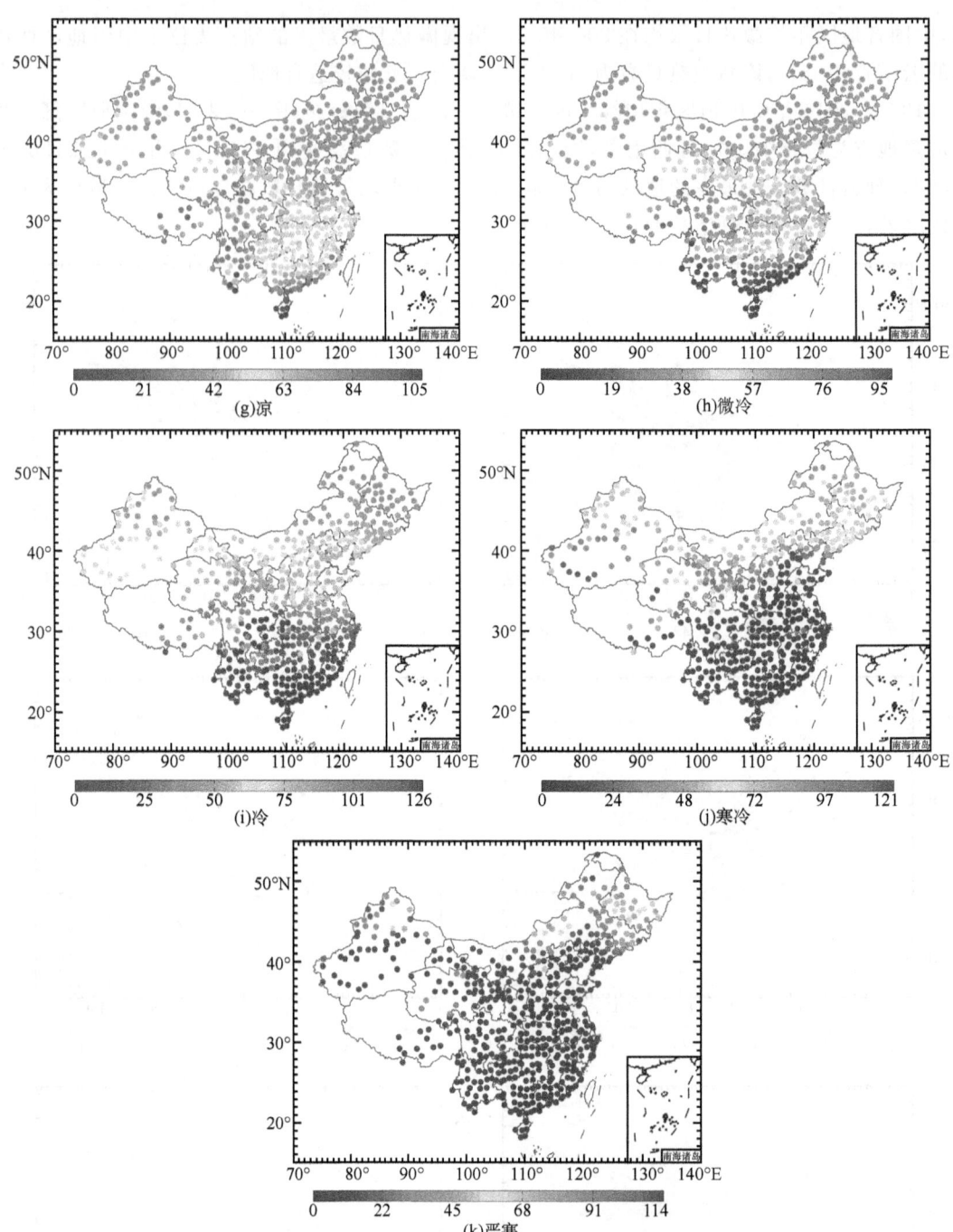

图 2　1961—2010 年中国地区舒适度等级年平均日数(单位:d)空间分布

　　1961—2010 年中国地区年均舒适度等级——凉爽日数分布(图 2f)表明,除位于青藏高原的青海省南部和西藏小部分地区以外,其余地区凉爽日数为 30~72 d/a,年均舒适度等级为凉爽日数出现最多的大值区分别位于西南地区和青藏高原东南部地区,年均凉爽日数最高可达 120 d,说明西南地区较其他地区而言,舒适度等级为凉爽的日数出现较多。

　　1961—2010 年中国地区年均舒适度等级——凉日数分布(图 2g)表明,舒适度等级为凉的日数主要集中在西南地区和青藏高原东部地区;在 105°E 以东的地区,以 30°N 为界,凉的日数分别向北极和赤道递减,海南省最少为 0.14 d/a。

1961—2010 年中国地区舒适度等级——微冷日数分布(图 2h)表明,舒适度为微冷的日数以 30°N 为分界,分别向高纬和低纬地区递减,年平均微冷日数主要集中在青藏高原地区——青海南部和西藏东部地区;其次,年均微冷日数较多出现在河套地区和江淮流域(25°~35°N);40°N 以北的东北地区、内蒙古和新疆北部地区年均微冷日数在 40~70 d;北回归线(23.5°N)以南的区域,舒适度等级为冷的日数最少,年均日数少于 20 d。

1961—2010 年中国地区年均舒适度等级——冷日数分布(图 2i)表明,除 35°~40°N 的纬度带和青藏高原外,舒适度等级为冷的日数出现很少,尤其在 30°N 以南的地区年均冷日数小于 20 d;年均冷日数最大值出现在西藏帕里地区,冷日数最大值为 126 d/a,而与之相邻的西南地区则出现冷的日数很少,在 20 d/a 之内,这一分布特点也说明了青藏高原独特的地形、气候特征。

1961—2010 年中国地区年均舒适度等级——寒冷日数分布(图 2j)表明,除东北地区、华北北部、西北五省区(青海省、新疆维吾尔自治区、陕西省、宁夏回族自治区、甘肃省)以外的其余地区,年均寒冷的日数均未超过 20 d,寒冷日数出现最多的站点是位于青藏高原的青海省伍道梁站,年均寒冷日数可达到 121 d,其次,东北地区年均寒冷日数在 50 d 之上。

1961—2010 年中国地区年均舒适度等级——严寒日数分布(图 2k)表明,舒适度等级为严寒日数集中出现在中国纬度最北端(45°N 以北)的地区,严寒日数最大值在中国版图最北端的漠河站(53.28°N,122.22°E),年均严寒日数可达到 114 d,该站每年的严寒日数占全年总日数的 31.42%;其余地区均在 16 d/a 之下。值得注意的是,青藏高原冬季气温由于受到地形地貌、海拔高度及西风带气流的南北分支、冷空气活动的影响,高原冬季气温略高于其他高海拔地区,也表明高原在冬季其热力作用对气温的影响更加明显[30],而导致青藏高原并不是出现严寒日数最多的地区。

3.2 1961—2010 年中国地区平均体感温度时间特征分析

1961—2010 年中国地区年平均体感温度时间趋势(图 3)表明,1961—2010 年中国地区年平均体感温度呈现先降后升的变化趋势,年平均体感温度主要集中在 9.7~12.0℃,1961—1970 年间平均体感温度呈现明显的下降趋势,1970 年之后中国地区平均体感温度开始表现为较弱的上升趋势,但是平均体感温度维持在 10~10.8℃,这种上升趋势在 1985 年之后表现得更加明显,在 1998 年和 2007 年达到最大值,分别为 11.92℃和 11.96℃。

1961—2010 年中国地区四季平均体感温度时间变化特征(图 4)表明,1961—2010 年春季平均体感温度大多集中在 10.5~11.5℃,1996 年之后平均体感温度有明显的上升趋势,除 1999 年和 2010 年外,春季平均体感温度均在 12℃之上。中国地区夏季平均体感温度除 1976 年为 21.46℃外,均集中在 22~23℃,1993 年之后有明显的上升趋势,平均体感温度上升了 0.5℃。中国地区秋季平均体感温度表明,1972 年之前为下降趋势,1972 年之后平均体感温度表现为上升趋势,这种上升趋势在 2005 年之后表现得更加明显,平均体感温度在 12℃以上。冬季平均体感温度表明中国地区冬季平均体感温度表现为上升过程,1966 年平均体感温度为最低值−5.03℃,这种上升趋势在 20 世纪 80 年代中期之后表现得更加明显,均在−2.5℃以上。

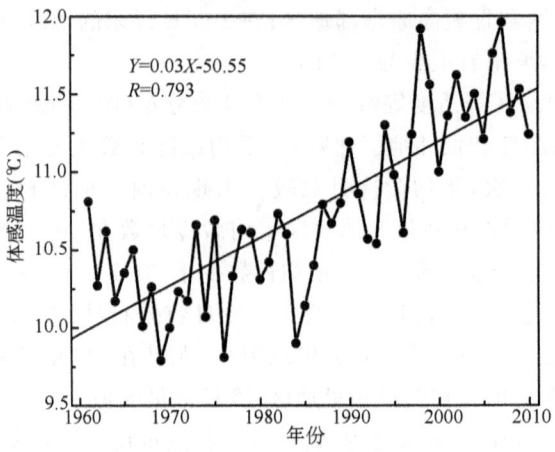

图 3   1961—2010 年中国地区年平均体感温度时间趋势

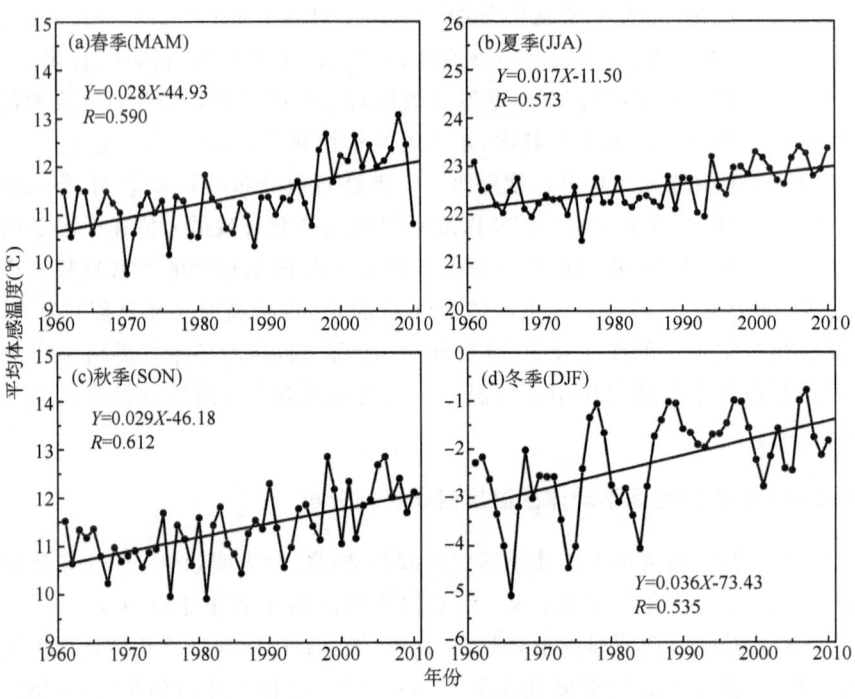

图 4   1961—2010 年中国地区四季平均体感温度时间变化特征

3.3   1961—2010 年中国地区平均体感温度季节空间分布特征

1961—2010 年中国地区春季(MAM)平均体感温度空间分布(图 5a)表明,我国春季有两个平均体感温度低值中心,分别位于青藏高原和中国地理纬度最北端的黑龙江省(纬度高于 45°N),舒适度等级均为−4 级——冷,春季平均体感温度分别为−6.7℃和−3.1℃;大值中心位于纬度最南端的海南省三亚市,舒适度等级为 2 级——热,春季平均体感温度最高可达到 27℃。江淮流域、东南沿海地区、新疆大部分地区春季平均体感温度在 13~18℃,属于舒适范围,即春季此区域内适宜生活。

1961—2010 年中国地区夏季(JJA)平均体感温度空间分布(图 5b)表明,夏季平均体感温度低值中心位于青藏高原地区(35°N,93°E),与春季(MAM)平均体感气温相比青藏高原上的低值中心在同一区域,夏季最低平均体感温度为 3.8℃,舒适度等级为微冷;夏季舒适地区为青藏高原边缘的青海北部和西南地区,以及东北地区北部。35°N 以南的地区夏季受到太阳直射的影响,平均体感温度均超过 30℃,最大值站点与酷热日数空间分布相同,分别位于纬度最南端的海南岛,夏季平均体感温度达到 29.3℃;新疆吐鲁番盆地,夏季平均体感温度为 30.7℃,平均体感气温都达到舒适度等级——酷热的标准,为夏季极不舒适地区。

1961—2010 年中国地区秋季(SON)平均体感温度空间分布(图 5c)表明,北回归线(23.5°N)以南的地区秋季平均体感温度大于 22.7℃,舒适度等级为微热和热;而秋季舒适的区域位于 35°N 以南的华中、江淮流域和东南沿海地区,平均体感温度为 18~23℃;秋季(SON)平均体感温度低值中心分别位于地理纬度最北端的漠河站和青藏高原地区的伍道梁,平均体感温度分别为-5.9℃和-6.4℃,舒适度等级为很冷。

1961—2010 年中国地区冬季(NJF)平均体感温度空间分布(图 5d)说明,冬季平均体感温度呈现明显的纬度变化趋势,零度带位于西南地区北部、西北地区南部和河套地区南部。冬季最舒适的地区为北回归线(23.5°N)以南的区域,此区域内冬季平均体感温度为 12.5℃~22℃,属于凉爽和舒适的舒适度等级范围,适合冬季生活;45°N 以北的地区为寒冷地区,冬季平均体感温度在-10℃以下,舒适度等级为寒冷或严寒,人体感觉极不舒适;由于青藏高原在冬季表现为热源,所以较东北地区北部而言,青藏高原冬季平均气温高于东北地区。

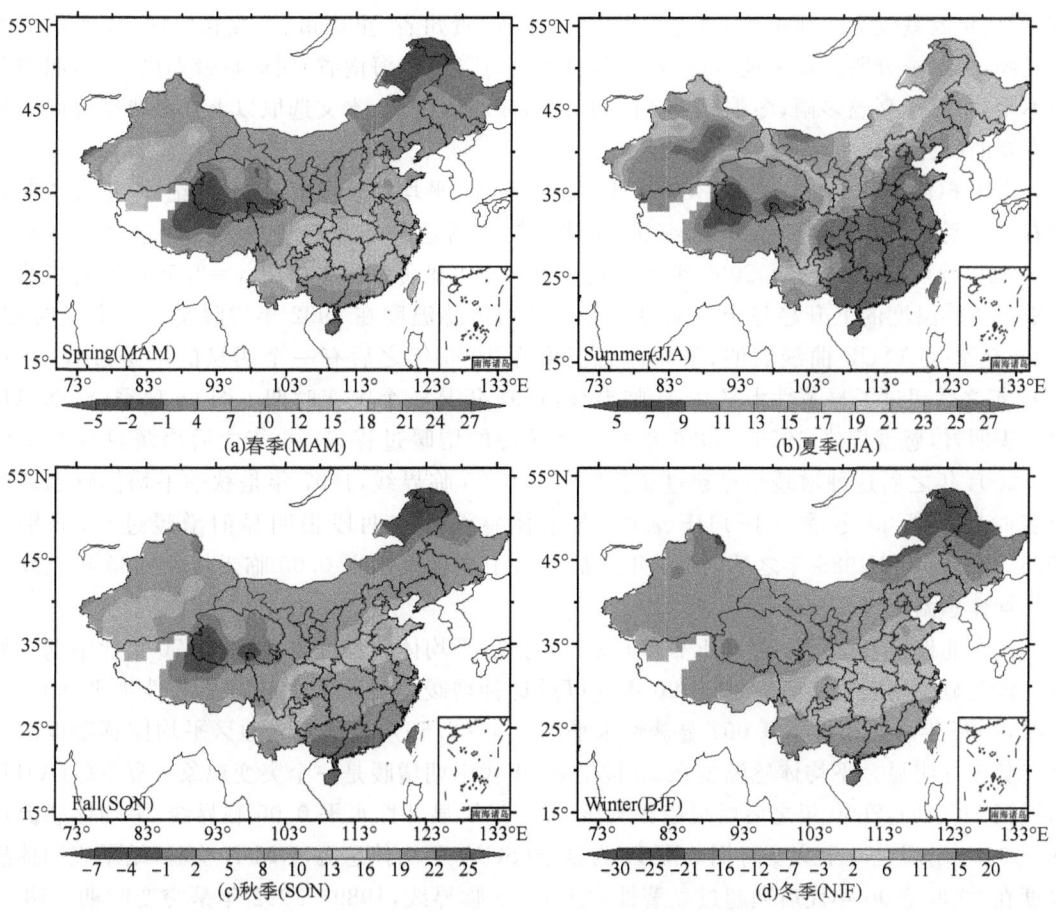

图 5   1961—2010 年中国地区四季平均体感温度(单位:℃)空间分布

综上所述,青藏高原和东北地区北部(45°N 以北)在春季(MAM)和秋季(SON)平均体感温度变化趋势一致,舒适度较差,平均体感温度低于当季全国平均值;而在夏、冬两季,青藏高原与东北地区的平均体感温度分布特征存在明显的差异,主要由于青藏高原本身夏季起热源作用而冬季起热汇作用,这一独特的地形特点对青藏高原地区冬季(DJF)和夏季(JJA)的体感温度影响较大,所以表现为在夏季青藏高原平均体感温度低于东北地区(青藏高原中心值:3.8℃,舒适度等级——微冷;东北地区中心值:16.4℃,舒适度等级——凉爽),而冬季青藏高原平均体感温度高于东北地区(青藏高原中心值:−17.6℃,舒适度等级——严寒;东北地区中心值:−29.9℃,舒适度等级——严寒)。

3.4 1961—2010 年五个典型气候区 Mann-Kendall(M-K)突变检验

依据地理分区的划分(除香港、澳门、台湾之外)中国地区可以划分为华北地区、东北地区、华东地区、华中地区、西北地区、西南地区、华南地区七个区。华北地区(包括北京市、天津市、河北省、山西省、内蒙古自治区)属暖温带半湿润大陆性气候,四季分明,冬季寒冷干燥且较长,夏季高温降水相对较多,春秋季较短,光照充足。东北地区(包括辽宁省、吉林省、黑龙江省)属温带湿润、半湿润大陆性季风气候,夏季高温多雨,冬季寒冷干燥。西北地区(陕西省、甘肃省、青海省、宁夏回族自治区、新疆维吾尔自治区)为温带大陆性气候,干旱,降水多集中在夏季,冬冷夏热,年温差较大。西南地区(含四川省、云南省、贵州省、重庆市、西藏自治区)属亚热带季风气候,干湿季分明。华南地区(广西壮族自治区、广东省、海南省)属亚热带季风气候,四季差别不明显,夏季高温多雨,冬季温暖少雨,日温差较小。因此,本文选取以上 5 个典型气候区作为主要的研究区域。

由图 6(a)即华北地区春季(MAM)UF 曲线可见,平均体感温度自 20 世纪 70 年代初期开始有一段明显的增暖趋势。20 世纪 90 年代中期以后这种增暖趋势均大大超过显著性水平0.05 临界线($U_{0.05}=1.96$),2000 年之后超过了 0.001 显著性水平($U_{0.001}=2.56$),表明华北地区平均体感温度的上升趋势十分明显。春季平均体感温度在 1992 年增暖是一个突变时期。图 6b 夏季(JJA)UF 曲线表明,平均体感温度在 1996 年之后有一个明显的增暖过程,并在2005 年之后超过了显著性水平 0.05 临界线,1997 年是一个突变时期。图 6c 秋季(SON)UF曲线表明,体感温度在 1979—1996 年有一个缓慢的增暖过程,1996 年之后增暖过程非常明显。2004 年之后这种增暖趋势超过显著性水平 0.05 临界线,1997 年是秋季平均体感温度的突变时期。图 6d 冬季(DJF)UF 表明,冬季体感温度有两段很明显的增暖过程,分别是1968—1985 年和 1985 年之后,1991 年之后超过了显著性水平 0.05 临界线。1985 年出现冬季平均体感温度突变现象。

由东北地区春季(MAM)UF 曲线(图 7a)可见,平均体感温度自 20 世纪 70 年代中期开始有一段明显的增暖趋势。20 世纪 90 年代以后这种增暖趋势均大大超过显著性水平 0.05 临界线,2000 年之后超过了 0.001 显著性水平($U_{0.001}=2.56$),表明东北地区平均体感温度的上升趋势十分明显。平均体感温度在 20 世纪 80 年代中期增暖是一个突变现象。夏季(JJA)UF曲线图 7b 表明,2000 年之后增暖趋势明显,并超过了显著性水平 0.05 临界线,平均体感温度在 1994 年增暖是一个突变时期。图 7c 为秋季(SON)平均体感温度 M-K 检验,结果表明体感温度在 20 世纪 90 年代后期超过显著性水平 0.05 临界线,1989—1992 年是突变时期。图 7d表明冬季(DJF)体感温度在 1970 年之后有一个明显的上升过程,1988 年后超过显著性水平

0.05 临界线。20 世纪 90 年代初期之后超过了 0.001 显著性水平检验。

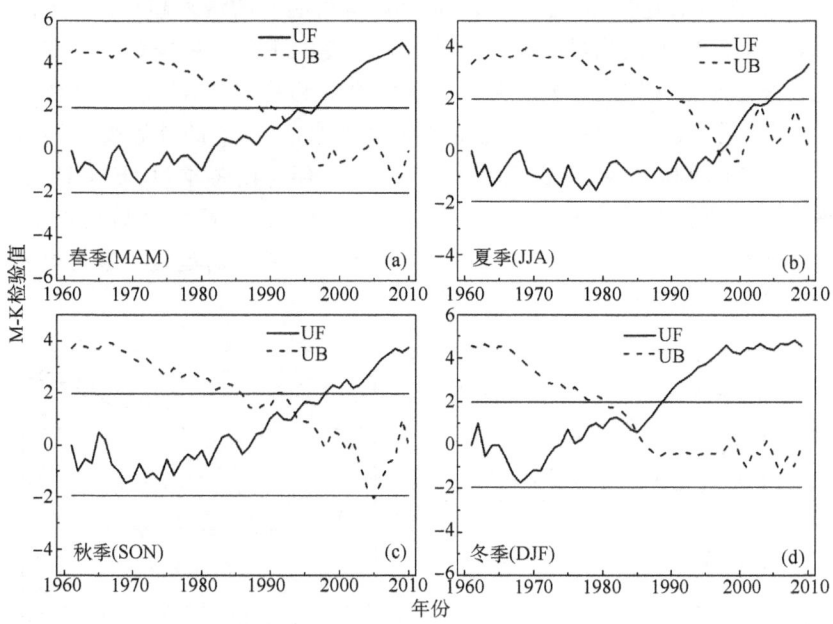

图 6　华北地区四季平均体感温度 Mann-Kendall 统计量曲线
（直线为 $\alpha = 0.05$ 显著性水平临界值）

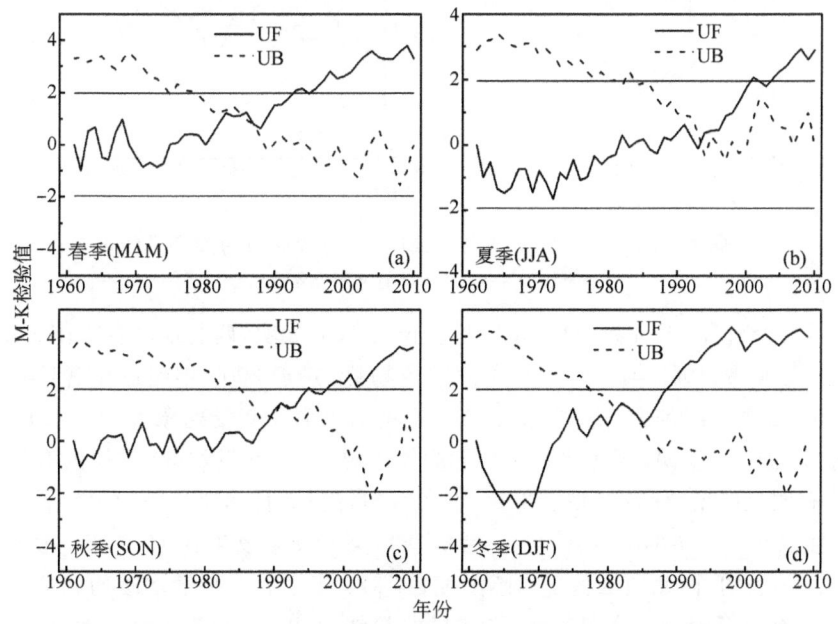

图 7　东北地区四季平均体感温度 Mann-Kendall 统计量曲线
（直线为 $\alpha = 0.05$ 显著性水平临界值）

华南地区春季（MAM）UF 曲线（图 8a）表明，华南地区春季体感温度在 1964—1970 年有变冷的趋势，1996 年之后有明显的增暖趋势，但是，春季体感温度全部在显著性水平 0.05 的临界线之内，1985 年之后表现为增暖趋势，但是增暖趋势并不明显。1994—1995 年出现体感温度突变现象。夏季(JJA)UF 曲线(图 8b)表明,华南地区平均体感温度在夏季变化较大,在 20 世纪 60 年代有变冷的趋势,但是在 1976 年之后有很明显的增暖趋势,并于 1987 年之后大大超过了显著性水平 0.05 的临界线,1983 年出现突变的现象。秋季(SON)UF 曲线(图 8c)表明,华南地区秋季体感温度在 1979 年前呈现变冷的趋势,1979 年之后呈现明显的增暖趋势,并于 1999 年之后这种变暖趋势大大超过了显著性水平 0.05 的临界线。2005 年之后超过了显著性水平 0.001 的临界线,突变现象发生在 1994 年。由冬季(DJF)UF 曲线(图 8d)可见,冬季华南地区体感温度 1961—1985 年变化较为平缓,在 1985 年之后呈现增暖趋势,并于 2000 年之后超过了显著性水平 0.05 的临界线,并于 2007 年之后超过了显著性水平 0.001 的临界线,突变现象发生在 1995 年。

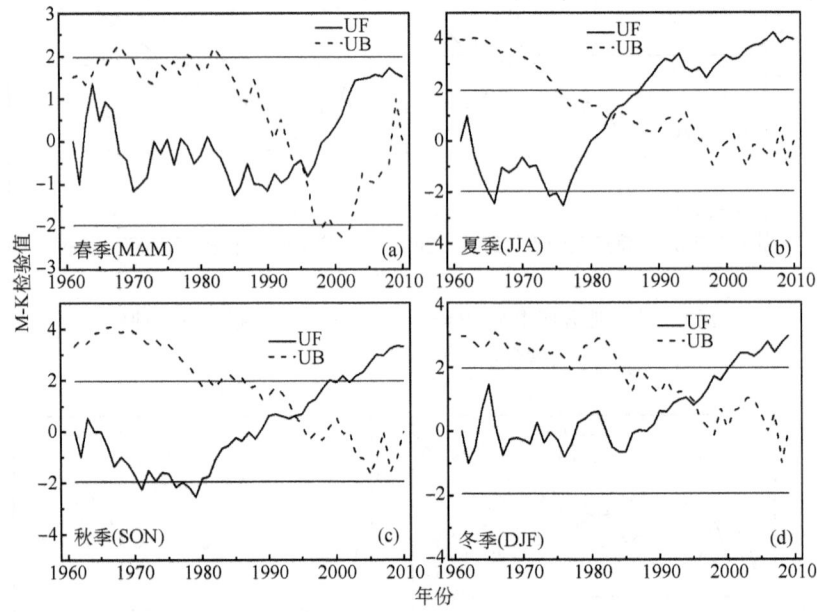

图 8　华南地区四季平均体感温度 Mann-Kendall 统计量曲线

(直线为 $\alpha = 0.05$ 显著性水平临界值)

西北地区春季(MAM)体感温度 M-K 检验值(图 9a)表明,西北地区春季体感温度在 1996 年之前变化较为平缓,1996 年之后有明显的增暖趋势,并于 2005 年超过显著性水平 0.05 的临界线(1.96);2007 年超过显著性水平 0.001 的临界线,突变现象发生在 2000 年。夏季(JJA)UF 曲线(图 9b)表明,西北地区夏季平均体感温度在 20 世纪 60 年代内有变冷的趋势,1993 年之后有明显的增暖趋势,并于 2000 年之后超过显著性水平 0.05 的临界线,2002 年之后超过显著性水平 0.001 的临界线($U_{0.001} = 2.56$),突变现象发生在 1997 年。秋季(SON)M-K 检验值(图 9c)表明,西北地区秋季体感温度在 1970 年之后有持续增暖的趋势,并且这种增暖趋势在 1994 年之后超过显著性水平 0.05 的临界线(1.96),1998 年之后大大超过显著性水平 0.001 的临界线($U_{0.001} = 2.56$),突变现象发生在 1990 年、1991 年和 1993 年。由冬季(DJF)UF 曲线(图 9d)可见,冬季西北地区平均体感温度在 1977 年之后有持续的增暖趋势,并于 1988 年之后超过显著性水平 0.05 的临界线(1.96),1990 年之后大大超过显著性水平 0.001 的临界线($U_{0.001} = 2.56$),突变现象发生在 1985 年。

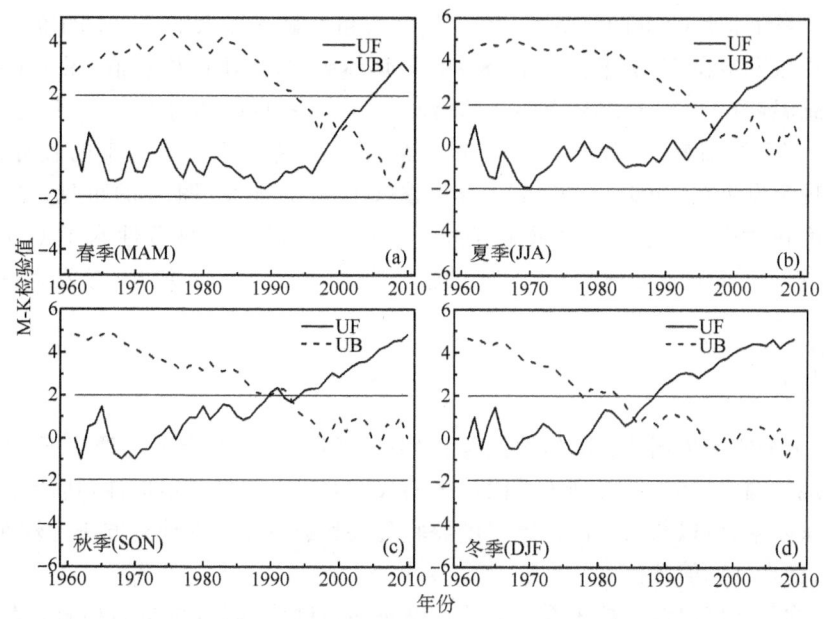

图 9　西北地区四季平均体感温度 Mann-Kendall 统计量曲线

（直线为 $\alpha = 0.05$ 显著性水平临界值）

西南地区春季（MAM）体感温度 M-K 检验结果（图 10a）表明，西南地区春季体感温度在 1990 年之前有变冷趋势，但并不明显，在 1990 年之后呈现为持续的增暖趋势，并于 2007 年之后超过显著性水平 0.05 的临界线（1.96），2004 年发生突变现象。夏季（JJA）UF 曲线（图 10b）表明，夏季平均体感温度在 1966 年之后增暖趋势很明显，并于 2005 年之后，这种增暖趋势

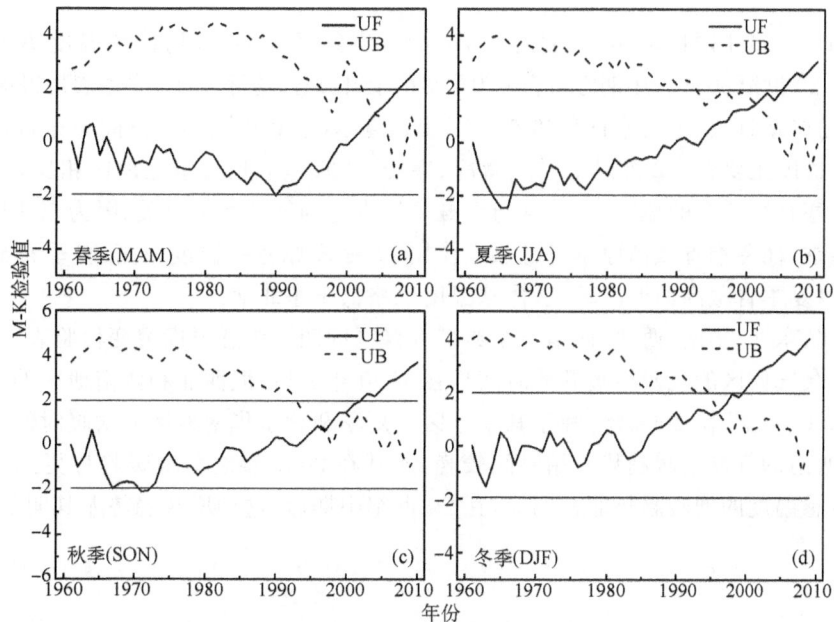

图 10　西南地区四季平均体感温度 Mann-Kendall 统计量曲线

（直线为 $\alpha = 0.05$ 显著性水平临界值）

大大超过了显著性水平 0.05 的临界线;2007 年之后超过显著性水平 0.001 的临界线($U_{0.001} =$ 2.56),突变现象发生在 2001 年。秋季(SON)平均体感温度 M-K 检验值(图 10b)表明,西南地区秋季体感温度在 1972 年之后有明显的增暖趋势,这种增暖趋势在 2002 年之后大大超过显著性水平 0.05 的临界线(1.96),2006 年之后超过显著性水平 0.001 的临界线($U_{0.001} =$ 2.56),突变现象发生在 1996—1997 年。由冬季(DJF)UF 曲线(图 10d)可见,冬季西南地区平均体感温度在 1976 年之后有增暖趋势,于 1999 年之后超过显著性水平 0.05 的临界线(1.96),2002 年之后超过显著性水平 0.001 的临界线($U_{0.001} =$ 2.56),突变现象发生在 1996 年。

4 结 论

(1)以黄金分割为依据计算的体感温度和"最佳舒适温度"综合了地理纬度、季节差异、海拔高度对当地气温的影响,考虑到了不同地区的人群对当地气候的适应性,其计算因子也为常规观测的气象要素,所以与已有的体感温度经验公式和舒适度指数计算方法比较而言,具有较高的普适性、稳定性和简洁性。

(2)从年均舒适度等级日数来看,23.5°N 以南的地区为偏热(炎热、热)日数较多的地区,冬季,此区域适合人类生活;但是酷热日数最大值的地区为新疆的吐鲁番盆地,大值区域在中国的中部(即华中地区),虽然炎热和热日数集中出现在北回归线(23.5°N)以南的地区,但是酷热日并未集中在此地区;炎热日数在 107°E 以东的地区随着纬度的增加呈现递减的趋势;出现微热日数最多的站点为位于西南部的云南省,可认为是气候较适宜地区。年均舒适日数最多地方位于中国地区西南部,夏季此地区平均体感温度也处于舒适范围,可认为是夏季气候较适宜地区。此外,年均冷日数集中在 35°—40°N 的纬度带和青藏高原,严寒日数集中在 45°N 以北的地区。

(3)1961—2010 中国地区年平均体感温度的时空特征表明,平均体感温度集中在 9.75～12.0℃,并在 20 世纪 80 年代中期之后表现为明显的上升过程,这种现象在冬季表现得更加明显。

(4)年均严寒日数、年均凉日数和冬季(DJF)、夏季(JJA)体感温度空间分布特征均表明青藏高原的舒适度主要在－2 级以下(凉、微冷、寒冷、严寒),但是与东北地区相比,青藏高原并不是出现严寒日数最多的地区,这一点与青藏高原本身的气候特征有关,因为东北地区严寒主要出现在冬季,而冬季青藏高原本身是热汇作用,青藏高原冬季温度较高;夏季青藏高原起热源作用,所以夏季青藏高原温度较低,体感温度也略低于东北地区。

(5)华北、东北、华南、西北、西南五个典型气候区的四季体感温度突变检验表明,春季除东北地区外其余气候区的气候增暖开始时间均在 1990 年之后,但西北和西南地区的突变发生时间(西北:2000 年,西南:2004 年)晚于其余地区。夏季和秋季华南地区的增暖时间明显早于其余地区,而西南的气候增暖趋势开始时间较晚,尤其在 2007 年之后增暖趋势更加明显。冬季各个地区体感温度的增暖趋势非常明显,在 20 世纪中期后,这种增暖趋势尤其明显。

参考文献

[1] IPCC. IPCC Fourth Assessment Report(AR4). Cambridge: Cambridge University Press,2007.

[2] Zhu N, Zhao J. Research on heat tolerance of extreme thermal environment in hyperthermal coal mine.

Building Energy and Environment，2006，**25**(5)：34-7.

[3] Jones T，Lang A P，Kilborne E M. et al. Morbidity and mortality associated with the July 1980 heat wave in St. Louis and Kansas City，Missouri. *J Am Med Assoc* ，1982，**247**：3327-3331.

[4] Kalkstein L S，Valimont K M. An evaluation of summer discomfort in the United States using a relative climatological index. *Bull Am Meteorol Soc* ，1986，**67**：842-848.

[5] Zhou Houfu. Discussion in synthetic index of climatic change influence on human health. *Climatic and Environmental Research* ，1999，**4**(1)：121-126.

[6] Tan Jianguo，Zheng Youfei，Song Guixiang，et al. Heat wave impacts on mortality in Shanghai，1998 and 2003. *Int J Biometeorol* ，2007，**51**：193-200.

[7] Liu Jian-jun，Zheng You-fei，Wu Rong jun. Impacts of heat waves disaster on human health and its research method. *Journal of Natural Disasters* ，2008，**17**(1)：151-156.

[8] Feng Dingyuan，Qiu Xinfa. Four seasons across the country a sense of calculation and analysis of heat temperature. *Journal of Nanjing Institute of Meteorology* ，1990，**13**(1)：71-79.

[9] 徐大海，朱蓉. 人对温度、湿度、风速的感觉与着衣指数的分析研究. 应用气象学报，2000，**11**(4)：432-441.

[10] Terjung W T. Physiologic climates of the conterminous United States：A bioclimatic classification based on man. *Annal Association of American Geographers* ，1966，**5**(1)：141-179.

[11] Agnes Gulyas，Janos Unger，Andreas Matzarakis. Assessment of the microclimatic and human comfort conditions in a complex urban environment：Modelling and measurements. *Building and Environment* ，2006(41)：1713-1722.

[12] ThammanoonSookchaiya，VeerapolMonyakul，SirichaiThepa. Assessment of the thermal environment effects on human comfort and health for the development of novel air conditioning system in tropical regions. *Energy and Buildings* ，2010，**42**：1692-1702.

[13] Mayer H，Höppe P. Thermal Comfort of Man in Different Urban Environments. *Theor Appl Climatol* ，1987，**38**：43-49.

[14] 刘梅，于波，姚克敏. 人体舒适度研究现状及其开发应用前景. 气象科技，2002，**30**(1)：11-18.

[15] Zheng Youfei，Yin Jifu，Wu Rongjun，et al. Applicability of universal thermal climate index to thermal comfort forecast. *Journal of Appiiedmet Eoroiogical Science* ，2010，**21**(6)：709-715.

[16] Nikolopoulou M，Lykoudis S. Thermal comfort in outdoor urban spaces：Analysis across different European countries. *Building and Environment* ，2006，**41**：1455-1470.

[17] Victor L. Barradas. Air temperature and humidity and human comfort index of some city parks of Mexico City. *Int J Biometeorol* ，1991，**35**：24-28.

[18] Ma Lijun，Sun G ennian，Yu Su，et al. Evaluation of tourism climate comfort degree in Xinjiang. *Journal of Arid Land Resources and Environment* ，2010，**24**(9)：151-155.

[19] Jia Haiyuan，Lu Dengrong. Spatial Distribution of Human Comfort Degree in Gansu Province. *Journal of Arid Meteorology* ，2010，**28**(4)：449-454.

[20] Wang Yuan fei，Shen Yu. The Temperature-humidity Effect and Human Comfort in Shang hai Summer. *Journal of East China Normal University*(*Natural Science*)，1998(3)：60-66.

[21] Wu Dui. Discussion on various formulas for forecasting human comfort Index. *Meteorological Science and Technology* ，2003，**31**(6)：370-372.

[22] Yu Yongjiang，Zheng Youfei，Tan Jianguo. Changes of physiological equivalent temperature of big cities in China during 1955-2005. *Scientia Meteorologica Sinica* ，2009，**29**(2)：272-276.

[23] Tang Ya ping，Zhang Kai，et al. Analysis of climate comfort regional characteristics in liaoning based on

REOF. *Environmental Science & Technology*, 2011, **34**(2): 120-124.

[24] Yang Chengfang. Analysis of REOF on body comfort in Shandong. *Scientia Meteorologica Sinica*, 2006, **26**(1): 103-109.

[25] Zhu Xueling, Ren Jian. Analysis and forecast of human comfort. *Meteorological and Environmental Sciences*, 2011, **34**: 131-134.

[26] Toros H, Deniz A, Saylan L, et al. Spatial variability of chilling temperature in Turkey and its effect on human comfort. *Meteorol Atmos Phys*, 2005, **88**: 107-118.

[27] 吕伟林. 体感温度及其计算方法. 北京气象, 1998(1): 23-25.

[28] Zhang Weizhong. On cultural significance of golden section. *Journal of Zhejiang Normal University (Social Sciences)*, 2005, **30**(1): 80-83.

[29] Cai Xun. Golden section, the optimization of environmental factors for human body. *Chinese Journal of Clinical Rehabilitation*, 2006, **10**(45): 227-228.

[30] Li Shengchen, Tang Hongyu, Ma Yuancang, et al. Analyses on monthly mean temperature and anomalous distribution over Qinghai-Xizang Plateau in winter and summer. *Plateau Meteorology*, 2000, **19**(4): 520-529.

附 录:

1. 文中所涉及的温度单位均为摄氏度(℃),此处附华氏温度与摄氏温度的换算公式:

$$T_f = 9/5 \times T_c + 32$$
$$T_c = 5/9(T_f - 32)$$

式中,T_f 表示华氏温度(℉[①]);T_c 表示摄氏温度(℃)。

2.

表 2 中国大陆地区(除港、澳、台外)31 省(市、区)省会城市每月最佳舒适温度 T_s(℃)

月份	北京	沈阳	哈尔滨	呼和浩特	乌鲁木齐	兰州	西宁	银川
1 月	20.52	20.34	19.85	20.03	19.75	20.38	20.03	20.27
2 月	20.53	20.35	19.86	20.04	19.76	20.39	20.04	20.28
3 月	20.56	20.38	19.89	20.07	19.79	20.42	20.07	20.31
4 月	20.60	20.43	19.94	20.12	19.84	20.47	20.12	20.36
5 月	20.67	20.49	20.00	20.18	19.90	20.53	20.18	20.42
6 月	20.74	20.56	20.08	20.26	19.97	20.60	20.25	20.49
7 月	20.82	20.64	20.15	20.33	20.05	20.68	20.33	20.57
8 月	20.74	20.56	20.08	20.26	19.97	20.60	20.25	20.49
9 月	20.67	20.49	20.00	20.18	19.90	20.53	20.18	20.42
10 月	20.60	20.43	19.94	20.12	19.84	20.47	20.12	20.36
11 月	20.56	20.38	19.89	20.07	19.79	20.42	20.07	20.31
12 月	20.53	20.35	19.86	20.04	19.76	20.39	20.04	20.28

① 1 ℉ = 5/9 K

续表

月份	太原	石家庄	长春	济南	天津	郑州	西安	合肥
1 月	20.48	20.69	20.07	20.88	20.57	21.11	21.14	21.45
2 月	20.49	20.70	20.08	20.89	20.58	21.12	21.15	21.46
3 月	20.52	20.73	20.11	20.92	20.61	21.15	21.18	21.49
4 月	20.57	20.78	20.15	20.97	20.66	21.20	21.23	21.54
5 月	20.63	20.84	20.22	21.03	20.72	21.26	21.29	21.60
6 月	20.70	20.91	20.29	21.10	20.80	21.33	21.36	21.67
7 月	20.78	20.99	20.37	21.18	20.87	21.41	21.44	21.75
8 月	20.70	20.91	20.29	21.10	20.80	21.33	21.36	21.67
9 月	20.63	20.84	20.22	21.03	20.72	21.26	21.29	21.60
10 月	20.57	20.78	20.15	20.97	20.66	21.20	21.23	21.54
11 月	20.52	20.73	20.11	20.92	20.61	21.15	21.18	21.49
12 月	20.49	20.70	20.08	20.89	20.58	21.12	21.15	21.46

月份	上海	武汉	成都	拉萨	杭州	重庆	南京	南昌
1 月	21.48	21.59	21.40	20.22	21.61	21.71	21.39	21.82
2 月	21.49	21.60	21.41	20.23	21.62	21.72	21.40	21.83
3 月	21.52	21.63	21.44	20.26	21.65	21.75	21.43	21.86
4 月	21.57	21.67	21.49	20.31	21.70	21.79	21.48	21.91
5 月	21.63	21.74	21.55	20.37	21.76	21.86	21.54	21.97
6 月	21.71	21.81	21.63	20.44	21.83	21.93	21.62	22.05
7 月	21.78	21.89	21.70	20.52	21.91	22.01	21.69	22.12
8 月	21.71	21.81	21.63	20.44	21.83	21.93	21.62	22.05
9 月	21.63	21.74	21.55	20.37	21.76	21.86	21.54	21.97
10 月	21.57	21.67	21.49	20.31	21.70	21.79	21.48	21.91
11 月	21.52	21.63	21.44	20.26	21.65	21.75	21.43	21.86
12 月	21.49	21.60	21.41	20.23	21.62	21.72	21.40	21.83

月份	昆明	贵阳	福州	长沙	海口	南宁	广州	
1 月	21.53	21.68	22.10	21.85	22.70	22.70	22.70	
2 月	21.54	21.69	22.11	21.86	22.70	22.70	22.70	
3 月	21.57	21.72	22.14	21.89	22.70	22.70	22.70	
4 月	21.62	21.77	22.18	21.94	22.70	22.70	22.70	
5 月	21.68	21.83	22.25	22.00	22.70	22.70	22.70	
6 月	21.76	21.90	22.32	22.07	22.70	22.70	22.70	
7 月	21.83	21.98	22.40	22.15	22.70	22.70	22.70	

续表

月份	昆明	贵阳	福州	长沙	海口	南宁	广州
8 月	21.76	21.90	22.32	22.07	22.70	22.70	22.70
9 月	21.68	21.83	22.25	22.00	22.70	22.70	22.70
10 月	21.62	21.77	22.18	21.94	22.70	22.70	22.70
11 月	21.57	21.72	22.14	21.89	22.70	22.70	22.70
12 月	21.54	21.69	22.11	21.86	22.70	22.70	22.70

CAP 协议在我国预警信息发布系统中应用的研究

邓　鑫[1]　高　亢[1]　王春芳[1]　刘　然[1]　李海胜[2]

(1. 国家气象信息中心，北京　100081；2. 中国气象局公共气象服务中心，北京　100081)

摘　要：我国的预警信息发布系统正处在重点研究时期，信息数据格式的定义是其中的基础。通用警报协议(Common Alerting Protocol，CAP)是一种适用于各种灾害类型的数字信息格式，是目前发展迅速、国际通用的预警信息标准格式。通过重点阐述 CAP 协议在我国预警信息发布方面应用的必要性与可行性，结合我国现有预警信息发布手段特点，对 CAP 协议在我国预警信息发布的具体应用进行研究，并对预警信息的录入界面、编码格式、提取规则进行设计。研究目的是为我国预警信息更合理、更有效地发布提供参考。

关键词：通用警报协议(CAP)；预警；信息发布；标准

引　言

近年来，我国各类灾害频发，灾害的影响也在不断增加，对人民生命财产安全造成巨大损失。2010 年更是发生了玉树地震、舟曲泥石流等灾害，仅 2010 年上半年，全国自然灾害受灾人口就达 2.5 亿人次，因灾死亡和失踪 4000 人，造成直接经济损失 2113.9 亿元，2010年上半年的经济损失已接近 2009 全年，因灾死亡人数则大大超过 2009 年。除自然灾害外，事故灾难、公共卫生、社会安全等突发公共事件也造成了不同程度的人员伤亡和财产损失。

如果各类事件的预警信息能及时准确地发布到灾害影响区域的公众，提供时间供公众提前防范和应对，则会大大减少损失。从国家角度，建设一个标准的、全媒介、全灾害类型的预警发布系统不仅可以更有效地利用国家资金，而且可以实现统一调度，高效运行，在最短的时间内使用有效的发布手段向受灾公众发布预警，而预警信息的标准化则是基础。当前，全灾害类型预警信息的数据格式正在世界范围内实现标准化。2004 年，通用警报协议(Common Alerting Protocol，CAP)[1] 作为国际标准获得通过，并在 2007 年成为国际电联建议书。目前，CAP 协议已在多个国家政府机构或组织得到了应用，而我国在 CAP 协议应用的研究才刚刚起步。

本文将重点阐述 CAP 协议在我国预警信息发布应用中的必要性和可行性，初步设计CAP 协议在我国应用的流程，并用示例展示出每个应用步骤中的具体表现形式。

1　CAP 协议

本节是 CAP 协议应用现状及基本格式的介绍。

1.1　CAP 协议及应用现状

　　CAP 协议是开放式不受所有权限制的,基于 EML(Extensible Markup Language,可扩展标记语言)文本的数据信息交换格式,它适用于各种警报,是目前国际通用的灾害预警信息的标准格式。该协议已被国际电信联盟在 X.1303 标准中采纳,目前最新版本是 2010 年 7 月正式发布的 CAP-Version1.2。

　　CAP 协议最早被完整地应用是在美国的 IPAWS 系统中(Integrated Public Alert and Warning System,综合公共事件预警与警报系统)。IPAWS 系统是在美国原有电视和广播两种主要预警发布手段的基础上进行扩展,整合其他专属独立的预警信息发布系统,增加如手机、互联网、电子屏等发布手段,更好地为民众服务。CAP 协议把 IPAWS 的接口与各种预警信息发布源和各个发布手段相连,避免了各个发布手段信息格式的混乱。同时 IPAWS 的 CAP 公开标准有利于不同产业供应商的开发和生产,确保了在国家层面和不同的信息传递手段层面的互通性。

　　随着 CAP 协议近几年在世界范围内的迅速推广和不断发展,一些政府机构和组织相继在相关系统中开始使用 CAP 协议,据统计,CAP 协议已在美国、加拿大、意大利、日本等超过 10 个国家、50 多个政府机构或组织得到了应用,而并未在我国任何系统中使用。

1.2　CAP 协议基本格式

　　每个 CAP 警报消息包含一个〈警报〉元素,〈警报〉元素可以包含一个或多个〈信息〉元素,每个〈信息〉元素又可以包含一个或多个〈空间〉元素和/或〈附件〉元素[2],如图 1 所示。其中:

　　〈警报〉元素:提供当前预警信息的基本描述。包括目的、来源、状态、信息标识码以及与相关消息之间的链接。〈警报〉元素在用于确认、取消等系统功能时,可以单独使用,其他情况至少包括一个〈信息〉元素。

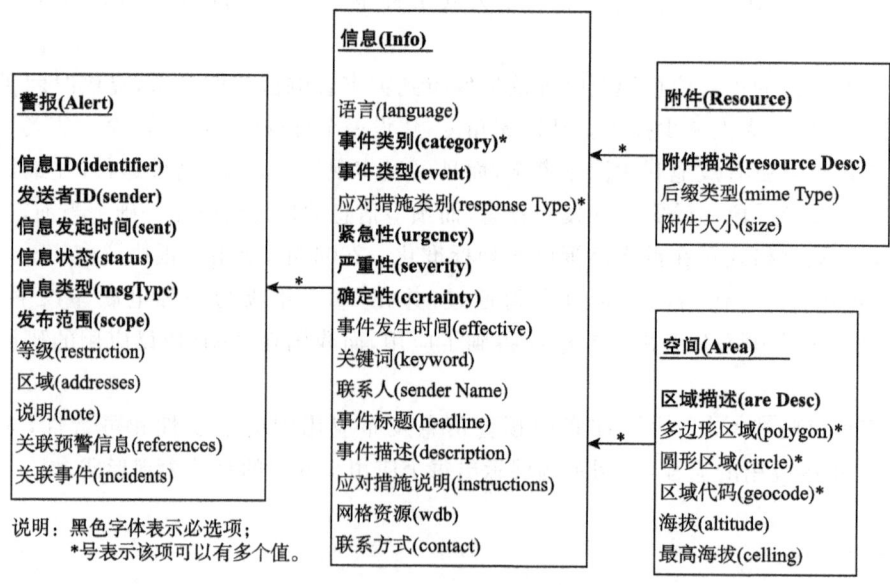

图 1　CAP 协议基本结构图

〈信息〉元素：对一个预期或已实际发生的突发事件，提供有关紧急性、严重性以及可靠性的描述，并提供事件类别、文字描述等内容。〈信息〉元素还可以为信息接收者提供应对措施指导和其他细节信息。

〈附件〉元素：提供和〈信息〉元素相关的附加信息，例如数字图像或音频文件。

〈空间〉元素：标示信息发布的地理区域。

2　CAP 协议在我国预警信息发布中的应用分析

本节重点阐述 CAP 协议在我国预警信息发布中应用的必要性和可行性。

2.1　为什么用 CAP

目前，我国气象局、水利部、卫生部、安监总局等行业主管单位根据职责分工有了各自的预警信息发布系统，但是各行业存在的预警机制和系统多种多样、参差不齐，各系统使用的信息内容格式和信息发布手段也不尽相同，如果没有一个对预警事件的共同描述，来自不同媒介的预警信息将产生混乱并降低效率[3]。CAP 协议的引入将对现有预警信息发布各种手段的整合和新增发布手段的承接起到重要作用，另外整个预警信息发布系统将在时效性、智能化等方面得到改善。

（1）从预警信息发布投资的角度考虑，对于每类事件都建设一种未经协调的公共预警系统是没有意义的。一个标准的、全媒介、全灾害类型的公共预警战略可以更有效地利用资金并提高公共预警的效率。这样的战略对于需要为公众提供预警的政府部门来说是有意义的，也是建设我国节约型社会所必需的。

（2）对于各种信息技术提供商和通信运营商而言，CAP 协议提供了预警发布手段需要遵循的标准。绝大部分信息技术提供商正在向数字技术过渡，这使得对现有和新技术发布手段的整合和扩充提供了可能。这些信息技术提供商可轻易地通过有线或无线方式，按照 CAP 协议标准，支持在这些新旧技术中发送预警信息，这也在一定程度上增加了系统的冗余与可扩展性。

（3）在发布时效性和操作简便性方面，CAP 允许发送人用一次输入激活多个预警系统。一次输入降低了成本以及通知多个预警系统的复杂程度，一次单一的输入还可以确保通过多个系统传送信息的一致性。人们通过多个方式收到准确无误的信息很重要，根据研究发现，人们收到第一个预警信号时，通常并不立即采取行动，而是寻求核实警报的真伪。只有当确信预警不是虚假警报时，他们才会采取措施。

（4）对于预警信息的管理人员，CAP 允许源自各种发布手段的预警信息用表格或图表的形式加以编辑，作为情况信息和模式检测的辅助。当大量采用 CAP 时，管理人员将可以监测任何时刻本地、区域或全国各种预警的全局情况。

2.2　怎么用 CAP

我国幅员辽阔，人口众多，灾害的种类与影响范围也与其他国家不尽相同，因此 CAP 协议在我国的应用不能生搬硬套，应在原有 CAP 协议的基础上兼容现有发布手段的技术要求，融入适合我国预警信息发布的特征元素，建立能在我国进行实际应用并带有扩展性的 CAP

协议。

　　本文提出统一国内预警信息格式,对现有的发布手段进行整合,在预警信息的录入端,采用统一按照 CAP 协议制定的预警信息录入界面[4]。各种发布手段的预警信息内容都根据各自发布手段字数要求和发布形式等特点,从录入界面所录入的信息段进行提取,产生对应不同发布手段的预警文本,以在各种手段平台进行发布。在整个信息的传递过程,按 XML 文件进行 CAP 包封装,整个发布系统中的纵向传递和进入发布手段平台前的横向传递都用这种基于 XML 格式的 CAP 包进行。

3　CAP 协议在我国预警信息发布中应用的具体设计

　　本节是对 CAP 协议在我国预警信息发布中应用的具体设计。

3.1　基本流程

　　在依据 CAP 协议所制定的预警信息录入界面进行信息录入后,系统对录入信息进行 CAP 格式的封包,在纵向的各级预警信息发布平台通过 CAP 包的形式进行传递。若指定预警信息在某一级发布平台进行发布,则在横向进入此级发布平台,CAP 包首先被解封装,并按指定的发布手段特点按照预先设定的规则进行不同信息段的提取,提取后预警信息在本级平台进行发布。整个流程见图 2 所示。

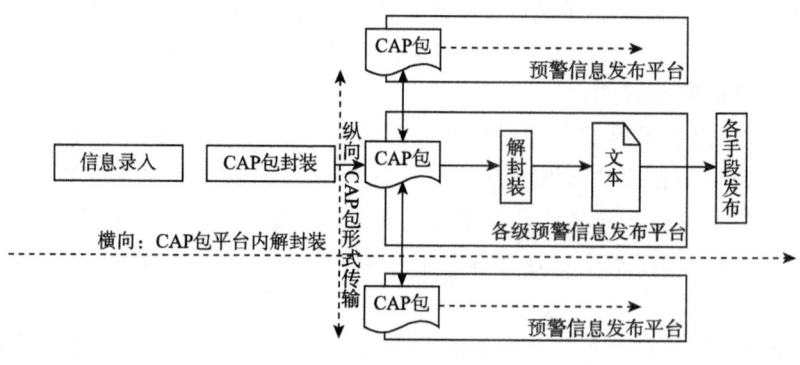

图 2　CAP 应用流程图

3.2　录入界面

　　按 CAP 协议的基本格式,结合我国预警发布的实际情况,制定基于 CAP 协议的预警信息发布录入界面。图 3 是按照信息录入界面录入的福建省厦门市在台风"鲇鱼"登录前的一个全市预警[5]。此图涵盖了上述 CAP 基本格式的四个部分。表格中包括 26 个填写项和 10 个选择项,选择项是根据 CAP 本身协议规定和国务院应急管理机构制定的标准规范编制,录入者只能从中进行选择。其中标题前面标有 * 号的是必填/选项,即这些项为空的情况下不能对录入信息进行提交。

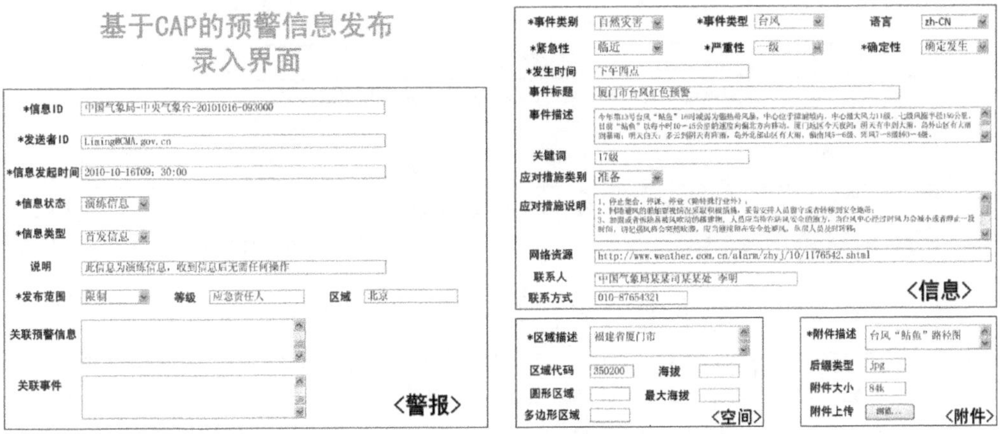

图 3   基于 CAP 协议的预警信息发布录入界面

3.3   XML 格式的 CAP 包

CAP 协议的本身是基于 XML 格式的,在信息界面录入之后,系统对录入的信息进行 XML 格式的打包处理。若信息录入项为空,则此项标签仍然存在,标签里面的值为空。

3.4   不同发布手段的文本提取

经过调研,我国不同地域、不同行业都存在着不同的预警信息发布系统,每种预警信息的发布手段又各不相同,但绝大多数都是基于文本文字的,若对 CAP 包解封装后进行统一文本提取分发到所有发布手段,必然会造成一部分手段不兼容的情况。比如一条手机短信通常适合传送 70 个汉字(长短信可大于 70 个汉字),而绝大多数电子显示屏只能显示十几个汉字。如果把适合短信平台发送的 70 个汉字预警信息浓缩到十几个汉字到电子显示屏上进行发布;或者把适合电子显示屏发送的十几个汉字预警信息照搬到短信平台上进行发布显然是不妥的,即是对现有发布资源的不合理使用,同时公众在接收预警信息时也可能会对文字的表达感到困惑。

因此,我们提出在 CAP 解封装后,按各种发布手段的特点(如:各种发布手段所需要的字数)对预警信息的不同信息段进行相应内容信息的提取,然后分别分发到各个手段的发布平台,在各种手段发布平台用其最适宜的文字进行预警信息的发布以达到最佳效果,如图 4 所示。比如电子显示屏因为其受屏上显示字数的限制,我们只提取信息录入界面中的事件的类别、类型、事件发生时间地点等最重要的信息段,达到简单明了。若是在网站进行发布,没有字数和篇幅的限制,则可先提取预警信息的重要信息段内容,同时还可以附加录入界面上的其他信息段,比如预警信息发布单位、事件详细描述、应对措施说明等,使公众在自愿的前提下,能够尽可能多地获取与突发事件相关的知识和信息。

图 5 分别是电子显示屏、手机短信和网站经过各种手段文本提取后的预警信息发布的效果图,其中带下划线的是从录入界面提取的文本信息。

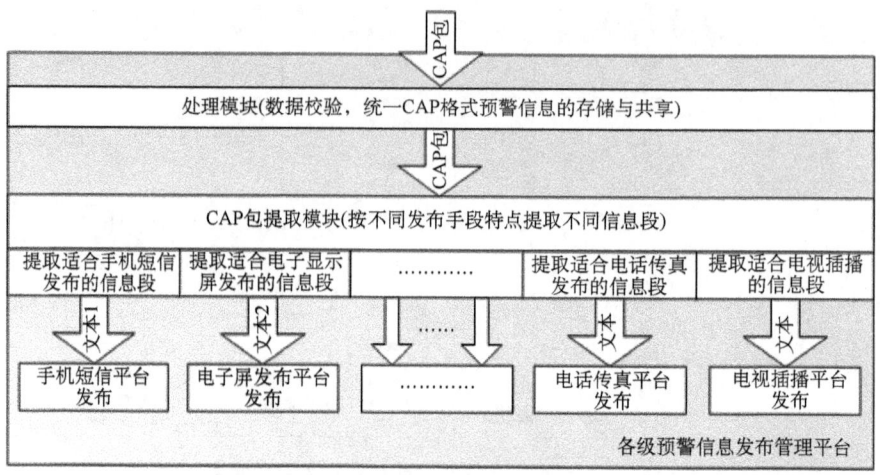

图 4　文本按手段提取示意图

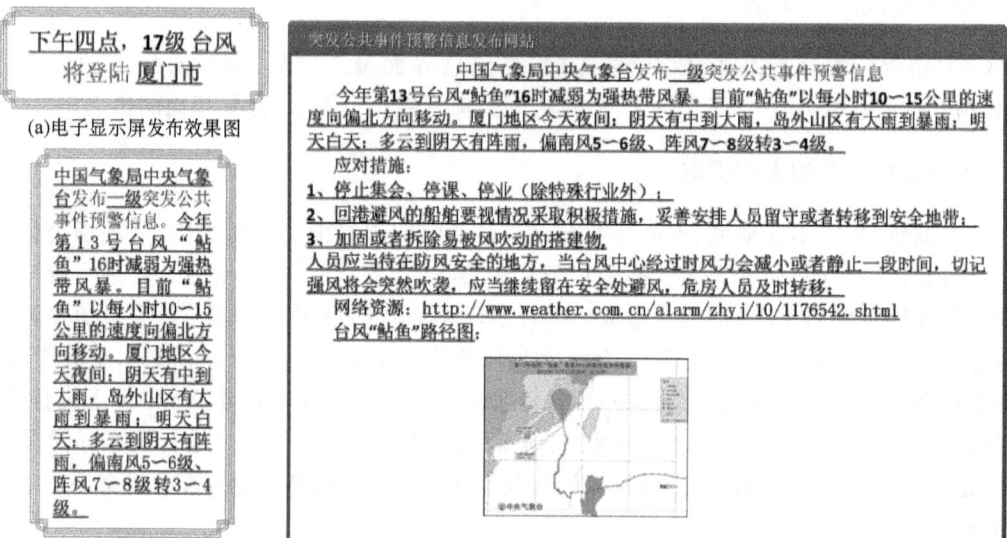

(a)电子显示屏发布效果图

(b)手机短信发布效果图

(c)网站发布效果图

图 5　电子显示屏、手机短信和网站发布效果图

4　结束语

　　目前基于 CAP 协议的信息分发正在更大规模、更多类型的预警和更多技术种类上予以实施。国外已投入使用的系统表明,一个单一的、可信安全的预警信息可以快速启动互联网信息、广播电视插播、电子显示屏以及自动电话呼叫和无线电广播合成的语音信息。本文主要探讨和阐述了 CAP 协议在我国应用的必要性和可行性,并设计出了应用流程和使用示例,按照 CAP 协议的标准制作出了符合 CAP 协议的信息录入界面,并按录入界面的录入信息进行文本提取以满足我国现有的各个发布手段的需要,也是对这些发布手段的一次整合。本文旨在推动 CAP 协议在我国预警信息发布系统中的应用,为我国预警信息发布系统的规划更加有

效、更加合理提供参考。

参考文献

[1] OASIS Standards. http://www.oasis-open.org/home/index.php,2010-07.

[2] Jacob Westfall. Common Alerting Protocol (Version 1.2)//OASIS Standard(American). 2010:12-17.

[3] ITU-D 第 2 研究组. 在赈灾和应急情况下将 ICT 用于灾害管理、资源以及有源和无源空间传感系统. 国际电信联盟,2006-2010:3-7.

[4] 国务院. 国家突发公共事件总体应急预案. 2006:1-3.

[5] http://www.weather.com.cn/alarm/zhyj/10/1176542.shtml,2010-10.

基于多指标综合指数的风雹灾害过程评估研究

许新路[1] 赵 娜[2] 冯志强[1] 吴智杰[1]

(1. 河北省邢台市气象局,邢台 054000;2. 河北省内丘县气象局,内丘 054200)

摘 要:采用冰雹最大直径、持续时间、极大风力、受灾面积(影响范围)四个因子,通过分析建立了一种用于描述风雹灾害性天气过程程度的多指标综合指数。根据综合指数算法,计算了发生在邢台市近 30 年(1983—2012 年)149 个风雹灾害过程的综合指数,并建立了每年的极值序列。利用 G 型极值及概率模型计算原理,计算出了邢台市不同重现期的指数值和每年最大指数值的重现期,用于风雹灾害性天气过程的程度评估,以确定其灾害过程历史定位。计算结果表明:2004 年 6 月 24 日大范围的风雹灾害过程,最大冰雹直径为 120 毫米,阵风达 10 级,累计持续时间 90 分钟,涉及 7 个县市,农作物受灾面积 9.5 万公顷,其综合指数为 22.57,历史排名第一,为 100 年一遇。通过综合指数分析历史排位、历史重现期,从而对该过程进行评估定位,结果比较客观,方法简单易行,便于推广。

关键词:风雹;综合指数;重现期

引 言

风雹天气是指冰雹常与雷暴大风结伴而行,因此,风、雹公害互为一体。其主要特点有:突发性强,瞬间就可以造成灾害,尤其对农业造成严重的经济损失。对风雹灾害性天气过程评估应主要包括:一是对灾害性天气过程本身程度进行评估,二是对其影响范围、程度进行评估。近年来,众多学者对气象灾害评估做了大量的工作,万素琴等[1]采用多指标综合评估技术对低温雨雪冰冻极端气候事件进行了评估研究;周月华等[2]建立了基于多指标综合指数的灾害性天气过程预评估方案;山义昌[3]采用冰雹直径、持续时间、极大大风为因子,对风雹灾害进行了等级划分;唐为安等[4]建立了安徽省冰雹灾害风险评估模型。本文参考以上研究成果,利用近30 年的风雹以及灾情资料,重点研究如何建立邢台市风雹灾害的评估指标以及综合指数,利用综合指数对风雹灾害过程进行评估,为农业防灾减灾、决策服务等提供科学依据。

1 风雹灾害影响因子识别与评估指标的确定

灾害影响因子识别是准确建立灾害指数的关键,也是实现灾害评估客观性的基础,本文主要从孕灾环境、致灾因子、承灾体三方面进行解析,风雹过程形成灾害的轻重由它的强度和持续时间及各地区对灾害的承受能力等因素共同决定。风雹过程引起的农业灾害主要表现为:农作物倒伏或机械性损伤、设施大棚损毁、牲畜伤亡、林木折断等。风雹天气的致灾因素主要表现在 3 个方面:①固体雹粒由高空落下,到达地面时,获得很高速度,高速度所产生的冲量,能将农作物的根、茎、叶砸烂。冰雹直径越大,落地动量越大,所致灾情越严重。②降雹持续时间与灾情持正比例关系,降雹时间越长,灾情越重。③雹云后部所产生的下击暴流,往往形成很大的风速,大风能致农作物倒伏,甚至把茎折断,风速越大,致灾越重。另外,评估一次风雹灾害天气,不能不考虑影响范围即受灾面积,众所周知,风雹天气影响的范围越大,其造成的损失也就越大。

灾害主要影响因子识别后,就可利用统计方法或者依据致灾机理,考虑特定组合或不同的加权方案确定综合指数,综合指数中各因子的确定一般应遵循以下原则:

①所选因子能够比较准确地描述灾害的基本类型。

②所选因子必须能够解释灾害形成的基本机理。

③所选择的因子能够被及时监测和预报。

④所选择的因子应该相对独立。

根据以上四条原则,分析评估风雹过程的灾害损失程度主要考虑四个评估指标,即冰雹最大直径(d)、持续时间(t)、瞬时极大风力(f)、受灾面积(s)(影响范围)。

2 资料的选取方法和风雹灾害统计特征

本文选取近 30 年(1983—2012 年)的全市 17 个县市的风雹过程和灾情资料,包括降雹最大直径、持续时间、瞬时最大风力和受灾面积等,资料来源于当地民政部门调查材料和有关气象台站的记录。需要说明的是,同一过程影响多个县市的持续时间统计方法为:从开始影响的第一个县市开始,到最后一个县市结束,减去各县市记录的重复时间,最后得出该过程的累计持续时间。

近 30 年中,具备降雹最大直径、瞬时最大风力、持续时间、受灾面积四个要素记录的致灾风雹天气共有 245 站次,149 个个例过程,平均每年出现风雹灾害天气约 5 天,每次过程平均有 1.6 个县市受灾;每次过程仅单一县市的有 107 次,占 72%,7 个县市以上仅有 2 次。致灾冰雹平均直径 20.1 毫米,最大直径 120 毫米,平均瞬时最大风力 6.4 级,最大 12 级、平均持续时间 13.8 分,累计持续时间最长 110 分钟,受灾面积平均 1.17 万公顷,最大是 11.36 万公顷。

3 风雹过程综合指数计算模型

3.1 评估指标的无量纲化处理

由于 4 个指标量纲不同,数据的可比性差。为消除不同计量单位的影响,将 4 个指标因子无量纲化,使数据趋于稳定。方法如下。

设 4 个指标因子分别为:

$$y_i = \{d_i, t_i, f_i, s_i\}$$

式中 $i=1,2,3,\cdots,n$,为风雹过程个例数。

首先计算各指标的平均值:

$$y_0 = \{d_0, t_0, f_0, s_0\}$$

其中

$$d_0 = \frac{1}{n}\sum_1^n d_i, \quad t_0 = \frac{1}{n}\sum_1^n t_i, \quad f_0 = \frac{1}{n}\sum_1^n f_i, \quad s_0 = \frac{1}{n}\sum_1^n s_i$$

则无量纲化后指标值为：

$$k_i = \left\{ \frac{d_i}{d_0}, \frac{t_i}{t_0}, \frac{f_i}{f_0}, \frac{s_i}{s_0} \right\} \quad (i = 1, 2, 3, \cdots, n)$$

经过无量纲化处理，原始数据均转换为无量纲化指标评估值，即各指标值都处于同一个数量级别上，使所有指标对评估方案的作用力趋同化，可以直接进行算术或加权平均，进行综合评估分析。

3.2 风雹过程综合指数计算模型

采用等权重方案求和计算综合指数。风雹灾害过程综合指数用 z 表示，计算模型如下：

$$z_i = \frac{d_i}{d_0} + \frac{t_i}{t_0} + \frac{f_i}{f_0} + \frac{s_i}{s_0} \tag{1}$$

由上式可以看出，冰雹直径越大，持续时间越长，风力越大，范围越广，综合指数就越大，其造成的灾害就越严重。

4 风雹过程评估

4.1 历史序列的建立

用 1983—2012 年历史灾情资料计算每年、每次过程的综合指数值，从中挑选出最大值，建立年极值序列，评估风雹灾害。

由邢台市 1983—2012 年历年每次风雹过程综合指数变化曲线（图略）可以看出，历史上的排名前 5 位的最严重风雹过程分别是：2004 年 6 月 24 日，最大冰雹直径为 120 毫米，阵风达 10 级，累计持续时间 90 分钟，涉及 7 个县市，农作物受灾面积 9.5 万公顷，其综合指数为 22.57，指数排名第一；第 2 是 2009 年 7 月 23 日，最大直径为 15 毫米，阵风达 10~11 级，涉及 14 个县(市)，持续时间 110 分钟(其中南和 9 级以上风力持续了 20 分钟)，受灾面积 11.36 万公顷，其综合指数为 20.29；第 3 位是 1993 年 7 月 8 日，最大冰雹直径为 50 毫米，阵风达 10 级，持续时间 60 分钟，涉及 6 个县市，农作物受灾面积 7.6 万公顷，其综合指数为 15.73；第 4 位是 1986 年 9 月 1 日，最大冰雹直径为 80 毫米，阵风达 9 级，持续时间 50 分钟，涉及 5 个县市，农作物受灾面积 5.5 万公顷，其综合指数为 14.42；第 4 位是 2001 年 6 月 15 日，最大冰雹直径为 50 毫米，阵风达 8 级，持续时间 29 分钟，涉及 4 个县市，农作物受灾面积 6.1 万公顷，其综合指数为 11.36。

在 5 次中有 3 次出现在 2000 年以后，另外分别在 20 世纪 80 年代和 90 年代。随着气候的变暖，历史极端事件的发生频率在提高。

4.2 风雹灾害极端气候事件历史重现期的计算

根据概率统计学，对一组风雹过程综合指数随机样本，找出其概率分布表达式，可计算出一定重现期对应的综合指数或某一综合指数历史重现期，从而对风雹过程进行历史分析和定位。

利用 Gumbel 型极值分布及概率模型计算风雹极端气候事件历史重现期方法如下：

综合指数极大值 z_{max} 的分布服从下列分布函数

$$F(z) = P(z_{max} < z) = \exp(-\exp(-\alpha(z-u))) \tag{2}$$

则

$$P(z_{max} \geqslant z) = 1 - \exp(-(\alpha(z-u))) \tag{3}$$

式中，$F(z)$ 为极大值的分布函数；$P(z_{max} < z)$ 为极大值的概率分布表达式；$1 - \exp(-\exp(-\alpha(z-u)))$ 为极大值的 Gumbel 分布函数；α 及 u 是极大值分布参数，计算公式为

$$\alpha = \frac{Sy}{Sz} \tag{4}$$

$$u = \bar{z} - \frac{Sz}{Sy}\bar{y} \tag{5}$$

式中，Sz、$\bar{z}$ 由多年风雹综合指数样本序列 $(z_1, z_2, z_3, \cdots, z_n)$ 求得；Sy、$\bar{y}$ 由 $y_m = -\ln(-\ln(1 - \frac{m}{n+1}))(m=1,2,3,\cdots,n)$ 计算的序列求得。

由历年风雹综合指数可以估计出参数 a 及 u 的值后，再将式(3)变换

$$z_p = -\frac{1}{\alpha}\ln(-\ln(1-P)) + u \tag{6}$$

式中，Z_P 是给定概率值 P 下的极大值，指几年或几十年一遇的风雹综合指数值，由式(6)可以求出不同重现期的风雹过程综合指数，也可得出某一综合指数的历史重现期。

对建立的综合指数序列利用 Gumbel 型极值分布进行拟合，得出不同重现期的指数值，表1 给出了重现期为 1.5~1000 年的综合指数值，可以看出：10 年、20 年、30 年、50 年、100 年一遇的指数值分别为 14.81、17.25、18.66、20.41、22.78。

表1　邢台市风雹灾害过程极端气候事件历史重现期

重现期/年	综合指数值	重现期/年	综合指数值	重现期/年	综合指数值
1.5	6.86	15	16.25	80	22.02
2	8.42	20	17.25	90	22.42
3	10.24	25	18.03	100	22.78
4	11.41	30	18.66	150	24.16
5	12.27	35	19.19	200	25.14
6	12.95	40	19.65	300	26.51
7	13.52	45	20.05	400	27.49
8	14.01	50	20.41	500	28.25
9	14.43	60	21.03	800	29.84
10	14.81	70	21.56	1000	30.60

4.3　逐年风雹灾害天气过程程度评估

表2 给出了 1983 年以来历年风雹过程最大综合指数和历史重现期，指数排名前 5 位的是：2004 年指数极值为 22.67，约为 100 年一遇；2009 年指数极值为 20.29，约为 50 年一遇；1993 年指数极值为 15.73，约为 15 年一遇；1986 年指数极值为 14.42，为 9 年一遇；2001 年指

数极值为 11.36,为 4 年一遇,其他年份的极值都在 4 年及以下,这样便确定了各年极值在历史上的地位。同样可以反查历史上发生的任何风雹过程的重现期,例如 2009 年 8 月 27 日的风雹过程,其综合指数为 9.65,大约为 2~3 年一遇。

表 2　邢台市 1983—2012 年历年最大综合指数以及历史重现期

年份	年极大综合指数值	重现期/年	年份	年极大综合指数值	重现期/年	年份	年极大综合指数值	重现期/年
1983	7.15	2	1993	15.73	15	2003	6.10	1
1984	7.42	2	1994	7.48	2	2004	22.67	100
1985	7.17	2	1995	8.60	2	2005	6.53	2
1986	14.42	9	1996	9.09	2~3	2006	7.07	2
1987	6.99	2	1997	8.85	2	2007	7.26	2
1988	7.85	2	1998	9.64	3	2008	6.13	1
1989	7.75	2	1999	8.73	2	2009	20.29	50
1990	8.22	2	2000	6.08	1	2010	7.61	2
1991	7.27	2	2001	11.36	4	2011	7.86	2
1992	7.87	2	2002	7.53	2	2012	6.95	1

5　结　语

用冰雹最大直径和极大风力作为评估风雹过程本身强弱,用累计影响时间和范围来评估风暴过程影响程度,采用综合指数分析风雹灾害过程历史排位、重现期的方法简单、可行,结论客观,便于业务应用。

参考文献

[1] 万素琴,周月华,李兰,等.低温雨雪冰冻极端气候事件的多指标综合评估技术.气象,2008,**34**(11).
[2] 周月华,郭广芬.基于多指标综合指数的灾害性天气过程预评估方案.气象,2010,**36**(9).
[3] 山义昌.冬小麦风雹灾害的等级划分与灾情评估.气象,1998,**24**(2).
[4] 唐为安,田红,等.安徽省冰雹灾害风险评估模型研究//第 29 届中国气象学会年会:s1 灾害天气研究与预报.

新媒体时代基于微博的台风气象服务

屈凤秋　黄俊生　高权恩

（广东省气象服务中心，广州　510080）

摘　要：移动互联网时代的到来，微博的出现，使得传统的气象服务渠道已经远远不能满足社会需求，气象服务的转型升级已经迫在眉睫。广东省气象部门积极探索新的服务渠道，转变气象服务模式，努力成为气象服务的组织者，在2012年的台风气象服务中取得新的突破，受到了各级领导和公众的好评。

关键词：台风；气象服务；微博；新媒体

引　言

随着社会经济不断发展进步，人们生活水平不断提高，公众对气象服务多样化、个性化的需求越来越高。特别是对灾害性天气警报和气象预警信息的快速发布与传播的要求越来越高；对加强气象科普知识宣传、提高防灾减灾能力、自救互救能力的需求越来越高，另外更急需一个深入了解公众需求的平台。广播、电视、报纸、手机短信等传统气象服务渠道已经远远不能满足这种需求，因此气象服务与社会公众需求之间的矛盾越来越突出，已经成为制约公众气象服务发展的关键环节。

就在广东气象部门寻求突破之时，微博出现，3G时代来到。微博以其快速传播、快捷分享的特点，创新了互联网时代气象信息传播的途径，加快了气象信息在社会各个阶层的传播速度，改变了气象部门参与社会管理、与公众交流互动的方式。它的即时传播性、裂变传播性、双向传播性以及草根性，就像为气象部门"量身定做"的服务方式。

2011年3月，广东气象部门迅速反应，及时抓住机遇，创新服务理念，在全国气象部门中率先与腾讯、新浪两大平台强强联合，建立"广东天气"气象服务微博群，从而有效破解了气象服务与社会公众需求之间的矛盾，以实际行动践行广东气象现代化试点省建设，为提升气象事业核心竞争力、提高造福社会能力提供有力保障，为"加快转型升级，建设幸福广东"提供有力保障。

2011年夏天，从"直击'洛坦'"到"小编追风"，广东省气象部门一直在探索气象微博在台风服务应急减灾中的作用；2012年，从微博出发，转变思路，进一步挖掘新的台风服务渠道与服务模式，做气象服务的组织者。

1　微博台风气象服务

快速发布、快捷分享使得微博能够在第一时间发布天气信息；图文并茂的展示方式、裂变式的传播,使得气象科普宣传找到一个前所未有的平台;轻松活泼、草根的风格,让天气预报变得有人情味,成为真正的百姓生活的参考;评论、私信,成就了气象部门与公众之间面对面的沟通交流。微博的渠道特色所带来的优势在 2012 年台风"韦森特"气象服务中表现得尤为突出。

1.1 快速发布天气信息

2012 年 7 月 23—25 日,台风"韦森特"严重影响广东地区,"广东天气"气象微博圈省、市、县三级联动加密发布最新台风信息取得了很好的效果。省级微博侧重发布台风对全省的影响,以及应急信息、防御指引、科普知识等;市、县级微博则侧重发布台风对本地的影响、天气预警等。以@广东天气省级微博为例,3 天共发布关于台风的微博 48 条,新浪微博的平均转发量为 204.6 条。24 日 0—5 时,在台风登陆前后,加密发布 6 条台风消息,引起了网友的广泛关注,新浪微博平均转发量为 683 条。其中,4:27 第一时间发布的台风登陆消息,新浪微博转发量达 2142 条,评论数达 396 条;腾讯微博转发评论数达 5942 条。

1.2 气象科普与生活参考

根据两年来的微博运营经验,台风影响期间,网友对气象微博的关注度大幅度提高,因而它的影响力也大大加强。此时,进行气象科普宣传,有利于提高公众的防灾减灾意识、自救互救能力。在台风"韦森特"严重影响广东的 3 天时间内,@广东天气省级官方微博累计发布科普知识和防台指引等 10 条,不仅受到了网友的关注,还有很多网友主动转发扩散,将微博的快速分享、裂变式传播特点发挥得淋漓尽致。

1.3 与公众沟通互动的平台

"【韦森特不眠夜】这个夜晚,有多少人半夜被风声惊醒,有多少人被雨声吵醒,有多少人通宵加班,为了值守台风夜,只希望——所有的人安好!"(发布时间:2012 年 7 月 24 日 7:18,台风刚刚登陆的早晨)

这是一条很普通的微博,没有华丽的文字,只是简单地描述了服务在台风一线的气象工作者此时此刻的心情。但是它却引起了 315 条转发、127 条评论,对于体现行业精神的微博来说可谓创造了历史记录。特别是这 127 条评论,没有批评,没有谩骂,有的是表扬,是理解,是关心,是安慰。比如:

nicole-银紫娴:辛苦了(2012-7-24 14:24)

W-HJ:向所有坚守在第一线的人致敬!(2012-7-24 14:14)

J_BEN:真的很感谢你们!(2012-7-24 12:55)

这就是沟通互动的力量,微博以它独有的方式记载了气象人战胜"韦森特"的全过程。三天时间,在昼夜不停地发布最新台风消息、科普知识、预警信息、防台指引的同时,还有追风一线的风雨灾情图文。这些信息"有图有真相"地摆在了微博平台,摆在了公众眼前,即使有一些小的漏洞或者失误,也得到了网友的理解和支持。

2 多媒体联动的台风气象服务

随着新媒体时代的到来,移动互联网迅速发展,不仅报纸、电台、电视、121 电话、手机短信等服务渠道跟不上潮流,即使是 PC 机也很难满足社会需求。手机刷微博,手机上 QQ,以及各种手机 APP 的出现,迫使气象服务不得不重新洗牌,由气象服务者向气象服务的组织者转变。经过两年的探索总结,广东气象部门以微博为出发点,在一次次的台风服务中总结经验、迅速成长。

2012 年 8 月 15 日,台风"启德"突然掉头,直奔广东而来,并于 17 日 12:30 登陆湛江市麻章区湖光镇。广东气象部门快速反应,通过网站、短信、微博、手机 QQ 等多渠道互动,并联动通信运营商、网络运营商、政府部门、公众一起防台抗台。

2.1 气象部门联动展开服务

在多次台风服务中,各级气象部门通过微博上下联动发布台风消息,一起防台抗台。以台风"启德"为例,这是一次国家、省、市、县气象部门四级联动的服务:首先,各市县气象微博,特别是湛江、深圳、茂名、江门等沿海受台风影响严重地区,快速发布预警应急信息;其次,"广东天气""深圳天气""广州天气"等影响力较大的天气微博及时发布最新台风消息,并适当转发受影响严重地区的天气微博,以提高服务效果;第三,湛江等受灾严重地区,以及各追风小组及时拍摄台风一线风雨灾情图片,广东天气省级微博及时发布最新情况;最后,省级微博和"中国天气网""中央气象台"等国家级微博互动发布最新台风信息。

2.2 组织运营商扩展服务渠道

报纸、电台、电视、12121 电话、手机短信、网站、微博……气象服务渠道已有很多,但却不是全部。随着科技的发展,新的服务渠道不断涌现,旧的服务渠道的影响力逐渐下降,不断开拓新的气象服务渠道已经是一项日常工作。广东省气象部门积极组织腾讯、新浪等网络运营商探索新的服务渠道,在台风等自然灾害来临时快速发布应急预警信息,扩大信息覆盖面。

以台风"启德"为例,除传统的服务渠道外,首先,建立在腾讯微博话题集合页,让官方、民间的各种台风消息汇总,方便网友查找;其次,在大粤网、新浪网建立台风"启德"专题页面,同时链接微博,既做到了快速发布最新信息,又拓展了服务覆盖面;第三,腾讯、大粤网首页头条、QQ"我的资讯"弹出窗口头条、新浪网首页链接网站专题,提高影响力;第四,在重大预报转折点、台风登陆等关键时候,腾讯对全省 5400 万 QQ 用户通过 tips 弹出最新台风消息,并链接网站专题,进一步扩大信息覆盖面;最后,针对 3G 网络、手机网民的发展,在"启德"服务中创新性地使用手机 QQ"附近的人"的功能,扩散台风消息以及防御指引等。

2.3 联动政府部门拓宽服务面

2011 年被称为政务微博元年,各政府部门官方微博快速发展,影响力迅速提高,通过联动政府部门发布台风消息,不仅可以扩大信息覆盖面,也能展示气象部门的权威性。在台风"启德"气象服务中,"广东天气"气象官方微博多次联动"广东发布""广东省应急办""平安南粤"等官方微博发布防台消息。

2.4 组织公众一起防台

微博的出现,标志着"自媒体"时代兴起,人人都是媒体,人人都是信息传播的一环。充分发挥公众的媒体作用,对快速传播气象信息、提高公众自救互救能力有很大的作用。因此,在台风服务中,广东省气象部门积极组织公众一起防台抗台。比如,在台风"启德"服务中,无论是微博、短信还是 121 电话等,都会不定时地在气象信息的最后加一句"求扩散"或者"随手转发,告知您的亲朋好友,一起来防御台风"等内容。

3　总结与思考

　　广东省气象部门发挥微博这一新媒体的独特优势,组织多部门、多渠道联动发布台风信息,在气象信息发布提速扩面、防灾减灾能力提高等方面都做出了贡献,得到了公众网友的广泛认可,也得到了各级领导的好评。在台风"韦森特"服务结束后,时任广东省委书记汪洋、副省长刘昆等省领导对利用新媒体手段实现部门联动防灾减灾的做法给予充分肯定并做出批示:"腾讯、新浪公司等在抗灾过程中体现企业的社会责任感,对 5400 万 QQ 用户推送信息,信息发布覆盖广泛,为抗灾工作提供了信息支撑。"腾讯董事会主席马化腾表示:"腾讯愿全力配合政府为社会和公众做这么有意义的事情。"

　　随着移动互联网时代的到来,微博才刚刚开始,微信又出现在人们的视野,还必将有更多的新服务渠道出现。顺应时代的发展,抓住机遇,拓展气象服务渠道,提高气象信息发布速度,扩大气象信息覆盖面,一直是气象人追求的目标。但气象部门如何保持敏感性,准确把握科技发展的脉搏,还需要进一步的探讨。

从事基层电视气象栏目编导的一些认识和体会

黄　新

（浙江省慈溪市气象局,慈溪　315300）

摘　要:基层电视气象栏目编导工作有自身的特点和优势,因为辖区范围小,所以编导对辖区内天气的感受更加真切;天气变化对当地各行各业的影响便于收集;容易了解群众关注的气象热点,也容易挖掘当地百姓的各种气象需求,便于把节目做深、做细、做透。要组织安排好电视气象节目的内容,基层气象编导需要"上接天气、下接地气、中接人气"。"上接天气"要求编导准确客观理解和把握预报员所做出的预报结论;"下接地气"要求编导重视并善于使用天气现象、实况气象观测数据、历史气象观测数据,重视并善于通过自身观察来感知天气气候变化对当地物候及人们生产生活的影响,重视并善于把气象条件与当地主要农作物、特产及其生长发育的关键期、气象条件的敏感期相结合;"中接人气"要求编导广泛接触群众,接触生产实际,从群众中获取创作灵感,从群众生产生活当中挖掘气象服务的新需求,并创造条件建立与相关部门、企业、农户的横向联系。要组织安排好电视气象节目的内容,基层气象编导需要充分发挥主观能动性,使电视气象节目内容"来源于预报、区别于预报、超越于预报",需根据不同的预报把握度、不同天气气候背景、不同生产生活需要来合理组织安排节目内容。要组织安排好电视气象节目的内容,基层气象编导还需要注意处理好专业性和服务面的关系,依托天气主线来拓展服务面,做到形散而神不散;要注意加强自身学习,始终保持谦虚谨慎的工作态度。

关键词:基层;电视气象栏目;编导;体会

引　言

电视气象栏目作为大众获取气象信息的重要窗口而备受关注,近年来,越来越多的县级基层气象台站创造条件开播了有主持人的节目。大台因为辖区范围广,同一时间各地可能受不同天气系统影响,或处在同一天气系统的不同部位,辖区内各地的天气特点、天气现象和气象要素会有很大的不同;而绝大多数县级基层气象台站辖区范围很小,同一时间基本上处在同一天气系统的影响下,因此,基层气象栏目编导不适用"指点江山"的方式来组织安排节目。但与大台相比,基层气象栏目编导也有自身的特点和优势,因为辖区范围小,所以编导对辖区内天气的感受更加真切;因为辖区范围小,所以天气变化对当地各行各业的影响也便于收集;因为辖区范围小,编导容易了解群众关注的气象热点、容易挖掘当地百姓对气象的各种需求,便于把节目做深、做细、做透。

1　基层气象栏目编导需要"上接天气、下接地气、中接人气"

人们常说,办成一件事情需要"天时、地利、人和";同样的,要组织安排好节目内容,基层气象栏目编导也需要"上接天气、下接地气、中接人气"。

1.1 基层气象栏目编导需要"上接天气"

"上接天气"要求基层气象编导了解天气学的原理和方法,准确把握当前可能影响本地的天气系统及其演变的轨迹和趋势,既要有大台编导那样的宽广视野,更要立足于当前及未来一段时间本地可能受到的天气系统的影响。这就要求气象编导每天参加天气会商,加强与值班预报员的沟通,以便准确客观理解和把握预报员所做出的预报结论,合理评估天气变化对当地生产和生活的影响。

1.2 基层气象栏目编导需要"下接地气"

首先,"下接地气"要求基层气象编导熟练掌握各种天气现象、实况气象观测数据的查询使用方法,重视并善于对天气现象、实况数据的使用。天气现象、实况数据是基层电视气象节目内容的重要组成部分之一,诸如气温、湿度、气压等气象要素以及风、霜、雨、雪等天气现象经常会成为人们聚在一起时津津乐道的话题,它不仅具有新闻价值,更是人们切身体会的,自然也是当地百姓最为关注的内容之一。有时,节目可以以某一个或几个气象要素相结合为主题来展开,比如夏天的气温和空气湿度,是首次出现高温还是已出现持续高温? 一天中高温的强度以及35℃以上气温持续时间长短的不同,对人们生产生活的影响是大不相同的。显然,同样是高温天,最高气温39℃和36℃人体感觉是大不相同的,而一天中35℃以上持续七八个小时和持续七八分钟对我们生产生活的影响更是有明显区别的,如果气温高、湿度也大,人体的不适感也会明显增强。有时,节目也可以以某一个或几个天气现象相结合为主题来展开,比如大风、雷电、暴雨、雾和霾等,哪怕是极细微的天气现象,有时也会对人们的生产生活产生一定的提示作用。比如对露和霜的观测和运用,夏季末夜晚露水逐渐明显起来,预示着天气转凉开始;而霜尤其是初霜的出现,对农业生产的影响就更为直接,对于设施农业来说,则要把重心转移到保暖和防冻上来了。

其次,"下接地气"要求基层气象编导熟悉当地的气候概况和天气气候特点,重视并善于对历史气象观测数据的使用。历史气象观测数据就像是一面镜子,当地各个季节的天气特点以及一些主要的灾害性天气都会在历史气象观测数据当中得到反映。某一时期雨水多了还是少了? 气温高了还是低了? 天气正常还是反常? 是否出现了极端的天气气候事件呢? 这些经常萦绕在人们心头的问题都可以借助历史气象观测数据来回答。因此,合理运用历史气象观测数据不但有利于丰富节目内容、提高人们对节目的认同感,而且也有利于纵深挖掘人们关注的气象热点问题,更容易和观众产生共鸣,从而起到好的服务效果。

第三,"下接地气"要求基层气象编导重视并善于通过自身观察和体验,来感知天气气候变化对当地物候及人们生产生活的影响。所谓"春江水暖鸭先知",诸如柳枝萌芽、花开花落、候鸟迁徙、树叶飘零等物候现象都是天气气候影响的结果,物候现象的灵活穿插运用,可以提高节目的观赏性和感染力;看似一些细小的现象,却往往蕴藏着一个个鲜活的气象话题,比如车身上的灰尘突然增多,是否与浮尘和雾、霾有关? 当时大气环流、天气形势的背景又是如何呢? 可见,编导自身细微的观察和体验,也是挖掘气象话题的一个重要途径。

第四,"下接地气"要求基层气象编导重视并善于把气象条件与当地主要的农作物、特产及其生长发育的关键期、气象条件的敏感期相结合,进行拓展性的服务,提高气象服务的准对性。

1.3 基层气象栏目编导需要"中接人气"

首先,"中接人气"要求基层气象编导热爱生活、广泛接触群众、接触生产实际,从群众的言谈当中、从群众的行为当中去感知天气对大众生产生活的影响,及时把握当前群众关注的气象热点问题,从群众中获取创作灵感,从群众生产生活当中挖掘气象服务的新需求。

这就要求基层气象编导要经常上上公园、逛逛菜场、下下地头,听听老百姓在谈论什么、关注什么。事实上,气象问题也正是老百姓聚在一起谈论的主要话题之一。随着社会的进步,天气对人们生产生活的影响也会出现新的变化,人们对气象服务会有新的需求,比如,冬季夜晚露天停放的汽车在一定的天气条件下,挡风玻璃容易凝上一层霜,它会对急着上班或是送小孩上学的人们带来不少的麻烦,甚至会对交通安全产生隐患。对类似的气象服务新需求,基层气象编导如能预先把握并及时跟进服务,会起到很好的增值服务效果。

其次,"中接人气"要求基层气象台站创造条件建立和相关部门、企业、农户的横向联系,为气象编导与农业、水利、疾控、环保、旅游等部门专家沟通和会商提供便利,使气象编导能及时了解天气对相关行业造成的影响,必要时可在电视气象节目中联合相关部门开展针对性的服务。

2 基层气象编导需充分发挥主观能动性,使气象节目的内容"来源于预报、区别于预报、超越于预报"

2.1 基层气象编导需充分发挥主观能动性,根据不同的预报把握度来合理组织节目内容,给观众一个准确的、全面的、客观的信息

大众收看电视天气预报节目首先关心的是未来一段时间诸如晴雨、气温等的天气情况,以合理安排自己的生产和生活。因此,准确传递天气预报的信息是关键、是基础。所谓准确传递并不是说简单地传递或演绎天气预报的结论,而是需要对天气演变的趋势、影响的程度和可能性做出一个准确的客观的评估,然后对预报结论进行有侧重、有取舍地加工。

大家知道,天气预报之所以称之为预报,是因为它存在着不确定性,它和天气实况是存在着差别的,有的时候差别很小,但有时候预报会有偏差甚至会有完全失误的情况。当过预报员的人都很清楚,有的时候天气预报比较好报,比如秋冬季的一些天气过程就相对容易把握,准确率也会很高;但有的时候预报非常难报,不确定性很大,气温的误差也会很大,比如春夏季的时候,天气反复多变,气温"上蹿下跳",夏季的热雷雨更是难以把握。当天气预报的确定性较大的时候,编导大可以进行拓展性的结合与提示,以丰富节目的内容和信息量。比如连续晴好天气来临的时候,可以根据实际需要来提示游玩、防晒、洗晒、农事操作、洗车等。而当预报存在较大不确定性的时候,再来做拓展性的提示就需要审慎了。在预报有不确定性的时候,尤其是预报不确定性较大的时候,可以给出一个趋势,可以在给出一个结论的同时告知另外一种可能性,这样,传递的气象信息更加全面和客观,对大众的服务效果也会更好。因此,基层气象编导不能只是预报的传声筒,更不该是只会掺水的兑酒师,而是应该准确、全面、客观地来传递气象信息。

2.2　基层气象编导需充分发挥主观能动性,根据不同天气气候背景、不同生产生活需要对来组织节目内容

同样的预报结论,在不同的天气气候背景下,气象编导需要做完全不同的处理。比如连阴雨之后的晴天和连晴之后的持续晴天,干旱之后的暴雨和雨水偏多背景下的暴雨,处理的方法和服务内容是截然不同的。连阴雨之后的晴天显然是民众所期盼的,而连晴之后的持续晴天虽然出行便利,但或许空气污染物增加,民众更需要雨水来清洗空气。暴雨作为一种灾害性天气,在不同天气气候背景下出现,一个地方的受害程度也是完全不一样的。在土壤干旱、水库缺水的情况下,暴雨或许反而能带来诸多好处;而在水库河床水位高涨、农田已出现渍害的背景下,再次出现暴雨的危害就非常突出,甚至可能会出现险情,需要格外重视并做好相应的服务和提示。

不同的对象对天气的需求是有差异的,即使是同一个对象在生产生活的不同方面和不同时段对天气的需求也不尽相同。比如一户正在建房的农民自然希望都是好天气,但对于他管理的作物来说或许正需要雨水来浇灌。

因此,基层气象编导不能就事论事,就天气说天气,就预报说预报,而是要善于抓住当前及未来天气面临的主要矛盾,结合天气气候背景、结合生产生活实际来安排节目内容。

3　基层气象编导在安排节目内容时需要注意的几个问题

3.1　基层气象编导需要处理好专业性和服务面的关系,依托天气主线来拓展服务面,做到形散而神不散

因为天气与人们生产生活密切相关,因此基层气象编导在组织节目时往往会找好切入点穿插相关的一些内容,像气象科普、生活小常识、温馨提示等,但需处理好节目的专业性和服务面的关系,应依托天气主线拓展服务面,形可散但神不能散。特别注意的是内容的展开不能生搬硬套,不能为拓展而拓展,更不能网上下载一点进行复制粘贴,而是要因时因地制宜,与当地群众的生产生活结合在一起,与天气主线自然地融合在一起。忌讳把节目搞成万金油、大杂烩,而失去气象的特色。

3.2　基层气象编导需要加强学习,始终保持谦虚谨慎的工作态度

因为基层电视气象栏目的内容会涉及群众生产生活的方方面面,因此基层气象编导尤其需要加强自身的学习和积累,除了气象专业知识以外,节目涉及的一些相关知识也要有所了解,向书本学、向群众学、向专家学,不断提高自身驾驭和把握气象节目的能力。在节目中会涉及一些提示或建议,尽可能用探讨的形式,忌讳用说教的口吻,而在涉及其他一些领域的时候,采集到相关部门和专家的意见,则会让节目更有说服力。

4　结　语

从事基层气象栏目编导有自身的特点和优势,要发挥好这些优势,基层气象编导需要"上接天气、下接地气、中接人气";需充分发挥主观能动性,使气象节目的内容"来源于预报、区别于预报、超越于预报";还要注意处理好节目专业性和服务面的关系,注意加强自身的学习,始终保持谦虚谨慎的工作态度。

参考文献

杜钧,陈静.2010.天气预报的公众评价与发布形式的变革.气象,36(1):1-6.
任福玲.2011.气象影视节目——气象科普宣传的利器//第28届中国气象学会年会论文集:688.
石增云,尤风春.2011.预报没有100%,服务可以100%//第28届中国气象学会年会论文集:434.

我国地质灾害防治气象预警服务效益分析[①]

王　昕　李筱竹

(中国气象局公共气象服务中心,北京　100081)

摘　要:以地质灾害防治气象服务典型案例效益分析为基础,选取与地质灾害防治密切相关的国土资源部门、相关政府部门、基层工作人员和社会公众四类人群为调查对象,采取主客观相结合的效益评估方法,得出我国地质灾害防治气象监测预警服务减少财产损失贡献率为41.2%,减少人员伤亡贡献率为65.7%,总体满意度为88.4分。结合四类调查对象气象服务需求,建议气象部门针对不同用户服务需求和效益发生方式的不同,加强和改进地质灾害防治气象监测预警服务在国土资源部门专业服务用户和社会公众用户方面的服务能力,提高地质灾害防治气象服务的专业化和精细化水平。

关键词:地质灾害;气象服务;效益

引　言

地质灾害包括自然因素或者人为活动引发的危害人民生命和财产安全的山体崩塌、滑坡、泥石流、地面塌陷、地裂缝、地面沉降等与地质作用有关的灾害。我国是世界上地质灾害最严重、受威胁人口最多的国家之一。资料显示,1996—2010年(2010年甘肃舟曲特大山洪泥石流灾害除外)的15年间,我国平均每年因滑坡、崩塌、泥石流等地质灾害死亡和失踪1090人,年均经济损失约150亿元。2010年发生在甘肃舟曲的特大山洪泥石流灾害共造成1501人死亡、264人失踪,经济损失和社会影响巨大。

降雨是诱发地质灾害的重要气象条件,特别是强降雨天气过程,通常是引发滑坡、崩塌、泥石流等地质灾害并造成人员伤亡和直接经济损失最主要的原因。在我国,滑坡、崩塌、泥石流等地质灾害多发生在每年的6—9月,而这一时间段同时也是我国降雨尤其是强降雨频发时期。仅以2010年为例,在全国死亡失踪10人以上的19起重大地质灾害事件中,除1起与冰雪融水有关,其余均由降雨或强降雨引发,并造成了严重的人员和财产损失。根据预测,未来5~10年,在全球气候变化背景下,我国局地突发性强降雨等极端天气事件有进一步增多的趋势,我国地质灾害将进入高发期,地质灾害防治工作面临巨大挑战,形势十分严峻。

为应对日益频发的地质灾害风险,自2003年以来,国土资源部与中国气象局成立地质灾害气象预报预警工作协调领导小组,联合开展地质灾害防治气象预报预警业务,并在全国范围推进山洪地质灾害气象风险预警服务的开展,逐步实现从灾害性天气预报向灾害风险评估的延伸,地质灾害防治气象服务取得了显著的经济和社会效益。截至2012年底,全国已有30个省(区、市)、323个市(地、州)、1741个县(市、区)国土资源、气象部门联合开展地质灾害气象预

---

①　本文主要数据来源于全国地质灾害气象监测预警服务效益评估项目调查结果

警预报工作,基本覆盖全部山地丘陵县。统计表明,2003 年以来,我国共成功避让地质灾害 6210 起,避免了 35 万人伤亡,避免经济财产损失超过 45 亿元,成功预报了四川清平"8·13"特大山洪泥石流灾害、贵州望谟"6·06"山洪地质灾害、甘肃岷县"5·10"特大冰雹山洪泥石流灾害、四川彭州龙门山镇"8·18"群发泥石流和云南彝良震区"9·10"暴雨等灾害,最大程度避免了人员伤亡和财产损失(中国气象局等,2012)。

尽管气象服务在地质灾害防治领域的贡献巨大,但针对地质灾害防治气象预警服务效益尚无专门的研究,在判断地质灾害防治气象服务决策效果方面也缺乏系统有效的评价方法。目前的研究主要集中在预警技术能力及其效益的发挥方面(刘传正等,2004;倪化勇,2006)。可借鉴的专业气象服务领域的效益评估,国外早在 20 世纪 60 年代就已经有学者开始研究,近年来,随着社会对气候变化影响的关注,气象服务及其效益问题越来越受到重视(贾朋群等,2006)。美国海洋与大气管理局相关研究人员提交 WMO 的一份研究报告系统阐述了美国气象服务对农业、城市建设、交通、旅游、能源、水资源管理等行业的效益和影响。报告汇集了多位学者按经验的统计方法或模型测算的研究成果,证明气象对相关行业的深刻影响和气象服务的可观经济效益(Weiher et al. ,2005)。

在国内,中国气象局曾组织大规模的气象服务效益评估研究项目,对气象高影响行业气象服务效益评估的理论与方法做了系统的研究和梳理(许小峰等,2009)。相关研究成果显示,在中国目前气象服务和经济发展水平下,气象服务在各行业中产生的年平均总效益至少不低于2793 亿元人民币(张钛仁等,2011)。针对具体行业的气象服务效益评估领域主要涉及公路交通、电力、旅游、风电等气象高敏感行业。调查显示,在电力领域,气象服务贡献率达 0.22%,效益值约为 73.56 亿元/年(陈振林等,2011);旅游领域气象服务贡献率为 0.59%,效益值达74.34 亿元/年(陈振林等,2011);在公路交通领域,气象服务产生的经济贡献率达到 1.09%,产生效益值约为 61 亿元/年(陈振林等,2012);对风电行业的气象服务贡献率达 1.85%,每年产生的效益值约为 8.85 亿元(陈振林等,2012)。上述研究主要采取了客观测算与专家主观评价相结合的方法,但未能采用纯粹客观的效益测算方法。主要原因在于两个方面:一是由于涉及部分行业的商业属性,获取具体效益数据存在较大困难;二是气象服务效益发生的复杂性使得对气象服务贡献的精确测算难以实现。

对气象服务效益评估学理依据的研究对于我们认识地质灾害防治气象服务效益的属性具有基础性意义。Demuth 等发现,在气象学与社会学之间缺少可以相互转译的沟通机制,而这使得气象科技无法有效地发挥社会功能。建立一个气象学与社会学的对话平台,为社会更好地理解和运用气象科技提供帮助显得十分迫切(Demuth et al. ,2007)。与这一观点相契合,气象服务效益评估作为气象与社会沟通的重要渠道和桥梁,在学科基础上的边缘性将是进一步寻求气象服务效益评估技术方法突破的主要学理依据(吴向阳,2010)。

由于地质灾害防治主要涉及防灾减灾公益性社会服务,其效益分析同样面临效益发生因素复杂、部分数据比如人的价值难以客观化等困难。以地质灾害防治应急救援为例,气象预警虽具有"发令枪"的重要功能,但在实际救援过程中,政府有效的应急管理,基层干部的有力组织,广大公众防灾意识和积极配合避险自救等因素都对最终效益的实现具有不可或缺的作用。因此,在具体研究过程中,既要考虑气象监测预警服务在整个地质灾害防治工作中的重要地位,同时又要体现出效益发生的综合性,从整体上把握气象预警在地质灾害防治过程中的效益水平。

1 样本与方法

1.1 总体思路

选取地质灾害防治气象服务典型案例作为调查评估对象,采取典型案例客观分析与用户主观评价相结合的方法,评估气象预警服务在地质灾害防治具体过程中发挥的作用,包括经济效益和社会效益。其中,经济效益以减少财产损失贡献率为主要指标,结合地质灾害气象服务主要服务指标数据,测算气象服务在地质灾害防治具体过程中的经济效益。社会效益以减少人员伤亡贡献率为主要评价指标。在此基础上,结合用户满意度评价对地质灾害防治气象预警服务效益状况作出综合分析和评价。具体技术路线见图1。

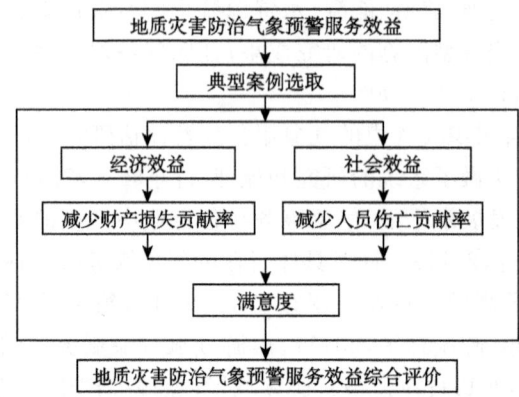

图1 地质灾害防治气象预警服务效益分析路线图

1.2 样本及案例选取

根据地质灾害防治气象预警服务对象选取了四类调查对象,分别为国土资源部门专家、相关政府部门专家、地质灾害发生区域基层应急救援工作人员和地质灾害发生区域社会公众。样本量分布如表1所示。

表1 地质灾害防治气象服务效益调查样本分布

样本来源	选择标准	样本量
国土资源部门	①国土资源部门地质灾害防治领域专家 ②与气象部门合作开展地质灾害监测预警业务的专家和一线业务人员	596
相关政府部门	①典型案例发生地政府应急管理部门及其他相关部门人员 ②典型案例发生地基层政府应急部门及其他相关部门地质灾害应急决策与管理专家	572
基层工作人员	①典型案例发生区域乡镇、村级基层灾害防御责任人或应急救援工作人员 ②年龄分布在18~65岁之间 ③参与过典型地质灾害防治气象监测预警相关工作	695

续表

样本来源	选择标准	样本量
社会公众	①典型案例发生地社会公众 ②年龄分布在 18～65 岁之间 ③不同性别、学历、收入群体尽量均匀分布 ④本地居住时间超过 2 年以上 ⑤非国土资源和气象部门人员	3248

　　为提高效益分析过程的具体性和实际效果,选取了地质灾害防治典型气象服务案例 101 个作为效益分析的基本对象。如表 2 所示,在选取的案例中,地质灾害主要诱发原因以短时强降雨或暴雨为主,比例高达 77％,一般性的降雨或连阴雨、降雪以及冰川融雪等也会导致土壤地质条件发生变动,从而导致地质灾害的发生。在地质灾害类型方面,滑坡所占比例最高,其次是泥石流和崩塌。在灾害等级方面,所选案例中,近一半为特大型和大型地质灾害,但对于灾害易发区而言,中小型地质灾害的频发,其危害程度也不容忽视。

表 2　地质灾害防治气象服务典型案例类型分布一览表

案例类型		所占比例(％)
按地质灾害类型分类	滑坡	49
	泥石流	37
	崩塌	11
	其他	3
按灾害等级分类	特大型	37
	大型	10
	中型	22
	小型	30
	其他	1
按气象致灾因子分类	短时强降雨或暴雨	77
	降雨或连阴雨	17
	降雪及冰川融雪	4
	其他	2

1.3　评估模型

　　减少财产损失贡献率评估模型考虑了以减少灾害损失数据和气象服务主要指标作为评估因子,具体模型如下:

$$e = \Big[\sum_{i=1}^{n} (A_i - B_i) M \Big] / D \tag{1}$$

式中,e 为典型案例地质灾害防治气象预警服务效益贡献率;A_i 为典型服务案例中应急救援第 i 个环节避免的损失;B_i 为典型服务案例中应急救援第 i 个环节采取措施投入各种资源的成本;M 为典型服务案例过程气象服务能力指标,包括预报准确率、预警及时性和预警覆盖率 3 项指标及其在地质灾害防治气象服务中重要性权重之和;D 为典型案例中地质灾害所威胁的直接财产总值。

　　在此基础上,在 0～2×e 之间平均划分为 10 档,由相关领域专家、部门工作人员、基层和社会公众根据评价档次表对地质灾害气象服务效益水平做出评价选择,最终确认地质灾害防治气象监测预警服务经济效益。具体模型如下。

$$E = \sum_{k=1}^{10} \overline{e_k} W_k \qquad (2)$$

式中,E 为地质灾害防治气象预警服务贡献率;W_k 为专家选择第 k 等级的人数/专家总数;$\overline{e_k}$ 为第 k 等级的中值。

由于减少人员伤亡贡献率所涉及的人的价值无法以具体经济数据来测算,因此在实际调查中采取了主观评价方式,通过问卷设置贡献率档次,由调查对象参考典型案例经济效益评估结果做出评价,以式(2)所列公式统计最终评价结果。

满意度评价共分5级。分别为满意、比较满意、一般、不太满意和不满意。其中,满意,计100分;比较满意,计75分;一般,计50分;不太满意,计25分;不满意,计0分。具体测算模型如下:

$$S = \sum_{i=1}^{s} P_i L_i \qquad (3)$$

式中,S 为满意度;P_i 为第 i 个评价等级样本数占总样本数的比例;L_i 为第 i 个评价等级的赋值分。

2 样本分析

2.1 减少财产损失贡献率及效益分析

对典型案例减少财产损失贡献率测算样本分析显示,地质灾害防治气象预警服务在减少财产损失方面的平均贡献率为 31.7%。在此基础上,将典型案例经济效益测算结果作为中值,以 2×31.7% 为上限,将 0~2×31.7% 均分为 10 档(见表3),由国土资源部门、相关政府部门、灾害发生地基层工作人员和社会公众根据评价档次表对地质灾害气象服务效益水平做出评价。从调查结果看,各类用户对地质灾害防治气象服务在减少财产损失贡献方面的总体评价高于典型案例效益测算结果,这表明,在实际服务过程中,与地质灾害防治气象预警服务密不可分的相关政府应急服务、基层工作以及公众防灾意识的不断增强对地质灾害防治气象预警服务效果的实现和增强具有积极作用。这一点在相关需求调查中也得到了有力的印证[①]。

调查样本选择区间显示,被调查者选择最多的贡献率档次主要集中在档次6至档次8之间,即 31.7%~50.72% 这一档次区间(图2)。各类样本选择区间与总体选择区间也大体相似(图3)。统计结果显示,基层工作人员对地质灾害防治气象服务在减少财产损失方面的贡献评价最高,其次是相关政府部门,国土资源部门给予的评价最低(图4)。

表3　地质灾害防治气象服务减少财产损失贡献率评价档次表(单位:%)

档次1	档次2	档次3	档次4	档次5	档次6	档次7	档次8	档次9	档次10
0~6.34	6.34~12.68	12.68~19.02	19.02~25.36	25.36~31.7	31.7~38.04	38.04~44.38	44.38~50.72	50.72~57.06	57.06~63.4

---

① 对基层工作人员和社会公众的需求调查显示,在影响地质灾害防治工作的主要因素中,政府应急工作组织居首,其次是气象预警和政府部门的联动配合。公众防灾意识和避险自救能力对于地质灾害的防治也起到重要的作用

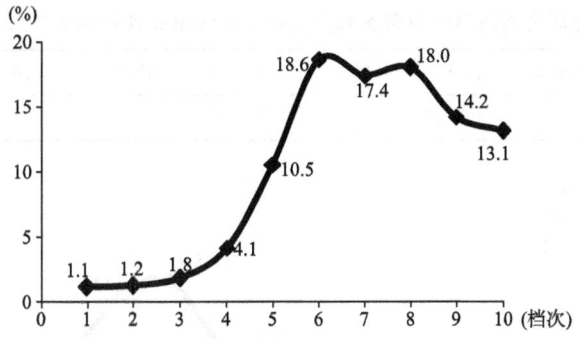

图 2　减少财产损失贡献率各档次调查样本选择比例

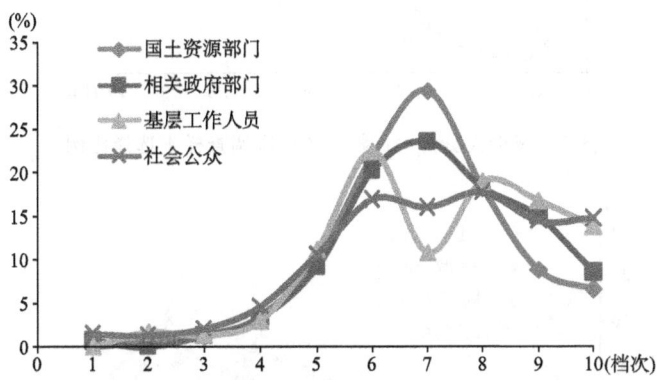

图 3　不同类型样本减少财产损失贡献率评价档次选择比例

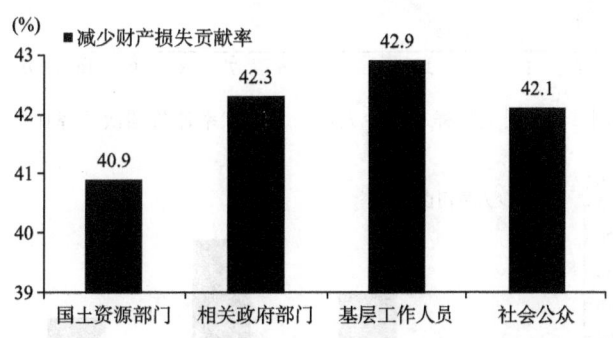

图 4　不同类型样本减少财产损失贡献率评价

2.2　减少人员伤亡贡献率及效益分析

减少人员伤亡贡献率评估采取主观评价方式,在 0～100％之间划分出 10 档(表 4),由地质灾害防治相关政府部门、灾害发生地基层工作人员、社会公众参考典型案例经济效益评估结果对地质灾害气象服务效益水平做出评价。对调查样本分析显示,被调查者选择最多的贡献率档次主要集中在档次 7 至档次 9 之间,即 60％～90％这一档次区间(图 5),各类样本选择情况与总体选择趋势也大体相当(图 6)。与各类样本对减少财产损失方面的贡献率评价类似,基层工作人员对地质灾害防治气象服务在减少人员伤亡方面的贡献评价最高,其次是相关政府部门,国土资源部门的评价最低(图 7)。

表4　地质灾害防治气象服务减少人员伤亡贡献率评价档次表(单位:%)

档次1	档次2	档次3	档次4	档次5	档次6	档次7	档次8	档次9	档次10
0~10	10~20	20~30	30~40	40~50	50~60	60~70	70~80	80~90	90~100

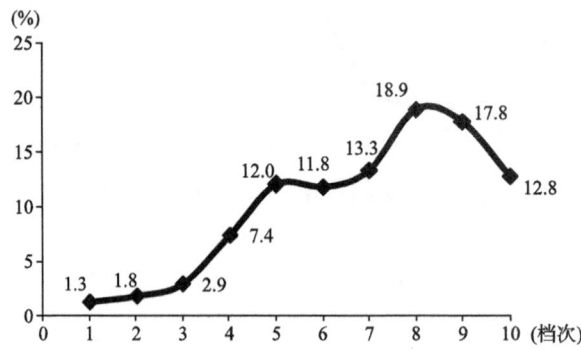

图5　减少人员伤亡贡献率各档次调查样本选择比例

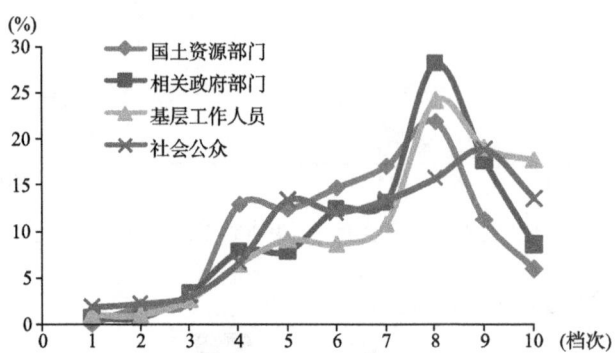

图6　不同类型样本减少人员伤亡贡献率评价档次选择比例

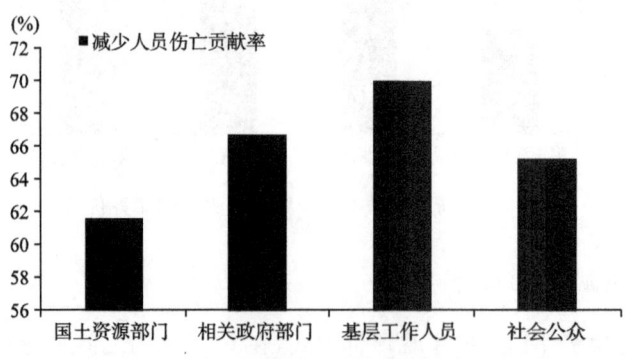

图7　不同类型样本减少人员伤亡贡献率评价

　　减少财产损失贡献率调查和减少人员伤亡贡献率调查均采取主观评价的方法,但所用方法步骤略有不同。其中,减少财产损失贡献率是通过典型案例效益测算获取参考数据,并以此为基础设计专家评估的档次区间;而减少人员伤亡贡献率则以减少财产损失贡献率典型案例效益测算数据为参照,设置了更加开放的评估档次区间。虽然初始选择对象区间不同,但从选择集中的档次区间看,被调查者对地质灾害防治气象服务在减少人员伤亡方面的贡献给予了更高的评价。

2.3 满意度评价样本分析

如图 8 所示,根据各类样本满意度评价结果显示,在被调查的四类样本中,相关政府部门气象服务满意度最高,达到 90.9 分。其次是基层工作人员,为 90.8 分;国土资源部门和社会公众对气象服务的满意度分别为 89.2 分和 87.3 分。

对四类样本满意度评价具体选择情况分析表明(图 9),在对地质灾害防治气象预警服务表示"满意"的样本中,基层工作人员的占比最高,其次是相关政府部门,社会公众和国土资源部门选择"满意"的样本比例较低,其中,国土资源部门选择"满意"的样本比例最低。对地质灾害防治气象服务表示"不太满意"和"不满意"的样本比例中,社会公众占比最高,其次是基层工作人员和国土资源部门。相关政府部门没有对地质灾害防治气象服务表示"不太满意"和"不满意"的样本。

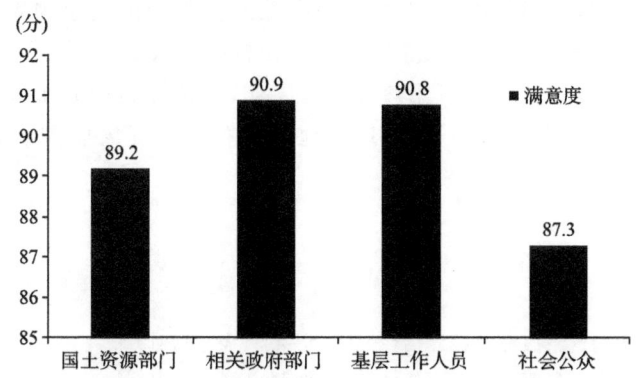

图 8 地质灾害防治气象服务各类样本满意度

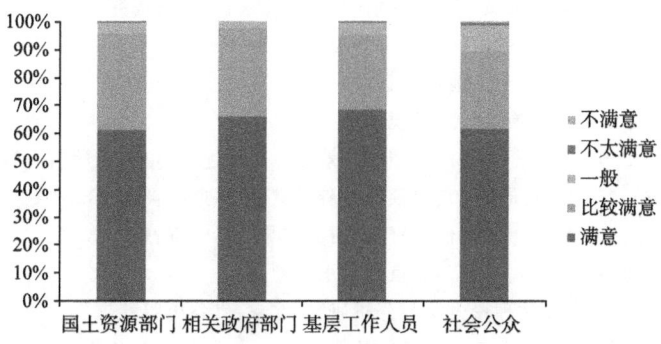

图 9 地质灾害防治气象服务各类样本满意度评价选择情况

3 结论与讨论

(1)研究发现,我国地质灾害防治气象预警服务效益可观。地质灾害防治气象预警服务减少财产损失贡献率达 42.1%,减少人员伤亡贡献率达 65.7%[①]。基层工作人员对地质灾害防

---

① 以我国地质灾害防治整体效益为基础推算,自 2003 年以来,我国地质灾害防治气象监测预警服务减少财产损失效益值约为 19 亿元,避免近 23 万人伤亡

治气象预警服务在减少财产损失和减少人员伤亡方面的贡献评价最高,相关政府部门和社会公众次之,国土资源部门评价最低。

(2)地质灾害防治气象预警服务用户总体满意度达到88.4分。其中,相关政府部门评价最高,其次是基层工作人员和国土资源部门,社会公众满意度最低。

(3)结合地质灾害防治气象服务需求调查可以看出,不同调查对象对气象服务的需求有较大差异,效益发生的方式也明显不同。作为与气象部门联合开展地质灾害防治气象监测预警服务的部门,国土资源部门更侧重于对地质灾害监测、预警基本数据和预报预警服务等技术性较强的专业需求;而政府部门、基层工作人员和社会公众则更加关注获取准确及时的地质灾害气象预警预报,从而有助于应急救援工作的顺利开展以及防灾避险的有效实施。

(4)从不同服务对象效益评价看,国土资源部门样本对地质灾害防治气象预警服务的经济和社会效益评价低于其他类型样本,而社会公众对地质灾害防治气象预警服务的满意程度相对较低。这一结果表明,在提高地质灾害防治气象预警服务效果方面,需要进一步加强和改进专业气象用户和社会公众这两个环节用户的服务工作,包括提高专业服务产品的专业性和预警服务产品的精细化水平,以适应不同用户对地质灾害防治气象监测预警服务需求的较大差异。

参考文献

陈振林,孙健,等.2011.电力气象服务效益评估(2010).北京:气象出版社.
陈振林,孙健,等.2011.旅游气象服务效益评估(2010).北京:气象出版社.
陈振林,孙健,等.2012.风电气象服务效益评估(2011).北京:气象出版社.
陈振林,孙健,等.2012.公路交通气象服务效益评估(2011).北京:气象出版社.
国土资源部.2001-2012.2001—2011中国国土资源公报.
国土资源部.2006-2012.2006—2011全国地质灾害通报.
国土资源部.2012.全国地质灾害防治"十二五"规划.
贾朋群,任振和,周京平.2006.国际上气象预报和服务效益评估综述.气象软科学(4):84-121.
刘传正,温铭生,唐灿.2004.中国地质灾害气象预警初步研究.地质通报:303-309.
倪化勇.2006.地质灾害预报预警水平的评价.中国地质灾害与防治学报:130-133.
吴向阳.2010.气象服务的经济学分析.北京:北京燕山出版社.
许小峰,等.2009.气象服务效益评估理论方法与分析研究.北京:气象出版社.
张钛仁,宋善允,田翠英,等.2011.行业气象服务效益评估方法及其研究.气象科学:194-199.
中国气象局,国土资源部.2012.关于地质灾害气象预警预报工作情况的报告.
Demuth J L, et al. 2007. WAS/IS Building a Community for Integrating Meteorology and Social Science, Report of American Meteorological Society.
Weiher R, et al. 2005. Socio-Economic Benefits of Climatological Services. NOAA Report to WMO.

高难度预报背景下的暴雨气象服务需求分析
——以北京"130604"局地暴雨为例

尹炤寅　李乃杰　李　津　张明英

(北京市气象服务中心,北京　100089)

摘　要:暴雨是我国最主要的灾害性天气之一,而局地暴雨由于尺度小、移速快、发展迅速,预报难度较系统性暴雨更大,对气象服务提出了更高的需求。本文以北京"130604"局地暴雨为例,讨论预报及服务情况,并进一步分析最优条件下的预警发布时间模型,发现:预警信息可作为服务基础,不可成为服务的依赖;针对不同需求的用户及时制作对应服务产品可大幅提升服务效果;提升预报水平、综合应用各种高分辨率观测资料是气象服务人员提高服务水平的先决条件。

关键词:暴雨;气象服务;预警信息

引　言

作为我国最主要的灾害性天气之一,暴雨给国民经济、人民生命财产带来巨大损失。研究暴雨的成因及机制,提升预报准确率是气象部门一直以来的工作重点。不同角度的研究结果表明,暴雨事件同云团的自组织过程[1]、风垂直切变[2]、海陆风环流[3]等众多要素联系紧密。但是,受观测能力和资料分辨率限制,数值预报对中 β 及以下尺度的局地暴雨几乎无预报能力[4],这大幅增加了局地暴雨的预报难度。为解决该问题,新的观测资料、探测手段被广泛应用,并取得一定成果[5-8]。但是,当前研究中尺度对流系统的工作多集中于暴雨事件发生后的诊断分析[9-11]、云团、对流系统的结构特征研究[12-13]、模式产品的释用[14-16],以及气候学尺度上的暴雨事件变化趋势分析[17],相应的气象服务需求分析则鲜见报道。对突发性强、发展迅速的局地暴雨而言,上述理论成果有待进一步开发方能在实际应用中取得较好成果。

另一方面,作为全国的政治、经济、文化中心,北京城市化发展迅速,随之而来的热岛效应使得暴雨极易在该地区进一步加强发展[18],进一步加大了该地区的暴雨预测难度。同时,首都身份带来了更高的关注度,北京暴雨已从单纯的气象问题上升到涉及网络舆情、城市危机等多个方面的综合问题[19-21]。气象服务部门作为面向政府、公众等各方面窗口,服务水平的高下直接决定了突发天气事件的最终影响程度。故提升暴雨服务水平,尤其是提升高难度预报背景下的暴雨预报水平是当前北京气象服务的工作重点,亦是社会各方面对北京气象服务的迫切需求。

1　降水实况及预报、服务情况

1.1　降水实况

2013 年 6 月 4 日 08 时至 5 日 06 时,北京地区出现入汛后首场强降雨。雨量分布不均,局地短时雨强较大,并且伴有雷电,降雨量呈北大南小的分布特征。

当天降水过程可细化为两次:

第一次过程影响时段自上午持续至午后,降水云团自延庆进入北京并东移发展,主要影响北部地区,如图1(a)所示。该过程全市平均降水量为9.6毫米,怀柔小梁前自动站观测到该过程最大降水量为71.2毫米,最大雨强发生在顺义站,12—13时雨强为31.2毫米/小时。

第二次降水过程发生在夜间,主要降水时段为4日21时至5日6时,全市平均降水量为15.4毫米,如图1(b)所示。最大降水量出现在怀柔琉璃庙自动站,过程总雨量为61.4毫米;延庆刘斌堡自动站则观测到该过程的最大雨强,5日01—02时雨强为33.9毫米/小时。

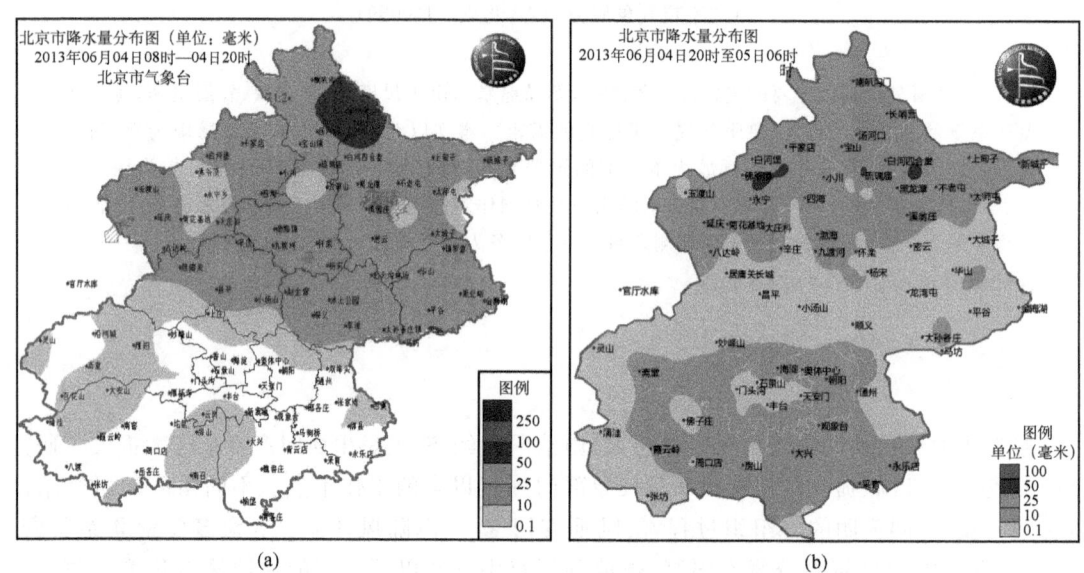

(a)　　　　　　　　　　　　　　　　　　(b)

图1　2013年6月4日08—20时(a)及6月4日20时—5日06时(b)北京地区降水量

1.2 预报、预警发布情况

针对此次天气过程,北京市气象台发布的天气预报及天气预警情况如表1所示。所有预报、预警信息均摘自北京市气象局新浪官方微博"气象北京"(http://weibo.com/qixiangbj)。

表1　2013年6月4日北京市气象台预报、预警信息发布情况

	发布时间	主要内容	说明
天气预报	6月4日6:00	白天阴天间多云,西部北部有阵雨	
	6月4日9:00	今天白天阴,有阵雨	订正预报
	6月4日17:00	预计傍晚到夜间仍有阵雨,北部还有雷电	
气象预警	6月4日9:55	预计未来3小时北京北部地区有雷电活动(局地短时雨强较大)	雷电黄色预警
	6月4日11:00	预计6月4日11时至14时,延庆、怀柔南部、昌平北部将出现大雨到暴雨	暴雨蓝色预警
	6月4日12:15	13至19时北部地区及城区北部有雷电(顺义、朝阳、通州局地短时雨强较大)	继续发布雷电黄色预警
	6月4日20:20	6月4日20时至5日2时,本市大部分地区将有雷电活动(局地短时雨强较大)	继续发布雷电黄色预警
	6月4日20:45	6月4日前半夜,房山东部、丰台、大兴、通州西南部、怀柔北部、密云中北部将有局地大到暴雨	暴雨蓝色预警

由表1可知,针对该过程的预报存在一定偏差,主要问题集中在影响区域和影响程度两方面:

(1)影响区域考虑偏小

对上午的降水过程而言,6:00预报仅考虑西部、北部存在阵雨天气,结合图1(a)可知,全市大部分地区均观测到降水,预报对影响范围考虑不足。伴随系统进一步东移发展,气象台发布订正预报,将影响区域扩大至全市范围。

(2)影响程度考虑偏小

由表1可知,针对夜间可能出现的天气过程,17时预报内容如下:"傍晚到夜间仍有阵雨,北部还有雷电,最低气温18℃。"

对比实况,该预报对影响程度考虑不足,在全市大部分地区出现强对流天气后,气象台于20时20分继续发布雷电黄色预警信号:"预计6月4日20时至5日2时,本市大部分地区将有雷电活动(局地短时雨强较大),可能会造成雷电灾害事故,注意防范。"

预警信号及天气快报等信息对此次天气过程进行了较好的补充订正,气象台当天共发布雷电黄色预警信号3期、暴雨蓝色预警信号2期、强降水落区预报4期、天气快报2期、天气情况1期、降雨实况信息7期,一定程度上弥补了天气预报中存在的不足。

1.3　服务情况

由前文可知,6月4日气象预报与实况存在一定偏差,这对气象服务提出了更高需求。当天的服务可细分为专业服务和公众服务两部分。

1.3.1　专业服务

针对供电、排水等涉及城市运行的专业用户,在系统影响前首先进行电话主动连线,告知降水具体落区、雨强及强对流天气影响情况。随后通过天气警报形式书面告知雷电、降水的具体情况。

对关注区域精细化要求更高的机场用户,10:05发布针对性的雷电天气警报。结合其关注重点,着重提示回波强度45 dBz左右,并有大风、冰雹等强对流天气发生。

同时,由于铁路局用户涉及华北多个省份,故需针对该用户制作涵盖多省份的天气警报。具体为8:35分发布"华北中北部地区雷暴天气警报",时间跨度自4日上午持续到夜间,范围涵盖山西的大同、朔州、忻州、阳泉等地区,河北的张家口、保定、石家庄北部以及承德、唐山、秦皇岛等地区,北京大部分地区,提示详细,内容准确。

综上所述,4日当天针对北京、华北地区共发布4次天气警报。主动电话连线公园、排水等用户,告知降水具体落区、雨强及强对流天气影响情况,为专业用户提供了较好服务。

1.3.2　公众服务

公众服务主要通过各种媒体全方位传播最新天气预报和预警信息、雷电、暴雨防护科普知识、防御措施等,北京电视台、电台、声讯电话、网站、手机短信、公交、地铁移动电视、社区显示屏、交通情报板(交管、路政局)等除了向公众及时发布预警信息外,还针对交通出行的影响发布防御指南,提示公众尽量减少外出并注意出行防范措施等。

具体包括:

(1)新媒体手段:手机短信预警服务309万人次;"气象北京"官方微博发布信息70条,借助交互手段进一步通过"北京发布""交通北京""平安北京"等官方微博将相关信息大量转发;

中国天气网、新浪、搜狐等门户网站及时发布天气资讯。

（2）电台声讯手段：通过北京卫视、文艺、科教、新闻等电视频道滚动字幕播出预警信息，频率为 20 分钟 1 次，每次遍，并在右上角悬挂预警信号图标；广播电台（城管台、交通台）加播 2 次专家直播（4 日 15:30、4 日 17:10）；声讯电话 12121，跟踪天气实况信息 3 次。

（3）社区、公交等其他手段：10 个预警塔、3000 余块社区显示屏滚动播放气象信息，覆盖 700 社区，近 500 万人；公交、地铁移动电视发布预警和提示信息，日均为 3100 万人次。

2　讨　论

短时强对流天气具有发生突然、移速快等特点，同其他天气形势降水具有明显区别[22]。同时，由于热岛效应，对流单体进入城区通常存在加强的过程[18]。这些都给天气预报和服务带来一定的难度，在此次天气过程的服务中，存在一些值得总结的经验和教训。

2.1　成功经验

2.1.1　依托预警信息但不依赖预警信息

众所周知，监视及预测对流单体的发生、发展情况，要求气象数据必须具有足够高的时间、空间分辨率，常规的天气图则较难满足该要求。雷达、风廓线等数据则成为主要手段。

本文分析最优条件下的预警发布时间模型，即讨论考虑最优情况下，对流系统发生后，用户得到预警信息所需的时间，结果如表 2 所示。

表 2　最优条件下用户获得预警信息的时间

时间（min）	0	10	15	15～
天气实况	发生	发展	发展	发展
预报员	（无）	观测到系统	制作预警	后续工作
服务人员	（无）	（无）	编辑预警	发送预警
服务用户	（无）	（无）	（无）	收到产品

由表 2 可知，在最佳情况下，由于收到反射回波需要 6 分钟，故雷达显示的图像为 6 分钟前的数据。若考虑数据传输、处理等过程，预报员获得的高分辨率雷达图像（VIPS）通常为 10 分钟前的结果，即预报员获得的信息相较于实况滞后 10 分钟。

其次，考虑预警信息制作所需时间：预报员观测到系统，制作预警信号约需 3 分钟，核实预警信号具体内容约 1 分钟，服务人员将预警信息编辑成服务产品所需形式 1 分钟，共计 5 分钟。

进一步地，考虑向公众及专业用户发布预警信息所需的时间，同样设定为最优情况：微博，瞬时，无须等待；短信：1～10 分钟不等；传真：以每个用户 30 秒计，30 个用户约需 15 分钟。即发布给各个用户所需的时间从 0～15 分钟不等。

综上，预报员第一时间观测到对流单体并判断准确，同时发布预警，传输、编辑、制作流程一切顺利，在上述最优条件下，用户获得预警信息时已是实况发生后的 15～30 分钟。

通常情况下，对流单体在远郊生成，向城区移动发展，那么 15～30 分钟的时间是否足够公众或专业用户进行准备呢？

以当天夜间过程为例(图2),19:12房山东南部观测到35～40 dBz的回波,19:48东南五环附近回波强度发展到40～45 dBz,并有多个单体生成。实际情况下,19:12的雷达图像,预报员在19:22才能获得,即从观测到较强回波到对流单体实际影响城区,仅有24分钟。

对一部分用户而言,当其获得预警信息时,对流单体已造成影响。

综上所述,单纯依赖预警信号不可取。

此次服务过程中,对华北铁路局的服务效果最为理想,8:35分即发布华北地区雷雨天气警报,覆盖面广、信息量大、预报提示准确,较气象台首次发布雷电黄色预警(9:55)提前80分钟,为用户提前做出准备提供了较大帮助。

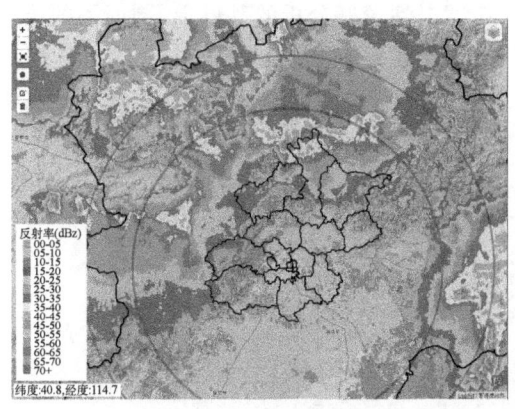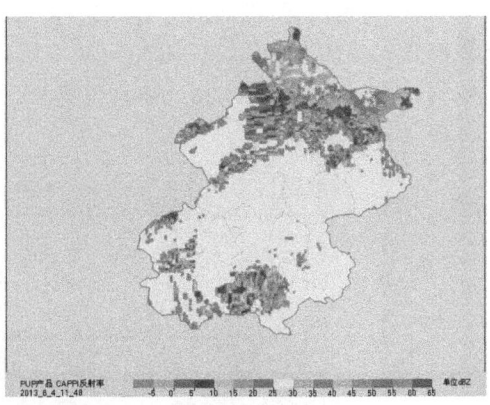

图2　2013年6月4日19:12(左)及19:48(右)北京地区雷达反射率

2.1.2　优化气象服务产品

有别于预警信号,服务产品对时间、地点、强度等要素的精度要求更高。因此有必要对服务产品进行优化。

(1)影响区域的优化。观测到对流单体时,首先需要确定可能的影响范围,以当天夜间过程为例,19:48的雷达反射率图像(图2右)表明,北京南部地区的对流云带中有多个单体生成,并将逐步北移,带来类似列车效应的作用。因此,服务产品应着重提示将对城区造成影响。

(2)灾害性天气分析。如前所述,对流性天气发生时,确定是否会发生冰雹、大风等灾害性天气尤为必要,进行雷达图像剖面处理(图3)有助于准确判断。

(3)针对性优化。有别于气象信息或预警信号,服务产品需要进一步考虑用户的需求。如雷电的强弱是否会影响飞机起飞、短时强降水是否会导致局地内涝等。因此,发布的服务产品需要进行针对性的优化。

此次天气过程中,向机场用户提供的天气警报,准确提出了影响区域(机场地区)、回波强度信息(45 dBz)、灾害性天气信息(冰雹、大风等),翔实准确,应当在今后的工作中作为模板。

2.2　存在的问题和不足

此次天气服务过程同样暴露了一些问题,最主要的问题为对关键的气象信息使用方法掌握不全面。

如前所述,预报员必须第一时间发布服务产品,那么在面对可能发生的对流性天气时,哪些气象资料应当着重考虑便是亟待研究的问题。

通过分析最优时间条件下的预警发布模型可知,3 小时间隔的地面天气图,12 小时间隔的高空天气图无法满足局地对流系统的分析需求,故需要采用更高时空分辨率的气象信息如雷达数据、风廓线资料(6 分钟)、自动站资料(5 分钟)等。对流单体发展常伴有中气旋,自动站观测数据由于空间分辨率高,常可以分析出明显的气旋性涡旋。因此,综合分析高时空分辨率数据,是提高预报时效的先决条件。

进一步地,加深雷达数据的使用亦尤为重要。雷达数据的解读则进一步涉及两个方面:①反射率、径向速度;②剖面图。在反射率、径向速度得到较好分析的基础上,剖面图的绘制可以大幅提升灾害性天气(冰雹等)的预报准确率。以当天上午过程为例,12:18 的雷达剖面图中观测到 60 dBz 的强回波,35 dBz 高度达到 12 千米,并有穿窿型结构(图 3),故服务产品中对冰雹进行了着重提示。

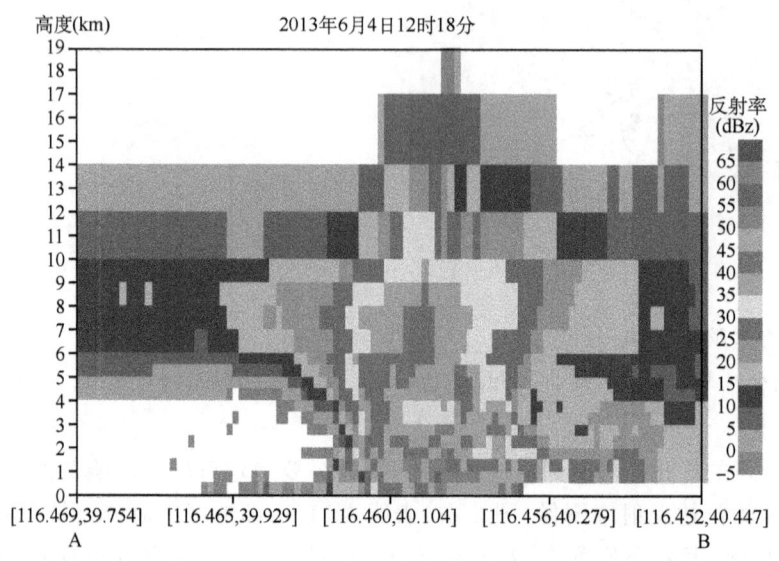

图 3　2013 年 6 月 4 日 12:18 北京地区雷达剖面图

3　结　论

"130604"北京地区短时局地暴雨天气存在发生突然、发展快速、预报难度大的特点。对气象服务人员提出了较高要求。

通过分析预警发布时间最优模型,发现受观测时间及信息传输限制,有可能出现用户接收到预警信息时,天气过程已造成影响。故预警信息可作为服务基础,不可成为依赖。

基于此,气象服务人员应密切关注天气,力争对流单体影响城区尽可能提前进行准确识别和预报,并进一步分析其移向、影响范围、是否存在灾害性天气等关键要素,为后期服务争取宝贵时间。

在气象资料的应用方面,需要把雷达资料与自动站实况相结合,分析单体的发展趋势;进而分析雷达的剖面图,判断是否有强天气发生。

在服务产品发布手段方面,应进一步加强微博等新兴媒体的作用,借助其零延时的特点,将服务产品推送至各个用户。而微信等相关手段也是在今后的工作中值得采用的工具。

参考文献

[1] Luo Z X, Li C H. An Investigation into Effect of Randomly Distributed Small Scale Vortices on Vortex Self-Organization. *Acta Meteorologica Sinica*, 2008, **22**(2):143-151.

[2] 赵玉春,王叶红.风垂直切变对中尺度地形对流降水影响的研究.地球物理学报,2012(10):3213-3229.

[3] 何群英,解以扬,东高红,等.海陆风环流在天津2009年9月26日局地暴雨过程中的作用.气象,2011(03):291-297.

[4] 孙继松,王华,王令,等.城市边界层过程在北京2004年7月10日局地暴雨过程中的作用.大气科学,2006(02):221-234.

[5] 张文龙,范水勇,陈敏.中尺度模式探空资料在北京局地暴雨预报中的应用.暴雨灾害,2012(01):8-14.

[6] 郑石,黄兴友,李艳芳.一次短时暴雨WP-3000边界层风廓线雷达回波分析.气象与环境学报,2011(03):6-11.

[7] 郑永光,陈炯,陈明轩,等.北京及周边地区5—8月红外云图亮温的统计学特征及其天气学意义.科学通报,2007(14):1700-1706.

[8] 孙莹,王艳兰,唐熠,等.短时暴雨天气雷达回波概念模型的建立.高原气象,2011(01):235-244.

[9] 高留喜.北京"7.31"局地暴雨过程的天气分析.气象,2008(S1):105-111.

[10] 廖移山,李俊,王晓芳,等.2007年7月18日济南大暴雨的β中尺度分析.气象学报,2010(06):944-956.

[11] 杨萌,宋欣,王文波,等.2012年7月9日临朐地区暴雨成因及漏报原因分析.中国农学通报,2013(17):202-207.

[12] 赵宇,崔晓鹏,高守亭.引发华北特大暴雨过程的中尺度对流系统结构特征研究.大气科学,2011(05):945-962.

[13] 苗爱梅,董春卿,张红雨,等."0811"暴雨过程中MCC与一般暴雨云团的对比分析.高原气象,2012(03):731-744.

[14] 梁生俊,王培,高守亭.一次陕西初夏暴雨过程的数值模拟及诊断分析.气候与环境研究,2013(01):12-22.

[15] 钱维宏,李进,单晓龙.中期模式扰动风在2010年区域暴雨预报中的天气学释用.中国科学:地球科学,2013(05):877-888.

[16] 李丹,王昌双,刘伟.东北冷涡引发的局地暴雨数值模拟研究.气象与环境学报,2009(06):29-33.

[17] 郝立生,闵锦忠,丁一汇.华北地区降水事件变化和暴雨事件减少原因分析.地球物理学报,2011,54(5):1160-1167.

[18] 吴庆梅,杨波,王国荣,等.北京地形和热岛效应对一次β中尺度暴雨的作用.气象,2012(02):174-181.

[19] 路鹃,陈恋明.公共危机事件中手机媒体的传播效果分析——以"7·21"北京特大暴雨灾害为例.新闻界,2012(20):45-49.

[20] 吕景胜,郭晓来.政府城市重大危机应急管理中的问题与对策——以北京"7·21"大暴雨为案例视角.国家行政学院学报,2012(05):53-60.

[21] 孙帅,周毅.政务微博对突发事件的响应研究——以"7·21"北京特大暴雨灾害事件中的"北京发布"响应表现为个案.电子政务,2013(05):30-40.

[22] 俞小鼎,周小刚,王秀明.雷暴与强对流临近天气预报技术进展.气象学报,2012(03):311-337.

气象短信内容状况调查分析与发展思路

陈宗行[1]　刘艳群[2]　蒋运志[1]　李岩[1]

(1. 广西壮族自治区桂林市气象局,桂林　541001;2. 广东省韶关市气象局,韶关　512028)

摘　要:对部分省市气象短信内容进行调查分析,发现了目前气象短信编辑中存在的重要问题及其原因,并提出解决问题的思路与方法。

关键词:短信;内容;发展;思路

引　言

气象短信是以当地天气预报和电话网络为依托,根据气象、经济活动和人们生活状况及行业资讯等因素编辑的"服务短信"[1]。通常包括天气预报、应用气象、资讯等方面的内容。气象短信服务至今已有 8 年左右的历史,是气象服务的重要方式。它对气象等信息的传播、防灾减灾及社会物质与精神文明建设起着越来越重要的作用。为提高短信质量,本文就部分省(市、自治区)的短信内容及相关情况进行调查分析。

1　气象短信调查的基本情况说明

1.1　调查地点(范围)

广西、广东、湖南、云南省(自治区)所属市(地区、州)及县;贵州省黔东南、遵义、安顺、黔南、毕节、铜仁六个市(地区、州)及其县;辽宁省所属市及其部分县;北京市;浙江省温州市。共519 个市区(县)(表 1)。

1.2　取样时间

上述 519 个市区(县),在 2010 年 9—10 月每日下午发布的大众用户(简称:大众用户)的气象短息(亦称:大众短信,或短信)中,各地随机取样 3～8 天,不包含农信通、旅游景点、交通气象预报等专项用户短信。共取样 2006 条气象短信内容。

1.3　调查方式

取样过程中得到相关省、市科技服务中心(或专业气象台)的大力支持,2006 条样本短信中,有 1802 条通过省(自治区)的气象短信平台提取,另有 204 条通过手机定制、点播获得。其他相关情况主要通过电话采访、咨询及文字材料介绍获取。

表1　各省(区、市)调查范围及取样数量统计

省(区、市)	地区(市、州)(个)	县(市、区)数(个)	短信样本(条)
广西	14	94	456
广东	21	94	313
湖南	14	97	291
云南	16	125	501
贵州	6	60	279
辽宁	14	39	131
北京	1	1	8
浙江省温州市	1	9	27
合计	87	519	2006

2　气象短信内容特征与存在的主要问题

2.1　大部分气象短信天气预报为 24 小时内预报，时效较短

例:2010 年 9 月 28 日某地:今晚到明天多云有阵雨,气温 24～30 度,偏东风 2～3 级,市气象台 28 日。

表2　不同天气预报时效的短信条数

	预报一天(24 小时)的短信数	预报两天或两天以上(含趋势)的短信数	合计
条	1337	669	2006
占总数百分比(%)	66.7	33.3	100

如表2所示,在调查的 2006 条短信中,只预报 24 小时天气的气象短信有 1337 条,占66.7%;预报两天及以上天气的短信 669 条,只占 33.3%(其中 3～5 天的趋势预报很少见到)。

2.2　天气预报时效、时段及内容长期格式化

有些市、县每月几乎天天采用"今晚到明天……",或"××日夜间至××日……"的固定模式描述天气,缺乏新鲜感,使人产生阅读疲劳。例如某市连续两天的短信:

(2010 年 10 月 1 日)某地:今晚到明天,多云转小雨,22 到 28 度,南转北风一到二级。气象台 1 日供。

(2010 年 10 月 2 日)某地:今晚到明天,多云,20 到 28 度,东北风一到二级。气象台 2 日供。

2.3　内容单调

气象短信绝大部分为单纯的天气要素预报(天空状况、气温、风向风速),或在天气预报的后面加上一般性生活提示,内容较单调。与生产结合的短信少,缺乏地方特色,气象以外的资讯非常稀少。这一点,可通过对样本短信分类加以说明。根据陈宗行等[1],把样本短信进行如下分类。

A. 天气预报型

该类型为单纯的天气预报,表现为晴雨、温度、风等天气状况及要素预报,有时伴有天气系统说明。

对未来天气有时采用谚语、俗语、比喻、散文、诗等手法描述更显生动,也可通过对人及景物的描写反映当时和未来气象情况。例如:"2008.4.28(湖南)永州:28 日晚到明天多云有阵雨,18 到 29 度,南风 2 到 3 级。后天阵雨。春尽夏始南风天,时现晨雾似飘烟。晴雨两相间,忙煞筑巢燕。永州市气象台。"

B. 一般生活提示型

根据天气情况对日常生活进行一般性大众提示,如冷热与穿衣、雨天注意交通安全、干燥天防火提示等。如"2010.9.28(广西)全州 28 日预报:未来两天有阵雨,明天 20~23 度,偏北风 2~3 级。天气不稳定,出门带雨具;早晚气温低,适时添衣裳。"

C. 科普型

指在短信中附带科普知识、科技介绍与推广。

D. 与生产结合型(应用气象型)

此类短信需要气象与其他多学科知识结合,有明确的服务对象,能分析掌握影响对象与气象之间的相关性,甚至能对重大影响事件(如大旱、农作物病虫害、交通中断等)进行预测评估,提出应对措施。

E. 资讯型

插入与天气有关的资讯。该资讯与当时重大天气过程或气象事件有关联。

插入的资讯与天气并无关联。这类资讯与当时天气并无直接关联。

为更好地对样本短信进行分类,特例举历年来部分科普型、与生产结合型(应用气象型)、资讯型短信实例,作为参照依据(表3)。

表3　科普型、与生产结合型(应用气象型)、资讯型短信实例
(含本次取样短信及历年来的一些典型代表短信)

C. 科普型	2010.7.21(广西)荔浦 21 日报:今晚到明天小到中雨,南风 2 级,23~29 度。后天中到大雨。防治稻飞虱、卷叶虫可用阿维·高氯(一喷尽)+机油乳剂 30 毫升喷杀。
	2006.9.23(广西)桂林 23 日:未来 3 天晴到多云,明 22~33 度,北风 3 级。科普:桂林漓江水位分 5 个等级:枯水位(141.0 米以下)、正常水位、低洪、中洪、高洪。
	2008.9.23(广西)桂林 23 日:两天阴有小雨,明 25~30 度,北风 2 级。科普:近期我国有婴幼儿发生与食用三鹿牌婴幼儿配方奶粉有关的泌尿系结石,原因是三聚氰胺污染。【注:根据社会热点科普】
D. 与生产结合型(应用气象型)	2009.9.6(广西)桂林 6 日:(气象聚焦)目前,我市晚稻处于孕穗抽穗期,往后半个月是需水关键时期,期间天干雨少,请加强抗旱。两天内晴间多云,明 25~37 度,微南风。【注:该短信明确了当时严重干旱的气象环境与晚稻需水关键期两者的关系,提出加强抗旱措施】
	2009.6.6(广西)荔浦 6 日:明后两天多云有阵雨,南风 1 级,22~32 度。第三代稻飞虱、卷叶虫大暴发,最佳防治时间:第一次 6 月 8~12 日,第二次 6 月 16~20 日【注:根据气象与病虫的关系制作农业气象情报】
	2008.1.21(广西)气象聚焦:本周全国仍维持大范围雨雪天气,严重影响春运,部分公路交通将中断,铁运压力再增。桂林两天内阴冷有小雨,1~3 度,北风 2 级。21 日发布【交通气象影响事件预报】

续表

E. 资讯型	与天气有关	2007.7.28(广西)桂林 28 日报:未来 2~3 天天气晴热,明天 25~35 度,南风 1~2 级。资讯:我市全州县部分乡镇已出现严重旱情,当地民众正在奋力抗旱
		2007.6.7(广西)桂林 7 日气象水文报:明天大雨,22~26 度,微北风,今天约 18 时洪峰到达桂林,水位 146.0 米左右。8 日 3 时洪峰到阳朔,请沿河居民和船只注意。【注:跨部门联合制作信息】
	与天气无关联	2008.5.12(广西)桂林 12 日:2 天晴。明天 18~31 度,北风 2 级。桂林地震局:四川汶川县今天 14 时 28 分发生 8.0 级地震,我市有震感,但无地震危险,请正常生活。【重大事件及预报】
		2010.10.12(广东)韶关:今晚到明天,多云,微风,24 到 31 度,湿度 70%到 98%,明日上午市区将举行亚运火炬传递模拟演练,届时演练路段实施交通管制。韶关气象台 12 日【注:跨部门联合发布信息】
		2007.10.2(广西)资源 2 日:今晚到明天晴间多云,15 到 27 度,北风 2 级;4 日晴间多云。中国移动资源汽车站服务厅已盛装开业,好车等您抽,好礼等您拿。【注:电信商理想的宣传载体】
		2008.8.7(广西)全州 7 日预报:今晚到明天阴转多云,11~16 度,偏北风 2~3 级。后天多云转晴。老身份证即将停用,请大家立即到当地派出所更换第二代身份证。【为民服务实用信息】
		2010.9.24(云南)牟定:今晚到明天多云有阵雨,气温:17~26 度。疝气儿童到县医院手术,可享受李嘉诚基金资助。牟定县气象局 16 时提供。【注:跨部门民生信息】
		2010.9.14(广西)钦州:周五阵雨转多云,22~28 度,偏北风 4 级,海面 7 级;周六分散小雨。明日 7 点半至 20 点古榕铭德山庄沙埠关草塘板岭路等停电。市气象台 14 日【注:为民服务信息】
		2010.11.9(广西)平乐 9 日报:今晚到后天晴天,明天 12~28 度,北风 1~2 级。11 月 18—20 日在马河市场至滨江道举办农产品趣味竞赛及名特优农产品展系列活动。【用户喜欢的涉农资讯】

根据以上分类依据将样本短信分类情况统计如下(表 4)。

表 4 样本中各类气象短信数量统计

	天气预报型	一般提示型	科普型	与生产结合型	资讯型(其中跨部门联合制作)	合计
(条)	1170	738	52	36	10(6)	2006
占总数百分比(%)	58.3	36.8	2.6	1.8	0.5(0.3)	100

表 4 数据显示,在调查的 2006 条短信中,天气预报型的短信为 1170 条,占总数的 58.3%;一般生活提示型为 738 条,占 36.8%,两者共占 95.1%;科普型、与生产结合型、资讯型三种类型的短信共占 4.9%,比例很低;特别是资讯型短信仅占 0.5%(其中跨部门联合制作的资讯型短信只占短信总数的 0.3%)。

3 主要原因

3.1 管理过分拘于形式,过细地以内容区分用户群体,限制了大众短信的内容发挥

有的地方以天气预报时效来区分气象短信产品,如为了区分提供 3 天预报的专业用户,只向大众用户播发 1~2 天以内的天气预报。有些市、县短信几乎每天只发布 24 小时天气预报,使用户比例占大多数的大众用户,往往不能掌握未来 2 天以上天气变化趋势。如强冷空气影响、稳定高压控制下的连续晴好天气、大范围的长阴雨天气、台风路径趋势以及转折天气,用户

往往不能及时了解，不能更好地进行生产、生活的安排以及防灾措施的提早落实。

有的地方为了区分农信通用户，对大众用户从来不播发"三农"信息。"三农"信息在大众用户中（甚至生活在城里的人）有许多人是很关注的，如果不定期发布一些农业活动、农业灾害、农业产品及价格信息等涉农信息对大众用户有可阅价值的。另外，许多进城的农民，其工作是经常变化的，时工时农时商，对农业信息往往倍加关注。

3.2 电信商普遍对气象短信的重要性认识不足

电信商特别是省级以上的电信商片面认为气象短信就是天气预报短信，并且认为气象短信是外部门的业务，有些甚至有"排外"心理，缺乏双赢心态，从内容上只让编辑气象信息。如广西移动通信公司现规定气象短信只能为气象方面的内容，不能夹带其他信息。

3.3 有些地方气象部门对气象短信定位不准

有些地方气象部门也与电信商一样，没有把天气预报与气象短信的概念区分开来，用常规天气预报来代替气象短信，有些甚至是根据格式化的电视报文翻译而成的 24 小时天气预报（一般没有风向风速）。在气象与人们生产生活方面没有建立应用气象关系，在人力与财力上投入少；有些地区则认为气象短信就是将天气预报进行所谓的"加工"，做些简单的日常提示，而没有把短信服务理解为是一门服务科学、有时需要从气象与影响对象之间进行深层次科学调查分析，并提出趋利避害措施。

3.4 对气象短信的"载体"特性及其重要性尚缺乏认识，使得资讯型短信非常稀少（占 0.5％）

这一点，不管是电信商还是气象部门均存在这个问题。人类生活在大气中，由于天气影响着每个人的衣、食、住、行，在免费或低收费的情况下，气象短信绝大多数人都需要，可以做到向人人发送和天天发送，而不会使人感到厌烦，具有普遍适应性。而其他任何短信（如新闻、农情、股票等）与气象信息相比，即使免费，也无法做到向人人发送和天天发送，原因是后者只是社会某一群体需要，并不具有普遍适应性。这些非气象信息固然重要，却无法单独向人人发送，因为还有不少人是不需要的，如天天发送，会使不需要的人感到厌烦而招来投诉，这些非气象信息如附加在天气预报后面或与天气结合，需要的人觉得很好，不需要的人看了也觉得无所谓，不会投诉，这就是气象短信能当载体的神奇所在。根据以上推理：气象短信可发展成为一个数量庞大的用户网络，当气象用户定制率达 60％以上时（气象用户与社会总手机用户百分比），将形成强大的宣传"载体"。它可以乘载天气预报以外的许多信息，这也是电信商可进行业务宣传的不可多得的理想载体。据调查，公共资讯通过气象短信附载方式很受用户及有关部门的欢迎。如桂林市（含县）在 2006—2009 年，气象用户达 100 万～150 万户，定制率稳定保持在 60％～80％。据不完全统计，上述 4 年内，市及各县与 20 多个部门合作，市、县气象短信中曾发布了 3000 多条跨部门的公共资讯，约占短信总条数的 15％（平均约一周发布一条），用户获得了大量非天气预报实用信息，社会反映良好。同期，中国移动、中国联通在桂林市、县气象短信中播发与气象无关的电信业务宣传达 1200 多天（次）。目前，全国电信商与气象部门普遍未能重视这个理想的载体，没有发挥其乘载潜力。还有个别地方管理者甚至有"多一事不如少一事"的思想，怕出问题，而不想从深度与广度上开发更多的信息产品。上述是目前资讯型气象短信非常稀少的重要原因之一。

3.5　非属地服务是气象短信内容单调的主导原因

据调查,许多市(地区、州)由于担心县气象局的编辑能力,或在收入上不让县气象局参与分成,不让县气象局编辑短信,没有把"服务权"下放到县。据统计,在调查的 87 个市(地区、州)中,将"服务权"交到县气象局的只有 15 个,仅占总数的 17%。由于大量县气象局没有机会编辑短信,无法将天气与当地动植物、河流、交通、"三农"、乡村风俗及防灾减灾等地方信息结合起来,自然也没有通过开发而逐步提高这种服务能力的条件。这是与生产结合型、资讯型以及科普型短信偏少的主导因素,同时容易造成天气预报时效、时段及内容长期格式化。这也是一些省市因短信缺乏地方色彩而定制率较低的重要原因。

4　思考建议

4.1　正确定位气象短信,树立为民服务的高度社会责任感

要充分认识气象短信是包括气象信息在内的服务信息,利用气象短信快捷、方便、宣传性强的特点,不仅要向用户提供时效好、针对性强的天气预报,还要提供应用气象、科普知识、民生方面的信息。积极调查研究,发现社会热点、难点问题,为当地民众特别是社会弱势群体排忧解难,以最大限度地发挥气象短信的社会价值,这是气象短信服务的宗旨。

4.2　天气预报时效、时段、内容力求具有"针对性",不能完全拘于评分预报的格式

大众气象短信中,天气预报要围绕当地人们生产、生活、防灾减灾及大型社会活动进行,也就是说根据需要做服务预报。时效、时段、内容不能像电视版面那样长期固定不变。预报时效根据需要与把握情况"可长可短",一般要求 2 天或以上,在有把握时也可以提供 3～5 天或更长时间的趋势预报,以方便用户的工作安排。时段上也不宜长期固定在 20—20 时的评分格式上(即"今晚到明天""明晚到后天"),有时可打破该时间界限。做到"能细则细,要粗可粗"。如"今晚后半夜""今晚到明天上午,明天下午到后天""未来三四天""晴好天气将维持 5 天左右""国庆假期天气"等。

总之,要根据天气、技术、需要三者结合,利用短信的特点与优势,对未来天气的描述力求灵活、准确、新颖、贴近生活,而不能限于某种长期固定不变的格式。

4.3　按照属地服务为主的原则,各县气象短信由各县气象局编辑

采用"各县气象短信由各县气象局编写,地市级气象局指导、校对的方式"确定短信内容,以发挥县气象局天时、地利、人和的优势,编写出具有地方特色和强大生命力的高质量气象短信,并利于当地县人民政府及各部门的防灾减灾工作。这也是为了适应《中华人民共和国突发事件应对法》关于"国家建立统一领导、综合协调、分类管理、分级负责、属地管理为主的应急管理体制"等法规的需要。

4.4　加强横向联系,建立多部门联合制作气象短信机制

与当地水文、农业、林业、水电、交通、安全管理、卫生、应急等部门建立互动关系,多部门参

与气象短信的制作,使气象短信内容丰富,实用性强,更好地发挥气象短信为民服务的效果。同时,各级气象部门通过该项工作可促进与当地各部门在其他领域的广泛合作。

4.5　要正确认识资讯与商业广告的关系

对一些大众信息,虽然看似带有部分商业色彩的成分,但要充分认识其对公众的重要性。如公路、铁路交通信息,与广大民众息息相关的水、电、煤、气、医等公共信息以及政府或部门组织的社会大型活动等这类广大民众关注的信息,应充分认识其社会效益是主体,正确处理好各部门之间的关系,积极主动纳入气象短信范围。

4.6　加强与电信商的沟通,提高电信商对气象短信价值的认识

目前不少省、市电信商对气象短信的重要性认识不足,认为气象短信的信息收入不多,未能引起高度重视。对气象短信的电信品牌作用及气象短信网络具有"不可多得的理想宣传载体"尚缺乏了解。需要气象部门不断与其沟通,双方建立良好的合作态势,以便更好地进行多部门短信内容开发。形成"以内容促进用户增长,以用户增长促进强大的载体形成,以强大的载体促进更多的内容开发"的良性循环。

4.7　中国气象局或省(区、市)气象局制定短信内容开发管理办法,确定相关考核指标

如规定各省、市、县各级气象部门全年要完成一定数量的与生产结合型、资讯型短信,在省(自治区)气象局建立相应的短信类型评判机构与评判标准,以促进气象短信向深度和广度发展。

参考文献

[1]　陈宗行,熊英明,蒋运志,等.气象短信的定义、分类及其为"三农"服务的技术构想.农技服务,2009,26(12):109-110.

北京"7·21"特大暴雨气象服务案例分析

尤凤春　杨　洁　马晓青　吴宏议

（北京市气象台，北京　100089）

摘　要：2012 年 7 月 21 日，北京市出现历史罕见的全市性大暴雨到特大暴雨天气过程，为 1951 年以来最强。这次降雨过程雨量大、强降雨持续时间长、影响范围广、灾情重，引起社会各界高度关注。针对这次强降雨过程，北京市气象台与中央气象台及华北区域内各省市气象台加强滚动加密天气会商，提前预报、及时发布暴雨预警信号，滚动跟进服务，采用多种手段对外发布各种预报、预警信息，应急响应按时到位。通过事后总结，指出存在问题及今后改进措施等。
关键词：特大暴雨；气象服务；案例；分析

1　天气实况及受灾情况

　　2012 年 7 月 21 日，北京市出现 1951 年以来最强降雨过程（图 1），全市平均雨量 190.3 毫米，城区平均雨量 231.0 毫米，全市 86% 的地区出现大暴雨，降雨区普遍出现 40～80 毫米/小时，最强降雨出现在平谷挂甲峪，20—21 时达 100.3 毫米/小时，在全市 20 个国家级气象站中

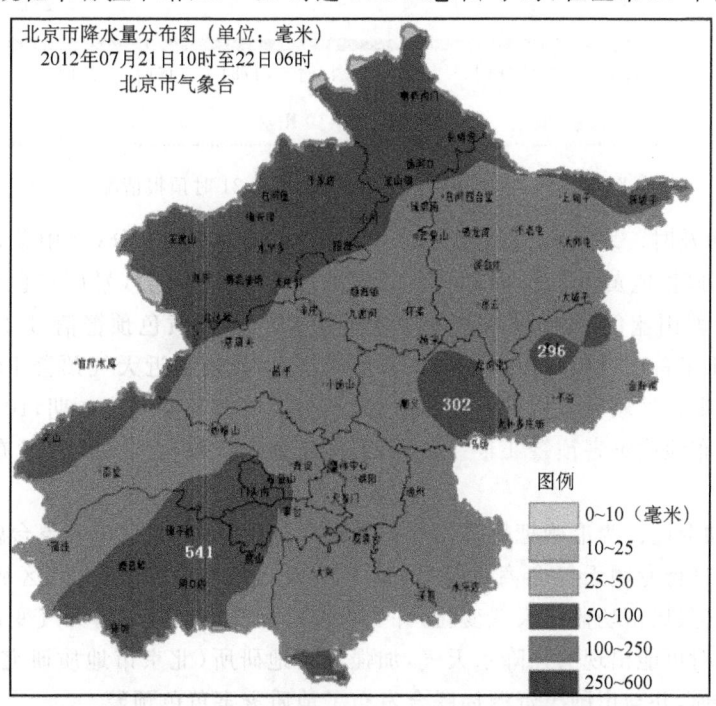

图 1　2012 年 7 月 21 日 10 时至 22 日 06 时北京过程降水量分布图

有 11 个气象站日降雨量突破历史最大值记录。其特点是：历时短、雨势强，范围广、山区雨量大，全市日降雨强度超百年一遇。这次强降雨过程灾情严重，共有 79 人死亡，受灾人口 164.34 万人，直接经济损失 117.83 亿元。

2　预报预警情况

(1)预报起报较早。北京市气象台 19 日 16 时预报"21 日夜间到 22 日白天阴，有大到暴雨"。20 日两次发布专题预报，指出 21 日傍晚到夜间有暴雨，预计过程累积降雨量为 40～80 毫米，局地降雨量可能超过 100 毫米，降雨开始阶段可能伴有雷雨大风，22 日上午降雨将减弱并趋于结束。这次降雨过程累积雨量和局地短时雨强都较大，可能会导致低洼地区及路段出现积水现象。另外，强调强降雨有可能诱发山区出现山洪泥石流及崩塌灾害，请有关部门提前做好山区地质灾害、城市积水、短时雷雨大风的防御工作；适逢周末，请到山区郊游的人员注意安全。21 日 14 时，市防汛抗旱指挥部召开紧急会议，在已经出现暴雨的情况下，北京市气象台继续做出"全市下午到夜间仍会出现暴雨到大暴雨"的预报结论。具体预报情况如图 2 所示。

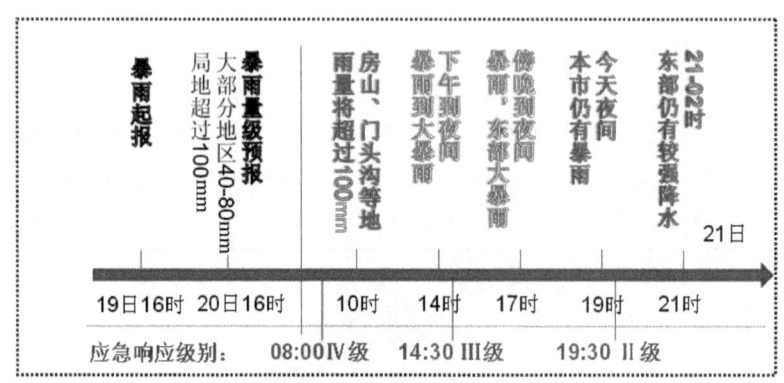

图 2　2012 年 7 月 19 日 16 时—21 日 21 时预报情况

(2)预警发布及时。北京市气象台分别于 7 月 21 日 09 时 30 分(暴雨蓝色)、14 时(暴雨黄色)、14 时 20 分(雷电黄色)、15 时 30 分(暴雨黄色)、18 时 30 分(暴雨橙色)、22 时(暴雨橙色)、22 日 01 时(暴雨蓝色)发布暴雨蓝色预警信号 2 次、暴雨黄色预警信号 2 次、暴雨橙色预警信号 2 次(多年来首次发布)、雷电黄色预警信号 1 次，暴雨临近天气预警 10 次。21 日当天共发布山洪地质灾害气象风险预警 3 期，中小河流洪水灾害气象风险 3 期，10 时 30 分与市国土资源局联合发布地质灾害预警 1 期。7 月 21 日北京市气象台预警信号发布情况及时效检验见图 3。

(3)加强滚动会商。为准确把握降雨起止时间和降雨强度，北京市气象台曾 7 次组织所有首席和外聘专家进行专题天气会商，同时 4 次与中央气象台会商、2 次与区域内有关省台会商，指导各区县气象局密切监视天气变化，并要求区县局值班员随时将天气变化情况第一时间向市局报告。针对可能出现的强降水天气，加强与市地研所(北京市地质研究所)进行视频专题会商和电话沟通，并与市国土资源局联合发布了地质灾害黄色预警。

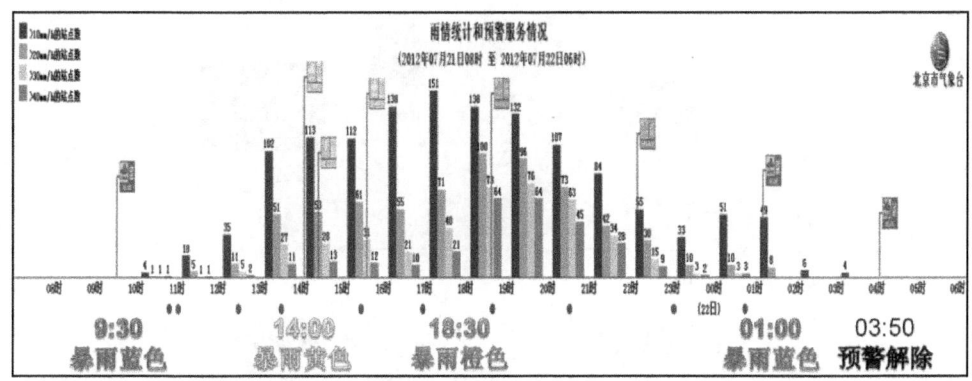

图 3　2012 年 7 月 21 日预警信号发布情况及时效检验

3　气象服务情况

（1）服务滚动跟进。针对此次天气过程，在决策服务方面，向市委、市政府、中国气象局、市防汛办及交管局等有关部门发布重要天气报告 5 期。21 日 12 时至次日 06 时，向市委、市政府、中国气象局、市防汛办及交管局等决策部门逐小时发布全市部分气象观测站雨量表及全市雨量分布图，共计 18 次。在本次过程灾情最重的房山区，房山区气象局采取降水关键期每小时电话汇报 1 次、每 3 小时更新 1 次的方式向区委、区政府汇报情况。

在公众服务方面，市气象台首席多次接受媒体采访，同时充分利用社区大屏、移动电视、门户网站、电视台和电台直播及插播、声讯电话等手段发布气象预报预警和雨情信息，特别注重利用官方微博、手机彩信等新媒体手段。

（2）多种手段齐上阵。此次强降雨过程，气象服务中心通过所掌握的各种媒体（社区大屏 3000 多块、移动电视 5 万余块、中国天气网、首都之窗、新浪微博、北京广播电台、北京电视台、声讯电话等向公众及时发布暴雨、雷电和地质灾害预警（图 4）。发布手机短信 140 多万人次，通过手机短信和新浪微博发布雨情信息 10 次，通过新浪微博发布临近强降水落区预报 5 次，通过北京广播电台的交通台、新闻台等进行气象专家连线 12 档。首次通过手机彩信向应急办等领导发布雨量分布图 4 次，首次通过声讯电话 12121 发布雨情信息（部分含临近预报）6 次。作为用户反馈最直接的新浪微博"气象北京"，21 日累计被转发上千次，评论超过 200 条，粉丝增加近 2000 人；其中市气象台 22 日 03 时 50 分发布的预警解除信息被拥有 130 多万粉丝的北京市政府新闻办的官方微博"北京发布"第一时间转发。22 日 07 时通过首都之窗发布重要天气实况。

（3）电视直播创新高。21 日，除参与中国气象频道的直播报道外，声像中心在北京电视台北京卫视的《北京新闻》、北京新闻频道的《雨中进行时》《新闻晚高峰》《红绿灯》等栏目中，对此次暴雨进行了视频连线直播，直播从 15 时 03 分开始，到 02 时 30 分结束，共计播出 14 档，历时 13.5 个小时，播出节目时长近 43 分钟。

（4）专业用户服务点对点。专业台给所有专业用户（市政市容委、环卫集团、铁路、供电、机场维修、公园等）及时发布预报预警信号、专业专项警报和雨情信息，特别是与排水集团首次进行了正式电话连线 4 次；气候中心从 7 月 18 日开始滚动向农业部门发布暴雨预报、过程雨量及气象台的预警信息等。

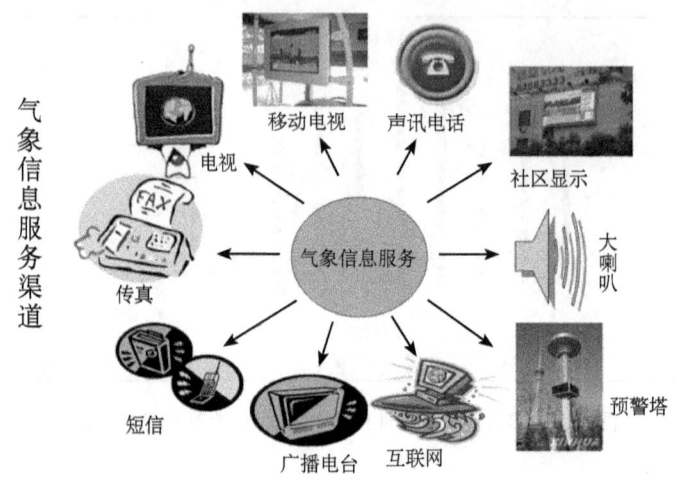

图4　北京"7·21"特大暴雨过程中预报预警信息发布手段

4　部门应急及联动情况

应急响应按时到位。市政府和各区县政府根据预报预警信号级别,及时反应,快速联动,采取有效措施,积极应对和处置暴雨带来的各种影响。7月20日17时,市防汛办根据气象台预报发出《关于做好应对强降雨天气的通知》,要求各区县政府、各防汛指挥部充分做好应对本次强降雨的各项准备工作。18时,市应急办发出《关于做好强降雨应对工作的通知》,要求各专项应急指挥部办公室、各区县应急委、各相关部门和单位提前做好应对强降雨的监测预警和应急准备工作,保障城市安全运行。21日08时,市气象局率先启动Ⅳ级应急响应;10时,根据暴雨蓝色预警信号,市防汛办发布蓝色汛期预警信息;14时30分,市气象局将应急响应级别升为Ⅲ级;15时50分,市防汛办根据暴雨黄色预警信号发布黄色汛期预警信息;18时30分,牛有成常委根据暴雨橙色预警信号签发批准市防汛办发布橙色汛情预警,并要求各防汛指挥部启动Ⅱ级应急响应。

7月21日15时至22日03时,北京市郭金龙、王安顺、牛有成、吉林、苟仲文等市委、市政府领导通过应急办、防汛抗旱指挥部多次召开紧急电视电话会议和视频连线,部署进一步做好暴雨应对工作,市气象局多次就预报、雨情等情况进行汇报。在整个预报服务过程中,中国气象局郑国光局长,沈晓农、矫梅燕、于新文副局长亲自赴一线坐镇指挥,给予多方面的指导和鼓励。

郭金龙书记在22日到市防汛指挥部检查指导时指出:"在本次降雨应对工作中,预报准确、预警及时、预案落实、抢险处置有力、新闻媒体宣传到位。全市各区县、各部门和北京市民团结奋战,积极应对,经受了考验,保障了城市运行,初战告捷。"

5　加强信息宣传

暴雨过后,北京市气象台领导及首席先后接受了中央电视台、中央人民广播电台、新华社等首都主要媒体记者的采访。市气象局记者站22日向中国气象网和《中国气象报》投稿5篇,22日下午将有关预报服务的报道材料发在局域网上,请相关单位下载,统一口径,答复媒体记者采访或市民咨询。

7月22日,《人民日报》《北京日报》《北京晚报》《北京青年报》《新京报》以及电视台、广播电台等中央和北京的主要媒体都对"7·21"暴雨的预报预警服务以及防汛联动部门所采取的应急措施等进行了良好的正面宣传报道。

6　灾后服务及相关工作进展情况

根据市委、市政府的统一安排,"7·21"暴雨应对工作重点逐渐从应急抢险转向救灾和善后工作。北京市气象局积极配合,做好各项灾后服务。根据受灾期间天气实况,气候中心于22日向农业部门提供大田受灾理论较重地区,为农业部门灾情调查提供气象依据;各级领导分组前往通州、大兴、房山等灾情较重地区进行慰问调查;联合市农业局共同制作并发布了本次灾害发生程度及应对措施简报;完成并报送"7·21"特大暴雨影响评估决策服务材料和暴雨对玉米影响专刊;制作雨后防灾电视专题节目一期(于24日晚在北京综合频道播出)。

灾后采取的各种紧急措施及开展的工作有:①25日,联合三大运营商提前制定短信预警发布预案,开放多渠道发布窗口,并启用分区预警短信平台,截至25日20时,共发送预警信息1170万人次;②25日20时30分,北京电视台预警信号发布实现滚动字幕并加挂预警信号角标;③微博预警关注度飙升,市新闻办官方微博"北京发布"将预警信息转发130多万粉丝;④市政府专题研究预警信息发布工作;⑤进一步强化各部门沟通;⑥编写并提交《北京市气象灾害预警信息传播工作方案(建议稿)》;⑦规范相关管理工作。

7　经验总结

通过认真总结,梳理出以下成功的经验(图5):①领导靠前指挥、周密部署是保证;②准确预报预警、强化跟进服务是关键;③高效联动响应机制是保障(图5)。

图5　北京"7·21"特大暴雨气象保障经验总结示意图

8 存在问题及改进措施

虽然在本次特大暴雨过程的气象保障工作中取得了许多成绩及宝贵经验,但通过深入总结与反思还发现一些问题。如:在预报这次强降雨的开始时间和量级上存在一定偏差,尤其是对系统前部暖区强降雨的预报能力较差,缺乏对这方面进行深入研究;同时数值预报也缺乏对这种天气的预报能力,而预报人员对数值预报的依赖性较强,所以造成预报失败。在短时临近暴雨预警中,也没有对外发布暴雨红色预警信号,对降雨强度考虑不足,还缺乏这方面的技术支撑。在临近订正预报时,虽然对政府等决策部门都能及时跟进服务,但对社会公众的服务手段还欠缺,还不能在短时间内让广大市民及时得知最新预报预警信息。科普宣传不到位,市民防灾减灾知识缺乏,且意识不强。具体可归纳出以下问题及改进措施:

(1)精细化预报能力急需提高。预报人员过于依赖数值预报产品,对各种模式系统的预报性能分析了解不够深入;预报技术总结成果利用不多,预报概念模型亟须完善。

(2)预报服务有机结合、加强关注服务效果。预报与服务衔接考虑不足,当前的精细化数值预报不能满足城市的精细化管理和安全运行对定时、定点、定量的需求,服务产品针对性不够强,气象部门面向基层的服务产品针对性较差,气象信息服务不能满足城市安全运行和应急管理的需要,大城市气象服务科技支撑有待进一步提高。

(3)预警信息发布能力建设亟待加强。预警信息发布传播机制有待完善,预警信息发布途径和手段有待进一步拓展。

(4)气象灾害防御科普工作有待提高。民众的防灾减灾意识是全社会应急能力和减轻自然灾害的基础,在北京"7·21"特大暴雨灾害中,也暴露出市民对预警信息和防灾避灾措施的认知不够等问题。

(5)积极引导舆论宣传导向能力尚显薄弱。气象新闻敏感度不够,接受采访的技巧还需要提高。

北京"7·21"特大自然灾害气象风险服务效益评估

刘　璐　翟　亮　郭　锐　季崇萍　孙秀忠

（北京市气象台,北京　10089）

摘　要:"7·21"特大自然灾害是新中国成立以来北京市罕见的自然灾害,给城市运行造成了严重影响,给人民群众生命财产带来了严重损失。针对此次过程对暴雨诱发的中小河流洪水和山洪地质灾害气象风险预警服务进行效益评估,结果表明本次气象风险预警服务效果显著,气象风险预警对维护公众的生命安全与财产有着十分重要的意义,并且针对气象风险预警服务提出进一步的思考。

关键词:特大暴雨;气象风险;效益评估

1　天气实况回顾

2012年7月21—22日,北京市出现历史罕见强降雨过程(图1),为1951年以来最强的一次全市性特大暴雨过程,此次暴雨过程具有历时短、雨势强、范围广、山区雨量大等特点。

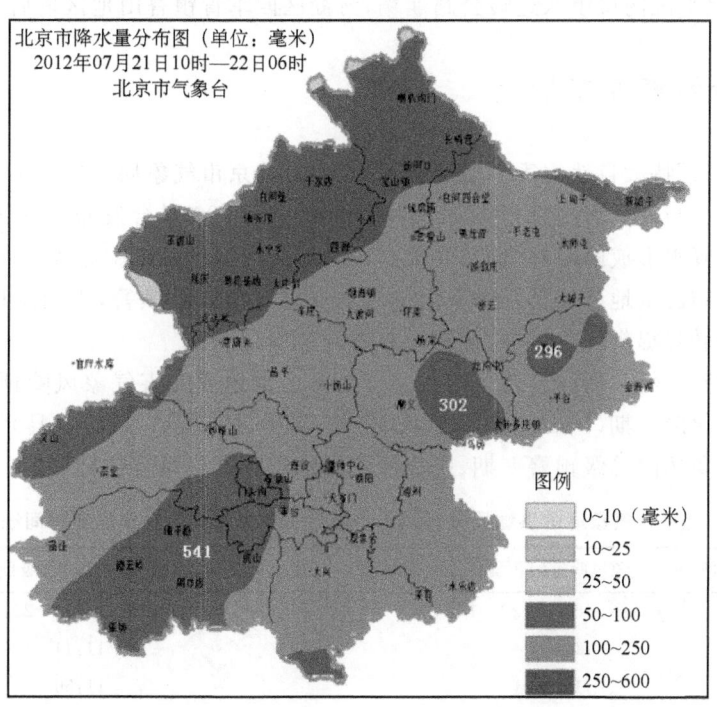

图1　北京2012年7月21—22日过程降雨量(单位:毫米)

此次降雨过程历时短,主要集中在21日10时至22日06时,在近20个小时内全市平均降雨量170毫米,城区平均雨量达215毫米,城区最大降雨量出现在石景山模式口,降雨量达

328.0 毫米；全市最大降雨量出现在房山区河北镇，降雨量达 541.0 毫米（水文站，后期确认）。全市有 11 个气象站日降雨量达到 1951 年以来的历史极值，有 18 个气象观测站（含自动气象站）小时雨量超过 80 毫米，平谷挂甲峪出现最大小时雨量达 100.3 毫米（山洪防治县级非工程项目建设），历史上少见。

2　灾害背景

"7·21"特大自然灾害是新中国成立以来北京市罕见的自然灾害，给城市运行造成了严重影响，给人民群众生命财产带来了严重损失。此次降水带来大量的地表径流，局部洪水之巨历史罕见，城区河道洪水流量均超 20 年防洪标准。由强降水引发的河流漫溢、山体崩塌随处可见。根据收集统计的灾情情况，房山、大兴、平谷和密云是此次灾害中受灾最严重的区域。根据收集到的灾情调查，"7·21"特大暴雨过程中房山地区出现中小河流洪水灾害的是大石河、拒马河两条河。7 月 21 日 22 时 40 分，房山大石河出现历史最大流量，为每秒 1110 立方米。拒马河洪峰流量高达每秒 2570 立方米。

另据北京市国土资源局调查，截至 7 月 28 日，"7·21"特大暴雨过后，北京市共排查出地质灾害隐患点 1141 处，其中崩塌 753 处，不稳定斜坡 80 处，地面塌陷 33 处，滑坡 21 处，泥石流 254 处[1]。北京市共接报地质灾害灾情 5 起[2]，共造成 3 人死亡，2 人重伤。分别为石景山区金顶街街道赵山小区滑坡；石景山区金顶街街道首钢特钢厂滑坡；房山区霞云岭乡庄户台鱼骨寺山体滑坡；昌平区南口镇八达岭公路崩塌；海淀区四季青镇香山地区塔后身村崩塌。

3　气象风险预警发布情况

为做好"7·21"特大自然灾害气象服务保障工作，北京市气象局气象灾害预警服务高效联动。北京市气象局与北京市国土资源局及时会商并于 10：30 联合发布地质灾害黄色预警（3级）；并且考虑到降水形成的面雨量较大，根据山洪地质灾害预警试验业务短期服务标准，根据雨量变化及时发布山洪地质灾害和中小河流洪水灾害气象风险预警，为山洪地质灾害易发区群众安全和避险转移提供气象服务，预警发布做到准确、及时。

在"7·21"特大暴雨过程中，北京市气象台发布山洪地质灾害气象风险预警 3 期、中小河流洪水灾害气象风险 3 期（图 2）；房山、延庆、密云、昌平、怀柔、平谷等区（县）气象局制作发布本地地质灾害气象风险等级预警 8 期、中小河流洪水灾害气象风险预警 8 期（表 1）。

表 1　北京市气象局山洪地质灾害和中小河流气象风险预警制作发布时间统计表

单位	山洪地质灾害气象风险等级预警产品发布时间	中小河流洪水灾害气象风险等级预警产品发布时间
气象台	11：08　18：53　22：04	11：25　19：05　22：15
房山	11：42	11：44
延庆	11：58	11：56
密云	12：31　23：00	12：31　23：00
昌平	14：40	14：40
怀柔	15：23	15：22
平谷	15：48　22：35	15：48　22：35

各区县气象局根据市气象台发布的山洪地质灾害和中小河流洪水气象灾害预警,制作本地精细化山洪地质灾害和中小河流洪水气象灾害预警产品,通过多种方式向区政府、区委、区农委、区防汛、区国土局等转发气象灾害预警信息,提醒"做好暴雨及其引起的山洪、泥石流等灾害的防御工作"。

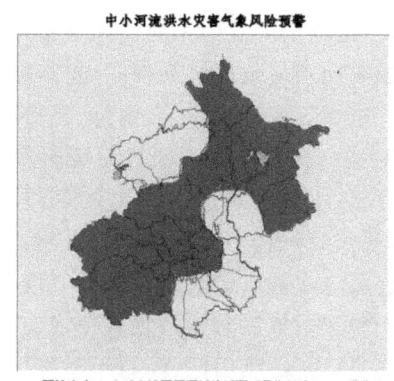

图2　2012年7月21日发布的山洪地质灾害和中小河流洪水气象风险预警

4　气象风险预警服务效益情况

山洪地质灾害和中小河流洪水气象灾害预警产品随着天气预报和实时雨情的变化而不断订正,并通过各种现代化的手段和方式到达决策部门和基层群众手中,发挥了良好的效益,保护了人民生命安全,最大程度地减少了财产的损失。

4.1　及早启动应急预案,为政府决策创造有利时机

为做好"7·21"特大自然灾害气象服务保障工作,21日08时启动Ⅳ级应急响应,14时30分升级为Ⅲ级,19时30分升级 为Ⅱ级,与市应急办等单位持续视频连线11小时。全市气象部门各级领导全部在岗,加强值守,深入一线,靠前指挥,随时汇报最新预报气象灾害预警及雨情信息。市政府、区县政府根据预报预警,及时反应,快速联动,落实预案,采取有效措施,积极应对。市领导靠前指挥,迅速决策部署,多次召开现场工作会和部署会,统筹指挥防汛救灾和应急救援工作。根据预报预警情况,市领导多次召开现场工作会和部署会,统筹指挥防汛救灾和应急救援工作;市应急办5次下发启动应急机制和做好应急准备的通知;市防汛办组织山区泥石流、中小河道、在建工程、危旧房屋专项督查,先后发布蓝色、黄色、橙色汛情预警。全市应急系统全力以赴,积极处置,处理通道积水112处,道路塌陷56处;提前组织郊区9.7万名群众疏散,其中房山区转移6.5万名群众,转移群众无一人伤亡;京港澳高速南岗洼积水路段共

排水 23 万立方米;全市水、电、气、热和地铁、火车站、首都机场等城市重要基础设施运行基本正常。

4.2 市级多方位有效发布预警信息

"7·21"特大暴雨过程期间,北京市气象局通过电视、电台、预警塔和显示屏、网站、声讯电话、微博等已有平台多方位、有效发布气象风险预报预警和雨情信息。

4.3 区县气象服务准确到位

"7·21"特大暴雨过程期间,区县气象局在接到北京市气象台的山洪地质灾害气象风险预警后,制作本地的山洪及中小河流风险预警精细化产品,通过手机短信、传真、电话和气象信息服务站等及时向当地政府决策部门、重点单位、气象信息员提供预报预警服务信息,并通过报纸、电视台、电台等现有媒体、显示屏、预警喇叭等手段向公众发布预报预警及雨量实况信息。

14 个区县气象局共发布预报预警服务短信 79800 人次(包括所有 3870 个气象信息员)、决策服务专报 317 份,并在强降雨关键时段平均每 30 分钟向地方政府汇报最新雨情及天气趋势。朝阳、通州、房山、密云等地电视台字幕滚动播出预报预警信息,顺义电视台、电台与顺义区气象局连线 8 次播出最新雨情和天气情况信息;丰台、顺义、昌平、怀柔等通过街道(乡镇)、社区共 527 块显示屏发布预报预警信息;中央财政"三农"气象服务专项试点单位的昌平 109 个预警大喇叭(山区、半山区、泥石流易发区)播出预警信息,平谷"村村通智能调频可寻址数控广播"系统实现区、乡镇、村三级广播播发天气预报及预警信息。

部分区县气象局山洪地质灾害和中小河流洪水气象风险服务效益事例如下:

朝阳区:与重点单位领导保持电话联系,21 日晚科学指导崔各庄 20 户村民转移,并有力保障了高安屯垃圾处理中心防止垃圾随雨洪外溢事件发生。

石景山区:鲁谷社区党工委书记崔章程在接到暴雨预警信息后迅速启动了鲁谷社区防汛抢险预案,组织实施社区应急防汛工作。

门头沟区:20 日晚,根据门头沟气象局暴雨天气预报和山洪气象风险预警,永定镇秋坡村全村 132 户、308 人在"7·21"暴雨夜前全部搬离,这是在此次特大自然灾害过程中最成功的转移。门头沟区共转移群众 1547 户 3695 人,未发生一例死亡事故。

房山区:21 日 14 时,周口店镇黄山店村领导收到预警短信后通过村委会广播系统发布群众准备转移命令,16 时发出全面转移命令,由于有暴雨应急演练的基础,在新一轮强降雨来临前上千村民转移到安全地点。21 日,房山区政府组织拒马河、大石河流域等地共 6.5 万人转移安置被困游客 1.6 万人,解救受困群众、学生、乘客等人员 1200 多人。

怀柔区:北沟村村领导和气象信息员通过大喇叭等向当地村民及旅游观光人员传播预警信息,并及时组织了转移等,虽然该村出现多处塌方,但未出现任何人员伤亡。暴雨期间,怀柔山洪泥石流易发区转移群众 1161 人,游客和工人 1403 人。

平谷区:此次特大暴雨过程最大雨强所在地平谷挂甲峪村全体村民于 7 月 20 日通过电子显示屏了解到 21 日有暴雨的预报。21 日,村书记张朝起(气象信息员)收到气象局预警信息后即通过大喇叭通知全体村民注意防范暴雨带来的不利影响,并提前组织转移群众,虽然全村有多处山体滑坡,但没有任何人员伤亡。

5 气象风险预警效益评估

"7·21"特大暴雨过程是1951年以来北京最强的降雨天气过程,大部分地区雨量达大暴雨到特大暴雨量级,造成重大人员伤亡和财产损失。中小河流洪水灾害和山洪地质灾害气象风险预警对维护公众的生命安全与财产有着十分重要的意义。

对气象风险预警发布的时间、空间等方面进行了评估分析,评估结果为预警发布时间及时、预警区域较准确。气象风险预警发布及时与各部门沟通,减免了一定的灾害损失,服务效果较好。

5.1 预警发布时间及时

图3为本次过程降水强度时序和气象风险预警发布情况。可见在降雨集中时段到来前2小时发布了山洪地质灾害和中小河流洪水气象风险预警,并伴随雨区与强度的变化,对预警区域与气象风险等级预警及时滚动更新。

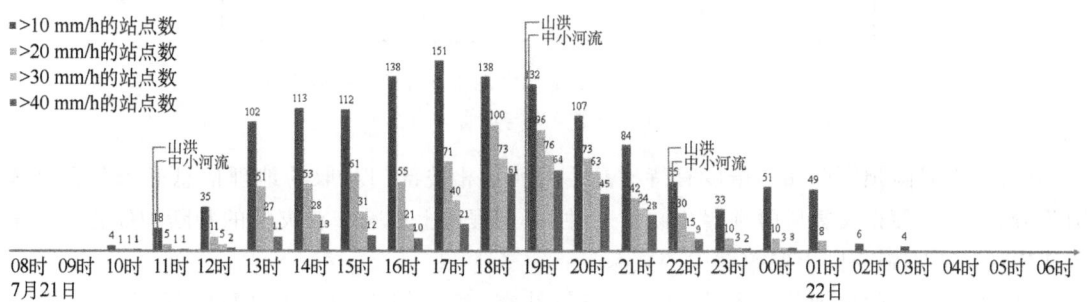

图3　2012年"7·21"特大暴雨降水强度时序和气象风险预警发布情况

5.2 预警区域较准确

本次服务过程中,第一个时段降雨过程为列车效应,降雨区在西南部不断生成并向东北方向延伸,且维持时间较长。预报人员密切监视中小河流洪水及地质灾害易发区域的面雨量实时信息,根据雨情滚动订正预警区域,对相关区域密切关注,不放松警惕。北京市气象局及时通知相关区域政府及民众进行防范措施,避免了一定的人员和经济损失。牛有成常委对气象部门准确预报入汛以来的最大降雨给予赞扬。

"7·21"特大暴雨带来大量的地表径流,局部洪水之巨历史罕见,城区河道洪水流量均超过20年防洪标准。由强降水引发的河流漫溢、山体崩塌随处可见。根据收集统计的灾情情况来看,房山、平谷和密云是此次灾害中受灾最严重的区域,灾后统计的5处地质灾害发生地点均落在预警区域内,预警落区圈画效果较好(图4)。

6 面临的问题与存在的不足

通过"7·21"特大自然灾害中山洪地质灾害与中小河流域洪水灾害气象风险预警的效益评估工作,针对气象风险预警业务提出进一步的思考。

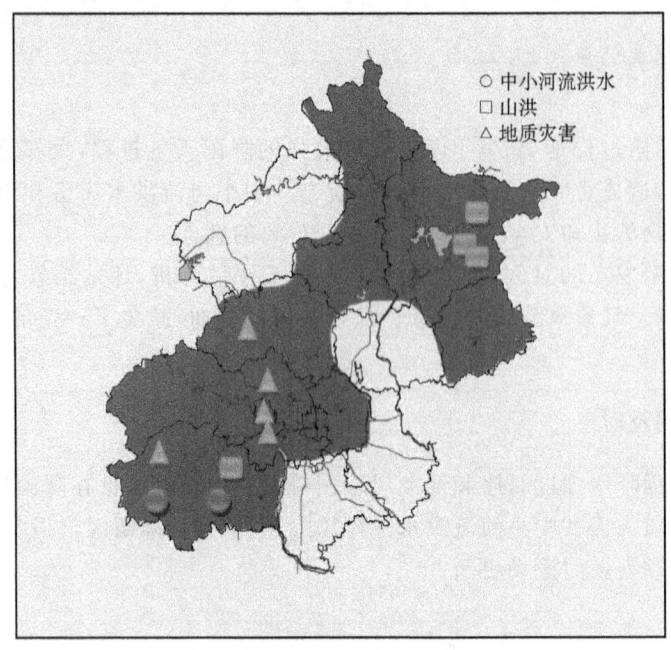

图4　2012年7月21日发布的山洪地质灾害和中小河流洪水
气象风险预警分布与灾害分布图

（1）灾害风险预警产品的精度有待提高。目前从相关部门获取的地理信息尚未包含具体沟壑分布信息，使得灾害风险预警欠缺针对性，一定程度上影响了对灾情的判断和处置。未来工作中还需要加强与国土资源部门的联系。

（2）上游区域的地理信息及水文信息有待补充。2012年7月21日特大暴雨过程，是自1951年有气象记录以来最大的降水，由于上游河北境内来水很快很强，造成房山区洪水、泥石流的爆发，对人民生命财产造成了很大损失。但目前北京市气象局尚未能掌握河北的精细地质灾害区划信息和相关水文信息，很大程度上影响了对上游地区洪水诱发的本地山洪和中小河流洪水灾害气象风险的监测、预报和预警。

（3）地质灾害易发区和中小河流洪水灾情普查有待加强。暴雨引发的山洪泥石流和中小河流洪水警戒值是依赖历史上灾害实况分析统计获得的。由于历史灾害数据的获取较为困难，加之下垫面的脆弱性随着社会经济的发展有所改变，因此很难得到针对具体的地质灾害易发区和中小河流的准确致灾阈值。今后应进一步完善洪水和地质灾害隐患点资料库，针对不同隐患类型制定更加详细的致灾临界面雨量，为预报员在发布气象灾害预警时提供科学参考，以期提高对山洪地质灾害和中小河流洪水隐患区域的气象风险预警水平。

（4）加强与地质部门合作，争取能共享对洪水和地质灾害的全方位立体监测信息。暴雨诱发的中小河流洪水和山洪地质灾害具有突发性的特点，并且还有一定的滞后性。灾害发生往往不是在暴雨降雨强度最大的时刻，而是在暴雨发生一定时间以后，周围环境中土水含量逐渐达到饱和时产生的次生灾害。洪水和地质灾害隐患点是否成灾取决于需要一定降雨强度和较长的维持时间。因此需进一步加强与地质部门的合作，及时获得洪水和地质灾害相关信息。

（5）中小河流洪水灾害和山洪地质灾害气象风险预警信息发布机制尚需进一步完善，发布时效仍有待提高。气象风险预警发布到公众层面并产生效益会有一定的时间差。发布气象风险预警时,需要加强与当地政府的联系、汇报,及时提醒有关部门采取有力措施。

(6)加强科普宣传、提高民众防范气象灾害的意识和能力。公众对气象部门根据面雨量阈值制定的阶梯式预警信号"Ⅰ风险很高、Ⅱ风险高、Ⅲ风险较高、Ⅳ风险低"并不理解,尤其是第四等级中的描述语言"风险低",容易误解为无风险,这一点尤其值得引起重视。防灾减灾和民众意识是全社会应急能力的基础,在北京"7·21"特大自然灾害中也暴露出市民对预警信息和防灾避灾措施认知不够的问题,因此需要进一步加大面向市民的宣传教育力度,普及气象防灾减灾和预警知识,配合各级政府开展多种形式的群众性自救互救应急演练,使群众性应急演练和宣教工作成为常态,全面提高全体市民应对气象灾害的安全防灾和自救互救技能。

参考文献

[1] 北京市国土资源局. 市国土局及时印送北京市突发地质灾害分布与易发程度分区图. http://www.bjgtj.gov.cn/tabid/3247/InfoID/101203/Default.aspx.

[2] 中华人民共和国国土资源部. 灾情险情报告第 77 期. http://www.mlr.gov.cn/dzhj/dzzh/zqxqbg/201207/t20120725_1124813.htm.

三门峡市苹果气象灾害气象服务效益评估

吉志红

（河南省三门峡市气象局,三门峡　472000）

摘　要：选择三门峡市苹果种植有代表性的低海拔的塬区、海拔相对较高的浅山区和海拔最高的高山区,以德尔菲法作为评估方法,通过问卷调查及专家评估的形式,依据气象服务效益贡献率评估模型,对苹果主要气象灾害的气象服务效益进行分析和评估。结果表明:苹果主要气象灾害的气象服务效益贡献率总体为 6.5%,冰雹气象灾害的气象服务效益贡献率最高,其次是低温冻害气象服务效益贡献率,高温和连阴雨气象服务效益贡献率处于中间,干旱的气象服务效益贡献率最低。

关键词：气象服务效益;贡献率;苹果;气象灾害

引　言

　　气象服务效益评估旨在通过分析气象服务产品与信息的应用和需求情况,为气象部门有针对性地改进和完善气象服务、研究气象服务产品及合理配置内部资源提供科学依据[1],气象服务是发挥气象事业作用的有效环节[2]。农作物生产是在自然的多变的气候环境条件下进行的自然再生产和社会再生产过程,每个环节都与天气气候条件密切相关,因而农作物生产迫切需要掌握当地的天气气候知识及天气气候预报信息[3]。

　　三门峡市地处河南、山西、陕西三省交界处,受地形及气候影响,光照充足,气温日较差大,林果业突出,是国家农业部优势农产品区布局规划中重点扶持和发展的西北黄土高原果树优生区之一,其中寺河山海拔在 800～1400 米,寺河山苹果被誉为亚洲第一高山苹果,苹果业已成为当地农村支柱产业。随着气候变暖,如干旱、低温冻害、高温热害等气象灾害已明显威胁到苹果产业的持续发展,深入开展气象服务、科学评估气象服务效益,对增强苹果气象服务的敏感性和针对性、提高苹果防灾减灾能力具有重要意义。本文结合德尔菲法基本原理和当地苹果气象灾害气象服务的实际情况,设计了调查问卷和专家座谈,选择代表性企业,进行苹果气象灾害防御服务效益和满意度调查,在问卷调查资料收集的基础上,运用德尔菲法进行苹果气象灾害气象服务效益分析评估。

1　资料和方法

1.1　资料及其来源

　　三门峡苹果种植主要分布在灵宝市和陕县境内,海拔落差大。分别选择代表低海拔的塬

资助项目:中国气象局/河南省农业气象保障与应用技术重点开放实验室项目(AMF201205);三门峡苹果气象灾害监测预警预报方法研究

区、海拔相对较高的浅山区和海拔最高的高山区,通过专家座谈和互动式问卷调查,对收集的问卷进行分类统计,其中 30 位为苹果种植专业大户的果农,10 位为当地规模较大专业合作社果业专家。确定苹果种植期间主要气象灾害,对气象服务效益进行定量评估。

1.2 评估方法

1.2.1 德尔菲法

德尔菲法又称专家小组法或专家意见征询法,是以匿名方式,征求专家各自的意见,作不断收敛与量化,最后进行综合分析,确定趋势分析与预测值。如果样本数太少,则缺乏代表性和权威性;样本数太多,对结果处理会比较复杂。在德尔菲评估法中,其精度随着样本数的增加而提高,一般样本数以不少于 15 人为宜[4]。即首先对行业内典型企业使用气象服务获得的效益进行个例调查评估;然后以实地测定结果为参照,依据专家经验进行推算,从而定量评估行业气象服务效益。国内各行业气象服务效益评估的研究[5-7],均采用这种方法进行评估。该方法要进行两轮调查反馈方能确定调查结果,具体内容为:第一轮调查,由 30 位专家商定苹果生产的主要气象灾害,评估各自代表区域的苹果气象灾害气象服务效益,测算气象服务贡献率,并划定气象服务贡献率的档次,汇总气象服务需求调查结果。第二轮调查,评估专家根据上一轮调查汇总反馈结果,从整个气象服务的角度出发,确定最终的苹果气象灾害气象服务贡献率,分 10 个档次,测算出苹果生产气象服务的贡献率和效益值,确定服务需求。

1.2.2 气象服务效益贡献率

气象服务效益贡献率指气象服务效用占该行业总产值的比值,即

$$e = \frac{1}{D} \sum_{i=1}^{m} (A_i - B_i) = \frac{1}{D} \sum_{i=1}^{m} C_i \qquad (1)$$

式中,m 为被调查苹果生产主要气象灾害种类总数;i 为其中的某类气象灾害。专家根据每种气象灾害对气象条件的需求,确定相应的气象服务内容;A_i 为相应的气象服务增加的产值节省的成本;B_i 为使用气象服务的成本;C_i 为各主要生产环节相应的气象服务的净效益值;D 为被调查区域的苹果业总产值(元)(由专家讨论核算);e 为被调查苹果生产气象灾害气象服务贡献率。

1.2.3 气象服务效益评价

获得 3 个代表区域苹果生产总的气象服务贡献率后,聘请管理专家和技术专家共 10 位作为专家组成员。专家根据已测定的苹果气象灾害的气象服务效益贡献率,并结合自身经验,对气象服务贡献率 e 进行适当调整,即将 $2e$ 作为上限,0 作为下限,设计出 10 个档次,作为专家调查的备选答案进行调查。根据调查结果汇总得到气象服务对苹果气象灾害的贡献率 E,即

$$E = \sum_{k=1}^{10} (\overline{e_k} \cdot W_k) \qquad (2)$$

式中,W_k 为选择第 k 档次的人数占专家数的比例;e_k 为第 k 档次贡献率的中值。

2 结果与分析

2.1 苹果主要气象灾害的气象服务效益

三门峡苹果生育期主要气象灾害有花期低温冻害、果实膨大期高温热害、干旱、冰雹、着色

成熟期低温连阴雨,各气象灾害发生时间见表1。通过调查得到各气象灾害相应的气象服务所增加的产值或节省的成本,以及扣除其他生产成本后的收入,将专家调查得到的原始数据汇总,根据式(1)分析得到气象服务在各气象灾害气象服务效益贡献率,见图1。

表 1　苹果主要气象灾害发生时期

气象灾害	干旱	低温冻害	高温热害	冰雹	低温连阴雨
发生时期	1—5 月	3—4 月	6—8 月	6—8 月	7—10 月

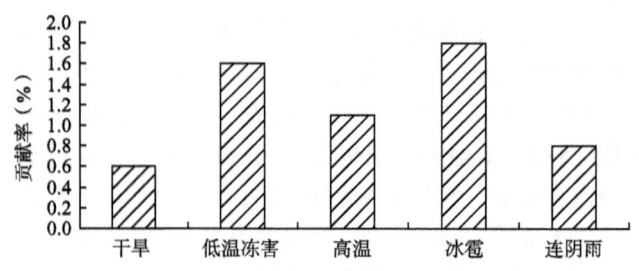

图 1　主要气象灾害气象服务效益贡献率

由图1可见,在苹果生产过程中,冰雹气象服务贡献率最高,达1.8%,占气象服务总效益贡献率的31%;其次是低温冻害气象服务贡献率,达1.6%,占气象服务总效益贡献率的27%;干旱气象服务贡献率最低,为0.6%,占气象服务总效益贡献率的10%;高温和连阴雨气象服务贡献率位居中间,分别占气象服务总效益贡献率的18%和14%。

冰雹是三门峡苹果主要气象灾害之一,对苹果业影响日益突出。冰雹会造成果树树体和果实的机械损伤,会摧残树叶,影响光合作用和养分积累;发生在幼果期,可留下伤痕,影响外观和品质;发生在成熟期,可打落果实,同时还会造成树势衰弱以及引起病害的发生。在防御冰雹的过程中,主要依赖人工防雹、消雹技术,个人则无能为力。目前三门峡市已构建成布局合理的保障苹果生产人工防雹、消雹网络,通过气象部门对苹果生长期间的冰雹监测,在发现冰雹云形成时,及时作业,极大提高了防雹、消雹效果,受到果农的一致认可,所以冰雹气象服务贡献率最高,气象效益也最大。

低温冻害是指在苹果花蕾期、开花期、坐果及幼果期,若遇到低温冻害,会给果树幼嫩组织带来致死伤害,冻死花蕊,影响开花授粉和坐果,低温时间越长越严重。三门峡部分苹果种植地区海拔较高,低温冻害同样是重点防范苹果气象灾害,而准确、及时的气象预警和预报,是果农采取预防措施的重要前提,故数据显示该项的气象服务贡献率相对较高。

干旱气象服务贡献率最低,最主要的原因是三门峡市属暖温带半干旱内陆性气候,素有"十年九旱"之称,常年发生冬春连旱,即使夏季仍有可能发生阶段性干旱。由于大部分苹果种植区无灌溉条件,面对干旱即使预报出干旱的趋势,果农可以采取的措施也有限,所以干旱气象服务贡献率最低。

伴随着气候的变暖,三门峡年均出现高温的天数有增加趋势。夏季高温会加剧果树呼吸,丧失水分,有时还直接造成果树和苹果"日灼"伤害,同时会降低苹果固态物质和糖分含量。提前发布高温预警、预报信息,向果农提供温度情报,是高温灾害的防御重点,果农可适时向果园灌水,补充水分增强果树耐热能力;还可以树冠喷水的方式防止"日灼"现象。由于灌溉条件限制,树冠喷水是防御高温灾害的主要方式,高山区则受地形影响,无水源及拉水困难,果农甚至会放弃高温防御措施,但相对于干旱的防御重视程度稍高,气象服务贡献率处于中间。

连阴雨气象灾害主要包括夏季连阴雨和秋季连阴雨,是指连续≥5 天下雨(允许一天阴天无雨),同时过程降雨量≥30 毫米。防护则较简单,结合气象预报,一是及时清除杂草,疏松土壤,开沟清除地面积水,保持根系呼吸畅通;二是勤检查,发现病害及时防治。连阴雨灾害气象服务贡献率也较明显。

2.2　苹果气象灾害服务效益贡献率的修订

由各主要气象灾害气象服务贡献率为 5.9%,将其乘 2 后,分为 10 个档次(表 2),返给专家进行重新评估,专家从中选取气象服务贡献率所在的档值范围,根据专家重新评估意见,40% 专家认为气象服务贡献率为 6.6% 在第六档;30% 专家认为气象服务贡献率应为 7.8% 在第七档;20% 专家认为气象服务贡献率应为 5.4% 在第五档;10% 专家认为气象服务贡献率为 4.2% 在第四档。对专家的意见汇总后依据式(2)计算出气象服务效益最终贡献率,$E = 0.066 \times 0.4 + 0.078 \times 0.3 + 0.054 \times 0.2 + 0.0428 \times 0.1 = 6.5\%$。

表 2　苹果气象灾害服务效益贡献率档次及相应范围

档次	1	2	3	4	5	6	7	8	9	10
贡献率范围	0~0.012	0.012~0.024	0.024~0.036	0.036~0.048	0.048~0.06	0.06~0.072	0.072~0.084	0.084~0.096	0.096~0.108	0.108~0.12

3　结　论

(1)结合德尔菲法的基本原理,选取三门峡低海拔的塬区、海拔相对较高的浅山区和海拔最高的高山区为代表,对 30 位果农专业大户和 10 位专业合作社果业专家进行问卷调查、分析。

(2)问卷调查表明,冰雹气象灾害服务贡献率最高,低温冻害服务贡献率其次,高温和连阴雨气象服务贡献率处于中间,干旱气象服务贡献率最低。

(3)建立了三门峡苹果气象灾害气象服务效益评估的模型,根据问卷统计和专家重新评估,计算出三门峡苹果气象灾害气象服务效益贡献率为 6.5%。

4　气象服务效益评估的思考和建议

(1)提高气象预报准确率是气象服务效益取得成效的前提。准确、及时的预警预报,可最大程度地避免或减少气象灾害损失;在开发、利用气候资源,服务经济社会发展中起到事半功倍的效果,是气象部门提升气象服务效益的核心要求。

(2)充分发挥气象信息传播渠道是提高气象服务效益的关键。气象信息的有效传播,不仅要依靠手机短信功能,更要利用乡镇气象信息服务站信息量大、指导性强的特点,以及充分发挥农村大喇叭敏感性、实用性的作用,及时将气象信息传递到农民手中,是提高气象服务效益的关键。

(3)加强气象科普宣传是提高气象服务效益的基础。防灾减灾知识和气象科普宣传在农村地区仍是薄弱环节,应对气象灾害和极端天气气候事件的能力不足,面对气象灾害惊慌失措,会影响气象服务效果。要大力加强气象防灾减灾和科普知识宣传的基础工作,提高广大群众的防灾减灾意识和避险自救能力。

(4)气象服务效益评估是一个复杂的系统工程,德尔菲法主要采用两轮评估的方法,主观性较强,需增加评估次数,减少人为因素,并结合当地气象灾害特点,建立分灾种的气象服务效益评估方法,评估结果可能会更加客观。

参考文献

[1] 廖贤达,姚学民,黄学忠.行业气象服务要点探讨.气象研究与应用,2008,**29**(4):86-90.

[2] 于波,李平华.气象经济学研究对象及气象服务特征分析.气象与环境科学,2009,**32**(1):22-27.

[3] 贺宇.农业气象服务现状与发展趋势.现代农业科学,2009,**16**(2):129-131.

[4] 宋善允,薛建军,赵瑞.中国气象服务公众效用定量评估.气象软科学,2007(3):5-13.

[5] 张明,李美荣,刘映宁,等.运用德尔菲法评估苹果花期冻害气象服务效益初探.陕西农业科学,2010(1):91-93,96.

[6] 许小峰,张钛仁,宋善允,等.气象服务效益评估理论方法与分析研究.北京:气象出版社,2009.

[7] 姚秀萍,吕明辉,范晓青,等.我国气象服务效益评估业务的现状与展望.气象,2010,**36**(7):62-68.

基于业务应用的台风灾害单项指标分级标准探讨

刘　茜　　刘颖杰　　王丽娟

(中国气象局公共服务中心,北京　100081)

摘　要:台风灾害每年给我国社会经济和人民生命、财产安全造成巨大损失,为科学合理地防台减灾,需要制定规范的灾情评估标准。国内不少学者在台风灾情评估标准方面开展了研究,但计算方法复杂,可操作性不强,不能满足气象服务业务的需求。采取台风灾害单项指标的分级方法,选取死亡人数、直接经济损失和受灾总人数作为台风灾害等级划分的 3 个单项指标,在中国气象局相关规定以及前人研究的基础上,结合实际情况进行修正,将台风灾害经济损失等级划分为特大型、大型、中型、小型、较小型 5 个等级,并对修正后的台风灾害分级标准进行了检验。

结果表明,在现有台风灾害评估状况下,提出的台风灾害单项指标分级标准可以快速、直观地为气象服务和防灾减灾工作提供定量化的评估结果,灾害等级综合划分结果与实际台风灾害造成的损失具有较好的对应性,且各项因子对于灾害等级均具有较好的贡献度。标准中各个单项指标的选取以及单项指标的灾害等级确定都是建立在经验基础之上,其适用性有待在今后的研究和业务工作中进一步验证。

关键词:台风;单项指标;分级;业务

引　言

台风灾害每年给人民生命、财产安全和工农业生产、交通运输等带来严重的损失。随着社会经济的发展,这一损失还呈现显著增大的趋势,减轻台风灾害已成为我国各级政府和民众的迫切需要。而科学合理地制定防台减灾及救灾策略,则需要建立规范化的灾情评估标准。

目前,已有不少学者在台风灾情评估标准方面做了研究。王秀荣等利用灰色关联度理论确定了全国范围内台风灾害综合等级划分标准,并基于上述工作建立了台风灾害综合等级快速评估模型;魏章进等采用聚类与多元回归方法对台风灾情划分等级,同时建立了台风灾情预评估模型。这些研究多是选取受灾面积、死伤人数、直接经济损失等灾情指标,利用回归统计方法,构建综合灾情指数,从而划分灾害级别。而其中各项因子权重系数的确定尚无普遍有效的方法。由于在气象服务业务工作中,台风灾害等级就是给出一个灾情大小的概念,以便更好地进行灾情评估和服务管理,因此,所建立的灾害等级必须首先具有良好的可操作性,即选取的灾害指标不仅能较好地反映灾害损失情况,而且能够较快、较易获得,同时灾害等级的划分简单易行。因此,本文采取台风灾害单项指标的分级方法,在中国气象局相关规定以及前人研究的基础上,结合实际情况进行修正,从而得到适用于当前气象服务业务的台风灾害等级划分标准。

1 指标选取及数据获取

建立灾害等级划分标准需要历史灾害数据作参考依据。研究表明,评估台风灾害的统计指标主要是人员伤亡数、受灾总人数、房屋倒损数、农作物受灾面积以及直接经济损失。其中,死亡人数不仅能够比较客观地反映台风的威力,而且从某种程度上也反映了防灾减灾工作的成效,因此选取为台风灾害等级的一个因子。而历次台风灾害都会造成一定程度的经济损失,因此直接经济损失也是反映台风灾害等级大小的重要指标。同时,台风的影响范围很广,受影响地区的受灾人口数较大,因此受灾总人数也能体现台风的等级大小。而农作物受灾面积和房屋倒损数可由直接经济损失和受灾总人数两项指标在某种程度上得到表征而不采用,因此,本文选取死亡人数、直接经济损失和受灾总人数作为台风灾害等级划分的 3 个单项指标。

台风灾害数据来自《热带气旋年鉴》(2006—2011 年),共包括 2006—2011 年间 42 个登陆我国或是对我国造成严重影响的台风资料。时间段的选取依据是考虑到我国经济发展迅速,近几年间的直接经济损失数据可比性较好。

2 台风灾害单项指标分级标准的确定

2.1 基于中国气象局气象灾情等级划分标准的台风灾害分级

2006 年,中国气象局预测减灾司在《气象灾情收集上报调查和评估规定》中对气象灾情的等级划分做了如下规定(表 1)。

表 1 《气象灾情收集上报调查和评估规定》(2006)中的气象灾情等级划分标准

指标	特大型灾害	大型灾害	中型灾害	小型灾害	较小型灾害
死亡人数(人)	>100	30~100	3~30	1~3	0
直接经济损失(亿元)	>10	1~10	0.1~1	0.01~0.1	<0.01

本文参考上述规定,对 42 个台风灾害数据进行等级划分,结果见表 2。

表 2 基于《气象灾情收集上报调查和评估规定》(2006)的台风灾情等级划分结果

台风编号	台风名称	直接经济损失(亿元)	死亡人数(人)	灾害等级(只考虑直接经济损失)	灾害等级(只考虑死亡人数)	灾害等级(综合考虑2项指标)
200601	珍珠	75.5	18	特大型	中型	特大型
200604	碧利斯	348.2	843	特大型	特大型	特大型
200605	格美	57.5	64	特大型	大型	特大型
200606	派比安	78.6	96	特大型	大型	特大型
200608	桑美	196.5	483	特大型	特大型	特大型
200703	桃芝	3.03	4	大型	中型	大型
200707	帕布	16.2	4	特大型	中型	特大型
200709	圣帕	83.9	51	特大型	大型	特大型

续表

台风编号	台风名称	直接经济损失（亿元）	死亡人数（人）	灾害等级（只考虑直接经济损失）	灾害等级（只考虑死亡人数）	灾害等级（综合考虑2项指标）
200713	韦帕	79.69	7	特大型	中型	特大型
200714	范斯高	3.58	0	大型	较小型	大型
200715	利奇马	5.17	0	大型	较小型	大型
200716	罗莎	95.8	12	特大型	中型	特大型
200801	浣熊	7.89	3	大型	小型	大型
200806	风神	26.67	36	特大型	大型	特大型
200807	海鸥	8.356	7	大型	中型	大型
200808	凤凰	70.7	14	特大型	中型	特大型
200809	北冕	19.835	43	特大型	大型	特大型
200812	鹦鹉	42.897	0	特大型	较小型	特大型
200813	森拉克	1.4	0	大型	较小型	大型
200814	黑格比	195.741	43	特大型	大型	特大型
200817	海高斯	0.883	1	中型	小型	中型
200903	莲花	14.46	6	特大型	中型	特大型
200904	浪卡	0.37	0	中型	较小型	中型
200906	莫拉菲	5.78	0	大型	较小型	大型
200907	天鹅	14.28	8	特大型	中型	特大型
200908	莫拉克	128.23	12	特大型	中型	特大型
200913	彩虹	0.75	0	中型	较小型	中型
200915	巨爵	24.2	13	特大型	中型	特大型
200917	芭玛	2.37	4	大型	中型	大型
201002	康森	2.7	2	大型	小型	大型
201003	灿都	46.93	10	特大型	中型	特大型
201006	狮子山	6.58	1	大型	小型	大型
201011	凡亚比	61.27	108	特大型	特大型	特大型
201013	鲶鱼	28	0	特大型	较小型	特大型
201103	莎莉嘉	1.3	7	大型	中型	大型
201104	海马	0.2	0	中型	较小型	中型
201105	米雷	7.06	0	大型	较小型	大型
201108	洛坦	3.3	2	大型	小型	大型
201109	梅花	62.5	0	特大型	较小型	特大型
201111	南玛都	9.3	9	大型	中型	大型
201117	纳沙	138.8	8	特大型	中型	特大型
201119	尼格	15.8	1	特大型	小型	特大型

如表2所示，如果只考虑死亡人数因子，则特大型台风为3个、大型台风为6个、中型台风为16个、小型台风为6个、较小型台风为11个，与实际情况较为符合。如果只考虑直接经济损失因子，则特大型台风为24个、大型台风为14个、中型台风为4个、小型和较小型台风为0，显然不符合实际情况；而综合考虑两项因子得到的灾害等级分布情况与之完全相同，也明显偏高。

这说明,《气象灾情收集上报调查和评估规定》中的死亡人数划分标准具有较好的适用性,而直接经济损失等级划分标准过低,并不适用于如今的台风灾害等级划分,同时会导致死亡人数因子对于灾害等级的贡献度过高。究其原因,一方面是因为该标准是针对所有气象灾害的等级划分,而台风灾害具有其特殊性,造成的经济损失往往很大;另一方面是由于该标准于2006年制定,而随着经济建设的发展,灾害造成的直接经济损失大大增加,因此台风灾害的直接经济损失划分标准需要根据实际情况进行修正。

2.2 基于风暴潮灾害等级划分标准的台风灾害分级

2012年,赵领娣等结合直接经济损失和受灾人口两项指标作为划分依据,在陈报章(2010)、冯丽华(2002)、吴红华(2005)等人已有的研究基础上,根据实际情况提出了风暴潮灾害等级划分标准,如表3所示。

表3 风暴潮灾害等级划分标准

指标	特大型灾害	大型灾害	中型灾害	小型灾害	较小型灾害
直接经济损失(亿元)	>400	200~400	100~200	10~100	<10
受灾人口(万人)	>400	200~400	100~200	10~100	<10

鉴于台风是风暴潮灾害的一种类型,该标准对于台风灾害等级划分具有一定的参考价值。本文基于上述标准,对42个台风灾害数据进行等级划分,结果见表4。

表4 基于风暴潮灾害等级划分标准的台风灾情等级划分结果

台风编号	台风名称	直接经济损失(亿元)	受灾总人数(万人)	灾害等级(只考虑直接经济损失)	灾害等级(只考虑受灾总人数)	灾害等级(综合考虑2项指标)
200601	珍珠	75.5	1061.8	小型	特大型	特大型
200604	碧利斯	348.2	3194.04	大型	特大型	特大型
200605	格美	57.5	964.1	小型	特大型	特大型
200606	派比安	78.6	1122.7	小型	特大型	特大型
200608	桑美	196.5	665.5	中型	特大型	特大型
200703	桃芝	3.03	179.54	较小型	中型	中型
200707	帕布	16.2	116.5	小型	中型	中型
200709	圣帕	83.9	1333.3	小型	特大型	特大型
200713	韦帕	79.69	1253.5	小型	特大型	特大型
200714	范斯高	3.58	31.7	较小型	小型	小型
200715	利奇马	5.17	272.9	较小型	大型	大型
200716	罗莎	95.8	979.7	小型	特大型	特大型
200801	浣熊	7.89	202.3	较小型	大型	大型
200806	风神	26.67	192.9	小型	中型	中型
200807	海鸥	8.356	108.7	较小型	中型	中型
200808	凤凰	70.7	868.1	小型	特大型	特大型
200809	北冕	19.835	561.6	小型	特大型	特大型
200812	鹦鹉	42.897	150.8	小型	中型	中型
200813	森拉克	1.4	65.3	较小型	小型	小型

续表

台风编号	台风名称	直接经济损失(亿元)	受灾总人数(万人)	灾害等级(只考虑直接经济损失)	灾害等级(只考虑受灾总人数)	灾害等级(综合考虑2项指标)
200814	黑格比	195.741	1472.1	中型	特大型	特大型
200817	海高斯	0.883	54.4	较小型	小型	小型
200903	莲花	14.46	59.31	小型	小型	小型
200904	浪卡	0.37	3.5	较小型	较小型	较小型
200906	莫拉菲	5.78	160.45	较小型	中型	中型
200907	天鹅	14.28	252.22	小型	大型	大型
200908	莫拉克	128.23	1157.45	中型	特大型	特大型
200913	彩虹	0.75	25.87	较小型	小型	小型
200915	巨爵	24.2	189.64	小型	中型	中型
200917	芭玛	2.37	89.87	较小型	小型	小型
201002	康森	2.7	97.7	较小型	小型	小型
201003	灿都	46.93	608.12	小型	特大型	特大型
201006	狮子山	6.58	70.68	较小型	小型	小型
201011	凡亚比	61.27	233.83	小型	大型	大型
201013	鲇鱼	28	73.05	小型	小型	小型
201103	莎莉嘉	1.3	4.1	较小型	较小型	较小型
201104	海马	0.2	14.4	较小型	小型	小型
201105	米雷	7.06	17.6	较小型	小型	小型
201108	洛坦	3.3	63	较小型	小型	小型
201109	梅花	62.5	516.5	小型	特大型	特大型
201111	南玛都	9.3	123.4	较小型	中型	中型
201117	纳沙	138.8	962.5	中型	特大型	特大型
201119	尼格	15.8	111.3	小型	中型	中型

如表4所示,如果只考虑直接经济损失因子,则特大型台风为0、大型台风为1个、中型台风为4个、小型台风为19个、较小型台风为18个,较实际情况偏低;如果只考虑受灾总人数因子,则特大型台风为15个、大型台风为4个、中型台风为9个、小型台风为12个,较小型台风为2个,较实际情况偏高;而综合考虑两项因子得到的灾害等级分布情况与之完全相同,也明显偏高。

因此,有必要在风暴潮灾害等级划分标准的基础上,根据台风灾害的实际情况进行适当调整。

2.3　修正后的台风灾害分级标准

本文在风暴潮灾害等级划分标准的基础上,结合《气象灾情收集上报调查和评估规定》中的死亡人数划分标准,经过修正得到台风灾害单项指标分级标准,如表5所示。

表5　修正后的台风灾害等级划分标准

指标	特大型灾害	大型灾害	中型灾害	小型灾害	较小型灾害
死亡人数(人)	>100	30~100	3~30	1~3	0
直接经济损失(亿元)	>400	100~400	10~100	1~10	<1
受灾人口(万人)	>2000	1000~2000	100~1000	10~100	<10

根据上述表 5 标准,重新对 42 个台风灾害数据进行等级划分,结果见表 6。

表 6 基于台风灾害等级划分标准(修正后)的灾情等级划分结果

台风编号	台风名称	直接经济损失(亿元)	受灾总人数(万人)	死亡人数(人)	灾害等级(只考虑直接经济损失)	灾害等级(只考虑受灾总人数)	灾害等级(只考虑死亡人数)	灾害等级(综合考虑3项指标)
200601	珍珠	75.5	1061.8	18	中型	大型	中型	大型
200604	碧利斯	348.2	3194.04	843	大型	特大型	特大型	特大型
200605	格美	57.5	964.1	64	中型	中型	大型	大型
200606	派比安	78.6	1122.7	96	中型	大型	大型	大型
200608	桑美	196.5	665.5	483	大型	中型	特大型	特大型
200703	桃芝	3.03	179.54	4	小型	中型	中型	中型
200707	帕布	16.2	116.5	4	中型	中型	中型	中型
200709	圣帕	83.9	1333.3	51	中型	大型	大型	大型
200713	韦帕	79.69	1253.5	7	中型	大型	中型	大型
200714	范斯高	3.58	31.7	0	小型	小型	较小型	小型
200715	利奇马	5.17	272.9	0	小型	中型	较小型	中型
200716	罗莎	95.8	979.7	12	中型	中型	中型	中型
200801	浣熊	7.89	202.3	3	小型	中型	小型	中型
200806	风神	26.67	192.9	36	中型	中型	大型	大型
200807	海鸥	8.356	108.7	7	小型	中型	中型	中型
200808	凤凰	70.7	868.1	14	中型	中型	中型	中型
200809	北冕	19.835	561.6	43	中型	中型	大型	大型
200812	鹦鹉	42.897	150.8	0	中型	中型	较小型	中型
200813	森拉克	1.4	65.3	0	小型	小型	较小型	小型
200814	黑格比	195.741	1472.1	43	大型	大型	大型	大型
200817	海高斯	0.883	54.4	1	较小型	小型	小型	小型
200903	莲花	14.46	59.31	6	中型	小型	中型	中型
200904	浪卡	0.37	3.5	0	较小型	较小型	较小型	较小型
200906	莫拉菲	5.78	160.45	0	小型	中型	较小型	中型
200907	天鹅	14.28	252.22	8	中型	中型	中型	中型
200908	莫拉克	128.23	1157.45	12	大型	大型	中型	大型
200913	彩虹	0.75	25.87	0	较小型	小型	较小型	小型
200915	巨爵	24.2	189.64	13	中型	中型	中型	中型
200917	芭玛	2.37	89.87	4	小型	小型	中型	中型
201002	康森	2.7	97.7	2	小型	小型	小型	小型
201003	灿都	46.93	608.12	10	中型	中型	中型	中型
201006	狮子山	6.58	70.68	1	小型	小型	小型	小型
201011	凡亚比	61.27	233.83	108	中型	中型	特大型	特大型
201013	鲇鱼	28	73.05	0	中型	小型	较小型	中型
201103	莎莉嘉	1.3	4.1	7	小型	较小型	中型	中型
201104	海马	0.2	14.4	0	较小型	小型	较小型	小型

续表

台风编号	台风名称	直接经济损失(亿元)	受灾总人数(万人)	死亡人数(人)	灾害等级(只考虑直接经济损失)	灾害等级(只考虑受灾总人数)	灾害等级(只考虑死亡人数)	灾害等级(综合考虑3项指标)
201105	米雷	7.06	17.6	0	小型	小型	较小型	小型
201108	洛坦	3.3	63	2	小型	小型	小型	小型
201109	梅花	62.5	516.5	0	中型	中型	较小型	中型
201111	南玛都	9.3	123.4	9	小型	中型	中型	中型
201117	纳沙	138.8	962.5	8	大型	中型	中型	大型
201119	尼格	15.8	111.3	1	中型	中型	小型	中型

如表6所示,如果只考虑死亡人数因子,则特大型台风为3个、大型台风为6个、中型台风为16个、小型台风为6个、较小型台风为11个;如果只考虑直接经济损失因子,则特大型台风为0、大型台风为5个、中型台风为19个、小型台风为14个,较小型台风为4个;如果只考虑受灾总人数因子,则特大型台风为1个、大型台风为6个、中型台风为21个、小型台风为12个,较小型台风为2个;而综合考虑3项指标得到的灾害等级分布情况为:特大型台风为3个、大型台风为10个、中型台风为19个、小型台风为9个、较小型台风为1个。

显然,灾害等级综合划分结果与实际台风灾害造成的损失具有较好的对应性。

3 台风灾害单项指标分级标准的检验

为了进一步检验经过修正的台风灾害单项指标分级标准的合理性,利用2012—2013年间4个登陆我国的台风资料(其他台风灾情资料不全),对其造成的灾害损失进行了等级划分,结果如表7所示。

表7 对台风灾害等级划分标准(修正后)的检验结果

台风编号	台风名称	直接经济损失(亿元)	受灾总人数(万人)	死亡人数(人)	灾害等级(只考虑直接经济损失)	灾害等级(只考虑受灾总人数)	灾害等级(只考虑死亡人数)	灾害等级(综合考虑3项指标)
201208	韦森特	18.74	168.09	10	中型	中型	中型	中型
201213	启德	37.06	481.85	3	中型	中型	中型	中型
201307	苏力	25.1	162	5	中型	中型	中型	中型
201309	飞燕	2.32	76.6	0	小型	小型	较小型	小型

可以看出,修正后的台风灾害单项指标分级标准对于上述4个台风的灾情分级具有很好的适用性。灾害等级综合划分结果与实际台风灾害造成的损失非常吻合,且直接经济损失、受灾总人数和死亡人数3项因子对于灾害等级均具有较好的贡献度。这表明,经过修正后的台风灾害单项指标分级标准较为合理,可以在今后的研究及业务工作中进一步加以验证。

4 讨 论

准确定位台风灾害综合损失等级的大小,有利于做好台风防灾减灾工作,减轻台风灾害所造成的损失。本文在前人研究的基础上,对台风灾害单项指标等级的划分标准进行调整,得出以下结论。

(1)依据直接经济损失、受灾总人数、死亡人数3个指标,将台风灾害经济损失等级划分为特大型、大型、中型、小型、较小型5个等级。

(2)在现有台风灾害评估状况下,本文提出的台风灾害单项指标分级标准可以快速、直观地为气象服务和防灾减灾工作提供定量化的评估结果。

(3)标准中各个单项指标的选取以及单项指标的灾害等级确定都是建立在经验基础之上,其适用性有待在今后的研究和业务工作中进一步验证。

(4)由于社会经济和人口的不断发展变化,灾害直接经济损失和死亡人数等指标中如果使用考虑了经济增长率、物价指数、人口增长率等的相对量应该更为客观。因此,灾害等级的划分标准在一定时期之后,需要进行适当调整。

参考文献

陈报章,仲崇庆.2010.自然灾害风险损失等级评估的初步研究.灾害学,25(3):1-5.

代博洋,李志强,李晓丽.2009.基于物元理论的自然灾害损失等级划分方法.灾害学,24(1):1-5.

樊琦,梁必骐.2000.热带气旋灾害经济损失的模糊数学评测.气象科学,20(3):360-366.

樊琦,梁必骐.2000.热带气旋灾情的预测及评估.地理学报,55(增刊):52-56.

方的荀.2011.灰色模糊理论在风暴潮灾害评估中的应用.上海:上海海洋大学.

冯利华.2002.风暴潮等级和灾情的定量表示法.海洋科学,26(1):40-42.

冯志泽.1996.自然灾害等级划分及灾害分级管理研究.灾害学,11(1):34-37.

郝小丽.2004.致灾台风暴潮的长期分布模式及其强度划分.青岛:中国海洋大学.

纪燕新,熊艺媛,麻荣永.2007.风暴潮灾害损失评估的模糊综合方法.广西水利水电,2:16-19.

史键辉,王名文,王永信,等.2000.风暴潮和风暴灾害分级问题的探讨.海洋预报,17(2):12-15.

王秀荣,王维国,马清云.2010.台风灾害综合等级评估模型及应用.气象,36(1):66-71.

魏应植,吴陈锋,孙旭光.2006.福建台风灾害特征及其防御对策研究.海洋科学,30(10):7-14.

魏章进,隋广军,唐丹玲.2012.基于聚类与回归方法的台风灾情统计评估.数理统计与管理,网络出版,ht-tp://www.cnki.net/kcms/detail/11.2242.O1.20121026.1125.002.html.

吴红华.2005.灾害损失评估的灰色模糊综合方法.自然灾害学报,14(2):115-118.

杨喆,徐刚.2008.灾害经济损失的评估方法探讨.经济研究导刊,13:81-82.

赵阿兴,马宗晋.1993.自然灾害损失评估指标体系的研究.自然灾害学报,2(3):1-6.

赵领娣,边春鹏.2012.风暴潮灾害综合损失等级划分标准的研究.中国渔业经济,30(3):42-49.

周亚飞,程霄楠,蔡婧,等.2013.台风灾害综合风险评价研究.风险管理,1:31-37.

支付意愿法下公众气象服务经济效益评价研究

张晓美　　吕明辉

(中国气象局公共气象服务中心,北京　100081)

摘　要:利用 2010 年中国气象局与国家统计局共同开展的全国公众气象服务评价调查统计数据,根据经济学中费用—效益分析的有关理论,在传统"支付意愿法"的基础上,根据我国公众气象服务的现状和特点,对评估模型进行了改进,增加了公众期望政府投入气象服务的年保障经费值,并利用改进后的模型定量评估了 2010 年全国公众气象服务经济效益。通过分析,认为改进后的"支付意愿法"的估算值则可以相对"真实"地代表全国公众气象服务经济效益,即 2170.4 亿元,约占 2010 年全国 GDP 的 0.55%。

关键词:公众气象服务;效益评价;支付意愿

引　言

自 20 世纪 90 年代开始,气象服务效益评价逐渐成为学术界研究的热点,WMO 分别在 1990 年、1994 年和 2007 年召开了 3 次研讨会[1-2],探讨天气、气候、水服务的社会和经济效益。长期以来,各国专家和学者从不同角度对气象服务效益进行了分析和评价,但迄今尚未形成一种国际公认的评价方法和评价模式[3]。

1985 年,中国气象局开始采用社会调查的形式来评价公众气象服务效益。1994 年起,根据公众气象服务效益的特点,中国气象局开始利用"支付意愿法""影子价格法"和"节省费用法"来估算公众气象服务效益,其后分别在 2006 年和 2008 年又进行了 2 次公众气象服务效益评价[4]。

在中国气象局的指导下,一些省、市、自治区气象局也开展了公众气象服务效益评估工作。濮梅娟等(1997)[3]、黄焕寅(1996)[5]、周福(1995)[6]、赵年生等(1995)[7]、广西气象服务效益评估课题组(1995)[8]利用自愿付费法、节省费用法和影子价格法分别评价了 1994 年江苏省、湖北省、浙江省、河南省和广西壮族自治区的公众气象服务效益。王新生等(2007)[9]、李峰等(2007)[10]、郑宏翔等(2006)[11]又利用 3 种方法分别评价了 2006 年安徽省、山东省和广西壮族自治区的公众气象服务效益。罗慧等(2008)[12]应用 12121 气象电话客观拨打量和气象信息,结合条件价值评估方法(CVM),评价了陕西公众对高影响天气事件发生时的支付意愿。

为科学定量地对气象服务效益进行客观评价,让政府决策部门、社会各界认识到对气象事业的投入是有效益的,从而争取各级政府、社会各界和公众对气象事业的理解和支持,2010 年中国气象局和国家统计局联合开展了全国公众气象服务评价调查[13],对全国 31 个省(区、市)公众气象服务效益进行了调查,区别于以往的调查,本次调查采用的是第三方调查的方式,调查数据更加科学、客观、可信。本文将利用此次调查的数据,在吸取国内外研究成果的基础上,根据公众气象服务效益的特点,应用"支付意愿法",对全国公众气象服务效益进行定量评价。

1 评价方法

根据费用—效益分析的理论,按照潜在的 Pareto 准则,即:社会的效益是社会成员的效益的总和,再根据微观经济学中效用理论:个人的效益以其对物品(或服务)的"支付意愿"(Willingness to pay,简称 WTP)来度量最为合理、正确,可以得出整个社会的效益可以表示为个人支付意愿的总和[14]。本文将采用支付意愿法对公众使用气象服务时所增加的效益或减少的损失来进行测算。

支付意愿法也称为自愿付费法,是指从衡量支付意愿的角度考虑最终的效益,也是国内外比较认可的公益性服务或公益性设施效益的评价方法之一。

本次调查是针对公众气象服务设计一系列问题,以统计不同付费水平下公众自愿付费者的数量,从而计算出公众气象服务的效益[15]。具体评价方法如下:

$$W = P \times \sum_{i=1}^{m} \frac{M_i}{N_i} \sum_{j=1}^{n} C_j \times B_{ij}$$

式中,W 为公众气象服务效益;P 为矫正系数;M_i 为本地区第 i 类的公众总人数;N_i 为实际收回调查表中第 i 类的公众总人数;C_j 为第 j 个付费等级的中数;B_{ij} 为第 i 类公众愿意支付的第 j 等级标准的人数。

2 数据来源

此次调查范围覆盖全国 31 个省(自治区、直辖市),共涉及 155 个城镇和 151 个县(市),其中城镇 15300 人、农村 7800 人。除西藏只调查 600 个样本外,每个省(自治区、直辖市)均调查 750 个样本(城镇 500 个、农村 250 个),具体分布见表 1。

表 1 调查样本的区域分布

序号	地区	省(自治区、直辖市)名称	访问量	百分比
1	华北	北京、天津、河北、山西、内蒙古	3750	16.2%
2	华东	上海、江苏、浙江、安徽、福建、江西、山东	5250	22.7%
3	华中	河南、湖北、湖南	2250	9.7%
4	华南	广东、广西、海南	2250	9.7%
5	东北	辽宁、吉林、黑龙江	2250	9.7%
6	西北	陕西、甘肃、青海、宁夏	3000	13.0%
7	西南	重庆、四川、贵州、云南、西藏	3600	15.6%
8	新疆	新疆	750	3.4%
	总计		23100	100.0%

3 评价模型参数 P_i 的修正

P_i 为模型的矫正系数,在支付意愿法和节省费用法中,以往通常定义为第 i 类公众能够获得气象服务的比率,如电视覆盖率、广播电视覆盖率;而本文将其定义为第 i 类公众能够且愿意收听收看公众气象服务的比率,为了得到 P_i,在调查中特别设计了两道题,"B2. 您主要通过以下哪些渠道获得天气预报等气象信息?"和"C2. 您最希望通过以下哪种方式获得天气预报等气象信息?"。本文从上述两题中分别获得"能够收听收看公众气象服务的比率"和"愿意收听收看公众气象服务的比率",两者取交集就是"能够且愿意收听收看公众气象服务的比率"。

调查结果显示:

条件一:能够收听收看公众气象服务的比率,为 $P_1 = 0.996$,$P_2 = 0.994$,如图 1 所示。

条件二:愿意收听收看公众气象服务的比率,为 $P_1 = 0.996$,$P_2 = 0.996$,如图 2 所示。

条件一和条件二取交集,就是支付意愿法(节省费用法)的矫正系数:$P_1 = 0.996$,$P_2 = 0.994$。

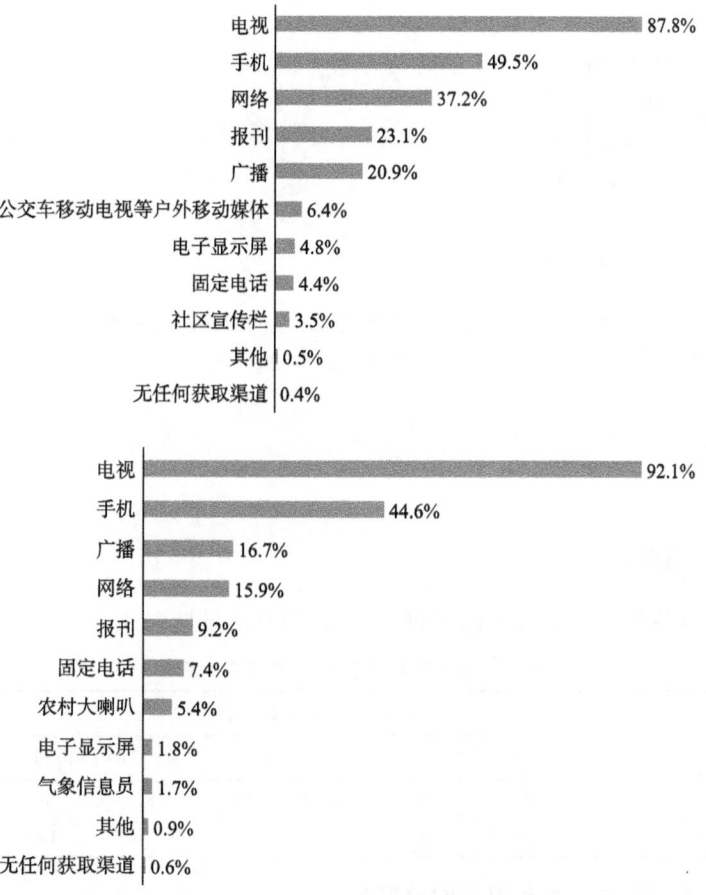

图 1 2010 年城市(上)和农村(下)公众获取气象服务
信息的渠道对比

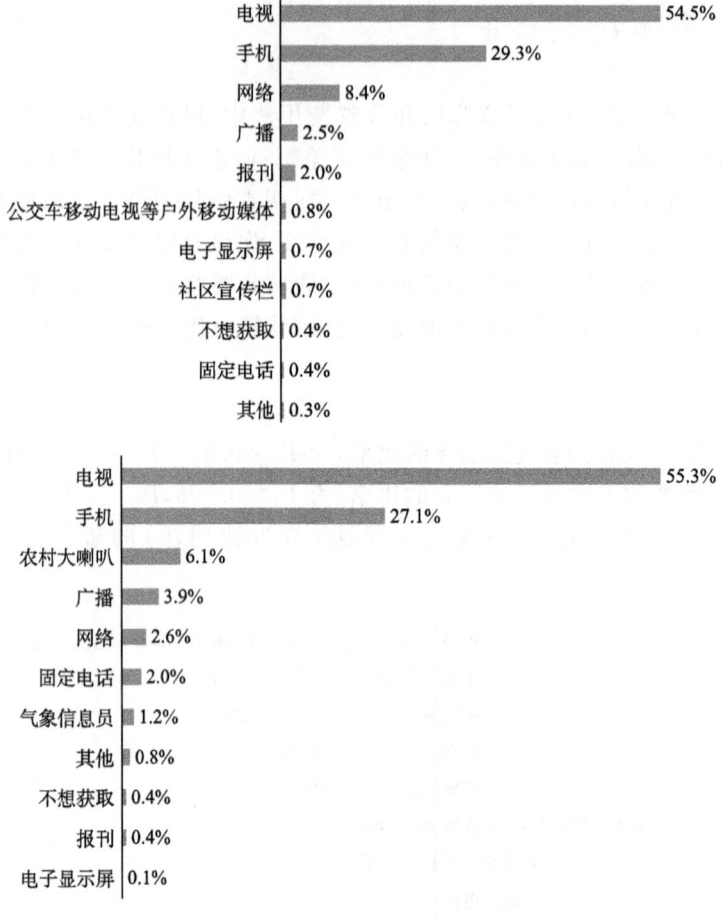

图 2　2010 年城市（上）和农村（下）公众希望获取气象服务
信息的渠道对比

4　评价结果

4.1　传统的支付意愿法

直接询问公众每年对气象服务的愿付货币量，调查结果见表 2。

表 2　公众气象服务年付费额调查结果

公众分类	年支付费额（元）								合计
	1～10	11～30	31～50	51～70	71～90	91～110	110 以上	其他	
城镇公众人数（人）	9705	2655	856	195	81	87	51	1670	15300
农村公众人数（人）	5214	1266	382	79	48	41	16	754	7800

用该方法评价公众气象服务效益的模型为：

$$W_1 = \sum_{i=1}^{m} P_i \times \frac{M_i}{N_i} \sum_{j=1}^{n} C_j \times B_{ij}$$

式中 W_1 为年付费额调查数据评价的公众气象服务效益(万元);

i 为公众分类,这里将公众分为城市和农村公众两类,即 $m=2$;

M_i 为第 i 类公众的总人数,根据第 6 次全国人口普查数据显示,$M_1=665575306$,$M_2=674149546$;

N_i 为调查问卷中第 i 类公众的总人数,$N_1=15300$,$N_2=7800$;

j 为付费等级划分,$n=8$;

C_j 为第 j 个付费等级的中数,为开区间时取最低值;

B_{ij} 为第 i 类公众中愿付第 j 个付费等级的人数,见表 2;

P_i 为第 i 类公众愿意收听收看公众气象服务的比率,$P_1=99.6\%$,$P_2=99.4\%$。

根据表 2 的数据,可得 $W_1=1374.0$(亿元)。

4.2　公众期望政府投入的估算

公众期望政府每年为每个公民投入的气象服务保障经费金额调查结果见表 3。

表 3　公众期望政府投入气象服务的年保障经费金额调查结果

公众分类	年投入金额(元)					合计
	1~3	3~5	5~7	7~11	其他	
城镇公众人数(人)	3192	3852	3966	3843	447	15300
农村公众人数(人)	1886	1772	1957	2025	160	7800

公众期望政府投入气象服务的年保障经费值计算模型如下:

$$W_2 = \sum_{i=1}^m \frac{M_i}{N_i} \sum_{j=1}^n C_j \times B_{ij}$$

式中 W_2 为公众期望政府投入气象服务的年保障经费值(万元);

i 为公众分类,这里将公众分为城市和农村公众两类,即 $m=2$;

M_i 为第 i 类公众的总人数,$M_1=665575306$,$M_2=674149546$;

N_i 为调查问卷中第 i 类公众的总人数,$N_1=15300$,$N_2=7800$;

j 为投入金额等级划分,$n=5$;

C_j 为第 i 个投入金额等级的中数,为开区间时取最低值;

B_{ij} 为第 i 类公众中选择第 j 个投入金额等级的人数,见表 5。

根据表 5 的数据,可得 $W_2=914.5$(亿元)。

5　评价方法的改进

由于气象服务属公共物品,没有市场价格,公众从心理上不愿付费,所以公众在回答付费问题时往往会有所隐藏或保留,特别是在中国,由于公众气象服务一直是无偿的,公众期望政府有更多的投入,政府参与"买单",而不是全部自己买单,因此理论上说公众自己的"支付意愿"小于真实的公众"支付意愿",因而,我们对 W_1 进行了修正。调查结果显示,公众期望政府投入气象服务的年保障经费值 W_2(914.5 亿元)远远大于 2010 年政府部门对中国气象局的实际投入(118.1 亿元)。这证明了公众确实有一部分的"支付意愿"是希望政府来"买单"的,因此,笔者认为 W_2 中超过政府实际投入的这部分金额(914.5-118.1=796.4 亿元),其实是属于隐性的公众"支付意愿"。通过支付意愿法估算的公众气象服务效益应该在原有估值(W_1)的基础上再加上隐性的公众"支付意愿"796.4 亿元,即 2170.4 亿元。

6 存在的问题

目前,支付意愿法的使用非常广泛,但也存在着一定的局限性。采用支付意愿法来估算公众气象服务效益时,由于支付意愿是非市场的定价,是设定了前提条件的,即不论设定的价格是多少,消费者必须支付;并且被调查者的支付意愿会受诸多因素影响,因而对于不同的被调查者会有不同的结果,并且与实际的效益值会存在着一定的出入。

7 结 论

采用支付意愿法对全国公众气象服务效益值进行了评价,改进后的支付意愿法的计算结果可以相对"真实"地代表全国公众气象服务效益,即 2170.4 亿元,约占 2010 年全国 GDP 的 0.55%。

对公众气象服务效益进行评价,得出效益的定量结果并不是评价的最终目的,最重要的是通过充分了解公众对气象服务的评价和需求,能够找出工作中存在的问题和不足,从而进一步改善公众气象服务工作,提高公众气象服务效益,为气象事业的大发展提供依据。

参考文献

[1] 贾朋群,任振和,周京平.国际上气象预报和服务效益评估综述.气象软科学,2006(4):84-120.
[2] WMO. Madrid Conference Statement and Action Plan. 2007.
[3] 濮梅娟,解令运,刘立忠,等.江苏省气象服务效益研究(Ⅰ)——公众气象服务效益评估.气象科学,1997,**17**(2):196-203.
[4] 姚秀萍,吕明辉,范晓青,等.我国气象服务效益评估业务的现状与展望.气象,2010,**36**(7):62-68.
[5] 黄焕寅.湖北省公众气象服务调查分析及服务效益评估.湖北气象,1996(1):11-12.
[6] 周福.公众气象服务效益调查与结果分析.浙江气象科技,1995,**16**(2):53-55.
[7] 赵年生,方立清,王振中,等.河南省公众气象服务效益评估.河南气象,1995(2):9-10.
[8] 广西气象服务效益评估课题组.广西公众气象服务效益评估.广西气象,1995,**16**(4):38-41.
[9] 王新生,陆大春,汪腊宝,等.安徽省公众气象服务效益评估.气象科技,2007(6).
[10] 李峰,郑明玺,黄敏,等.山东公众气象服务效益评估.山东气象,2007(1).
[11] 郑宏翔,谭凌志.一次公众气象服务效益调查分析和对策建议.广西气象,2006(4).
[12] 罗慧,苏德斌,丁德平,等.对潜在气象风险源的公众支付意愿评估.气象,2008,**34**(12):79-83.
[13] 中国气象局公共气象服务中心.2010.2010 年全国公众气象服务评价.
[14] 气象服务效益评估研究课题组.1998.气象服务效益分析方法与评估.北京:气象出版社.
[15] 姚秀萍,吕明辉,范晓青,等.气象服务效益评估研究进展.气象,2011(06).

气象风险预警服务效益评估方法初探

陈　浩　刘颖杰　王丽娟　吕明辉

(中国气象局公共气象服务中心,北京　100081)

摘　要:根据已有的效益评估方法,结合中国气象局新开展的气象风险预警服务,从决策、公众、行业三个不同的角度,初步探讨可以应用到气象风险预警服务中的效益评估方法。在决策气象服务方面,气象风险预警信息的准确率、传播效益和减灾效益是效益评估的主要依据;在公众气象服务方面,基于大量调查统计样本,可以应用公众气象服务满意度分析、AHP分析法、支付意愿法、节省费用法和影子价格法来进行气象风险预警服务的效益评估;在行业气象服务效益评估中应用最为广泛的德尔菲法,同样可以应用于气象风险预警效益评估中。以上方法将会在今后的业务工作中应用和不断完善,结合数理统计学、社会学、经济学,发展成为适合风险预警服务的最优效益评估方法。

关键词:气象服务;风险预警;效益评估

引　言

随着社会、经济的快速发展和科技水平的不断提高,气象与国计民生的关系越来越密切,气象服务对经济建设、社会发展和人民生活的影响日益明显[1]。同时,气象服务也受到社会公众的广泛关注,服务内容也日新月异,从最初提供简单的气象信息服务[2],逐渐发展为向不同行业和领域提供更加精细准确的专业化服务。从服务对象来看,气象服务可以分为公众气象服务、行业气象服务和决策气象服务等几个方面[3]。

作为一种信息产品,气象服务自然也会产生较大的经济效益,为了能够全面了解投入一定人力物力的气象服务所产生的经济收益,同时也为了使投入的成本获得最大收益,需要采用一些科学方法,对气象服务的效益进行定性和定量地评估,这样有助于进一步提高气象服务的针对性和时效性,促进气象事业的持续快速发展。世界气象组织(WMO)在1990年、1994年和2007年召开的专题研讨会上开展了较大规模的气象服务经济效益调查和研究活动[4,5],中国也从20世纪70年代后期开始在气象服务效益评估方面进行探索,到目前为止,气象服务效益评估已经成为我国气象部门的一项日常业务。气象服务效益评估的理论和方法研究也越来越广泛深入。戴有学等[6]把用户依据预报服务采取对策后遭受的损失比不依据预报服务遭受损失少的部分看作是预报服务的直接经济效益,并通过用户调查研究和分析试验确定各种天气防范指标,应用统计分析方法建立对应天气强度防范指标下的损失比,从而客观地计算出预报服务的经济效益。姜爱军等[7]设计了预报准确率、预报服务覆盖率、预报服务时效和可能预防能力四个指标,建立了定量评估暴雨预报气象服务效益的数学模型,并且该模型在灾害性气象预警服务效益评估中得到了较好的应用[8]。此外,罗慧等[9,10]、谢左宏等[11]、王桂芝等[12]分别利用层次分析法、节省费用法和条件价值估法研究公众气象效益评估;2009—2011年,中国气象局先后开展高速公路、电力、旅游、风电、公路交通等五个国民经济重点领域和行业的气象服务效益评估工作,得到了这几个行业的气象服务贡献率和效益值[13-15]。

本文根据已有的效益评估方法,从实际业务出发,结合中国气象局新开展的气象风险预警服务,从决策、公众、行业三个角度,初步探讨可应用到气象风险预警服务中的效益评估方法,以期在今后的风险预警服务效益评估中能够发挥较好的作用。

1 气象风险预警服务介绍

暴雨诱发中小河流洪水和山洪地质灾害气象风险预警服务(简称"气象风险预警服务")是中国气象局 2013 年全面开展的新业务,该业务是在暴雨洪涝灾害风险普查、确定致灾临界雨量和风险等级指标的基础上,根据降水实时监测、预报,确定暴雨诱发中小河流洪水和山洪地质灾害气象风险等级,面向各级决策部门、社会公众开展的气象预警服务。气象风险预警服务有利于提升气象风险预警服务水平,增强中小河流洪水和山洪地质灾害的防御能力,最大程度避免和减轻灾害可能造成的损失。

效益评估是气象风险预警服务的重要组成部分,它从定性、定量的角度评估和检验气象风险预警服务的开展情况。效益评估交叉和融合多个学科,通过采集全面、精细的灾害发生地评估数据,包括地区社会经济信息、灾害影响情况、气象风险预警服务情况、传播效益和减灾效益基础数据等。评估的主要方面包括评价指标体系、评估技术与方法、评估模型、数据深入挖掘技术研发,研究对象为气象风险预警服务成效。通过效益评估,可以深入地了解气象风险预警在防灾减灾中的作用,并促进气象服务长期稳定地发展。

2 气象风险预警服务效益评估方法

2.1 决策效益评估

气象风险预警服务决策效益评估是针对由暴雨引发的某一次中小河流洪水和山洪地质灾害而进行的,评估中主要关注的是对此次气象风险的预警是否准确(预警服务准确率检验)、是否快速准确地发布气象风险预警信息(预警服务传播效益)、政府决策部门是否采取了相应的应急措施而减少了损失(预警服务减灾效益)。根据这一思路,可以建立一个简单的模型来对一次暴雨诱发的中小河流洪水和山洪地质灾害进行决策效益评估(图 1)。

风险预警准确率用命中率和漏报率表示,以县为单位(一个县视作一次),如果预警中提及的县出现了灾害,则视为正确,否则为空报;如果没有预警而实况出现了灾害则视为漏报。

命中率:
$$TSR = \frac{NA}{NA + NB} \times 100\% \tag{1}$$

漏报率:
$$PO = \frac{NC}{NA + NC} \times 100\% \tag{2}$$

式中,NA 为风险预警服务产品发布正确的次数;NB 为风险预警服务产品发布空报次数;NC 为风险预警服务产品发布漏报次数。

减灾效益主要是指首次成功预报灾害的气象预警信息所取得的效果和收益,包括安全转移避险人数、减少人员伤亡情况、减少财产损失等直接和间接的效益,相关数据应来源于民政部门、国土资源部门或政府部门官方发布的数据。

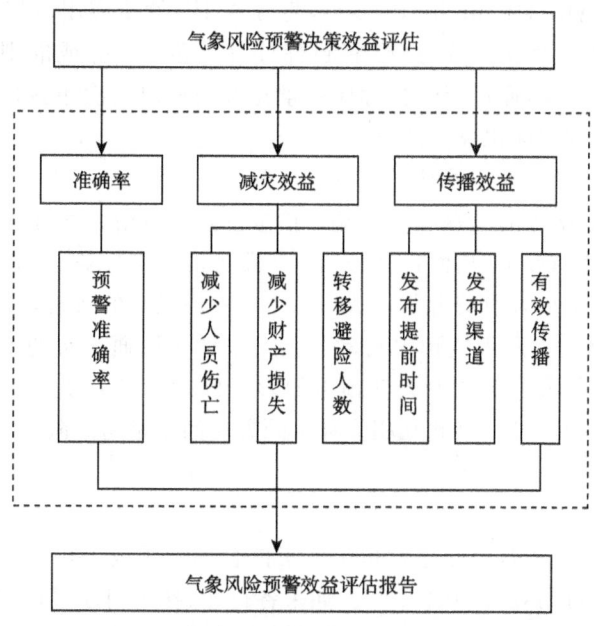

图1　气象风险预警服务决策效益评估概念模型

传播效益包括气象风险预警信息发布的提前时间、气象风险预警信息发布渠道、气象风险预警信息的覆盖率。气象风险预警信号发出的提前时间指首次成功预报灾害的气象预警信号较地质灾害发生时所提前的时间。气象风险预警信息发布渠道指预报灾害的气象风险预警信息通过媒介发布的渠道,包括电视、广播电台、电视、传真、网站、微博、邮件、报刊、12121、手机短信和彩信、手机客户端、大喇叭、电子显示屏等。气象风险预警信息的覆盖率指预报灾害的气象风险预警信息的覆盖情况,是气象风险预警信息主要发布渠道(如手机、电视、电台、网络)的覆盖率之和,注意应扣除不同发布渠道之间相互重叠的部分。风险预警信息的手机覆盖率是通过手机发送风险预警信息的人次与当地总人口数之比;风险预警信息的电视和电台覆盖率可以分别用当地电视节目和广播电台节目的接收率来表征;风险预警信息的网络覆盖率可以用当地网络的家庭接入率来表征。

2.2　公众效益评估

公众气象服务效益评估主要采取问卷调查的方式获得相关数据,由公众气象服务满意度分析和公众气象服务效益定量评估两部分组成[1],具体可以体现在社会效益和经济效益两方面。

气象服务满意度调查是通过科学的调查技术和方法获取对公众服务质量、数量感知的信息,以便了解公众的需求以及公共服务供给的现状和问题[16]。公众期望的气象服务与感受到的气象服务带来的效益或效果进行比较,形成了一定的感觉状态[9,17]。根据气象风险预警服务的实质和内容,气象风险预警服务的满意度调查评估包括公众对气象风险预警服务的总体满意度和期望,对气象风险预警信息发布的准确性、及时性、有效性、便捷性的评价,获取气象风险预警服务的渠道和意愿。除了通过直接询问公众对气象服务的满意度之外,还可以根据调查问卷进行深入挖掘,利用统计手段定量、定性地获取气象服务的公众效益评估结果,其中层次分析法(The Analytic Hierarchy Process,简写 AHP)就是应用较好的方法[18],是指将一个复杂的多目标决策问题作为一个系统,将目标分解为多个目标或准则,进而分解为多指标(或准则、约束)的若干层次,通过定性指标模糊量化方法算出层次单排序(权数)和总排序,以作为目标(多指标)、多方案优化决策的系统方法[10]。

对公众气象服务的经济效益评估主要有支付意愿法、节省费用法和影子价格法,这三个方法在进行气象风险预警服务的公众经济效益评估中也同样适用。支付意愿法通过统计不同付费水平下公众自愿付费的数量,从而得到公众气象服务的经济效益[2];节省费用法与支付意愿法类似,不同在于前者是从为消费者节省费用的角度考虑最终的效益,后者从衡量支付意愿的角度考虑[19];影子价格法参照天气预报自动答询台电话每拨通一次的价格,扣除通信部门的成本和效益,从而得到每人每次获取天气预报的影子价格[17]。在进行公众气象服务评价时,通常这三种方法都会同时运用,以此互相弥补不同方法的不足与局限。

2.3　行业效益评估

行业气象服务效益是指各类企事业单位或集体合理利用或使用气象服务,积极采取趋利避害的有效措施,所获得的效益和效果[20]。如果各行业、各部门通过广播、电视、报纸、电话等公共媒介获得气象风险预警服务信息,用以合理安排生产、趋利避害所生产得到效益[21],就可以对气象风险预警服务在相关行业和部门产生的效益进行评估。一般来说,把用户依据预报服务采取对策后遭受的损失比不依据预报服务遭受损失的那部分看作是预报服务的直接经济效益,即:

$$Q = R_2 - R_1 \tag{3}$$

式中:Q 为预报服务的直接经济效益,R_2 为用户不依据预报服务遭受的损失,R_1 为用户依据预报服务采取对策后遭受的损失。

在众多行业效益评估方法中,应用最多的就是德尔菲(Delphi)法,又称专家调查法。德尔菲法以匿名方式通过几轮函询调查,征求专家们的意见,预测、评估小组对每一轮的意见都进行汇总整理后,作为参考资料再发给每个专家,供他们分析判断,提出新的论证。如此多次反复,专家的意见趋于一致,结论的可靠性越来越大[17,22]。该方法适用于一些缺乏资料的领域[17],因此可以比较容易地应用在气象风险预警服务在某一具体行业的效益评估中。

此外,在行业气象效益评价中常用到的方法还有投入产出法、损失矩阵法、生产效应法、成果参照法等,这些方法都需要进行深入研究,检验是否能在气象风险预警服务效益评估中较好地应用。

3　结论与讨论

随着经济社会的快速发展,气象服务越来越深入到经济社会的方方面面,气象服务所产生的效益涉及社会、经济、生态等各方面。采用科学客观的方法对气象服务效益进行评估,将有助于政府和公众对气象服务形成全面和充分的认识[1]。近年来,气象服务效益评估逐渐形成了相关部门的业务发展重点,气象服务效益评估研究也已成为大气科学研究的一个重要方向,在"经济管理"类论文中,与"气象"相关的论文数量逐渐增多,并且在最近几年迅速增加[21]。

气象服务效益评估的方法众多,文中仅针对气象风险预警业务初步探讨了几种方法,还有很多其他方法需要进一步仔细研究,寻找适合气象风险预警效益评估最优的一种,科学、客观地评估气象服务在防灾减灾中的作用,了解用户对气象风险预警服务的需求情况,有助于气象部门更有针对性地提供和改进气象服务。在接下来的工作中,需要依托中国气象局开展的全新业务,有针对性地进行气象风险预警服务效益评估,使气象服务效益评估方面的研究内容和业务开展向更专业、更广泛的新方向拓展,更加全面地与社会学、经济学和数理统计相结合,融合各个不同学科,使气象服务效益评估理论、技术方法更加充实和完善,推动气象服务效益评估的不断发展。

参考文献

[1] 许小峰,张钛仁,宋善允,等.气象服务效益评估理论方法与分析研究.北京:气象出版社,2009:249.
[2] 姚秀萍,吕明辉,范晓青,等.气象服务效益评价研究进展.气象,2011,**37**(6):749-755.
[3] 吴林荣,罗慧,鲁渊平,等.重大气象灾害服务效益评估系统设计与业务应用.气象科技,2010(03):394-398.
[4] 马鹤年,沈国权,阮水根,等.气象服务学基础.北京:气象出版社,2001:500.
[5] WMO. Madrid Conference Statement and Action Plan. 2007.
[6] 戴有学,郭志芳,代淑娟,等.气象服务经济效益的一种客观计算方法.气象科技,2006,**34**(06):741-744.
[7] 姜爱军,屠其璞,陈广昌,等.气象预报服务效益评估方法研究——以暴雨预报服务为例.气象科学,2008,**28**(04):435-439.
[8] 吉莉,苟思,李光兵.灾害性气象预警服务效益评估的研究.安徽农业科学,2011.**39**(23):14200-14201.
[9] 罗慧,李良序.气象服务效益评估方法与应用.北京:气象出版社,2009.
[10] 罗慧,谢璞,薛允传,等.奥运气象服务社会经济效益评估的 AHP/BCG 组合分析.气象,2008,**34**(1):59-65.
[11] 谢宏佐,刘寿东,芮珏,等.采用节省费用法的我国典型区域公众气象服务效益评估研究.阅江学刊,2010(06):72-75.
[12] 王桂芝,李廉水,黄小蓉.条件价值评估法在公众气象效益评估中的应用研究.气象,2011,**37**(10):1309-1313.
[13] 陈振林,孙健,张祖强,等.高速公路气象服务效益评估(2009).北京:气象出版社,2010:72.
[14] 陈振林,孙健,郑江平,等.电力行业气象服务效益评估(2010).北京:气象出版社,2011:72.
[15] 陈振林,孙健,郑江平,等.旅游行业气象服务效益评估(2010).北京:气象出版社,2011:68.
[16] 王仕星,雷俊,方英,等.公共气象服务满意度调查评估体系初探.浙江气象,2009,**30**(4):20-24.
[17] 姚秀萍,吕明辉,张晓美,等.气象服务效益评估研究和业务进展.气象科技进展,2012(03):39-44.
[18] 扈海波,王迎春,李青春.采用 AHP 方法的气象服务社会经济效益定量评估分析.气象,2008,**34**(3):86-92.
[19] 韩颖,蒲希.中国的气象服务及其效益评估.气象科学,2010,**30**(3):420-426.
[20] 张钛仁,宋善允,田翠英.中国行业气象服务效益评估方法与分析研究.气象软科学,2007(4):5-14.
[21] 任振和.气象服务效益评估方法的研究.南京:南京信息工程大学,2009.
[22] 周福.德尔菲法在行业气象服务效益评估中的应用及结果分析.浙江气象科技,1996,**17**(3):38-41.

气象服务典型案例库查询系统检索策略研究

李　闯

（中国气象局公共气象服务中心，北京　　100081）

摘　要：气象服务典型案例库是以收集重大灾害性天气过程或高影响天气过程相关气象服务信息为主要内容，记录气象部门在应对重大灾害性天气事件时的气象服务情况而形成的"资料库"。对"资料库"的检索查询工作是当前信息社会的一项重要工作。文中研究的主要内容是与"气象服务典型案例库"相配套的文献检索查询系统，根据对文献检索原理的分析以及案例库文献特征研究，得出案例库查询系统检索策略，并最终确定了气象服务典型案例库检索查询系统建设可行。

关键词：案例库；信息检索；PHP（超级文本预处理语言）；Oracle（数据库）；系统构架

1　项目背景及意义

气象服务典型案例库以收集重大灾害性天气过程或高影响天气过程的灾情及影响、天气实况、预警预报发布情况、气象服务情况和社会反馈信息等一系列重大气象灾害全过程的所有有效信息为主要内容，并记录气象部门在应对重大灾害性天气事件时的气象服务情况，从中总结出在应对相应灾害事件时的宝贵经验和教训，形成一系列案例资料文档，并最终形成"案例库"。对于一个以资料收集为主的数据资料库而言，相应的信息资源查询检索工作尤为重要。

2　国内外信息检索研究情况

近年来，国外的信息存取系统作为重要的科技文献信息源，在人们的学习及科学研究过程中，发挥着越来越重要的作用。信息检索查询系统建设在世界上很多国家得到迅猛发展，尤其是电子信息资源查询研究工作非常活跃[1]。

美国的《工程检索》（Engineering Index，简称 EI），是工程技术领域颇负盛名的综合性存取系统，收录了美国、英国、德国、日本、法国等 60 个国家的 20 多种文种、4500 多种科技期刊和 2000 多种国际会议等有关工程方面的文献。美国的《化学文摘》（Chemical Abstracts，简称 CA），报道的化学化工文献量占全世界化学化工文献总量的 98％左右，是当今世界上最负盛名、收录最全、应用最为广泛的查找化学化工文献的大型检索工具。日本的《科学技术文献速报》（Current Bulletin on Science Technology，简称 CBST），现扩充为大型数据库"日本科学技术情报中心"（Japan Information Center Science and Technology，JICST），是世界三大综合检索系统之一。

随着我国信息技术的进步和数字化检索的不断加快，原有的书本式的文献资料已不能满足用户对文献快速化、全面化、便捷化、专业化等多方面的要求。在这种情况下，我国先后涌现出一批优秀的信息存储系统,如清华同方股份有限公司的 CNKI 数据资源系统、重庆维普资讯有限公司的中文科技期刊数据系统以及万方数据集团公司的万方数据资源系统等。

3 文献检索原理分析

本文致力于研究与"气象服务典型案例库"相配套的文献检索查询系统,根据对文献检索原理[1-2]的分析以及案例库文献特征研究,得出案例库查询系统检索策略,为案例库检索查询系统提供研发的理论依据。

按照信息的分类,案例库气象服务典型案例库信息的内容表现形式属于文献型信息,案例库文档现以印刷版和电子版两种形式保存。按照文献加工深度分类,案例库属于三次文献。三次文献是指通常围绕某个专题,利用科学的方法,对大量文献的内容进行深度加工和编写,最终形成三次文献。在以下的研究中,将依照文献信息特征分析案例库检索策略。

3.1 文献信息检索过程

文献信息检索,是指从众多的文献信息源中,迅速而准确地查找出符合特定需要的文献信息或者文献线索的过程。文献信息检索,广义上包括文献信息的存储和检索两个方面。

存储过程就是按照检索语言将原始文献信息进行处理,为检索提供整序的文献信息结合的过程。文献信息的存储包括对文献信息的著录、标引以及正文和索引等。文献信息内容特征包括题名、主题词和文摘。

检索过程则是按照统一的检索语言(主题词表或者分类表)以及组配原则分析课题,形成检索提问标志,根据存储所提供的检索途径,从文献信息集合中查找与检索提问标志相符的信息特征标注的过程。文献存储和检索原理如图 1 所示。

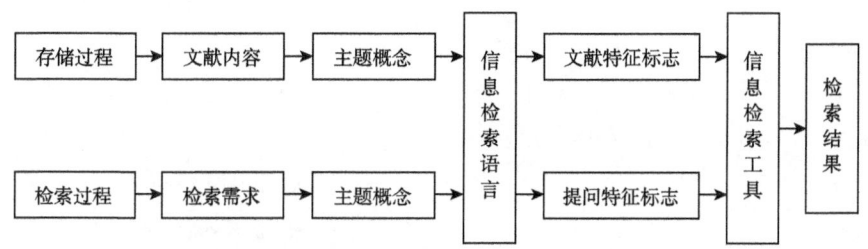

图 1　文献存储和检索原理示意图

3.2 检索语言

检索语言是一种人工语言,它是各种信息组织、存储和信息检索时所用的一种语言。检索语言分为分类检索语言、主题词检索语言和代码检索语言。其中,主题词检索语言又分为标题词检索语言、关键词检索语言、叙词检索语言和单元词检索语言。关键词语言的基本原理是直接与自然语言的单词作为表达文献和提问的标志,可利用计算机进行自动抽词标引,极大地提高标引的速度,缩短检索系统的反应时间,符合在文献数量激增的背景下快速检索文献的需求。由于关键词能直观、深入地揭示信息中所包含的知识,而且符合人们的思维方式,因此关键词检索语言在信息组织中得到了广泛的应用。网上各种各样的搜索引擎和数据库大多采用了关键词法组织信息资源,如网易、搜狐等,中国科技期刊数据库等也使用了关键词法来组织信息。

3.3 检索系统及工具

检索系统按设备分为手工检索系统和计算机检索系统。计算机检索系统是现代化检索系统,利用计算机技术、电子技术、网络技术等,存储和检索在计算机或者计算机网络内的信息资源的检索系统,存储时,将大量信息资源按一定的格式输入到系统中,加工处理成可供检索的数据库。

计算机检索工具是以磁性介质为载体,用计算机来处理和查找文献的一种电子自动化系统,由计算机、检索软件、文献数据库、检索终端以及其他外围设备组成。用户可以通过终端设备和通信线路与相关检索系统联系,查找所需文献。电子计算机检索的速度和效果都明显优于手工检索方式或者机械式检索工具。

4 案例库检索策略分析

在气象服务典型案例文本中,每个案例都制定一份"案例库文献索引",根据索引中的设计条目,按照关键词检索语言进行案例库检索,如表1所示。

表1 案例库文献索引

索引条目	内容	备注
标题	《××××年××月××日××省××××××天气过程项目总结》	
典型案例编号	200900×	2009年第×个案例
天气过程或事件		
开始时间	××××年××月××日	天气过程致灾的开始时间
结束时间	××××年××月××日	
影响省份		天气影响致灾的所有省份
灾害天气类别		致灾的各种灾害性天气情况
灾害影响描述		灾情总体情况和致灾原因
受灾总人数		受灾过程中总人数和各省情况
死亡人数		总死亡人数和各省死亡人数,以及致死的原因

项目初级的检索目标是根据案例库索引条目,查得相应的文献线索,如题名、内容摘要、作者以及按照关键词检索语言,经过规范化处理得到一次检索结果;项目的终极目标是形成气象服务典型案例库信息检索平台,智能识别用户查询要求,创建综合性检索工具,覆盖文献全部特征,可以在一次检索基础上进行二次检索,全面提高查全率和查准率。通过读取气象服务典型案例库文献全文,按照检索语言以及程序设计方法获得文献检索结果,将现有的气象服务典型案例库文献都存入数据库中。本系统总共包括11项查询检索细目,见表2。

表 2 查询系统主要检索项目表

检索项目	检索内容设置
时间查询	开始时间（××××-××-××） 结束时间（××××-××-××）
区域查询	影响省份
灾害类型	台风、暴雨、洪涝、渍涝（内涝、积涝）、高温、寒潮、大雾、强对流（雷雨大风）、大风、沙尘暴、冰雹、暴雪、干旱、霜冻、低温、连阴雨、凌汛、地质灾害（泥石流、山体滑坡）、道路结冰、电线积冰、空气污染、森林草原火灾等 22 种灾害类型
受灾总人数	大于等于××万人、小于等于××万人（设两个区间,可随意检索）
死亡人数	大于等于1人（可随意检索人数）
受伤人数	大于等于1人（可随意检索人数）
失踪人数	大于等于1人（可随意检索人数）
紧急转移人数	大于等于××万人、小于等于××万人（设两个区间,可随意检索）
倒塌房屋	大于等于××间、小于等于××间（设两个区间,可随意检索）
直接经济损失	大于等于××万、小于等于××万（设两个区间,可随意检索数额）
农业经济损失	大于等于××万、小于等于××万（设两个区间,可随意检索数额）

使用计算机语言设计系统前台页面,在 11 项检索项目中,优先考虑建设时间查询项目、区域查询项目、受灾类型查询项目、受灾总人数查询项目、死亡人数查询项目、直接经济损失查询项目 6 项。

5 系统构架

案例库检索查询系统以提高气象服务业务人员案例库检索效率、转变气象服务日常工作方式以及减少人力物力资源为目的。系统具有良好的人机交互界面、布局架构合理、使用方便、操作简单,提供的检索信息有层次感、分类清晰。整个系统的前台页面将采用英文超级文本预处理语言（PHP）动态生成,并用 PHP 进行后台数据处理;案例库数据存储使用 Oracle。系统构架图如图 2。

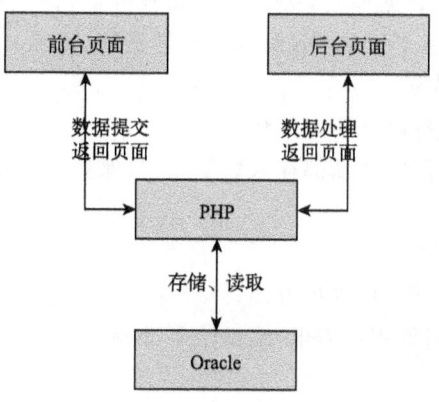

图 2 案例库检索查询系统构架示意图

PHP[3-4],即英文超级文本预处理语言（Hypertext Preprocessor）。PHP 是一种 HTML

内嵌式的语言,是一种在计算机网络服务器端执行的嵌入 HTML 文档的脚本语言,语言的风格类似于 C 语言,被广泛地运用。用 PHP 做出的动态页面与其他的编程语言相比:PHP 是将程序嵌入到 HTML 文档中去执行,执行效率比完全生成 HTML 标记的 CGI 要高许多;PHP 还可以执行编译后代码,编译可以达到加密和优化代码运行,使代码运行更快。PHP 具有非常强大的功能,所有的 CGI 的功能 PHP 都能实现,而且支持几乎所有流行的数据库以及操作系统。PHP 是开源的,所有的 PHP 源代码都可以得到,方便了改写或升级程序;PHP 是免费的,不需要注册或购买,为系统建设节省大量费用;PHP 使用起来十分便捷,由于 PHP 是运行在服务器端的脚本,因此它可以运行在 UNIX、LINUX、WINDOWS 下多种系统下;同时,PHP 相对于其他语言编辑简单,实用性强。使用 PHP 制作网页的优点可以概括为:

简单的语言:PHP 坚持以脚本语言为主,与 Java 和 C++不同。

效率高:PHP 消耗相当少的系统资源。

图像处理:用 PHP 动态创建图像。

面向对象:在 PHP4、PHP5 中,面向对象方面都有了很大的改进,现在 PHP 完全可以用来开发大型商业程序。

Oracle 数据库(Oracle Database)[5-6],又名 Oracle RDBMS,或简称 Oracle。Oracle 数据库是一种大型数据库系统,一般应用于商业、政府部门,它的功能很强大,能够处理大批量的数据,在网络方面也用得非常多。

Oracle 数据库有如下几个强大的特性:

· 支持多用户、大事务量的事务处理;

· 数据安全性和完整性的有效控制;

· 支持分布式数据处理;

· 可移植性很强。

Oracle 数据库包括 Oracle 数据库服务器和客户端。Oracle 数据库服务器(Server)是一个对象—关系数据库管理系统。它提供开放的、全面的和集成的信息管理方法。每个 Server 由一个 Oracle DB 和一个 Oracle Server 实例组成。它具有场地自治性和提供数据存储透明机制,以此可实现数据存储透明性。Oracle 数据库客户端为数据库用户操作端,由应用、工具、SQL＊NET 组成,用户操作数据库时,必须连接到服务器,该数据库称为本地数据库(Local DB)。在网络环境下其他服务器上的 DB 称为远程数据库(Remote DB)。用户要存取远程 DB 上的数据时,必须建立数据库链。

案例库检索查询系统具备以下四大优势:

· 所有气象服务典型案例库文献都存入数据库中,保证了数据的完整性,并对数据进行备份,保护数据安全;

· 系统稳定,可靠性高;

· 系统界面人性化,操作简单,维护方便;

· 系统查询信息丰富,满足用户需求,输出结果准确。

6　结　论

根据以上分析,案例库检索查询策略研究充分,具有可实施性,系统已经具备了完整的、成熟的理论和体系结构,案例库文献特征与计算机检索技术相结合进行的开发也比较成熟,所以气象服务典型案例检索查询系统的开发完全可行。

参考文献

[1] 张帆,等.信息存储与检索.北京:高等教育出版社,2003.

[2] 乔好勤,冯建福,张材鸿.文献信息检索与利用.武汉:华中科技大学出版社,2008.

[3] Lerdorf R,Tatvoe K. PHP 程序设计.邓云佳,等,译.北京:中国电力出版社,2003.

[4] Hughes S,Zmievski A. PHP 经典实例.徐牧,等,译.北京:中国电力出版社,2003.

[5] Stephens R.数据库设计解决方案入门经典.王海涛,宋丽华,译.北京:清华大学出版社,2010.

[6] 孙风栋,等.Oracle 数据库基础教程.北京:电子工业出版社,2007.

探讨城市和农村用户的气象服务手段之有效性

王　静

（中国气象局公共气象服务中心,北京　100081）

摘　要:利用 2009 年采自全国各地的 30500 份样本数据,分析城市和农村用户对于气象传播渠道的知晓率和关注度,得出针对不同地域、不同用户,需采取确实有效的传播途径,才能保障气象信息的送达率,才能真正实现预报服务防灾减灾的目的。以气象预报准确率提高为前提,有针对性地利用有效的气象传播渠道,开展有的放矢的气象科普宣传工作,是公众气象服务真正能体现准确、及时、有效的预报服务理念。气象科普进农村、进学校工作的进一步开展,势必会带动农村用户更加科学合理地利用气象信息,规避自然灾害,真正实现防灾减灾、服务大众的气象服务的终极目标。

关键词:气象传播渠道;知晓率;气象信息协调员

引　言

本文所用数据主要来源于"2009 年全国公众气象服务评估"的社会调查数据,该数据涵盖了除台湾、香港、澳门以外全国所有省(市、区)的调查数据,共 30500 个样本数据。主要选择公众关注的主要气象信息、灾害性天气预报准确性、气象服务满意度、城市居民所在城市属性的差异等问题进行深入研究。

1　多种气象预报服务手段并举,网络异军突起

从 2009 年全国公众气象服务评估和 2006 年、2008 年公众调查的结果对比来看,目前气象预报手段和传播渠道正趋于多样化,除了电视、手机短信、广播等常规的收听收看途径外,网络正在异军突起。2009 年几次比较重大的灾害性天气过程预报服务中,中国天气网和各省、市、县级的专题网站备受关注,足见网络正成为更为便捷的天气预报服务手段。

在气象部门拥有的诸多公众气象服务传播渠道中,中国气象频道(数字电视)的知晓率最高,为 42.1%,以下依次是:气象服务电话 12121 知晓率为 37.1%,中国天气网知晓率为 28.8%,《中国气象报》知晓率为 26.9%,所在地区气象部门网站知晓率为 20.1%,气象服务热线 400-6000-121 知晓率最低,为 9.4%。在所有的受访者中,有 19.0% 的居民不知道气象部门拥有以上任何一种传播渠道(图 1)。

中国气象频道在省会城市和地级市中的知晓率更高,气象服务电话 12121 的知晓率则是在地级市和县级市中更高。除此以外的各种渠道在不同类型城市中的知晓率并无显著差异(表 1)。

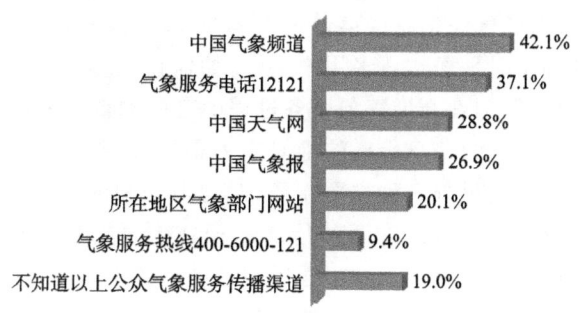

图 1 气象服务传播渠道的知晓率调查

表 1 各级城市对于气象传播途径的知晓率(%)

传播渠道	省会城市	地级市	县级市或县
中国天气网	26.7	30.2	28.3
所在地区气象部门网站	17.6	23.8	18.4
中国气象报	25.9	28.0	28.2
中国气象频道	42.4	41.5	36.7
气象服务电话 12121	31.1	39.7	38.4
气象服务热线 400-6000-121	8.3	10.5	7.9
不知道以上公众气象服务传播渠道	22.1	17.4	20.6

除此之外,手机彩信,公交、地铁等流动媒体,小区(村镇)宣传栏等越来越多地被推广使用。上海气象部门利用网络和手机通信技术开发建立了手机气象台,手机用户可通过手机上网接收卫星云图、雷达、风、雨量等实时气象信息,并能在第一时间获得灾害天气预警。

所有气象信息传播的大前提是气象预报的准确率逐步提高,1～3 天短期天气预报、特别是 6 小时的短时临近预报,是对公众而言需求度最大的气象预报服务。各类预报预警是否准确及时地到达用户手中,是气象预报服务是否到位的关键所在。各级气象部门也在积极探索各类灾害性天气的预报预警服务,采取新的预报服务手段和措施,以应对各地灾害性天气事件的频发。如 2008 年 9 月 23 日,四川成都遭遇罕见强雷暴袭击,16 小时内发生 20770 次雷电闪击,这次强雷暴过程雷电发生次数之高、强度之大、频次之多、出现时间之晚,都是成都市有气象记录以来最严重的一次。2009 年 11 月初,"成都市雷电监测预警方法研究"课题通过专家组验收,雷电监测预警系统正式投入业务试运行。

2 城市和农村的气象预报服务手段的差异性分析

在 2009 年公众气象服务调查评估结果中,通过对城市和农村用户获取气象信息的渠道进行对比分析(图 2),可以看到城乡居民获得气象信息渠道的丰富性方面差异显著,电视依然是公众获取气象信息最主要的渠道,分别有 95.3%、97.6%的受访者通过电视媒介获取气象信息,远远超过其他传播渠道。此外,手机短信、报刊、广播、网络在传播气象信息中也起到较重要的作用。但是城市居民通过手机短信、报刊、广播、网络、手机彩信获得气象信息的比例明显高于农村居民,说明城市居民气象信息的渠道是立体的、多方面的,而农村居民则相对较单一。如何让气象预报预警准确及时地送达更多用户手中,如何让更多的农民得到准确及时的气象预报服务,是各级气象服务部门在开展气象服务过程中有所侧重的关键。

　　除了电视和手机短信是气象信息传播的绝对主力渠道外,报刊、广播、网络可以说是城乡居民获取天气预报预警信息的另外三种主要途径,但是报刊和网络在城市居民中的接收率相对较高,分别为 32.5% 和 21.2%,而这两种传播途径在农村居民中的到达率只有 7.7% 和 4.5%,可见报刊和网络两种传播途径在城市居民中的接收率相对较高,利用网络开展对城市居民的预报服务工作应该作为今后的一个重要方向来进行。

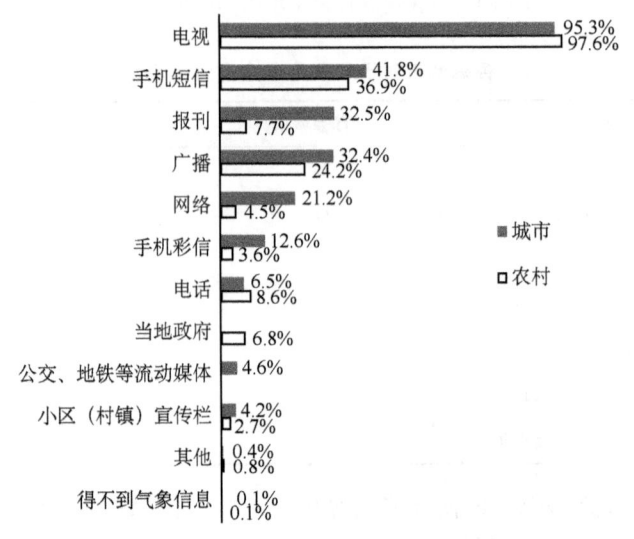

图 2　城乡居民获得气象信息的渠道

　　在 2009 年几次重要的灾害性天气过程服务过程中,气象服务的网络手段异军突起,中国天气网的预报预警作用逐渐得到体现,凸显其方便快捷的最大长处,8 月台风网络专题报道的访问群体出现激增现象。

　　8 月 4—12 日,总计有 152 万独立用户在中国天气网上访问了“莫拉克”台风相关内容,页面浏览量达 363 万,用户平均访问页数达 2.39 页,被访总页数达 177 篇。《第 8 号台风“莫拉克”来袭》专题首页在 8 月 8 日、9 日两天所有访问页面中排名第一,第一次在所有访问页面的浏览量中超过天气网首页并排名第一,创历史纪录;专题首页页面浏览量在 8 月 9 日达到峰值 263987 页(图 3)。“莫拉克”台风专题的流量随台风的逐渐增强而逐渐上升,独立用户数和页面浏览量的峰值体现均体现在 8 月 9 日(星期日),相悖于中国天气网常规的“工作日流量高、休息日流量低”的变化趋势,说明用户对“莫拉克”台风的关注度较高。

　　从获取气象信息的渠道而言,除了电视占据着绝对主导地位以外,广播、报刊、手机短信在不同地域也起着举足轻重的作用(表 2)。东北使用广播的比例显著较高,华南、西北分别使用报刊、手机短信的比例较高。有这样的调查结果为依托,省、市、县各级气象部门就应该有所侧重点地在广播、手机短信、报刊上投放更为及时有效的气象信息,以期真正实现预报预警、防灾减灾的服务目的。

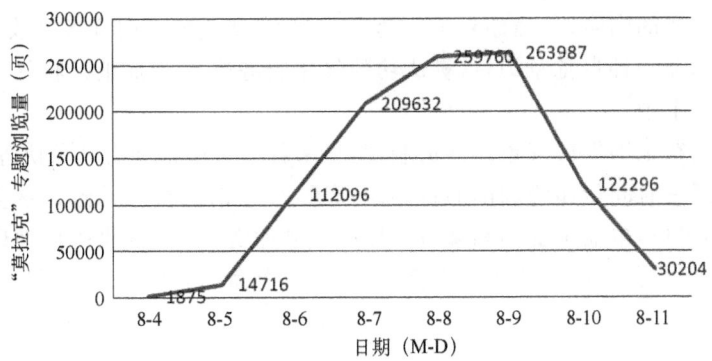

图 3 "莫拉克"台风专题页面浏览量示意图

表 2 不同地区城市居民获得气象信息的渠道(%)

地区	电视	广播	报刊	小区(村镇)宣传栏	网络	手机短信	手机彩信	电话	公交、地铁流动媒体(当地政府)	得不到气象信息	其他
东北	96.3	47.7	33.0	6.4	19.0	33.8	13.6	8.2	4.2	0.1	0.4
华北	95.8	39.5	32.9	5.3	20.4	37.7	12.6	5.9	7.4	0.0	0.3
华东	95.8	30.6	34.8	5.1	24.6	41.1	14.7	9.2	4.9	0.0	0.3
华中	94.4	23.8	28.5	2.6	21.4	43.3	12.1	5.6	2.7	0.0	0.5
华南	95.1	30.1	36.7	4.0	22.4	40.1	10.8	5.1	4.0	0.0	0.4
西北	96.7	30.4	25.0	2.9	17.2	50.7	12.8	6.5	3.4	0.1	0.7
西南	94.2	25.0	35.7	2.2	21.1	46.4	10.6	3.4	4.6	0.1	0.5
新疆	89.4	38.1	29.1	4.8	20.3	36.4	10.0	6.5	2.1	0.2	0.8

3 农村气象服务的特色手段亟待推广,真正解决"最后一公里"现状

农村和城市的预报服务手段存在明显差异,但近年来又有不同程度的改进和提高。农村信息员队伍是中国特色的重要的天气预报服务手段,在各种现代通信设施不发达的地区,散布在基层的气象协理员是灾害性天气预警送达的重要途径。2009 年 8 月"莫拉克"台风影响期间,浙江温州的气象协理员被充分调动,第一时间将台风的行进路线、风力、影响等信息告知村民,号召村民转移。据统计,气象协理员协助转移 9.1 万人。

在应对 2006 年最强台风、浙江 50 年一遇的超强台风"桑美"的气象服务保障工作中,一系列的抗台数字也证明了只有转移才是台风中规避人员伤亡最有效的手段。在"桑美"登陆前 4 个小时,浙江苍南县转移了易险区域的 5 万多人,而随着风向的变化和对台风危险程度的准确判断,又在随后的短短 3 个多小时里,成功转移了 5 万多人。据统计,在此次"桑美"台风登陆之前,全市转移人员 54.8 万,超过了 2005 年"麦莎"台风来临时转移 33 万人的规模,创下了温州抗台史上一项新的纪录,并因此最大限度地减少了人员伤亡,最大程度地降低了气象灾害造成的损失。

正是分布在县、乡、村等最末梢的农村协理员队伍在多次的抗台服务中起到了关键性的作用。现在,在所有台风可能登陆区域的防台预案中,浙江各级党委、政府都将人员转移和有效安置当成一项最重要的内容,已经建立了一套自上而下,从气象部门到各级政府,从市到县、乡(镇)村的常规机制和一种自觉意识,这种成功的气象服务模式才真正是将气象预报服务送到了每一个农村用户手中。

中国气象局正在全国发展气象协理员制度,将来各个村镇都会有气象协理员,由他们负责把气象预报信息第一时间传递给周围的百姓。今后,气象信息会在偏远山区实现全覆盖。到那时,农民们足不出户,也能享受到和城里一样的气象服务,真正解决落后地区的天气预报信息传递"最后一公里"的现状,让几千年靠天吃饭、听天由命的农民早日享受到天气预报带来的实惠。

参考文献

黄崇福.2006.自然灾害风险评价理论与实践(第一版).北京:科学出版社:2-45.

黄宗捷,蔡久忠.1994.气象经济学.成都:四川人民出版社.

罗慧,李良序.2009.气象服务效益评估方法与应用.北京:气象出版社.

马鹤年,沈国权,阮水根,等.2001.气象服务学基础.北京:气象出版社:103-157.

王新生,陆大春,汪腊宝,等.安徽省公众气象服务效益评价.气象科技,2007(12):853-857.

解令运,濮梅娟,刘立忠,等.1997.江苏省气象服务效益研究——行业气象服务效益评估.气象科学(12):401-408.

张继权,冈田宪夫,多多纳裕一.2006.综合自然灾害风险管理——全面整合的模式与中国的战略选择.自然灾害学报,**15**(1):29-37.

周福.1998.重大气象灾害(台风、暴雨)服务效益评估研究.科技通报,**14**(01):39-49.

Huang Chongfu.1997.Principle of information diffusion.*Fuzzy Sets and Systems*,**91**:69-90.

四维尺度范畴公共气象服务系统

何险峰[1]　舒红平[2]　雷升锴[1]　罗 飞[2]　徐 箐[1]　张祥锋[1]

(1. 四川省农村经济综合信息中心,成都　610072;2. 成都信息工程学院,成都　6100225)

摘　要:公共气象服务在面对对象的多样性和服务种类的复杂性方面,一直缺乏通用性强、概括度高、适用性广、层次分明的设计准则和构造框架。文中将气象服务中表现出的时空、内容和描述特征,量化为尺度坐标。以范畴论为指导,得到时间尺度范畴 T、空间尺度范畴 S、内容尺度范畴 C 及描述尺度范畴 D,形成四维尺度范畴。每一尺度范畴的数学结构由尺度全序对象集和对象之间的态射集构成。范畴之间的相互作用用函子连接,形成范畴集统一体,构建出以同构为线索的四维尺度范畴公共气象服务系统,实现了 260 个行政区域的公众气象、决策气象、专业气象、产品管理门户公共气象服务业务化运行。

关键词:范畴论;四维尺度范畴;公共气象服务;同构

引　言

公共气象服务业务是气象预报、气象观测业务的引领者。按照康德"知性为自然立法"的思想,公共气象服务系统设计品质不仅决定系统发展、业务运行等,也体现出设计者对气象科学、信息科学的知性。多尺度是气象服务信息的基本特征,可抽象为时间、空间、内容、描述等四维尺度范畴。以范畴论为数学工具[1-2]分析气象服务范畴中蕴含的对象集合、态射集合、技术实现集合,不仅可以提升公共气象服务的科学内涵,也是实践活动的高度概括。不仅有助于国家公共气象服务分类、术语逻辑定义、产品加工工具、内容存储管理工具、描述工具的推广,形成分布式、个性化、知识化、图形化等为特征的气象服务环境,规范气象服务业务的管理和发展,而且使气象观测、天气预报、气象服务互为一体,形成更加合理的气象科学组织体系。

完成一个具有体系特征的系统设计不仅需要一定的基础条件、软件储备,还迫切需要理论指导,实现大粒度部件的整合和软件重用。在基础条件方面,国家公共气象服务分类规范已经发布,使时间、地域、术语、文件命名、内容类型划分在全国统一;XFS[3]海量文件系统的应用,从物理层上也为文件存储方式的内容管理系统部署奠定起底层支撑;在软件技术储备方面,我们已经对时间、空间、内容、描述四个维度的技术开发有一定实践体验。时间维度上,已有研究[4]从多时间尺度数据库设计角度,提出了数据库邻接表模型、数据层集合统计方法可以解决地面气象站点资料的实时入库与时间多尺度统计问题,并通过站点资料列表和时间序列分析图方式开展 Web 服务;空间维度上,已有研究[5-7]从空间多尺度设计角度,使用数值微分法、种子填充法完成二维地理分区的划分和变尺度 Barnes 插值方法解决地面气象站点资料的实时

资助项目:中国气象局 2012 年业务专项经费

网格化处理问题,并通过 Web 方式提供多尺度二维、三维分析图服务;内容维度上,已有研究[8-15]完成了知识获取、知识管理、内容管理工作,并通过智能代理解决服务产品自动化生产问题;描述维度上,已有研究[16]给出了数据库技术、程序应用接口、内容管理系统监控、本地桌面应用、门户管理系统为不同层次的程序员和公众用户提供数据服务。但是,从系统体系架构、软件重用角度,上述工作的整合设计一直徘徊在经验、直觉阶段,缺乏高层次软件体系结构设计的理论指导,带来系统提升、维护、重新部署、推广应用、优化等方面的困难。为了在不同的抽象层次上实现构件的重用,Bachmann 等[17]在研究中提出了体系结构软件设计思路,即从软件需求出发,自顶向下,分层次分解需求,将高抽象层次的系统分解为低抽象层次的系统;楚旺等[18]以范畴理论为基础的 CDT(Category data type)模型给出了体系结构的形式化定义,对软件体系结构的重用进行了理论分析与探讨,为了重用软件体系结构,把软件体系结构之间的映射构造成一个特殊的函子。但是,这些工作主要停留在纯理论层次,未涉及具体的软件工程项目。

1　顶层设计

顶层设计将具有尺度特征的时间、空间、内容、描述全序集维度,图形化表示为四个尺度范畴,并标注出每一个范畴内蕴含的态射集合。

国家公共气象服务分类规范是系统设计的出发点。其目标是所有产品最终都在分类规范术语和文件名命名模板的约束下成为产品实体。

1.1　基本概念

定义 1.1.1　尺度全序集:设是一个自然数尺度集合,$\leqslant$是 Z 上的偏序关系,$x,y,z \in Z$ 当对所有 $x,y,z \in Z$ 都有:

(1)自反性:$x \leqslant x$;

(2)反对称性:$x \leqslant y$,且 $y \leqslant x$,则 $x = y$;

(3)传递性:$x \leqslant y$,且 $y \leqslant z$,则 $x \leqslant z$。

称 Z 为尺度偏序集,记作$(Z, \leqslant)$;若其中任意两个不同元素是可比的,则$(Z, \leqslant)$是尺度全序集。

定义 1.1.2　尺度全序集哈塞图:设$(S, \leqslant)$是尺度全序集,图(V, E)称为$(S, \leqslant)$的尺度全序集哈塞图。这里 $S = V, E = \{(x,y) | x \in V y \in V, x < y\}$,x 是 y 的下邻近。

定义 1.1.3　尺度范畴(Category):一个尺度范畴包含:y

(1)尺度全序集对象(Object)集合 obC;

(2)态射(Morphism)集合 MorC,其中,态射 $f: A \rightarrow B, A, B \in obC, dom(f) = A, cod(f) = B$,dom 是论域(Domain)的缩写,cod 是陪域(Codomian)的缩写。

且满足:

(1)复合律:若 $A, B, C \in obC, f: A \rightarrow B, g: B \rightarrow C$,则 $gof: A \rightarrow C$;

(2)结合律:若 $A, B, C, D \in obC, f: A \rightarrow B, g: B \rightarrow C, h: C \rightarrow D$,则 $ho(gof) = (hog)of$;

(3)单位态射:每一个对象 A,存在一个态射 $id_A: A \rightarrow A$,对任意 $f: A \rightarrow B$,有 $foid_A = f, id_B of = f$。

定义 1.1.4　同构(Isomorphism):令态射 $f: X \rightarrow Y$,存在逆态射 $f^{-1}: Y \rightarrow X$,使得 $f^{-1}of =$

id_x,$fof^{-1}=id_Y$,则称 f 为一个同构。两个对象之间有一个同构,则这两个对象称为同构的。

定义 1.1.5   自同态(Endomorphism):如果态射 f:X→X,则称 f 为一个自同态。

定义 1.1.6   自同构(Isomorphism):如果态射 f 是同构和自同态的,则称为一个自同构。

定义 1.1.7   满态射:态射 f:A→B,$\forall b \in B$,$\exists a$ 使得 f(a)=b 成立,则称为一个满态射。可文字表述为,一个态射称为满态射,如果每个可能的像至少有一个变量映射其上,或者说陪域中任何元素都至少有一个变量与之对应。

定义 1.1.8   尺度函子(Functor):一个从尺度范畴 C 映射到尺度范畴 D 的协变函子 F,记为:F:C→D,组成为:

(1)对 C 中的每一对象 x,在 D 中均有对应的 F(x),obC→obD:x→F(x);

(2)对 C 中的每一态射 f:x→y,在 D 中均有对应的 F(f):F(x)→F(y),MorC→MorD:f→F(f)。

满足:

(1)对 C 中的每一对象 x,$F(id_x)=id_{F(x)}$;

(2)对所有态射 f:x→y 和 g:y→z,F(gof)=F(g)oF(f)。

1.2   演化概念

定义 1.2.1   时间尺度范畴 T。T 是尺度范畴 Ca 的演化,包含:

(1)时间尺度全序集(T,≤)≡({条目,小时,日,旬,月,年,气候},≤);

(2)自同构条目 f:x→x+1;

(3)条目对象同构集={邻接表模型 h_Y,集合统计满态射集合 f_k}。

定义 1.2.2   空间尺度范畴 S。S 是尺度范畴 Ca 的演化,包含:

(1)空间尺度全序集(S,≤)≡({区站,县,市,省,区,国,国际},≤);

(2)自同构区站 f:站名≤站号;

(3)区站对象同构集={数值微分法 d_Y,种子填充法 p_Y,变尺度 Barnes 插值 f_Y}。

定义 1.2.3   内容尺度范畴 C。C 是尺度范畴 Ca 的演化,包含:

(1)内容尺度全序集(C,≤)≡({本体,实况,预报,知识,管理,应用,文化},≤);

(2)自同构本体 f:模板→内容全序码;

(3)本体对象同构集={本体知识库系统 k_Y,分布式气象内容管理系统 f_Y,本体智能代理 u_Y,面向服务架构 s}。

定义 1.2.4   描述尺度范畴 D。D 是尺度范畴 Ca 的演化,包含:

(1)描述尺度全序集(D,≤)≡({本体,数据,接口,监控,本地,WebGIS,门户},≤);

(2)自同构本体 f:模板→内容全序码;

(3)本体对象同构集={数据库或文件管理系统 f_0,客户端应用接口 f_1,气象内容管理系统 f_2,气象地理信息系统 f_3,气象 Web 地图服务 f_4,门户管理系统 f_5}。

定义 1.2.5   四维尺度范畴 Cset。Cset={T,S,C,D},是尺度范畴的统一体,代表一套完整的公共气象服务体系。

定义 1.2.6   尺度范畴间的协变函子。在 Cset 中,C 是主范畴,T、S 是协范畴,可用协同函子实现:

(1)对 T,定义协变函子 F_t:C→T。即时间尺度范畴 T 是内容尺度范畴 C 的陪域;

（2）对 S,定义协变函子 $F_s:C \rightarrow S$。即空间尺度范畴 S 是内容尺度范畴 C 的陪域。

1.3 四维尺度范畴设计

范畴论是关于数学结构图的数学。四维尺度范畴 Cset 表示公共气象服务系统以气象领域知识、气象服务实践为背景,由尺度全序集哈赛图和同构态射集合共同确定。四维尺度范畴 Cset 可用范畴图表现公共气象服务的数学结构(图 1)。其物理意义可以简述为:

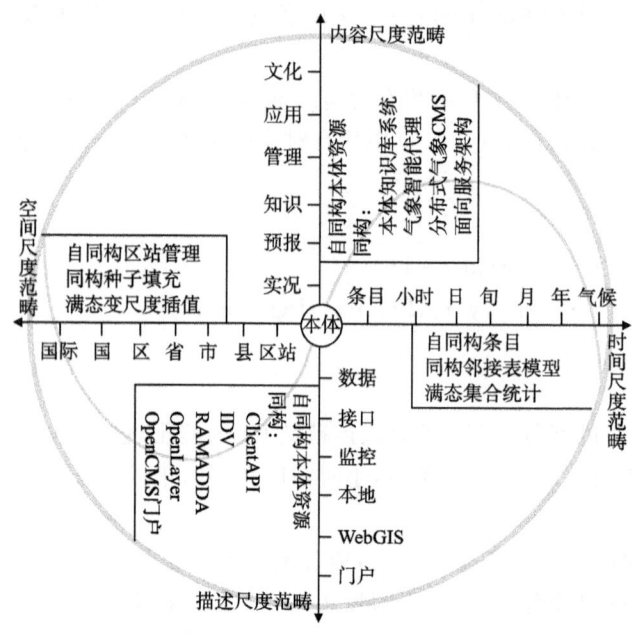

图 1　四维尺度范畴公共气象服务数学结构

（1）时间尺度范畴是气象要素作用时间从短到长,节拍从快到慢,不同时间尺度对象及其作用关系的综合。表现气象要素从小时→日→旬→月→年→气候的逐步形成过程。时间尺度越大,所描述的气象要素的宏观特征越明显;反之,所体现的细节越清楚。

（2）空间尺度范畴是气象要素空间从小范围到大范围、从局部到整体的不同空间尺度对象以及作用关系的综合。表现出气象要素二维分析从区站→县→市→省→区→国家→国际的逐步展开过程。空间尺度越大,大尺度系统特征越明显;反之,局地细节越清楚。

（3）内容尺度范畴是气象服务内容从气象要素到专业气象服务知识,从部门内管理到社会化服务的不同内容实现过程中所有内容尺度对象以及对象关系的综合。表现出公共气象服务文化从本体→实况→预报→知识→管理→应用→文化的逐步形成过程,本体用于系统的空间、术语、文件目录等基础资源架构;实况、预报层次突出气象数据量的特征;知识层次表现气象数据到气象知识的转换;管理层次突出制度的作用;应用层次突出知识面向社会的作用;文化层次突出知识的精神升华。尺度越大越能够体现气象服务的社会文化价值;反之,越体现气象服务的科学依据。

（4）描述尺度范畴是气象信息从抽象到具体、从专业精深到通俗易懂的不同描述过程中所有描述尺度对象以及对象之间关系的综合。表现出气象服务门户从本体→数据→接口→监控→本地→WebGIS→门户服务的逐步形成过程,面对(数据库管理者、气象服务人员、门户网站访问者等)受众人群,形成了一个不同尺度的描述范畴。

1.4 自同构本体对象的物理含义

图1给出本体是四维尺度范畴的共同对象,居于模型的中心。本体的原型出自于国家公共气象服务分类规范(简称为分类规范)。分类规范完成了公共气象服务术语、术语分类、产品命名格式的文字定义。OWL(Ontology Web Language)本体资源配置文件(简称为本体)是在范畴自同构思路下对规范的具体实现。自同构本体对象设计按照如下步骤完成:

(1)分类规范简约。将分类规范条目表述为规范(规范序码、术语、存放位置)3元组(表1),要素属性(产品属性码、中文含义)2元组,地理属性(地理区号、区名、地理范围)3元组等三个部分。

(2)全序码。引入全序码对分类规范进行序列化处理。

(3)自同构本体。全序码态射由命名规则模板(简称模板)确定。自同构本体 f:模板→内容全序码。即所有服务产品都可以在 OWL 概念(Class)中使用表达式模板表示。表达式模板中地理属性代码、术语代码、要素代码、时间属性决定了产品命名的秩序、目录位置、文件名唯一等自同构态射所必需的基本特征。

(4)Web 共享。本体自同构对象以 OWL 文件方式存在。对分类规范序码、条目,使用 OWL 技术完成资源配置,提供 Web 共享服务,为分布式协作软件开发、资源共享、用户服务建立起统一的框架。

2 公共气象服务系统自顶向下分解设计

四维尺度范畴公共气象服务系统按照顶层设计意图,自顶向下,分为自同构设计→同构设计→协同函子设计3个层次和步骤完成。

2.1 自同构设计

自同构是实现整个系统的核心,一个范畴通过自同构全序集维持对象集的同构。每个范畴至少存在一个自同构态射,它们分别是:

(1)时间尺度范畴自同构——自同构条目。条目对象是主关键字自增长的全序集表对象,是时间范畴的自同构对象。

(2)空间尺度范畴自同构——自同构区站。区站对象是气象站点编码为关键字的全序集,形成空间范畴的自同构对象。区站对象在本体中,以树图偏序集同构方式映射到乡、县、市、省、区、国家、国际对象。

(3)内容尺度范畴自同构——自同构本体。本体对象是国家公共气象服务分类规范全序集,形成内容尺度范畴的自同构对象。本体对象在 OWL 资源分配文件中,以树图偏序集方式,管理内容序码、内容分类、术语定义、文件名命名模板。实况、预报、知识、管理、应用、文化对象与本体对象形成同构态射。

(4)描述尺度范畴自同构——自同构本体 f:模板→内容全序码。本体对象是国家公共气象服务分类规范全序集,形成描述尺度范畴的自同构对象。数据、接口、监控、本地、WebGIS、门户对象与本体对象形成同构态射。

2.2　同构集合设计

范畴内的任一同构都是对自同构对象的态射。保持自同构的序不变是同构集合设计的基本出发点。范畴内的同构对应自同构的分支,不仅用于维持每个对象的有序,同时也体现作用于对象间的映射技术特征。它们分别是:

(1)时间尺度范畴同构集={邻接表模型 h_Y,集合统计满态射集合 f_k}。按时间尺度分类的气象要素,分为观测站点气象要素和格点场气象要素两类。对观测站点气象要素,使用邻接表模型 h_Y:条目→Y,Y∈{小时,日,旬,月,年}分别成为条目表的气象要素同构对象;使用集合统计满态射 f_1:小时→日,f_2:日→旬,f_3:日→月,f_4:月→年,f_5:日→气候,完成{日,旬,月,年,气候}对象的计算(图2)。

(2)空间尺度范畴同构集={数值微分法 d_Y,种子填充法 p_Y,变尺度 Barnes 插值 f_Y}。按县、市、省、区、国家空间区域的划分边界,使用数值微分法(d_Y)和种子填充法 p_Y:站点→Y,Y∈{县、市、省、区、国},得到二维空间划分的控制矩阵,实现区域编码到控制矩阵的同构;变尺度 Barnes 插值满射 f_Y:站点→Y,Y∈{县、市、省、区、国家、国际},实现区域气象要素格点场的同构(图3)。

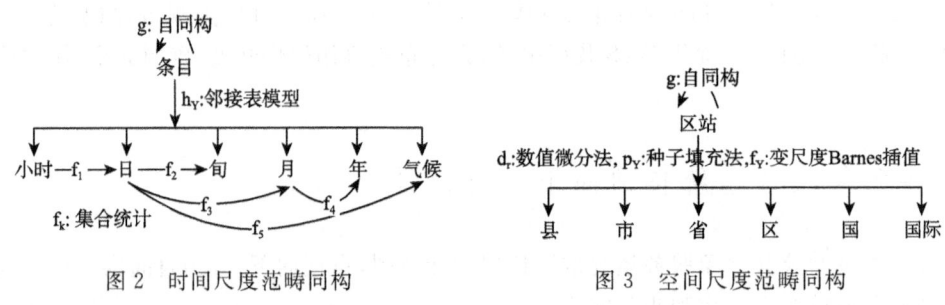

图2　时间尺度范畴同构　　　　　　图3　空间尺度范畴同构

(3)内容尺度范畴同构集={气象内容管理系统 f_Y,本体智能代理,面向服务架构 s}。以大数据文件系统(XFS)为基础,通过本体获得唯一偏序码,使用内容管理系统态射 f_Y:本体→Y,Y∈{实况、预报、知识、管理、应用、文化},实现内容项的手工管理;使用本体智能代理态射 u_Y:本体→Y,Y∈{实况、预报、知识},实现内容项的自动化生产;使用面向服务应用 SOA(Service Oriented Architecture)s:本体→应用,实现气象服务应用管理(图4)。

(4)描述尺度范畴同构集={数据库或文件管理系统 f_0,客户端应用接口 f_1,气象内容管理系统 f_2,气象地理信息系统 f_3,气象 Web 地图服务 f_4,门户管理系统 f_5}。通过本体获得唯一偏序码,使用数据库或文件管理系统(Data Base/XFS)态射 f_0:本体→数据,以控制台方式存取原始数据;使用客户端应用接口(Client API)态射 f_1:本体→接口以 http 通信协议存取气象内容管理系统资源;气象内容管理系统(RAMADDA)态射 f_2:本体→监控以 Web 浏览器方式管理系统的运行;气象专业地理信息系统 IDV(Integrated Data Viewer)态射 f_2:本体→本地桌面以 http 通信协议存取气象内容管理系统资源,完成图形化分析产品的定制;OpenLayer 态射 f_4:本体→WebGIS 以 Web 浏览器方式完成气象 Web 地图服务;OpenCMS(Open source Java Web Content Management System)态射 f_5:本体→门户以 Web Server 方式提供公众、决策、专业气象门户服务(图5)。

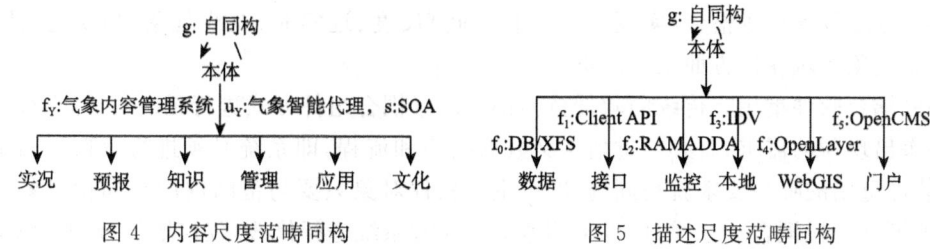

图 4　内容尺度范畴同构　　　　　　图 5　描述尺度范畴同构

2.3　协同函子设计

参见 1.2 节定义 1.2.6 尺度范畴间的协变函子。

3　系统设计特性分析与讨论

四维尺度范畴公共气象服务系统与传统分层次设计的公共气象服务系统相比,具有较为明显的前瞻性和高效性,主要体现在:

(1)范畴论思维。四维尺度范畴模型与流行的本体模型在思维上具有明显的差异。本体论具有从认识到逻辑知识、从具体对象到抽象概念的"出世"思维特征。与之相反,范畴论具有逻辑知识到认识、从概念到具体对象的"入世"思维特征。四维尺度范畴以范畴论为指导,表达对象和对象反映出的普遍联系——同构。

(2)系统的数学结构模型。以数学语言来进行公共气象服务描述,具有普适、抽象、准确、简约、一致、形式化、逻辑化、层次化的优点。然而,传统的软件系统设计或软件工程学,难以给出系统设计所依赖的数学结构模型;本文使用尺度哈赛图完成尺度分层对系统进行四个维度量化→范畴论定义不同范畴的自同构对象→抽象的自同构对象使用同构概念得到具体对象→函子集成范畴集四个步骤,得到系统的数学结构模型,以数学语言给出公共气象服务系统的定义。

(3)海量文件系统(XFS)。气象数据具有实时性强、来源广泛、种类繁多、数据量大的特点。目前在气象部门中主要使用的互联网应用系统是基于数据库技术完成的。随着系统运行时间的增加、数据量的增大、来自不同应用的需求变化等气象服务中产生的新情况、新要求,这种以数据库技术为设计基础的文件管理机制逐渐成为了系统瓶颈。而本系统的设计基础是以艾字节(Exabyte＝EB＝106 TB)为计量单位的 XFS 文件系统为基础开展工作的,更适合于处理气象服务工作中面临的文件类型丰富、海量文件存储的业务现状。

(4)基于文件系统的气象内容管理机制。气象内容管理是气象服务工作的一项基本活动。中国气象部门尚未建立以气象 CDM(Common Data Model)为内容类型的气象内容管理系统;而本系统以 XFS 文件系统为基础建立气象专业内容管理系统,不仅符合人们基于文件管理系统开展工作的习惯,也能把 CDM 技术和内容管理系统技术整合,形成基于互联网的气象服务工作环境。

(5)多尺度气象 Web 在线地图服务。开展气象 Web 地图服务是一项具有挑战性的工作,主要瓶颈在于单台服务器 GPU 的运算能力不能够满足 Web 在线气象要素分析图制作。虽然人们已经普遍使用在线 Web 交通图服务,但是难以获取在线气象 Web 地图服务。引入空间、时间协同函子到内容尺度范畴、描述尺度范畴,将大量图形运算分散到多台图形工作站完成,并与 Web 地图服务在线整合,实现多(时间、空间)尺度、近实时、在线气象 Web 地图服务系统,填补了气象领域在该方面工作的空白。

(6)松耦合软件重用。传统的软件重用都是以紧耦合组件方式进行系统设计,系统业务运行后,如果出现新的需求,就必须重新定义数据结构和流程,即系统必须进行改造。四维尺度范畴对软件重用的唯一要求就是同构,即可重用软件对象只要与范畴内的自同构对象满足同构态射即可——松耦合。这样,可以不用考虑对原有系统进行修改,仅仅增加、修改、删除本体资源配置文件即可。事实上,我们对 RAMADDA,IDV,OpenCMS,OpenLayer,Protégé,MySQL,Oracle,Tomcat,NetCDF for Java,ncWMS 等软件系统重用都是按照松耦合方式开展工作的。

(7)本体资源配置。传统基于 Web 的资源配置使用 RDF(Resource Description Framework)完成;OWL 不仅兼容 RDF,而且引入了描述逻辑,使得气象要素到气象概念的一阶逻辑定义成为可能。同时我们还将正则表达式、模板概念用于概念和文件名的定义,不仅保证了"本体"的自同构和全序,而且 XFS 中的文件名称也自然具有全序集性质,与"本体"中定义一致。静态本体资源配置成为动态 XFS 文件管理的依据。

4　内容范畴对应的业务系统集合

四维尺度范畴公共气象服务系统的建立,受惠于 2012 年中国气象局省、市、县级公共气象系统建设项目资助,使得项目组有机会对近 5 年在开展多尺度公共气象服务业务所形成的多个项目,使用范畴论进行梳理,得到一套公共气象服务系统业务系统[19-22]。

按照四维尺度范畴理论,每一范畴都是一套完整的软件系统。但是,内容尺度范畴 C 代表了公共气象服务系统业务系统主要目标,其余 3 个尺度范畴都可以看成是 C 的不同角度投影。从本体→实况→预报→知识→管理→应用→文化的逐步形成 C 的过程,可以用一系列软件系统表述为:

(1)本体管理系统。使用开源本体管理软件 protégé 完成术语库、气象本体知识库的管理。

(2)实况管理与实况服务系统。气象实况数据库系统和在线气象 Web 地图服务系统。

(3)预报管理与预报服务系统。数值天气预报格点场管理系统和在线气象预报 Web 地图服务系统。

(4)气象知识管理与智能代理。该系统以气象要素数据库和气象本体知识库为基础,负责自动向 260 个 MCMS 分发各行政分级的时间序列气象监测文件(csv 格式)、客观分析场(nc 格式)、气象灾害等级评估文件(csv 格式)、气象灾害等级客观分析文件(nc 格式);气象地理信息系统图形工作站负责卫星云图,雷达分析图,数值天气预报输出格点场分析图,高空物理量诊断场分析图,地面气象要素分析图,气象灾害等级分析图,作物气象、林业气象、病虫气象分析图等图形产品的自动制作,并将产品发送到共享文件目录或各行政分级 MCMS。

(5)分布式气象内容管理系统 DMCMS(Distributed meteorological content management system)。以中国气象部门组织体系为建设基础,采用 LDM(Local Data Manager)通信传输、存储/内容管理、图形化服务产品生成、本体化气象服务、行政区变尺度客观分析等构成组件,构建了覆盖中央及各省、市、县气象业务和服务的分布式气象内容管理系统。图 6 是部署在四川的 260 个气象内容管理系统门户的业务运行主界面。

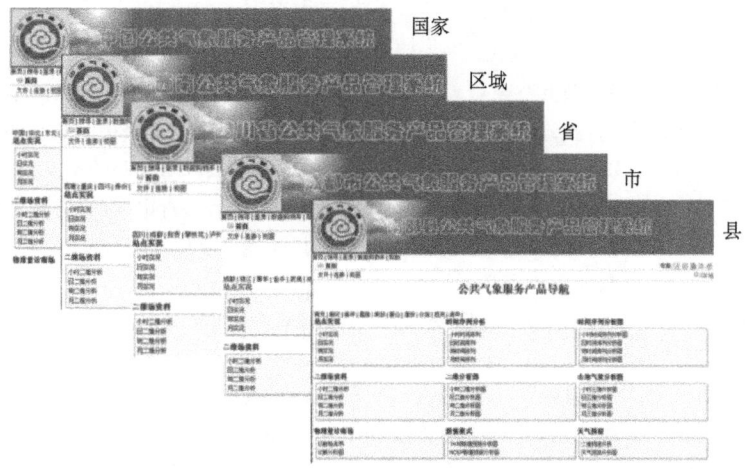

图 6　国家/区域/省/市/县 MCMS 门户示意

(6)面向服务架构 SOA 应用。基于 SOA 的省市县公共气象服务系统。该系统以 MCMS 为基础,完成 260 个各级气象组织服务产品的管理、分发、门户服务。其功能将涵盖用户及权限管理、产品管理、产品分发、流程监控、合同管理、统计报表、气象电子商务、门户网站等功能。该平台的使用者是省市县级管理部门、省级服务单位、市县级服务单位,用户对象为决策部门、专业用户和公众。分发方式为短信、电子邮件、大喇叭、传真、电话语音、智能手机客户端、微博等。

5　小　结

本文以范畴论为指导,提出了四维尺度范畴模型,在公共气象服务系统设计和业务运行中得到印证。与传统的软件系统设计方法比较,该模型在气象领域有更广的适应能力。主要体现在:

(1)使软件重用更具有理论基础。"六经注我""知性为自然立法"的思想,在四维尺度范畴中化为对象同构,待重用软件被函数式表达。

(2)使系统骨架更清晰。四维尺度范畴以尺度全序集的数学结构描述为重点,省略了对象中蕴含的具体细节,系统骨架得以突出;由于范畴论中使用图作为数学表达的主要方式,比通常的数学表达式更容易表现系统骨架的直观含义。

(3)序为中心。有两层含义,首先每一个范畴对象集不仅有具体的物理含义、概念名称,而且体现出过程、层次等数值大小排序的全序集特征;蕴含在每个范畴的本体对象是一个全序集,而其余对象与本体对象同构,使得任意范畴的每一个对象是全序集。序为中心的设计思想,避免了人为干预系统结构和秩序的可能,保证了体系结构的稳定。

四维尺度范畴能否涵盖公共气象服务领域、内容尺度范畴的划分是否合理、能否将该框架移植到云环境实现,这些问题表明四维尺度范畴模型尚存在很大的发展空间。

参考文献

[1]　Michael Barr, Charles Wells. Category Theory for Computing Science. Prentice-Hall, 1995:25-78.

［2］ 贺伟,范畴论.北京:科学出版社,2006:1-5.

［3］ XFS. (2013-06-08). https://access. redhat. com/site/documentation/en-US/Red_Hat_Enterprise_Linux/6/.

［4］ 何险峰,蒋丽娟,雷升锴,等.公共气象服务网站数据及时发布.气象科技,2011,**39**(4):483-488.

［5］ 何险峰,徐箐,雷升锴,等.含权地理边界预剪裁 Barnes 插值.计算机应用,2011,**1**:43-46.

［6］ Integrated Data Viewer(IDV). (2013-06-08). http://www. unidata. ucar. edu/software/idv/.

［7］ Shape file 文件结构定义. http://www. esri. com/library/whitepapers/pdfs/shapefile. pdf.

［8］ 何险峰,雷升锴,张祥锋,等.本体化气象服务实现与应用.计算机应用,2012,S2.

［9］ 何险峰,马力,等.分布式气象内容管理系统设计,气象科技,2013(06).

［10］ OWL 2 ［EB/OL］. (2012-11-15). http://www. w3. org/TR/2009/REC-owl2-primer-20091027/.

［11］ Protégé［EB/OL］. (2012-02-26). http://protege. stanford. edu/.

［12］ The OWL API［EB/OL］. (2012-01-15). http://owlapi. sourceforge. net/.

［13］ Hermit OWL Reasoner［EB/OL］. (2013-06-08). http://hermit-reasoner. com/.

［14］ RAMADDA. ［EB/OL］. (2012-11-15). http://ramadda. org/.

［15］ CDM［EB/OL］. (2013-06-08). http://www. unidata. ucar. edu/software/netcdf-java/CDM/.

［16］ 何险峰,马力,罗永康,等.近实时公共气象服务分析图网站发布.气象科技,2012,**40**(4):578-584.

［17］ Bachmann F, Bass L, Chastek G, et al. The architecture based design method. Technical Report, CMU/SEI-2000-TR-001, Carnegie Mellon University, 2000.

［18］ 楚旺,钱德沛.以体系结构为中心的构件模型的形式化语义.软件学报,2006,**17**(6):1287-1297.

［19］ 中国天气网四川站. (2013-06-08). http://sc. weather. com. cn/.

［20］ 成都公共气象服务网. 自然灾害指标分析栏目. (2013-06-08). http://www. cdws. info/ckzb.

［21］ 行政分级公共气象服务内容管理系统. (2013-06-08). http://pws. scqx. gov. cn/china.

［22］ 四川省市县公共气象服务网站门户. (2013-06-08). http://pcc. scqx. gov. cn/jfids.

电子商务在个性化气象服务中的应用

唐良招　　罗永康　　雷升锴　　刘红阳

（四川省气象局农网中心，成都　610072）

摘　要：通过引入电子商务技术，开发完成了信息服务类虚拟产品购物网站 www.yiphone.info，试验验证了电子商务技术在信息服务特别是气象服务中的应用，并以自驾天气服务为实验内容，实现了用户在网站上自主选购服务产品、预定出行线路和服务期限，并采用第三方支付系统完成即时到账收款。电子商务网站与内容管理、信息服务子系统采用 JMS(Java Message Service，Java 消息服务)消息机制集成，使得前端购物、后台内容生产与管理、信息发布有机结合，共同实现针对大量用户的个性化可定制服务。

关键词：电子商务；气象服务；自驾天气；个性化；短信；JMS；javaEE

引　言

随着气象科技和传媒技术的快速发展，公众气象服务已经通过电视、电台、报纸、网站、短信、客户端等多种方式进入千家万户，覆盖了 90% 以上的群体，气象信息已经成为人们衣食住行甚至商业活动中不可或缺的重要信息。经济越发展，关心天气的人就越多，而随着免费用户的不断增加，社会公众对气象服务也提出了更多更高的需求，人们逐渐认识到作为个体消费气象信息能够趋利避害，而公司用户通过合理利用气象信息却可能产生经济效益。因此，一部分高端用户不再满足于普通的天气预报，愿意支付一定费用以获得有针对性的、精细化、个性化和专业化的服务。

得力于社会经济的发展，我国已经成为世界第二大经济体，汽车进入了寻常百姓家，据统计，我国私人汽车保有量 2012 年底达到了 9309 万辆[1]，众多家庭拥有汽车之后，自驾游和长途出行的人数呈现出井喷状态。人在旅途，获取气象信息的途径会变少，尽管智能手机已经大量普及，客户端应用也发展很快，但部分偏远地区可能没有 3G 信号或者信号质量不好，使得获取天气信息不像在办公室或者家里那么方便。由于天气是自驾出行中一个很重要的安全因素，特别是在转折性、灾害性天气出现的时候，用户及时了解旅途沿线的天气变化情况，根据天气预报、实况和路况及时调整行车计划，尽量避开灾害发生点就显得十分重要。

为此，应用电子商务技术，开发了电子商务购物网站 www.yiphone.info，提供信息服务类虚拟产品，用户可以通过该网站选购多种信息服务产品，并自主完成产品订购与支付。针对自驾天气服务产品，用户可以事先定制好出行线路和服务起止时间，通过支付宝完成支付，电子商务网站收到客户支付的及时到账服务费之后，将订单内容记录处理成服务任务。后台服务系统通过定时预报和每小时实况数据，对每位客户的定制线路进行风险评估，一旦有发生危害行车安全的潜在可能，就通过短信方式及时提醒客户。

在个性化气象服务中采用电子商务技术，服务提供者可以在商城上提供大量有针对性的服务产品,方便客户定制;通过第三方支付系统可以实现担保交易或者实时收款,减少目前通过运营商收款发生的纠纷;由于是先付款后服务,只要做好收款后的服务工作,客户的投诉范围一般仅涉及服务质量与满意度方面。新技术的采用,可以轻松实现内容差异化、服务周期任意化,满足用户个性化服务需求。

1 系统设计

1.1 系统架构

系统由电子商务系统、内容管理系统、短信收发与后台管理系统等组成。基于应用规模,选择中小型 B2C 模式的电子商务系统就可以满足应用需求。从技术先进性、开放性、成熟度等方面综合考虑,选择 eBay 旗下的开源电子商务系统 Magento 作为开发平台,采用 OpenC-MS 作为内容管理系统,短信收发与后台管理系统采用 JavaEE 技术开发。短信收发通道采用第三方的全国全网通道,可以采用一个端口实现全国范围内移动、联通、电信用户的短信收发,与短信服务提供商按条结算,从而避免电信运营商比较僵化的包月或者点播服务,可以实现任意时段、任意条数的灵活服务。系统分层架构如图 1 所示。

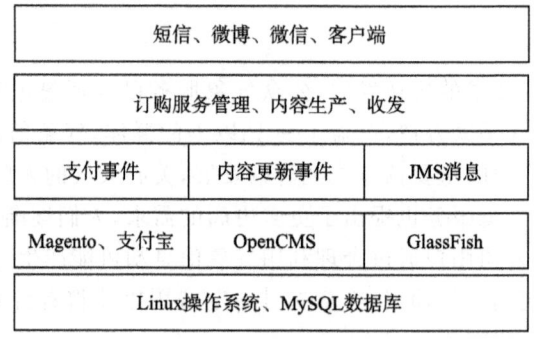

图 1 系统分层架构

如图 1 所示,本系统由多个功能不同的子系统构成,电子商务系统采用 Magetno,基于 PHP 实现;OpenCMS 和其他子系统基于 JavaEE 技术实现,各子系统可分别部署在不同的服务器上,为了使整个系统协调有序运行,系统集成采用 JMS 消息机制。

用户浏览电子商务网站、选购某种服务、下单并通过支付宝完成支付后将触发收款事件,通过编程将这一事件通过 JMS 消息发到消息队列,订购服务和内容管理系统分别处理该新订单,形成自己的任务,完成订购和服务的准备。

如果服务内容可由计算机自动生成,则服务过程可全自动实现,如自驾天气服务;某些服务其内容可能需要人工参与分析、编写,这些服务内容可采用 OpenCMS 内容管理系统实行统一管理,系统管理人员需要事先在 OpenCMS 上做好服务内容分类,并保持和电子商务平台上商品的分类一致。信息编辑人员可在 OpenCMS 上创建服务内容,当审核通过后,可以直接在 OpenCMS 系统里发布。

通过对 OpenCMS 编程,可以实现对发布事件的监听,当事件触发时,则将发布的内容分类,服务内容通过 JMS 消息告知管理与收发子系统。

管理与收发子系统收到 JMS 消息后,根据用户的订购情况、服务期限、资费等确定服务对象,并实施具体服务:短信发送、微博、微信或者客户端消息推送等。

1.2 系统功能设计

本系统由五个子系统构成,电子商务子系统用于展示各种服务产品,吸引用户购买。当用户购买了服务产品并完成支付后,电子商务平台将把订单信息通过 JMS 消息发送到订单队列。内容管理子系统和信息服务子系统将对收到的消息分别处理,记录服务产品、服务周期、费率和计费周期等信息,更新数据库。而信息服务子系统将根据用户定制和费用情况,及时发送相关信息到用户手机上。对于服务到期、费用用完的用户,自动停止服务。系统功能模块和数据流图分别如图 2 和图 3 所示。

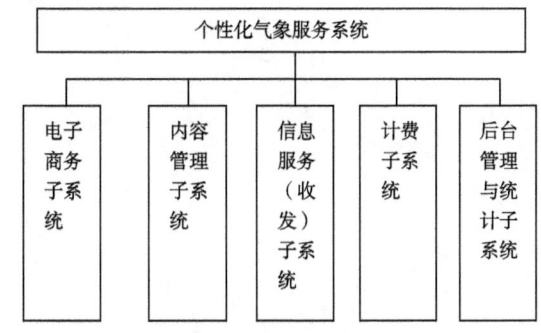

图 2   系统功能模块

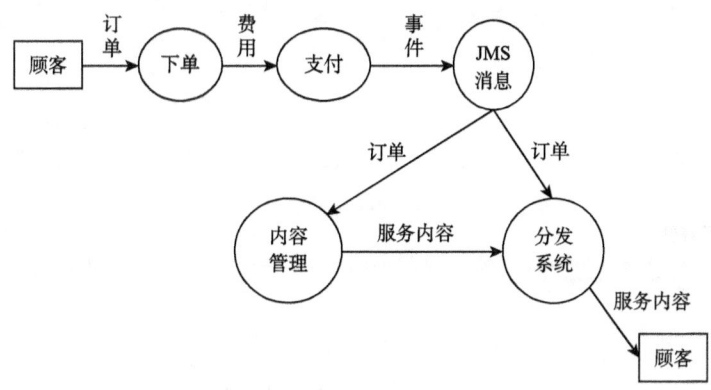

图 3   数据流图

2   自驾天气服务

随着人民生活水平的提高,自驾出行者日益增多,对气象服务也提出了新的需求。在出行过程中受条件限制,获取气象服务的途径变少,而很多著名景点都在边远山区,途中大多会经过人烟稀少的地区,沿途 3G 信号覆盖较差,发生极端天气的时候在这些山区道路上常常伴有山洪泥石流等次生灾害,给出行者带来严重安全隐患。针对出行线路的特性,出行者如果能够提前获取前方的预报、实况以及预警信息从而做出适当调整,规避风险,不失为一种很贴心的服务。这类与线路密切相关的气象服务可以归于自驾天气服务。

目前,试验了通过短信发送风险提示消息的自驾天气服务:用户在出行之前可以通过Google地图(开发系统时也可以采用百度等编程接口良好的其他地图)预先定制出行线路(图4),在服务期间由服务器根据预报和每小时实况信息自动判断沿途是否有危险天气发生,一旦发现有潜在风险,就通过短信向定制用户发出提示信息。

这类服务可以帮助用户时刻关注沿线天气变化,免去了用户不断查看多地天气的不便,特别是在旅行线路很长、有一定时间跨度的情况下,该服务则显得更为贴心。

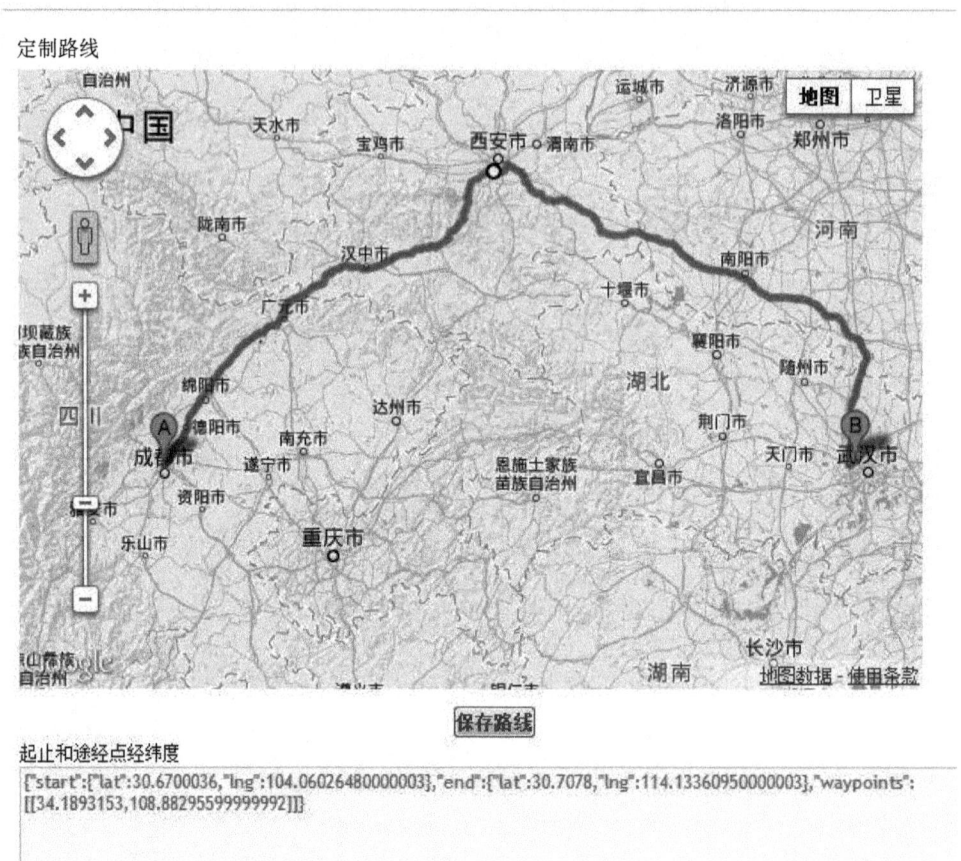

图4 自驾天气服务线路定制

2.1 自驾天气的定制

由于该类服务具有时间周期短(几天到十几天)、金额小、需求多样性的特点,采用电子商务方式由用户自主完成所需服务定制,并完成收款是一种值得探索的服务模式。与一般购物网站不同的是,"自驾天气"服务售卖的是一种特殊的商品,因此其商品属性比实物商品更多,主要有:服务时间(服务起止时间)、短信接收手机号码、资费标准、出行线路的经纬度等。其中出行线路的定制可以直观地采用地图方式,利用Google地图编程接口实现。用户可在地图中拖动标志点来设置出发和目的地,并通过增加途经点方式调整线路以适应特定的出行计划,设置好之后点击保存线路,程序通过Google API可以获得出行线路的起止点和途经点的经纬度。当用户购买本项服务时,这些信息将作为商品属性保存在电子商务系统中:即用户购买时保存在数据库的信息只是起止点和途经点的经纬度数据,在后续处理过程中,还需要调用 Google Map API 获取整条线路的详细经纬度数据。

2.2 服务信息的自动生成

由于自驾出行线路的连续性以及具有一定的时间跨度,所以了解沿途的预报和实况是非常重要的,当用户发现前方的预报或者正在发生危险天气的时候,就可以据此做出合理的判断,终止旅行或改道避让,从而避免生命财产损失。

用户出行或在途中定制好线路并通过支付宝完成支付后,电子商务系统会通过 JMS 消息机制将订单信息告知内容管理和短信收发系统,从收到定制消息开始,内容服务系统就将开始跟踪每一条定制线路:系统在定期获取到预报信息或者加密站实况信息后,就将遍历所有用户的所有定制线路,并对每一条线路进行风险评估,如发现有不利天气(大风、降水、寒潮、冻雨等)就会通过短信通知定制用户,及时对用户发出风险提示。

除了预报和实况信息可应用于自驾天气服务,预警信息也是很重要的信息来源,每当获取到各级气象机构发布的预警信息后,系统将对所有线路进行自动排查,如果官方发布的预警信息区域在用户的定制线路上,系统将转发该信息到用户的手机上。

针对线路的风险评价需要一套指标体系,由于本服务尚处于试验阶段,这些指标的确定还处于经验阶段,需要在今后的服务中不断总结完善。对于指标的处理和分析判断,目前采用 java 直接编程的方式,也可以采用数据库、OWL(Web Ontology Language)本体语言、解释性脚本语言等实现。后者的好处是不用修改业务程序,而只需要修改规则库或者用于描述规则的语言脚本。

使用指标对线路做风险评估是气象服务信息处理中的常规应用,不再详述。

3 自动处理 Magento 电子商务系统收款信息

本系统使用 Magento 电子商务系统作为服务的前端,用户在其上进行商品购买、付款等活动。要实现电商系统与应用系统的集成,及时对收款成功的订单信息进行处理是关键。

由于本系统属于中小型电子商务应用系统,因此采用了 eBay 旗下的开源系统 Magento。 Magento 是优秀的开源电子商务系统,采用 PHP 语言编写,可运行于 Windows 和 Linux 系统环境,在全球拥有数万商家用户,而且已经得到了全球解决方案合作伙伴和第三方开发商社区的支持。

Magento 功能强大,具有很好的扩展性,第三方公司可以通过 Core API 以 WebService 调用方式实现系统功能扩展[2],也可以通过事件编程以自定义模块方式对系统进行二次开发。

这两种编程方式有比较明显的区别,前者一般由"客户端"发起请求,由 Magneto 处理完成后返回结果,因此是非实时的;后者特别适合时间敏感性要求较高的场合,例如将 Magento 作为前端电子商务收款平台,如果采用 Core API 以 WebService 方式查询收款成功信息,由于付款时间的不确定性,想要及时处理收款信息需要不停地查询系统,这样可能导致过于频繁地调用 Magento Core API、降低系统性能。针对这种时间不确定,而且要求及时处理的情形,应当采用事件编程模式:只需要编写一个自定义模块,以 Observer 方式响应"收款成功"事件,然后采用 JMS 系统发送消息到指定队列即可。对电子商务系统而言,上述处理只付出了很少的系统开销,而后续处理则交给第三方应用。运行于其他服务器上程序只需要处理消息队列里的对应消息,就能及时处理付费成功的订单,轻松实现 Magento 与其他子系统的集成。

3.1 收款事件处理

Magento 以插件的形式支持多种支付方式,本系统采用目前广泛应用的支付宝作为第三方支付系统,通过在 Magento 系统中安装支付宝插件实现自动收款。当收款成功后需要将收款信息及时告知收发系统和内容管理系统,以便做好服务内容的自动生产和发送。

要实现对于收款的及时处理,可采用事件触发方式,针对 Magento 的收款事件做编程处理[3]。用户在电子商务平台选择好产品后,当点击支付的时候将转向支付宝网站,用户在支付宝完成支付后,支付宝会回调电子商务平台,这时候电子商务平台会根据配置,触发 sales_order_payment_pay 收款事件,因此可以监听该事件实现收款信息的及时处理。

在 Magento 上实现事件编程需要三个步骤:

第一步在 magento/app/etc/moduels/目录下创建一个模块配置文件:

```
<config>
  <modules>
    <Zcns_SmsOrder>
      <active>true</active>
      <codePool>local</codePool>
      <self_name>Zcns_AfterPay Module</self_name>
    </Zcns_SmsOrder>
  </modules>
</config>
```

该配置文件的作用是告知 Magento 系统,有一个用户自定义的模块"Zcns_AfterPay Module"需要加入系统,同时还指定了模块的存储位置。

第二步需要对模块本身做详细配置,由于该配置文件较长,其中针对事件的部分摘录如下:

```
<events>
  <sales_order_payment_pay>
    <observers>
      <zcns_smsorder_observer>
        <type>singleton</type>
        <class>Zcns_SmsOrder_Model_Observer</class>
        <method>OnAfterPayment</method>
      </zcns_smsorder_observer>
    </observers>
  </sales_order_payment_pay>
</events>
```

通过第二个配置文件,设置了要响应的事件是 sales_order_payment_pay,处理该事件的类是 Zcns_SmsOrder_Model_Observer,程序入口是 OnAfterPayment。

第三步,按照 Magento 的命名规范,具体的 php 代码应该放在目录 app/code/local/zcns/SmsOrder/Model 下,并创建一个 Observer.php 文件,里面包含事件响应代码,其算法伪代码如下:

```
class Zcns_SmsOrder_Model_Observer
{
    public function OnAfterPayment(MYMevent)
    {

        获取本订单的信息;
        按照要求将信息打包成 json 格式;
        通过 STOMP 协议将信息发送到 JMS 消息队列;
    }
}
```

3.2 JMS 消息收发

JMS 消息服务由应用服务器 GlassFish 承担,JMS 消息队列采用开源的 Open MQ,它已经集成在 GlassFish 中,这样开发的 MDB 应用可以部署在 GlassFish 上,实现消息的处理。

以订单为例,在服务器上配置一个 Topic:/topic/smsOrder,电子商务系统将收款成功的订单发到这个主题,则部署在 GlassFish 上多个 MDB(Message Driven Bean)可以各自处理获得的订单消息:内容管理系统登记线路、解析线路等;而收发系统则记录自己感兴趣的部分,如用户的手机号、与计费有关的信息等。对消息的处理程序既可以通过 MDB 方式部署在 GlassFish 服务器上,也可以部署在远程的其他服务器上。

由于电子商务系统是 PHP 实现的,不能直接采用 JMS 接口发送消息,所以在 GlassFish 上采用了 Stomp(Simple Text Orientated Messaging Protocol)桥接协议,使得其他服务器可以通过 Stomp 协议向 JMS 发送消息,而 Stomp 是一种简单的面向文本的消息传输协议,perl、PHP 等语言都可以采用。可供 PHP 使用的 Stomp 客户端较多,官网发布的客户端是一个 C 代码实现方案,需要下载编译,地址是 http://pecl.php.net/package/stomp,这是目前收发消息都最稳定的一种[4-5]。

4 结束语

将电子商务引入气象服务以适应用户多样化、个性化服务是一种有益的尝试,本系统基于过去的用户经验,目前采用短信作为信息发送载体,这不一定是最佳的发布渠道,也可以使用微博、微信、客户端作为发布渠道,新媒体可能更具成本优势;电子商务技术的引入,使得气象服务部门在设计小额度、碎片化、及时性服务产品时不再依赖传统的收费模式,其高度自动化特性使得系统可以同时服务于大量小额用户,为新业务的创新提供了新的技术途经。由于对气象服务自身的理解不够,加之缺乏应用推广经验,系统目前还没有实现经济效益,通过研制该系统认识到付费气象服务的真正瓶颈是服务产品的雷同与同质化,要发掘出独具一格而又被多数用户喜爱的气象服务产品仍然是今后工作的难点。

参考文献

［1］　中华人民共和国国家统计局.中华人民共和国 2012 年国民经济和社会发展统计公报.(2013-02-20).ht-tp://www.stats.gov.cn/tjgb/ndtjgb/qgndtjgb/t20130221_402874525.htm.

［2］　X.commerce，Inc.The Magento SOAP v1 API.http://www.magentocommerce.com/api/soap/intro-duction.html.

［3］　djnesh.Customize Magento using Event/Observer.(2012-06-19).http://www.magentocommerce.com/wiki/5_-_modules_and_development/0_-_module_development_in_magento/customizing_magento_using_event-observer_method.

［4］　唐良招.php 与 glassfish JMS 集成.(2011-08-17).http://lztang1964.blog.163.com/blog/static/187545 98520117171193051/.

［5］　Oracel.The Java EE 6 Tutorial，Java Message Service Concepts.(2013-01-01).http://docs.oracle.com/javaee/6/tutorial/doc/.

［6］　苏洋.分布式应用对象间 JMS 消息服务原理与消息处理过程.微型机与应用，2002，**21**(8)：9-12.

专业气象服务篇

CMA 陆面数据同化业务系统及产品介绍

师春香　姜立鹏　张　涛

（国家气象信息中心,北京　100081）

摘　要:陆面数据同化系统是通过制作高质量大气强迫数据驱动陆面模式模拟计算得到空间格点上,不同深度层的土壤温度、湿度等陆面变量,并利用数据同化技术同化地面观测与卫星反演土壤湿度、卫星观测亮温等,从而得到能更加真实地反映实际情况的土壤温度、湿度等数据产品。

关键词:陆面数据同化;CLDAS(中国气象局陆面数据同化系统);土壤湿度产品

引　言

中国气象局气象信息网络"十二五"计划中明确提出到 2015 年研制出高分辨率的多源土壤温度和湿度业务产品的目标。陆面数据同化技术是获取高质量土壤湿度数据的有效手段,根据国内外技术发展现状,国家气象信息中心制定了分阶段实现 CMA 陆面数据同化业务系统的计划,该计划分为四个阶段。

CLDAS-V1.0(CMA Land Data Assimilation System Version1.0)利用数据融合与同化技术,对地面观测、卫星观测、数值模式产品等多种来源数据进行融合,获取高质量的温度、气压、湿度、风速、降水和辐射等要素的格点数据,进而驱动陆面过程模型获得土壤、温湿度等陆面变量。CLDAS-V1.0 的业务目标是设计一个可扩展性强的陆面数据同化系统框架,开发一个可用于业务运行的 CLDAS-V1.0 系统,并为版本升级预留接口。CLDAS-V2.0 将实现多个陆面模式的运行和多模式集成,并继续改进地表、土壤、植被参数和陆面驱动数据;CLDAS-V3.0 将实现地面观测土壤湿度、卫星反演土壤湿度数据的同化;CLDAS-V4.0 将实现卫星观测亮温数据同化。

CLDAS-V1.0 系统于 2013 年 7 月投入业务试运行。该系统逐小时输出多层次土壤湿度产品,以及气温、气压、风速、湿度、太阳辐射等陆面驱动产品,可满足农业干旱监测、山洪地质灾害气象服务、气候系统模式评估、空间细网格实况数据服务等业务对土壤湿度产品等陆面产品的需求。

1　CMA 陆面数据同化业务系统介绍

CLDAS-V1.0 的总体处理流程如图 1 所示。

(1)利用 LAPS/STMAS 多重网格变分技术,以 GFS 数值分析/预报产品为背景场,用地面自动站观测数据进行逐步订正,获取 2 m 气温、10 m 风速、地面气压、湿度等要素的格点产品。

（2）基于 DISSORT 辐射传输模型,利用 FY-2E 一级数据反演小时太阳入射辐射。

（3）利用实时中国区域小时降水量融合产品和 FY-2E 反演小时降水产品进行叠加,获取东亚区域实时降水驱动。利用近实时中国区域小时降水量融合产品和 CMORPH 产品进行叠加,获取东亚区域近实时降水驱动。

（4）利用实时和近实时驱动数据分别驱动陆面模型,获取实时和近实时土壤湿度与土壤温度产品。

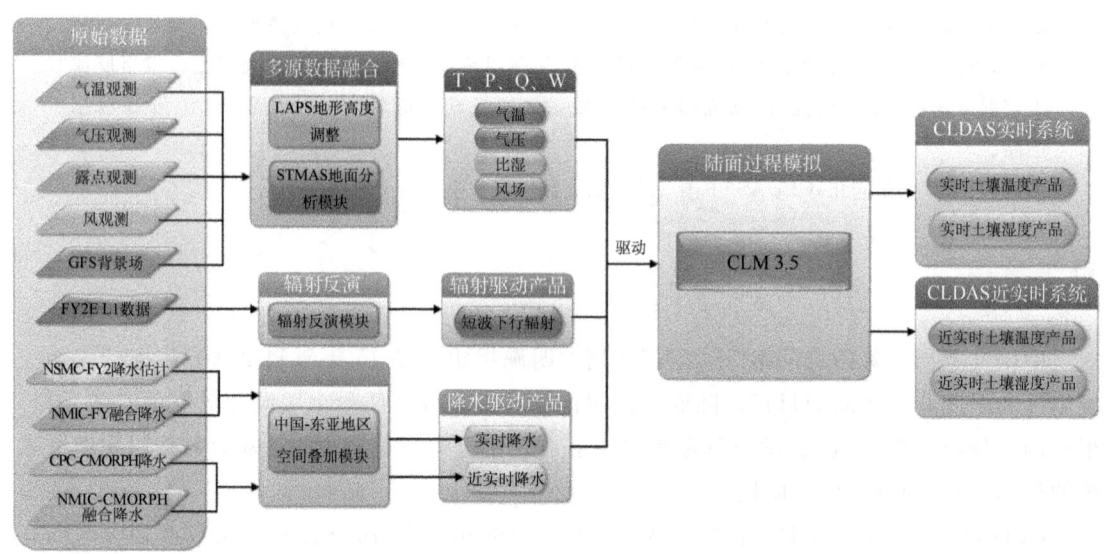

图 1　CLDAS-V1.0 的总体处理流程图

2　CLDAS-V1.0 业务产品介绍

CLDAS-V1.0 业务产品包括实时产品数据集（CLDAS-V1.0-RT）与近实时产品数据集（CLDAS-V1.0-NRT）。变量包括:陆面模式大气驱动场（气温、湿度、地表气压、10 m 风速、短波辐射、降水）,以及土壤湿度产品（垂直多层）。产品覆盖范围为东亚区域（0°—60°N,70°E—150°E）,空间分辨率为 1/16°×1/16°,时间分辨率是 1 小时,CLDAS-V1.0-RT 产品滞后 3 小时,CLDAS-V1.0-NRT 产品滞后 2 天 3 小时,NETCDF 数据格式存储。

以下是 CLDAS-V1.0 业务产品示例。图 2a-f 分别是 CLDAS-V1.0 气温、地面气压、湿度、风速、短波辐射和降水驱动数据产品示例。图 3a-f 分别是 CLDAS-V1.0 系统输出的 0～10 cm、10～20 cm、10～40 cm、40～80 cm 深度土壤湿度产品示例。

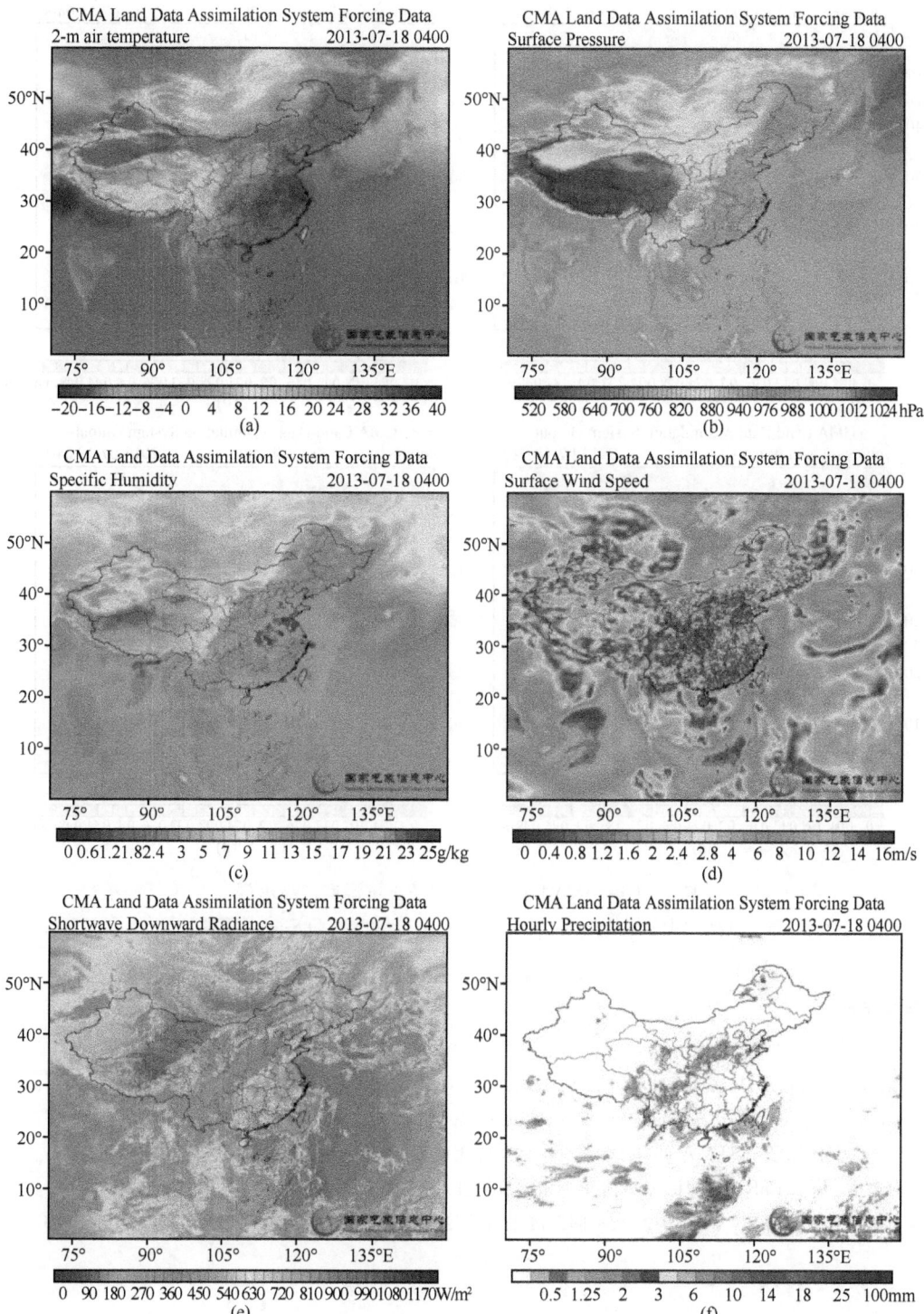

图 2 CLDAS-V1.0 驱动数据产品示例

(a)—(f)分别是气温、地面气压、湿度、风速、短波辐射和降水

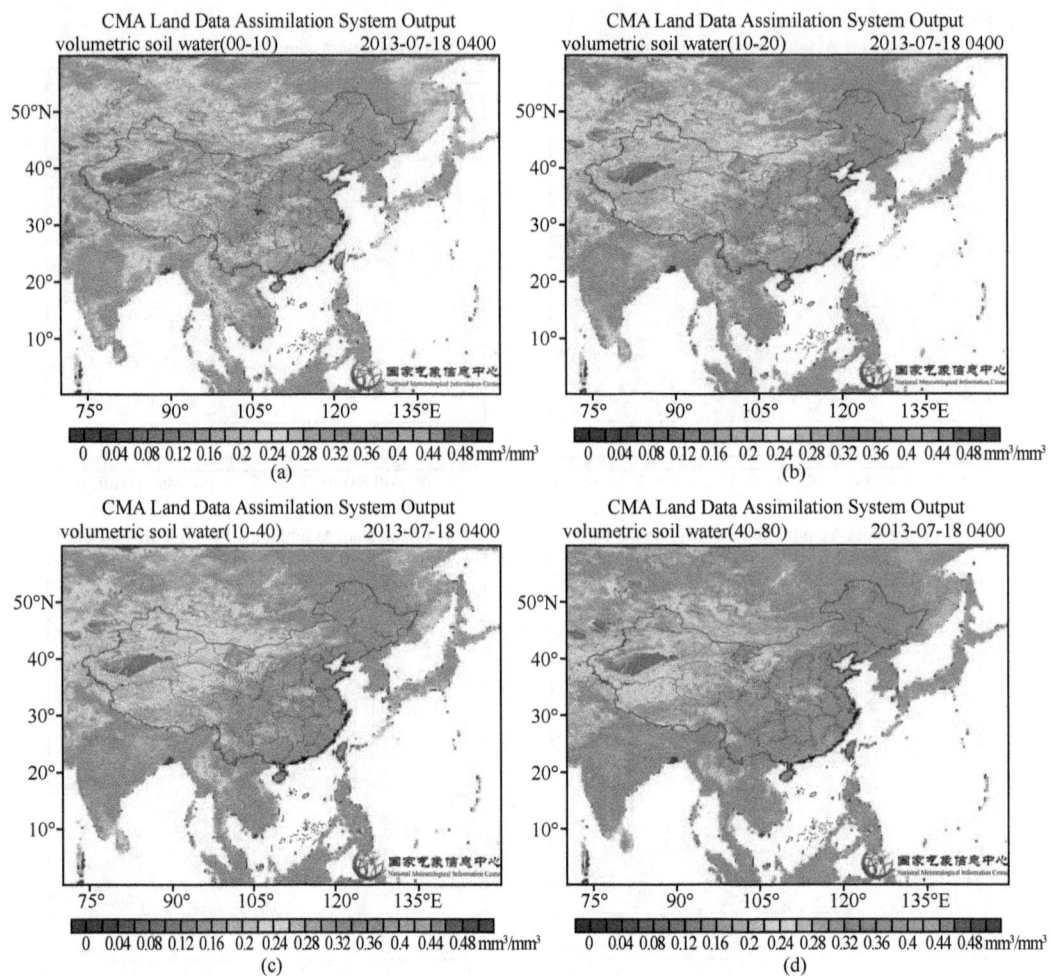

图 3　CLDAS-V1.0 系统输出的土壤湿度产品示例

(a)—(d)分别是 0～10 cm、10～20 cm、10～40 cm、40～80 cm 深度

参考文献

[1]　Shi C X，Xie Z H，Qian H，et al. China land soil moisture EnKF data assimilation based on satellite remote sensing data. Sci China Earth Sci，2011，doi：10.1007/s11430-010-4160-3.

[2]　张涛.基于 LAPS/STMAS 的多源资料融合及应用研究.南京：南京信息工程大学,2013.

[3]　师春香.基于 EnKF 算法的卫星遥感土壤湿度同化研究.北京：中国科学院研究生院,2008.

[4]　朱晨,师春香,席琳,等.中国区域不同深度土壤湿度模拟和评估.气象科技,2013,**41**(3)：529-536.

中小河流洪水气象风险预警阈值指标确定技术研究

包红军

(中国气象局公共气象服务中心,北京 100081)

摘 要:研究尝试建立与发展有资料/缺资料中小河流洪水气象风险预警指标——致洪暴雨临界面雨量阈值确定技术。选择新安江水系屯溪流域为试验流域,分别探讨了流域有长序列水位(流量)、降水资料情况下,结合分布式新安江模型模拟,推求基于流域前期土湿的致洪暴雨动态临界面雨量阈值确定技术;流域只有较长序列降水资料情况下,基于水文频率分析法推求流域致洪暴雨临界面雨量阈值确定技术。并选择新安江水系上游屯溪流域进行检验和验证。结果表明,两种方法均取得良好的应用效果,具有较好的推广应用价值,其中基于流域前期土湿的动态致洪暴雨临界面雨量阈值效果更好。

关键词:致洪暴雨临界面雨量;动态;分布式新安江模型;土壤含水量;水文频率曲线;屯溪

引 言

据统计,目前全球各种自然灾害所造成的损失,洪涝灾害所造成的损失最大[1]。而暴雨是最主要洪涝致灾因素[2-3]。我国中小河流众多,流域面积在 $100\sim1000\ km^2$ 的河流就有 5 万多条,覆盖了 85% 的城镇及广大农村,防洪标准普遍偏低,一般年份的水灾总损失占全国水灾总损失的 70%~80%。

由于大部分中小河流站网密度偏小,缺少必要的应急监测手段,预报方案不健全,加上中小河流源短流急,洪水具有强度大、历时短、难预报/预警、难预防的特点,因此暴雨诱发的中小河流洪水预警已经成为防洪减灾工作中突出的难点。目前,我国中小河流洪水预警技术研究还处于起步阶段。

建立中小流域洪水预警指标是流域洪水预警建设的核心之一。根据一个流域防洪标准确定的防洪特征水位(如警戒水位)可以推算出警戒流量,当某时间尺度内降雨达到或超过一定量级时,就会达到其相应的流量(警戒流量),甚至激发山洪灾害。对应时间尺度内的降雨量即为临界面雨量。

本次研究面向中国气象局的暴雨诱发的中小河流洪水、山洪地质灾害气象风险预警服务业务的需求,以警戒水位为例,提出有资料/缺资料的中小河流洪水风险预警指标——致洪暴雨临界面雨量阈值确定技术,并选择新安江水系屯溪流域为试验流域,分别探讨了流域有长序列水位(流量)、降水资料和流域只有较长序列降水资料两种情况下的中小流域致洪暴雨临界面雨量阈值确定技术,并进行检验和验证。

资助项目:中国气象局气象关键技术集成与应用项目(CMAGJ2014M72);国家自然科学基金项目(41105068);中国气象局青年英才计划(2014-2017);中国气象局 2012 年度青年英才计划项目"流域洪涝临界面雨量阈值确定技术研究"

1　流域简介

试验流域屯溪流域位于新安江水库上游,该流域所处的地理位置见图1。新安江流域位于东经 117°41′至 119°30′,北纬 29°20′至 30°20′。新安江是钱塘江上游的主干流,发源于皖赣边境的怀玉山主峰六股尖。流向自西向东,经屯溪、街口、淳安,于建德的梅城与兰江汇合,流域全长为 364 km,流域面积为 11850 km²,约占钱塘江流域面积(41800 km²)的四分之一。流域北面与安徽省的青弋江为界,东北面为钱塘江支流分水江,东南面与钱塘江上游的常山港交界,西面及西南面与江西省的昌江、乐安河为界。

屯溪流域位于安徽省境内皖南山区,邻近中国东南沿海,属亚热带季风气候区。该地区四季分明,气候温和,多年平均气温约为 17℃。屯溪流域面积为 2692.7 km²,地势西高东低,最大、最小、平均海拔高程分别为 1398 m、116 m、380 m,相对高差较大。该流域雨量充沛,多年平均降雨量约为 1800 mm,降水在年内年际分配极不均匀,汛期内的降雨量一般占年总雨量的 60% 以上。屯溪流域内植被良好,主要包括常绿针叶林、落叶阔叶林、混合林、森林地、林地草原、牧草地与作物地,土壤类型主要为黏壤土。

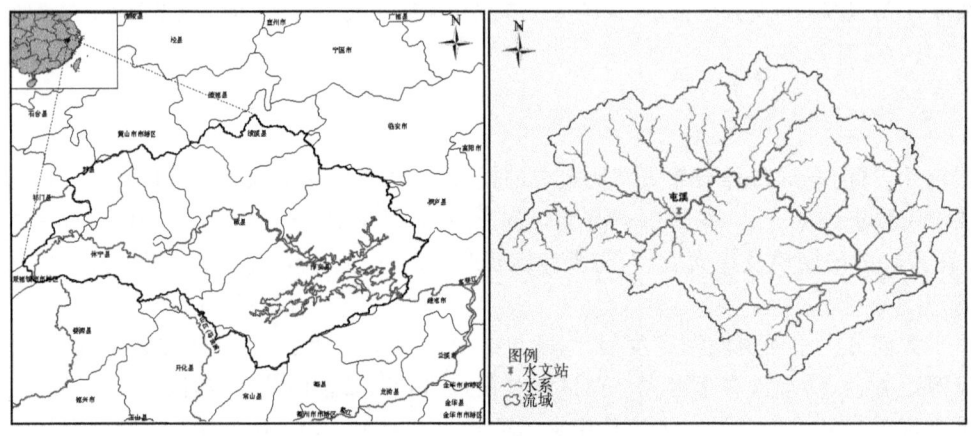

图1　屯溪流域地理位置

2　中小流域暴雨致洪临界面雨量阈值确定技术研究

2.1　流域特征信息提取

流域特征信息是进行流域暴雨致洪临界面雨量研究的基础。本文使用美国联邦地质调查局提供的 $30″×30″$ 的 DEM 数据[4]进行新安江水库上游屯溪流域特征信息提取。利用 DEM 提取流域的基本水文特征信息,首先是要对原始 DEM 矩阵进行预处理以消除洼地,然后再根据最陡坡度原则确定出每个栅格点的水流方向,由此得出每个栅格点的上游集水区,在此基础上,再依据给定生成河网水系的阈值确定属于水系的栅格点,接着按照水流方向矩阵由水系的源头开始搜索出整个水系并进行自然子流域的划分,最后确定出研究流域的边界。在流域边界确定后,可以提取研究流域的一些地貌特征。图2为新安江水库上游屯溪流域特征信息提取结果。

(a) 原始DEM数据　　　　　　　　　(b) 提取的屯溪流域边界与水系

图2　流域特征信息提取

2.2　有序列水位(流量)、降水资料中小流域致洪暴雨动态临界面雨量确定技术

中小河流洪水的大小除了与降雨总量、降雨强度有关外,还与流域初始土壤含水量密切相关。当土壤较干(湿)时,降水下渗大(小),产生地表径流则小(大)。因此,在建立中小河流洪水气象风险指标时,应该考虑中小河流防治区中小流域土壤含水量情况。土壤含水量指标可采用土壤含水量饱和度,由水文模型输出。随着流域土壤饱和度的变化,中小河流洪水气象风险预警指标也会随之发生变化,故称之为动态临界面雨量。

本文利用屯溪流域雨量站降雨资料以及屯溪水文站流量资料,采用分布式新安江模型[5-10]计算流域土壤含水量饱和度,根据土壤含水量饱和度和中小河流洪水发生前三个时间尺度(6 h、12 h、24 h)的最大降雨量,应用基于幂函数的最小均方差准则的 W-H(Widrow-Hoff)算法,建立中小河流洪水预警判别函数,得出在不同土壤含水量饱和度下的三个时间尺度中小河流洪水气象风险预警指标,并与基于线性函数的最小均方差准则的 W-H 算法的阈值确定结果进行对比。

2.2.1　分布式新安江模型

分布式新安江模型以新安江蓄满产流与一维简化动力波汇流为基础。该模型以每一个DEM 栅格为计算单元,在每个栅格单元上均包含植被截流、蒸散发计算、产流与分水源计算、坡面汇流以及河道汇流计算。在进行栅格间的汇流演算时,考虑了上游来水对蓄满产流的影响,即上游来水先补足当前栅格单元的土壤含水量直至其蓄满为止。同时,分布式新安江模型也考虑了河道排水网络与河道降水对栅格单元产汇流计算的影响。

2.2.2　动态临界阈值确定技术

采用模型参数优选过的分布式新安江模型对洪水过程进行模拟,得到模式输出的三层土壤张力水容量,需要通过转换为土壤湿度[11]。

根据流域的土壤含水量饱和度和降雨量绘制 X-Y 散点图,X 轴为土壤含水量饱和度,Y轴为降雨量。以 24 h 雨量为例,针对历史资料系列中流域发生过的洪水(不分大小),分别在洪水前 24 h 降雨量以及发生之前的土壤饱和度。

将土壤饱和度和最大 6 h 雨量绘制成 X-Y 散点图,并根据其对应的洪水过程是否超过警戒流量分为 2 类,用中小河流洪水临界雨量阈值线作为判别函数,将土壤含水量饱和度和最大降雨量组成的状态空间分为 2 个部分,作为系统模式识别进行研究。本文应用基于幂函数的最小均方差准则算法,建立不同土壤含水量饱和度下的三个时间尺度中小河流洪水气象风险预警判别函数。

定义幂函数判别函数 $d(x)$:

$$d(x) = w_1 x_1^{a1} + w_2 x_2^{a2} + w_3 = wx^A \tag{1}$$

式中,$x = (x_1^{a1}, x_2^{a2}, 1)'$,称为增广特征矢量;$w = (w_1, w_2, w_3)$,称为增广权矢量。此时增广特征矢量的全体称为增广特征空间。根据判别函数 $d(x)$ 的值来判断 x 的类别(即是否超洪水风险指标)。一般情况下,由于洪水形成的高度非线性,很难有完全一致的判别结果,因此,所求得的权矢量应该让尽可能使被错分的训练模式最少。

2.2.3 应用试验

利用屯溪流域 1980—2003 年的气象、水文资料进行分布式新安江模型参数化方案优选。根据水利部水情预报规范[12],达到预报甲等方案,水文模型率定结果如表 1 所示。

表 1 屯溪流域洪水率定与检验结果表

	洪水编号	总雨量	洪量相对误差	相对误差	确定性系数
	1982050108	512	−1.33	−0.2	0.98
	1983051108	75.5	−7.13	−10.1	0.92
	1983051422	79.9	3.86	−15.3	0.98
	1983052908	214.1	8.72	11.1	0.95
	1983060906	119.4	−3.99	4.5	0.9
	1984050108	419	8.25	−26	0.86
	1984082620	172.7	−4.48	1.4	0.97
	1986061108	511.6	0.73	6.3	0.94
	1987050108	74.2	−10.87	−74.7	0.21
	1987061908	110.4	19.93	16.7	0.8
率定期	1988050704	154.6	−6.65	−16.1	0.85
	1988061101	191.9	6.04	1.9	0.88
	1989050108	312.9	10.2	1.8	0.97
	1989061206	197.9	1.71	−10.8	0.97
	1989063023	161.6	2.31	1.4	0.97
	1989072208	132	−6.53	2.2	0.87
	1990050108	89.5	−9.41	14.8	0.96
	1990061108	355.5	5.32	−12.7	0.94
	1991051800	504.2	8.96	−23.3	0.9
	1991063008	355.1	2.79	29.6	0.87
	1992062000	357.5	9.1	−2.2	0.96
	1993052700	1074.4	1.51	−18	0.95

续表

	洪水编号	总雨量	洪量相对误差	相对误差	确定性系数
检验期	1994050100	779	7.66	−0.8	0.97
	1995051500	1010.9	6.62	12.7	0.89
	1996060100	1199.9	3.83	14.3	0.96
	1997060600	552.5	−6.15	0.9	0.95
	1998050108	1090.9	15.69	19.1	0.93
	1999052108	208.4	−2.5	4.3	0.98
	1999062215	617	9.76	9.4	0.96
	1999082408	272.9	0.24	−19.4	0.96
	2001050108	98.1	−25.73	−24	0.87
	2001062008	297.2	−9.23	−1.5	0.89
	2002051308	536.2	−8.31	−4.3	0.86

选出在洪峰出现之前的最大 24 h、12 h、6 h 降雨量,统计对应降雨发生之前的不同土壤饱和度,得到不同时间尺度雨量与土壤含水量饱和度分类图(图 3 至图 5)。

利用在洪峰出现之前的最大 6 h、12 h、24 h 降雨量和不同土壤含水量饱和度,应用基于幂函数的最小均方差准则的 W-H 算法(简称幂函数法),得出在不同土壤含水量饱和度下的三个时间尺度动态临界雨量预警指标线,并与基于线性函数的最小均方差准则的 W-H 算法(简称线性函数法)的应用结果进行对比(表 2、表 3)。

对 1980—2003 年的屯溪流域洪水进行验证,9 场超警洪水,对于幂函数法,6 h/12 h/24 h 时效均预警成功,而线性函数法只有 8 次预警成功;而 24 场未超警洪水中,幂函数法 6 h/12 h/24 h 时效分别空报 3 次/3 次/2 次,线性函数法 6 h/12 h/24 h 时效分别空报 1 次/3 次/2 次,比幂函数法略好。总体而言,两种方法均具有不错的验证效果,其中幂函数法效果更好。

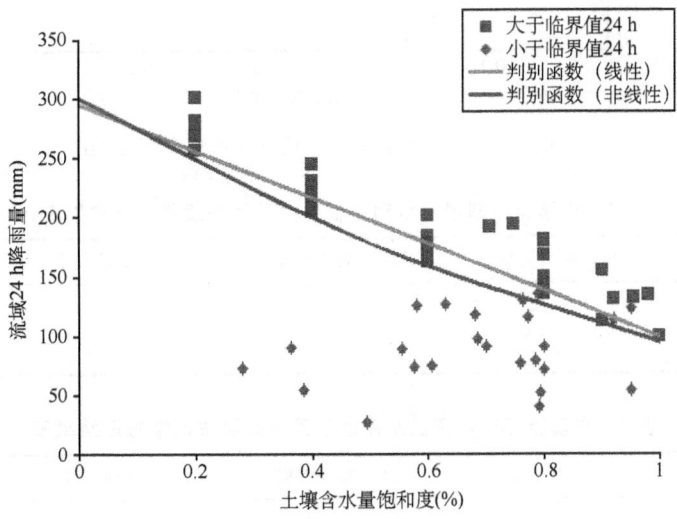

图 3　屯溪流域 24 h 降雨量与土壤含水量饱和度分类图

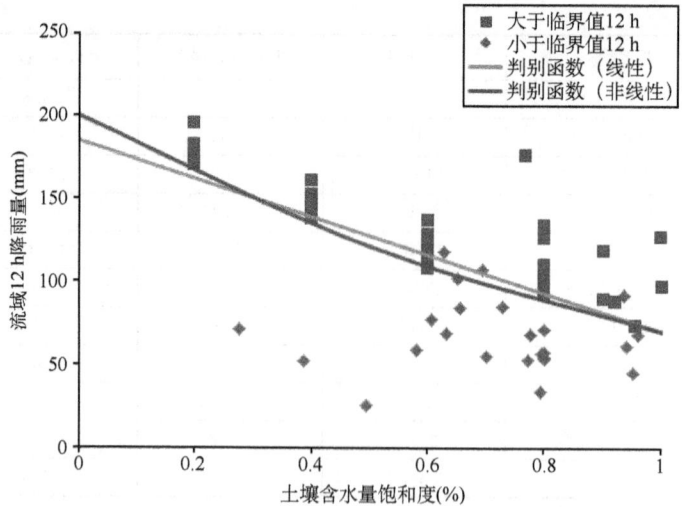

图 4　屯溪流域 12 h 降雨量与土壤含水量饱和度分类图

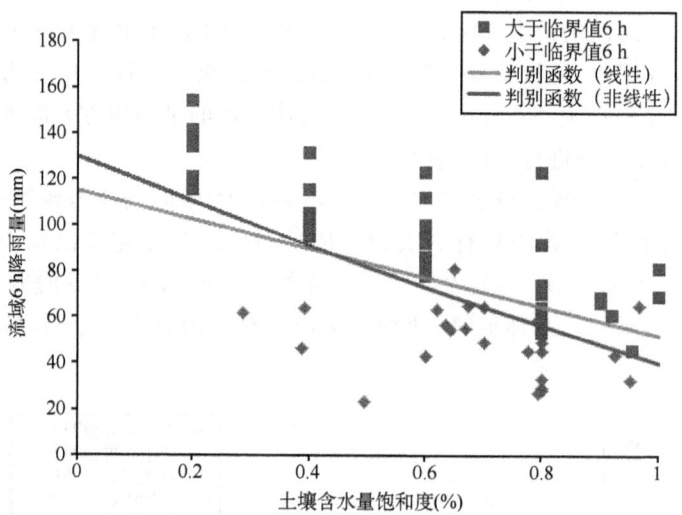

图 5　屯溪流域 6 h 降雨量与土壤含水量饱和度分类图

表 2　屯溪流域超警洪水动态临界面雨量法预警验证结果表

算法	超警洪水场数	24 h 成功预警	12 h 成功预警	6 h 成功预警
幂函数法	9	9	9	9
线性函数法	9	8	8	8

表 3　屯溪流域未超警洪水动态临界面雨量法预警验证结果表

算法	未超警洪水场数	24 h 预警空报	12 h 预警空报	6 h 预警空报
幂函数法	24	3	3	2
线性函数法	24	1	3	2

2.3 只有较长序列降水资料流域临界面雨量确定技术

本文中,有较长序列降水资料的流域一般指具有 20 年以上资料降水资料的流域。在气象部门中,往往有的是多年降水资料,但缺乏流量、水位资料。可以根据长序列降水资料来推求中小流域的致洪暴雨临界面雨量。本次研究中是基于水文频率分析方法,推求发生中小河流超警洪水对应的警戒雨量。图 6 为根据屯溪流域 1980—2003 年降水资料推求的降水频率曲线。根据频率曲线推求 5 年一遇洪水的临界面雨量为 129.2 mm。应用频率曲线法得到屯溪流域致洪暴雨 24 h 临界面雨量对 33 场洪水进行检验,9 场超警洪水,成功预警 7 场;未超警洪水 24 场,空报只有 2 场(表 4),取得不错的预警效果,只比动态临界面雨量法稍差一点。

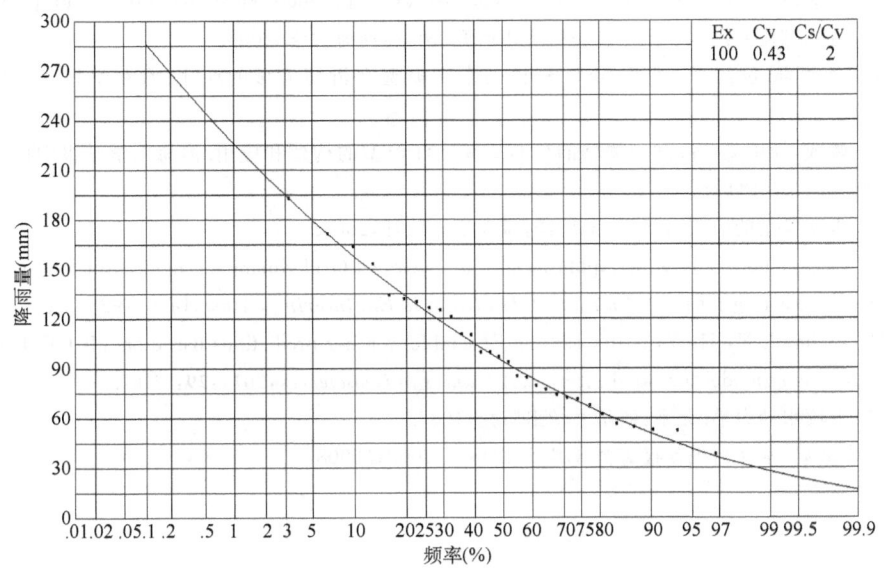

图 6 屯溪流域 1980—2003 年 24 h 暴雨频率曲线图

表 4 屯溪流域水文频率法推求临界面雨量预警验证结果表

超警洪水场数	24 h 成功预警	未超警洪水	24 h 空报
9	7	24	2

3 结论与讨论

本次研究建立长序列水位(流量)、降水资料和只有较长序列降水资料两种情况下中小流域致洪暴雨临界面雨量阈值确定方法,并在新安江水库上游屯溪流域取得不错的应用与验证效果,对同类洪水预警有一定的借鉴意义。但仍有需要进一步讨论的问题:

(1)平原区中小河流流域边界问题。中小河流洪水流域特征值特别是流域边界是推求流域致洪临界面雨量的最基本信息之一。对于山区性河流,可以通过 DEM、ArcGIS 技术来获取,而平原区流域的基础特征信息获取一直是研究的难点之一。

(2)无资料流域的中小河流洪水临界面雨量阈值确定技术。气象部门难以获取或者获全流域完全的水文资料。在西部流域,气象资料也不尽完整,需要研究无资料中小河流洪水临界面雨量确定技术也是下一步研究的重点。

参考文献

[1] 张继权,李宁.主要气象灾害风险评估与管理的数量化方法及其应用.北京:北京师范大学出版社,2007:123-124.

[2] 王博,崔春光,彭涛.暴雨灾害风险评估与区划的研究现状与进展.暴雨灾害,2007,26(3):281-286.

[3] 梁钰,布亚林,王蕊,等.致洪暴雨预报模型应用研究.气象科技,2005,33(4):305-310.

[4] U. S. Geological Survey, GTOP30. http://edc. usgs. gov/products/elevation/gtopo30/gtopo30. html.

[5] 包红军.沂沭泗流域洪水预报调度模型应用研究.南京:河海大学,2006.

[6] 王莉莉,李致家,包红军.基于 DEM 栅格的水文模型在沂河流域的应用.水利学报,2007,37(S1):417-422.

[7] 李致家,姚成,汪中华,等.基于栅格的分布式新安江模型的构建和应用.河海大学学报(自然科学版),2007,35(2):131-134.

[8] 李致家.水文模型的应用与研究.南京:河海大学出版社,2008.

[9] Yao C, Li Z J, Bao H J, et al. Application of a developed Grid-Xinanjiang model to Chinese watersheds for flood forecasting purpose. *Journal of Hydrologic Engineering*, 2009,14(9):923-934.

[10] Bao H J, Zhao L N, He Y, et al. Coupling Ensemble weather predictions based on TIGGE database with Grid-Xin'anjiang model for flood forecast. *Advances in Geosciences*,2011:29:61-67.

[11] 雷志栋.土壤水动力学.北京:清华大学出版社,1988.

[12] 水利部水文局.水文情报预报规范(GB/T 22482—2008).2008.

GA-BP 方法在洪水预报中的应用研究

殷志远[1]　彭　涛[1]　杨　芳[2]　沈铁元[1]

(1. 中国气象局武汉暴雨研究所暴雨监测预警湖北省重点实验室,武汉　430074;

2. 湖北省气象信息与技术保障中心,武汉　430074)

摘　要:以湖北省清江上游水布垭控制流域为例,利用分组 Z-I 关系结合地面气象雨量站对雷达估算降雨进行校准,计算出流域实况平均面雨量,再利用遗传算法与神经网络相结合的方法建立订正 AREM 预报降雨的模型,以达到提高 AREM 预报降雨预报精度的目的,最后将订正前后的 AREM 预报降雨输入新安江水文模型进行洪水预报试验。结果表明,订正后 AREM 预报降雨能够显著提高过程的累计降雨量预报精度,平均相对误差的减小幅度在 60% 以上,逐小时的过程降雨预报精度也有一定的提高,但与实况仍有一定差距;订正前后 AREM 预报降雨的洪水预报试验确定性系数的场次平均值从 -32.6% 提高到 64.38%,洪峰相对误差从 39% 减小到 25.04%,确定性系数的提高效果要优于洪峰相对误差,整体洪水预报精度在一定程度上有所提高。

关键词:AREM 定量降雨预报;雷达定量估算降雨;遗传—神经网络;洪水预报

引　言

洪水灾害一直是威胁人类生存和发展的最严重的自然灾害之一,我国每年因洪灾造成的直接经济损失达数百亿元。据不完全统计,我国约有水库 8.6 万座,其中有相当一部分中小型水库水文站分布密度不够,甚至是空白,这样的水库在面对局部性暴雨洪水时,往往存在较大的隐患[1]。随着现代气象探测技术的不断发展,可获取的观测资料也越来越丰富,将这些资料有效应用于水文站分布较少或无水文站的水库流域,可以加强水库防洪调度的科学性和可预见性,确保水库安全度汛。

目前,已有不少专家学者将雨量计、定量降雨估算、定量降雨预报等资料输入到水文模型中进行模拟和试验,并取得了比较好的效果。彭涛等[2]利用分组 Z-I 关系运用地面雨量站实测降雨对雷达估算降雨进行校准,并将校准前后的降雨量输入水文模型进行洪水预报,结果表明校准后雷达估算降雨的洪水预报精度有很大提高。张亚萍等[3]通过选取研究流域内不同数量的地面雨量计对雷达估算降雨进行校准,并将校准后的结果输入到 TOPMODEL 水文模型进行流域径流模拟,得到了较为满意的结果。崔春光等[4]利用中尺度数值模式(AREM 模式)的降雨预报结果作为洪水预见期内的降雨输入到新安江模型中进行预报测试,结果表明考虑预见期内的降雨相对未考虑预见期降雨对洪水预报结果提高具有明显的优势。王莉莉等[5]将

资助项目:国家自然科学基金(41205086);公益性行业(气象)专项(GYHY201206028,GYHY201306056;GYHY201306059;武汉暴雨研究所基本业务专项课题(1014)

GRAPES 模式与水文模型相结合进行洪水预报,结果表明 GRAPES 气象—水文模式对洪水预报的预见期延长效果明显,对洪水模拟精度也较高。但是,在这些研究成果当中大多数都是偏向于某一类或某两类资料的应用,对于融合三类以上资料的研究还比较少。因此,本文考虑针对无法获取可靠降雨数据的水库流域,充分利用地面气象站观测降雨、雷达估算降雨和模式预报降雨的资料信息来计算流域的面雨量,并作为水文模型的输入为水库的科学防洪调度提供参考依据。

BP 神经网络是一个具有高度非线性的、大规模的动力系统,具有很强的处理非线性问题的能力,但 BP 神经网络的缺陷是收敛速度慢,网络易陷入局部极小。而遗传算法具有全局优化能力,适用于多峰函数优化等多种场合,而且具有并行搜索等特点,可优化出种群中的最优个体,但是,当遗传算法搜索到最优解附近时,无法精确地确定最优解的位置,也就是说它对于局部搜索空间的微调能力比较差。金龙等[6]以广西全区月份平均降水作为预报量及前期500 hPa月平均高度场、海温场相关区作为预报因子,建立基于遗传算法的神经网络短期气候预测模型,该方法与传统逐步回归方法相比,具有预报精度高、稳定性的优点。谷晓平等[7]以广东省东北部的滨江流域为试验区域,以 1995—2001 年气象探空资料为基础,利用最优子集回归技术进行预报因子筛选,建立了流域面雨量预报的 GA-BP 神经网络模型,取得了满意的结果。赵金彪等[8]T213 数值预报产品,采用遗传算法与神经网络相结合的方法,进行了乡镇降水量预报模型的预报建模研究,并将这种遗传—神经网络乡镇降水量预报模型与逐步回归预报方法和中尺度模式降水输出结果进行对比分析,试验预报结果表明,遗传—神经网络方法在大雨以上降雨具有更好的预报能力。充分发挥遗传算法和 BP 神经网络的长处,将两者结合是目前一个十分活跃的研究领域。本文旨在通过遗传—神经网络算法(以下简称 GA-BP算法)建立融合气象观测站,雷达估算以及模式预报等资料的降雨订正模型,并将模型的输出作为水文模型的输入进行洪水预报试验,以期提高洪水预报精度。

1 研究流域与资料说明

本文选取清江上游水布垭控制流域作为研究对象,水布垭水库正常蓄水位 400 m,库容 $43.12×10^8$ m³,是一座具有多年调节性能的水库,属于一等大(1)型水电水利工程,工程以发电、防洪为主,兼顾旅游、养殖和灌溉等。尽管水布垭流域内本身水文站网建设比较完善,但由于只收集到部分水库入库流量资料,而未能收集到流域内水文站点的降雨资料,因此,本文将其作为无水文站点的流域来进行研究。

计算过程中所用到的资料主要包括清江梯调管理中心提供的 2007—2012 年水布垭逐小时入库流量资料,湖北省气象信息与技术保障中心提供的 2009—2012 年恩施 CINRAD/SB 雷达体扫基数据资料和研究流域内 70 个地面气象站点的降雨资料,武汉暴雨研究所提供的相应时段的 AREM 模式 0～60 h 逐小时降雨预报产品。在资料的使用上,从 2007—2010 年选取了 9 次降雨过程资料用于相关参数的率定,并选取 2011 年 8 月 3 日、2012 年 4 月 10 日、2012 年 5 月 25 日、2012 年 7 月 7 日共 4 次降雨过程资料用于预报试验。图 1 是清江流域的概况图,由于沿清江河道分布有三级梯级水电站(包括水布垭、隔河岩、高坝洲),为尽可能减少人为调度因素对计算结果的影响,因此选取的是处于最上游的水布垭控制流域作为研究对象。

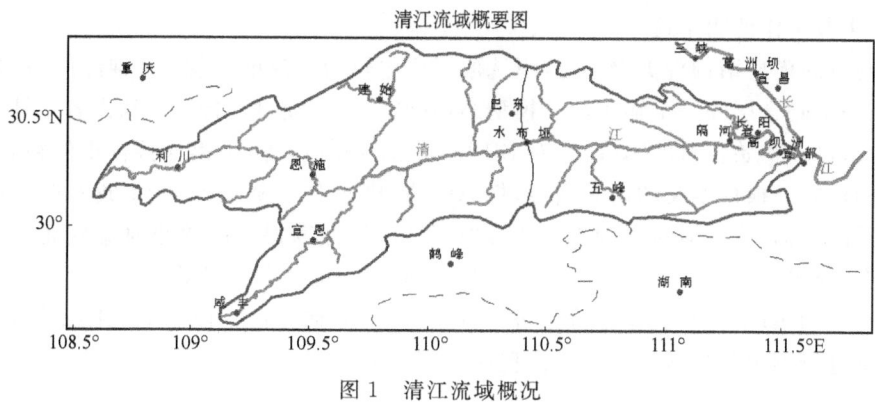

图 1　清江流域概况

2　研究方法

2.1　遗传算法简介

遗传算法(GA)是模拟生物在自然环境中的遗传和进化过程而形成的一种自适应全局优化概率搜索方法,最早由美国密执安大学的 Holland 教授提出[9]。遗传算法中,将 n 维决策向量 $X=[x_1,x_2,\cdots,x_n]^T$ 用 n 个记号 $X_i(i=1,2,\cdots,n)$ 所组成的符号串 X 来表示:$X=X_1X_2\cdots X_n \Rightarrow X=[x_1,x_2,\cdots,x_n]^T$。把每一个 X_i 看作一个遗传基因,它的所有可能取值称为等位基因,这样,X 就可看作是由 n 个遗传基因所组成的一个染色体。生物的进化过程主要是通过染色体之间的交叉和染色体的变异来完成的。与此相对应,遗传算法中最优解的搜索过程也是模仿生物的这个进化过程,通过使用选择,交叉和变异等遗传算子作用于种群,不断对种群个体进行筛选,直至满足计算要求[10-11]。

2.2　BP 神经网络简介

BP 神经网络是一种多层前馈神经网络,该网络的主要特点是信号前向传递,误差反向传播。在前向传递中,输入信号从输入层经隐含层逐层处理,直至输出层。每一层的神经元状态只影响下一层神经元状态。如果输出层得不到期望输出,则转入反向传播,根据预测误差调整网络权值和阈值,从而使 BP 神经网络预测输出不断逼近期望输出[12-13]。信息正向传播的过程可以由第 k 层第 j 个神经元的输入输出关系简单表示为:

$$y_j^k = f_j^k\Big(\sum_{i=1}^{n_{k-1}} w_{ij}^{(k-1)} \times y_i^{(k-1)} - \theta_j^k\Big) \qquad (j=1,2,\cdots,n_k; k=1,2,\cdots,M) \qquad (1)$$

式中,$w_{ij}^{(k-1)}$ 为第 $k-1$ 层第 i 个神经元到第 k 层第 j 个神经元的连接权重;θ_j^k 为该神经元上的阈值;n_{k-1} 为第 $k-1$ 层神经元的数目;f 被称为激活函数,通常采用 sigmoid 函数[14]。

2.3　遗传—神经网络预报方法

从神经网络 BP 算法和遗传算法自身特点上讲,BP 算法的训练是基于误差梯度下降的权重修改原则,不可避免地存在落入局部最小点问题;遗传算法善于全局搜索,而对于局部的精确搜索显得能力不足。遗传算法和 BP 算法的结合,实现了优势互补,有利于更好地解决实际问题,许多实践工作证明了这一点。

　　神经网络的模型结构种类繁多,这里选取了应用较为广泛的三层 BP 神经网络,即包含一个输入层、一个隐含层和一个输出层。模型结构确定以后,通过遗传算法给出各个神经元的初始连接权重,再在初始权重的基础上,对 BP 神经网络进行训练,求得连接权重的精确解,从而完成模型的建立。根据本文的研究内容,将 AREM 模式[15-16]预报 0～60 h 逐小时流域面雨量作为输入层的数据,将相应时段的雷达联合地面气象站计算得到的逐小时流域面雨量作为输出层的数据,通过遗传—神经网络算法,利用雷达联合地面气象站计算得到的逐小时流域面雨量对相应时段的 AREM 模式预报降雨进行订正,最终分别将订正前后的 AREM 预报降雨输入水文模型进行洪水预报试验。计算流程如图 2 所示。

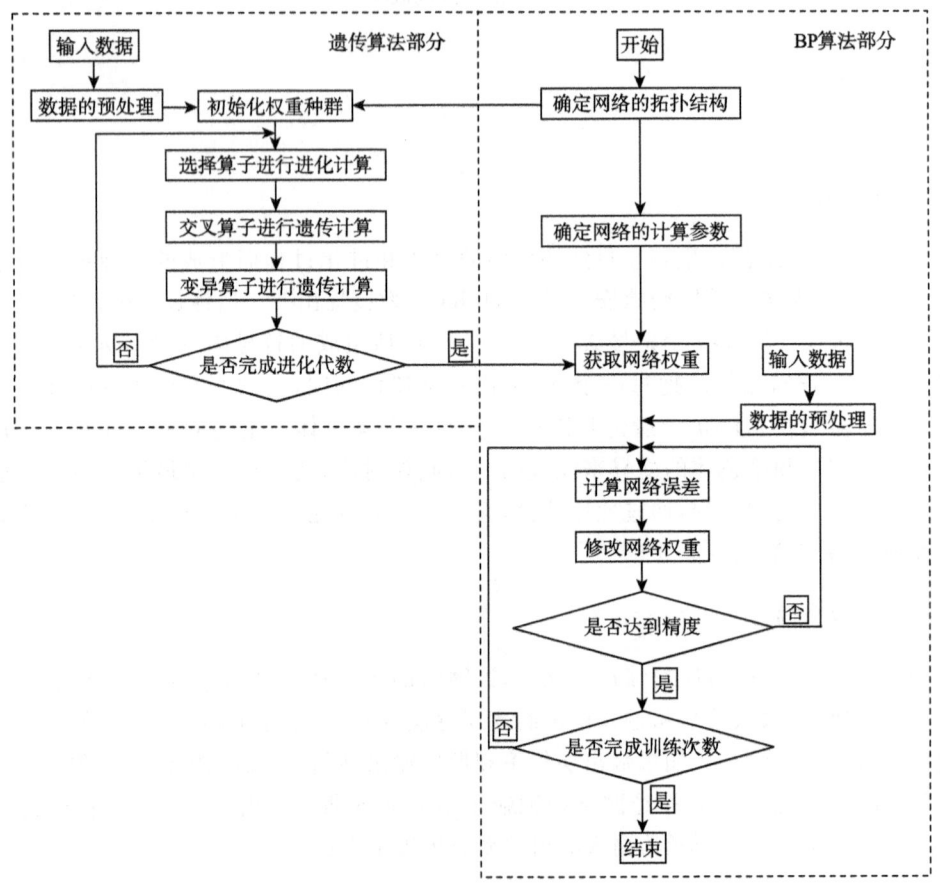

图 2　GA-BP 算法流程图

3　实例分析

3.1　雷达联合气象站点估算降雨

　　雷达定量测量降水的方法有多种,如 Z-I 关系法,还有标准目标物法、衰减法和双因子法等。在日常工作中最常用的是 Z-I 关系法,即应用雷达气象方程由测得的降水回波的反射率

因子,然后根据反射率因子和降水强度之间的关系来推算降水强度。常用的雷达估算降雨一般表达式如下:

$$Z = AI^b \tag{2}$$

目前,常用的典型关系式 $Z = 200I^{14/9}$,仅适用于平均情况。因为某次降水很难分布均匀,且随时间变化,雨滴谱也随时间、空间和不同降水类型而变。$Z\text{-}I$ 关系的不稳定性,给雷达定量测量降水带来了困难,有些学者对大量的滴谱资料进行分析,发现若对降水成因分成几类,如层状云降水、对流云降水、地形云降水、干雪和湿雪等,分别对不同类型降水统计出相应的 $Z\text{-}I$ 关系,则关系中的系数 A 和 b 的变化范围相对缩小[17]。但是,从雷达探测角度出发,能够抓得住的就是雷达反射率 Z 的值,所以在实际雷达定量测量降水中需根据当时当地的实况,通过雷达反射率因子 Z 与地面雨量实测降雨强度 I,经统计分析确定 $Z\text{-}I$ 关系中的系数 A 和 b 值。确定系数 A 和 b 的方法很多,通过分析比较发现,将 $Z\text{-}I$ 关系进行分组,通过建立目标函数求得各个分组 A 和 b 的值,可以显著提高估算精度[2-3,18]。

本文采用了文献[2]和[18]中对雷达反射率因子 Z 的分组划分方法,即 $Z < 20$,$20 \leqslant Z < 30$,$30 \leqslant Z < 40$,$Z \geqslant 40$。通过把 Z 转换成雨强,再对雨强进行时间积累得到雷达估算的每小时雨量 H_i,结合自动站实测降雨 G_i 建立判别函数:

$$CTF = \min(H_i - G_i)^2 \tag{3}$$

根据历史资料一共选取了 162752 个样本用于率定参数,优选过程中,将参数 A 的取值范围设为 $1 \sim 500$,步长为 1;参数 b 的取值范围设为 $0.1 \sim 5$,步长为 0.1。通过不断改变两个参数各自的步长计算 CTF 的值,其中最小的 CTF 值所对应的参数 A 和 b 即为所求最优参数,优选结果见表 1。

表 1 参数优选结果

	$Z < 20$	$20 \leqslant Z < 30$	$30 \leqslant Z < 40$	$Z \geqslant 40$
A	11	11	11	93
b	5	4.4	4.8	4.5
$CTF(\text{mm}^2)$	8271	7754	9563	2041
样本数	86084	41383	29814	5471

将上述优选参数代入公式(2),计算出率定期校准后的雷达估算降雨,并将流域内 68 个气象站点(Q5298 和 Q5299 资料缺少较多,不在比较之列)对应网格点的雷达估算累计降雨量与气象站点自身的累计降雨量进行比较,结果如图 2 所示。从图 2 中可以看出,气象站点的累计降雨均值为 430.8 mm,校准后雷达估算降雨的累计降雨均值为 646.6 mm,两者的绝对误差为 $7 \sim 560$ mm,其中超过 80% 的站点其绝对误差在 315 mm 以下。此外,两者的相对误差为 $1.58\% \sim 78.69\%$,平均相对误差为 31.28%,与文献[2]和[18]的研究结论较为一致。

利用优选参数对四次预报试验过程的雷达估算降雨进行校准计算,以进一步验证参数的可靠性(见表 2)。从计算结果来看,对于单次过程的校准平均绝对误差范围为 $10 \sim 25$ mm,平均相对误差为 $25\% \sim 34\%$。总体来看,校准后雷达估算降雨均值较气象站点累计降雨均值偏低,平均绝对误差随累计降雨量的增加有增大的趋势,但是平均相对误差变化比较稳定,基本维持在 30% 左右,场次均值低于率定期的 31.28%。表 2 中的平均绝对误差和平均相对误差分别采用公式(4)和公式(5)进行计算:

$$L = \frac{\sum\limits_{i=m} |f_i - r_i|}{m} \qquad (4)$$

$$F = \frac{\sum\limits_{i=m} \dfrac{|f_i - r_i|}{r_i}}{m} \qquad (5)$$

式中，f_i 为逐小时校准后雷达估算降雨；r_i 为逐小时气象站点观测降雨；m 为流域内气象站点个数。

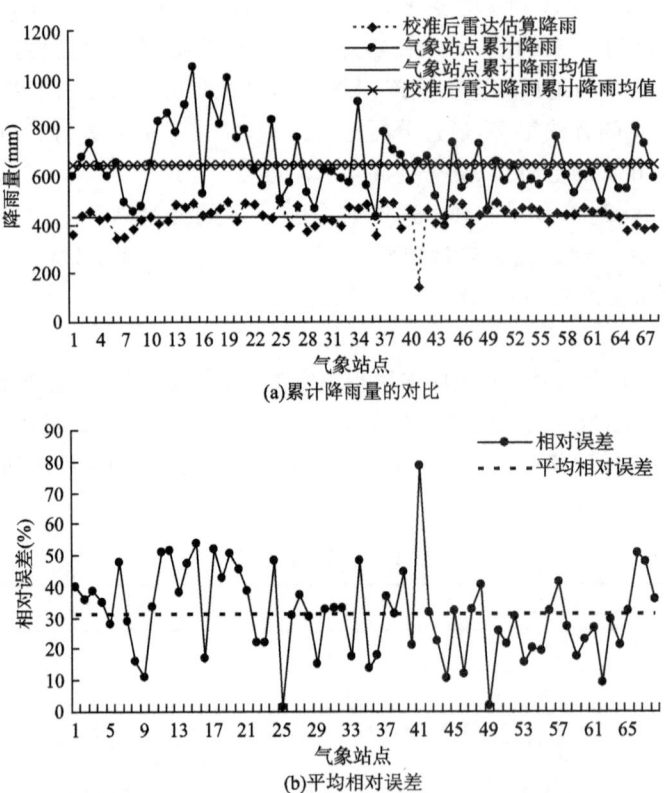

图 2　气象站点与校准后雷达估算计算结果对比

表 2　检验期校准后雷达估算累计降雨与气象站点累计降雨对比

降水日期	气象站点累计降雨均值(mm)	校准后雷达估算累计降水均值(mm)	平均绝对误差(mm)	平均相对误差(%)
2011.8.3	68.4	52.7	25.20	29.65
2012.4.10	30.9	35.2	10.77	26.94
2012.5.25	42.3	40.7	17.98	33.96
2012.7.7	46.1	37.8	17.74	28.64
场次平均	46.9	41.6	19.04	28.69

3.2 利用 GA-BP 算法对 AREM 预报降雨订正

在遗传算法进化迭代过程中种群规模 $L=500$，进化代数 $k=1000$，交叉概率 $pc=0.6$，变异概率 $pm=0.001$。利用率定期 9 场降雨过程数据优选得到初始的三层 BP 神经网络的连接权重，再通过 BP 算法计算出最优网络连接权值，从而建立订正 AREM 预报降雨的模型。从表 3 的结果可以看出，率定期未经过订正的 AREM 累计降雨的平均绝对误差和平均相对误差分别为 18.6 mm 和 77.22%，而经过 GA-BP 算法订正过累计降雨的平均绝对误差和平均相对误差分别为 6.99 mm 和 26.09%。单从模拟效果来看，经过订正后的 AREM 预报降雨不论是绝对误差还是相对误差都比未订正降雨减小了 60% 以上。另外，未订正的预报累计降雨其预报稳定性较差，最小相对误差为 0.57%，最大相对误差为 235.15%，并且随累计降雨的量级变化，相对误差的变化规律性不强，很难找出两者之间的联系。相比之下，经过 GA-BP 算法订正的预报累计降雨，相对误差的变化范围只有前者的 1/5，其预报效果的稳定性也明显优于前者，对于实际累计降雨在 20 mm 以上的过程，其平均相对误差在 20% 以内，大大提高了降雨预报精度。

表 3　率定期 GA-BP 算法与未订正 AREM 累计降雨结果对比

降雨过程	实际累计降雨(mm)	未订正 AREM 累计降雨			GA-BP 算法订正后累计降雨		
		预报(mm)	绝对误差(mm)	相对误差(%)	预报(mm)	绝对误差(mm)	相对误差(%)
(1)2009.5.11	18.3	27.1	8.8	47.94	28.4	10.1	55.12
(2)2009.6.19	35.0	34.9	0.1	0.57	45.0	10.0	28.43
(3)2009.6.28	20.5	48.4	27.9	135.99	27.1	6.6	32.15
(4)2010.6.06	45.6	33.6	12.0	26.48	48.1	2.5	5.30
(5)2010.7.07	65.0	51.5	13.5	20.88	76.8	11.8	18.14
(6)2010.8.14	34.2	70.6	36.4	106.35	43.9	9.7	28.32
(7)2010.8.24	25.4	47.4	22.0	86.99	27.4	2.0	7.96
(8)2011.7.25	19.9	26.8	6.9	34.73	21.3	1.4	7.02
(9)2011.9.27	17.1	57.4	40.3	235.15	26.1	9.0	52.35
平均值	31.3	44.2	18.6	77.22	38.2	6.99	26.09

由于水文预报试验需要的是逐小时的预报降雨数据，尽管 GA-BP 算法对过程累计降雨量订正效果较好，然而对于流域水库来说，降雨随时间的分布也是影响洪峰出现的一项非常重要的因素。因此，本文通过选取不同的逐小时降雨量阈值，计算误差时只考虑大于阈值的降雨，以此来进一步检验 GA-BP 算法对 AREM 预报逐小时降雨的订正效果，同时分析订正误差的主要来源。图 3a 中横坐标代表逐小时降雨量阈值 p，纵坐标代表大于 p 的逐小时降雨的平均相对误差(采用公式(5)进行计算)。从图 3a 中可以看出，当把小于 0.5 mm 的小时降雨纳入到统计样本中时，其过程的平均相对误差是比较大的，基本上都在 90% 以上，最大值达到了 180%，而将小于 0.5 mm 的小时降雨从样本中去除以后，过程平均相对误差渐趋于稳定，且随设定的临界小时降雨的增大而减小，最终稳定在 20%~30% 左右。从图 3b 中可以更加直观地看出，临界小时降雨小于 0.5 mm 时，平均相对误差斜率是比较大的，当大于 0.5 mm 时，各过程的平均相对误差斜率基本趋于 0。从数学的角度来看，图 3b 可以看成是对图 3a 进行一阶求导的结果，当大于 0.5 mm 以后一阶导数趋于 0，一方面说明了相对误差的变化达到了稳定，另一方面也说明了相对误差已接近最小值。

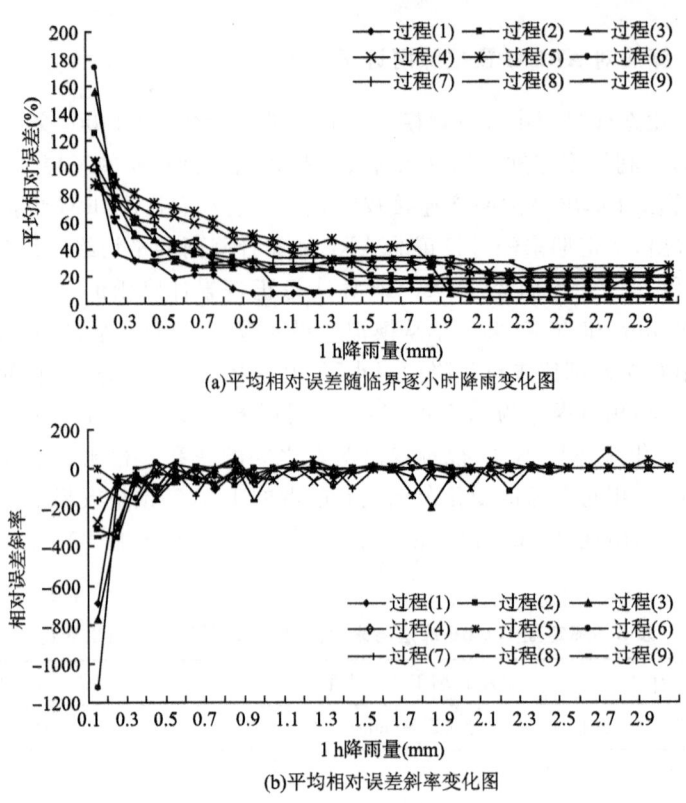

(a)平均相对误差随临界逐小时降雨变化图

(b)平均相对误差斜率变化图

图3　GA-BP算法逐小时订正降雨相对误差分析

为了尽量减少小量级降雨带来的不稳定误差,同时又要保证有足够多的训练样本来建立订正模型,结合上述对率定期资料计算结果的分析,再针对检验期的过程降雨做进一步分析时,只将大于 0.5 mm 的逐小时雨量作为有效数据。图4为检验期订正预报降雨、未订正预报降雨以及校准后雷达估算降雨的对比分析。从对四次过程的对比可以发现,未订正的 AREM 预报降雨对过程中出现的最大小时降雨量的预报较为准确,量级误差基本在10%以内,预报值和实况值出现的时间误差小于 2 h,但是从整个降雨过程来看,只有最大小时预报降雨附近的数据与实况较为接近,除此之外的预报值与实况相比都普遍偏低。经过订正后的预报降雨虽然在最大小时降雨量上比未订正的预报降雨效果较差,但就整个预报过程而言更加接近实况数据。表4给出了预报降雨订正前后对累计降雨计算结果的统计分析数据,其中未经过订正的 AREM 累计降雨的绝对误差和相对误差的场次平均值分别为 19 mm 和 31.25%,而经过 GA-BP 算法订正后累计降雨量的绝对误差和相对误差的场次平均值分别为 4.4 mm 和 9.97%。从统计结果来看,GA-BP 算法对过程累计降雨量平均相对误差的减小在 20% 以上,最大减小了 48%,其订正效果是比较显著的。另外检验期的四次过程实况累计降雨均在 30 mm 以上,各次过程的平均相对误差也在 20% 以内,这一点也与率定期资料的分析结论较为一致。表5给出的是检验期各过程逐小时降雨统计分析的结果,表中累计绝对误差和平均相对误差分别采用公式(4)和公式(5)进行计算。从结果可以看出,未经过订正的 AREM 累计绝对误差和平均相对误差的平均值分别为 21.39 mm 和 55.32%,而经过 GA-BP 算法订正后过程累计绝对误差和平均相对误差的平均值分别为 12.5 mm 和 34.21%,较之订正前分别减小了 41.56% 和 38.16%,虽然订正效果也比较明显,但是与实况结果相比仍然有一定差距。

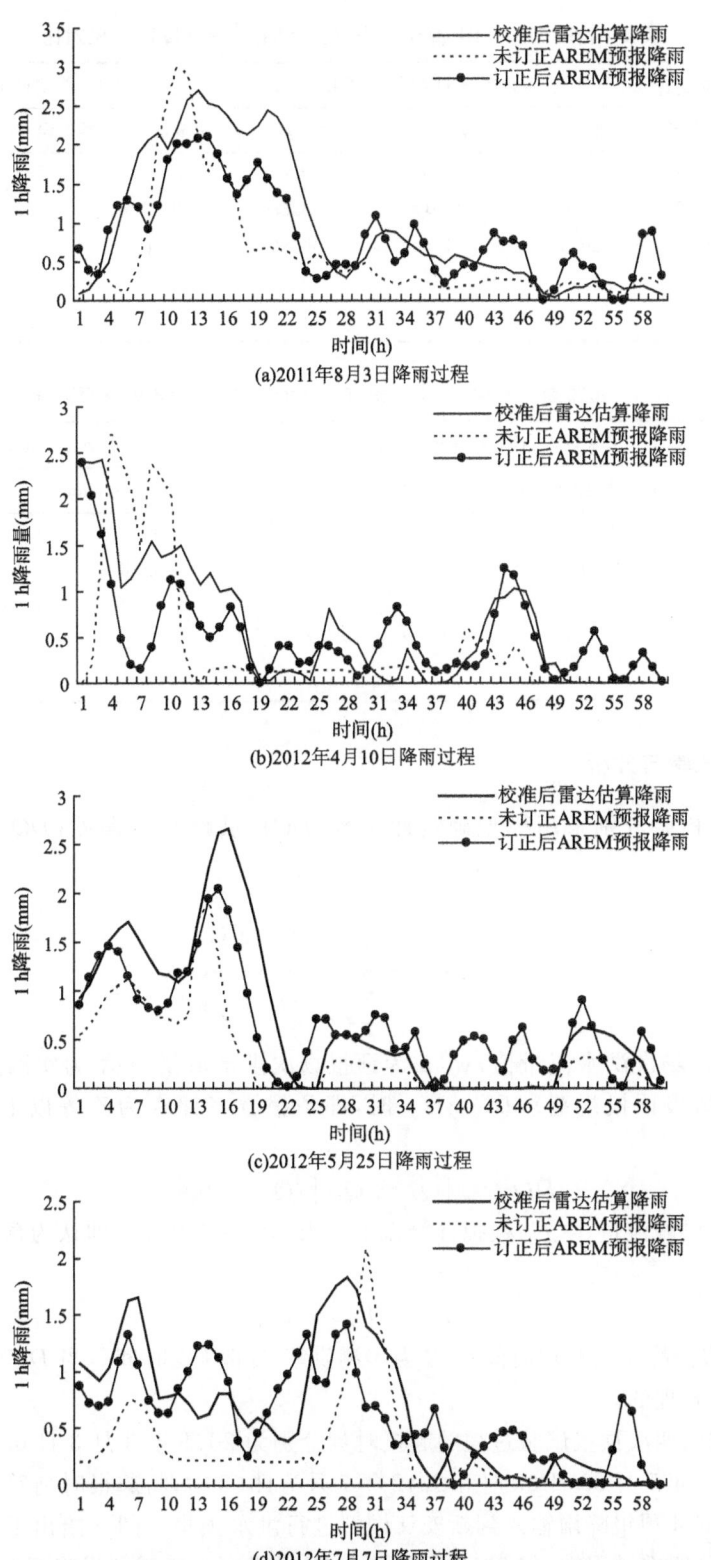

图 4　检验期四场降雨过程未订正 AREM 预报降雨、订正后 AREM 预报降雨与
校准后雷达估算降雨对比

表4　检验期 GA-BP 算法与未订正 AREM 累计降雨结果对比

降雨过程	实际累计降雨(mm)	未订正 AREM 累计降雨			GA-BP 算法订正后累计降雨		
		预报(mm)	绝对误差(mm)	相对误差(%)	预报(mm)	绝对误差(mm)	相对误差(%)
(1)2011.8.03	57.4	34.6	22.8	39.72	49.6	7.8	13.59
(2)2012.4.10	35.7	23.6	12.1	33.89	29.9	5.8	16.25
(3)2012.5.25	41.3	20.3	21.0	50.85	39.1	2.2	5.33
(4)2012.7.07	38.1	18.0	20.1	52.76	36.3	1.8	4.7
场次平均值	43.12	24.12	19.0	31.25	38.73	4.4	9.97

表5　检验期 GA-BP 算法与未订正 AREM 逐小时降雨结果对比

降雨过程	未订正 AREM 逐小时降雨		GA-BP 算法订正后逐小时降雨	
	累计绝对误差(mm)	平均相对误差(%)	累计绝对误差(mm)	平均相对误差(%)
(1)2011.8.03	25.3	50.44	15.9	31.86
(2)2012.4.10	22.7	71.75	11.6	40.54
(3)2012.5.25	18.8	48.76	10.6	27.97
(4)2012.7.07	18.7	50.31	11.8	36.47
场次平均值	21.39	55.32	12.5	34.21

3.3　水文预报试验与分析

预报结果的检验分别采用模型确定性系数(DC)、洪峰相对误差(DQ_m)以及峰现时差(DT)来评定[19]：

$$DC = 1 - \frac{\sum_{i=1}^{M} [y_c(i) - y_0(i)]^2}{\sum_{i=1}^{M} [y_c(i) - \bar{y}]^2} \tag{6}$$

式中，$y_c(i)$ 为实测场次洪水流量值；$y_0(i)$ 为预报场次洪水流量值；$\bar{y}$ 为实测洪水流量序列均值。根据《水文情报预报规范》，$DC \geqslant 0.7$ 时，即预报方案评级为乙等以上时，可用于作业预报。

$$DQ_m = |Q_{obv} - Q_{cal}| / Q_{obv} \times 100\% \tag{7}$$

式中，Q_{obv} 为实测洪峰流量；Q_{cal} 为模拟计算流量。当 $DQ_m \leqslant 20\%$ 时，即认为预报洪峰的量级是合理的。

$$DT = |T_{Q计} - T_{Q实}| \tag{8}$$

式中，$T_{Q计}$ 为预报洪峰流量峰现时间；$T_{Q实}$ 为实测洪峰流量峰现时间。当 $DT \leqslant 3$ 时，即认为预报的峰现时间是合理的。

检验期选取的四次预报试验过程的起报时刻分别为 2011 年 8 月 3 日 08 时、2012 年 4 月 10 日 08 时、2012 年 5 月 25 日 08 时和 2012 年 7 月 7 日 08 时，将起报时刻后 60 h 逐小时订正前和订正后 AREM 预报降雨输入到新安江模型进行洪水预报。图 5 给出了四次预报试验的流量预报结果，这四次过程中，仅 2012 年 4 月 10 日过程中未订正预报降雨的流量预报比订正后的好，其原因并不是因为未订正降雨与实况吻合较好，而是这次实况降雨的主要降雨过程都

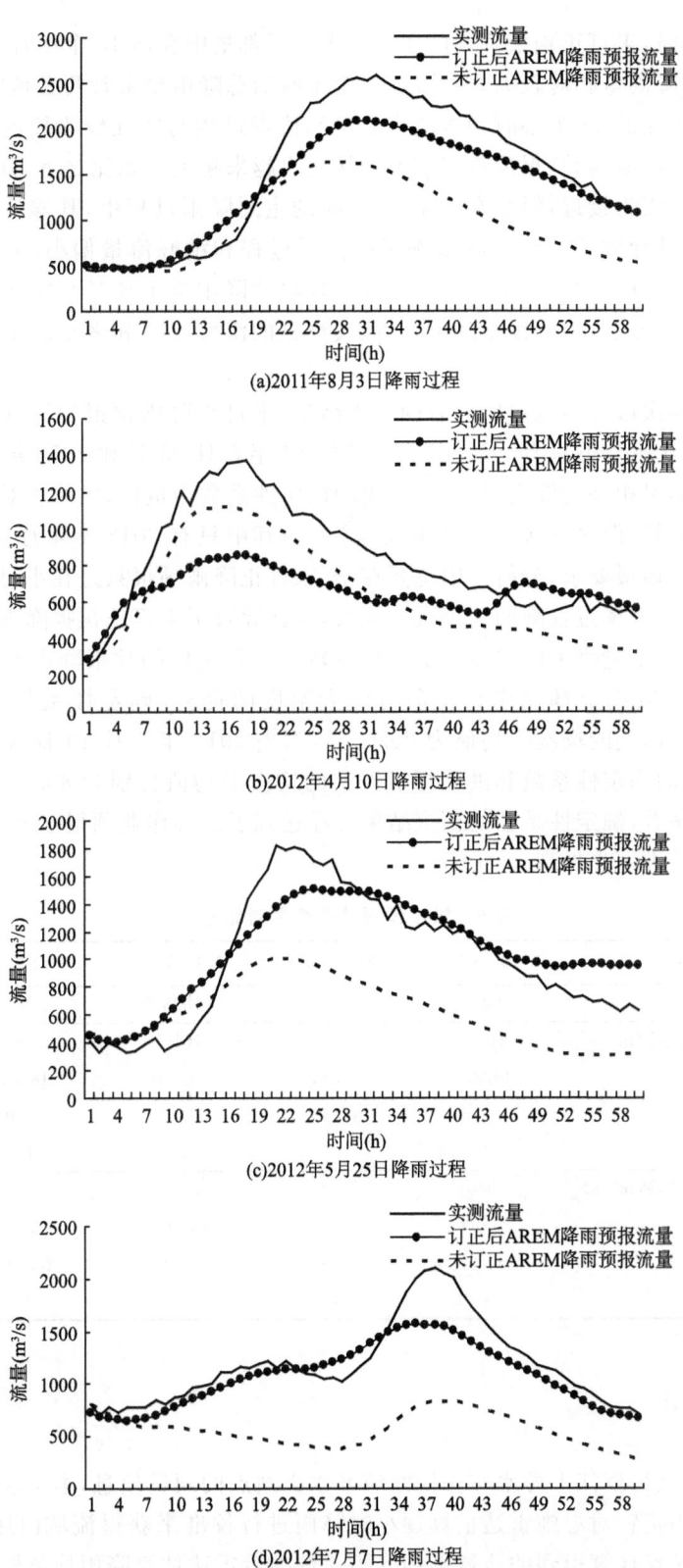

图 5　订正前后预报降雨预报水库入库流量对比

集中在前 20 个小时,未订正预报降雨的主要降雨过程都集中在前 13 个小时,尽管后者时间跨度相对较短,小时降雨量相对较大,但从前 13 个小时的总降雨量来看两者是比较接近的,这样就使得未订正降雨在前 13 个小时预报的来水量和流量过程与实况较为接近,但是 13 个小时以后随着降雨的迅速减弱,预报流量与实况的误差也越来越大。相比之下,订正后预报降雨尽管与实况降雨分布较为接近,但是在前 13 个小时的主要降雨过程中,其累计降雨量相比实况降雨明显偏低,这就导致了订正后降雨预报的流量过程和洪峰流量偏小,来水总量也明显偏低。其他三次过程,订正后预报降雨不论是在过程累计降雨量上还是与实况降雨分布的吻合程度上都要优于未经过订正的预报降雨,因此其预报的洪峰流量和来水总量都要比后者更加接近实况。

表 6 给出了四次过程经过检验以后的计算结果,未订正降雨预报的流量过程其整体的确定性系数偏低,场次平均值只有 -32.6%,并且 2012 年 5 月 25 日和 2012 年 7 月 7 日这两次过程预报结果与实况相差比较大,导致计算出的确定性系数为负值,洪峰相对误差的计算结果相比确定性系数稍好,但是场次平均值也仅为 39%,其中只有 2012 年 4 月 10 日这次过程的洪峰预报结果符合预报要求,分析原因主要在于,未订正降雨预报只是在小时最大降雨量的预报上较为准确,但是整体过程降雨预报误差偏大,这就导致了未订正预报降雨预报的峰现时间与实况较为一致,但是量级上的误差与实况相差较大。订正后的预报降雨不管在确定性系数和洪峰相对误差的减小上都比未订正前有较大幅度的提升,确定性系数的场次平均值为 64.38%,洪峰相对误差的场次平均值为 25.04%,除去 2012 年 4 月 10 日这次过程的预报结果,其余三次过程的确定性系数和洪峰相对误差的均次平均值分别为 80.21% 和 20.74%,就精度提升的效果来看,确定性系数的预报结果已经达到了乙等作业预报水平,而洪峰相对误差的预报精度还有待进一步提高。

表 6　洪水预报试验结果对比分析

过程	2011-8-03	2012-4-10	2012-5-25	2012-7-07	场次平均
实测洪峰(m³/s)	2589	1374	1823	2098	1971
未订正降雨洪峰预报洪峰(m³/s)	1638	1120	1010	836	1151
确定性系数(%)	14.39	54.31	−17.40	−181.68	−32.60
洪峰相对误差(%)	36.73	18.49	44.60	56.20	39.00
峰现时差(h)	4	3	1	1	2
订正后降雨洪峰预报洪峰(m³/s)	2086	854	1505	1567	1503
确定性系数(%)	85.90	16.88	81.91	72.82	64.38
洪峰相对误差(%)	19.43	37.92	17.50	25.31	25.04
峰现时差(h)	1	1	4	2	2

4　结论与讨论

(1)由于未能获得清江上游水布垭控制流域水文站点的雨量信息,本文这里利用流域内气象站点逐小时降雨资料对恩施雷达估算逐小时降雨进行校准来获得流域内逐小时平均降雨,以替代通过水文站点计算得到的流域平均降雨。校准后雷达估算降雨均值较气象站点累计降雨均值偏低,平均绝对误差随累计降雨量的增加有增大的趋势,但是平均相对误差变化比较稳定,基本维持在 30％左右。

（2）采用遗传算法与神经网络相结合的方法,一方面避免了由于神经网络受初始权值随机性的影响导致陷入局部最优的问题,另一方面又避免了遗传算法搜索到最优解附近时无法精确定位最优解的缺点,结合两种算法的优势,通过校准后雷达估算降雨对 AREM 预报降雨进行订正,以建立 AREM 预报降雨的订正模型,达到提高预见期预报降雨精度的目的。订正后的 AREM 预报降雨在过程累计降雨的预报精度上有比较明显的提高,尤其是对累计降雨在 20 mm 以上的过程,其平均相对误差能够控制在 20％以内。逐小时预报降雨的平均绝对误差和平均相对误差较订正前分别减小了 41.56％和 38.16％,虽然订正效果也比较明显,但是与实况结果相比仍然有一定差距。

（3）将订正前后 AREM 预报降雨输入新安江模型进行洪水预报对比试验,大多数情况下,订正后 AREM 预报降雨的确定性系数和洪峰相对误差这两项检验指标较订正前有明显提高,其中确定性系数的预报结果已经达到了乙等作业预报水平,洪峰相对误差的预报精度已接近预报要求,但还有待进一步提高。通过对比试验还发现,未订正 AREM 预报降雨在小时最大降雨的量级和出现时间上的预报结果与实况较为一致,但是整个过程的预报效果不太理想,这就导致洪水预报试验中,未订正 AREM 预报降雨能比较准确地预报出峰现时间,但是洪峰流量的预报值偏小,订正后的 AREM 预报降雨能提高整个过程降雨预报精度,但是反而降低了最大小时降雨量及其出现时间的预报精度,这就导致确定性系数的预报精度提高较大,而洪峰流量的预报与实况仍然有一定差距。因此,如果能够在对原始 AREM 降雨进行订正时保留对最大小时降雨的预报信息,将有助于进一步提高预见期降雨和洪水预报的精度。

参考文献

[1] 国家科委全国重大自然灾害综合研究组.中国重大自然灾害及减灾对策（总论）.北京:科学出版社,1994:200-215.

[2] 彭涛,宋星原,殷志远,等.雷达定量降水估算在水文模式汛期洪水预报中的应用试验.气象,2010,**36**(12):50-55.

[3] 张亚萍,程明虎,徐慧,等.雷达定量测量降水在佛子岭流域径流模拟中的应用.应用气象学报,2007,**18**(3),295-305.

[4] 崔春光,彭涛,沈铁元,等.定量降水预报与水文模型耦合的中小流域汛期洪水预报试验.气象,2010,**36**(12):56-61.

[5] 王莉莉,陈德辉,赵琳娜.GRAPES 气象—水文模式在一次洪水预报中的应用.应用气象学报,2012,**23**(3):274-284.

[6] 金龙,吴建生,林开平,等.基于遗传算法的神经网络短期气候预测模型.高原气象,2005,**24**(6):981-987.

[7] 谷晓平,王长耀,袁淑杰.GA-BP 神经网络模型在流域面雨量预报的应用研究.热带气象学报,2006,**22**(3):248-252.

[8] 赵金彪,罗建英,何冬燕.基于遗传神经网络的乡镇降水量预报方法试验.气象研究与应用,2011,**32**(1):29-33.

[9] 周明,孙树栋.遗传算法原理及应用.北京:国防工业出版社,1999:13-17.

[10] 王小平,曹立明.遗传算法理论应用与软件实现.西安:西安交通大学出版社,2002:10-15.

[11] 李祚泳,彭荔红.基于遗传算法的暴雨强度公式参数的优化.高原气象,2003,**22**(6):637-639.

[12] 陈德花,刘铭,苏卫东,等.BP 人工神经网络在 MM5 预报福建沿海大风中的释用.暴雨灾害,2010,**29**(3):65-69.

[13] 蔡仁.人工神经网络在南京秋季短期降水预报中的应用.沙漠与绿洲气象,2007,**1**(1):49-52.

[14] Luk K C,Ball J E,Sharma A. A study of optimal model lag and spatial inputs to artificial neural net-work for rainfall forecasting. *Journal of Hydrology*,2000,**227**:56-65.

[15] 公颖.2007 年汛期 AREM 模式降水预报效果检验分析.暴雨灾害,2007,**26**(4):372-380.

[16] 殷志远,彭涛,王俊超,等.基于 AREM 模式的贝叶斯洪水概率预报试验.暴雨灾害,2012,**31**(1):1-6.

[17] Liu X Y,Mao J T. Runoff simulation using radar and rain gauge data. *Adv Atmos Sci*,2003,**20**(2):213-218.

[18] 刘娟,宋子忠,刘东风.分组 *Z-I* 关系及其在淮河流域雷达测雨中应用.气象科学,1999,**19**(2):213-220.

[19] SL25-2000 水文情报预报规范.北京:中国统计出版社,2000:18-22.

北京城市内涝气象风险预评估

尹志聪[1]   袁东敏[2]   吴　方[1]   谢　庄[1]

(1. 北京市气象局,北京　100089;2. 中国气象局气象影视中心,北京　100081)

摘　要:北京城市内涝气象风险评估模型(BJ-WUW)以地理信息系统为支撑,依托 BJ-RUC 和 QPF 融合两种精细化降水预报,模拟极细网格上的积水深度变化情况,并通过城市内涝气象风险等级实现了内涝灾害的预报预警。"7·21"特大暴雨中,城区最大雨强出现在丰台体育中心站(85.9 mm/h),城区 93.9% 的站点最大雨强达到橙色以上预警级别,30.6% 的站点达到红色预警级别。受短时强降雨影响,北京中心城区道路积水点 63 处。从总体看,城区南部积水比北部严重,东部比西部严重。采用两种降水预报作为输入,尤其是采用 QPF 融合降水预报进行迭代预评估时,BJ-WUW 都表现出良好的风险预评估能力。在"7·21"特大暴雨中,BJ-WUW 对积水区域分布和高风险点(如广渠门桥)的风险预评估结果都与实况比较吻合。

关键词:暴雨;城市内涝;积水深度;风险评估

引　言

在气候变暖,极端天气事件重发、频发、突发的大背景下[1],夏季突发性短时强降水[2-3]引发的城市内涝等次生灾害严重威胁着城市交通网的安全运行和中心城区老旧危房居民的生命安全[4],尤其是地下停车场、下凹式立交桥和地铁的大量修建,快速增加了新的城市内涝风险点。例如,2004 年 7 月 10 日北京中心城区因立交桥积水,主干道交通多处中断。之后几乎每年北京都会遭遇严重的城市内涝灾害。在 2012 年"7·21"特大自然灾害中,立交桥又一次成了北京的阿喀琉斯之踵,全市共形成积水点 426 处,中心城区道路积水点 63 处,公路中断 39945 条次。

城市内涝灾害发生的主要原因包括:不透水下垫面比例过大、排水管网标准低、城市空间立体开发和突发性极端强降水增多等[5]。前三者是城市化发展的必然结果,很难在短时间内有所改变。因此,精细化的短时强降水预报和内涝风险预警就成为应对城市内涝灾害的重要手段和突破口,能够为城市安全运行提供科学的决策依据。

目前,城市内涝风险评估的主要研究方法有:基于水力学、水文学和气象学等的数值模拟[6-7],水文与气象学相结合的统计方法[8],内涝起因综合分析法[9],气象与社会经济学相结合的方法[10],基于 AVHRR 和 MODIS 图像的分析方法[11]。随着城市的发展,城市雨水排水系统已经由原来线状结构逐步演变成网络式的排水系统,排水系统的水文学、水利学特性逐步显现。因此,构建城市内涝数值预报模型,并结合精细化的降水预报,实现城市内涝风险预警是可行的。

美国在城市降水径流模型及城市排水系统的数值计算模型的开发上取得显著成绩,最有代表性的是城市暴雨雨水管理模型（SWMM），对城市排水系统有很强的模拟计算功能[12-13]。日本建设省土木研究所逐步发展完善起来的城市水灾害系统分析模型也非常具有代表性。

我国自 20 世纪 80 年代开始将数值模拟方法用于城市内涝研究，虽然起步较晚，但发展迅速。1998 年以来，天津气象科研所与中国水利水电科学研究院减灾中心合作，研制了天津市城区沥涝仿真模型[6-7]。2000 年以后，该模型在南京、深圳、西安等十几个城市得到推广应用。由于各城市在地理特征、城市规划、排水系统等方面差别很大，城市内涝风险评估模型具备典型的城市个例特征[14]。

北京的下凹式立交桥和地铁都是全国最多的，而这两种地下空间利用方式恰恰是城市内涝最大的风险点。因此，需要借鉴天津市城区沥涝仿真模型，构建适用于北京的城市内涝气象风险评估模型，重点处理下凹式立交桥和地铁口[15]的地理信息及物理过程。同时，利用精细化的降水预报结果，与城市内涝模型衔接，建立北京城市内涝气象风险预评估模型。

1　北京城市内涝气象风险评估模型

北京城市内涝气象风险评估模型（Beijing Weather Urban Waterlogging risk assessment model，简称 BJ-WUW）以地理信息系统为支撑，依托北京市气象局的精细化降水预报，模拟极细网格上的积水深度变化情况，并通过城市内涝气象风险等级实现预报预警（图 1）。

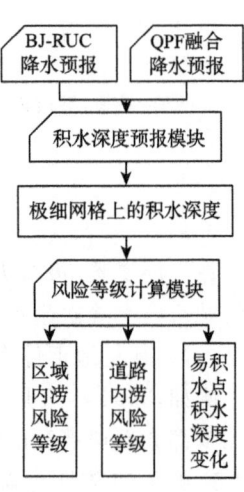

图 1　BJ-WUW 结构图

1.1　降水预报信息

BJ-WUW 采用两种降雨预报作为模型的输入信息，其中逐 3 小时更新的 BJ-RUC[16]降雨预报时效较长，用于模拟评估未来 24 小时的城市内涝风险（简记为 WUW-RUC 风险评估），而逐 6 分钟更新的 QPF 融合降水[17]预报精度更高，用于模拟评估未来 6 小时内的城市内涝风险（简记为 WUW-QPF 风险评估）。

1.2　积水深度计算

积水深度计算模型涉及气象学、水文学、水力学、河流动力学以及给排水工程等多学科领域，以城市地表与明渠河道水流运动为主要模拟对象，是一个复杂的微观流域模型。模型采用不规则网格离散方法（图 2a），对地形地物和排水系统进行概化（图 2b），计算北京五环内极细不规则网格上的逐小时积水深度。受篇幅所限，具体计算方程请参考韩素芹和解以扬等在 2001 年[6]和 2004 年[7]的工作。

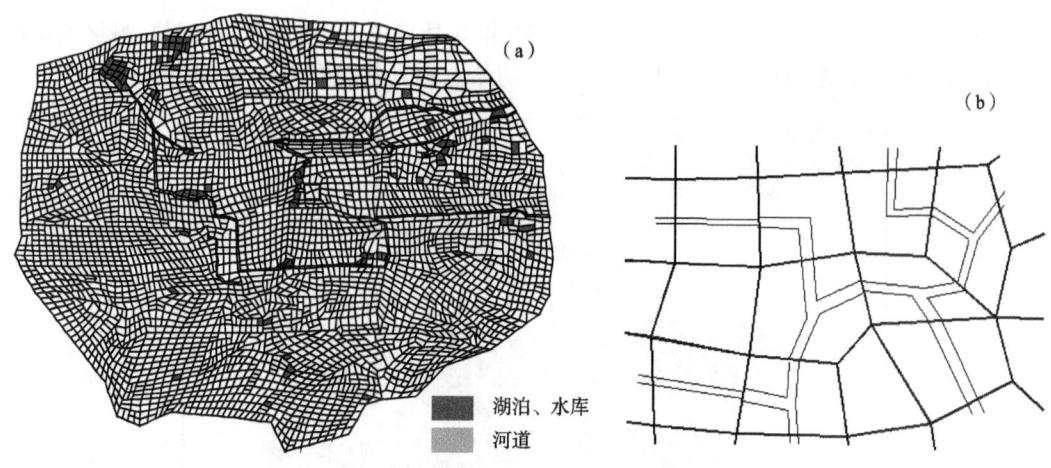

图 2　积水深度模块网格分布(a)及排水管网概化示意(b,双管线为管网,单实线为网格边界)

1.3　内涝风险等级

　　内涝风险等级用于描述某区域的内涝受灾程度,可以衡量内涝对城市交通、居民的生活、生产活动的影响。等级划分时考虑了积水深度(Ponding Depth,PD)和积水面积百分比(Area Percent,AP)两个因素,通过双向约束,联合表征内涝等级。实际应用时,某区域哪个等级的AP 最大,则该等级为主等级,AP 第二大的等级为次等级。

表 1　城市内涝风险等级

内涝等级	1 级(红)	2 级(橙)	3 级(黄)	4 级(蓝)
	PD≥0.8	0.5≤PD<0.8	0.25≤PD<0.5	0.1≤PD<0.25
AP≥60%	全区有特别严重内涝	全区有严重内涝	全区有中度内涝	全区有一般性内涝
30%≤AP<60%	大部分地区有特别严重内涝	大部分地区有严重内涝	大部分地区有中度内涝	大部分地区有一般性内涝
2%≤AP<30%	局部地区有特别严重内涝	局部地区有严重内涝	局部地区有中度内涝	局部地区有一般性内涝
AP<2%	零星地区有特别严重内涝	零星地区有严重内涝	零星地区有中度内涝	零星地区有一般性内涝

2　"7·21"特大暴雨应用个例

2.1　降雨实况

　　2012 年 7 月 21 日至 22 日,北京市出现了历史罕见的强降雨过程,为 1951 年以来最强的一次全市性特大暴雨过程,此次暴雨过程具有历时短、雨势强、范围广、山区雨量大等特点。降雨主要集中在 21 日 10 时至 22 日 06 时,在近 20 个小时内全市平均降雨量 170 毫米,最大降雨量 541 毫米(图 3)。就城区而言,平均雨量达 215 毫米,最大降雨量 328.0 毫米(模式口)。由图 4 可见,降雨主要分为两个阶段,第 1 阶段 17 时前以暖区降水为主,之后锋面系统移入北京,降水以锋面降水为主[3]。14—15 时,城区的平均雨强超过 20 mm/h。第 2 阶段城区的雨强显著增大,19—20 时超过 40 mm/h。城区最大雨强出现在丰台体育中心站,为 85.9 mm/h。

根据《北京市气象灾害预警信号与防御指南(2013 年 5 月)》中 1 小时降雨量阈值,城区 93.9%的站点最大雨强达到橙色以上预警级别,30.6%的站点达到红色预警级别(图 5)。

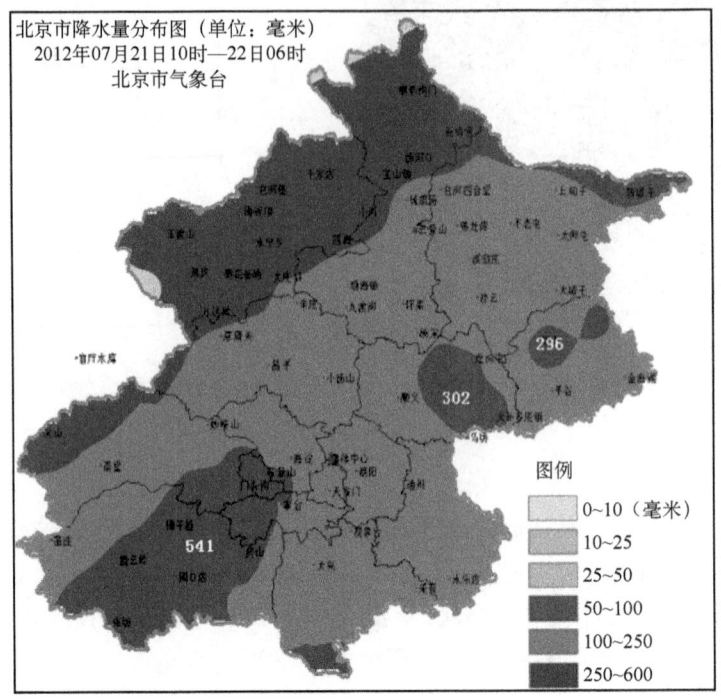

图 3　北京 2012 年 7 月 21—22 日过程降雨量

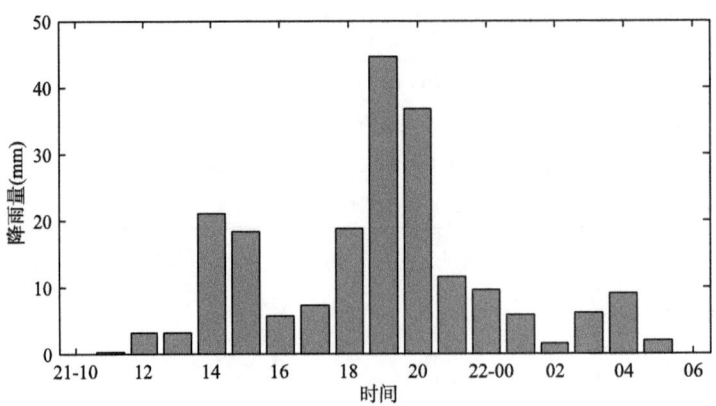

图 4　2012 年 7 月 21 日 10 时至 22 日 06 时北京城区 49 站平均雨强

2.2　灾情实况

　　"7·21"特大自然灾害是新中国成立以来北京市罕见的自然灾害,给城市运行造成了严重影响,给人民群众生命财产带来了严重损失。根据市民政局、市防办灾情资料及全市气象部门气象灾情调查上报情况,截至 8 月 6 日,全市范围共发现 79 具遇难者遗体,因洪涝灾害造成直接经济损失 118.35 亿元。据统计,全市受灾人口 119.28 万人,公路中断 39945 条次,损坏水库 2 座,水闸 259 座,水井 891 眼,泵站 117 座。

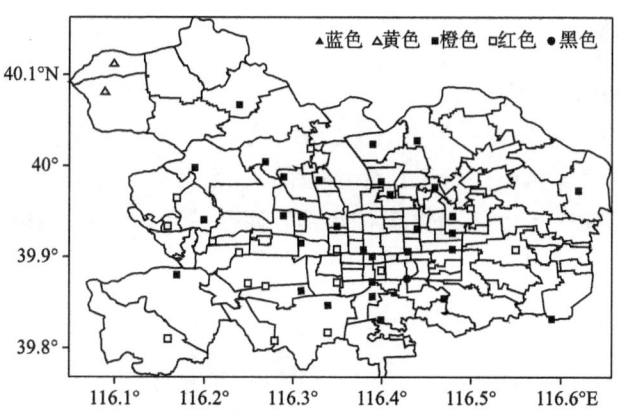

图 5 北京城区站最大雨强达到的预警级别

（蓝色＞20；黄色＞30；橙色＞40；红色＞60；黑色未达标准；单位 mm/h）

全市共形成积水点 426 处，中心城区道路积水点 63 处(图 6)。从总体看城区南部积水比北部严重，东部比西部严重。积水点主要分布在图 6 的 A、B、C、D 四个区域，其中 C、D 区域积水最严重。按照北京市的规定，下凹式立交桥和易积水路段积水深度达 27 厘米时，立即采取封路措施和车辆疏导工作。图 6 中红点的积水深度均超过 30 厘米，尤其是莲花桥、广渠门桥、双营桥、肖村桥的积水深度超过 2 米，远远超过非常严重内涝的风险等级标准，D 区中广渠门桥因积水过深造成 1 人遇难。

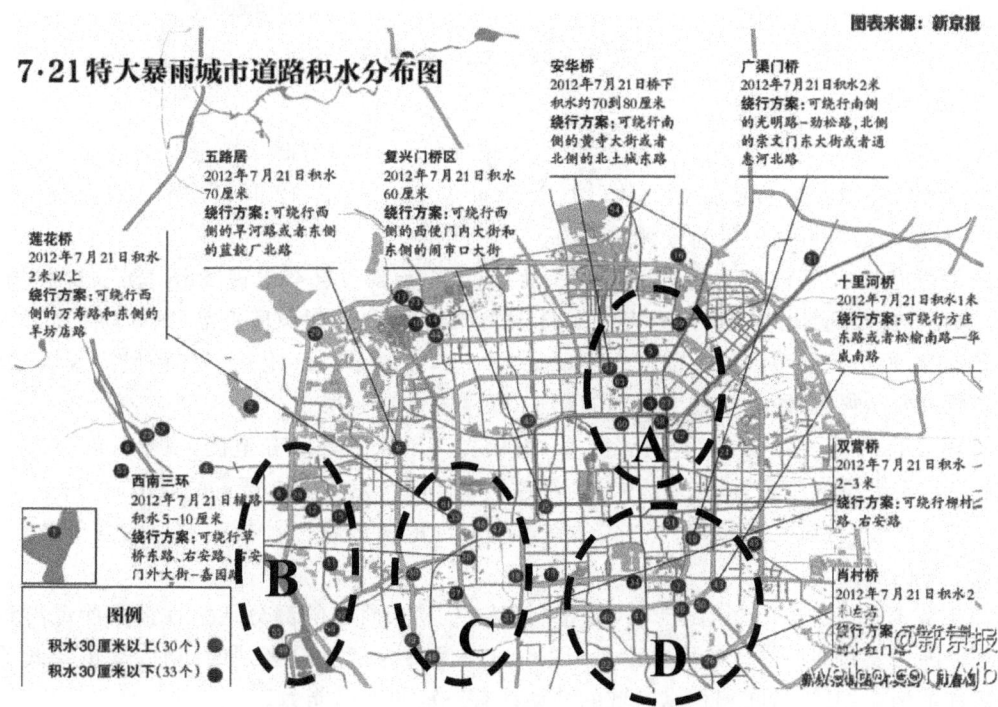

图 6 北京城市道路积水分布图(来源：新京报)

2.3　内涝风险预评估

（1）WUW-RUC 风险评估

21 日 00 时，BJ-WUW 模型采用 BJ-RUC 输出的逐小时降水预报，对 21 日 08 时—22 日 08 时的北京城市内涝气象风险进行了预评估（图 7）。预评估结果显示，北京大部分城区会出现内涝气象灾害，主要在三环到五环之间的东部和西部城区。其中，朝阳的东北部内涝风险比较大，会出现中度内涝气象灾害。

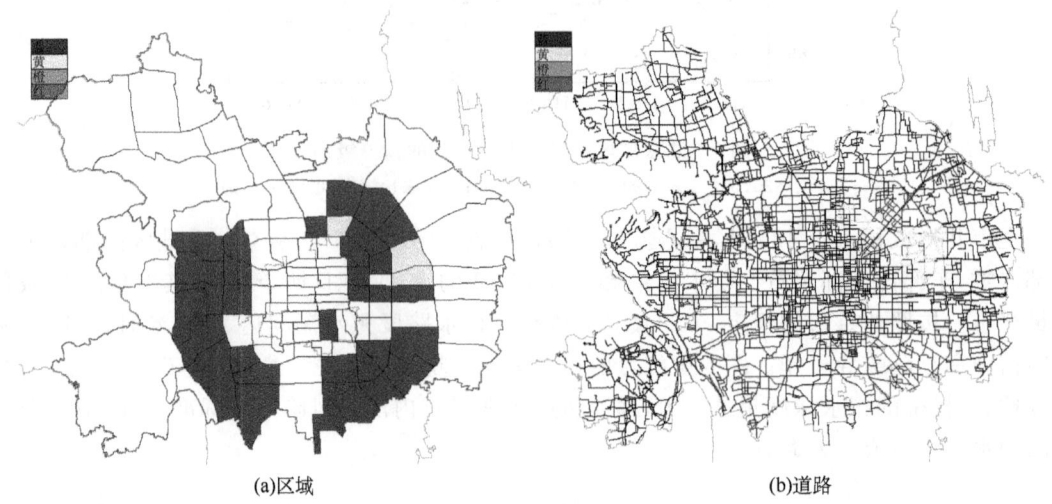

(a)区域　　　　　　　　　　　　　　　　　　　(b)道路

图 7　用 WUW-RUC 模式进行的风险预评估

（2）WUW-QPF 风险评估

每小时，BJ-WUW 模型都会采用更准确、更精细的 QPF 融合降水预报对未来 6 小时的北京城市内涝气象风险进行迭代预评估（图 8），下面仅给出 21 日 12 时、14 时、16 时、18 时、20 时和 22 时模型运行得出的风险预评估结果。

12 时发布的 12—17 时风险产品（图 8a）提示西部、南部城区会出现城市内涝。其中，东城区和西城区的南部会出现严重内涝灾害。14 时发布的 14—19 时风险产品（图 8b）提高了风险等级和范围，提示北京城区的大部都会出现城市内涝，尤其是二环附近有红色风险区域，会出现特别严重内涝灾害，即会有较大范围的积水，深度超过 0.8 米。

16 时发布的 16—21 时风险产品（图 8c）再次提高了风险等级和范围，提示三环以内的南部城区会出现严重内涝灾害，东城、西城的红色风险区域会发生非常严重的城市内涝灾害。18 时发布的 18—23 时风险产品（图 8d）仍然在三环以内的南部城区预报了大片的橙色风险区，会出现严重内涝灾害。

20 时发布的 20—01 时风险产品（图 8e）依然在东城、西城的部分地区预报了严重内涝风险灾害。随后发布的内涝气象服务产品（图 8f），在保持一定风险级别的同时，逐步降低了风险等级和范围，对退水时间和积水区域的移动都有一定的把握能力。

图 9 给出的是 21 日 11—24 时广渠门桥未来 6 小时风险评估结果，BJ-WUW 模型从 16 时开始连续 6 小时给出橙色以上的风险等级，尤其是 17 时预报未来 6 小时广渠门桥附近会出现特别严重内涝灾害，积水深度超过 0.8 米，远远超过机动车排水管的高度，民用车辆不可能涉水通过。

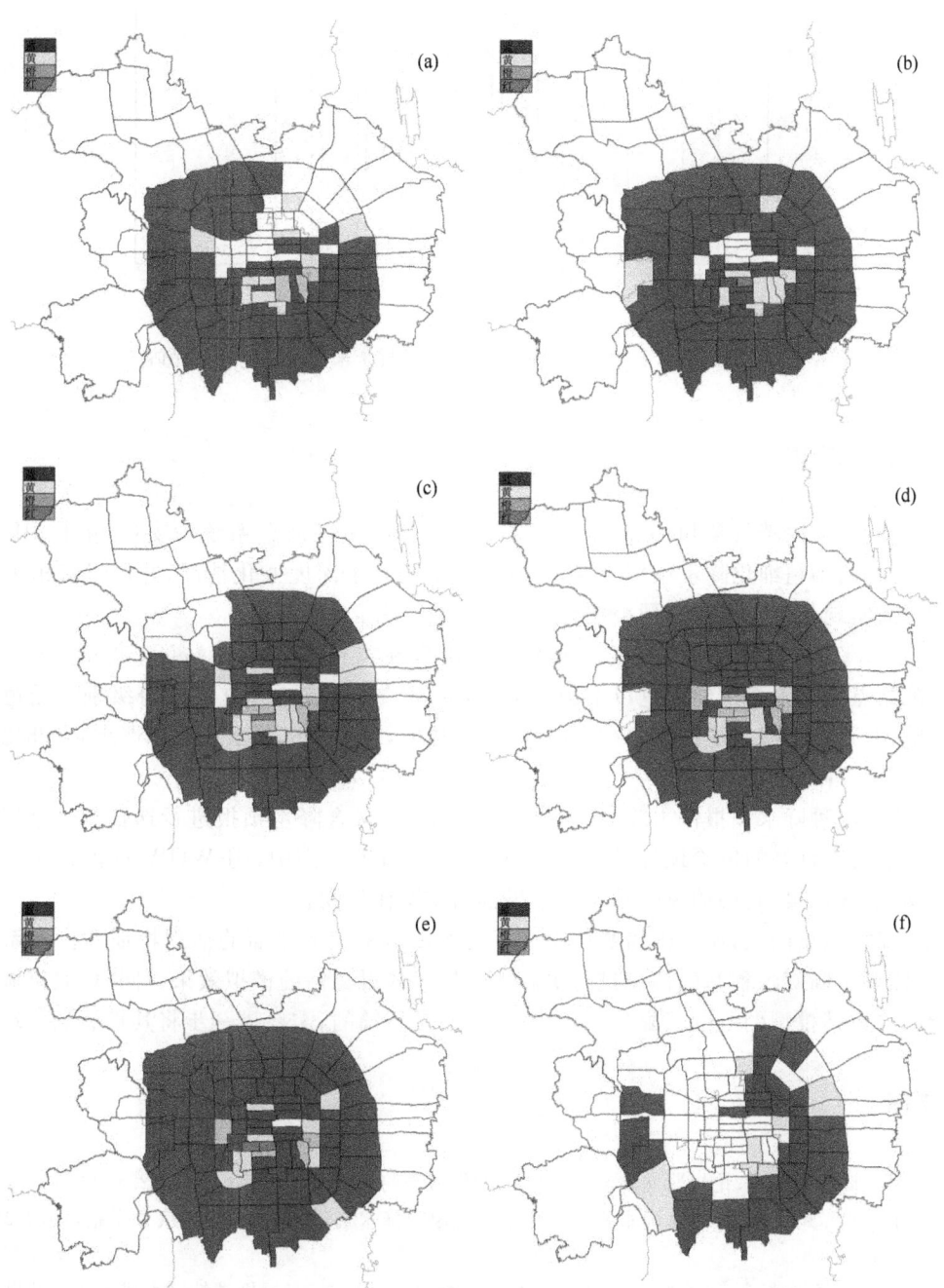

图 8   2012 年 7 月 21—22 日城市内涝风险 6 小时临近预评估
(a)12—17 时；(b)14—19 时；(c)16—21 时；(d)18—23 时；(e)20—01 时；(f)22—03 时

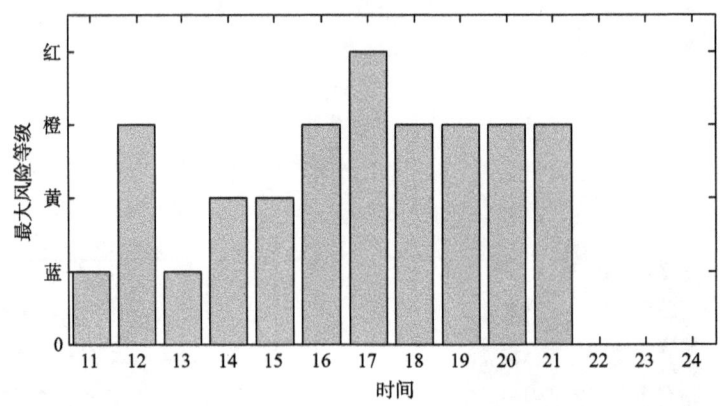

图 9　2012 年 7 月 21 日 11—24 时广渠门桥未来 6 小时风险预评估

3　结论与讨论

(1)北京城市内涝气象风险评估模型(BJ-WUW)以地理信息系统为支撑,依托 BJ-RUC 和 QPF 融合两种精细化降水预报,模拟极细网格上的积水深度变化情况,并通过城市内涝气象风险等级实现了内涝灾害的预报预警。

(2)在"7·21"特大暴雨中,城区最大雨强出现在丰台体育中心站(85.9 mm/h),城区 93.9%的站点最大雨强达到橙色以上预警级别,30.6%的站点达到红色预警级别。受短时强降雨影响,北京中心城区道路积水点 63 处。从总体看,城区南部积水比北部严重,东部比西部严重。

(3)采用两种降水预报作为输入,尤其是采用 QPF 融合降水预报进行迭代预评估时,BJ-WUW 都表现出良好的风险预评估能力。在"7·21"特大暴雨中,BJ-WUW 对积水区域分布和高风险点(如广渠门桥)的风险预评估结果都与实况比较吻合。

但是需要指出的是,城市内涝数值模式都会严重地依赖下垫面的地理特征和排水系统信息,因此需要不断对各种基础信息进行更新才能持续获得良好的模拟效果。同时,北京城市内涝气象风险评估模型的范围仅限于五环内,这显然是不够的,需要进一步将其扩展到六环。

参考文献

[1]　王会军,张颖,郎咸梅.论短期气候预测的对象问题.气候与环境研究,2010,**15**(3):225-228.

[2]　王佳丽,张人禾,王迎春.北京降水特征及北京市观象台降水资料代表性.应用气象学报,2012,**23**(3): 265-273.

[3]　孙军,谌芸,杨舒楠,等.北京"7·21"特大暴雨极端性分析及思考(二):极端性降水成因初探及思考.气象,2012,**38**(10):1267-1277.

[4]　Shi Y, Shi C, Xu S Y, et al. Exposure assessment of rainstorm waterlogging on old-style residences in Shanghai based on scenario simulation. *Nat Hazards*,2009,**53**:259-272.

[5]　洛塔·弗克斯,刘阳青.他山之玉可以攻石——借鉴欧洲经验解答北京城市积水难题.北京规划建设, 2011(6):181-182.

[6]　解以扬,韩素芹,由立宏,等.天津市暴雨内涝灾害风险分析.气象科学,2004(3):342-349.

[7] 韩素芹,夏祥鳌,黎贞发,等.天津市城区暴雨沥涝动态仿真模拟系统.灾害学,2001,**16**(1):18-22.

[8] 马晓群,张爱民,张家鼎,等,基于 GIS 的市(县)级旱涝风险区划.安徽地质,2002(12):171-175.

[9] Liu M, Yang H Q, Xiang Y C. Risk assessment and regionalization of waterlogging disasters in Hubei Provence. *Resour Environ Yangtze Basin*, 2002,**11**(5):476-481.

[10] 扈海波,轩春怡,诸立尚.北京地区城市暴雨积涝灾害风险预评估.应用气象学报,2013,**24**(1):99-108.

[11] Huang D P, Liu C, Fang H J, et al. Assessment of waterlogging risk in Lixiahe region of Jiangsu Province based on AVHRR and MODIS image. *Chin Geogr Sci*, 2008,**18**(2): 178-183.

[12] 董欣,杜鹏飞,李志一,等.SWMM 模型在城市不透水区地表径流模拟中的参数识别与验证.环境科学,2008,**29**(6):1495-1501.

[13] Rossman L A. STORM WATER MANAGEMENT MODEL USER'S MANUAL Version 5.0. United States Environmental Protection Agency,2010.

[14] Quan R S, Liu M, Lu Min, et al. Waterlogging risk assessment based on land use/cover change: A case study in Pudong New Area, Shanghai. *Environ Earth Sci*, 2010,**61**:1113-1121.

[15] 权瑞松,刘敏,张丽佳.上海市地下轨道交通暴雨内涝脆弱性评价.人民长江,2011,**42**(15):13-17.

[16] 仲跻芹,陈敏,范水勇,等.AMDAR 资料在北京数值预报系统中的同化应用.应用气象学报,2010,**21**(1):19-28.

[17] 陈明轩,高峰,孔荣,等.自动临近预报系统及其在北京奥运期间的应用.应用气象学报,2010,**21**(4):395-404.

GRAPES 陆气双向反馈模式的构建及应用试验

王莉莉

(国家气象中心,北京   100081)

摘 要:针对 GRAPES_Meso 采用的 NOAH 陆面模式不能完整地描述水文循环过程,即不能有效地表达径流产源面积的变动情况,对其 NOAH 陆面模式进行改进,以构建陆气双向反馈模式。一是,加入蓄水容量曲线,以考虑网格内产流面积的变化及土壤含水量的不均匀性;二是,加入汇流模式,以考虑水平二维水分再分配,使模式具有流量模拟能力。选取 2013 年 8 月至 9 月降水进行模拟试验,研究 GRAPES 陆气双向反馈模式对降水和径流模拟的影响。结果表明:构建的 GRAPES 陆气双向反馈模式对降水影响不大,但是径流的模拟精度大大提高。

关键词:GRAPES_Meso;双向反馈;NOAH 陆面模式;蓄水容量曲线;Muskingum-cunge

引 言

水循环是地球上的水体在气态、液态和固态的形式,在陆地、海洋以及大气之间相互转化,不断循环的过程,是一个多环节的自然过程。因此,一个完整的水循环过程应包括蒸发、大气水分输送、地表水和地下水循环。其中降水、蒸发和径流是水循环过程的三个最主要环节。在大气模式时,陆面模式就是以陆面水循环进行描述的。所以陆面模式中也应该包括对水循环三个最主要环节的描述。

GRAPES 模式(global-regional assimilation and prediction system)是由中国气象局于 2000 年开始组织研究开发的数值预报系统(陈德辉等,2006,2008)。GRAPES_Meso 模式是其区域中尺度数值预报系统版。GRAPES_Meso 模式已先后在国家气象中心、广州区域气象中心、上海台风研究所实现业务运行,表现出了较好的预报技巧(薛纪善和陈德辉,2008)。GRAPES_Meso 中的陆面模式是 NOAH-LSM 模式。但是 NOAH-LSM 陆面模式对水文过程特别是径流的描述还存在明显不足,即不能完整地描述水文循环过程。降雨所产生的地表径流对于流域内的下游网格能够补充其土壤含水量,并与下游网格的地表径流结合后随地形向下游汇流。如果缺少汇流过程的描述,就无法考虑坡面径流在水平二维方向的水量再分配,不能较精确地刻画陆面及浅地表水循环,会使所产生的径流在其所生成的网格内继续蓄积,从而违背了重力作用,不符合真实的流域情况。本文是针对 NOAH-LSM 模式的不足,对其水文过程做了以下改进:改进产流模块,加入蓄水容量曲线,以此完善了陆面模式对下渗和径流产生这部分水循环的描述;嵌入汇流模块,以弥补 GRAPES_Meso 陆面模式中缺少汇流模块的缺陷,同时实现逐时步改变格点土壤含水量,使改进后的陆面模式能够模拟完整的闭合水文

资助项目:国家自然科学基金项目(41105068)

循环过程,改善土壤含水量在空间和时间上的预报,进而影响近地面气象要素的预报。

1 GRAPES 陆气双向反馈模式的构建

1.1 GRAPES NOAH 陆面模式的原理

在 NOAH 陆面模式中,地表径流参数化方案是用简单水量平衡模型(Simple Water Balance,SWB)。在 NOAH 陆面模式中,地表径流方程(王莉莉和陈德辉,2013)为:

$$R_s = P_d - I_{\max} \tag{1}$$

式中:最大下渗量为

$$I_{\max} = P_d \frac{D_x [1 - \exp(-k_{dt}\delta_t)]}{P_d + [1 - \exp(-k_{dt}\delta_t)]} \tag{2}$$

$$D_x = \sum_{i=1}^{4} \Delta Z_i (\Theta_s - \Theta_i) \tag{3}$$

式中:P_d 为单位时间降水量;D_x 为土壤缺水量;Θ_s 为土壤饱和含水率;Θ_i 为第 i 层土壤含水率;ΔZ_i 为第 i 层土壤厚度;δ_t 是转换模式时间步长(s)单位为天(d)的值。

NOAH 陆面模式地下产流方案如下面公式所示:

$$R_g = \begin{cases} Q_{\max} \left(1 - \dfrac{D_b}{S_{\max}}\right) & D_b < S_{\max} \\ 0 & \text{其他} \end{cases} \tag{4}$$

式中:$Q_{\max}$ 为最大地下径流量;$S_{\max}$ 为土壤水分亏缺的临界值;D_b 为下层土壤的缺水量,最大值是下层土壤的含水量。

1.2 NOAH 的原产流方案的问题

流域产流是指流域中各种径流成分的生成过程,是研究降雨转化为径流的过程,其特点是产流面积和降雨的时空变化,其实质是水分在下垫面垂向运动中,在各种因素综合作用下对降雨的再分配过程(文康等,1982)。在降雨过程中,流域上产生径流的部分所包围的面积称为产流面积,是变化的,在降雨开始时,流域中易产流的地区会先产流。

由公式(1)和(4)可以看出,NOAH-LSM 模型的产流方案只考虑了水的垂向运动,其产流方案使用的是简单水量平衡模型,没有有效地表达径流产源面积的变动情况,因此,需要进一步改进,提高整体模拟精度。

1.3 GRAPES 陆气双向反馈模式的构建

1.3.1 GRAPES 陆气双向反馈模式产流方案的构建

构建的 GRAPES 陆气双向反馈模式利用蓄水容量曲线描述单元网格内产流面积的变化。所谓蓄水容量面积分配曲线是:部分产流面积随蓄水容量而变化的累计频率曲线(赵人俊,1984)。应用蓄水容量面积分配曲线可以确定降雨空间分布均匀情况下蓄满产流的总径流量。实践表明,对于闭合流域,流域蓄水容量面积分配曲线采用抛物线形为宜,其线型为:

$$\frac{f}{F} = 1 - \left(1 - \frac{W'}{WMM}\right)^B \tag{5}$$

式中：f 为产流面积（km²）；F 为全流域面积（km²）；W' 为流域单点的蓄水量（mm）；WMM 为流域单点最大蓄水量（mm）；B 为蓄水容量面积曲线的指数。

根据流域蓄水容量面积分配曲线及其与降雨径流的相互转换关系，改进后的产流方案为：
若 $P-E+A<WMM$，即局部产流时，

$$R = P - E - (WM - W_0) + WM \times \left(1 - \frac{P-E+A}{WMM}\right)^{(1+B)} \tag{6}$$

若 $P-E+A \geqslant WMM$，即全网格产流时，

$$R = P - E - (WM - W_0) \tag{7}$$

式中：W_0 为流域初始土壤蓄水量（mm）；WM 为流域平均最大蓄水容量（mm）；R 为总径流量（mm）。

1.3.2　GRAPES 陆气双向反馈模式汇流方案的构建

在 GRAPES 陆气双向反馈模式中，汇流模块是其不可缺失的一部分。通过加入汇流模式后，构建的 GRAPES 陆气双向反馈模式对水平二维地表径流的描述，更加符合真实的流域汇流。

汇流方案选取 Muskingum 汇流方法。在 Muskingum 法中，采用逐栅格的 Muskingum-cunge 汇流方法将地表径流演算至流域出口。以地表径流 Q_s 为例（图 1），a、b、c 三个栅格的流量分别为 Q_a、Q_b、Q_c。Q_a'、Q_b'、Q_c' 可以通过 Muskingum 法计算得到：

$$Q_{i+1}^{t+1} = C_1 Q_i^t + C_2 Q_i^{t+1} + C_3 Q_{i+1}^t \tag{8}$$

式中：$C_1 = \dfrac{0.5\Delta t - x_e k_e}{(1-x_e)k_e + 0.5\Delta t}$；$C_2 = \dfrac{0.5\Delta t + x_e k_e}{(1-x_e)k_e + 0.5\Delta t}$；$C_3 = \dfrac{(1-x_e)k_e - 0.5\Delta t}{(1-x_e)k_e + 0.5\Delta t}$；

x_e 和 k_e 为 Muskingum-Cunge 法的两个参数。

在 t 时刻，栅格 d 的出流可表示为：

$$Q_d^t = Q_a^{t\prime} + Q_b^{t\prime} + Q_c^{t\prime} + Q_d^{t\prime} \tag{9}$$

关于参数 x_e 和 k_e 的具体求解推导过程请参见文献（王莉莉和李致家，2007）中的 Muskingum 的经验求解方法，这里就不再赘述。

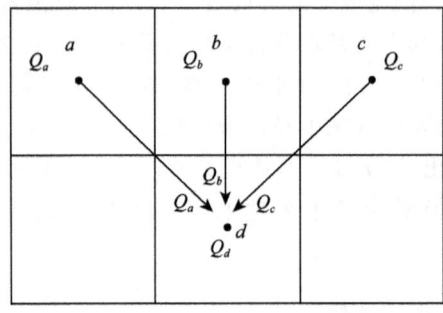

图 1　栅格流向示意图

2　试验结果及分析

为了充分验证所构建的 GRAPES 陆气双向反馈模式和原 NOAH-LSM 陆面模式的模拟效果，本研究选取 2008 年 8 月 1 日 08 时至 10 月 1 日 08 时的降水进行模拟试验，预报时长为 24 h，以每日 08 时进行滚动预报，试验覆盖区域为 15°—64.5°N、70°—145.3°E。

　　本次试验将分辨率为 1°×1°的美国 NCEP 全球预报场作为初始场和侧边界条件,驱动 15 km×15 km 的 GRAPES 陆气双向反馈模式,对降水和流行要素进行模拟计算。

2.1　降　水

　　如图 2 和图 3 所示 2008 年 8 月、9 月月均 24 h 降水分布图,GRAPES 陆气双向反馈模式和原 GRAPES 模式模拟降水差别并不大。

　　本次研究选取 TS 评分进行降水检验,TS 评分作为对确定性预报的评分标准,已经纳入了业务预报评价体系(黄卓,2001)。选取 2513 个降水自动站站点,进行预报降水检验。从表 1 中 2008 年 8 月和 9 月的 TS 评分结果上看,两种模式评分相差不大。

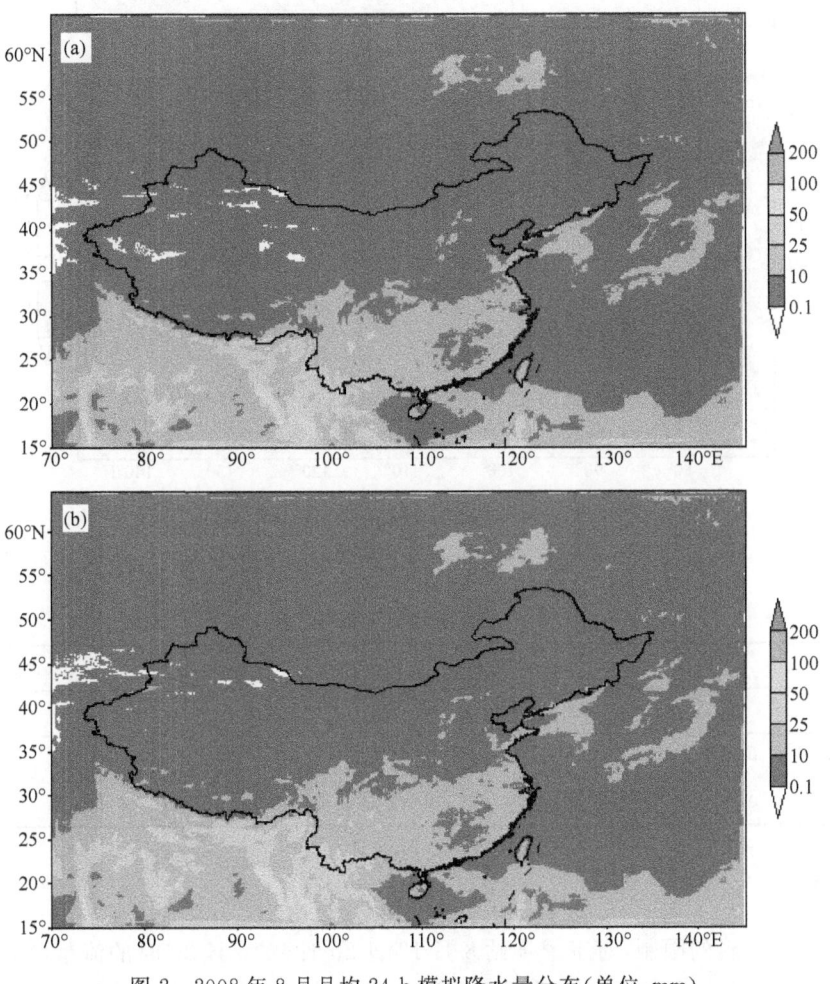

图 2　2008 年 8 月月均 24 h 模拟降水量分布(单位:mm)

(a)原模式模拟降水;(b)改进后模式模拟降水

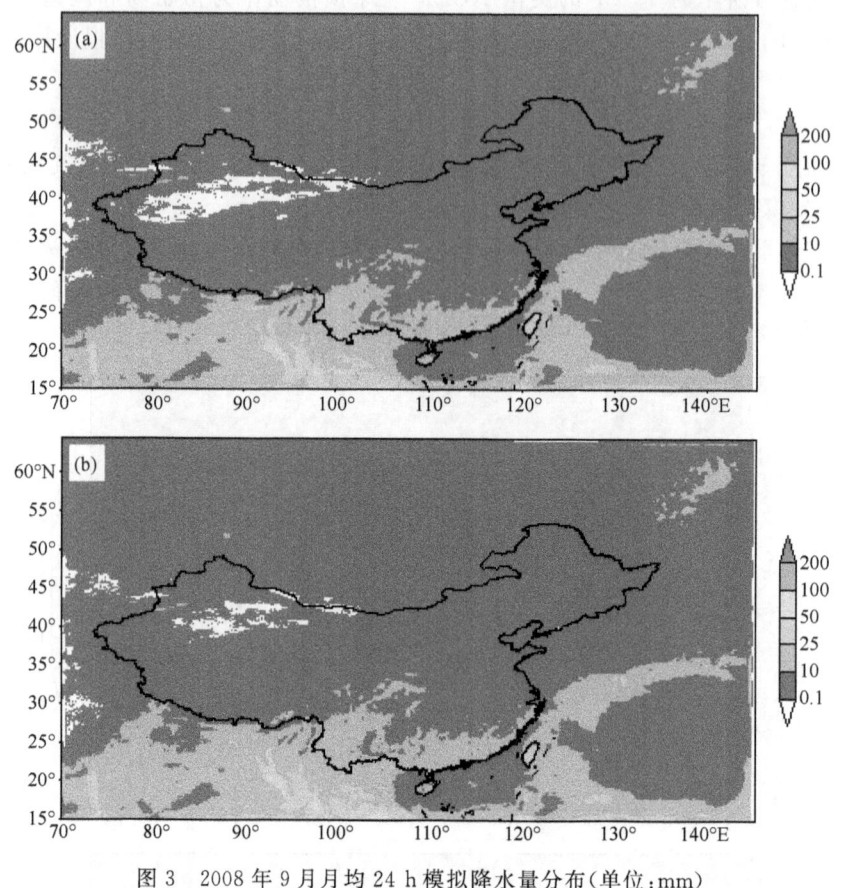

图3　2008年9月月均24 h模拟降水量分布(单位:mm)

(a)原模式模拟降水;(b)改进后模式模拟降水

表1　TS评分和预报偏差 B

模式	小雨		中雨		大雨	
	TS	B	TS	B	TS	B
改进后的模式	0.222	1.235	0.090	1.319	0.030	0.272
GRAPES 模式	0.223	1.229	0.090	1.212	0.028	0.242

2.2　流　量

由于初始场资料的限制,对王家坝站8月13日20时至16日20时的流量(如图4)进行对比发现,改进陆面模式后模拟的流量过程与原模式相比有了较大的改进,也更加接近实测流量过程,这说明构建的 GRAPES 陆气双向反馈模式能够进行流量模拟,且模拟精度远远优于原模式。

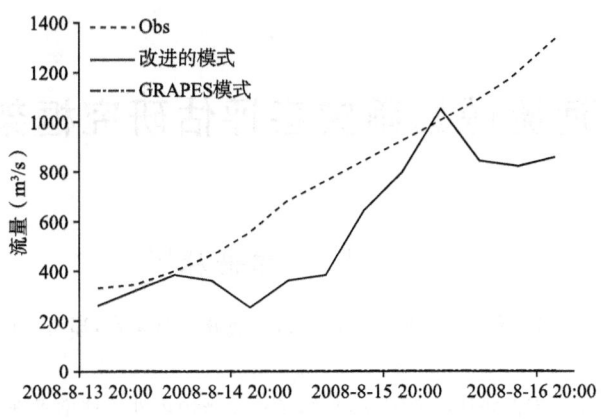

图4   2008 年 8 月 13 日 20 时至 16 日 20 时流量

3   结   论

本文针对原 NOAH 模型建模型时,考虑产流机制比较简单,对其产流模块进行了必要改进,加入了蓄水容量曲线,以考虑网格内土壤含水量分布不均的情况,并加入了汇流模块对地表二维水流的描述,以弥补原 GRAPES 无法模拟流量的缺陷,构建 GRAPES 陆气双向反馈模式。

选取 2008 年 8 月至 9 月降水进行模拟试验,结果表明构建的 GRAPES 陆气双向反馈模式对降水模拟与原 GRAPES 模式相比结果相差不大,但是对径流的模拟结果远远优于原 GRAPES 模式。

参考文献

陈德辉,沈学顺. 2006. 新一代数值预报系统 GRAPES 研究进展. 应用气象学报,**17**(6):773-777.

陈德辉,薛纪善,杨学胜,等. 2008. GRAPES 新一代全球/区域多尺度统一数值预报模式总体设计研究. 科学通报,**53**(20):2396-2407.

黄卓. 2001. 气象预报产品质量评分系统. 中国气象局预测减灾司:9-11.

王莉莉,陈德辉. 2013. GRAPES NOAH-LSM 陆面模式水文过程的改进及试验研究. 大气科学,**37**(6):1179-1186.

王莉莉,李致家. 2007. 基于 DEM 栅格的水文模型在沂河流域的应用. 水利学报,**37**:417-422.

文康,李蝶娟,金管生,等. 1982. 流域产流计算的数学模型. 水利学报,**8**:1-12.

薛纪善,陈德辉. 2008. 数值预报系统 GRAPES 的科学设计与应用. 北京:科学出版社:334-335.

赵人俊. 1984. 流域水文模拟——新安江模型与陕北模型. 北京:水利电力出版社:23-35.

黄河流域暴雨灾害评估研究框架[*]

王　丽[1,2]　郑世林[1,2]

(1. 黄河流域气象中心,郑州　450003;2. 河南省气象台,郑州　450003)

摘　要:为黄河流域暴雨灾害评估研究需要,总结了近年来国内外一些学者在气象灾害特别是黄河流域暴雨灾害评估方面所取得的研究成果和相关文献,提出了黄河流域暴雨灾害评估的研究框架;构建了暴雨灾害评估的指标体系;提出了暴雨灾害评估标准的制定方法;提出了暴雨灾害评估方法即单指标量化—多指标集成的评估方法,为下一步的实例研究打下基础。

关键词:灾害评估;暴雨灾害;黄河流域

引　言

我国是世界上受气象灾害影响最为严重的国家之一[1]。气象灾害占中国自然灾害的70%以上,平均每年造成的直接经济损失约占中国 GDP 的 3%~6%。20 世纪 90 年代以来,在以全球变暖为主要特征的气候变化背景下,重大气象灾害发生频率呈明显上升趋势,对经济社会发展的影响日益加剧,随着我国经济的快速增长,气象灾害造成的经济损失也越来越大[1]。暴雨灾害是我国目前面临的最主要的气象灾害之一,在 2007 年气象灾害造成的直接经济损失中,以暴雨洪涝灾害所占比例最高,为 35.8%。由其引发的常见的灾害现象有渍涝、洪涝、内涝及崩塌、滑坡、泥石流和水土流失等,严重地影响了我国经济的可持续发展。暴雨灾害评估可以有效地指导防灾减灾,具有重要的理论和实践意义[2]。

黄河流域流经我国 9 个省区,幅员辽阔,人口众多,自然资源丰富,在我国经济发展中占有重要地位。黄河流域是我国洪水灾害主要的发生地之一,而我国历史上的洪涝灾害大多都是由暴雨引起的。因此,研究黄河流域暴雨灾害评估具有重要意义。

1　研究进展

目前国内对气象灾害的研究逐渐增多[3-8],特别是对洪涝灾害和农业气象灾害的研究[9-15]较多,但单独对暴雨灾害的研究较少[16-18]。2002 年田红等以 GIS 技术为支撑,以大量控件和非空间数据为基础,结合数据库技术和其他高级语言,通过调用实时气象资料进行灾害监测,并用混合编程法实现灾害损失评估[6]。2005 年刘引鸽等探讨了以灾害样本为集值的基于信息扩散的模糊数学理论模型的气象灾害风险评价方法,该方法对灾害样本少以及小区域范围的灾害风险评价也较适合[8]。2007 年王博等综合了 20 年来国内外一些学者在灾害风险评估

[*]　本文被《黄河流域天气气候预报预测技术交流会论文集》(2013 年 3 月)收录

方面取得的研究成果和相关文献资料,简要介绍了暴雨灾害风险区划的基本原理与技术路线、基本步骤、几种风险评价方法的适用性[16]。2009年刘荆等以淮河流域暴雨灾害为研究对象,从致灾因子的危险性和承灾体的易损性两方面出发,通过相关分析法得到淮河流域暴雨灾害的危险图、易损图及综合风险图,利用洪涝淹没面积数据验证暴雨灾害综合风险评估结果[17]。吴富山等通过对河南省暴雨灾害的统计分析,从气象条件入手,用多元回归方程对河南省夏季暴雨可能带来的较大的灾害做出粗略估计[18]。2010年陈云峰、高歌等分析了我国近20年的气象灾害,采用综合集成评价方法计算出气象灾害损失的综合指数,运用聚类分析法对近20年的气象灾害损失进行定级并分析其随时间的变化[5]。

虽然我国各地开展暴雨灾害评估的研究较多,但是黄河流域暴雨灾害评估研究相对较少。2012年耿思敏等采用Morlet小波分析和趋势分析方法,对黄河中下游流域洪涝灾害现状、降水丰枯周期变化、降水强度和频率等进行了分析,结果发现,黄河流域洪涝灾害整体呈现加重态势;支流和小流域洪涝灾害态势严峻;"小水大灾"频繁发生,损失惨重;凌汛灾情趋于缓和[19]。黄河流域对我国经济的发展起着至关重要的作用,因此,研究黄河流域暴雨灾害评估是必要和急需的。

2 研究框架

2.1 制定黄河流域暴雨灾害评估指标体系(表1)

表1 暴雨灾害评估指标体系

		指 标
暴雨灾害评估	受灾人口	死亡人口
		重伤人口
		失踪人口
		紧急抢救转移安置人口
	受灾农作物	受灾农作物面积比
	受灾房屋	毁坏房屋比
	经济损失	直接经济损失与国民生产总值比

2.2 制定黄河流域暴雨灾害成灾度评估标准

黄河流域暴雨灾害的评估指标体系已经建立,但要评估暴雨灾害的成灾程度,一套评估标准必不可少。如果没有统一的标准,暴雨灾害评估就没有统一的尺度,就不可能进行正确的灾害评估。怎样建立一套暴雨灾害的评估标准。本文认为可通过以下步骤来建立一套暴雨灾害的评估标准。首先,对每个指标进行分级,本文用0、0.3、0.6、0.8、1共5个节点所对应指标的特征值将每个指标分为4个等级;然后,对总体的暴雨灾害受灾程度进行分级。用0、0.3、0.6、0.8、1共5个节点将暴雨灾害受灾程度分为轻灾、中灾、重灾、特大灾4个等级。但要注意的是,黄河流域占地跨度较大,指标评估标准的界定不能一刀切,某些指标需要分区域进行标准的界定。

2.3 确定黄河流域暴雨灾害成灾度评估方法

2.3.1 单指标量化

本文引入"成灾度"(简称 DD)来度量某个区域暴雨灾害受灾的程度,取值范围为[0,1]。

在指标体系中,每个指标均有一个子成灾程度(简称 SDD)取值范围为[0,1]。为了量化单指标的子成灾度,假定各指标均存在 5 个指标特征值:最差值、较差值、及格值、较优值和最优值。取最差值或比最差值更差时该指标的子成灾度为 1,取较差值时该指标的子成灾度为0.8,取及格值时该指标的子成灾度为 0.6,取较优值时该指标的子成灾度为 0.3,取最优值或比最优值更优时该指标的子成灾度为 0。

(1)正向指标是指子成灾度随着指标值的增加而增加的指标[20],示意如图 1。设 a、b、c、d、e 分别为某指标的最差值、较差值、及格值、较优值和最优值,利用 5 个节点$(a,1)$、$(b,0.8)$、$(c,0.6)$、$(d,0.3)$和$(e,0)$,以及上面的假定,可以得到正向指标子成灾度的变化曲线及表达式。正向指标的子成灾度计算公式如下:

$$SDD_i = \begin{cases} 0 & x_i \leqslant e_i \\ 0.3\left(\dfrac{x_i - e_i}{d_i - e_i}\right) & e_i < x_i \leqslant d_i \\ 0.3 + 0.3\left(\dfrac{x_i - d_i}{c_i - d_i}\right) & d_i < x_i \leqslant c_i \\ 0.6 + 0.2\left(\dfrac{x_i - c_i}{b_i - c_i}\right) & c_i < x_i \leqslant b_i \\ 0.8 + 0.2\left(\dfrac{x_i - b_i}{a_i - b_i}\right) & b_i < x_i \leqslant a_i \\ 1 & a_i < x_i \end{cases} \quad (1)$$

式中:SDD_i 为第 i 个指标在 T 时刻的子成灾度,$i=1,2,\cdots,n$,n 为选用的指标数;a_i、b_i、c_i、d_i、e_i 分别为第 i 个指标的最差值、较差值、及格值、较优值和最优值。

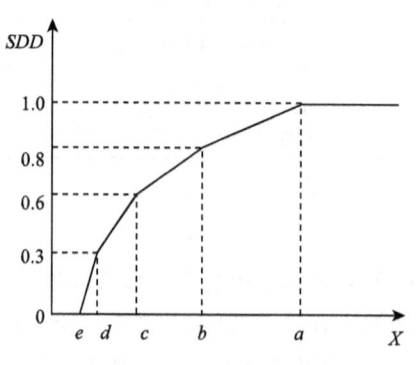
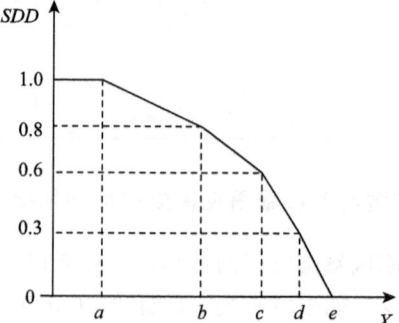

图 1　正向指标子成灾度变化曲线　　　　图 2　逆向指标子成灾度变化曲线

(2)逆向指标是指子成灾度随着指标值的增加而减小的指标,示意如图 2。同样,设 a、b、c、d、e 分别为某指标的最差值、较差值、及格值、较优值和最优值,利用 5 个特征点$(a,1)$、$(b,0.8)$、$(c,0.6)$、$(d,0.3)$和$(e,0)$,以及上面的假定,可以得到逆向指标子成灾度的变化曲线及表达式。逆向指标的子成灾度计算公式如下:

$$SDD_i = \begin{cases} 1 & x_i \leqslant a_i \\ 0.8 + 0.2\left(\dfrac{b_i - x_i}{b_i - a_i}\right) & a_i < x_i \leqslant b_i \\ 0.6 + 0.2\left(\dfrac{c_i - x_i}{c_i - b_i}\right) & b_i < x_i \leqslant c_i \\ 0.3 + 0.3\left(\dfrac{d_i - x_i}{d_i - c_i}\right) & c_i < x_i \leqslant d_i \\ 0.3\left(\dfrac{e_i - x_i}{e_i - d_i}\right) & d_i < x_i \leqslant e_i \\ 0 & a_i < x_i \end{cases} \tag{2}$$

式中符号含义同前。

2.3.2　多指标集成

暴雨灾害成灾度评估指标在 T 时刻的值为 $Y^i(T)$，描述的子成灾度为 $SDD_i(Y^i(T))$。则人口子成灾度、农作物子成灾度、房屋子成灾度、经济损失子成灾度的计算公式如下：

$$PDD(T) = \sum_{i=1}^{n1} w_i SDD_1(Y_1^i(T)) \tag{3}$$

$$FDD(T) = \sum_{i=1}^{n2} w_i SDD_2(Y_2^i(T)) \tag{4}$$

$$HDD(T) = \sum_{i=1}^{n3} w_i SDD_3(Y_3^i(T)) \tag{5}$$

$$EDD(T) = \sum_{i=1}^{n4} w_i SDD_4(Y_4^i(T)) \tag{6}$$

式中：$PDD(T)$ 为 T 时刻的人口子成灾度；$FDD(T)$ 为 T 时刻的农作物子成灾度；$HDD(T)$ 为 T 时刻的房屋子成灾度；$EDD(T)$ 为 T 时刻的经济子成灾度；$n1$、$n2$、$n3$、$n4$ 分别为人口子成灾度、农作物子成灾度、房屋子成灾度、经济子成灾度的个数；w_i 为各指标的权重，采用变权法计算确定。

综合考虑受灾人口、受灾农作物、受灾房屋、经济等子成灾度，来表征总体的成灾程度即成灾度（DD）。成灾度（DD）的量化方法如下：

$$DD(T) = PDD(T) \times \beta_1 + FDD(T) \times \beta_2 + HDD(T) \times \beta_3 + EDD(T) \times \beta_4 \tag{7}$$

式中：β_1、β_2、β_3、β_4 是给定的人口子成灾度 $PDD(T)$、农作物子成灾度 $FDD(T)$、房屋子成灾度 $HDD(T)$、经济子成灾度 $EDD(T)$ 的权重。根据重要程度，分别给 β_1、β_2、β_3、β_4 赋值。

$DD(T)$ 为 T 时刻的成灾度，是衡量 T 时刻暴雨灾害成灾程度的"尺度"，$DD(T) \in [0,1]$。$DD(T)$ 越大，认为成灾度越大，暴雨灾害造成的损失越大。本文针对暴雨灾害成灾度评估提出的上述方法称为单指标量化—多指标集成评估方法，简称 SI-MI 方法。

2.3.3　暴雨灾害成灾度等级的划分

根据成灾度（DD）的大小，为了便于定量对比，把暴雨灾害受灾程度划分为 4 个等级，见表 2。计算了暴雨灾害成灾度后，可以使不同时间、不同地点、不同灾种之间的灾情大小能够进行定量的比较。

表 2　成灾度等级划分

成灾度等级	DD 的取值范围
特大灾	$0.8 \leqslant DD < 1.0$
重灾	$0.6 \leqslant DD < 0.8$
中灾	$0.3 \leqslant DD < 0.6$
轻灾	$0 \leqslant DD < 0.3$

3　总　结

本文为黄河流域暴雨灾害评估研究需要,总结了 20 年来国内外一些学者在气象灾害特别是黄河流域暴雨灾害评估方面所取得的研究成果和相关文献;提出了黄河流域暴雨灾害评估的研究框架;构建了暴雨灾害评估的指标体系;提出了暴雨灾害评估标准的制定方法;提出了暴雨灾害评估方法即单指标量化—多指标集成的评估方法。

参考文献

[1] 章国材.防御和减轻气象灾害——2006 年世界气象日主题.气象,2006,**32**(3):3.

[2] 高庆华,马宗晋.自然灾害评估.北京:气象出版社,2007:1-3.

[3] 章国材.气象灾害风险评估与区划方法.北京:气象出版社,2010.

[4] 高庆华,马宗晋,张业成,等.自然灾害评估.北京:气象出版社,2007.

[5] 陈云峰,高歌.近 20 年我国气象灾害损失的初步分析.气象,2010,**32**(2):76-80.

[6] 田红,陆维松,吴必文.基于 GIS 的气象灾害监测与评估集成系统.气象科学,2002,**22**(4):482-488.

[7] 解明恩,程建刚.云南气象灾害特征及成因分析.地理科学,2004,**24**(6):721-726.

[8] 刘引鸽,缪启龙,高庆九.基于信息扩散理论的气象灾害风险评价方法.气象科学,2005,**25**(1):84-89.

[9] 郭永芳,查良松.安徽省洪涝灾害风险区划及成灾面积变化趋势分析.中国农业气象,2010,**31**(1):130-136.

[10] 李茂松,李森,李育慧.中国近 50 年洪涝灾害灾情分析.中国农业气象,2004,**25**(1):38-41.

[11] 温书,陈平,达庆利.我国洪涝灾害受灾及成灾面积的预测分析.生物数学学报,2001,**15**(4):452-456.

[12] 周成虎,万庆,黄诗峰,等.基于 GIS 的洪水灾害风险区划研究.地理学报,2001,**55**(1):15-24.

[13] 万君,周月华,王迎迎,等.基于 GIS 的湖北省区域洪涝灾害风险评估方法研究.暴雨灾害,2007,**26**(4):328-333.

[14] 刘兰芳,彭蝶飞,邹君.湖南省农业洪涝灾害易损性分析与评价.资源科学,2006,**28**(16):60-67.

[15] 李世奎,霍治国,王素艳,等.农业气象灾害风险评估体系及模型研究.自然灾害学报,2004,**13**(1):77-87.

[16] 王博,崔春光,彭涛,等.暴雨灾害风险评估与区划的研究现状与进展.暴雨灾害,2007,**26**(3).

[17] 刘荆,蒋卫国,杜培军,等.基于相关分析的淮河流域暴雨灾害风险评估.中国矿业大学学报,2009,**38**(5):735-740.

[18] 吴富山,吴蓁,鲍向东,等.河南省夏季暴雨灾害预评估.河南气象,1995(4):16-17.

[19] 耿思敏,严登华,罗先香,等.变化环境下黄河中下游洪涝灾害发展新趋势.水土保持通报,2012(3):188-191.

[20] 左其亭,王丽.资源节约型社会的评价方法及应用.资源科学,2008(3):409-414.

基于贝叶斯理论的集合降水概率预报方法研究及初步应用试验[*]

韩焱红[1] 矫梅燕[2] 陈 静[3] 陈法敬[3]

(1. 南京信息工程大学大气科学学院,南京 210044;2. 中国气象局,北京 100081;
3. 中国气象局数值预报中心,北京 100081)

摘 要:将贝叶斯理论应用到集合降水概率预报方法研究中,采用集合预报资料和历史观测资料,通过建立 BPO(Bayesian Processor of Output)降水概率预报模型,将一组集合成员降水确定预报值修订为一组贝叶斯降水概率分布或概率密度的预报,并获得表征每个集合成员预报能力有效信息评分 IS(Informativeness Score)。基于 IS 值对集合成员概率预报信息融合,得到集成贝叶斯降水概率预报,并采用排序概率评分(CRPS)方法检验试验结果。结果表明,基于 BPO 方法得到的集成贝叶斯降水概率预报可靠性高于由集合预报得到的直接概率预报。

关键词:贝叶斯理论;降水集合预报;概率预报;试验

引 言

天气预报存在着不可避免的不确定性[1,2],概率是表达预报不确定性的一种方式[3],集合预报[4-6]则是获得概率预报的一个有效途径。集合预报产品的释用是集合预报系统必不可少的一部分,是实现模式结果实际应用价值的重要过程。目前的集合预报释用方法主要以模式预报值为样本,统计得到一系列概率预报结果,如天气要素概率预报图、邮票图、面条图等。由于集合预报系统在获得不确定性来源过程中仍存在一定缺陷,由此得到的直接概率预报结果并不能完整地定量化表达不确定性,因此,近年来国内外气象学者逐渐研究基于贝叶斯理论的概率预报方法来解决这一问题。

贝叶斯理论是统计学中的一个重要分支,在水文预报、气象预报等领域有所应用。从 20 世纪 90 年代开始,基于贝叶斯理论的水文模拟不确定性估计方法被广泛地应用于模拟方法、参数估计、水文预报等方面,成为水文不确定性研究的主流方向。90 年代末,气象学者将贝叶斯理论应用于单一数值预报产品的概率化预报中,如 Krzysztofowicz 等[7,8]提出了贝叶斯产品处理技术(Bayesian Processor of Output,BPO),采用模式预报值作为预报因子,通过建立 BPO 预报模型对预报量先验概率修订,得到预报量累积概率分布或概率密度的预报。随着数值预报技术的发展,集合预报逐渐发展成熟,近年来贝叶斯理论也逐渐应用于该研究领域,Raftery[9]提出了贝叶斯模式平均(Bayesian Model Averaging,BMA)的方法,利用地面温度历史集合预报资料,将单个集合成员预报结果修订为概率密度函数形式的预报,但由于模式集合

资助项目:国家自然科学基金(41075035)

[*] 已发表在《气象》2013 年第 1 期

平均与气候平均有很大差别,该方法对于极端事件的预报不够准确,Bishop[10] 对上述方法进一步地改进,将气候分布与贝叶斯理论结合得到既适用于非极端事件又适于极端事件的概率预报。中国气象局也于 2010 年开始这方面的研究,赵琳娜等[11] 采用淮河流域历史降水资料及集合预报资料利用 BMA 方法对 CMA 集合预报 15 个成员的定量降水预报进行了集成与订正,得到有预测效果的概率密度函数,使得观测降水真值包含在有效区间预报内的可能性更大,获得预报能力高于确定预报的概率预报。陈法敬等[12] 以连续预报量——温度为例,对 BPO 方法在集合预报中的应用进行了初步试验验证,将一组集合成员预报值修订为一组概率预报并对其预报结果合理融合得到预报能力高于单一集合成员的集成贝叶斯概率预报。

由前人基于贝叶斯理论的概率预报结果可以看出,采用数值模式产品提供的有效预报信息对预报量的气候(先验)概率进行修订,得到模式预报信息与气候信息最佳融合的概率预报可以提高预报准确性。降水作为离散型预报量,其概率预报形式一般有两种:降水有无的分类概率预报和降水量等级概率预报。实际上,降水量在 $[0,\infty)$ 内的各个连续值处都存在一定概率,获得该范围内连续的概率分布或概率密度预报可以更加完整地体现预报不确定性。本文以 24 小时降水为预报量,集合成员预报值为确定预报值,根据 BPO 方法[13,14] 建立降水概率预报模型,获得一组在预报范围内连续变化的降水概率分布或概率密度预报,并按照预报能力对各集合成员贝叶斯降水概率预报信息融合,获得集成贝叶斯降水概率预报。

1　方法和资料

1.1　方　法

(1)贝叶斯方法

贝叶斯方法是基于贝叶斯定理而发展起来用于系统地阐述和解决统计问题的方法[15,16]。该方法的核心为贝叶斯公式,其基本形式如下:

$$P(Y \mid X) = \frac{P(Y)P(X \mid Y)}{P(X)} \tag{1}$$

式中,$P(Y)$是未知数 Y 的先验概率,它是由已知的先验信息获取的最初概率,反映了人们在抽样前对 Y 的认知;$P(X|Y)$则是样本值 X 的抽样分布密度,其综合了未知数 Y 的样本信息和总体信息(综合称为抽样信息);$P(X)$则为随机变量 X 的边缘分布。公式表达了通过抽取样本 X,利用抽样信息对未知数 Y 的先验概率进行修订,得到重新估计的条件概率即后验概率 $P(Y|X)$的算法。

(2)BPO 方法

BPO 方法是一种将贝叶斯理论运用到气象领域,通过融合预报量先验信息,将单一数值模式预报值修订为概率预报的技术。本文选取降水作为预报量 Y,将单一集合成员降水预报值作为预报因子 X。由于离散型预报量降水总体上可以分为有无降水两种情况,而在有降水条件下的降水量(以下简称为条件降水量)的分布在 $[0,\infty)$ 范围内是连续的,因此,为了得到降水在 $[0,\infty)$ 预报值范围内连续的概率分布预报,分别对有降水的概率和条件降水量的概率分布修订,得到有降水的后验概率 π 及条件降水量的后验概率分布 $\Phi(y)$ 或后验密度函数 $\varphi(y)$。基于 BPO 方法的降水概率预报数学模型如公式(2)或(3)所示,式中 x 为预报因子 X 的值,y 为 $\geqslant 0$ 的任意实数,$\delta(y)$ 则为 y 的狄拉克函数。由公式可以看出,基于 BPO 方法得到的降水概率预报由两部分构成:无降水的概率和条件降水量的概率分布。

$$概率分布形式 \quad P(Y \leqslant y \mid X = x) = (1 - \pi) + \pi\Phi(y), y \geqslant 0 \tag{2}$$

$$概率密度形式 \quad p(y \mid X = x) = (1 - \pi)\delta(y) + \pi\varphi(y), y \geqslant 0 \tag{3}$$

降水概率预报模型中有降水的后验概率 π 由公式(4)获得,式中 g 为由历史降水观测资料统计得到的有降水先验概率(降水阈值为 0.1 mm)。f_0、f_1 则分别为无降水和有降水时,由降水观测值、预报值构成的联合样本获得的预报值 x 的条件密度函数即似然函数。

$$\pi = \left[1 + \frac{1-g}{g} \frac{f_0(x)}{f_1(x)} \right]^{-1} \tag{4}$$

模型中条件降水量的后验概率分布 $\Phi(y)$ 和后验概率密度 $\varphi(y)$ 则分别由公式(5)、(6)获得。公式中 Q 代表标准正态分布函数;$G(y)$、$K(x)$ 则是分别由降水历史观测值样本、预报值样本估计得到的条件降水量 y 的先验概率分布、预报值 x 的边缘分布;c_0、c_1、T 为通过建立似然模型得到的后验参数。

$$概率分布函数形式 \quad \Phi(y) = Q\left(\frac{1}{T} \left[Q^{-1}(G(y)) - c_1 Q^{-1}(K(x)) - c_0 \right] \right) \tag{5}$$

$$概率密度函数形式 \quad \varphi(y) = \frac{1}{T} \exp\left(\frac{1}{2} \left\{ \left[Q^{-1}(G(y)) \right]^2 - \left[Q^{-1}(\Phi(y)) \right]^2 \right\} \right) g(y) \tag{6}$$

似然模型是为了获得表征预报量和预报因子之间依赖关系的似然参数而建立的数学模型。由于降水观测值与预报值并不服从标准正态分布,其分布特征使得二者之间的依赖关系难以用解析函数来刻画,因此本文采用 Kelly 和 Krzysztofowicz[17,18] 提出的亚高斯似然模型来获得似然参数。其主要思想是先通过正态分位数转换(Normal Quantile Transform,NQT)将预报量 y、预报因子 x 变换为正态分布变量 u、z,如公式(7)。

$$u = Q^{-1}(G(y)), z = Q^{-1}(K(x)) \tag{7}$$

式中,Q^{-1} 表示标准正态分布函数反函数,因此转换后的变量均完全服从标准正态分布(高斯分布)。在转换空间内建立的似然模型则为亚高斯似然模型,根据 u、z 的均值 μ_0、μ_1,方差 σ_0^2、σ_{12} 以及协方差 σ_{10} 通过公式(8)得到似然参数 a、b、σ^2,以此来描述 NQT 转换量 u、z 之间的线性回归关系,如公式(9)所示。

$$a = \frac{\sigma_{10}}{\sigma_0^2}, b = \mu_1 - \frac{\sigma_{10}}{\sigma_0^2}\mu_0, \sigma^2 = \sigma_1^2 - \frac{\sigma_{10}^2}{\sigma_0^2} \tag{8}$$

$$E(Z \mid U = u) = au + b, Var(Z \mid U = u) = \sigma^2 \tag{9}$$

式中,E 为降水观测值 Y 的 NQT 转换量 U 值为 u 时,预报值 X 的转换量 z 的期望,Var 则为其方差。同时,通过建立似然模型分别由公式(10)、公式(11),获得表征预报因子有效信息评价指标的有效信息评分(Informativeness Score,IS)[19] 及 BPO 预报模型中的后验参数。

$$IS = |\gamma| = \left[\left(\frac{a}{\sigma} \right)^{-2} + 1 \right]^{-\frac{1}{2}} \tag{10}$$

$$c_1 = \frac{a}{a^2 + \sigma^2}, c_0 = \frac{-ab}{a^2 + \sigma^2}, T = \left(\frac{\sigma^2}{a^2 + \sigma^2} \right)^{1/2} \tag{11}$$

1.2 资　料

本文选取了 5 个不同气候区的代表站点:广州、南京、武汉、成都、北京。将站点 24 h 降水量作为预报量 Y,集合预报系统中单一集合成员 24 h 降水预报值(预报时效为 24 h、72 h、

120 h)作为预报因子 X。

其中降水的先验概率由国家气象信息中心提供的全国基准站 1952—2007 年 6 月逐日 20—20 时 24 h 降水观测资料获得。为了研究 BPO 方法在多模式集合预报中的应用,本文预报因子 X 是由交互式全球大集合预报系统(THORPEX Interactive Grand Global Ensemble, TIGGE)提供的中国气象局(CMA)与美国环境预报中心(NCEP)逐日 24 h,72 h,120 h 预报时效的全球格点降水预报资料,利用双线性插值方法得到广州、南京、武汉、成都、北京 5 个观测站的降水预报,试验时段为 2008 年 6 月 1—30 日期间。

2　基于确定性预报的降水概率预报模型试验

2.1　降水概率预报模型的应用实例

以 CMA 和 NCEP 集合预报资料中集合控制预报值作为确定性预报值,对基于 BPO 方法的降水概率预报模型进行应用试验。

分别对广州、南京、武汉、成都、北京站建立 BPO 降水概率预报模型,得到 5 个站点的 6 月逐日有降水的后验概率 π_k,其与历史观测资料统计得到的先验概率 g_k 比较结果如图 1 所示(k 为 6 月中的第 k 天)。

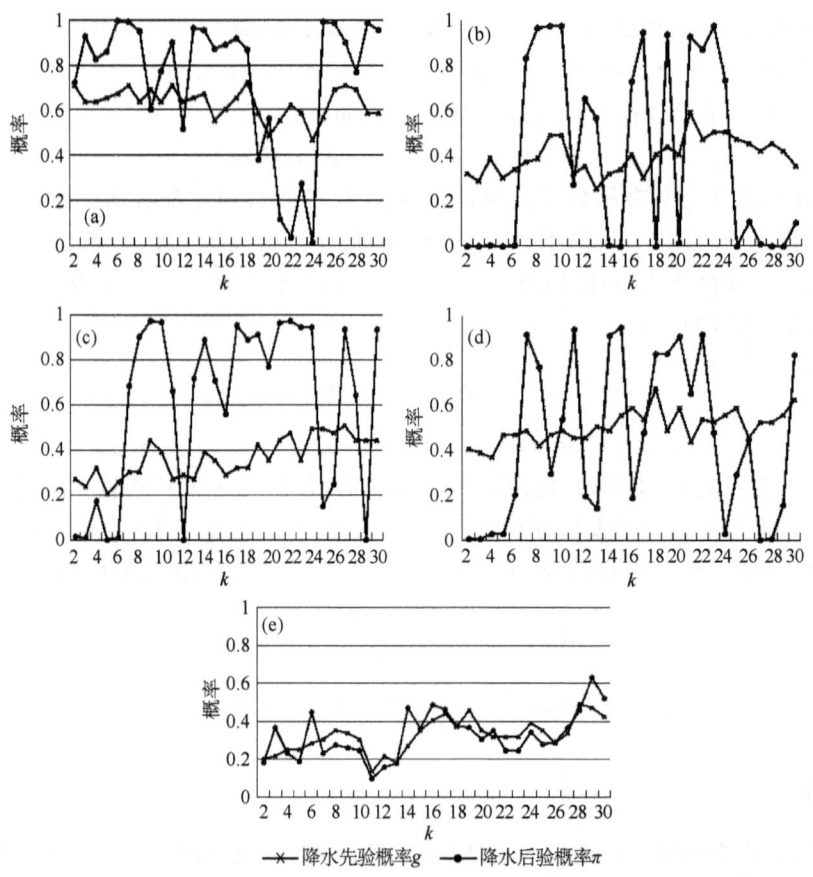

图 1　广州(a)、武汉(b)、南京(c)、成都(d)、北京(e)站点 6 月逐日有降水先验概率 g_k 与后验概率 π_k

由图1可以看出,根据降水历史观测资料统计得到的站点有降水先验概率 g_k 逐日变化平缓,其中广州站的 g_k 值在 0.45～0.75 之间(图 1a),武汉、成都站的 g_k 值在 0.3～0.7 之间(图 1b、图 1d),南京、北京站的 g_k 值在 0.2～0.5 之间(图 1c、图 1e)。而通过建立 BPO 降水概率预报模型修订得到的后验概率 π_k 逐日变化起伏较大,这说明数值预报值作为预报因子,提供的预报因子有效信息发挥了一定修订作用。

将历史观测资料中有降水时的降水观测值作为条件降水量的历史观测样本,与其对应的集合预报控制预报值作为历史预报值样本,通过统计分析发现广州、南京、武汉、成都、北京站的 6 月逐日条件降水量近似服从威布尔分布。因此,本文采用威布尔分布函数估计条件降水量的先验分布 $G(y)$ 和预报值的边缘分布 $K(x)$。

$$G(y \mid \alpha, \beta) = 1 - e^{-(\frac{x}{a})^{\beta}}, y > 0 \qquad (12)$$

以广州站 2008 年 6 月 29 日为例,条件降水量的先验分布 $G(y)$ 及预报值边缘分布 $K(x)$ 如图 2a 所示。可以看出,条件降水量 Y、预报值 X 的威布尔分布形状与尺度存在差异,二者之间的统计关系难以统一刻画。分别对其进行 NQT 转换,得到条件降水量、预报值的 NQT 转换量 U、Z,其分布形式如图 2b 所示。转换量 U、Z 均服从标准正态分布,分布曲线完全重合,便于似然模型的建立。

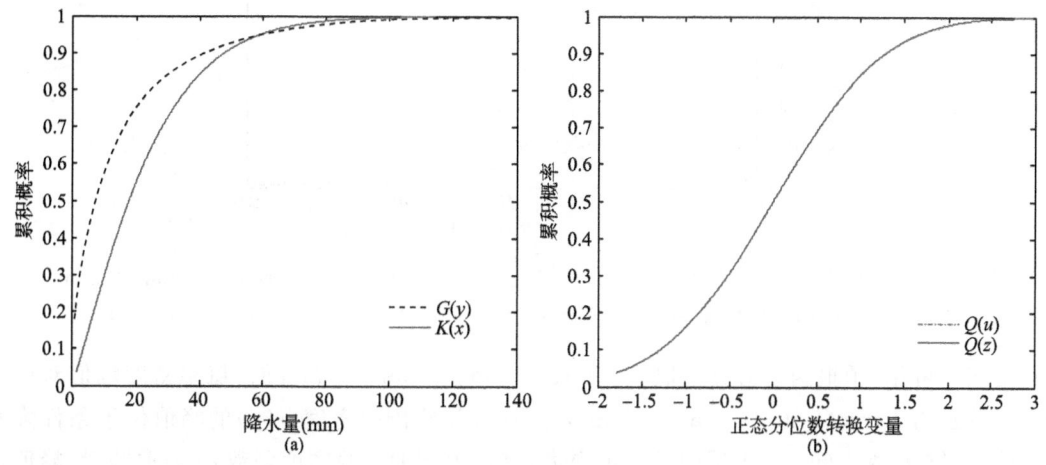

图 2 条件降水量的边缘分布 $G(y)$ 及预报值的边缘分布 $K(x)$(a)

和 NQT 转换量 U、Z 的标准正态分布 $Q(u)$、$Q(z)$(b)(以广州 2008 年 6 月 29 日为例)

以 CMA、NCEP 集合预报为例,在转换空间内分别建立 5 个研究站点的似然模型,得到后验参数 c_0、c_1、T,结果如表 1、表 2 所示。

表 1 站点后验参数值(以 CMA 集合成员为例)

站点	c_0	c_1	T
广州	0.3503	0.6142	0.7857
武汉	0.0247	0.0247	0.5979
南京	−0.1987	−0.1283	0.5909
成都	0.1862	0.5119	0.8263
北京	0.0117	0.1900	0.9796

表 2　站点后验参数值（以 NCEP 集合成员为例）

站点	c_0	c_1	T
广州	0.3062	0.5915	0.8110
武汉	0.0293	0.3855	0.8918
南京	0.0114	0.6107	0.6887
成都	0.2330	0.6369	0.6788
北京	0.0114	0.2775	0.9513

利用表 1 中广州站的后验参数值，由公式（6）得到给定任意 4 个预报因子值（$X=10$ mm、20 mm、35 mm、55 mm）时的条件降水量后验概率密度函数，如图 3 所示。

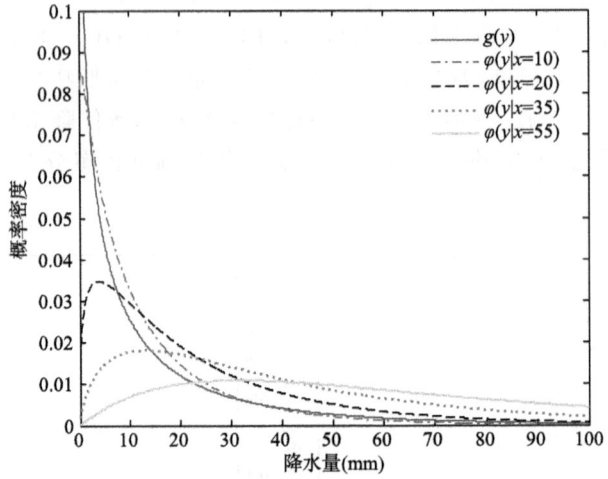

图 3　条件降水量 Y 的先验概率密度 $g(y)$ 及给定任意 4 个预报因子 X 值（$X=10$ mm、20 mm、35 mm、55 mm）的后验概率密度 $\varphi(y|x=10)$，$\varphi(y|x=20)$，$\varphi(y|x=35)$，$\varphi(y|x=55)$

由图 3 可见，预报因子值分别取 10 mm、20 mm、35 mm、55 mm 时，概率密度峰值对应的降水量分别为 1 mm、5 mm、15 mm、35 mm。同时，先验概率密度 $g(y)$ 的峰值位于条件降水量小值区（倒 J 型分布），而预报因子 x 值愈大，修订得到的后验密度函数 $\varphi(y)$ 愈圆滑，峰值也随之向降水量大值区移动，从而体现了预报因子对概率的修订作用。

2.2　基于确定性预报的降水概率预报结果分析

分别将 CMA、NCEP 集合预报控制预报值作为确定性预报，对广州、南京、武汉、成都、北京站 2008 年 6 月逐日 24 h 降水建立 BPO 降水概率预报模型，得到各站点的逐日降水概率分布或概率密度预报。其中，以 CMA 控制预报对广州 2008 年 6 月 30 日降水、NCEP 控制预报对武汉 2008 年 6 月 21 日降水的预报为例，得到确定性预报的概率化结果——单一集合成员贝叶斯降水概率预报的结果如图 4 所示。

由图 4 可以看出，广东站的实际观测值为 8.9 mm，CMA 控制预报结果为 19.3 mm，修订得到的概率密度峰值位于观测值附近（图 4b），预报准确性有所提高；武汉站的实际观测值为 0.4 mm，NCEP 控制预报结果为 10.93 mm，修订得到的概率密度峰值同样位于观测值附近（如图 4d），且预报确定性较高。同时，得到的贝叶斯降水概率预报与确定性预报相比，给出了预报范围内更多的预报信息,并以概率的形式定量化、连续地表达了降水预报不确定性。

本文选取的成都、南京、北京站的试验个例得到的贝叶斯降水概率预报形式与以上广州、武汉站的个例相似,不再赘述。

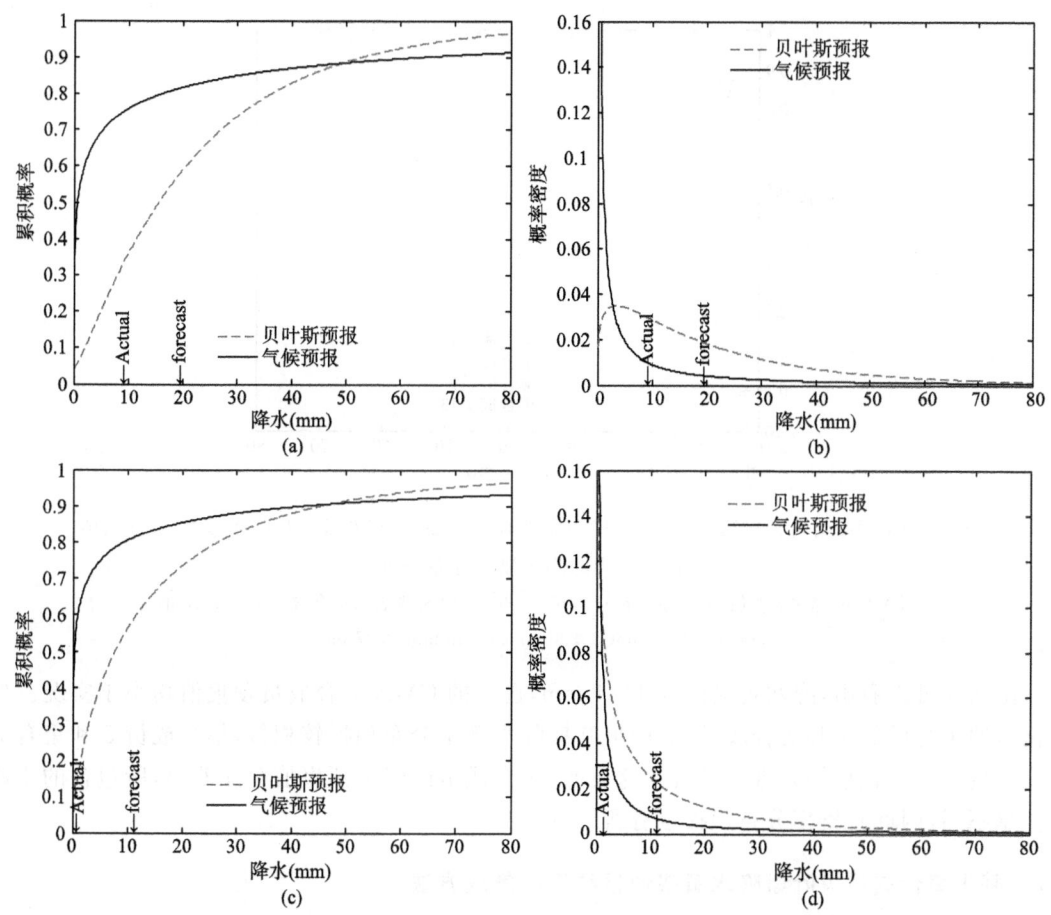

图 4   贝叶斯降水概率预报与气候概率预报试验结果对比(Actual:降水实况,forecast:集合预报控制预报值)

(a)基于 CMA 控制预报对广州 2008 年 6 月 30 日的降水预报得到的概率分布预报;

(b)同(a),但为概率密度预报(Actual:降水实况 8.9 mm,forecast:集合预报控制预报值 19.3 mm);

(c)基于 NCEP 控制预报对武汉 2008 年 6 月 21 日的降水预报得到的概率分布预报;

(d)同(c),但为概率密度预报(Actual:降水实况 0.4 mm,forecast:集合预报控制预报值 10.93 mm)

3   基于集合预报的降水概率预报模型应用

3.1   集合成员的预报模型应用结果

前面阐述了基于确定性预报建立 BPO 降水概率预报模型,获得单一集合成员贝叶斯降水概率预报的方法。试验结果表明,得到的概率预报具有一定的预报能力。而集合预报的预报不确定性是所有集合成员预报不确定性的完整体现,因此有必要研究一种合理的集合成员概率预报信息融合方法。将集合预报结果包含的一组集合成员预报值$(x_1,\cdots,x_n)$(n 为集合成

员数)中每个集合成员预报值视为确定预报数值模式产品,基于 BPO 方法建立降水概率预报模型,获得一组概率分布预报$\{P(Y \leqslant y | X = x_i) | i = 1, \cdots, n\}$。以广州站 2008 年 6 月 4 日的 24 h 降水预报为例,图 5 给出 CMA 集合预报第 1、5、9、13 集合成员贝叶斯降水概率预报。

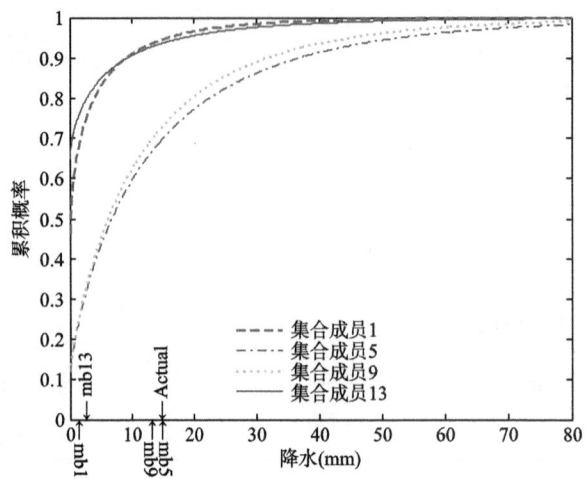

图 5　由 CMA 集合预报第 1、5、9、13 集合成员对广州 2008 年 6 月 4 日降水量 24 h 预报值
修订得到的降水概率分布预报

(Actual:降水观测值 14.4 mm,mb1、mb5、mb9、mb13 分别表示集合成员 1、5、9、13 的

预报值 1.82 mm、15.26 mm、13.49 mm、2.37 mm)

由图 5 可以看出,降水观测值为 14.4 mm,选定的 CMA 集合成员预报值均小于实况。概率化后的集合成员 1 和集合成员 13 的贝叶斯降水概率分布预报较相似,集合成员 5 和集合成员 9 的概率分布预报结果近乎重合。这表明,集合成员的降水预报值存在差异,所包含的不确定信息不同,因此其概率分布预报也有所区别。

3.2　基于集合成员贝叶斯降水概率预报结果的集成方法

由于集合成员为预报提供的有效预报信息存在差异,因此其预报能力也有所不同。本文采用在亚高斯似然模型中获得的预报因子有效信息评分 IS 值表征其预报能力。IS 值的范围为[0,1],且 IS 值越大,预报因子包含的有效预报信息越多,集合成员的预报能力越高。分别基于 CMA、NCEP 集合预报成员对南京站 24 h、72 h、120 h 的降水预报值建立亚高斯似然模型,根据公式(10)得到各集合预报成员的 IS 值,其中 NCEP 集合成员的结果如图 6a 所示。

由图 6a 可见,基于 NCEP 集合成员 24 h 降水预报得到的 IS 值明显高于 72 h、120 h,其中预报能力最强的为集合成员 7,预报能力最弱的为集合成员 9,IS 值分别为 0.91 和 0.70。

IS 值可以较好地体现集合成员为预报量提供有效预报信息的能力,因此本文采用正比于 IS^3 的值作为权重系数[20],来体现不同预报能力的集合成员其预报信息在所有集合成员预报信息融合中的地位(如公式(13),其中 min 运算为取各集合成员组成的 $\overrightarrow{IS^3}$ 向量中最小的元素,n 为集合成员总数)。

$$r_i(IS_i) = \frac{IS_i^3 - \min(\overrightarrow{IS^3})}{\sum_{i=1}^{n} IS_i^3 - n \cdot \min(\overrightarrow{IS^3})} \tag{13}$$

以 NCEP 对南京站 24 h 降水预报为例,获得与图 6a 中 24 h 预报时效的集合成员 IS 值对应的 $r_i(IS_i)$ 值,如图 6b 所示。

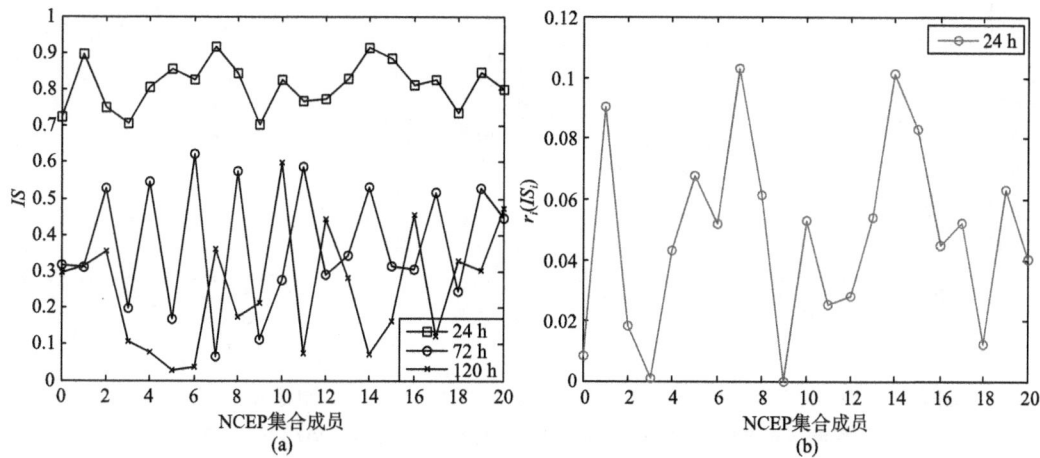

图 6　基于 NCEP 集合预报对南京站降水预报得到的 IS 值和权重系数 $r_i(IS_i)$

(a)IS;(b)$r_i(IS_i)$

由图 6b 可见,权重系数的变化趋势与 IS 值一致,对于 24 h 预报能力最强的集合成员 7,其预报信息的权重系数 $r_i(IS_i)$ 值也最大,预报能力最弱的集合成员 9,其预报信息的权重系数 $r_i(IS_i)$ 值最小,$r_i(IS_i)$ 值分别为 0. 11 和 0。

另外,分别基于 CMA、NCEP 集合预报对广州、武汉、成都、北京站 24 h、72 h、120 h 降水预报得到集合成员 IS 值以及 24 h 降水预报信息的权重系数 $r_i(IS_i)$。结果表明,权重系数可以很好地体现不同预报能力的集合成员其预报信息在融合中的地位。同时,各站的 IS 值变化特征与南京相似,两个集合预报系统对 24 h 降水预报能力均明显高于 72 h 和 120 h 预报。

基于权重系数 $r_i(IS_i)$ 根据公式(14)对一组集合成员概率密度预报信息加权平均且归一化,得到融合后的集成贝叶斯降水概率密度预报。由公式(15)对概率密度函数积分,得到概率分布预报。

$$p(y \mid \vec{X}) = \frac{\sum_{i=1}^{n} p(y \mid x_i) \cdot r_i(IS_i)}{\int_0^{\infty} \left[\sum_{i=1}^{n} p(\xi \mid x_i) \cdot r_i(IS_i) \right] d\xi} \tag{14}$$

$$P(Y \leqslant y \mid \vec{X}) = \int_0^y p(\xi \mid \vec{X}) d\xi \tag{15}$$

3.3　集成贝叶斯降水概率预报结果分析及检验

以 NCEP 对广州 2008 年 6 月 8 日的 24 h 降水预报为例,分别对各集合预报成员建立 BPO 降水概率预报模型,获得一组集合成员贝叶斯降水概率预报,并根据公式(14)、公式(15)对预报信息融合,得到集成贝叶斯降水概率预报,如图 7 所示。

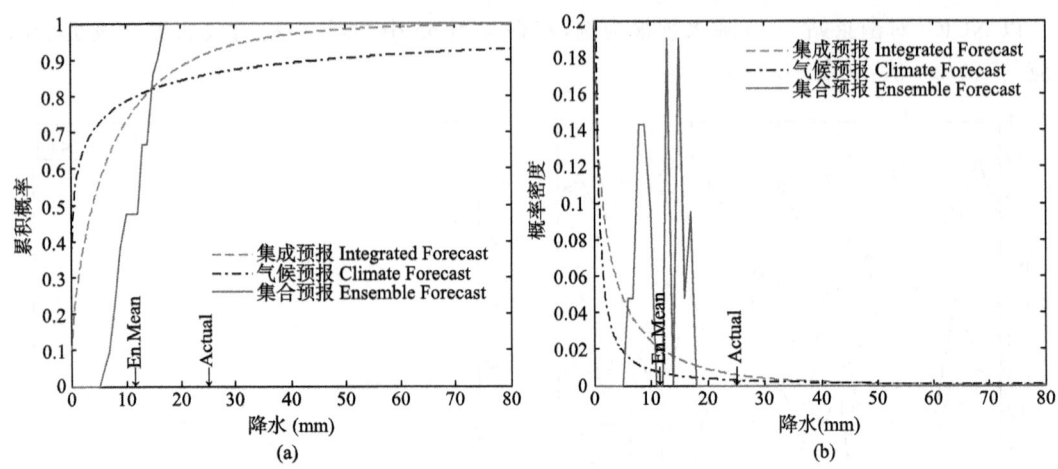

图 7 NCEP 对广州 2008 年 6 月 8 日 24 h 降水的集合模式直接概率预报（集合预报），

气候概率预报（气候预报）和集成贝叶斯降水概率预报（集成预报）结果

(a)概率分布形式；(b)概率密度形式（Actual：降水观测值 24.8 mm，En. Mean：集合平均值 11.28 mm）

由图 7 可以看出，个例的降水观测值为 24.8 mm，NCEP 集合预报给出的累积概率在此处已达到极值 1，概率密度为 0。集合模式直接概率预报的概率密度峰值主要位于 9 mm、13 mm、15 mm，对应的降水等级范围则为小到中雨。修订得到的集成概率分布、概率密度预报在预报范围内是连续变化的曲线，且降水观测值处的概率密度有所提高，增加了预报的可靠性。

分别基于 CMA、NECP 集合预报对广州、南京、北京、成都、武汉的 2008 年 6 月逐日 24 h 降水预报，建立 BPO 降水概率预报模型，得到站点逐日集成贝叶斯降水概率预报。采用排序概率评分（CRPS）对各站点的概率预报结果进行检验，CRPS 值越小说明概率预报可靠性越高，预报结果越接近真实情况。

图 8 给出了 5 个站点集成贝叶斯降水概率预报和集合直接概率预报的 6 月 CRPS 评分均值，其中图 8a、图 8b 分别为基于 CMA、NCEP 集合预报得到的检验结果。

由图 8 可以看出，基于 CMA、NCEP 集合预报得到的广州、武汉、南京、成都、北京站 6 月集成贝叶斯降水概率预报的 CRPS 评分均值明显小于集合直接概率预报，即集成贝叶斯降水概率预报的准确性高于集合直接概率预报。同时，各站点的集成预报与集合预报的 CRPS 评

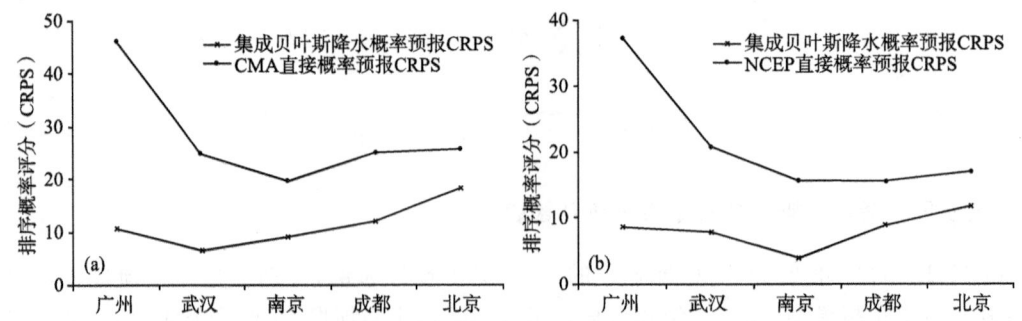

图 8 站点集成贝叶斯降水概率预报（集成预报）和集合直接概率预报（集合预报）的 6 月 CRPS 评分均值

(a)基于 CMA 集合预报得到的结果；(b)基于 NCEP 集合预报得到的结果

分变化趋势一致,说明得到的集成贝叶斯降水概率预报的预报效果仍基于集合预报结果。其中,基于 CMA、NCEP 集合预报获得的集成贝叶斯降水概率预报均对广州站的预报准确性改进最大。基于 CMA 集合预报得到的集成预报结果中,武汉站的 CRPS 值最小,预报准确性最高。基于 NCEP 集合预报得到的集成预报结果中,南京站的 CRPS 值最小,预报准确性最高。

综上所述,分别基于 CMA、NCEP 集合预报对广州、武汉、南京、成都、北京站的 2008 年 6 月逐日 24 h 降水建立降水概率预报模型并采用 CRPS 评分检验。结果表明,各站点的集成贝叶斯降水概率预报的可靠性均高于集合直接概率预报,并对广州站的概率预报准确性有较大提高,这种基于贝叶斯理论的集合降水概率预报方法经试验证明是科学合理的。

4　结　论

采用 1952 年至 2007 年历史观测资料、2008 年集合预报资料对基于贝叶斯理论的集合降水概率预报方法进行初步应用试验,得到以下结论:

(1)基于 BPO 方法对广州、武汉、南京、成都、北京站 6 月逐日有降水的先验概率 g 修订得到的后验概率 π 逐日变化明显,预报值提供的预报因子有效信息发挥了修订作用。

(2)建立 5 个研究站点降水观测值与单一集合成员预报值的亚高斯似然模型,获得似然参数、后验参数等,为 BPO 降水概率预报模型提供计算依据。

(3)每个集合成员的预报性能存在差异,以 IS 值表征集合成员的预报能力,结果表明集合成员预报能力随着预报时效增加而降低。基于 IS^3 值得到所有集合成员贝叶斯降水概率预报信息融合的权重,并得到集成贝叶斯降水概率预报。

(4)采用 CRPS 方法对 5 个研究站点的集成贝叶斯降水概率预报和集合直接概率预报检验,结果表明,基于 BPO 方法得到的集成预报可靠性高于集合预报,并对广州站的概率预报准确性有较大提高,该降水概率预报方法具有合理性。

文中采用双线性插值的方法由格点集合预报资料得到站点降水预报值,存在一定误差,对试验结果略有影响;试验样本长度仅为 1 个月,较小的样本量可能导致存在较大的预报模型偏差,其结果的代表性不是很强。另外值得注意的是,本文根据历史观测资料,采用 Weibull 分布估计得到的气候分布作为先验信息,其方法及结果存在一定局限性。由于先验信息的获取有多种途径,因此还可以尝试其他先验信息的估计方法,并与本文所得结果做进一步对比。下一步的工作将针对上述缺陷进行改进,对基于贝叶斯理论的集合降水概率预报方法进一步深入研究。

参考文献

[1]　Lorenz E N. Deterministic Nonperiodic Flow. *Journal of the Atmospheric Sciences*, 1963, **20**(3): 130-141.

[2]　Lorenz E N. A Study of the Predictability of a 28-variable Atmospheric Models. *Tellus*, 1965, **17**(3): 321-333.

[3]　王东海,杜钧,柳崇健. 正确认识和对待天气气候预报的不确定性. 气象, 2011, **37**(4): 385-391.

[4]　杜钧,陈静. 单一值预报向概率预报转变的基础:谈谈集合预报及其带来的变革. 气象, 2010, **36**(11):

1-11.

[5] 矫梅燕.天气业务的现代化发展.气象,2010,**36**(7):1-4.

[6] 陈静,陈德辉,颜宏.集合数值预报发展与研究进展.应用气象学报,2002,**13**(4):497-507.

[7] Krzysztofowicz R. Why should a forecaster and a decision maker use Bayes theorem. *Water Resources Research*,1983,**19**(2):327-336.

[8] Krzysztofowicz R. Point-to-area rescaling of probabilistic quantitative precipitation forecasts. *Journal of Applied Meteorology*,1999,**38**(6):786-796.

[9] Raftery A. Using Bayesian model averaging to calibrate forecast ensembles. *Monthly Weather Review*,2005,**133**(5):1155-1174.

[10] Bishop C. Bayesian model averaging's problematic treatment of extreme weather and a paradigm shift that fixes It. *Monthly Weather Review*,2008,**136**(12):4641-4652.

[11] 赵琳娜,梁莉,王成鑫,等.基于贝叶斯模型平均的集合降水预报偏差订正.第28届中国气象学会年会——S3天气预报灾害天气研究与预报,2011.

[12] 陈法敬,矫梅燕,陈静.一种温度集合预报产品释用方法的初步研究.气象,2011,**37**(001):14-20.

[13] Krzysztofowicz R, Herr H D. Hydrologic uncertainty processor for probabilistic river stage forecasting: Precipitation-dependent model. *Journal of Hydrology*,2001,**249**(1-4):46-68.

[14] Krzysztofowicz R. Bayesian theory of probabilistic forecasting via deterministic hydrologic model. *Water Resources Research*,1999,**35**(9):2739-2750.

[15] 茆诗松.贝叶斯统计.北京:中国统计出版社,1999:12-30.

[16] 吴喜之.现代贝叶斯统计学.北京:中国统计出版社,2000:10-35.

[17] Kelly K, Krzysztofowicz R. A bivariate meta-Gaussian density for use in hydrology. *Stochastic Hydrology and Hydraulics*,1997,**11**(1):17-31.

[18] Krzysztofowicz R. Transformation and normalization of variates with specified distributions. *Journal of Hydrology*,1997,**197**(1-4):286-292.

[19] Krzysztofowicz R. Bayesian correlation score: A utilitarian measure of forecast skill. *Monthly Weather Review*,1992,**120**(1):208-220.

[20] 陈法敬.亚高斯贝叶斯预报处理器及其初步试验.气象学报,2011,**69**(5):872-882.

基于贝叶斯原理降水订正的水文概率预报试验*

梁　莉[1,3]　赵琳娜[2]　齐　丹[3]　王成鑫[4,5]　包红军[1,3]　张渝杰[6]

(1. 中国气象局公共气象服务中心,北京　100081;

2. 中国气象科学研究院灾害天气国家重点实验室,北京　100081;

3. 国家气象中心,北京　100081;4. 中国科学院大气物理研究所,北京　100029;

5. 中国科学院研究生院,北京　100049;6. 四川省遂宁市气象局,遂宁　629000)

摘　要:首先,利用淮河流域加密站点 2008 年 6 月 1 日—8 月 31 日逐日降水资料,以及对应的 T213 模式的 24 h、48 h、72 h 集合预报,采用贝叶斯模型平均(Bayesian Model Averaging,BMA)方法,基于 30 天的训练期数据对集合预报 15 个成员的降水预报进行了概率集成与偏差订正,并采用排序概率评分(CRPS)、平均绝对误差(MAE)对 BMA 的订正结果进行检验。其次,选取淮河流域上游的子流域——淮河上游的大坡岭至王家坝流域做水文模拟试验,该子流域可细分为大坡岭至息县子流域、息县至王家坝子流域。淮河上游息县和王家坝水文站选为代表站。针对 2008 年 7 月 23 日—8 月 3 日的降水过程进行流量模拟试验,即将经贝叶斯平均模型订正后的 24 h、48 h、72 h 集合预报的第 25、75 百分位数的降水量分别输入至 VIC 水文模型中,得到这两个百分位降水量经水文模拟后对应的径流量,与逐日流量资料进行对比分析。

结果表明,经 BMA 订正后的 24 h、48 h、72 h 降水预报精度比订正前有所提高;BMA 模型给出的有效区间(第 25 百分位数至第 75 百分位数)预报将实况降水量包含在内的可能性比订正前更大;由水文概率预报检验指标的分析可知,经 BMA 订正的降水集合预报,由 VIC 水文模型模拟得到的径流量变化趋势与实况较吻合。

关键词:贝叶斯模型平均;偏差订正;VIC 水文模型

引　言

气象与水文向来关系密切,近 30 年来,随着气象学与水文学的快速发展,水文气象学作为气象学的分支以及水文学的重要组成部分,也得到迅猛发展。现代水文气象研究主要集中在面向流域的定量降水估测与预报技术、流域水文模型以及水文气象耦合预报技术三方面[1-4]。

一方面,气象上的集合数值预报技术近年来取得了重大进展[5],但由于数值模式和集合方法的缺陷,集合预报目前仍然存在不足之处。将贝叶斯原理应用到集合预报中,不但能达到偏差订正的目的,而且能从海量的数值产品信息中提取更为有用的预报信息。它能提供最大的预报可能性,而且也是天气预报不确定性的现实描述,具有先进性和广泛的应用前景。国内外

资助项目:公益性行业(气象)科研专项"基于地理信息系统的水文气象预报技术"(编号:201006037)、"基于多模式集合预报的交互式应用技术研究"(GYHY200906007);中国气象局公共气象服务中心 2012 年"青年英才计划"项目"流域洪涝临界面雨量阈值确定技术研究"共同资助;

* 已发表在《应用气象学报》2013 年第 4 期

近年来也有相关研究。马培迎[6]将天气分为有、无降水,分别求得其期望概率作为先验概率,在此基础上引用贝叶斯原理对降水概率预报进行修正以提高预报精度。Raftery 等[7]将贝叶斯模型平均(Bayesian Model Averaging,BMA)运用于温度和海平面气压等呈正态分布的物理量上,用来产生有预测效果的概率密度函数(PDF)。陈朝平等[8]在贝叶斯概率决策理论的基础上,利用四川暴雨的气候概率对集合降水概率预报产品进行了修正,对四川暴雨预报准确率有所提高。陈法敬等[9]利用 28 年 1 月武汉每日 08 时的 2 m 温度历史资料,对 NCEP 集合预报的 2 m 温度 5 天预报进行贝叶斯概率预报建模,进行了温度集合预报概率产品释用方法的探索。

另一方面,由于我国水文与气象多年来都是独立进行研究,而先对气象资料进行偏差订正(水文前处理),再进行水文概率预报的水文气象单向耦合研究在国内还不多见。这项技术对于减少预报误差,提高预报准确率,做好洪水预报及防灾减灾工作都具有重要意义。因此,基于以上两方面的调研,本文利用淮河流域范围内降水的历史实况和集合预报资料,采用 BMA 方法[10]对集合预报模式 15 个成员的降水预报进行概率集成并订正;然后以淮河流域上游的子流域——大坡岭至王家坝流域为例做水文试验,将经 BMA 订正后的降水量输入至水文模型中,得到水文概率预报,以获取更多的水文预报信息。

1 资料和研究区域

本文使用的气象资料包括降水资料和日最高、最低温度资料。其中,降水资料又分为降水观测资料和降水集合预报资料。降水观测资料为淮河流域加密站点(图 1a)2008 年 6 月 1 日—8 月 31 日的逐日资料;降水集合预报资料和日最高、最低温度预报资料采用的是对应的国家气象中心业务集合预报模式输出。该模式是建立在全球 T213L31 模式基础上的全球集合预报系统,共有 15 个成员,分辨率为 $0.5625° × 0.5625°$,这里用到的预报时效分别为 24 h、48 h、72 h。为了使气象资料与水文模型的分辨率一致,需要将所有资料都插值成分辨率为 15 km×15 km 的格点数据,插值后的淮河流域共有 1220 个格点(图 1b)。对日最高、最低温度资料和降水集合预报资料采用双线性插值方法。双线性内插法主要用于网格数据,一般较少

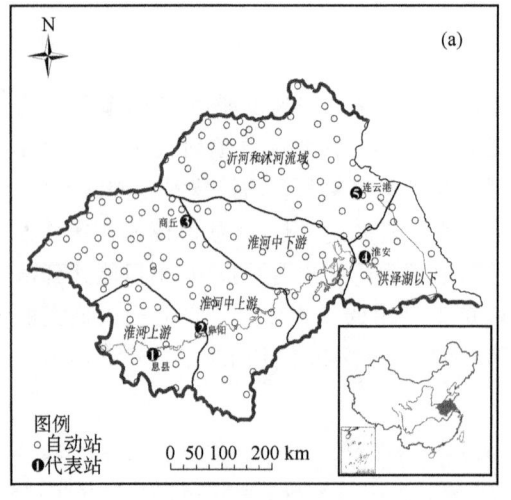
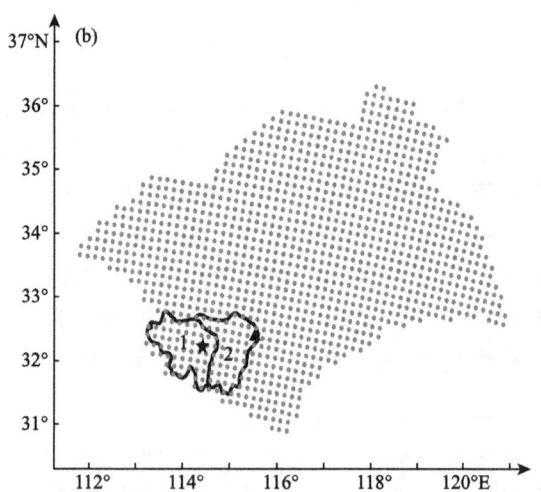

图 1 淮河流域位置与范围(a)、淮河上游大坡岭至王家坝流域范围及插值格点示意图(b)
("1"代表大坡岭至息县子流域、"2"代表息县至王家坝子流域、★和▲分别代表息县、王家坝水文站位置)

用于根据离散数据内插空间分布,优点是数据重采样后的结果较为平滑,同时具有较高的精度[11]。而对离散的实况资料则采用距离反比插值法,将不规则分布的空间数据内插到规则分布的对应网格点上,该方法具有计算相对简单、操作便利等特点[12-13]。

本例针对淮河上游的大坡岭至王家坝流域 2008 年 7 月 23 日—8 月 3 日的降水过程进行水文模拟试验。流域的海拔高度一般为 200~500 m,流域面积约为 30630 km²[14],可细分为大坡岭至息县子流域、息县至王家坝子流域(图 1b)。水文资料采用的是淮河上游息县和王家坝站点的逐日流量资料。

2 BMA 方法和检验

2.1 集合降水预报的 BMA 模型

BMA 是用于集合预报的后处理方法,可以产生有预测效果的概率密度函数(Probability Density Function,PDF)。用 $h_k(y|f_k)$ 表示当 k 成员的原始预报值 f_k 为集合预报中最佳预报时的条件概率密度函数,每个成员的预报 f_k 都对应一个 $h_k(y|f_k)$,将多个成员的 PDF 加权就得到 BMA 模型的 PDF,即:

$$p(y \mid f_1, \cdots, f_k) = \sum_{k=1}^{K} \omega_k h_k(y \mid f_k) \tag{1}$$

式中,ω_k 是当 k 成员为最佳预报时的后验概率,为非负数,并且反映了某个成员预报在某个训练期内对预测的相对贡献能力[7]。

由于降水是非连续变量,因此 BMA 的降水模型分为两部分。第一部分是降水量为 0 时的逻辑回归模型。模型中降水概率是以预报值 f_k 为变量的函数,且 f_k 为当天最佳预报。有研究证明,以预报值 f_k 的变形 $f_k^{1/3}$ 为预报变量的逻辑回归模型拟合效果更好[10,15]。因此,本文采用的分对数(logit)模型最终为:

$$\text{logit}P(y = 0 \mid f_k) \equiv \log \frac{P(y = 0 \mid f_k)}{P(y > 0 \mid f_k)} = a_0 + a_1 f_k^{1/3} + a_2 \delta_k \tag{2}$$

当 $f_k=0$ 时,指示量 $\delta_k=1$,其他情况 $\delta_k=0$。第二部分为降水量大于 0 时的概率密度函数。以往有很多研究都表明采用 Gamma 分布对偏态的降水量进行拟合是可行的[16-18],因此采用 Gamma 分布的概率密度函数拟合降水量,即:

$$g_k(y \mid f_k) = \frac{1}{\beta_k^{\alpha_k} \Gamma(\alpha_k)} y^{\alpha_k-1} \exp(-y/\beta_k), y > 0 \tag{3}$$

为取得更好的拟合效果,$g_k(y|f_k)$ 中的 y 表示降水量的立方根[10]。其中 Gamma 分布的均值 μ_k、方差 σ_2^k 与形状参数 α_k、尺度参数 β_k 的关系为 $\mu_k=\alpha_k\beta_k$、$\sigma k^2=\alpha_k\beta k^2$。另外,$\mu_k$、$\sigma k^2$ 与 f_k 有近似线性关系 $\mu_k=b_{0k}+b_{1k}f_k^{1/3}$、$\sigma k^2=c_{0k}+c_{1k}f_k$。由于集合成员间的两个方差参数 c_{0k} 和 c_{1k} 相差不大,因此令每组 c_{0k} 和 c_{1k} 一致,即 $\sigma k^2=c_0+c_1f_k$。至此 $h_k(y|f_k)$ 可以表示为:

$$h_k(y \mid f_k) = P(y = 0 \mid f_k)I[y = 0] + P(y > 0 \mid f_k)g_k(y \mid f_k)I[y > 0] \tag{4}$$

当 $y=0$ 时,$I[y=0]$ 为 1,$I[y>0]$ 为 0;当 $y>0$ 时,$I[y>0]$ 为 1,$I[y=0]$ 为 0。

综上,按照(1)式将所有集合成员的 $h_k(y|f_k)$ 按照各自的后验概率累加起来,就可以得到集合降水预报的 BMA 模型的 PDF:

$$p(y \mid f_1, \cdots, f_K) = \sum_{k=1}^{K} \omega_k \left(P(y=0 \mid f_k) I[y=0] + P(y>0 \mid f_k) g_k(y \mid f_k) I[y>0] \right)$$

(5)

式中,$P(y=0 \mid f_k)$ 和 $P(y>0 \mid f_k)$ 的关系如(2)式,$g_k(y \mid f_k)$ 的具体表达式为(3)式。

2.2 BMA 参数估计

BMA 模型中共有三类待估参数:第一类为模型第一部分中的 a_{0k}、a_{1k}、a_{2k},具体可根据方程(2)式算出;第二类为模型第二部分中的 b_{0k}、b_{1k},可以通过线性方程 $\mu_k = b_{0k} + b_{1k} f_k^{1/3}$ 求出;第三类为模型中的后验概率 $\omega_k (k=1, \cdots, K)$ 以及 Gamma 分布的降水量方差参数 c_0、c_1,是利用训练期数据采用极大似然法求得。具体求参方法与步骤见文献[10]。

计算第三类参数时需要采用一个简单的迭代法——EM(Expectation-Maximization,期望最大化)算法。由于它的缺点是只能收敛到对数—似然函数的局部极大值,只是起到局部最优[19],算法高度依赖于初始值的选择,而通常选择已收敛的第 t 天估计值作为第 $(t+1)$ 天的起始值,可以取得较好的收敛效果,因此需要将训练期定为一个滑动窗口,模型中的参数由每次滑动生成的新窗口估计得到。对于训练期天数的选择,只有根据资料时间序列长度和实际问题的需求来权衡。训练期天数不能超过总的资料时间序列长度。经多次试验后将训练期定为30 天。淮河流域处于南亚季风和北半球大陆性气候的过渡区,降水的季节性变化十分明显,但 6 月至 8 月期间,淮河流域的降水可以近似为同季节性的夏季降水。

2.3 降水概率预报的检验方法

本文采用下面两种常用的概率预报评分对订正效果进行检验。排序概率评分 CRPS (Continuous Ranked Probability Score)代表观测和预报的累积分布函数之间误差平方的总和,即 $CRPS = \int_{-\infty}^{\infty} (p_i(x) - o_i(x))^2 dx$,其中 x 表示需要预报的事件,p_i 和 o_i 分别表示是集合概率预报和观测真值的累计概率。完美预报的 CRPS 为 0,CRPS 值越大,表示集合预报系统的预报能力越低。

平均绝对误差 MAE(Mean Absolute Error)是能反映预报误差的指标,即,$MAE = \frac{1}{n} \sum_{k=1}^{n} (\hat{x}_k - x_k)$,其中,$\hat{x}_k$、$x_k$ 分别表示预报和观测值。只有当所有预报与相应的观测相同时,MAE 才会为 0。MAE 值越小,表示预报能力越高。在本文的原始集合预报中,MAE 用集合平均值与实测值的绝对误差表示;在 BMA 模型中 MAE 用中位数与实测值的绝对误差表示。

3 水文模型和检验

3.1 水文模型的选取

VIC(Variable Infiltration Capacity)模型是一个基于空间分布网格化的分布式水文模

型[20-21]，模型的输出是蒸散发①、土壤含水量、径流深等，其中，径流深指单位时间内流经站点的总水量平铺到整个控制流域面积上的水流平均厚度。VIC 模型可进行水量平衡的计算，输出每个网格上的径流深和蒸发，再通过汇流模型将网格上的径流深转化成流域出口断面的流量过程[22]。VIC 模型及汇流模型的运行环境为 UNIX 工作站[23]。这里采用已率定好的淮河流域模型参数[22]，将 VIC 模型计算所得的径流深输入至 15 km×15 km 汇流模型，对息县、王家坝水文站点进行汇流计算，最后基于这套参数模拟了代表站点在 2008 年 7 月 23 日—8 月 3日的径流过程。综上，从降水集合预报的偏差订正至水文概率预报的流程如图 2 所示，其中，水文试验的构建流程主要包括陆面水文模型 VIC 及汇流模式两部分。

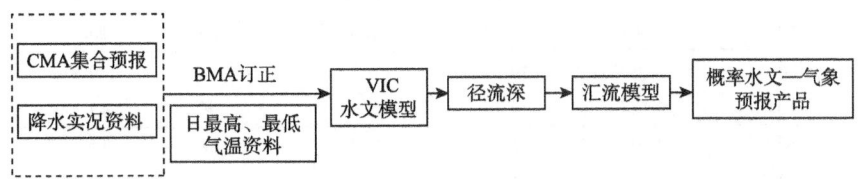

图 2   基于贝叶斯模型平均的集合预报—水文概率预报流程

3.2   水文概率预报的检验指标

传统的确定性水文预报指标包括确定性系数、洪峰相对误差、峰现时间等。采用确定性系数 dy 对水文预报方案进行有效性评定，即 $dy = 1 - \sum_{i=1}^{n} (y_i - y)^2 \Big/ \sum_{i=1}^{n} (y_i - \bar{y})^2$，其中，$y_i$ 为实测值，y 为预报值，$\bar{y}$ 为实测值系列的均值，n 为实测系列的点据数。dy 越大，方案的有效性越高。对于水文概率预报，本文采用以上指标分别对某个百分位数预报进行检验。

4   结果分析

4.1   BMA 对降水预报的订正效果分析

4.1.1   BMA 对淮河流域的降水预报订正效果分析

下面以 2008 年 7 月 21—30 日的降水过程为例，根据 BMA 概率预报（以下简称 BMA）和原始集合预报（以下简称 REF）的 CRPS 和 MAE 评分来对比其预报效果。CRPS、MAE 评分均为淮河流域 1220 个站点评分的平均值。由表 1 知，对于 24 h 预报，除了 7 月 22 日、23 日和24 日这 3 天，BMA 的 CRPS 或 MAE 评分比 REF 高，没有起到订正效果外，其余几天 BMA模型对于 REF 的集成订正效果还是很明显的。随着预报时效的增长，BMA 对 48 h、72 h 预报的订正效果与对 24 h 的效果相当。综合 CRPS、MAE 评分来看，7 月 23 日这一天，无论是REF 还是 BMA 的 CRPS、MAE 评分都远远大于其他日期。从实况来看，这一天淮河流域普遍都有降水发生，个别站点的降水量达到了暴雨量级，超过了 100 mm。REF 集合成员对 7 月23 日的降水量预报均有所增加，但达不到实况的量级，误差较大。由此可见，BMA 虽然能对

---

①   evapotranspiration，大气科学定名为蒸散，水文学上常称蒸散发，地球物理学定名为总蒸发。它等于水面蒸发＋叶面蒸腾

原始预报有偏差订正效果,但改善的幅度在很大程度上还是要依赖于原始集合预报的预报精度。

表 1　24 h、48 h 和 72 h 原始集合预报(REF)与 BMA 概率预报的 CRPS、MAE 评分对比

预报日期	评分	24 h		48 h		72 h	
		REF	BMA	REF	BMA	REF	BMA
7 月 21 日	CRPS	2.05	0.62	0.71	1.21	0.86	1.52
	MAE	2.52	0.43	0.88	0.70	1.02	1.16
7 月 22 日	CRPS	9.36	9.13	9.82	8.73	8.99	8.73
	MAE	10.84	10.02	11.02	10.96	10.74	10.71
7 月 23 日	CRPS	31.45	45.59	37.79	47.12	40.26	48.42
	MAE	38.62	56.36	45.28	56.64	49.28	57.47
7 月 24 日	CRPS	12.01	11.52	12.32	13.31	14.72	12.07
	MAE	14.80	14.55	14.97	14.84	18.34	17.05
7 月 25 日	CRPS	5.11	3.16	4.25	3.31	3.52	2.96
	MAE	6.81	3.41	5.31	3.71	4.58	3.39
7 月 26 日	CRPS	8.63	4.23	4.38	3.56	4.50	3.86
	MAE	10.78	4.96	5.38	4.28	5.74	4.70
7 月 27 日	CRPS	6.97	4.74	5.75	4.79	5.33	4.82
	MAE	8.91	5.96	7.25	6.32	6.65	6.42
7 月 28 日	CRPS	7.14	4.14	6.36	3.60	3.52	3.04
	MAE	9.53	4.66	8.63	3.93	4.89	3.31
7 月 29 日	CRPS	2.82	1.18	1.56	1.08	3.20	1.63
	MAE	3.64	0.86	2.17	0.49	4.62	0.85
7 月 30 日	CRPS	8.91	6.39	8.15	6.97	7.85	6.59
	MAE	11.22	8.85	8.78	8.64	8.94	8.35

4.1.2　BMA 对代表站的降水预报订正效果分析

采用盒须图来直观地显示 BMA 对代表站点的降水预报订正效果。盒子的下端表示第 25 百分位数,上端表示第 75 百分位数。针对 BMA 概率预报所作的盒须图是取第 95 百分位数为最大值,第 5 百分位数为最小值;对 REF 集合预报的盒须图则是取 15 个集合成员中当天最大预报值为最大值,最小预报值为最小值,然后取第 25、75 百分位数,将 15 个成员集成一种概率预报,与 BMA 概率预报效果作对比。

好的集合预报应该把实测真值尽量包括在集合范围内。从息县站(图 3)和王家坝站(图 4)的 BMA 模型、REF 集合预报的盒须图来看,BMA 模型对两个代表站 7 月 21—30 日有效区间降水预报基本已将实况降水量包含在内,息县站有 8 天,王家坝站有 7 天。而 REF 集合预报(图 3b 和图 4b)有效区间降水预报将实况降水量包含的情况相对较少,息县站有 5 天,王家坝站仅有 7 月 27 日这 1 天。如果只看 BMA 中位数(第 50 百分位数)降水预报,息县站中位数降水预报(图 3a)除了在 7 月 22—24 日比实况明显偏低外,其余天数偏差都不大;王家坝站中位数降水预报在 7 月 22—24 日、27—28 日、30 日(图 4a)都比实况严重偏低。从图 3a 和图 4a 也可以看出,BMA 模型预报中位数预报比实况明显偏小,<10 mm 的降水预报与实

况的偏差较小。

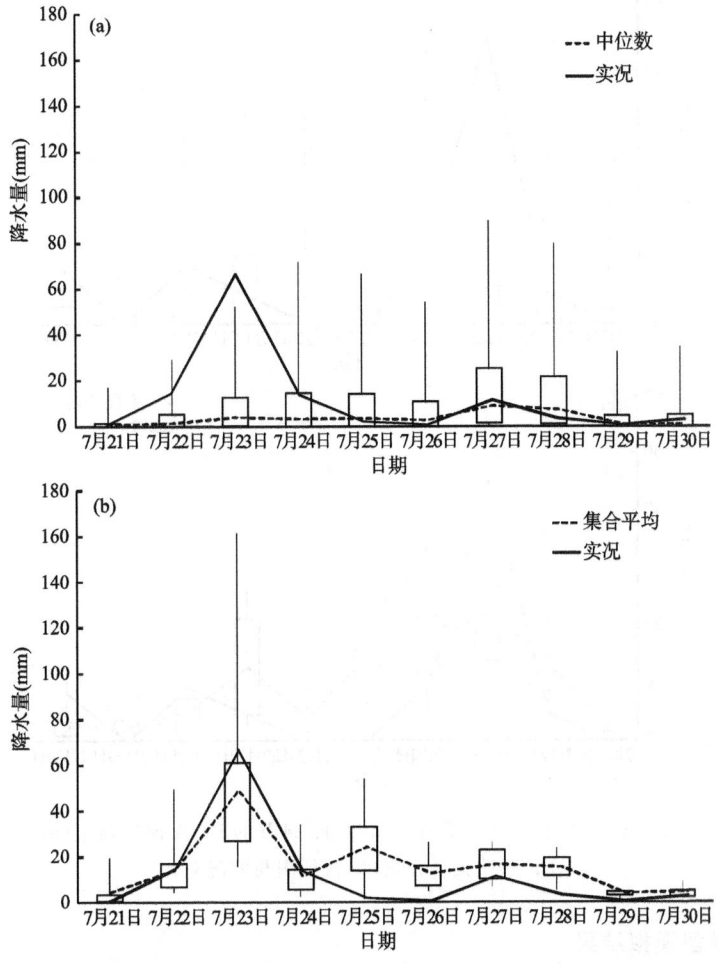

图3　息县站 2008 年 7 月 21—30 日 24 h 的 BMA 模型预报(a)、
REF 原始集合预报(b)盒须图与实况对比

与 BMA 中位数预报相比,集合平均作为确定性预报,虽然相对于单个成员预报,其预报值可能会更靠近真值,但是从图3b 和图4b 中集合平均与实况的对比可以看到,两者仍存在较大偏差,其中在 7 月 23 日息县站两者相差 21.6 mm,王家坝站相差 22.8 mm。集合平均预报不能把降水的不确定性完备地表达出来,也就不能传达出更完善的预报信息。采用降水出现可能性大小的形式进行预报,即降水概率预报,比起传统的定量预报更符合天气变化的客观规律,更能揭示降水本身具有的随机性及不确定性。而作为概率预报,BMA 模型给出的有效区间预报将实际观测降水量真值包含在内的可能性较大。从这方面来说,它比起确定性预报更能满足现代经济、生产决策的日益客观化、定量化、精细化的需要,能大幅提高天气预报的使用效益[24]。

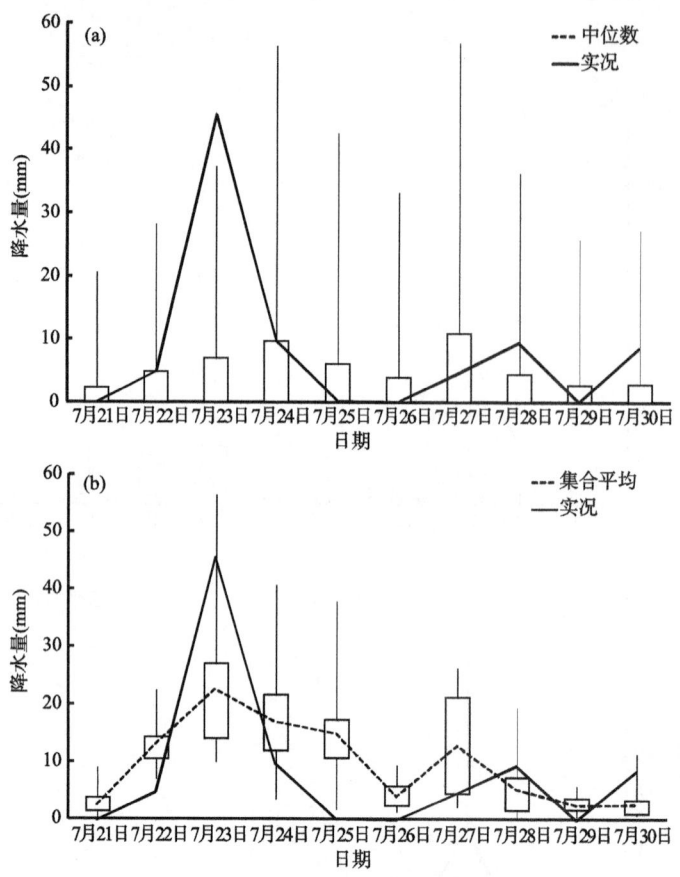

图 4　王家坝站 2008 年 7 月 21—30 日 24 h 的 BMA 模型预报(a)、
REF 原始集合预报(b)盒须图与实况对比

4.2　VIC 水文模型模拟结果

本次水文试验的洪水预见期分别为 24 h、48 h、72 h。在此之前,VIC 水文模式已经启动运行一个月,以便克服降水—土壤水分响应滞后的问题。下面给出了淮河上游的息县、王家坝站 24 h、48 h、72 h 降水预报分别经 BMA 订正后,再基于 15 km×15 km 水文系统得到的 2008 年 7 月 23 日—8 月 3 日径流过程模拟结果(图 5、图 6),并采用水文预报中常用的指标对概率预报的有效区间流量预报进行检验(表 2)。

从图 5 能明显看出,在息县站降水预报的流量模拟结果中,BMA 的有效区间降水预报经 VIC 模拟得到的流量过程,包括了洪峰发生和退水的过程。特别是 24 h 降水预报的流量模拟(图 5a)准确地预报出了峰现时间在 7 月 24 日,但是有效区间最大预报值比实况洪峰值偏低,这主要是因为预见期的降水预报不够准确而造成的。在王家坝站 24 h(图 6a)、48 h(图 6b)降水预报的流量模拟结果中,预报峰现时间为 7 月 25 日,比实况提前了一天,但退水过程与实况较吻合。在王家坝站 72 h 降水预报的流量模拟结果中(图 6c),无论是峰现时间还是峰值的模拟都与实况较一致;预报时效增加了,流量模拟效果反而比 24 h、48 h 更好。这说明虽然降水预报作为水文模型的输入会影响水文模拟的效果,但水文模型本身也具有不确定性,只有将降水输入及水文模型的不确定性进行综合考虑,才能更合理地估计洪水预报的不确定性。

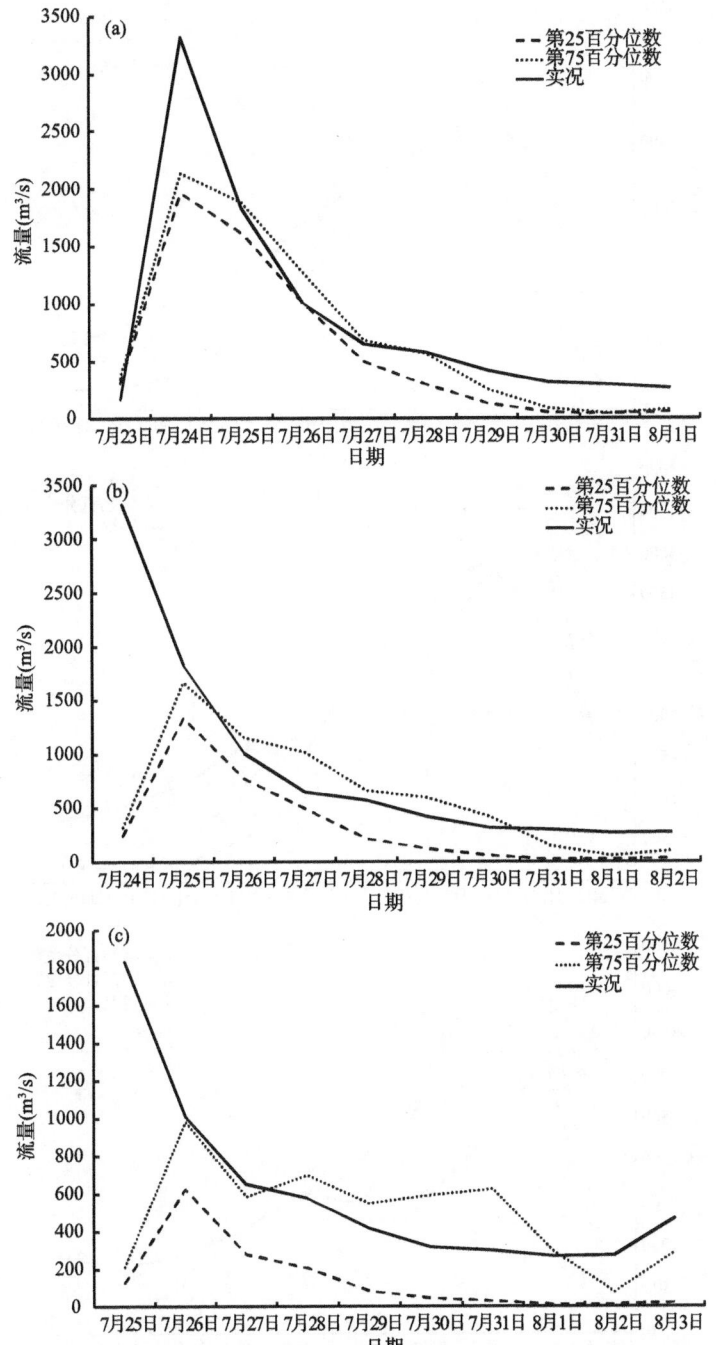

图 5　息县站 BMA 24 h(a)、48 h(b)、72 h(c)降水预报的流量模拟与实况对比图

　　从息县和王家坝两站来看，经 BMA 模型订正后的集合预报，其有效区间降水量模拟得到的径流量趋势与实况较吻合。由于输入水文模型的是降水概率预报，已经含有不确定性成分，因此要用概率结果模拟得到理想的确定性径流量是很困难的。虽然有效区间最大预报值比实况洪峰值偏低，但是用概率预报模拟得到的径流量对把握径流量的变化趋势是比较有效的。

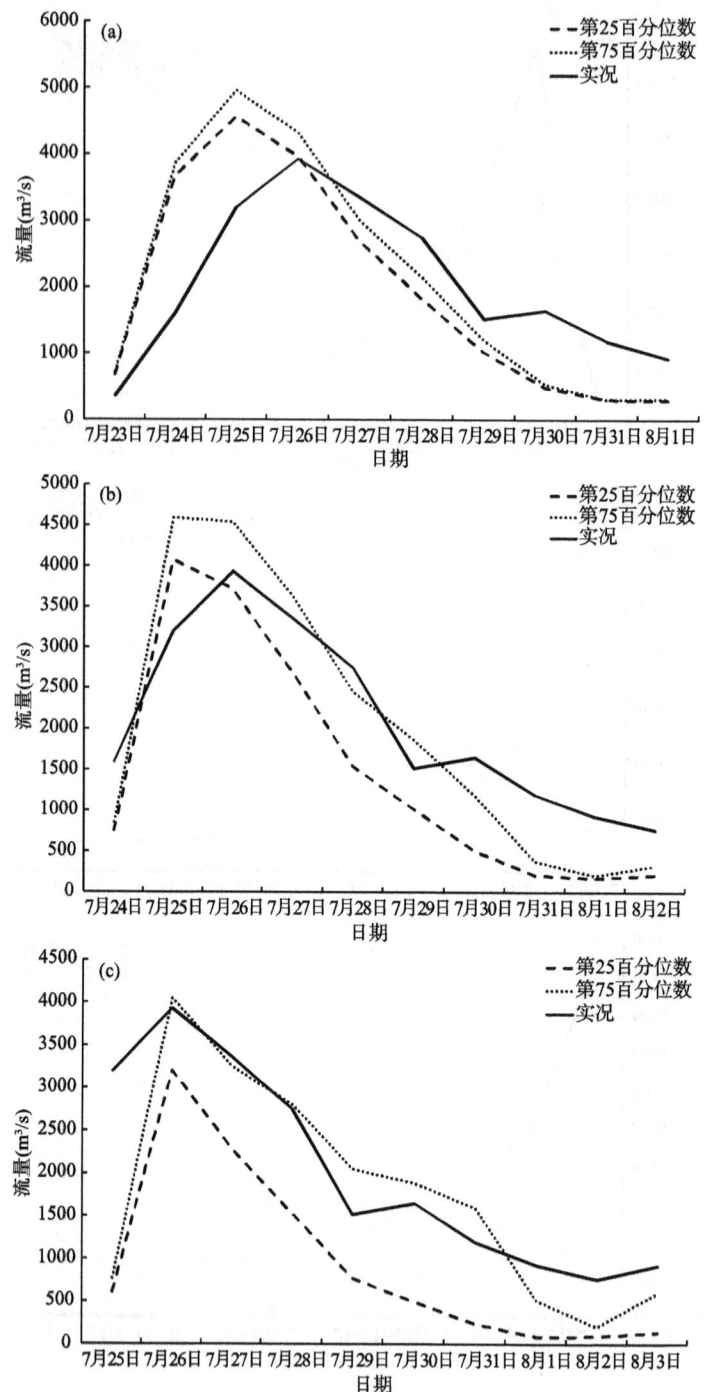

图 6　王家坝站 BMA 24 h(a)、48 h(b)、72 h(c)降水预报的流量模拟与实况对比图

另外,从各项检验指标来看(表2),息县站 24 h、48 h、72 h 的有效区间径流量模拟的确定性系数为 $-2.65\sim0.7$,其中 24 h 的确定性系数在 0.5 以上,24 h 有效区间预报的洪峰相对误差为 $-0.41\sim\sim0.36$,峰现时间模拟准确,效果较好;48 h 和 72 h 的模拟效果比 24 h 较差。相比之下,王家坝站 24 h、48 h、72 h 的有效区间径流量模拟的确定性系数为 $0.34\sim0.82$,其中 24 h

的第 75 百分位数预报和 48 h 的第 25、75 百分位数预报的确定性系数都在 0.6 以上,说明此次水文试验的有效性较高,与实况较接近;24 h、48 h、72 h 的有效区间径流量模拟洪峰相对误差为 0.03~0.26,72 h 的峰现时间模拟准确,其余预报时效的峰现时间差也仅为 1 天,各项指标均显示出王家坝站的水文模拟效果较好。

表 2　水文概率预报的各项检验指标统计

站点	预报时效	确定性系数		洪峰相对误差		峰现时间差(天)
		第 25 百分位数	第 75 百分位数	第 25 百分位数	第 75 百分位数	
息县	24 h	0.56	0.70	-0.41	-0.36	0
	48 h	-1.13	-1.85	-0.60	-0.50	1
	72 h	-0.56	-2.65	-0.81	-0.70	2
王家坝	24 h	0.58	0.60	0.16	0.26	-1
	48 h	0.71	0.82	0.04	0.17	-1
	72 h	0.34	0.55	0.19	0.03	0

5　结论与讨论

本文利用淮河流域 2008 年 6 月 1 日—8 月 31 日 24 h 累计降水资料以及 T213 的 24 h、48 h、72 h 集合预报,采用贝叶斯模型平均方法对集合预报 15 个成员的定量降水预报进行了集成与订正,并将订正后的降水输入至 VIC 水文模型进行径流量模拟试验,得到以下主要结论:

(1)对于 24 h 预报,BMA 模型相对于原始集合预报起到明显的偏差订正效果。随着预报时效的增长,对 48 h、72 h 预报,BMA 模型的订正效果与 24 h 相当。BMA 虽然对原始预报有偏差订正效果,但改善的幅度还是要依赖于原始集合预报的预报精度。

(2)与原始集合预报相比,BMA 模型给出的有效区间(第 25 百分位数至第 75 百分位数)预报将实际观测降水量真值包含在内的可能性更大,采用 BMA 方法以概率分布的形式描述预报不确定性,可提高预报精度,减少降水预报误差。

(3)由水文概率预报检验指标的分析可知,经 BMA 模型订正集合预报,有效区间降水量模拟得到的径流量变化趋势与实况较吻合,对把握径流量的变化趋势是比较有效的。

概率预报是水文气象预报发展的趋势,贝叶斯原理突破了常规预报方法在信息利用和样本学习方面的局限性,成为概率预报研究中常用的方法和理论,但是贝叶斯方法的稳健性还需要更全面的研究。比如 BMA 模型的参数估计过程中存在过估计的风险、如何确定逻辑回归模型中预报值 f_k 变形的指数,以及如何检查 f_k 与该指数的相关性等都是需要继续研究的难题。另外,水文模型的应用包含着输入、模型参数和结构等诸多的不确定性因素,本文仅对降水预报输入的不确定性进行了初步探讨,而且由于气象资料的时间和空间分辨率的局限性,对于水文预报结果的检验指标还做不到细致分析,需要收集精细化的资料才能进行深入的探讨。

参考文献

[1] 张亚萍,程明虎,徐慧,等.雷达定量测量在佛子岭流域径流模拟中的应用.应用气象学报,2007,**18**(3): 295-305.

[2] 王莉莉,陈德辉,赵琳娜.GRAPES气象—水文模式在一次洪水预报中的应用.应用气象学报,2012,**23** (3):274-284.

[3] 陈丽娟,张培群,赵振国.松嫩辽流域夏季面雨量预测因子探讨.应用气象学报,2005,**16**(5):663-669.

[4] 赵琳娜,包红军,田付友,等.水文气象研究进展.气象,2012,**38**(2):147-154.

[5] 李泽椿,毕宝贵,朱彤,等.近30年中国天气预报业务进展.气象,2004,**30**(12):4-10.

[6] 马培迎.应用贝叶斯原理修正降水概率预报.气象科技,1999,**1**:45-48.

[7] Raftery A E, Gneiting T, Balabdaoui F, et al. Using Bayesian model averaging to calibrate forecast ensembles. *Mon Wea Rev*, 2005, **133**: 1155-1174.

[8] 陈朝平,冯汉中,陈静.基于贝叶斯方法的四川暴雨集合概率预报产品释用.气象,2012,**36**(5):32-39.

[9] 陈法敬,矫梅燕,陈静.一种温度集合预报产品释用方法的初步研究.气象,2011,**37**(1):14-20.

[10] Sloughter J M, Raftery A E, Gneiting R, et al. Probabilistic quantitative precipitation forecasting using Bayesian Model Averaging. *Mon Wea Rev*, 2007, **135**: 3209-3220.

[11] 李新,程国栋,卢玲.空间内插方法比较.地球科学进展,2000,**15**(3):260-265.

[12] 高歌,龚乐冰,赵珊珊,等.日降水量空间插值方法研究.应用气象学报,2007,**18**(5):732-736.

[13] 秦涛,付宗堂.ArcGIS中几种空间内插方法的比较.物探化探计算技术,2007,**29**(1):72-75.

[14] 赵琳娜,吴昊,田付友,等.基于TIGGE资料的流域概率性降水预报评估.气象,2010,**36**(7):133-142.

[15] Hamill J M, Whitaker J S, Wei X. Ensemble re-forecasting Improving medium-range forecast skill using retrospective forecasts. *Mon Wea Rev*, 2004,**132**:1434-1447.

[16] 吴洪宝,王盘兴,林开平.广西6、7月份若干日内最大日降水量的概率分布.热带气象学报,2004,**20**(5): 586-592.

[17] 梁莉,赵琳娜,巩远发,等.淮河流域汛期20 d内最大日降水量概率分布.应用气象学报,2011,**22**(4): 421-428.

[18] Liang Li, Zhao Linna, Gong Yuanfa, et al. Probability distribution of summer daily precipitation in the Huaihe basin of China based on Gamma distribution. *Acta Meteor Sinica*, 2012, **26**(1):72-84, doi: 10. 1007/s13351-012-0107-2.

[19] Wu C F J. On the convergence properties of the EM algorithm. *Ann Stat*, 1983, **11**:95-103.

[20] Wood E F, Lettenmaier D P, Zartarian V G. A land-surface hfdrology parameterization with subgrid variability for general circulation models. *J Geophys Res*, 1992: 97.

[21] Liang Xu, Xie Zhenghui. Important factors in land-atmosphere interactions: Surface runoff generations and interactions between surface and groundwater. *Global Planetary Change*. 2003,**38**: 101-114.

[22] Zhao Linna, Qi Dan, Tian Fuyou, et al. Probabilistic flood prediction in the upper Huaihe catchment using TIGGE data. *Acta Meteor Sinica*, 2012,**26**(1): 62-71.

[23] 林建,谢正辉,陈锋,等.2006年汛期VIC水文模型模拟结果分析.气象,2008,**34**(3):69-77.

[24] 徐虹,朱爱华,张宏.降水概率预报的评分和经济效益评估.陕西气象,1999,**1**:1-3.

TWR01A 型天气雷达在隰县山洪灾害预警中的应用

刘福新[1]   樊建军[2]   郑杨罡[1]   张启荣[1]

(1. 山西省隰县气象局,隰县   041300;2. 山西省隰县水利局,隰县   041300)

摘   要:随着 2012 年隰县山洪灾害非工程措施的实施,提前预报暴雨落区就为开展山洪预警争取了时间。针对 2012 年出现在隰县的 3 次山洪灾害,利用 TWR01A 型天气雷达实时监测图像资料和自动雨量站资料,分析三次暴雨引发山洪灾害的天气原因和强回波移动特点。结果表明:发挥TWR01A 型雷达监测作用,经过天气预报员综合分析,可提前约 30 分钟预报山洪危险区出现区域暴雨,从而提高隰县防御山洪灾害的能力,减少人员伤亡及财产损失。
关键词:TWR01A 型天气雷达;山洪灾害预警;隰县

引   言

山洪是指山区溪流中因暴雨引发的暴涨洪水。它具有流速大、冲刷力大、破坏力大、暴涨暴落、历时短暂等特点[1],常造成局部洪灾,给人民生命财产带来重大损失。

天气雷达是当前监测暴雨、强对流等灾害性天气最有效的工具之一,它具有很高的时间和空间分辨率,这使其在中小尺度气象研究中具有其他观测资料无可比拟的优越性。隰县境内河流均属黄河水系,为昕水河的支流,境内主要有四条河,分别为城川河、东川河、刁家峪河和朱家峪河,基本为季节性河流,雨季洪水暴发短暂性河水。隰县位于吕梁山南麓,山西省西南部,为临汾市西部山区的次级中心城镇,地形呈东北高西南低。

临汾市现有的新一代天气雷达不能全覆盖,存在探测盲区,特别是对局地突发性灾害性天气不能进行全程、连续、有效的监测。

2010 年 5 月隰县安装 X 波段 TWR01A 型雷达,主要用于人工影响天气预警指挥作业。经过两年监测运行,发现 TWR01A 型雷达能够快捷、高效监测区域暴雨天气,通过预报员分析判断,能提前约 30 分钟进行山洪预警,利于发挥山洪灾害非工程措施的作用,提高防御山洪灾害的能力,减少人员伤亡及财产损失。

1   隰县山洪灾害非工程措施

1.1   隰县山洪危险区

结合山洪灾害的形成特点、历史山洪灾害发生频次、历史最高洪水线,全县共划分出 17 个小流域,根据每个流域自身的特点,加以防治。防治区总面积 1135.5 km², 总人口 66304 人,危险区总面积 865.3 km², 涉及 8 个乡镇,83 个行政村,173 个自然村。17 个小流域共有 180个危险点,其中有 173 个自然村,3 个企业,1 所学校,1 座林场,2 处在洪永线(图 1)。

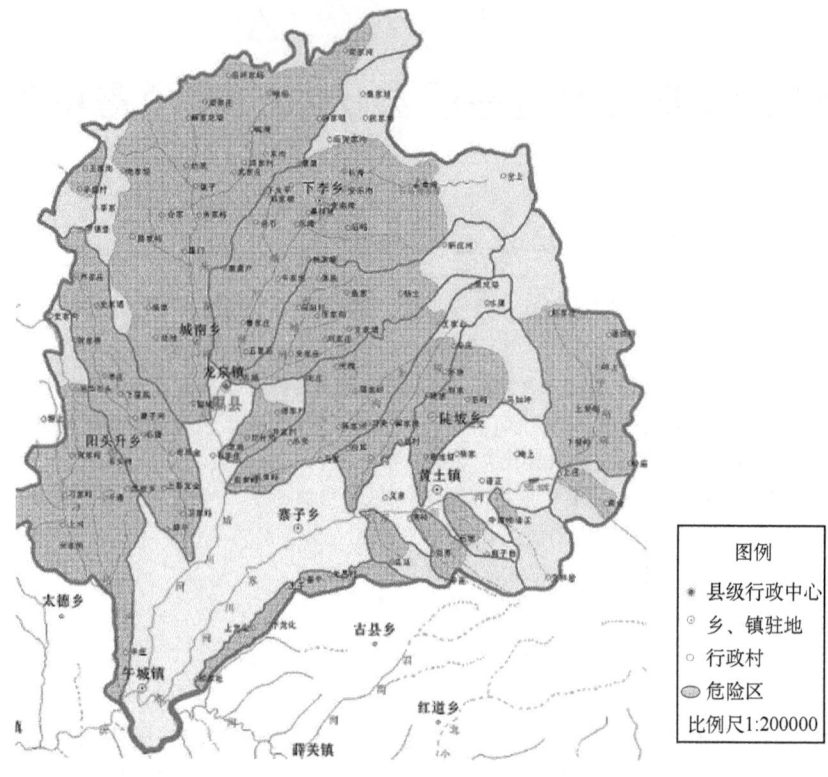

图 1　隰县山洪灾害危险区示意图

1.2　隰县各小流域山洪发生临界雨量指标

将隰县小流域划分为 17 个(表 1)。流域内有雨量站的采用单站临界雨量确定预警指标,无雨量站的流域采用比拟法确定本流域的预警指标[2]。

表 1　隰县小流域山洪发生临界雨量表(单位:mm)

小流域名称	1 h	3 h	6 h	12 h	24 h	过程雨量
朱家峪流域	20~25	30~40	50~55	60~70	105~110	145~150
城川河上游	20~25	35~40	50~55	60~70	105~110	145~150
辛盛沟流域	20~25	35~40	45~50	60~70	100~105	145~150
卫家峪流域	20~25	30~35	45~50	60~70	100~110	145~150
刁家峪流域	20~25	30~40	45~55	60~70	100~105	145~150
古城沟流域	20~25	30~40	45~55	60~70	100~105	145~150
南峪沟流域	20~25	30~35	45~50	60~70	100~110	145~150
峪里沟流域	20~25	30~40	45~50	60~70	100~110	145~150
回珠沟流域	20~25	30~40	50~50	60~70	100~105	145~150
去延沟流域	20~25	35~40	45~55	60~70	100~110	145~150
染界沟流域	20~25	30~35	45~55	60~70	100~110	145~150
石坡沟流域	20~25	30~40	45~55	60~70	105~110	145~150
深家沟流域	20~25	30~35	45~55	60~70	100~110	145~150

续表

小流域名称	1 h	3 h	6 h	12 h	24 h	过程雨量
子峪沟流域	20～25	35～40	50～55	60～70	105～110	145～150
东川河上游	20～25	30～35	45～55	60～70	100～105	145～150
陈涧沟流域	20～25	30～35	45～55	60～70	100～105	145～150
圪针沟流域	20～25	30～35	45～55	60～70	100～105	145～150

表 1 中不同时段临界雨量预警指标均有一个变幅,将低值作为雨量准备转移指标,将高值作为雨量立即转移指标,在今后实际运用中修订完善。

1.3 监测系统

(1)布设雨量站网:新建 21 处自动雨量站,59 处简易雨量站,共享气象部门已建的 13 个自动雨量站,由此组成雨情监测站网。

(2)布设水文监测系统:在城南乡员家庄、黄土镇南合新建 2 个简易水位站,在城南乡骞家庄、下李乡的石马沟水库、龙泉镇白家岔、黄土镇下紫峪新建 4 个自动雨量水位观测站。

(3)通信系统:自动站利用移动、电信等网络设施实时发出雨水情信息,简易站利用手机、固定电话和人工预警方式进行信息发布。其中自动站采集器 5 分钟采集一次,正点向县预警中心自动传输一次报文。

(4)预警系统:在县级预警中心架构集网络、数据库、地理信息技术于一体的监测预警平台。建设无线报警接收站 1 处,无线报警发送站 27 处。组成从预警平台到重点防治区域的报警体系。在全县所辖 8 个乡镇建立网络、传真传输系统,可实现文件、通知的自动或半自动的群发群收,提高乡镇与县防汛指挥部门之间文件、通知、预警信息的时效性、可靠性。各乡镇、行政村安装无线广播报警系统,向灾害可能威胁区域发送警报,在受险威胁村庄增配手摇报警器等防汛设施。在县预警中心建立短信预警发布系统、WEB 发布系统,建设会商系统。

(5)预警流程:以气象部门的区域暴雨预警为主,结合群众报告,利用县山洪预警平台向山洪危害区发布预警信息。

2 TWR01A 型天气雷达系统功能

(1)主要对局地强对流天气(如积雨云、冰雹云),在云、雨移来时的分布中心及前沿进行探测。以其投入成本低、灵活方便等优势在气象应急保障业务中广泛应用,以其体积小、重量轻、机动性好、集成化程度高而得到县级气象部门的青睐[3]。

(2)最大探测距离 120 km,遇大雨衰减为 72 km。

(3)其量程设置为 7.5 km、15 km 时,显示器地理信息分辨率可达乡村,便于和强回波中心覆盖村的气象信息员联系,开展气象精细化服务和山洪灾害预警。

(4)观测的数据可以保存为位图和数据两种方式。位图图像由信号处理终端手动控制来完成;数据文件由二次产品终端来完成[4]。

(5)TWR01 型天气雷达是小型数字化雷达,具备地理信息系统(GIS)和全球定位系统(GPS)功能,可适应移动式、固定式的增雨防雹作业指挥和气象保障服务[5]。

3 2012 年 TWR01A 型天气雷达在山洪预警中的应用

区域性暴雨是引发隰县各小流域山洪暴发的主要原因,区域性暴雨是一种强对流性降水。相关研究表明[6],它主要由两个要素确定:雨强大小和降水持续时间。最强的雨强持续最长的时间导致最大的暴雨。下面分别从这两个方面来讨论。

3.1 雨 强

雨强的临近估计主要根据天气雷达反射率因子和雨强的经验关系,即通常所说的 Z-R 关系。由于对流性雨强估计,最简单易行的主观判别方法是主要考虑两种对流类型[7]:大陆强对流型和热带型。

统计 2011 年 5—10 月 68 次降水过程和 2012 年 5—10 月 65 次降水过程,每小时自记降水量对应雷达回波强度和维持时间。形成隰县 TWR01A 型雷达回波强度为 40 dBz、45 dBz 和 50 dBz 维持 1 小时的降水量,见表 2。

表 2 不同反射率因子对应大陆强对流降水型的雨强

不同反射率因子(dBz)	40	45	50
大陆强对流降水型的雨强(mm/h)	2~20	12~60	25~100

使用表 2 预测区域暴雨降水量时以强回波中心的移向和面积为主要因素,兼顾考虑回波顶高等其他因素。其中当强回波中心由西北向东南移动时取上限值,当强回波中心由东南向西北移动时取下限值。当强回波中心由西南向东北移动时取下限到中值,当强回波中心由东北向西南移动时取中值到上限值。

3.1.1 2012 年 5 月 8 日区域暴雨

如图 2 中 PPI 显示,2012 年 5 月 8 日 15 时 15 分在阳头升乡上游有 8 个回波中心达 45 dBz,即最少出现 8 块积雨云单体。RHI 显示云体底部受干冷西北气流推动,云体上部受暖湿东南气流推动。通过连续观测和动画演示回波带由西北向东南移动,其中位于雷达左侧两块回波中心已碰并加强开始降水,移动速度明显小于后部的回波。阳头升垣面和下崖底村的河道海拔差 300 多米,下崖底、寨子河、枣庄三个村庄地形呈喇叭口状,地形条件利于产生静止的中小尺度辐合区,造成强降雨。15 时 15 分在隰县阳头升乡卫家峪流域出现区域雷暴、暴雨和少量冰雹,阳头升自动雨量站 15—16 时 1 小时降水量 62.8 mm。15 时 40 分阳头升乡气象信息员电话报告:阳头升出现暴雨,自家院子里平地起水。16 时下崖底气象信息员报告:隰县阳头升乡下崖底、寨子河、枣庄三个村庄的河道,即城川河二级支流爆发山洪出现灾情。

天气成因分析:5 月 8 日隰县上空中低层出现厚度>6 km 的东南风,遇干冷空气侵入触发强对流天气发展,积雨云在西北气流推动下发生碰并加强[8],加之地形影响,形成区域暴雨。

山洪预警:2012 年 5 月隰县山洪灾害非工程措施项目正在建设中,天气预报员分析积雨云出现暴雨的经验不足,这次区域暴雨落区没有成功预报出来,也没有实现提前预警。5 月 8 日 16 时 10 分向阳头升乡政府和县防汛办联系通报雨量和灾情,8 日 18 时气象局配合乡政府、民政和水利开展灾情调查。通过事后总结分析这次极端天气过程的强回波移动过程和区域暴雨出现的落区,发现若仅靠自动雨量站正点报回的雨量值进行山洪预警,存在＞30分钟的滞后。配合 TWR01A 型天气雷达连续监测＞40 dBz 强回波中心可以提高山洪预警时效。

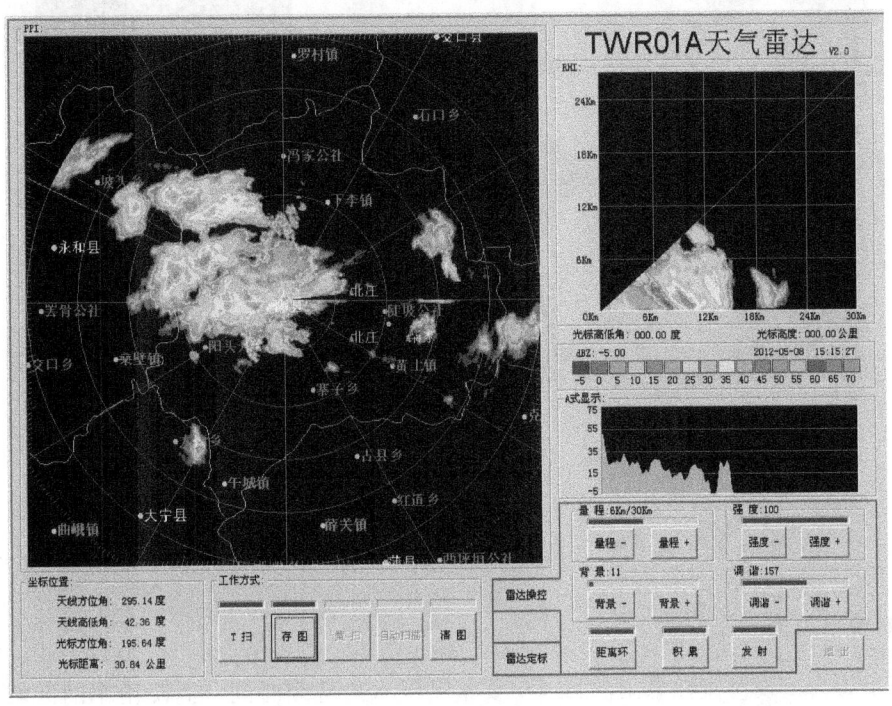

图 2　2012 年 5 月 8 日 15 时 15 分隰县 TWR01A 型雷达扫描图像

3.1.2　2012 年 7 月 13 日区域暴雨

如图 3 中 PPI 显示,2012 年 7 月 13 日 16 时 21 分位于县城北的强回波中心在西北气流的推动下向东南移动,位于阳头升乡西故乡村的强回波中心在西南气流的推动下向东北移动,两者在县城碰并加强,出现 55 dBz 强回波中心,县城中的县政府自动雨量站 16—17 时 1 小时雨量为 46.4 mm。17 时 20 分社区气象信息员报告:县城低洼地苇子坪出现山洪灾情。

天气成因分析:7 月 13 日隰县上空中低层出现西南风气流,遇干冷空气侵入触发强对流天气发展,积雨云在西北气流推动下发生碰并加强,在碰并加强区形成区域暴雨。

山洪预警:2012 年 7 月 13 日 16 时天气预报员通过 TWR01A 型天气雷达连续监测发现县域四周出现＞40 dBz 强回波中心向县城辐合,通过电话向县防汛办汇报,县防汛办通过县级预警中心向县政府和各乡镇发送暴雨预警信息。16 时 21 分天气预报员发现 55 dBz 强回波中心根据表 2 判断县城可能出现山洪,再次通过电话向县防汛办汇报。县防汛办通过县级预警中心向县政府和龙泉镇、城南乡、午城镇发送山洪预警信息。由于预警及时,县政府救灾得力,未出现人员伤亡。

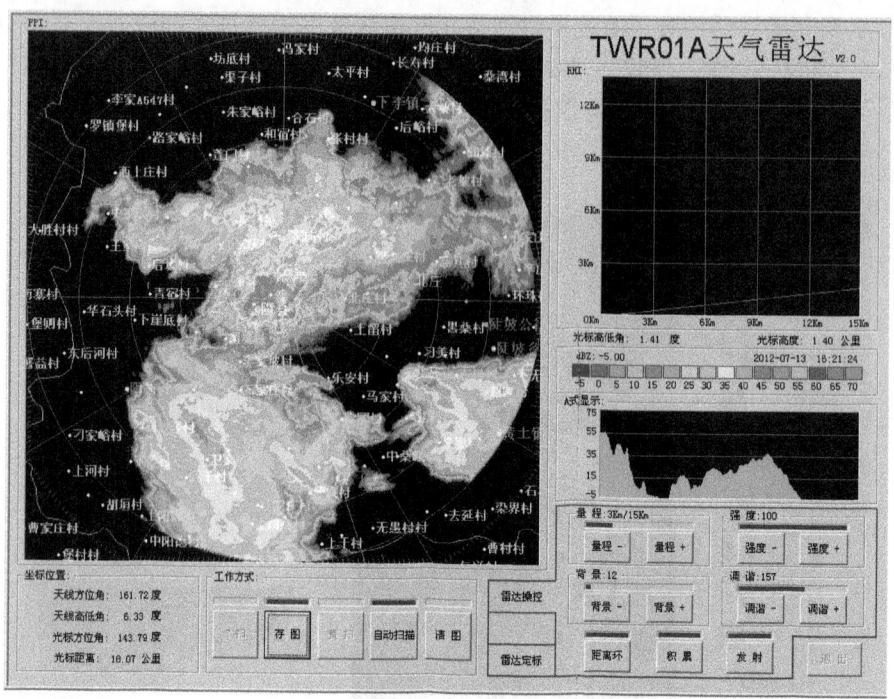

图 3　2012 年 7 月 13 日 16 时 21 分隰县 TWR01A 型雷达扫描图像

3.2　降水持续时间

　　判断是否会出现对流性暴雨的另一个要素是降水的持续时间。高降雨率的区域越大,降水系统移动越慢,则持续时间越长。下面分析 2012 年 9 月 6 日凌晨 3 时的区域暴雨过程。

　　从图 4 中看出一条雨带横跨永和、隰县、交口、汾西和霍州四县,长约 96 km。该雨带在 9 月 5 日 17 时 11 分形成(图略),准静止于隰县北部下李乡和城南乡。一直持续到 9 月 6 日 3 时,下李乡降水量 11.4 mm 和城南乡南唐户村降水量 17.1 mm,土壤已接近饱和,地表松动。2012 年 9 月 6 日凌晨 3 时在永和境内出现"人字形"区域强回波带,正沿着雨带分布的位置向隰县境内移动,移速为 48 km/h。其中 2—3 时永和县坡头乡自动雨量站降水量 37.0 mm,3 时 30 分隰县城南乡南唐户村、上友村、七里脚一带城川河上游发生区域性雷暴、暴雨和冰雹,3—4 时南唐户自动雨量站降水量 39.6 mm。4 时 30 分七里脚村气象信息员汇报:该村遭受雹灾,隰县城川河同时爆发山洪。

　　天气成因分析:副热带高压东退,蒙古低槽东移引导冷空气南下,与中低层的西南低空急流相互作用,不断激发对流系统,促成了本暴雨过程的维持和发展[9]。

　　山洪预警:2012 年 9 月 5 日 23 时天气预报员通过 TWR01A 型天气雷达连续监测发现一条雨带横跨永和、隰县、交口、汾西和霍州四县,长约 96 km,稳定维持在隰县城南乡和下李乡已 6 小时。通过电话向县防汛办汇报,县防汛办通过县级预警中心向县政府、城南乡和下李乡发送暴雨预警信息。凌晨 3 时天气预报员发现 45 dBz 强回波中心由永和坡头乡正在向隰县境内移动,根据 2—3 时永和县坡头乡自动雨量站降水量 37.0 mm,判断城南乡、下李乡和县城可能出现暴雨引发山洪,再次通过电话向县防汛办汇报。县防汛办通过县级预警中心向县政府和龙泉镇、城南乡、下李乡发送山洪预警信息。

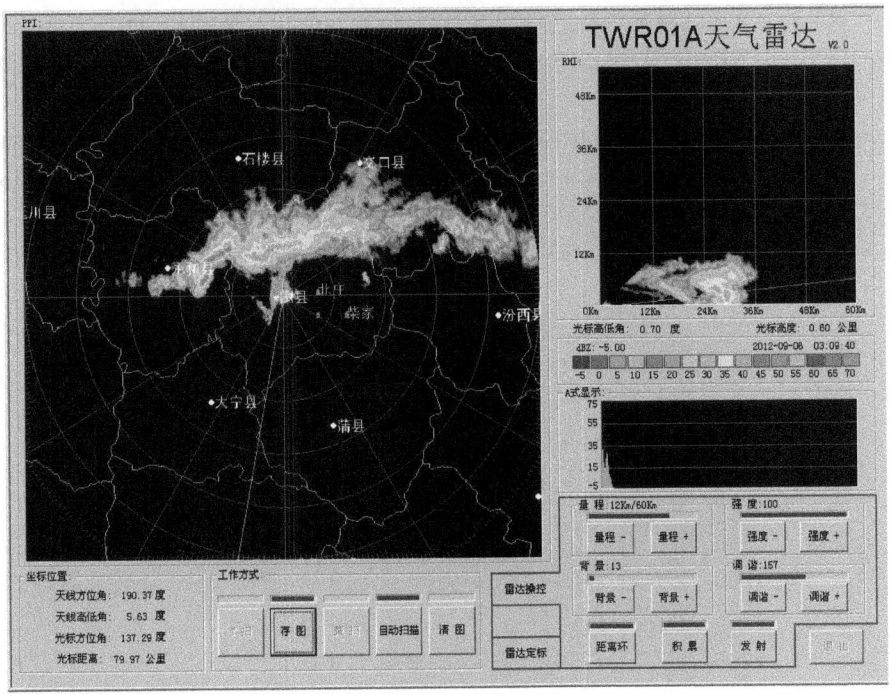

图 4　2012 年 9 月 6 日凌晨 3 时 09 分隰县 TWR01A 型雷达扫描图像

4　结　语

本文针对 2012 年出现在隰县的三次山洪灾害,利用 TWR01A 型天气雷达实时监测图像资料和自动雨量站资料,分析三次引发山洪灾害暴雨的成因,得到以下结论:

(1)当某小流域出现积雨云群时,连续监测＞40 dBz 强回波中心的移向、移速和回波顶高。当强回波中心由西北向东南移动并出现逆时针旋转时,该逆时针旋转辐合区将出现区域暴雨。

(2)在深厚稳定降水雨带中,连续监测＞40 dBz 强回波中心的移向、移速和回波顶高,根据上游自动雨量站的雨量值及时预报强回波中心经过小流域将出现区域暴雨。

(3)调动乡村气象信息员的积极性,天气预报员和他们及时互通暴雨和山洪信息,准确发布山洪预警信息。

(4)加强水利和气象部门合作,利用县级山洪预警平台和乡级网络平台提前发布山洪预警信息。切实发挥山洪灾害非工程措施的作用,合作绘制暴雨临界曲线[10],使山洪预警更具有准确性和可自动操作性。提高防御山洪灾害的能力和防灾减灾能力。

参考文献

[1]　杨秀芳.山西省山洪灾害分布研究及灾害区地貌分析.山西水利,2010(8):7-9.

[2]　李昌志,孙东亚.山洪灾害预警指标确定方法.中国水利,2012(9):54-56.

[3]　刘国强.TWR01 型天气雷达简介.贵州气象,2007,31(6):46-47.

［4］　邹书平,张芳钧.TWR-01 型天气雷达回波特征参数的提取和应用.气象,2011,**37**(4):481-489.

［5］　王俊国,郭文华.TWR01 计算机自解参数火箭增雨综合应用.辽宁工程技术大学学报,2007,**26**(增刊):161-163.

［6］　俞小鼎,周小刚,王秀明.雷暴与强对流临近天气预报基数进展.气象学报,2012,**70**(3):311-337.

［7］　Lemon I R. New severe thunderstorm radar indentification techniques and warning criteria:A preliminary report. NOAA Tech Memo. NWS-NSSFC 1,1977,60pp.［NTIS No. PB-273049］.

［8］　王楠,刘勇,郭大梅.用多普勒雷达资料对一次区域性暴雨的中尺度分析.气象,2007,**33**(8):30-34.

［9］　冯晋勤,童以长,罗小金.一次中－β 尺度局地大暴雨对流系统的雷达回波特征.气象,2008,**34**(10):51-54.

［10］　江锦红,邵利萍.基于降雨观测资料的山洪预警标准.水利学报,2010,**41**(4):458-463.

基于动态临界雨量的山洪预警方法研究与应用[*]

叶金印[1,2]　李致家[2]　常　露[2]

(1. 淮河流域气象中心，蚌埠　233040；2. 河海大学水文水资源学院，南京　210098)

摘　要：以新安江模型为基础，提出了考虑土壤含水量饱和度的动态临界雨量山洪气象风险预警方法。利用潏河流域 2003 年至 2009 年地面雨量站降雨资料以及 17 次典型洪水过程资料，采用新安江模型计算流域的土壤含水量饱和度，根据土壤含水量饱和度以及山洪发生前 6 h、12 h、24 h 三个时间尺度的最大降雨量，应用基于最小均方差准则的 W-H(Widrow-Hoff) 算法分别建立三个时间尺度的山洪预警判别函数，得出在不同土壤含水量饱和度下的山洪气象风险预警指标。通过历史实例检验分析，预警合格率超过了 70%，表明该方法用于山洪气象风险预警是可行的。

关键词：山洪；气象风险预警；新安江模型；潏河流域

引　言

山洪是山区中小流域由强降雨引起的突发性洪水[1-2]，由于山高坡陡、河流源短流急，在暴雨天气下极易发生山洪灾害。近些年，极端天气事件增多，常发生突发性暴雨，山洪灾害已成为造成人民生命财产损失的主要灾种，严重制约着广大山丘地区经济社会的发展，中小河流山洪的预报和预警是防洪减灾工作中突出的难点[3]。根据一个流域防洪标准确定的警戒水位可以推算出警戒流量，当某时间尺度内降雨达到或超过一定量级时，就会达到警戒流量，甚至激发山洪灾害。对应时间尺度内的降雨量即为临界警戒雨量（临界雨量），临界雨量对于山洪预警具有重要意义。

国外常用的山洪预报预警方法主要有两种，其一为基于分布式水文模型的山洪预报预警，如意大利 Pro GEA 公司开发的基于 TOPKAPI 分布式水文模型的中小河流洪水预报系统、美国马里兰大学与国家河流预报中心共同研发的分布式水文模型山洪预报系统；其二为考虑土壤初始含水量的动态临界雨量方法[4]，如美国水文研究中心研制的 FFG(Flash Flood Guidance) 系统[5-7]。

国内针对中小河流山洪灾害的技术研究开展较晚，主要集中在临界雨量分析计算方法的研究上。陈桂亚等[8]对国家防汛办公室建议采用的"统计归纳法"进行了专门研究；张玉龙等[9]用内插法推求无资料地区的临界雨量并绘制了临界雨量等值线图；叶勇等[10]对流量反推法进行了有益的探索；张世才等[11]对几种方法进行了比较分析，认为产流分析法确定临界雨量较为合理；刘志雨等[12]分析了国内外山洪预警预报技术的最新进展，提出了以分

资助项目：公益性行业（气象）科研专项（GYHY201006037）；淮河流域气象开放研究基金（HRM201002，HRM201103）

[*] 已在《气象》2014 年第 1 期发表

布式水文模型为基础,以动态临界雨量为指标的山洪预警预报方法,并在江西遂川江流域进行了应用。

本文以淮南山区潕河流域为研究流域,基于动态临界雨量提出了一种山洪气象风险预警方法。利用地面雨量站降雨资料以及水文控制站流量资料,采用新安江模型计算流域的土壤含水量饱和度,根据土壤含水量饱和度和山洪发生前三个时间尺度(6 h、12 h、24 h)的最大降雨量,应用基于最小均方差准则的 W-H(Widrow-Hoff)算法,建立山洪预警判别函数,得出在不同土壤含水量饱和度下的三个时间尺度山洪气象风险预警指标。

1 研究方法

山洪的大小除了与降雨总量、降雨强度有关外,还与流域初始土壤含水量密切相关。当土壤较干(湿)时,降水下渗大(小),产生地表径流则小(大)。因此,在建立山洪气象风险指标时,应该考虑山洪防治区中小流域土壤含水量情况。土壤含水量指标可采用土壤含水量饱和度,由水文模型输出。随着流域土壤饱和度的变化,山洪气象风险预警指标也会随之发生变化,故称之为动态临界警戒雨量。

本文所提及的流域降雨量均为流域面平均雨量(面雨量),由雨量站点的观测资料采用泰森多边形方法计算得到。随着流域土壤饱和度的变化,临界雨量值也会随之发生变化。

1.1 基于新安江模型的土壤含水量饱和度计算

新安江模型作为一个概念性模型,在中国的洪水预报中得到了广泛应用,并取得了良好的应用效果。在采用新安江模型进行水文模拟时,首先要根据降水和下垫面特征将流域划分为若干个单元,然后对每个单元分别进行产汇流计算,得到单元流域的出流过程,最后将其演算至流域出口并进行叠加,即可得到整个流域的出流过程[13-15]。该模型由四个模块组成,即蒸散发模块、产流模块、分水源模块、汇流模块,每个模块分别对应不同的模型参数。

采用率定后的新安江模型对洪水过程进行模拟,即可输出逐小时的土壤含水量 wm_t。对于特定流域,土壤含水量的最大值即为土壤张力水容量 WM。土壤含水量饱和度计算公式为:

$$土壤含水量饱和度 = wm_t/WM \tag{1}$$

1.2 山洪气象风险预警指标的确定

根据流域的土壤含水量饱和度和降雨量绘制 X-Y 散点图,X 轴为土壤含水量饱和度,Y 轴为降雨量。以 6 h 雨量为例,针对历史资料系列中流域发生过的洪水(不分大小),分别在其前 24 h 的降雨量中求出 6 h 最大雨量,以及该 6 h 最大雨量发生之前的土壤饱和度,如图 1 所示。

将土壤饱和度和最大 6 h 雨量绘制成 X-Y 散点图,并根据其对应的洪水过程是否超过警戒流量分为两类,若在图中作出一条临界警戒雨量直线(判别函数),将土壤含水量饱和度和最大降雨量组成的状态空间分为两个部分(见下文图 3),就把山洪临界警戒雨量指标问题转化为模式识别问题。本文应用基于最小均方差准则的 W-H(Widrow-Hoff)算法,建立不同土壤含水量饱和度下的三个时间尺度山洪气象风险预警判别函数[16-17]。

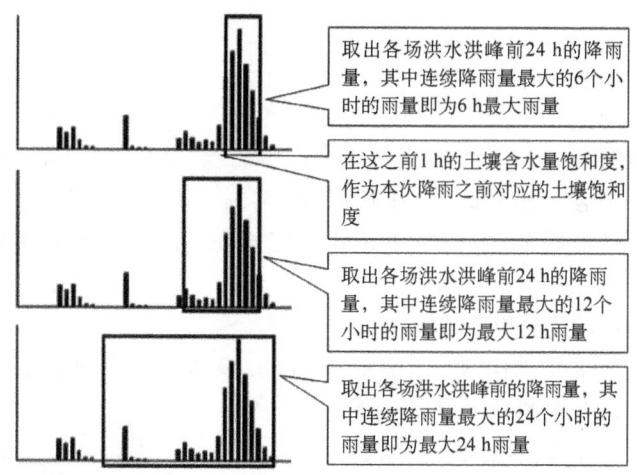

取出各场洪水洪峰前24 h的降雨量，其中连续降雨量最大的6个小时的雨量即为6 h最大雨量

在这之前1 h的土壤含水量饱和度，作为本次降雨之前对应的土壤饱和度

取出各场洪水洪峰前24 h的降雨量，其中连续降雨量最大的12个小时的雨量即为最大12 h雨量

取出各场洪水洪峰前的降雨量，其中连续降雨量最大的24个小时的雨量即为最大24 h雨量

图1 确定山洪气象风险指标时对历史降雨和土壤饱和度的选取示意图

定义线性判别函数：

$$d(\boldsymbol{x}) = w_1 x_1 + w_2 x_2 + w_3 = \boldsymbol{w}'\boldsymbol{x} \tag{2}$$

这里 $\boldsymbol{x} = (x_1, x_2, 1)'$ 称为增广特征矢量，$\boldsymbol{w} = (w_1, w_2, w_3)'$ 称为增广权矢量。此时增广特征矢量的全体称为增广特征空间。根据线性判别函数 $d(\boldsymbol{x})$ 的值，就可以判断 $\boldsymbol{x}$ 的类别。将来自类别 1 的训练样本的各分量乘以 -1，使之成为 $\boldsymbol{x} = (-x_1, -x_2, -1)'$ 的形式，判别函数可以写为：

$$d(\boldsymbol{x}) = \boldsymbol{w}'\boldsymbol{x} = \begin{cases} > 0 \to \text{分类正确} \\ \leqslant 0 \to \text{分类错误} \end{cases} \tag{3}$$

经过这样处理之后的判别函数 $d(\boldsymbol{x})$，可以用来判断迭代过程是否已经收敛。

如果训练模式是线性可分的，则存在权矢量 $\boldsymbol{w}$ 使不等式组：

$$\boldsymbol{w}'\boldsymbol{x}_i > 0 \qquad (i = 1, 2, \cdots, N) \tag{4}$$

成立，即不等式组是一致的。若训练模式是非线性可分的，表明不存在 $\boldsymbol{w}$ 使所有的训练模式都能被正确的分类，总有某些模式被错分，即不等式是不一致的。在这种情况下的分类目标应是：所求得的权矢量应该让尽可能多的不等式成立，即使被错分的训练模式最少。

将不等式组（公式（4））写成矩阵方程的形式，引入 N 维余量矢量 b，可以得到方程组：

$$\boldsymbol{X}\boldsymbol{w} = \boldsymbol{b} \tag{5}$$

其中 $\boldsymbol{X} = (\boldsymbol{x}_1, \boldsymbol{x}_2, \cdots, \boldsymbol{x}_N)'$。适当给定余量矢量 b，可以针对等式方程组建立二次准则函数，运用最优化技术求解权矢量 $\boldsymbol{w}$。这里使用 W-H（Widrow-Hoff）算法，即采用梯度法求方差基准函数 $J(\boldsymbol{w})$ 的极小值，为了减少计算量和存储量，采用单样本修正法：

$$\begin{aligned} &(1)\boldsymbol{w}(0) \text{ 任取} \\ &(2)\boldsymbol{w}(k+1) = \boldsymbol{w}(k) - \rho_k(b_k - \boldsymbol{w}(k)'\boldsymbol{x}_k)\boldsymbol{x}_k \end{aligned} \tag{6}$$

所得的解 w^* 也称为 MSE 解。显然，所求得的 w^* 依赖于 b 的选取，当 b 取某些特殊值时，MSE 解具有一些优良的性质。例如令 $\boldsymbol{b} = (1, 1, \cdots, 1)'$，在样本数 $N \to \infty$ 时，MSE 解以最小均方误差逼近贝叶斯判决函数：

$$d_B(\boldsymbol{w}) = P(\omega_1 \mid \boldsymbol{x}) - P(\omega_2 \mid \boldsymbol{x}) \tag{7}$$

2　流域概况及资料

潢河是淮河右岸的主要支流之一,发源于大别山北麓,全长 260 km,流域面积 6000 km²。其中,山区占 70.4%,丘陵区占 23.2%,平原区占 6.4%。流域内总人口 167 万,耕地面积 9.2 万 km²。潢河流域年降水量为 800~1800 mm,强降雨在空间上多发生在上游山区,时间上多集中于 6—9 月。由于上游为山地,而中下游地势比较低平,因此山洪灾害频繁发生,严重影响当地的经济发展和居民的生命财产安全。

横排头流域共有佛子岭、响洪甸、诸佛庵、与儿街、横排头 5 个雨量站以及横排头水文站。横排头站为潢河上游重要控制站,横排头站以上集水面积 4370 km²,河流水系以及雨量站、水文站分布如图 2 所示,紫色(用深灰色表示)部分代表响洪甸水库集水面积,蓝色(用白色表示)部分代表佛子岭水库集水面积,两部分面积之和为 3240 km²,黄色(用浅灰色表示)部分表示两水库与横排头区间集水面积 1130 km²。本研究以区间流域(图中黄色部分)为研究流域,以两座大型水库的来水作为水库以上区域的产汇流流量。

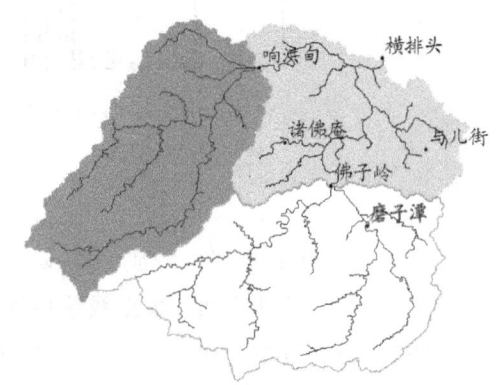

图 2　潢河横排头流域水系以及雨量站、
水文站分布图

所用资料为 2003—2009 年横排头流域内 5 个雨量站资料和横排头水文站流量观测资料,以及佛子岭和响洪甸两座水库的放水流量资料和淮河上游息县站的蒸发资料。

3　实例应用

3.1　流域分块

根据横排头流域的雨量站点情况,运用泰森多边形方法进行流域分块,共划分为 5 个单元流域,单元流域的面积权重见表 1。

表 1　横排头流域分块情况

子流域名称	面积权重	子流域面积(km²)
佛子岭	0.104	117.52
响洪甸	0.140	158.20
诸佛庵	0.258	291.54
与儿街	0.349	394.37
横排头	0.149	168.37

3.2　新安江模型率定结果

根据历史洪水资料,以 $\Delta t = 1$ h 为时段长,采用 SEC-UA 全局优化算法[18],对新安江模型进行参数率定,参数率定值见表 2。

表 2　新安江模型参数率定值

序号	参数意义	参数	参数值
1	蒸散发折算系数	K	1.0
2	流域蓄水容量分布曲线指数	B	0.30
3	深层散发系数	C	0.17
4	张力水容量(mm)	WM	129
5	上层张力水容量(mm)	WUM	23
6	下层张力水容量(mm)	WLM	60
7	不透水面积比例	IM	0.01
8	自由水容量(mm)	SM	50
9	流域自由水容量分布曲线指数	EX	1.2
10	地下水出流系数	KG	0.05
11	壤中流出流系数	KI	0.65
12	地下水消退系数	CG	0.90
13	壤中流消退系数	CI	0.75
14	河道汇流的马斯京根法系数	X	0.014
15	时段(h)	TT	1
16	河网水流消退系数	CS	0.75
17	流域面积(km²)	A	1130
18	流域分块数	NA	5
19	入流个数	IA	2
20	河网汇流滞时(h)	L	2

3.3　山洪气象风险预警指标分析计算

选取了 2003—2009 年的 17 场具有代表性的典型洪水,各场洪水特征值见表 3。将临界雨量的时间尺度划分为 6 h、12 h、24 h 临界雨量,依次分析计算各时间尺度的山洪气象风险预警指标。

根据《淮河流域防汛水情手册》,横排头站警戒流量为 620 m³/s,本文将其作为山洪预警临界流量。

表 3　横排头站历史洪水特征值

洪水序号	洪水开始时间	洪水结束时间	峰现时间	实测洪峰流量(m³/s)
1	2003-6-26 8:00	2003-6-29 8:00	2003-6-27 20:00	708
2	2003-7-4 8:00	2003-7-8 7:00	2003-7-6 3:00	1040
3	2003-7-8 8:00	2003-7-16 8:00	2003-7-10 20:00	3610
4	2003-9-5 8:00	2003-9-9 8:00	2003-9-7 8:00	309
5	2004-6-14 8:00	2004-6-18 7:00	2004-6-15 20:00	324
6	2004-6-18 8:00	2004-6-21 8:00	2004-6-19 20:00	456
7	2004-8-13 8:00	2004-8-21 8:00	2004-8-15 2:00	1120
8	2005-8-22 8:00	2005-8-26 8:00	2005-8-24 6:00	446

续表

洪水序号	洪水开始时间	洪水结束时间	峰现时间	实测洪峰流量（m³/s）
9	2006-7-26 8:00	2006-7-30 12:00	2006-7-27 13:00	1940
10	2006-8-7 8:00	2006-8-10 8:00	2006-8-8 20:00	274
11	2006-9-3 8:00	2006-9-7 8:00	2006-9-5 8:00	620
12	2007-7-22 8:00	2007-7-28 8:00	2007-7-24 7:00	208
13	2007-8-27 8:00	2007-8-30 10:00	2007-8-29 6:00	422
14	2008-6-21 8:00	2008-6-28 8:00	2008-6-23 6:00	480
15	2008-8-13 8:00	2008-8-19 20:00	2008-8-17 8:00	1140
16	2008-8-28 8:00	2008-9-3 8:00	2008-8-29 23:00	862
17	2009-8-5 8:00	2009-8-8 21:00	2009-8-7 2:00	1170

选出在洪峰出现之前的最大 6 h、12 h、24 h 降雨量，统计对应降雨发生之前的不同土壤饱和度，得到不同时间尺度雨量与土壤含水量饱和度分类图（图 3 至图 5）。

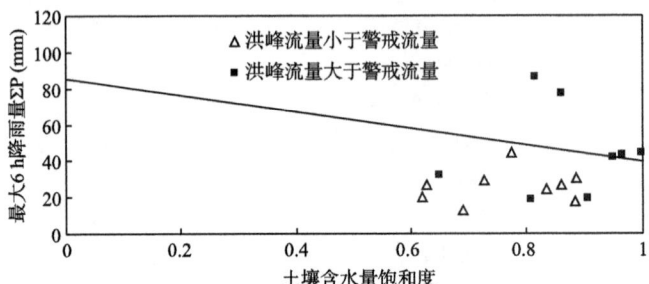

图 3　横排头站最大 6 h 降雨量与土壤含水量饱和度分类图

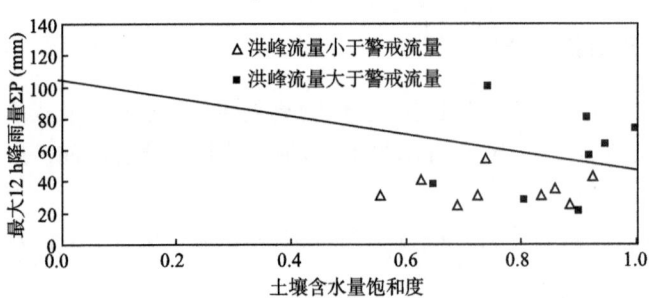

图 4　横排头站最大 12 h 降雨量与土壤含水量饱和度分类图

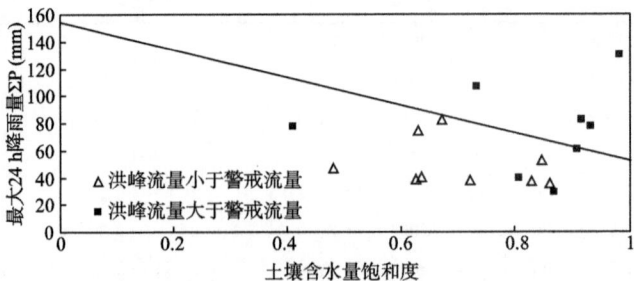

图 5　横排头站最大 24 h 降雨量与土壤含水量饱和度分类图

利用在洪峰出现之前的最大 6 h、12 h、24 h 降雨量和不同土壤含水量饱和度,应用基于最小均方差准则的 W-H(Widrow-Hoff)算法,得出在不同土壤含水量饱和度下的三个时间尺度动态临界雨量预警指标。式(2)、式(3)及式(4)分别为 6 h、12 h 及 24 h 山洪预警判别函数。

$$y = -45.73x + 85.45 \tag{2}$$

$$y = -57.33x + 104.44 \tag{3}$$

$$y = -101.78x + 154.38 \tag{4}$$

式中:x 为土壤含水量饱和度;y 为临界雨量指标值。

观察判别函数式可知,随着时间尺度的增大,斜率逐渐增大,说明时间尺度越大,临界雨量受土壤含水量的影响越大。随着时间尺度的增加,以同一土壤含水量为初始条件,必须有更多的时段总降水量,才能在有限的时间和空间内堆积足够多的水量,满足山洪暴发的条件,这符合流域产汇流规律和实际情况。

3.4 结果检验

选取了 2003—2009 年的 10 场历史洪水(未参与建立判别函数)进行应用检验。首先分析每场洪水流量过程线和降雨量,从降雨开始(或洪水起始)时刻至达到警戒流量(620 m³/s)时刻之间任意选择一个时间点作为预警时间,以体现检验的客观性和可信度。根据判别函数将临界雨量与降雨量(面雨量,保留两位小数)进行比较,判断是否进行山洪预警,再根据实际流量检验山洪预警是否正确。检验结果见表 5 至表 7。

基于土壤含水量饱和度的 6 h 山洪气象风险预警指标的检验结果(表 5)中,共有 7 场洪水预警判别正确,3 场洪水预警判别错误,指标判别正确率达 70%。

表 5   基于土壤含水量饱和度的 6 h 临界雨量指标检验

洪水序号	预警时间	时段内最大流量(m³/s)	土壤含水量饱和度	预警指标(mm)	降雨量(mm)	是否预警	是否正确
1	2003-06-23 09:00	116	0.82	47.95	12.11	否	√
2	2004-05-30 09:00	270	0.95	42.01	42.33	是	×
3	2005-09-02 18:00	778	0.84	47.04	42.11	否	×
4	2005-09-02 20:00	1180	0.84	47.04	49.42	是	√
5	2005-09-02 17:00	580	0.83	47.49	38.44	否	√
6	2007-07-17 01:00	165	0.95	42.01	11.56	否	√
7	2008-07-08 19:00	208	0.96	41.55	5.39	否	√
8	2009-06-30 03:00	640	1.00	39.72	19.25	否	×
9	2009-07-30 09:00	213	0.99	40.18	21.05	否	√
10	2009-08-01 05:00	310	0.98	40.63	18.67	否	√

基于土壤含水量饱和度的 12 h 山洪气象风险预警指标的检验结果(表 6)中,共有 7 场洪水预警判别正确,3 场洪水预警判别错误,指标判别正确率达 70%。

表 6　基于土壤含水量饱和度的 12 h 临界雨量指标检验

洪水序号	预警时间	时段内最大流量 (m³/s)	土壤含水量饱和度	预警指标 (mm)	降雨量 (mm)	是否预警	是否正确
1	2003-06-23 19:00	274	0.80	58.58	13.12	否	√
2	2004-05-30 09:00	324	0.73	62.59	50.41	否	√
3	2004-05-30 07:00	306	0.70	64.31	57.71	否	√
4	2005-08-29 19:00	256	0.77	60.30	21.89	否	√
5	2005-09-02 13:00	977	0.79	59.15	66.52	是	√
6	2007-07-16 21:00	174	0.92	51.70	22.05	否	√
7	2008-07-08 19:00	246	0.96	49.40	5.79	否	√
8	2009-06-29 21:00	640	0.99	47.68	46.61	否	×
9	2009-06-29 16:00	422	0.92	51.94	64.95	是	×
10	2009-06-29 20:00	596	0.98	48.26	48.39	是	×

基于土壤含水量饱和度的 24 h 山洪气象风险预警指标的检验结果(表 7)中,共有 8 场洪水预警判别正确,2 场洪水预警判别错误,指标判别正确率达 80%。

表 7　基于土壤含水量饱和度的 24 h 临界雨量指标检验

洪水序号	预警时间	时段内最大流量 (m³/s)	土壤含水量饱和度	预警指标 (mm)	降雨量 (mm)	是否预警	是否正确
1	2003-06-23 07:00	274	0.68	85.17	40.76	否	√
2	2004-05-29 21:00	324	0.67	86.19	67.24	否	√
3	2005-09-02 01:00	977	0.79	73.97	70.34	否	×
4	2005-09-02 23:00	778	0.86	66.85	61.51	否	×
5	2005-09-02 04:00	1570	0.79	73.97	97.61	是	√
6	2007-07-14 08:00	182	0.67	86.19	25.32	否	√
7	2008-07-08 13:00	246	0.95	57.69	12.41	否	√
8	2009-06-29 08:00	640	0.77	76.01	109.87	是	√
9	2009-06-29 20:00	731	0.98	54.64	71.38	是	√
10	2009-08-29 07:00	366	0.90	62.78	49.59	否	√

从检验结果可以看出,山洪气象风险预警指标的预警合格率均超过 70%,总体精度较高。对于误判的洪水场次,如表 5 中的 2 号和 3 号、表 6 中的 8 号和 10 号、表 7 中的 3 号和 4 号,山洪气象风险预警指标和降雨量值相差很小,应属于判断误差允许的范围;表 6 中的 9 号洪水,由于同时期上游水库放水流量较大,造成降雨量不大情况下流域总出口断面流量较大的现象。从预警效果检验总体效果看,基于土壤含水量饱和度的山洪气象风险预警指标方法是可行的。

4　结　论

近些年由于局地强降水造成的中小河流突发性洪水频繁发生,山洪已成为造成人员伤亡的主要灾种,严重制约着广大山区经济社会的发展。由于大部分中小河流站网偏稀,缺少必要的应急监测手段,预报方案不健全,加上中小河流源短流急,洪水具有暴雨强度大、历时短、难预报、难预防的特点,中小河流山洪的预报和防御成为目前防洪减灾工作中突出的难点。本文以新安江模型为基础,提出了考虑土壤含水量饱和度的动态山洪气象风险预警指标方法,并利用历史实例进行了分析,得出以下结论:

(1)本文提出的山洪预警方法是利用土壤含水量饱和度更新的山洪气象风险预警指标,即动态山洪气象风险预警指标,克服了传统静态临界雨量方法不考虑前期土壤含水量的局限性。

(2)动态山洪气象风险预警指标是利用气象水文实况观测资料建立的,但在山洪预警业务中,可以综合考虑实况和预报累积降雨量,将其与动态山洪预警指标进行比较,判断是否进行山洪预警,可以延长山洪预报预警的预见期。目前,近期(1天以内)的降水预报已有较高的精度。实际应用中,可以在降雨发生之后发出预警,也可以在降雨发生前根据数值天气预报发出预警。这样可将山洪预报的预见期再延长几个小时,争取更多反应时间。

(3)基于动态临界雨量的山洪气象风险预警方法在洧河流域的预警检验合格率均超过70%,总体精度较高。拟合结果检验表明:该方法用于山洪预警是可行的,其技术思路可以为其他地区的山洪预报预警业务提供参考。

参考文献

[1] World Meteorological Organization(WMO). Flash Flood Forecasting, Operational Hydrology Report: No. 18,(WMO-No. 577). Geneva: WMO,1981:47.

[2] World Meteorological Organization(WMO). Guide to Hydrological Practices(WMO-No. 168)(Volume Ⅱ). Geneva:WMO,1994:765.

[3] 国家防汛抗旱总指挥部办公室,中国科学院水利部成都山地灾害与环境研究所.山洪诱发的泥石流、滑坡灾害及防治.北京:科学出版社,1994.

[4] Marina M L V,Todini E,Libralon A. Rainfall thresholds for flood warning systems:A Bayesian decision approach//Sorooshian S. Hydrological Modelling and the Water Cycle. Springer,2008:203-227.

[5] Carpentera T M,Sperfslage J A,Georgakakos K P,et al. National threshold runoff estimation utilizing GIS insupport of operational flash flood warning systems. *Journal of Hydrology*,1999:21-24.

[6] Georgakakos K P. Analytical results for operational flash flood guidance. Journal of Hydrology,2006,317:81.

[7] USACE. HEC-HMS Hydrologic Modeling System User's Manual. US:Hydrologic Engineering Center,Davis,CA,2001.

[8] 陈桂亚,袁雅鸣.山洪灾害临界雨量分析计算方法研究.人民长江,2005,**36**(12):40-43.

[9] 张玉龙,王龙,李靖.云南省山洪灾害临界雨量空间插值分析方法研究.云南农业大学学报,2007,**22**(4):570-573,581.

[10] 叶勇,王振宇,范波芹.浙江省小流域山洪灾害临界雨量确定方法分析.水文,2008,**28**(1):56-58.

[11] 张世才,褚建华,张同泽.祁连山区山洪灾害临界雨量计算和风险区划划分.水土保持学报,2007,**21**(5):196-200.

[12] 刘志雨,杨大文,胡健伟.基于动态临界雨量的中小河流山洪预警方法及其应用.北京师范大学学报(自然科学版),2010,**45**(3):317-321.

[13] 姚成,纪益秋,李致家,等.栅格型新安江模型的参数估计及应用.河海大学学报:自然科学,2012,**40**(1):42-47.

[14] 董小涛,李致家,李利琴.不同水文模型在半干旱地区的应用比较研究.河海大学学报:自然科学版,

2006,**34**(2):132-135.

[15] 宋玉,李致家,杨涛.分布式水文模型在淮河洪泽湖以上流域洪水预报中的应用.河海大学学报:自然科学版,2006,**34**(2):127-131.

[16] Gong Wei,Li Mingliang,Yang Dawen. Estimation of threshold rainfall for flash flood warning in the sui-chuanjiang river basin. *Journal of Sichuan University*:*Engineering Science Edition*,2009,**41**(Supp. 2):270-275.

[17] 孙即祥.现代模式识别.长沙:国防科技大学出版社,2002.

[18] 李致家.水文模型的应用与研究.南京:河海大学出版社,2008.

多模式面雨量预报效果评估及典型过程分析

刘 静 叶金印 邱旭敏

（淮河流域气象中心，蚌埠 233040）

摘 要：基于站点观测资料和四种数值模式预报资料，以 2011 年 6—8 月为例，评估四种模式对淮河流域 15 个子单元数值预报模式客观面雨量预报效果。这四种模式是欧洲中期天气预报中心（简称 ECMWF）全球模式、日本全球模式（简称 JMA）、安徽省气象台业务中尺度模式 MM5 和 WRF。15 个子单元面雨量预报值采用网格算术平均法计算，面雨量观测值采用泰森多边形法计算。检验评分方法采用平均绝对误差、正确率和 Threat Score。初步检验结果表明：ECMWF 预报效果整体上优于其他模式，尤其是在小雨到大雨等级优势明显，JMA、MM5 以及 WRF 的预报效果依次降低；各模式预报效果均表现出随降水等级（小雨、中雨、大雨、暴雨）增大而下降，即 TS 评分随降水等级增大逐渐降低，而空报、漏报率逐渐上升；随预报时效（24 h，48 h，72 h）延长，各模式预报效果逐渐下降；典型个例分析发现，ECMWF，JMA 和 WRF 对弱降水过程面雨量预报等级无明显偏大或偏小现象，对强降水过程面雨量预报等级偏小，MM5 对强降水过程的面雨量预报效果优于其他模式。

关键词：淮河流域；面雨量预报；数值模式；预报检验

引 言

面雨量预报是洪水预报非常重要的参数，也是各级政府组织防汛抗洪以及水库调度等决策的重要依据，在面向江河流域的水文气象服务中，业务和科研人员越来越重视利用数值预报模式降水输出客观化的面雨量产品，并在检验评估的基础上进行集成应用，以提高流域面雨量预报水平，为有效开展流域防汛决策气象服务提供科学依据。目前，国内有很多流域开展了面雨量预报和检验业务，如徐晶等[1]针对我国七大江河流域开展了面雨量计算方法研究及应用。毕宝贵等[2]探讨了面雨量计算方法并将其应用到海河流域。王新龙等[3]分析了海河流域面雨量预报误差。居志刚等[4]分析了用 T213 模式降水产品制作的长江上游五流域面雨量预报，并进行了相关性检验。朱红芳等[5]开展了 GRAPES 模式在淮河流域面雨量预报中的应用研究。高琦等[6]应用面雨量预报结合线性回归方法建立了长江上游洪水分级预估模型，结果表明，使用 7 d 面雨量定量预报产品输入洪水预报模型，可使宜昌洪峰预报的预见期提前 5 d。

本文基于欧洲中期天气预报中心（ECMWF）全球模式、日本气象厅（JMA）全球模式、安徽省气象台业务中尺度模式 MM5 和 WRF 等四种数值模式的降水预报产品，采用网格算术平均法分别计算输出淮河流域 15 个子单元客观化的逐日面雨量短期预报产品（为方便表述，以

资助项目：淮河流域气象开放研究基金资助项目（HRM201002）；公益性行业（气象）科研专项（GYHY200906007、GYHY200806002、GYHY201006037）；安徽省气象局预报员专项（AHYBY201203）

下分别将其简称为 ECMWF、JMA、MM5 以及 WRF 面雨量预报）。同时，利用地面观测雨量资料，采用泰森多边形法计算流域面雨量实况。以 2011 年 6—8 月为例，采用平均绝对误差（Mean Absolute Error，简称 Ea）、正确率（Percentage Correct，简称 PC）以及 TS 评分（Threat Score，简称 TS）等统计评价指标，对四种模式面雨量短期预报进行检验和评估分析。

1 资料与处理

1.1 淮河流域概况及子单元划分

淮河干流全长 1000 km，总落差 200 m，平均比降约万分之二，上游比降较大，而中下游比降较小，形成"漏斗形"地形，上游降水易汇聚，中下游排水不畅。淮河流域降水空间分布为南多北少，降水量年际变化较大，年内分配也极为不均，夏季（6—8 月）降水量占年总降水量的45%～65%，尤其是 6 月下旬至 7 月中旬该流域多持续性强降水。淮河流域独特的地理环境及气候特征决定了该流域水灾频发，特别是大范围持续性强降水常造成流域性洪涝灾害。根据淮河流域暴雨洪水的汇流特点，结合流域防汛抗旱服务需求，将流域划分为 15 个子单元（图 1）。

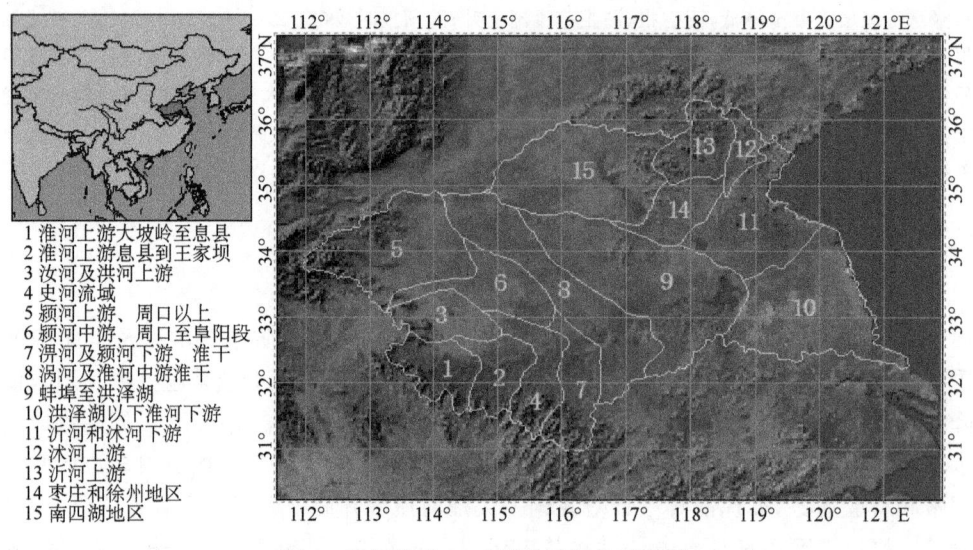

1 淮河上游大坡岭至息县
2 淮河上游息县到王家坝
3 汝河及洪河上游
4 史河流域
5 颍河上游、周口以上
6 颍河中游、周口至阜阳段
7 涡河及颍河下游、淮干
8 涡河及淮河中游淮干
9 蚌埠至洪泽湖
10 洪泽湖以下淮河下游
11 沂河和沭河下游
12 沭河上游
13 沂河上游
14 枣庄和徐州地区
15 南四湖地区

图 1　淮河流域 15 个子单元划分示意图

1.2 资料

（1）四种数值预报模式降水预报格点值的空间分辨率不同。ECMWF 的格距为 $0.25° \times 0.25°$，JMA 模式格距为 $1.25° \times 1.25°$，MM5 为 $0.1° \times 0.1°$，WRF 为 $0.1° \times 0.1°$。其中 ECMWF 和 JMA 降水预报产品通过中国气象局气象数据卫星广播系统（The Satellite Broadcasting System of China Meteorological Administration，简称 CMACast）收集获取；MM5 和 WRF 降水预报产品为安徽省气象台业务化运行的中尺度数值预报模式产品，通过省级通信网络获取。各模式均以北京时 20 时为起始场，24 h、48 h、72 h 预报时效的 24 h 累积降水预报。

（2）地面观测雨量资料（以北京时 20 时为日界，下同）采用淮河流域 172 个国家级地面气象观测站(图略)整编资料,资料来源于国家气象信息中心。

1.3　面雨量计算

面雨量(流域平均降雨量)是指一次降雨过程中,整个流域面上的平均降雨量。最常用的推求方法有网格插值法、格点法、等雨量线法、算术平均法、泰森多边形法等[7-9],站点密度较低且分布不均时,泰森多边形方法计算简单,且效果优于其他方法。本文对于数值预报产品,采用网格算术平均法估算流域面雨量;对于地面观测雨量资料,采用泰森多边形法估算流域面雨量。

(1)网格算术平均法。其基本思路是将一个有一定密度的固定网格覆盖在流域面上,通过计算网格点上的雨量平均值来确定流域面上的雨量。

(2)泰森多边形法。其基本原理是将小流域内各相邻雨量站相连,绘制各连线的垂直平分线,将小流域分成若干个单元面积,每个单元面积内只包含1个测站。首先计算流域各站的时段降雨量,然后根据每个雨量站所占流域面积权重,采用加权法对小流域各雨量站的时段降雨量进行叠加求和。

2　面雨量预报检验方法

参考我国江河面雨量等级划分标准[10],将 24 h 面雨量划分为小雨(0.1~5.9 mm)、中雨(6.0~14.9 mm)、大雨(15.0~29.9 mm)、暴雨(≥30.0 mm)四个等级。采用平均绝对误差(Ea)、正确率(PC)、TS 评分等统计评价指标,对淮河流域面雨量预报产品进行检验。各统计评价指标计算式如下。

(1)平均绝对误差(Ea)。指预报值和实况值的平均绝对误差,其计算式为:

$$Ea = \frac{1}{n}\sum_{i=1}^{n}|R_f - R_o| \tag{1}$$

式中,n 为有雨预报正确的天数;R_f 为有雨且预报正确时的面雨量预报值;R_o 为有雨且预报正确时的面雨量实况值。本文仅统计实况有雨且预报也有雨时的误差。

(2)正确率(PC)。检验预报产品对"有"、"无"面雨量的预报正确率,其计算式为:

$$PC = \frac{NA + ND}{NA + NB + NC + ND} \times 100\% \tag{2}$$

式中,NA 为二分类事件列联表中降水预报正确的流域子单元数;NB 为空报的流域子单元数;NC 为漏报的流域子单元数;ND 为无降水预报正确的流域子单元数。此项评分不考虑降水量级,只要预报和实况均有降水或均无降水即视为正确。

(3)TS 评分(TS_k)、漏报率(PO_k)和空报率(FAR_k)。参考 2005 年中国气象局《中短期天气预报质量检验办法(试行)》中提供的方法,检验面雨量预报效果。TS 评分(TS_k)、漏报率(PO_k)以及空报率(FAR_k)的计算式分别为:

$$TS_k = \frac{NA_k}{NA_k + NB_k + NC_k} \times 100\% \tag{3}$$

$$PO_k = \frac{NC_k}{NA_k + NC_k} \times 100\% \tag{4}$$

$$FAR_k = \frac{NB_k}{NA_k + NB_k} \times 100\% \qquad (5)$$

式(3)—(5)中,NA_k 为 k 等级降水预报正确(即预报等级与实况等级相同)的天数;NB_k 为 k 等级空报天数(即预报等级大于实况等级,记为预报等级空报);NC_k 为 k 等级漏报(即预报等级小于实况等级,记为实况等级漏报)天数。TS_k、PO_k、FAR_k 的大小能表征模式对各面雨量等级的预报是偏大还是偏小。

3　2011 年 6—8 月的检验结果与分析

3.1　平均绝对误差(Ea)检验

从 2011 年 6—8 月 ECMWF、JMA、MM5 以及 WRF 四种模式对淮河流域(24～72 h)面雨量预报的平均绝对误差(Ea)(图 2)可看出,随预报时效延长,四种模式面雨量预报的 Ea 均呈增大趋势,其中 ECMWF 和 JMA 增幅较小,MM5 增幅较明显。ECMWF 除 24 h 略高于 JMA 以外,48 h、72 h 均明显低于其他模式。各预报时效均以 MM5 最高,WRF 次高。从 Ea 检验结果看,ECMWF 在淮河流域面雨量预报中最具有参考意义,其次为 JMA。

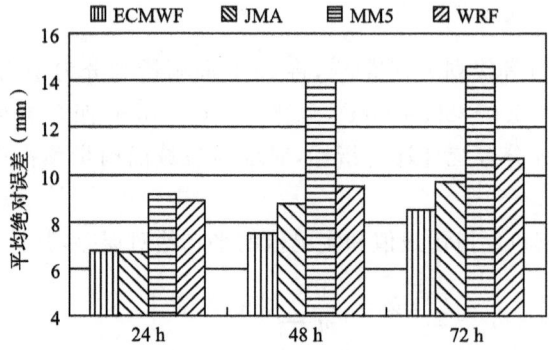

图 2　24 h,48 h 及 72 h 的 ECMWF、JMA、MM5 以及
WRF 模式面雨量预报平均绝对误差

3.2　正确率(PC)检验

从 2011 年 6—8 月 ECMWF、JMA、MM5 以及 WRF 四种模式对淮河流域不同时效(24—72 h)面雨量预报的正确率(PC)检验结果(图 3)可看出,随预报时效延长,四种模式面雨量预报的 PC 均呈下降趋势。ECMWF 和 JMA 下降幅度较小,MM5 下降幅度相对较大。在 24 h 预报时效中,MM5 为最高(78.3%),其次为 ECMWF(75.2%);在 48 h 和 72 h 预报时效中,均以 ECMWF 为最高,其次为 MM5。WRF 各预报时效均最低。对于面雨量的"有"、"无"预报,24 h 预报时效以 MM5 最具有参考价值,48 h 和 72 h 预报时效则以 ECMWF 最具有参考价值。

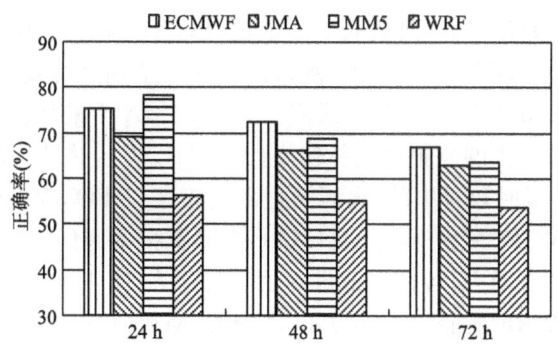

图3　24 h、48 h及72 h的ECMWF、JMA、MM5以及WRF模式面雨量预报正确率

3.3　TS评分以及空报率和漏报率检验

图4为2011年6—8月ECMWF、JMA、MM5以及WRF四种模式对淮河流域不同时效（24～72 h）面雨量预报的TS评分（TS_k）、空报率（FAR_k）和漏报率（PO_k）。

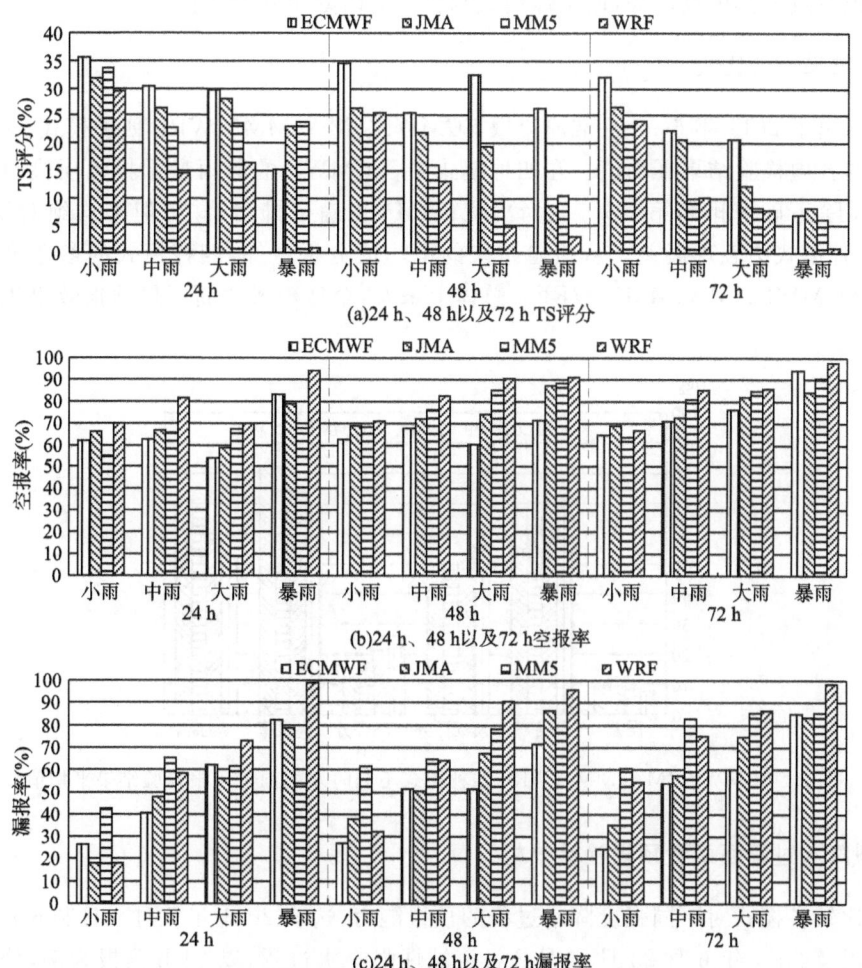

(a)24 h、48 h以及72 h TS评分

(b)24 h、48 h以及72 h空报率

(c)24 h、48 h以及72 h漏报率

图4　24 h、48 h及72 h的ECMWF、JMA、MM5以及
WRF面雨量预报的TS评分（a）、空报率（b）以及漏报率（c）

(1)随面雨量预报等级增大,四种模式面雨量预报的 TS 评分均明显下降(图 4a)。各等级的 TS 评分,总体上以 ECMWF 为最高,JMA 次之。在三个预报时效的暴雨预报 TS 评分中,24 h 以 MM5 为最高,48 h 以 ECMWF 为最高,72 h 以 JMA 为最高。

(2)四种模式面雨量预报的空报率整体偏高(60.0%以上),并且呈现出随预报等级增大而增高趋势(图 4b)。各预报时效对中雨、大雨预报的空报率以 ECMWF 为最低、WRF 为最高;在暴雨预报,MM5(24 h)、ECMWF(48 h)、JMA(72 h)空报率最低。

(3)随面雨量预报等级增大,各模式漏报率呈增高趋势(图 4c)。小雨预报等级,24 h 预报时效漏报率以 JMA 和 WRF 最低(18.2%),其次为 ECMWF(26.2%);48 h 和 72 h ECMWF明显低于其他模式。中雨以上预报,仅有 ECMWF(40.6%)和 JMA(47.5%)的 24 h 预报漏报率低于 50%。对于暴雨预报,MM5 的 24 h 时效漏报率明显低于其他模式。

对比各预报等级的空报率与漏报率可发现,模式对小雨和中雨的漏报率明显小于该等级的空报率,而大雨和暴雨的差别不明显,说明各模式对小雨和中雨的预报存在预报范围和等级偏大的现象,而对大雨和暴雨的预报则无明显偏差倾向。总体看,对强降水预报,中尺度模式在短期预报时效上会更具优势,而全球模式则在中期时效上相对较优。

3.4　检验结果综合比较

图 5 给出了 2011 年 6—8 月淮河流域 ECMWF、JMA、MM5、WRF 四种模式 24~72 h 面雨量预报的各项检验结果平均值。在四种模式中,ECMWF 的面雨量预报各项检验结果均为最优;JMA 除正确率排名第三外,均为次优;MM5 正确率排名第二,但平均绝对误差最大;WRF 在四种模式中表现最差。从检验结果的平均值分析可知,四种模式的参考价值从高到低依次为 ECMWF、JMA、MM5、WRF。总体上来看,全球模式的面雨量预报效果优于中尺度模式。

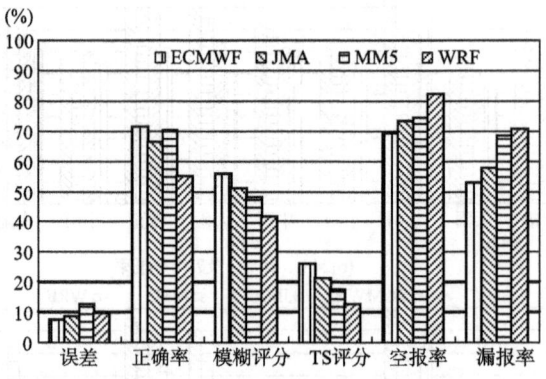

图 5　ECMWF、JMA、MM5、WRF 四种模式不同时效面雨量预报检验结果平均值

3.5　典型降水过程面雨量预报检验分析

为了比较各模式对不同强度降水过程的预报能力,选取 2011 年 7 月 4 日和 6 日流域性弱降水过程以及 2011 年 6 月 23 日、8 月 2 日流域性强降水过程,以 24 h 预报为例,分析各模式正确子单元数(NA)、空报子单元数(NB)和漏报子单元数(NC)。

3.5.1 两次弱降水过程预报检验分析

7 月 4 日,淮河流域受南下冷空气和副高外围暖湿气流影响,大部分地区出现了降水。25.0 mm 以上降水区主要位于安徽北部以及江苏中北部,其中 4 个站点出现暴雨(图略)。7 月 6 日受冷空气和低层切变影响,流域大部分地区出现了降水,25.0 mm 以上降水区主要位于沙颍河和涡河中游、里下河北部,以及南四湖西部,其中 7 个站点暴雨,1 站大暴雨(图略)。

四种模式对于两次弱降水过程空、漏报情况统计表明(表 1),ECMWF、JMA 两种模式对 7 月 4 日降水空报明显高于漏报,即预报等级和范围都明显偏大,但对 7 月 6 日降水空报与漏报无明显差异。而 MM5、WRF 两种模式对两次降水预报差异不明显。

表 1　四种数值模式 2011 年 7 月 4 日和 6 日淮河流域两次弱降水过程的检验

指标	7 月 4 日				7 月 6 日			
	ECMWF	JMA	MM5	WRF	ECMWF	JMA	MM5	WRF
NA	8	6	7	5	6	5	8	6
NB	7	7	5	6	4	6	5	3
NC	0	2	3	4	5	4	2	6

3.5.2 两次强降水过程预报检验分析

6 月 23 日,受低槽东移和切变线影响,淮河流域出现了大范围明显降水,强降水中心位于流域中北部,共有 20 站出现暴雨,5 站大暴雨(图略)。8 月 2 日,受华北地区发展东移冷涡影响,流域大部分地区出现了明显降水,强降水中心主要位于流域北部以及淮河上游、沿淮河中游部分地区,共有 28 站出现暴雨,2 站大暴雨(图略)。

各模式对两次强降水过程空报、漏报统计结果表明(表 2),ECMWF、JMA 和 WRF 的漏报均明显高于空报,说明预报的等级偏小;而 MM5 空报和漏报差异不明显。

表 2　对四种数值模式 2011 年 6 月 23 日和 8 月 2 日淮河流域两次强降水过程的检验

指标	6 月 23 日				8 月 2 日			
	ECMWF	JMA	MM5	WRF	ECMWF	JMA	MM5	WRF
NA	8	9	9	6	7	6	6	5
NB	1	1	3	0	2	0	5	3
NC	6	5	3	9	6	9	4	7

通过两次流域性弱降雨过程和两次流域性强降雨过程检验分析发现,ECMWF、JMA 和 WRF 对于 24 h 预报时效的强、弱降水过程预报效果存在较明显差异,对于强降水过程预报等级偏小;MM5 对于强、弱降水过程空报和漏报无明显差异,预报等级上有所偏大。

4　结论与讨论

基于站点观测资料,以 2011 年 6—8 月为例,采用平均绝对误差(E_a)、正确率(PC)以及 TS 评分等统计检验指标,评估 ECMWF 全球模式、日本全球模式、安徽省气象台业务中尺度模式 WRF 和 MM5 四种模式对淮河流域 15 个子单元数值预报模式客观面雨量预报效果。得到以下几点结论:

(1)四种模式预报效果随降水等级(小雨、中雨、大雨、暴雨)增大而下降。具体表现为:TS评分随降水等级增大而逐渐降低,而空报、漏报率逐步上升;随预报时效的延长,各模式面雨量预报效果表现出逐步下降的现象。

(2)ECMWF 的预报效果总体上优于其他模式,尤其是在小雨到大雨等级上,优势明显。JMA、MM5、WRF 预报效果依次降低。对比各等级空报率和漏报率可知,ECMWF、JMA 在小雨和中雨等级上预报偏大,而大雨和暴雨等级预报偏差不明显。

(3)MM5 在 24 h 预报中表现较优,其 24 h 预报时效各预报等级的 PC、MP 以及 24 h 暴雨预报 TS 评分均高于其他模式,说明 MM5 的 24 h 预报时效面雨量预报尤其是在暴雨等级预报中具有很好的参考意义。

(4)对典型强、弱降水过程分析表明,ECMWF、JMA 和 WRF 对于 24 h 预报时效的强、弱降水过程预报效果存在较明显差异,对于强降水过程预报等级偏小。MM5 对于强、弱降水过程空报和漏报无明显差异,预报等级有所偏大。

需要注意的是,本文的分析仅是以 2011 年 6—8 月为例,对 ECMWF、JMA、MM5、WRF 四种数值预报模式对淮河流域面雨量的预报能力得出的一些初步结果。各模式的预报性能还有待于今后积累更长时间序列资料进行评估分析。

参考文献

[1] 徐晶,林建,姚学祥,等.七大江河流域面雨量计算方法及应用.气象,2001,**27**(11):13-16.

[2] 毕宝贵,徐晶,林建.面雨量计算方法及其在海河流域的应用.气象,2003,**29**(8):39-42.

[3] 王新龙,胡欣,尤凤春.2002 年 7—8 月海河流域面雨量预报的误差分析.气象,2003,**29**(6):41-45.

[4] 居志刚,熊红梅,汪应琼.T213 降水产品在长江上游五流域面雨量预报中的应用分析.暴雨灾害,2004,**23**(1):16-18.

[5] 朱红芳,王东勇,朱鹏飞,等.GRAPES 模式在淮河流域面雨量预报中的应用.气象,2007,**33**(3):76-82.

[6] 高琦,金琪,王仁乔,等.基于面雨量预报的长江上游洪水分级预估及其应用.暴雨灾害,2011,**30**(4):370-374.

[7] 葛徽衍,张永红.流域面雨量的一种估算方法——网格插值法.陕西气象,2006(1):34-35.

[8] 方慈安,潘志祥,叶成志,等.几种流域面雨量计算方法的比较.气象,2003,**29**(7):23-26.

[9] 郁淑华.面雨量计算方法的比较分析.四川气象,2001,**21**(03):3-5.

[10] 江河流域面雨量等级.北京:中国标准出版社,2006.

常州暴雨洪涝灾害风险分析及区划

钟颖颖 吴一鸣 雷正翠 董喜春

（江苏省常州市气象局，常州 213022）

摘 要：利用常州市 1983—2012 年的暴雨数据，1984—2006 年的暴雨灾害资料以及江苏省统计年鉴中常州市经济、人口和土地面积等资料分析了常州暴雨洪涝灾害风险影响因素，结果表明：地形水网的分布为暴雨的发生提供了有利条件，经济、人口及城市化进程的差异影响了暴雨洪涝灾害的分布，经济的发展、人口的增多使得其面临灾害的脆弱性也随之增加；近 30 年来，常州、金坛暴雨日呈增加趋势，暴雨的增多增加了洪涝灾害风险，暴雨多发生在夏季。此外，还从致灾因子、孕灾环境和承灾体等方面，确定了暴雨频数、暴雨洪涝灾害频率、地理地貌指数、生命易损模数、经济易损模数、生命损伤模数和经济损伤模数 7 个风险指标，并使用层次分析法对常州的暴雨洪涝灾害风险进行评估和区划：武进区、天宁区、钟楼区、戚墅堰区、新北区为高风险区，金坛市为较高风险区，溧阳市为中风险区。常州市作为高风险区，体现了城市化进程对洪涝灾害的影响；金坛市农业发达，但农作物作为洪涝的高敏感物，受灾较为严重，农业和居民房屋是金坛防洪的重点保护对象；溧阳市由于山地面积较多，雨水不容易积累，引起的灾害相对较少，但暴雨一旦引起山洪，损失就是非常严重的，因此需要针对各地区不同的防洪重点，采取合理的防护措施。

关键词：暴雨；城市化；层次分析法；风险评估；区划

引 言

我国气象上规定，24 小时降水量为 50 mm 或以上的降水称为暴雨。暴雨形成的过程是相当复杂的，一般来说，产生暴雨的主要条件是充足的水汽、气流强烈的上升运动和较长的持续时间。引起中国大范围暴雨的天气系统主要有锋、气旋、切变线、低涡、槽、台风、东风波和热带辐合带等；此外，在干旱与半干旱的局部地区热力性雷阵雨也可造成短历时、小面积的特大暴雨[1]。

我国是世界上自然灾害最严重的国家之一，而气象灾害造成的经济损失占到自然灾害总损失的 70% 以上，其中由暴雨引发的灾害占相当大的比重，因此针对暴雨灾害风险所开展的评估与区划研究及试验工作日益受到相关科技工作者的重视。王博等[2]综合 20 年来国内外一些研究成果和文献资料介绍了暴雨灾害风险区划的基本原理、技术路线、基本步骤以及研究方法等。王清川等[3]结合专家打分对廊坊市 9 个区县的暴雨洪涝灾害风险进行了计算和分级。

暴雨往往造成洪涝灾害和严重的水土流失，导致工程失事、堤防溃决和农作物被淹等重大的经济损失。常州地区地处北亚热带向暖温带过渡的气候区域，且位于经济发达的长三角地

资助项目：江苏省气象局软科学项目 201309 号

区,暴雨灾害较多,由此造成的经济损失也很严重。如 2002 年 6 月 19—21 日金坛市受暴雨影响,累计雨量 372.2 mm,大暴雨引发山洪,造成金坛西部丘陵山区集镇街道平均水深 1 m。受灾人口 111230 人,死亡 2 人,受伤 893 人,倒塌房屋 344 间,损坏房屋 5845 间,直接经济损失 36299.4 万元。暴雨虽然是非常重要的灾害性天气,但暴雨并不一定会直接造成生命伤亡和社会财产损失,暴雨造成的灾害是通过暴雨引起的次生灾害产生的,如洪涝、地质灾害等[4]。常州地区暴雨引起的洪涝致灾较多,地质灾害较少,严格地讲,暴雨灾害风险分析,主要是对其造成的次生灾害进行风险分析,因此本文主要针对常州暴雨的洪涝灾害风险进行分析,并结合常州暴雨、洪涝灾害和经济人口等数据进行了各区县暴雨洪涝灾害风险区划。

1　暴雨洪涝灾害风险因素分析

1.1　地理环境特征

常州属于长江下游地区,北靠长江,南临太湖,濒临东海。境内有运河通过,南部有滆湖。河流众多,水汽丰富,给暴雨的发生提供了充足的水汽。

境内地势西南略高,东北略低,高低相差 2 m 左右。地貌类型属高沙平原,山丘平圩兼有。南为天目山余脉,西为茅山山脉,北为宁镇山脉尾部,中部和东部为宽广的平原、圩区。地形的抬升作用促进降水形成,同时不同地形又能影响降水分布,例如,由于山脉的存在,在迎风坡迫使气流上升,从而垂直运动加大,暴雨增大;而在山脉背风坡,气流下沉,雨量大大减小,有的背风坡的雨量仅是迎风坡的 1/10。独特的地形和水网分布为暴雨的形成提供了有利条件。

1.2　人口经济特征

至 2009 年末,常州市人口为 492.97 万,人口密度达 631 人/km²,尤其是常州市新北区的密度最大,达到 958 人/km²。乡村人口逐渐减少,城市化进程加快,随着市区的扩张,房屋建筑更加密集,给泄洪、排水和地下管道等城市基础设施造成破坏,混凝土铺盖的不透水面积不断增加,而地表植被和坑塘不断减少致使地表的持水、滞水及渗透能力减弱,导致排涝能力减弱,洪涝灾害风险加大[5]。这和近年来常州暴雨洪涝灾害资料中显示的城市灾害比重加大,致灾损失逐渐增多一致。

2012 年常州市实现地区生产总值(GDP)3969.8 亿元,城镇居民人均收入达 33587 元,经济发展迅速。随着经济的发展,城市资产的高密集性致使城市的综合承灾能力减弱,同级别的暴雨,洪涝灾害所造成的损失会随之增大。

1.3　暴雨气候特征

对常州 3 个人工观测站 1983—2012 年逐日降水资料进行分析,近 30 年来各站暴雨日起伏明显(图 1),有些年没有暴雨出现(如常州 1983 年、1994 年、1997 年),也有远大于平均值的年份(如常州 2011 年出现 10 个暴雨日,比平均值多了 7 天);常州、金坛总体呈增加趋势,尤以常州增加最为明显,每 10 年约增加 1 个暴雨日,暴雨的增多增加了洪涝灾害风险;溧阳暴雨日逐年缓慢减少,每 10 年约减少 1 个暴雨日。

全年暴雨日基本呈单峰型分布(表 1),峰值出现在夏季,夏季暴雨占了全年的 74%~

77%,因此洪涝灾害基本都发生在夏季。但各地集中出现的月份略有不同,常州 8 月暴雨最多,而金坛集中在 6 月,溧阳 6 月、7 月暴雨最多,三地每年平均约有暴雨日 3 天,以金坛居多。暴雨多发生在夏季,这个季节应做好农作物的防洪措施,巩固农村低矮房屋,城市应提前做好排涝设施的安装和检查工作,积极应对,防御灾害的发生。

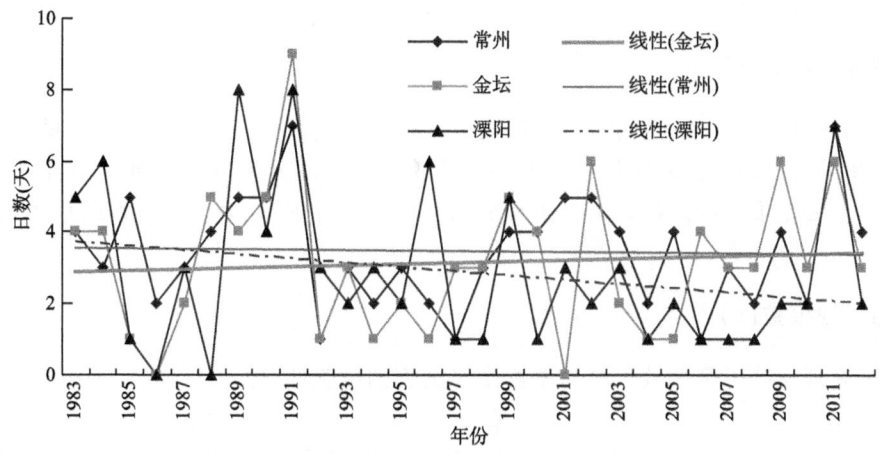

图 1　常州暴雨年变化

表 1　1983—2012 年常州暴雨月分布(单位:d)

区域	1 月	2 月	3 月	4 月	5 月	6 月	7 月	8 月	9 月	10 月	11 月	12 月	总计	平均
常州	2	1	0	1	7	23	23	25	8	1	1	0	92	3.1
溧阳	0	0	1	2	5	26	26	10	10	4	0	0	84	2.8
金坛	0	0	1	6	6	33	24	14	6	3	2	0	95	3.2

2　暴雨灾害风险评估指标

气象灾害风险指标是指对气象灾害风险性大小起一定作用的因素[6]。气象灾害系统是由致灾因子、孕灾环境和承灾体共同组成的复杂系统,因此,从这三方面确定暴雨频数、暴雨洪涝灾害频率、地理地貌指数、生命易损模数、经济易损模数、生命损伤模数和经济损伤模数 7 个指标来对常州的暴雨洪涝灾害风险进行分析。

2.1　暴雨频数(N)

暴雨频数(N)为某区域每年发生暴雨的日数,反映了该地区暴雨洪涝灾害发生强度,即:

$$N = \frac{1}{n}\sum_{i=1}^{n} T_i \tag{1}$$

式中,N 表示暴雨频数;T_i 为某区域第 i 年暴雨日数;n 为统计样本年数。由常州龙虎塘观测站、金坛和溧阳地面气象观测站近 30 年的观测资料统计而得。

2.2　暴雨洪涝灾害频率(P)

暴雨洪涝灾害频率(P)指某区域内每年出现暴雨洪涝灾情的次数,表示该区域暴雨灾情

发生频率和损失程度,即:

$$P = \frac{1}{n} \sum_{i=1}^{n} D_i \tag{2}$$

式中,P 为某区域的暴雨洪涝灾害频率;D_i 为某区域第 i 年内发生暴雨洪涝灾害的总次数;n 为统计样本年数。

2.3　地理地貌指数(H)

洪涝主要由降水强度决定,但同一降水强度下,不同地区由于下垫面特征及排水设施的差异,洪涝发生的程度也不同。根据常州的地理地貌状况可以分为以下 3 种类型:高山类、丘陵类、平原类,按照它们的海拔高度分别赋以不同的值:平原类为 1,丘陵类为 0.5,高山类为 0.3。

2.4　生命易损模数(L)

该指标客观反映了某区域生命对暴雨洪涝灾害的敏感性,即:

$$L = P/S \tag{3}$$

式中,L(人/km²)表示某区域发生暴雨洪涝灾害时,单位面积上可能受到暴雨洪涝危害的人口数量,即该区域内单位面积上的人口数量;P 为江苏省统计年鉴中 2009 年常州各区域人口总数;S 为该区域的国土面积。

2.5　经济易损模数(E)

经济易损模数(E)的含义是指发生暴雨洪涝灾害时某区域单位面积上可能遭受损失的经济总量,即该区域内单位面积上的生产总值,即:

$$E = \frac{D}{S} \tag{4}$$

式中,E(万元/km²)表示某区域的经济易损模数;D 表示发生暴雨洪涝灾害时该区域内经济总量,单位为万元,D 取 2009 年常州市各县市区生产总值(GDP);S 为该区域的国土面积。E 客观反映了该区域暴雨洪涝灾害可能造成的损失程度和分布情况,间接反映了该区域防御、抗击暴雨洪涝灾害的能力以及可恢复能力。

2.6　生命损伤模数(L')

生命损伤模数(L')的含义是指某区域单位面积内直接由暴雨洪涝灾害造成的死亡和受伤人口数量,表示了该区域暴雨洪涝灾害导致的人身伤亡情况,间接反映了该区域防御暴雨洪涝灾害的能力,即:

$$L' = \left(\frac{1}{n} \sum_{i=1}^{n} p_i \right) / S \tag{5}$$

式中,L' 表示生命损失模数(人/km²);p_i 为某区域第 i 年由暴雨洪涝灾害所造成人员伤亡总数。

2.7　经济损伤模数(E')

经济损伤模数(E')是指某区域单位面积内直接由暴雨洪涝造成的农作物受灾、建筑损毁和交通中断等引起的经济损失总量,表示了该区域暴雨洪涝灾害导致的经济损失情况,间接反映了该区域防御暴雨洪涝灾害的能力,即:

$$E' = \left(\frac{1}{n}\sum_{i=1}^{n}d_i\right)/S \tag{6}$$

式中,E'(万元/km²)表示经济损伤模数;d_i为某区域第 i 年由暴雨洪涝灾害所造成经济损伤总数(万元),包括因暴雨洪涝灾害而造成的直接和间接经济损失。

2.8 各指标权重的确定

采用层次分析法[7]确定暴雨洪涝灾害风险评估模型中各个因子的权重,按照图 2 分层,目标层(A 层)为暴雨洪涝灾害风险,B 层为致灾因子(B1)、孕灾环境(B2)、承灾体(B3),C 层即为 6 个指标:暴雨频数(C1)、暴雨洪涝灾害频率(C2)、地理地貌指数(C3)、生命易损模数(C4)、生命损伤模数(C5)、经济易损模数(C6)和经济损伤模数(C7)。经过专家咨询打分,用 1～9 比例尺度构造判断矩阵(表 2、表 3、表 4),然后对每一个判断矩阵计算最大特征值和特征向量,即可获得各因子的权重系数(图 2)。

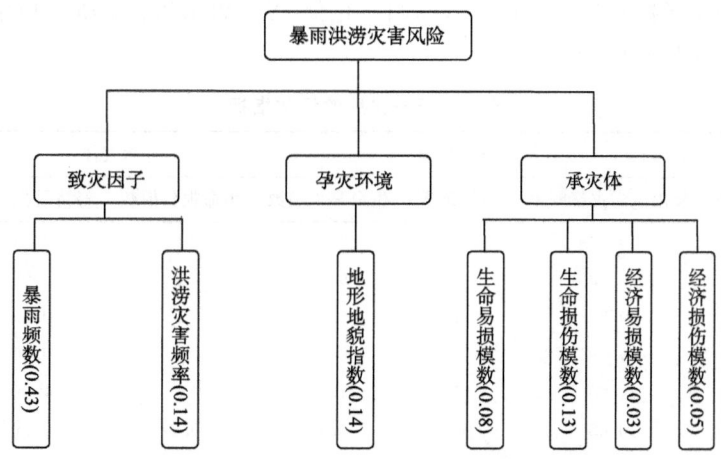

图 2 暴雨洪涝灾害风险评估的层次分析法模型

表 2 A-B 判别矩阵($\lambda_{max}=3$)

	致灾因子	孕灾环境	承灾体
致灾因子	1	4	2
孕灾环境	1/4	1	1/2
承灾体	1/2	2	1

表 3 B1 层判别矩阵($\lambda_{max}=2$)

致灾因子	暴雨频数	洪涝灾害频率
暴雨频数	1	1/3
洪涝灾害频率	3	1

表4　B3 层判别矩阵($\lambda_{max}=4$)

承灾体	生命易损模数	生命损伤模数	经济易损模数	经济损伤模数
生命易损模数	1	1/2	3	2
生命损伤模数	2	1	4	2
经济易损模数	1/3	1/4	1	1/2
经济损伤模数	1/2	1/2	2	1

矩阵 B3 的阶数大于 3,所以需要进行一致性检验,$CR=0.0169<0.1$,满足一致性。

3　暴雨灾害风险评估

根据暴雨洪涝灾害风险评估的框架图(图 2)中 7 个具体指标评估暴雨洪涝灾害风险。采用归一化函数式(7)对各指标值统一量纲,将值统一转化到[0,1]范围。

$$X_i' = \frac{X_i}{X_{max}} \tag{7}$$

式中,X_i' 表示相应指标 i 中原始值(X_i)的归一化值;X_{max} 表示指标 i 所在项中的最大值。进行归一化后得到结果如表 5 所示。

表5　归一化后的评估指标

区域	致灾因子		孕灾环境	承灾体			
	暴雨频数	暴雨洪涝灾害频率	地形地貌	生命易损模数	生命损伤模数	经济易损模数	经济损伤模数
天宁区	0.97	0.99	1	0.38	1	0.99	1
钟楼区	0.97	0.99	1	0.35	1	0.99	1
戚墅堰区	0.97	0.99	1	0.08	1	0.99	1
新北区	0.97	0.99	1	0.45	1	0.99	1
武进区	0.97	1.00	1	1.00	1	1.00	1
溧阳市	0.91	0.05	0.4	0.79	0.07	0.26	0.26
金坛市	1.00	0.05	0.6	0.56	0.86	0.38	0.38

使用归一化后的各指标数据和式(8),计算常州各区县暴雨洪涝灾害风险。

$$R = \sum_{i=1}^{7} X_i' \times W_i \tag{8}$$

式中,R 为暴雨洪涝灾害风险;W_i 为第 i 个因子的权重。

计算得常州各区县暴雨洪涝灾害风险值分别为:天宁区,0.93;钟楼区,0.93;戚墅堰区,0.91;新北区,0.94;武进区,0.98;溧阳市,0.55;金坛市,0.71。将暴雨洪涝灾害风险值结果按 >0.80、0.61~0.80、0.41~0.60 和≤0.40 作为划分暴雨洪涝灾害高、较高、中和低风险区的四级分区标准,区划结果见图 3。

由于各市县区的暴雨频数、暴雨洪涝灾害发生强度、地形地貌以及人口密度、经济发展水平等存在着差异,抵御暴雨洪涝灾害和减弱暴雨洪涝灾害损失的能力也不尽相同,使得各区域暴雨洪涝灾害风险存在差异,根据分析得出:武进区、天宁区、钟楼区、戚墅堰区、新北区为暴雨洪涝高风险区,金坛市为暴雨洪涝较高风险区,溧阳市为中风险区。这为有关政府部门对各区域暴雨洪涝灾害进行有效管理和减灾决策的制定提供了科学参考依据,对防御暴雨洪涝灾害工作及降低灾害损失有着很好的指导意义。

　　常州市作为高风险区,体现了城市化进程对洪涝灾害的影响。城市的不断开挖重建,破坏了排水和泄洪等设施,使得排涝能力减弱,一遇强降水就造成道路积水,影响交通等,同时地下室、地下停车场的建设,一旦进水积涝,损失也是巨大的。城市的抗灾能力随着经济发展逐渐减弱,排涝措施应和城市的开发建设同步进行;政府也应加大防洪排涝的力度,完善应对制度,提高应急处理能力。金坛市农业发达,但农作物作为洪涝的高敏感物,受灾较为严重,农业和居民房屋是金坛市防洪的重点保护对象,应大力宣传,制定方案,加强人民防灾抗灾能力。溧阳市由于山地面积较多,泄洪排涝能力较强,雨水不容易积累,引起的灾害相对较少,但暴雨一旦引起山洪,损失就非常严重,因此仍要加强山区的防洪防涝。

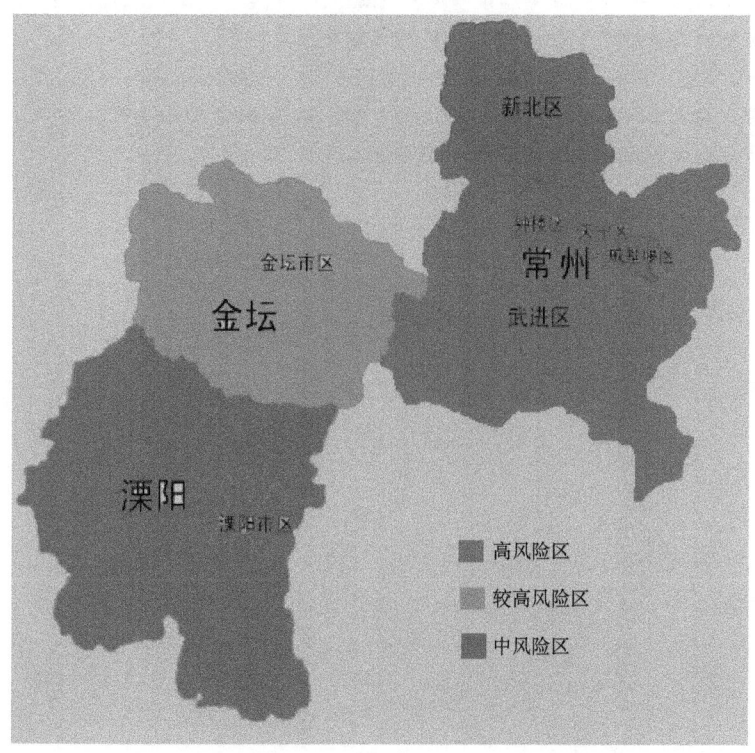

图3　常州市各区县暴雨洪涝灾害风险区划图

4　小　　结

　　本文基于常州市近30年的暴雨资料和多年的暴雨灾害资料分析暴雨洪涝灾害风险影响因素,得出:有利的地形和密布的水网为常州市暴雨的发生提供条件;经济的发展、人口的增多使得面临灾害的脆弱性也随之增加;而城市化进程的加快提高了城市内涝风险;近30年来常州市、金坛市暴雨日呈增加趋势,暴雨的增多增加了洪涝灾害风险,暴雨多发生在夏季,这个季节应做好农作物的防洪措施,城市应提前做好排涝设施的安装和检查。

　　结合实际,确定了影响暴雨洪涝灾害的7个指标:暴雨频数、暴雨洪涝灾害频率、地理地貌指数、生命易损模数、经济易损模数、生命损伤模数和经济损伤模数,使用江苏省统计年鉴中常州市经济、人口和土地面积等数据,对常州市的暴雨洪涝灾害风险进行评估,采用层次分析法计算得出各区县的风险:武进区、天宁区、钟楼区、戚墅堰区、新北区为高风险区,金坛市为较高风险区,溧阳市为中风险区。针对各区域的不同风险和薄弱环节,有重点地采取防护措施,可有效防御灾害,减少损失。

参考文献

[1]　读本编委会.常州气象灾害防御读本.南京:东南大学出版社,2012:33-37.

[2]　王博,崔春光,彭涛,等.暴雨灾害风险评估与区划的研究现状与进展.暴雨灾害,2007,**26**(3):281-286.

[3]　王清川,寿绍文,许敏,等.廊坊市暴雨洪涝灾害风险评估与区划.干旱气象,2010,**28**(4):475-482.

[4]　章国材.气象灾害风险评估与区划方法.北京:气象出版社,2010:5.

[5]　解以扬,韩素芹,由立宏,等.天津市暴雨内涝灾害风险分析.气象科学,2004,**3**:342-349.

[6]　谢梦莉.气象灾害风险因素分析与风险评估思路.气象与减灾研究,2007,**30**(2):56-59.

[7]　杨超.江苏省雷电灾害风险研究.南京:南京信息工程大学,2009.

气象—水文专业模式的现状与思考

包红军[1] 王莉莉[2]

（1. 中国气象局公共气象服务中心，北京 100081；2. 国家气象中心，北京 100081）

摘 要：面向防洪减灾，阐述了气象—水文专业模式的必要性；详尽介绍了气象—水文专业模式的发展，指出了气象—水文专业模式目前存在的瓶颈与未来发展的方向。

关键词：防洪减灾；气象—水文专业模式；发展；瓶颈；方向

引 言

洪涝灾害一直是威胁国民经济、社会发展，给人民群众带来生命财产损失最常见和危害最大的一种自然灾害[1-3]。随着经济发展、社会进步和人民生活水平的提高，对水文气象专业预报服务提出了更高的新要求，要求提供更加准确的气象—水文专业模式支撑的精细化定时、定点、定量水文气象预报服务产品。在《国家中长期科学和技术发展规划纲要（2006—2020）》第三部分重点领域及其优先主题之 10 的公共安全中第（62）条关于重大自然灾害监测与防御条目中明确指出："重点研究开发地震、台风、暴雨、洪水、地质等重大灾害的监测预警技术以及重大自然灾害综合风险分析评估技术。"《中国气象局关于发展现代气象业务的意见》也提出了开展"面向大江大河、湖泊水库水文，提供重点流域面雨量和汇流、重点江河冰情、凌汛监测和预报服务以及重点城市的积涝预报和地表水资源定期评估分析等服务"的要求。目前，中国气象局正式业务的渍涝气象风险预报预警业务和中小河流洪水、山洪气象风险预警服务业务的核心技术也是基于水文专业模式。

洪涝预报/预警是为了预先获得洪涝发生发展过程，根据洪水形成机理研究出的预报方法，并作为一项重要的防洪非工程措施，是减少洪涝灾害损失的重要手段和方法之一[4]。洪涝预报/预警的最终目的是提高预报精度与延长预报的预见期，为防洪减灾赢得更多的应急响应时间。一般来说，根据预报预见期的长短，其预报/预警可分为河道洪水演进法、降雨径流预报法和气象—水文专业模式预报法三类[5]。特别是对于大多数山区型中小流域，由于汇流速度快、集流时间短，洪水陡涨陡落，往往降水停止就出现洪峰，前两种方法难于满足流域防洪的要求。此时，采用气象—水文专业模式预报法，即在预报中引入预见期内的定量预报降水，与流域水文模型耦合建立气象—水文专业模式，进行洪水（包括洪涝）预报，是延长预报预见期的最好措施。目前，定量降水预报技术主要是基于数值天气预报技术[6]。

资助项目：中国气象局气象关键技术集成与应用项目（CMA GJ2014 M72）；中国气象局青年英才计划（2014—2017）；国家自然科学基金项目（41105068）；中国气象局公共气象服务中心 2012 年青年英才计划项目"流域洪涝临界面雨量阈值确定技术研究"

随着数值天气预报技术的快速发展,基于气象—水文专业模式耦合的洪水预报方法成为国内外洪涝预报/预警的热点之一。Warner 等(1991)、Bae 等(1995)较早地建立了气象—水文专业模式,并进行洪水预报[7-8]。随后国内外许多水文学家从事这一研究:Lin 等(2002)构建气象—水文专业模式(MC2&CLASS&GUH)系统成功模拟了加拿大的魁北克地区暴雨洪水过程,证明了利用预见期内降水可以提供较长的预见期[9]。Anderson 等(2002)采用 Eta 模式降水作为流域水文模型 HEC-HMS 的降水强迫,建立了气象—水文专业模式,预报水库入流过程,将预报的预见期延长了 48 小时,为水库管理提供了决策支持[10]。Collischonna 等(2005)将区域预报模式降水引入实时洪水滚动预报中,构建了气象—水文专业模式,预报效果好于不考虑未来降水的预报,将洪水预报预见期延长了 48 小时[11]。Li 等(2005)将雨量站降水和中尺度数值预报模式降水与流域水文模型耦合,形成气象—水文专业暴雨洪水预报模式,应用于山区性流域的台风暴雨洪水模拟预报[12]。Amengual 等(2007)将气象—水文专业模式(MM5&HEC-HMS)应用于山洪预报,结果证明了可以延长预报的预见期,适用于山洪预报[13]。Lu 等(2008)将 MC2 与新安江模型单向耦合,建立了淮河上游气象—水文专业洪水预报模式,证明了在洪水预报中,引入数值预报降水可以获得更长的洪水预见期[14]。气象—水文专业模式能否成功预报洪水的关键主要在两个核心技术:一是数值预报定量降水预报的不确定性以及与流域水文模型尺度匹配技术;二是应用于洪水预报的流域水文模型合理性和适用性。

1 数值天气预报的不确定性及降尺度技术

"单一"确定性数值预报模式降水由于初值误差、模式误差以及大气自身的混沌特性,其数值预报结果存在较大的不确定性[15]。Jasper 等(2002)在复杂的山区流域进行陆气耦合模型试验,将 5 个大气模型和一个陆面水文模型(WaSiM-ETH)分别作了单向耦合,研究指出耦合模型的预报结果存在很大的不确定性[16]。Warner 等(1991)将 MM4 和 HEC-1 进行耦合,建立了气象—水文专业模式,对十场发生在美国宾夕法尼亚州 Susquehanna(萨斯奎汉纳)流域的洪水进行了模拟。结果显示,数值天气预报模式 MM4 预报的降水偏大与实况,致使洪水过程预报也相应偏大,气象—水文专业模式过多预报了流域的降水和洪水[7]。Miller 和 Kim(1996)耦合数值天气预报模式和 TOPMODEL 建立了气象—水文专业模式,进行预报发生在美国加州北部 Russian(俄罗斯)河的 1995 年大洪水,预报降水明显偏大,洪水预报流量高于实况近 50%[17]。当然也还有预报偏小的例子:Yu 等(1999)采用气象—水文专业模式系统(MM5/HMS)模拟了三场洪水,结果显示雨型预报效果较好,但由于时空分布的偏差导致洪水的预报偏小[18]。Koussis 等(2003)在希腊 Kifissos(基菲索斯)流域,通过两场中等大小的洪水过程检验表明,气象—水文专业模式预报的降雨总量偏小,但强度和持续时间偏大[19]。Collischonna 等(2005)在巴西 Uruguay(乌拉圭)河 Machadinho 坝以上流域的预报结果显示,对于发生在 2001 年的一场大洪水,气象—水文专业模式预报偏低[20]。精确的定量降水预报是洪水成功预报的一个先决条件,尤其是对于汇流时间相对较短的山区性河流[21]。国内外研究表明,在气象—水文专业洪水预报模式中,如果直接使用"单一"确定性模式的降水预报,可能会导致预报结果存在较大的偏差[22-23]。

近年来,在国内外天气研究与业务中,均倾向于用集合预报来考虑"单一"确定性数值天气预报的不确定性[24-32]。正是基于此,世界气象组织的"观测系统研究和预报实验"项目在全球建立了 TIGGE(THORPEX Interactive Grand Global Ensemble)集合预报,在全世界范围组织各气象业务中心的集合预报开发与合作,并计划发展成为未来的"全球交互式预报系统"。中国是 TIGGE 的全球三大存储中心之一。集合预报的发展为降水预报、洪水预报及早期预警提供了新的思路[22-23,33-34]。国外学者已经尝试将集合预报与水文模型、水力学模型结合应用于洪水预报及早期预警、洪灾风险评估中。Pappenberger 等(2005)建立了欧洲中期天气预报中心(European Centre for Medium-Range Weather Forecasts,ECMWF)的集合预报与 LISTFLOOD 耦合的气象—水文专业模式,进行河流预报,取得了优于只使用 ECWMF 确定性预报的洪水预报效果[35],并在 2008 年应用全球集合预报了成果预报罗马里亚 Danube 流域的 2007 年洪水[36]。He 等(2009)在英国 Upper Severn(塞文河上游)流域在气象—水文专业洪水预报模式中应用多集合预报模式取得洪水预报成功[37]。Alfieri 等发展了基于气象—水文专业集合预报模式的全球洪水感知系统(Global Flood Awareness System,GFAS,2013),并成功应用到 2010 夏季的 Pakistan 洪水预报[38]。最为典型的是欧洲的 EFAS(European Flood Alert System,2003)[39]与美国的 AHPS(Advanced Hydrologic Prediction Services,2005)[40]。EFFS 的核心技术以 ECMWF 全球模式(包括确定性预报,分辨率为 $0.5° \times 0.5°$ 和集合预报,分辨率为 $1° \times 1°$)和 LISTFLOOD 耦合建立气象—水文专业洪水预报模式;AHPS 中,针对"单一"确定性数值天气模式降水预报的不确定性,采用二元联合分布将"单一"确定性数值预报降水转化成一系列有意义的降水概率预报,并在此基础上生成了集合预报,为在气象—水文专业洪水预报模式中提供了具有概率意义的降水预报,这与集合预报模式预报的降水是不同的,需要长序列的模式历史预报与实况资料做基础[41]。Wu 等(2011)对二元联合分布进行了一定的改进,对改进效果的检验则再一次证明该方法能得到一个更有技巧的降水集合预报[42]。我国在这方面的研究相对较晚,近几年,包红军等(2009,2011,2012)在对 TIGGE 集合预报降水分析评估与降尺度的基础上,建立了淮河流域气象—水文专业洪水集合预报模式(耦合 TIGGE—水文—水力学),探讨了集合预报可以应用于洪水预报的可能性[5,43-44]。Zhang 等(2009)尝试将超级集合预报应用于在山东临沂流域洪水早期预警中[45]。集合预报应用于气象—水文专业洪水预报模式已经成为国际洪水预报的主流研究趋势[46-52]。

从世界范围来看,集合预报系统一般都是基于数值天气预报全球模式基础上构建的,为了减少其计算量,空间尺度大都在 $0.5° \times 0.5°$ 到 $1° \times 1°$ 不等。在此空间分辨率下,一方面,全球模式很难对中小尺度天气有很强的跟踪捕捉能力,比如,2012 年 7 月的山东南部中尺度强对流天气系统,导致沂河发生 1993 年以来的最大洪水。包红军等(2012)采用气象—水文专业模式(基于 ECMWF、日本、德国和 T639 模式四个全球模式以及其多模式集成预降水报与新安江模型耦合)进行沂河洪水预报。结果表明,所有模式均没有预报此次强降水过程,以致洪水没有预报成功[53]。同样的问题也出现在意大利 River Po(波河)流域(2005)[54];另一方面,与流域水文模型,特别是分布式水文模型的空间尺度也难以匹配。而区域数值天气预报模式在捕捉中小尺度天气系统上有较好的能力,其空间分辨率也要比全球模式高很多。区域中尺度数值天气预报模式的空间分辨率更高,与用于洪水预报的流域水文模型空间尺度更为接近[55]。比如,我国气象部门目前自主研发的 GRAPES(Global-regional assimilation and prediction system)中尺度数值天气预报模式(GRAPES_MESO 模式)、WRF 模式等。但是,一方面,区域数值天气预报模式目前一般仍为"单一"确定性预报模式,仍存在一定的不确定性;另一方面,其空间分辨率与分布式水文模型空间分辨率(比如,$30'' \times 30''$)仍存在一定的差距。为了更好地匹配分布式水文模型,可以采用降尺度方法将大气模式尺度降至分布式水文模型尺度[56]。目前常用的降尺度方法共有二种:动力降尺度法、统计降尺度法[57-59]。统计降尺度法需要大尺度气候信息,对于构建或者改进的模式需要进行多年长序列的回算(Re_forecast),计算量大,费机时;动力降尺度法的优点是物理意义明确,缺点是区域依赖性很强,为得到不同地区、不同模式分辨率下合理的模拟方案,必须进行模式参数化并反复调试动力条件[60]。

2 流域水文模型的合理性和适用性

由于水文过程的非线性特点以及之间的相互作用,水文现象总是具有高度的时空变异性[61]。与集总式水文模型相比,分布式水文模型可以更好地考虑降雨和下垫面条件的空间变异性,能够更好地利用 GIS 技术、遥感与遥测等空间信息描述水文过程的机理与模拟流域的降雨—径流响应,已经成为国内外流域水文模型的发展趋势与研究前沿[62]。

用于洪水预报的分布式水文模型既要具有反映流域空间多样性与水文过程的物理机制能力,又要兼顾简单性与高效性的预报计算特点。目前的分布式水文模型大都追求应用水循环的动力学方法来描述流域水文问题,建立分布式物理模型。这类模型对模型输入要求很高,参数率定检验工作相对复杂,计算资源消耗较大,而模型模拟精度却并不一定理想。研究表明,任何一个分布式水文模型都只是在一定程度上反映了流域内空间多样性与水文过程的物理机制,物理性模型只是相对于概念性模型而言,并没有"完全"的分布式物理模型。考虑到概念性水文模型的简单性与高效性,许多水文学者开始在分布式水文模型中融入概念性模型优点,构建概念性与物理性相结合的分布式水文模型应用于洪水预报[63-67]。美国天气局水文办公室 Koren 等人正是以 DEM 网格为基础,结合了概念性 SAC-SMA 产流模型与运动波汇流模型,构建了 HL-RMS 模型。

国内也有学者构建了分布式新安江水文模型[43,68-72]和分布式超渗产流水文模型(Grid-GA 模型与 Grid-GA-2D 模型)[73-75],应用验证证明,模型在提高降雨—径流模拟精度以及在描述水文响应的时空变异性方面表现出很大潜力。分布式新安江水文模型在进行产流计算时采用的蓄满产流机制,主要适用于湿润流域和部分半湿润流域,在半干旱流域、干旱流域模拟洪水过程线为"矮胖型",与实况相比预报效果往往较差[68,71]。分布式 Grid-GA 超渗产流水文模型采用的是超渗产流机制,主要适用于陡涨陡落的超渗产流为主的洪水,而在半湿润、湿润流域应用时,模拟洪水过程线的涨水与退水均太快,峰值偏大[73]。主要原因是对于大多数半干旱半湿润流域蓄满与超渗两种产流机制同时存在。半干旱半湿润地区约占我国国土面积的52%,在这些地区内的洪水往往破坏性大,而且由于城市化进程的加快,洪水的危害也越来越大[76]。

3 思考与展望

在防洪减灾及洪水预报中,气象强迫是最重要的因子,水文模型则是表述径流形成的主要依据。气象—水文专业模式可以很好地包含两者,是提高洪水预报精度、延长预报的预见期,为防洪减灾提供更长的应急响应时间的重要决策依据之一。但是气象—水文专业模式的发展,仍需要在以下几个方面进行研究与拓展。

（1）在气象—水文专业模式中，如何既能考虑数值预报降水的不确定性，又能精细化模式的时空分辨率，更好地匹配流域水文模型高分辨率[77]，是在洪水预报/预警特别是在中小流域、山洪预报/预警中能否成功应用气象强迫的关键问题之一。

（2）在气象—水文专业模式中，如何实现蓄满与超渗两种产流机制共存的分布式概念性水文模拟技术，是应用于气象—水文专业洪水预报模式的分布式水文模型研究的关键问题。

参考文献

[1] Changnon S A. Research Agenda for Floods to Solve Policy Failure. *ASCE Water resources Planning and Management*. 1985,**111**(1)：3-5.

[2] 胡明思，骆承政. 中国历史大洪水. 北京：中国书店. 1992.

[3] Guha-Sapir D，Hargitt D，Hoyois P. Thirty Years of Natural Disasters 1974—2003：The Numbers. Belgium：presses universitaires de Louvain，2004.

[4] Anderson M G，Burt T P. Hydrological Forecasting. New York：John Wiley & Sons，1985.

[5] 包红军. 基于 EPS 的水文与水力学相结合的洪水预报研究. 南京：河海大学，2009.

[6] 陶诗言，赵思雄，周晓平，等. 天气学和天气预报的研究进展. 大气科学，2003，**27**(4)：451-467.

[7] Warner T T，Kibler D F，Steinhart R L. Separate and coupled testing of meteorological and hydrological forecast models for the Susquehanna River basin in Pennsylvania. *J Appl Meteor*，1991，**30**：1521-1533.

[8] Bae D H，Georgakakos K P，Nanda S K. Operational forecasting with real-time databases. *ASCE J Hydraulics Division*，1995，**121**(1)：49-60.

[9] Lin C A，Wen L，Béland M，et al. A coupled atmospheric-hydrological modeling study of the 1996 Ha! Ha! River basin flash flood in Quebec，Canada. *Geophys Res Lett*，2002，**29**(2)：13/1-13/4.

[10] Anderson M L，Chen Z Q，Kavvas M L，et al. Coupling HEC-HMS with Atmospheric Models for Prediction of Watershed Runoff. *J Hydrologic Engrg*，2002，**7**(4)：312-318.

[11] Collischonna W，Haasb R，Andreollia V，et al. Forecasting River Uruguay flow using rainfallforecasts from a regional weather-prediction model. *Journal of Hydrology*，2005，**305**：87-98.

[12] Li M，Yang M，Soong R. Simulating Typhoon Floods with Gauge Data and Mesoscale-Modeled Rainfall in a Mountainous Watershed. *Journal of Hydrometeorology*，2005，**6**：306-323.

[13] Amengual A，Romero R，Gomez M，et al. A Hydrometeorological Modeling Study of a Flash-Flood Event over Catalonia，Spain. *Journal of Hydrometeorology*，2007，**8**：282-303.

[14] Lu G，Wu Z Y，Wen L，et al. Real-time flood forecast and flood alert map over the Huaihe River Basin in China using a coupled hydro-meteorological modeling system. *Sci China Ser E-Tech Sci*，2008，**51**(7)：1049-1063.

[15] Tot h Z，Kalney E. Ensemble forcasting at NCEP and the breeding method. *Mon Wea Rev*，1997，**125**(6)：3297-3319.

[16] Jasper K，Gurtz J，Lang H. Advanced flood forecasting in Alpine watersheds by coupling meteorological observations and forecasts with a distributed hydrological model. *Journal of Hydrology*，2002，**267**(1-2)：40-52.

[17] Miller N L，Kim J. Numerical prediction of precipitation and river flow over the Russian River watershed during the January 1995 storms. Bull. *Amer Meteor Soc*，1996，**77**：101-105.

[18] Yu Z，Lakhtakiaa M N，Yarnala B，et al. Simulating the river-basin response to atmosphericforcing by linking a mesoscale meteorological model and hydrologic model system. *Journal of Hydrology*，1999，

218(1-2)：72-91.

[19] Koussis A D, Lagouvardos K, Mazi K, et al. Flood Forecasts for Urban Basin with Integrated Hydro-Meteorological Model. J *Hydrologic Engrg*, 2003,**8**(1)：1-11.

[20] Collischonna W, Haasb R, Andreollia V, et al. Forecasting River Uruguay flow using rainfall forecasts from a regional weather-prediction model. *Journal of Hydrology*, 2005,**305**:87-98.

[21] Lan Cuo, Pagano T C, Wang Q J. A Review of Quantitative Precipitation Forecasts and Their Use in Short to Medium-Range Streamflow Forecasting. *Journal of Hydrometeorology*,2011,**12**:713-728.

[22] Pappenberger F, Scipal K, Buizza R. Hydrological aspects of meteorological verification. *Atmospheric Science Letters*,2008,**9**(2):43-52.

[23] Cloke H L, Pappenberger F. Ensemble flood forecasting：A review. *Journal of Hydrology*, 2009,**375**: 613-626.

[24] Leith C E. Theoretial skill of Monte Carlo forecasts. *Mon Wea Rev*,1974,**102**(3):409-418.

[25] Mullen S L, Baurahefner D P. Monte Carlo simulations of explosive cyclogenesis. *Mon Wea Rev*,1994, **122**:1548-1567.

[26] Hoffman R N, Kalnay E. Lagged average forecasting, an alternative to Monte Carlo forecasting. *Tellus*, 1983,**35A**:100-118.

[27] Tot h Z, Kalney E. Ensemble forecasting at NMC：the generation of purturbations. *Bull Amer Meteor Soc*,1993,**74**(12)：2317-2330.

[28] Tot h Z, Kalney E. Ensemble forcasting at NCEP and the breeding method. *Mon Wea Rev*, 1997,**125** (6)：3297-3319.

[29] 李泽椿,陈德辉.国家气象中心集合数值预报业务系统的发展及应用.应用气象学报，2002,**13**(1)： 1-15.

[30] 周霞琼,张秀珍.滞后平均法(LAF)在热带气旋路径集合预报中的应用.气象科学,2003,**23**(4)： 410-416.

[31] 周霞琼,端义宏.热带气旋路径集合预报方法研究.热带气象学报,2003,**61**(4):432-444.

[32] 陈静,薛纪善.华南中尺度暴雨数值预报的不确定性与集合预报试验.气象学报,2003,**61**(4):432-444.

[33] Thielen J, Schaake J, Hartman R, et al. Aims, challenges and progress of the Hydrological Ensemble Prediction Experiment(HEPEX)following the third HEPEX workshop held in Stresa 27 to 29 June 2007. Atmospheric Science Letters Special Issue：HEPEX Workshop：Stresa, Italy, June 2007,**9**： 29-35.

[34] Ramos M H, van Andel S J, Pappenberger F. Do probabilistic forecasts lead to better decisions? *Hydrol Earth Syst Sci*, 2013,**17**:2219-2232.

[35] Pappenberger F, Beven K J, Hunter N, et al. Cascading model uncertainty from medium range weather forecasts(10 days)through a rainfall-runoff model to flood inundation predictions within the European Flood Forecasting System(EFFS). *Hydrology and Earth System Sciences*, 2005,**9**(4)：381-393.

[36] Pappenberger F, Bartholmes J, Thielen J, et al. New dimensions in early flood warning across the globe using grand-ensemble weather predictions. *Geophysical Research Letters*,2008, 35：L10404.

[37] He Y, Wetterhall F, Cloke H L, et al. Tracking the uncertainty in flood alerts driven by grand ensemble weather predictions. *Meteorological Applications*, Special Issue：Flood Forecasting and Warning, 2009, **16**(1)：91- 101.

[38] Alfieri L, Burek P, Dutra E, et al. GloFAS-global ensemble streamflow forecasting and flood early warning. *Hydrol Earth Syst Sci*, 2013,**17**:1161-1175.

[39] De Roo A, Gouweleeuw B, Thielen J, et al. Development of a European flood forecasting system. *Inter-*

national Journal of River Basin Management, 2003,**1**(1):49-59.

[40] Mcenery J, Ingram J, Duan Q, et al. NOAA's Advanced Hydrologic Prediction Service: Building pathways for better science in water forecasting. *Bulletin of the American Meteorological Society*, 2005,**86**: 375-385.

[41] Schaake J, Demargn J, Hartman R, et al. Precipitation and temperature ensemble forecasts from single-value forecasts. *Hydrol Earth Syst Sci Discuss*, 2007,**4**:655-717.

[42] Wu L, Seo D J, Demargne J, et al. Generation of ensemble precipitation forecast from single-valued quantitative precipitation forecast via meta-Gaussian distribution models. *J Hydrol*, 2011,**399**(3-4):281-298.

[43] Bao H J, Zhao L N, He Y,et al. Coupling Ensemble weather predictions based on TIGGE database with Grid-Xinanjiang model for flood forecast. *Advances in Geosciences*,2011;29,61-67.

[44] Bao H J, Zhao L N. Development and application of an atmospheric-hydrologic-hydraulic flood forecasting model driven by TIGGE ensemble forecasts. *Acta Meteor Sinica*,2012,**26**(1):93-102.

[45] Zhang W C, Xu J W, Liu Y H, et al. A catchment level early flood warning approach by using grand-ensemble weather predictions: Verification and application for a case study in the Linyi Catchment, Shangdong, China. TIGGE-B poster session, Third THORPEX International Science Symposium (TTISS), Monterey, California, 14-18 September 2009.

[46] Roulin E, Vannitsem S. Skill of medium-range hydrological ensemble predictions. *Journal of Hydrometeorology*, 2005,**6**(5): 729-744.

[47] Kunstmann H, Stadler C. High resolution distributed atmospheric-hydrological modelling for Alpine catchments. *Journal of Hydrology*, 2005,**314**(1-4): 105-124.

[48] Johnell A, Lindström G, Olsson J. Deterministic evaluation of ensemble streamflow predictions in Sweden. *Nordic Hydrology*, 2007,**8**(4): 441-450.

[49] Regimbeau F R, Habets F, Martin E,et al. Ensemble streamflow forecasts over France. *ECMWF Newsletter*, 2007,**111**: 21-27.

[50] Mascaro G, Vivoni E R, DEIDDA R. Implications of Ensemble Quantitative Precipitation Forecast Errors on Distributed Streamflow Forecasting. *Journal of Hydrometeorology*,2010,**11**:69-86.

[51] 包红军.基于集合预报的淮河流域洪水预报研究.水利学报,2012,**43**(2):216-224.

[52] Dale M, Wicks J, Mylne K, et al. Probabilistic flood forecasting and decision-making: An innovative risk-based approach. *Natural Hazards*, 2014,**70**:1, 159.

[53] 包红军.多模式集成定量预报降水在一次暴雨洪水预报中的检验与应用//中国气象学会第 29 届年会论文集.沈阳,2012.

[54] Bartholmes J, Todini E. Coupling meteorological and hydrological models for flood forecasting. *Hydrology and Earth System Sciences*,2005,**9**(4): 333-346.

[55] 王雨,李莉.GRAPES_MESO V3.0 模式预报效果检验.应用气象学报,2010,**21**(5):524-534.

[56] Lin C A,Wen L,Lu G H. Atmospheric-hydrological modeling of severe precipitation and floods in the Huaihe River Basin,China. *Journal of Hydrology*,2006,**330**: 249-259.

[57] Busuioc A,Tomozeiu R,Cacciamani C. Statistical downscaling model based on canonical correlation analysis for winter extremeprecipitation events in the Emilia-Romagna region. *International Journal of Climatology*,2008,**28**: 449-464.

[58] Wetterhall F,Bárdossy A,Chen D,et al. Daily precipitation-downscaling techniques in three Chinese regions. *Water Resources Research*,2006,**42**(11): 1-3.

[59] CSIK A,BALINT G. Hydrological ensemble forecast for the river danube focused on the applied down-

scaling method//Workshopon Post-Processing and Downscaling of Atmospheric Ensemble Forecasts for Hydrologic Application. Toulouse：HEPEX,2009：1.

[60] Wilby R L,Hay L E,Gutowski W J,et al. Hydrological responses to dynamically and statistically down-scaled climate model output. *Geophysical Research Letters*,2000,**27**：1199-1202.

[61] NRC. Opportunities in the Hydrologic Sciences. Washington D C：National Academy Press,1991.

[62] Abbott M B, Refsgaard J C. Distributed hydrological modelling. Kluwer Academic Publishers, 1996.

[63] 张金存,芮孝芳.分布式水文模型构建理论与方法评述,水科学进展,2007,**18**(2):286-292.

[64] Yu Z. Assessing the response of subgrid hydrologic processes to atmospheric forcing with a hydrologic model system. *Global and Planetary Change*, 2000,**25**(1-2):1-17.

[65] Todini E, Ciarapica L. The TOPKAPI model//Mathematical Models of Large Watershed Hydrology. Littleton：Water Resources Publications, LLC,2001.

[66] Liu Z, Todini E. Towards a comprehensive physically-based rainfall-runoff model. *Hydrology and Earth System Sciences*, 2002,**6**(5), 859-881.

[67] Yang D, Herath S, Musiake K. A hillslope-based hydrological model using catchment area and width functions. *Hydrological Sciences Journal*, 2002,**47**(1)：49-65.

[68] 包红军.沂沭泗流域洪水预报调度模型应用研究.南京：河海大学,2006.

[69] 王莉莉.基于 DEM 栅格的水文模型在沂河流域的应用.水利学报,2007,**37**(S1):417-422.

[70] 李致家.基于栅格的分布式新安江模型分析.河海大学学报(自然科学版),2007,**35**(2):131-134.

[71] 李致家.水文模型的应用与研究.南京：河海大学出版社,2008.

[72] Yao C, Li Z J, Bao H J, et al. Application of a developed Grid-Xinanjiang model to Chinese watersheds for flood forecasting purpose. *Journal of Hydrologic Engineering*, 2009,**14**(9):923-934.

[73] 王莉莉.基于栅格的超渗产流水文模型研究及比较应用.南京：河海大学,2010.

[74] Wang L L. Application of developed grid-GA distributed hydrologic model in semi-humid and semi-arid basin. *Transactions of Tianjin University*, 2010,**16**(3):209-215.

[75] 王莉莉.基于栅格的分布式超渗产流水文模型构建及比较.河海大学学报(自然科学版),2010,**38**(2):123-128.

[76] 刘昌明,夏军,郭生练,等.黄河流域分布式水文模型初步研究与进展,水科学进展,2004,**15**(4):495-500.

[77] 王莉莉.GRAPES气象—水文模式在一次洪水预报中的应用.应用气象学报,2012,**23**(3):274-284.

金沙江流域强降水天气特征分析

李　进　陈良华　李　波　徐卫立　张　俊

（三峡水利枢纽梯级调度通信中心,宜昌　443133）

摘　要:首先定义了金沙江流域强降水标准。其次通过对 2005—2011 年金沙江流域强降水天气进行普查与特征分析,发现约 50％的金沙江流域强降水具有其独立性。然后通过天气学分析归纳总结影响金沙江流域强降水的天气系统主要有川滇切变线、两高间辐合、西南涡和孟加拉湾风暴,依次占强降水总数的 60％、19％、10％和 11％,最后分析了各天气系统对金沙江流域强降水的影响。

关键词:金沙江;强降水;天气系统;特征分析

引　言

金沙江流域可开发电站 757 座,其中干流电站 14 座,装机容量超过 1 亿千瓦,水能丰富堪为世界之最。金沙江下游在建和待建梯级水电枢纽的发电能力相当于两个三峡工程,投入运行后对降水预报有极高的要求。因此有必要分析研究金沙江流域的强降水天气特征,找出各种天气条件下降水的时空分布和量级大小的规律。

本文首先定义了金沙江流域强降水标准。其次通过对 2005—2011 年金沙江流域强降水天气进行普查与特征分析,得到金沙江流域强降水的一般气候特征及其与长江上游流域强降水的异同和关联。然后通过天气学分析归纳总结影响金沙江流域强降水的天气系统。

降水资料采用的是 MICAPS 系统提供的金沙江流域内 69 个国家级气象站 2005—2011 年逐日 08—08 时历史降水资料,流域逐日面雨量由各站日降水量经算术平均计算得出。文中所分析的雨量均为流域面雨量。

1　金沙江流域强降水定义、普查和分析

1.1　金沙江流域强降水的标准

云南省气象部门有关业务标准确定全省日降雨中有 22 站及以上出现大雨（日雨量≥25 mm）为区域性大雨过程,根据此标准发现初夏首场大雨过程最早发生在 5 月 4 日（1976 年）,最晚发生在 7 月 14 日（1983 年）,前后相差 2 个多月。发生在 5 月,占 52.4％;发生在 6 月,占 45.2％;7 月仅有 1 年,占 2.4％[1]。

考虑金沙江流域面积较大（为岷沱江流域面积的 2.8 倍）,地形地势复杂,不同于学术界对长江上游流域强降水（即面雨量≥20 mm）的定义,本文定义金沙江流域日面雨量>10.0 mm 即为流域性强降水,≥15.0 mm 和 20.0 mm 为流域性暴雨和大暴雨过程。以此强降水标准,

则 2005—2011 年金沙江流域首场强降水开始日期如表 1。由表 1 可见,2005—2011 年雨季首场强降水最早发生在 5 月 11 日,最晚发生在 6 月 25 日,平均发生在 6 月 5 日。普查结果与云南省气象部门的标准分析结果和雨季气候学特征基本相同[2],也即适用本文所定义的强降水标准。

表 1　2005—2011 年金沙江流域雨季首场强降水开始日期

年份	2005	2006	2007	2008	2009	2010	2011	平均
日期	0613	0529	0511	0616	0522	0626	0610	0605

1.2　金沙江流域强降水普查分析

2005—2011 年金沙江流域年平均降水总量为 775 mm,其中最多为 2005 年的 896 mm,最少为 2011 年的 591 mm,其年降水量较岷沱江、嘉陵江和长上干流域偏少 20％左右,较三峡区间和乌江偏少 30％左右。图 1 为流域年平均面雨量的月分布,由图 1 可见,金沙江流域 7 月降水最多,平均为 171.4 mm;12 月降水最少,平均为 5.5 mm。其次是 6 月和 8 月,平均降水量为 130～140 mm。雨季出现在每年的 5—10 月,雨季降水量为 692 mm,占全年的 89％;旱季出现在每年的 11 月至次年 4 月,旱季降水量为 83 mm,占全年的 11％。6—8 月为主汛期,降水量多达 448 mm,约占全年的 58％。

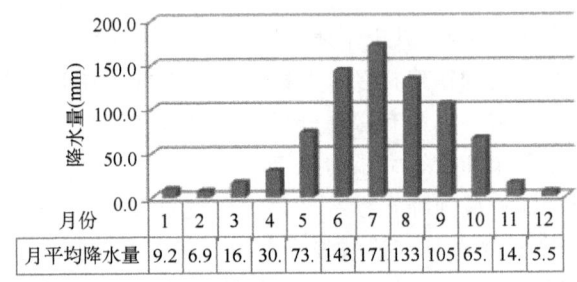

月份	1	2	3	4	5	6	7	8	9	10	11	12
月平均降水量	9.2	6.9	16.	30.	73.	143	171	133	105	65.	14.	5.5

图 1　2005—2012 年金沙江流域年平均降水量的月分布图

普查 2005—2012 年金沙江流域强降水过程(图 2),结果表明:2005—2011 年金沙江流域共发生强降水过程 99 次,平均每年 14.1 次;最早发生在 5 月 11 日,最晚发生在 11 月 1 日;11 月中旬至 5 月上旬共 6 个月时间无强降水发生;6—8 月为强降水的集中发生时段,平均每年发生 10.1 次,占全年的 71％;5 月和 11 月发生强降水的概率较小,9—10 月平均每年发生强降水 3 次左右,秋季降水明显多于春季。

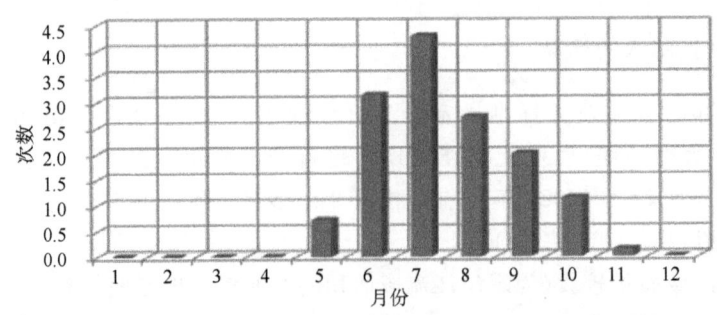

图 2　2005—2012 年金沙江流域强降水过程的月分布

　　表 2 为金沙江流域强降水过程与长江上游流域各子流域强降水的关联度,由表 2 可见,金沙江流域强降水过程相对长江上游流域而言具有其独立性。在 99 次过程中有 50 次仅局限于金沙江流域,长江上游流域其他地区无面雨量 >20 mm 的强降水,这表明 50% 的金沙江流域降水与上游流域大范围降水影响系统的关联性不大。在另外 49 次的降水过程中,与金沙江相邻的宜宾—重庆段同时发生强降水的有 20 次;万州—宜昌段同时发生强降水的有 18 次;乌江流域同时发生强降水的有 15 次;岷沱江、嘉陵江和重庆—万州段同时发生强降水的均为 11 次。说明在大范围季风降水过程中,金沙江流域降水与长上干、乌江和万州—宜昌流域降水的关联性较大,与岷沱江、嘉陵江和重庆—万州段的降水也具有一定的关联,但半数情况下金沙江流域强降水具有其独立性,在预报实践中需要注意金沙江降水的地方性特征。

表 2　金沙江流域强降水过程与长江上游其他流域强降水的关联度

流域	长江上游流域	岷沱江流域	嘉陵江流域	乌江流域	宜宾—重庆	重庆—万州	万州—宜昌
关联度	49.5%	11.1%	11.1%	15.5%	20.2%	11.1%	18.2%

　　随着金沙江流域降水强度的加大,该流域降水与长江上游流域其他地区的关联度也增加,在金沙江日面雨量 ≥15 mm 的暴雨过程中,有 70% 的过程其他地区同时发生强降水;在金沙江日面雨量 ≥20 mm 的大暴雨过程中,有 88% 的过程其他地区同时发生强降水。说明金沙江流域暴雨和大暴雨多数在有利于季风降水的大尺度环流背景下发生。

　　普查分析还表明,金沙江流域各子流域分区的月分布情况与金沙江流域基本一致,但流域南部的石鼓—龙街、龙街—华弹和横江流域的全年峰值出现在 7 月 20 日前后,而流域北部的华弹—屏山和雅砻江流域的全年峰值则出现在 7 月上旬;龙街—华弹和横江流域在 6 月末和 7 月下旬出现了较为明显的双峰值;华弹—屏山和横江流域在 8 月上旬末出现了较为明显的回落。

2　金沙江流域强降水天气系统分析

2.1　川滇切变线

　　川滇切变线是对流层中低层出现在青藏高原东部川西滇北一带呈东西向的风向不连续线,实际上是西风带东亚低槽东移过程中受青藏高原影响,北端比南端快,低槽顺时针偏转,在高原东部形成的东西向切变。川滇切变线是影响金沙江流域强降水的最主要影响系统,在金沙江流域 2005—2011 年 99 次强降水过程中,该类型强降水过程占 59 次,占所有强降水的 60%。川滇切变线天气形势全年都会出现,降水强度最强的是盛夏,主要表现形式为低槽切变线型[3-4]。

　　低槽切变线型降水系统(图 3)是金沙江流域最主要的降水形势。当该类型的降水过程出现时,中高层(500 hPa 附近)西太平洋副热带高压稳定,其西极点在 105°E 附近,高压外围的西南暖湿气流成为强降水过程发生和持续的重要水汽来源,当中低层(700 hPa)从中南半岛一带有强劲的西南或偏南气流向北延伸到流域附近,而北方出现冷空气不断补充时,冷暖空气长期在流域交汇,强降水过程持续的时间较长,降水性质稳定。多数情况下,低槽切变系统具有降水强度大、过程发生与结束快的特点。初夏或秋季当川滇切变线不能快速出境,高空又有弱冷空气不断补充南下,使地面锋维持或加强时,流域内会出现连续性的大—暴雨或连阴雨[5]。

2.2 两高间辐合

两高辐合型(两高压间辐合切变环流型)是盛夏期(7—8月)影响金沙江流域产生大范围强降水过程的主要天气形势之一,该类型降水形势出现时,高空500 hPa等压面上表现为西太平洋副热带高压加强西伸北抬,其脊线稳定在30°N附近,同时伊朗高压加强东伸,两高压在金沙江流域形成强烈辐合区,从而引起流域强降水过程,该形势下强降水区域随辐合区移动而变化。产生的强降水天气过程一般从青藏高原东南部开始自西北向东南发展,过程降水面积大,强降水持续时间可达1~2天。在金沙江流域2005—2011年99次强降水过程中,该类型强降水过程占19次,占统计总次数的资料强降水的19.1%。

两高辐合型系统的组成(图4):(1)流域东南部地区维持西太平洋副热带高压环流;(2)西北部在高原到新疆为青藏大陆高压环流;(3)金沙江流域处于两个高压之间南北向切变辐合;(4)两高压间南北向切变北侧有西风带低槽加入,南侧有孟加拉湾热带倒槽存在[6]。对流层在500 hPa高空表现为显著辐合切变特征,西太平洋副热带高压环流与青藏大陆高压环流势力相当,强度≥588 dagpm;青藏大陆高压发展最强盛时,高压中心可≥592 dagpm,相应的西太平洋副高也发展强盛时,辐合区最强,产生强降水条件就最有利。

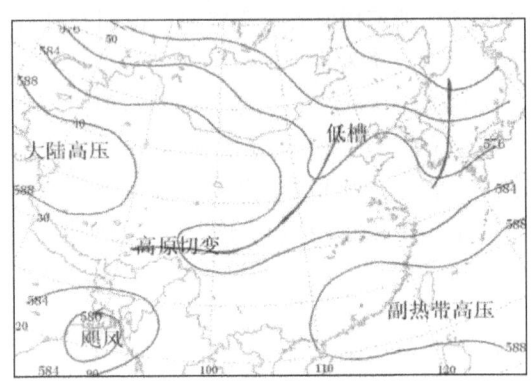

图3 500 hPa低槽冷锋切变环流型

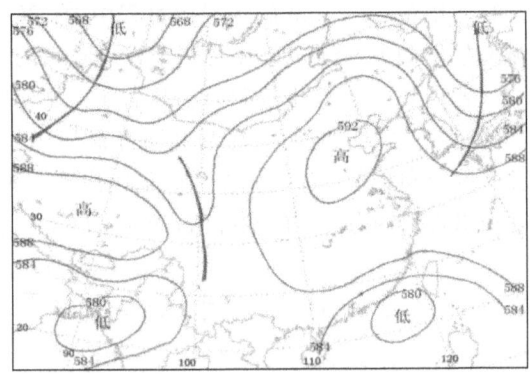

图4 500 hPa两高压间辐合切变环流型

2.3 西南涡

西南涡与川西高原夏季暴雨活动关系最密切,它有东北、东和东南三条移动路径,其中经金沙江流域向东南移动进入低纬高原地区(包括云南和四川南部、贵州西部地区)的西南低涡是造成金沙江流域暴雨的重要天气系统。在金沙江流域2005—2011年99次强降水过程中,该类型强降水过程占9次,占流域所有强降水的10%。

分析西南涡影响强降水发生日的500 hPa、600 hPa、700 hPa和850 hPa平均合成流场(所分析个例的西南涡均位于川滇之间,位置较接近,故合成是可行的。需要说明的是,虽然在某些地区,流域海拔高度已在850 hPa以上,但850 hPa环流仍可在一定程度上代表底层的环流状况)可发现[7],在川滇之间500 hPa、600 hPa、700 hPa和850 hPa均存在闭合气旋环流。在500 hPa、600 hPa和700 hPa上,金沙江流域主要为偏西或西北气流控制,850 hPa上为偏南风,说明导致暴雨的水汽主要是由对流层低层偏南风输送。在西南涡影响下,金沙江流域暴雨区主要有两个落区,一个在西南涡左下部西北气流中,另一个位于西太平洋副热带高压与滇缅高压之间的变形场中[8]。

2.4 孟加拉湾风暴(南支低槽)

在金沙江流域 2005—2011 年 99 次强降水过程中,受孟加拉湾风暴(简称孟湾风暴)影响的强降水有 11 次,占流域所有强降水的 11%,影响季节以初夏和秋季为主。金沙江流域初夏和秋季为干湿季节转换期,此期间有 45% 的过程与孟湾风暴有关。普查 1975—2004 年间云南强降水和孟加拉湾风暴影响强降水的情况中发现,只有初夏和秋季的孟湾风暴才可能造成大范围强降水天气过程,统计表明:初夏 5 月 56% 的强降水和 71% 的暴雨与孟湾风暴活动有关;秋季 10 月、11 月受孟湾风暴影响的强降水日分别占 33%、68%,暴雨日分别为 56%、57%,说明孟湾风暴是初夏 5 月和秋季 10 月、11 月造成流域性强降水过程的重要天气系统[9]。

在孟湾风暴影响下,金沙江流域降水呈南多北少、西多东少的分布特征[10]。低纬高原平均海拔高度大多在 1500 m 以上,地形呈北高南低、西高东低,滇西有著名的横断山脉,滇南有西北—东南走向的哀牢山,当风暴移近低纬高原时,其东部的西南或偏南气流遇到横断山或哀牢山脉时,在山脉的迎风坡(滇西、滇南)地形的强迫抬升作用使得气流上升运动加剧,产生强降水天气。

3 结 论

本文首先定义了金沙江流域强降水,其次通过对 2005 年 1 月 1 日到 2011 年金沙江流域强降水天气进行普查与特征分析,得到金沙江流域强降水的一般气候特征及其与长江上游流域强降水的异同和关联,然后通过天气学分析归纳总结影响金沙江流域强降水的主要天气过程及其发生、发展和变化规律,得到以下重要结论:

(1)以日面雨量≥10 mm 作为金沙江流域强降水的标准是适宜的。

(2)金沙江流域平均每年发生强降水过程 14.1 次,强降水最早发生在 5 月 11 日,最晚发生在 11 月 1 日,在 11 月中旬至 5 月上旬共 6 个月的时间内无强降水发生;6—8 月为强降水的集中发生时段,平均每年发生 10.1 次,占全年的 71%;9—10 月平均每年发生强降水 3 次左右,秋季降水明显多于春季。

(3)50% 的金沙江流域强降水具有其独立性,但大暴雨和特大暴雨多在有利于季风降水的大尺度环流背景下发生。

(4)影响金沙江流域强降水的天气系统主要有川滇切变线、两高间辐合、西南涡和孟加拉湾风暴,依次占强降水总数的 60%、19%、10% 和 11%。

参考文献

[1] 解明恩,陶云.云南雨季开始的大雨过程研究.热带气象学报,2004,**20**(6):662-663.

[2] 王遵娅,丁一汇.中国雨季的气候学特征.大气科学,2008,**1**:1-13.

[3] 杨明,陶云.亚洲夏季风对云南暴雨空间分布特征的影响.云南大学学报,2004,**3**:227-232.

[4] 张秀年,段旭.云南冷锋切变型暴雨的中尺度特征分析.南京气象学院学报,2006,**29**(1):114-121.

［5］　张腾飞,鲁亚斌,普贵明.低涡切变影响下云南强降水的中尺度特征分析.气象,2003,**29**(3):29-33.

［6］　江吉喜,项续康,范梅珠.青藏高原夏季中尺度强对流系统的时空分布.应用气象学报,1996,**7**(4):473-478.

［7］　杨扬,周国良,戚建国,等.长江中游地区暴雨过程的气候背景分析.水科学进展,2005,**4**:546-551.

［8］　张秀年,段旭.低纬高原西南涡暴雨分析.高原气象,2005,**12**:941-947.

［9］　许美玲,张秀年,杨素雨.孟加拉湾风暴影响低纬高原的环流和云图特征分析.热带气象学报,2007,**8**:395-400.

［10］晏红明,肖子牛,王灵.孟加拉湾季风活动与云南5月降雨量.高原气象,2003,**12**:624-630.

邢台市相当暴雨日数的气候特征与旱涝等级

杨允凌　郝巨飞　杨丽娜　钱瑞贞

(河北省邢台市气象局,邢台　054000)

摘　要:根据邢台市 1954—2010 年逐日降水量和年降水量资料,分析了相当暴雨日数的气候变化特征及其与总降水量及旱涝等级的相关性。结果表明:①邢台市相当暴雨日数和总降水量呈减少趋势,总降水量比相当暴雨日数减少趋势更显著;相当暴雨日数和总降水量存在明显的月变化,集中出现在 7—8 月,6 月是暴雨的突增期,9 月是陡减期。②暴雨过程的次数和强度是反映总降水量及汛期降水量变化最显著的部分。③建立了邢台市相当暴雨日数与汛期降水量、总降水量的回归方程,确立了定量关系。④相当暴雨日数和旱涝等级结合起来,更有助于旱涝气候研究。

关键词:相当暴雨日数;气候特征;总降水量;旱涝

引　言

干旱和洪涝是华北地区的主要气象灾害。早在 1935 年,竺可桢先生就指出华北“旱荒频起,即雨量变率过大所致”[1]。“雨量变率过大”正是华北地区降水天气过程的频数和强度明显异常的表现。在研究和描述旱涝气候特征时,有必要深入分析与“雨量变率”密切相关的降水过程特点。邢台市年降水量有 65% 出现在汛期(6—8 月),汛期降水多少决定了年景的旱涝趋势,而汛期降水的多少取决于暴雨过程总数多少和强度大小。

日常工作中常用的“暴雨日”定义有一定的局限性:一是取日界时间为当日 20 时至次日 20 时(北京时)出现 ≥50 mm 的降水日,虽然降水强度已达到暴雨强度,但降水时间却跨越了 20 时日界,降水量也是分别归算在两天的降水量统计之中,这就可能影响实际暴雨日数的统计;二是凡“暴雨”“大暴雨”“特大暴雨”均作为“暴雨”统计,忽略了不同暴雨强度对月(或季、年)降水量的不同贡献。

1　相当暴雨日数的定义

暴雨过程是连续数日发生有量降水(其间可有 1 日为微量降水),且总降水量 ≥50 mm 的降水过程。将暴雨过程的总降水量值除以 50 所得商取整,即为相当暴雨日数[2]。这样定义的相当暴雨日数即克服了日界时间的局限性,又表示了暴雨过程的强度差异。如 2010 年 8 月 19—21 日,3 天(20 时—20 时)降水量分别是 30.0 mm、24.1 mm 和 45.9 mm,按暴雨日统计,无一个暴雨日,但相当暴雨日数为 2;1963 年 8 月 3—9 日,日降水量分别为 49.4 mm、304.3 mm、127.2 mm、138.7 mm、64.1 mm、37.5 mm、58.6 mm,只有 5 个暴雨日,但相当暴雨日数为 15。

考虑可能造成灾害的降水强度和华北地区降水气候特点,定义降水强度达到 50 mm/d 为暴雨是适宜的[3]。某月、季或年的相当暴雨日数,只表示同期暴雨天气过程的强度和总次数的一个气候统计量。

2   资料与方法

本文选取邢台市 1954—2010 年逐日降水量和年降水量资料,采用平均值、相对变率分析其变化差异;采用线性倾向估计法分析其变化趋势。

3   邢台市相当暴雨日数与降水量的气候特征

3.1   年际变化

从图 1、图 2 可知,邢台市 1954—2010 年相当暴雨日数和总降水量均出现下降趋势,线性倾向率分别为 —0.16/10a 和 —2.09/10a,总降水量比相当暴雨日数下降趋势更显著。年相当

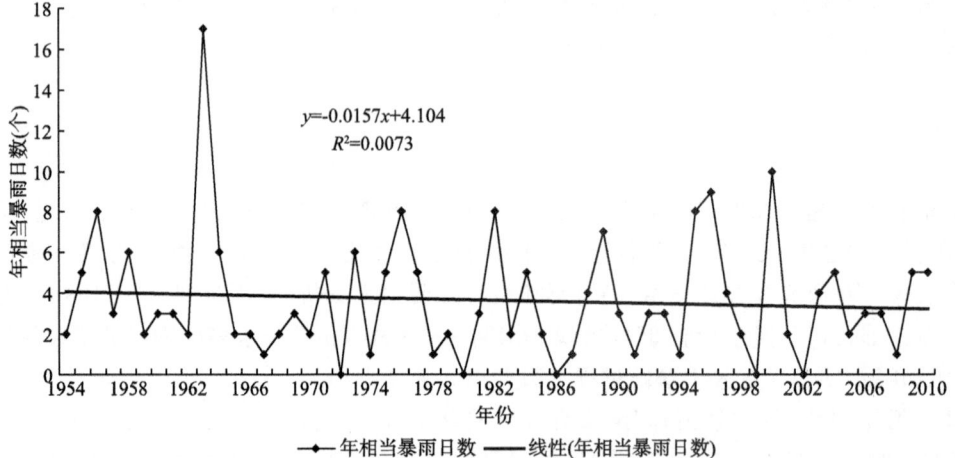

图 1   邢台市 1954—2010 年相当暴雨日数的变化趋势

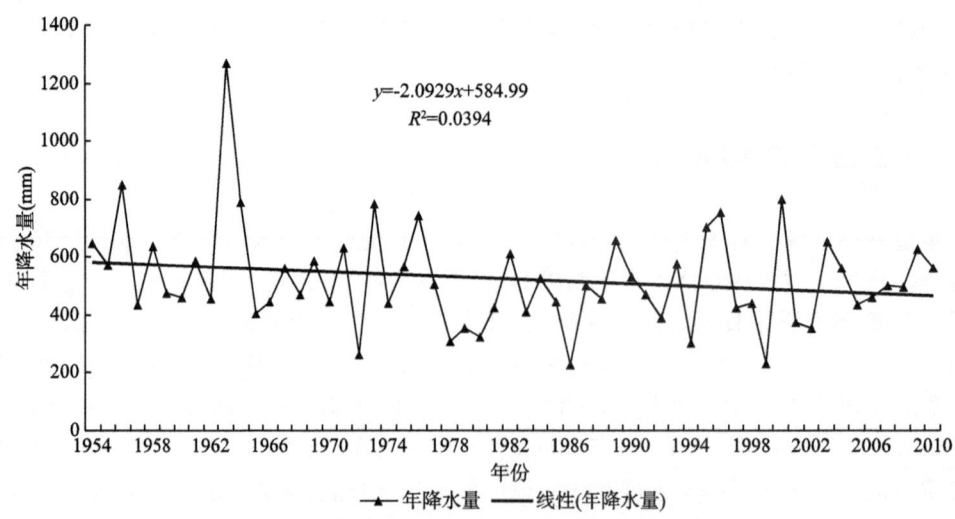

图 2   邢台市 1954—2010 年总降水量变化趋势

暴雨日数最大值为 17,出现在 1963 年,其次是 10,出现在 2000 年;无相当暴雨日数的年份为 1972 年、1980 年、1986 年、1999 年、2002 年共 5 年;其余年份均为 1～9 之间;总降水量最大值 为 1269.0 mm,出现在 1963 年,其次是 849.5 mm,出现在 1956 年;最小值为 228.2 mm,出现 在 1986 年,其次为 234.4 mm,出现在 1999 年。

3.2　月际变化

根据邢台市 1954—2010 年逐日降水资料,按月统计相当暴雨日数(表 1),结果表明:邢台 市暴雨存在明显的月变化特征,暴雨主要出现在 3—10 月,6 月是暴雨的突增期,9 月是陡减 期,暴雨主要集中在 7—8 月,7 月达到最大值。汛期(6—8 月)相当暴雨日数占全年的 85.5%,汛期多年平均降水量 341.8 mm 中有 156.0 mm 的暴雨过程降水量,即汛期降水量中 有 45.6%为暴雨降水量;而非汛期多年平均暴雨过程降水量为 26.5 mm,仅占同期多年平均 降水量的 14.5%。汛期降水量占年总降水量的 65.2%,汛期降水量大小又取决于暴雨过程降 水量,即相当暴雨日数的多少,对于多年平均值而言,减少 1～2 个相当暴雨日数,就使汛期降 水量减少 15%～29%。

表 1　邢台市 1954—2010 年相当暴雨日数与降水量的月分布特征

项目	3 月	4 月	5 月	6 月	7 月	8 月	9 月	10 月	6—8 月	全年
累积相当暴雨日(d)	2	4	5	13	88	77	12	7	178	208
平均相当暴雨日(d)	0.04	0.07	0.09	0.23	1.54	1.35	0.21	0.12	3.12	3.65
降水量(mm)	11.7	22.9	36.9	54.2	149.4	138.2	51.7	30.1	341.8	524.3

3.3　相当暴雨日数与总降水量的均值和变率

由表 2 可知:邢台市 1954—2010 年相当暴雨日数均值和相对变率分别为 3.65 d 和 63.2%,总降水量的均值和变率分别为 524.3 mm 和 24.3%,可见总降水量与相当暴雨日数 的均值和变率同样具有稳定性。但是相当暴雨日数的变率要比总降水量的变率大 1～2 倍,更 能说明邢台市易旱易涝的气候特点,也说明暴雨过程的次数和强度是反映总降水量和汛期降 水量变化最显著的部分。

表 2　邢台市 1954—2010 年相当暴雨日数与总降水量均值和变率

项目		1954—1960 年	1961—1970 年	1971—1980 年	1981—1990 年	1991—2000 年	2001—2010 年	1954—2010 年
相当暴雨日	均值(d)	4.14	4.00	3.30	3.50	4.10	3.00	3.65
	变率(%)	45.3	75.0	75.8	57.1	71.7	46.7	63.2
总降水量	均值(mm)	581.5	600.2	491.8	479.4	509.2	501.0	524.3
	变率(%)	18.9	28.5	31.3	18.0	31.4	15.6	24.3

3.4　相当暴雨日数与汛期降水量、总降水量的定量关系

如图 3 所示,将邢台市汛期相当暴雨日数与汛期降水量制作点聚图,绝大部分点集中在一 条直线附近,说明汛期相当暴雨日数(x)和汛期降水量(y)存在线性关系。通过计算邢台市 1954—2010 年汛期逐日降水资料,得到回归方程为 $y=51.22x+181.8$,相关关系为 0.9312,

通过 0.05 的信度水平检验。同理,如图 4 所示,计算邢台市相当暴雨日数与总降水量的回归方程为 $y=51.32x+337.0$,相关系数为 0.8949,通过 0.05 的信度水平检验。

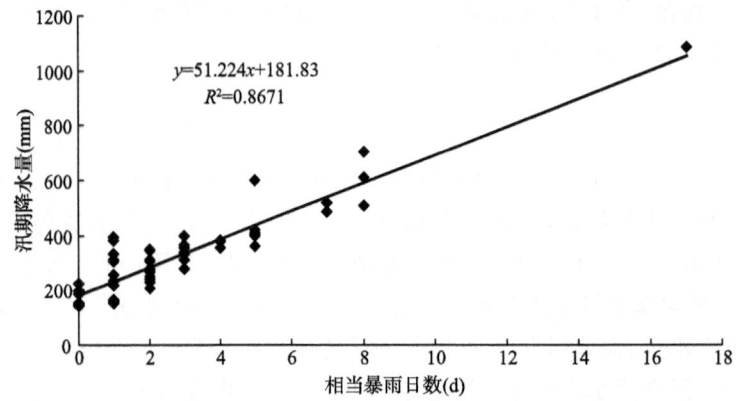

图 3   1954—2010 年邢台市汛期相当暴雨日数与汛期降水量点聚图

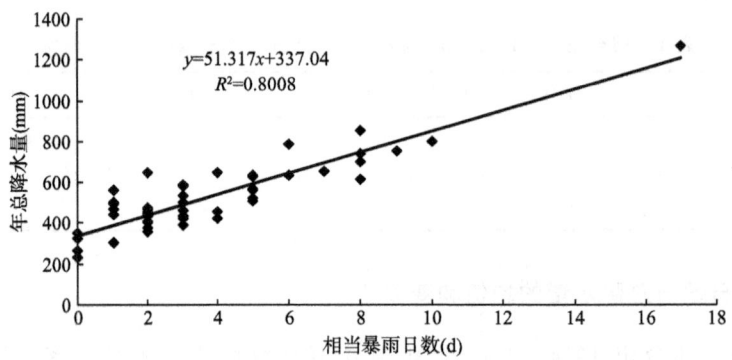

图 4   1954—2010 年邢台市相当暴雨日数与总降水量点聚图

4   汛期相当暴雨日数与旱涝等级的比较

汛期相当暴雨日数的确定,使汛期总降水量中的暴雨过程、降水量与非暴雨过程降水量区分开来。由于每年汛期的非暴雨过程降水量基本稳定,因而汛期总降水量的年变化主要取决于暴雨过程降水量的变化。

汛期(年)旱涝等级按照《中国近五百年旱涝分布图集》[4],分为五个等级:1 级为涝,2 级为偏涝,3 级为正常,4 级为偏旱,5 级为旱。如表 3 统计计算了邢台市 57 年汛期旱涝等级与相当暴雨日数的关系发现:相当暴雨日数≤2 d 的有 31 年,其中出现干旱概率为 67.7%;相当暴雨日数≥5 d 的有 14 年,其中出现沥涝概率为 92.9%;当相当暴雨日数为 3 或 4 d 时,旱涝等级为正常 83.3%。可见汛期相当暴雨日数与汛期旱涝直接相关:相当暴雨日数越多,降水量越大;相当暴雨日数>6 d 时,均为涝年或大涝年;无相关暴雨日数时,基本上是旱年或大旱年。年度相当暴雨日数与年度旱涝同样相关(表略)。

根据邢台市 57 年汛期降水资料统计,相当暴雨日数和旱涝等级、汛期降水量的相关系数分别为-0.755、0.895,均通过 0.05 信度水平检验。但是,一个旱涝等级只表示总降水量某个确定数值区间,旱涝等级与总降水量数值没有简单线性关系,也不能说明发生洪涝或干旱的降水天气特点。而相当暴雨日数不仅可以较精确地估算总降水量数值,还可以将旱涝与暴雨过程次数和强度的综合状况联系起来,因此,相当暴雨日数和旱涝等级结合起来,更有助于旱涝气候研究。

表3   汛期相当暴雨日数与旱涝等级

相当暴雨日数		0	1	2	3	4	5	7	8	17
旱涝等级	1						1		3	1
	2				1		4	3	1	
	3		6	4	6	4	1			
	4	3	6	9	1					
	5	3								
合计		6	12	13	8	4	6	3	4	1

5 结论与探讨

(1)邢台市相当暴雨日数和总降水量呈减少趋势,总降水量比相当暴雨日减少趋势更显著;相当暴雨日数和总降水量存在明显的月变化,集中出现在7—8月,6月是暴雨的突增期,9月是陡减期。

(2)邢台市相当暴雨日数与总降水量的均值和变率具有稳定性,暴雨过程的次数和强度是反映总降水量和汛期降水量变化最显著的部分。

(3)建立了邢台市相当暴雨日数与汛期降水量、总降水量的回归方程,确立了定量关系。

(4)汛期相当暴雨日数与汛期旱涝直接相关:相当暴雨日数越多,降水量越大:相当暴雨日数>6时,均为涝年或大涝年;无相关暴雨日数时,基本上是旱年或大旱年。年度相当暴雨日数与年度旱涝同样相关。相当暴雨日数和旱涝等级结合起来,更有助于旱涝气候研究。

(5)相当暴雨日数描述暴雨的次数和强度,抓住了对降水量影响重大的特征。根据年度或汛期相当暴雨日数来推知汛期和年度旱涝,可为天气预报和气象服务工作提供客观参考。

参考文献

[1] 竺可桢.中国气候概论.气象研究集刊,1935,第7号.
[2] 吴正华,储锁龙,李海盛.北京相当暴雨日数的气候特征.大气科学,2000,**24**(1):58-66.
[3] 雷雨顺.特大暴雨的几个问题//北方天气文集4.北京:北京大学出版社,1983:20-27.
[4] 中央气象局气象科学研究院.中国近五百年旱涝分布图集.北京:地图出版社,1981.

基于模糊人工神经网络的精细化地质灾害
气象风险预警探讨

彭　端[1]　梁国锋[2]　梁　健[3]　黄成南[1]　张录青[4]

(1. 广东省肇庆市气象局,肇庆　526060;2. 广东省阳江市气象局,阳江　529500;
3. 广东省肇庆市地质环境监测站,肇庆　526060;4. 广东省韶关市气象局,韶关　512026)

摘　要:对基于模糊人工神经网络模型的肇庆市地质灾害精细化气象风险预警技术进行探讨,主要运用肇庆市地质灾害的孕灾环境、致灾因子、承灾体、前期降雨量、未来降雨量之间的非线性复杂关系,资料使用肇庆市各地的地质结构特征、易发区资料以及地质灾害历史个例、实况降水历史资料、多家数值预报降水产品、自动站和遥测站降水实况资料,建立模糊人工神经网络地质灾害预测模型。预测结果按 NewMapServer 的接口方式调用"数字城市"成果数据,使用地理信息公共平台基础数据提供的底图,开展精细到乡镇一级的肇庆市地质灾害气象风险预警。

关键词:灾害学;模糊人工神经网络;地质灾害;气象风险预警;精细化

引　言

　　肇庆市土地总面积 1.5 万平方千米,人口 405 万人,管辖端州、鼎湖 2 区,广宁、怀集、封开、德庆 4 县,代管高要、四会 2 个县级市,另设肇庆高新技术产业开发区(省级)。辖区内地质构造复杂,花岗岩和变质岩风化残坡积土层分布广、厚度大,侵蚀、切割作用强烈,岩溶分布广泛,雨水充沛,人类工程活动强烈,地质灾害高、中易发区面积约占全市总面积的 48%,是广东省地质灾害易发、高发、多发地区之一。地质灾害多以中、小规模为主,呈点多面广、突发性强、危害性大等特点。目前,全市有地质灾害隐患(危险)点 564 个,威胁人数 37719 人,潜在经济损失 76966 万元,(其中,威胁 100 人以上的重大地质灾害隐患(危险)点 70 处,受威胁人数 25739 人,潜在经济损失 50225 万元。肇庆市的地质灾害防治工作任务十分繁重,防灾形势相当严峻。只有通过开展地质灾害预报预警工作,提高防灾减灾工作水平,才能够有效保护人民群众的人身和财产安全,促进经济社会稳定可持续发展。

　　目前,全国大部分省市都开展了地质灾害气象预报预警技术的研究工作[1-8],部分已投入实际应用,取得了显著的防御灾害效果。地质灾害预警基本采用地质灾害与降雨等资料。预报模式主要有三种:一是地质灾害易发区与雨量(预报雨量和前期实际雨量)相叠加,四川、江西、浙江等大多数省份采用这种方式;二是仅用雨量进行判断,如福建省;三是用地质灾害的孕灾环境、致灾因子和承灾体之间的非线性复杂关系,结合统计学、模糊数学、灰色系统、人工神经网络等科学理论,建立地质灾害的失稳机制和解算方法,如广东省、山西省、梅州市、韶关市、佛山市、广州市等。但地市级开展这个项目研究、并且基于模糊人工神经网络模型进行精细化预报来进行地质灾害气象预报预警研究得不多。本文介绍基于模糊人工神经网络模型的精细化肇庆市地质灾害预报预警技术的探讨。

1 模糊人工神经网络的应用

神经网络特有的非线性适应性信息处理能力,克服了传统人工智能方法对于直觉的缺陷,使之在包括预测领域的许多领域得到成功应用。近年来,神经网络在模拟人类认知的道路上更加深入发展,形成计算智能,成为人工智能的一个重要方向。人工神经网络的预测方法建立在对输入和输出变量的非线性映射之上,它只与训练样本和目标有关。该方法不仅克服了具体函数表达式的局限性,还能通过学习、训练过程选择相对最优网络对目标值进行预测。

在人工神经网络模型中用得较多的是BP(Back Propagation)网络模型。网络由输入层神经元、隐含层神经元和输出层神经元组成。同一层神经元之间不互连,不同层神经元间则全互连。传统的BP网络对确定型因果关系(即一定的输入对应确定的输出)具有很强的识别能力,但不能处理矛盾样本。而影响地质灾害的因子比较复杂,现实中的模式识别常要求在复杂的环境下进行,不可能把一切因素把握得十分准确。例如,影响地质灾害的因素除了降雨量、地质条件、人类工程活动等重要因素外还有许多其他因素,在同一时期地质条件和人类工程活动程度都相近的两点的变形量可能存在显著差异,而不同时期和不同点的变形量却可能相同。如果以各因素作为网络的输入神经元,以变形量作为网络的输出,这样就存在矛盾样本,即输入相同而输出不同或输入不同而输出相同。为了处理矛盾样本,文献[9]介绍了单个因素情况下基于信息扩散方法的模糊人工神经网络,其实质是通过对因素进行信息扩散从而将矛盾样本转化为非矛盾样本。本文探讨针对多个因素的情况构造模糊人工神经网络,直接以各影响因素作为输入神经元,而以预报量的二级模糊近似推论结果作为网络的输出。因为网络的输出是预报量的二级模糊近似推论结果而不是单个的预报量,故存在矛盾样本的可能性就大大减少了。

应用模糊人工神经网络进行地质灾害预报时以各种因素作为网络的输入神经元,以预警等级作为网络的输出,各因素与预警等级之间的非线性动力学关系则由网络的结构描述,网络训练好以后即可用于预报和因素识别。

2 主要采用资料和研究方法

2.1 主要采用的资料

主要采用的资料有日本、德国、T639、中国气象局下发的MM5等数值预报降水产品、预报员主观分县定量降水预报产品、肇庆市6县(市)中尺度自动站和遥测站降水实况资料,国土局提供的地质灾害历史个例以及地质灾害易发区资料,包括孕灾环境(地质构造、地层岩性、地形高程、地貌、地下水、地表水、土壤水、土质等)、致灾因子(大气降水、人类工程活动等)和承灾体(人口、社会资源、人类财产等)对自然因素引起斜坡稳定性、崩塌、滑坡、泥石流、地面塌陷、地裂缝、地面沉降七大灾种的实况资料。

气象数据包括地质灾害预警预报分析用的历史降雨量数据和积累实况、预报降雨量数据,为数据统计分析和研究临界降雨提供数据支持。气象数据库存储从气象局得到的气象数据,气象数据内容包括:24小时实际降雨量、6小时实际降雨量、24小时预报降雨量、48小时预报降雨量、历年24小时实况雨量。气象局的雨量监测站分为人工站和自动站两种类型。

2.2　定量降水预报的制作方法

对于降水实况的处理,开发了处理模块,每天定时自动读取自动站和遥测站降水实况,将离散的站点雨量格点化为经纬距 0.01°×0.01°的资料。对于预报雨量,采用多家数值预报的降水产品结合预报员的分县定量降水制作集合定量降水预报,取不同权重再进行平均,作为地质灾害气象风险等级预报的雨量,自动生成经纬距 0.01°×0.01°的格点资料。其中日本、德国、T639、中国气象局下发的 MM5 等数值预报降水产品,通过解码程序处理,可以从 MICAPS 格式的文本中读取,通过 Mm5ToGrads、Grads 工具软件处理,再将降水转换为 MICAPS 格式。

2.3　模糊神经网络预测模型[10]

有 n 个待训练的样本集合,每个样本有 m 项预报因子特征值,则有实测预报因子特征值矩阵 X:

$$X = (X_{ij})_{m \times n} \tag{1}$$

式中,$i=1,2,\cdots,m$;$j=1,2,\cdots,n$;X_{ij} 为代训练样本 j 预报因子特征值 i 的实测值。

n 个预报对象组成样本集合,其特征值向量为:

$$Y = (y_1, y_2, \cdots, y_n) \tag{2}$$

应用如下相对隶属度公式,对预报对象进行规格化:

$$u_j = \frac{y_j - \min y_j}{\max y_j - y_j} \tag{3}$$

式中,$\min y_j$、$\max y_j$ 分别为预报对象的最小、最大特征值。

由于 m 个预报因子特征值的物理量纲不同,且有的特征值与预报对象呈正相关,有的呈负相关,对于呈正相关的预报因子,采用如下相对隶属度公式:

$$r_{ij} = \frac{x_{ij} - \min\limits_j x_{ij}}{\max\limits_j x_{ij} - \min\limits_j x_{ij}} \tag{4}$$

对于预报因子与预报对象呈负相关的,采用:

$$r_{ij} = \frac{\max\limits_j x_{ij} - x_{ij}}{\max\limits_j x_{ij} - \min\limits_j x_{ij}} \tag{5}$$

式中,$\max x_{ij}$、$\min x_{ij}$ 分别为 n 个样本中第 i 个预报因子的最大、最小特征值。

模糊人工神经综合评价的网络结构示意图如图 1 所示。

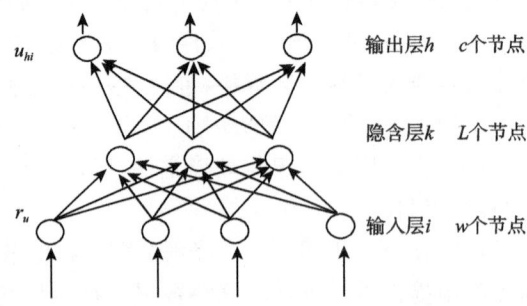

图 1　模糊人工神经网络结构示意图

网络中的激励函数可根据具体情况加以选择,可选择模糊优选模型函数[11]或者 sigmoid 函数(S 形曲线)等,sigmoid 函数(S 形曲线)应用已经很广泛,此处尝试采用模糊优选模型函数作为节点激励函数,它能很好地模拟人脑优选特性,其形式如下(以图 1 三层网络结构为例)。

对于隐含层 k:

$$u_{kj} = \frac{1}{1 + \left[\left(\sum\limits_{i=1}^{m} \omega_{ik} r_{ij}\right)^{-1} - 1\right]^2} = \frac{1}{1 + (I_{kj}^{-1} - 1)^2}$$

对于输出层 h:

$$u_{kj} = \frac{1}{1 + \left[\left(\sum\limits_{i=1}^{m} \omega_{kh} u_{kj}\right)^{-1} - 1\right]^2} = \frac{1}{1 + (I_{kj}^{-1} - 1)^2}$$

式中, $\sum\limits_{i=1}^{m} \omega_{ik} r_{ij}$ 中 i 为样本序数, j 为输入层输入; ω_{ik} 为 i 层和 k 层之间的连接权重; u_{kj} 为 k 层节点输出。

2.4 预测过程

本文基于模糊神经网络的预测研究中,主要预测过程如下:

(1)选取肇庆市近 12 年实测地质灾害等级及其对应的 4 个预报因子特征值。预报因子 X_1 为前 10 天的降水量,预报因子 X_2 为未来 24 小时的降水量,预报因子 X_3 为人类工程活动造成地质环境的改变序列,预报因子 X_4 为承灾体(人口、社会资源、人类财产等)的序列。

(2)确定信息的表达方式,将问题抽象为适用于网络可以进行处理的数据形式和数据组织。

(3)根据实际情况选择模型类型、结构。

(4)确定输入输出神经元的数目,设置神经元的相关属性。

(5)选择适当合理的训练算法,确定合理的训练步数,指定适当的训练目标和训练目标误差。

(6)选择前 9 年作为训练样本,后 3 年资料作为检验样本,对网络训练、学习、仿真,再进行测试,保证网络预测有效、全面和准确。在训练网络时,根据交叉年的预测误差相对最小的原则确定网络结构中隐层神经元的个数,以达到优化网络的效果。

(7)应用该网络,对问题进行解决。

3 精细化地质灾害气象风险预警的实现

将预测结果按照 NewMapServer 的接口方式调用"数字肇庆"成果数据,与专题数据合并操作。

地理信息公共平台[12]根据地质灾害气象预警信息系统对基础地理数据的要求定制数据的接口标准,在地理信息公共平台上发布 OGC 标准服务;通过网络集成调用基础底图服务,将基础底图和地质灾害气象风险预警结果图进行坐标匹配,实现数据的叠加应用,通过 WMS 服务以获取并展示地图,WFS 服务对地图要素进行检索、查询。得出最后的精细化地质灾害气象风险预警,通过影视天气预报栏目、互联网站发布。

4　效果检验

2013 年 6 月 9 日 08 时到 11 日 08 时,受高空槽和切变线影响,肇庆市普降大到暴雨,局部大暴雨。这次暴雨过程的特点是具有来势猛、发展快、强度强、降雨集中、受灾较严重的特点。根据气象资料统计,48 小时累积雨量超过 25 毫米的有 82 站,其中超过 50 毫米的有 64 站,占全市的 60%。超过 100 毫米的有 22 站,最大雨量为封开渔涝 155.6 毫米。这次暴雨发生的集中时间在 10 日凌晨,封开、怀集一带突然狂风骤雨,封开渔涝镇 3 小时雨量多达 81 毫米,江川镇 1 小时雨量多达 53.6 毫米,强降水主要集中在肇庆市西北部的封开、怀集一带。受连续暴雨影响,肇庆市北部怀集、封开山洪爆发,发生多起山体滑坡事故,受灾较为严重,全市因灾死亡 4 人。

2013 年 6 月 10 日上午,肇庆市气象局与市国土资源局联合发布"肇庆地质灾害气象风险预警三级",指出各地山区地质灾害气象风险预警等级为二级到三级,发生滑坡、崩塌等地质灾害的可能性大,提请有关方面注意,加强地质灾害的防灾工作,并将预警信息及时发送到各级领导和地质灾害隐患点负责人的手机上。肇庆市地质灾害气象风险预警分布如图 2 所示。这次地质灾害气象风险三级预警,尤其是怀集、封开、广宁一带精细到乡镇一级的地质灾害气象风险预警,使乡镇政府部门及时开展防御救灾工作争取了主动,赢得了时间,国土部门及时启动防灾应急预案,其中怀集、封开、广宁等县紧急转移安置受灾群众近百人,有效地减轻了灾害造成的损失,效果显著。

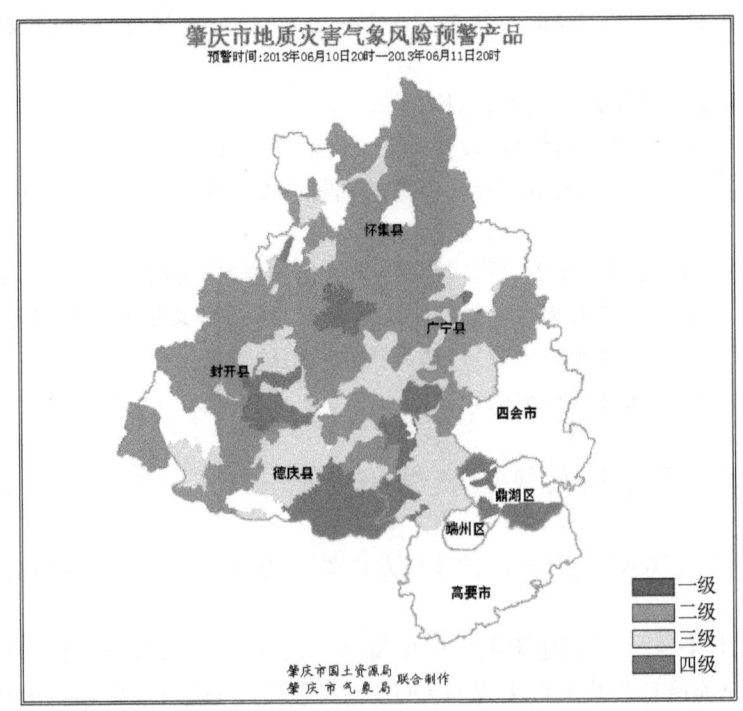

图 2　肇庆市地质灾害气象风险预警图

5 结 论

5.1 基于模糊人工神经网络模型的肇庆市地质灾害精细化气象风险预警在实际应用中取得较好效果

对 2013 年 6 月 11 日发生的地质灾害与基于模糊人工神经网络模型的肇庆市地质灾害精细化气象风险预警结果进行检验,落区和预警级别与实况基本吻合,效果较好。但这是一种探讨,今后仍然要在实践中采用多样本进行检验,不断修正模型参数,修正预报因子,才能取得更好更准确的结果。

5.2 充分利用样本信息,从有限的样本中最佳地建立各因素与地质灾害间的模糊关系

影响地质灾害的因素具有模糊不确定性。初步试验表明,根据观测资料,利用模糊人工神经网络模型建立地质灾害与多种不同因素间的复杂关系并进行预测预警是可行的。模糊关系和模糊近似推论的建立依赖于样本的容量及各因素论域和权重的确定。如何充分利用样本信息,从有限的样本中最佳地建立各因素与地质灾害间的模糊关系,以及在应用人工神经网络进行预报时如何利用新的资料自适应性地更新网络等问题有待进一步深入研究。

5.3 提高强降水的落区及定量降水预报准确率是地质灾害气象风险预警成功的关键

地质灾害气象风险预警是一项为政府决策和社会公众服务的公益事业,是一项具有开创性、探索性的工作,涉及面广、影响大、技术难度大。目前气象上对强降水的落区及定量预报难度很大。因此,在今后的地质灾害气象风险预警过程中,必须通过不断增加新的可靠个例,建设高密度的中尺度自动站,根据具体情况修正综合雨量临界值,提高对强降水的预报能力,才能够不断地提高地质灾害预报预警的准确率。

参考文献

[1] 张铁军,王锡稳,魏文娟,等.甘肃省山洪地质灾害气象等级预报预警技术研究.甘肃科技,2008,**24**(16):58-60.

[2] 王锡稳,张铁军,冯军,等.甘肃地质灾害气象等级预报研究.干旱气象,2004,**22**(1):9-11.

[3] 陈百炼.降水诱发地质灾害的气象预警方法研究.贵州气象,2002(04):4-7.

[4] 张贤坤,黄晓东,吴国强.江门市地质灾害气象预报预警业务系统.广东气象,2007,**29**(4):21-23.

[5] 张晨辉,罗碧瑜,廖仕湘,等.梅州市地质灾害气象预报方法初探.广东水利水电,2008(1):19-21.

[6] 周玉才,雷万荣,余广文,等.江西省地质灾害—气象预警预报系统研究.中国地质灾害与防治学报,2008(6):85-86,96.

[7] 全文杰,刘流,管杰裕,等.贵港市气象诱因地质灾害监测预测系统.广西气象,2006,**27**(3):37-39.

[8] 陈豫英,赵光平,王红英,等.宁夏地质灾害气象预报预警研究.自然灾害学报,2008,**17**(3):81-86.

[9] 党建武.神经网络技术及应用.北京:中国铁道出版社,2000.

[10] 陈守煌.工程水文水资源系统模糊集分析理论与实践.大连:大连理工大学出版社,1998:14-149.

[11] 陈守煌.复杂水资源系统优化模糊识别理论与应用.长春:吉林大学出版社,2002.

[12] 李林燕,高苏新,蒙立坤,等.数字城市公共服务平台设计与实现.中国建设信息,2010(9):53-55.

基于 GIS 的徐州市地质灾害气象预报预警系统

吕 翔[1] 侯宜广[1] 孙建印[1] 孙亚琴[2] 孟 锦[1]

(1. 江苏省徐州市气象局,徐州 221000;2. 中国矿业大学环境与测绘学院,徐州 221000)

摘 要:徐州市地质灾害气象预报预警系统基于组件式 WebGIS 技术,将气象观测和预报信息、地质灾害隐患点信息及气象因素引发的地质灾害预警等多源信息进行整合,实现了气象信息和地质灾害预警信息发布的空间精细化、可视化。可根据服务对象的不同需求,自动生成地质灾害预报预警服务产品。利用智能通信设备可实现在线批阅转发,方便各级领导随时随地签批浏览预警信息,解决了地质灾害的突发性问题,大大增加了信息传播的时效性。

关键词:徐州市;WebGIS;地质灾害气象预报预警系统;地质灾害预警信息发布;智能通信设备在线签批

引 言

目前 GIS 系统在农业气候区划、中短期气候预测、气象服务、气象资料数据管理和灾害监测预警等领域已得到有效应用,开展基于 GIS 的气象地质灾害预警服务的研究不仅十分必要,而且十分迫切,是气象联合国土部门提高地质灾害气象预报预警准确率、服务效率和服务水平的良好契机和平台,也是两大部门的职责所在。因此,加强该预警系统的开发研究具有非常重要的意义。

徐州市地质灾害气象预报预警系统基于组件式 WebGIS 技术,将气象观测和预报信息、地质灾害隐患点信息及气象因素引发的地质灾害预警等多源信息进行整合,实现气象信息和地质灾害预警信息发布的空间精细化、可视化。根据服务对象的不同需求,可自动生成地质灾害预报预警服务产品,并可利用智能通信设备实现在线批阅转发,方便各级领导随时随地签批浏览预警信息,解决了地质灾害的突发性问题,大大增加了信息传播的时效性。

1 系统的设计与实现

1.1 多源数据管理

鉴于气象数据的多源性,利用 GIS 的强大数据管理特点,首先对区域空间基础数据、气象观测和预报数据、地质灾害隐患点监测数据等进行数字化和一体化管理模式研究,从而保证数据的统一性和共享性。

资助项目:徐州市国土资源局专项资金

1.2 数据分析显示

采用 GIS 的空间数据分析功能,在集成管理的基础上提高数据的自动化处理分析能力,包括自动站气象要素监测分析、精细化气象预报显示及地质灾害气象预报预警显示、发布等功能。整个系统设计为客户端/服务器和浏览器/服务器混合结构,开发采用 WebGIS 平台,以 Web 方式提交应用平台,经授权登录能够浏览气象监测、预报和各项服务信息。

1.3 地质灾害预报预警服务模块

地质灾害预报预警服务包含地质灾害气象预报预警信息的显示和发布。

1.3.1 地质灾害预报预警信息的自动生成

通过全市各个地质灾害隐患点与邻近自动气象站数据设置相关联,当自动站测量降水达到相应量级时,根据所建立的各类地质灾害等级与降水量级的对应关系,对其相关地质灾害隐患点(面)做出对应级别的地质灾害预警,形成相应预报预警信息。由于地质灾害预报预警以自动气象站的降水监测资料为依据,因此,自动气象站分布的空间精细化使得地质灾害预警也达到了精细化、分级定量的水平。

地质灾害预报分级:根据中国气象局规定,地质灾害预报分为五级,一级:可能性很小;二级:可能性较小;三级:可能性较大;四级:可能性大;五级:可能性很大。

各类地质灾害等级预报与降水量对应关系如下。

(1)采空区塌陷预报模型

通过调查和地质力学分析,采区越深,地面塌陷越滞后;采层越薄,塌陷反映到地面越迟;采空区面积越大,地面塌陷越快。塌陷面积从采区到地面逐渐增大,地表土层在汛期遇到强降雨或持续降雨,塌陷速度加快。一般情况见表1。

表 1 采煤深度与塌陷时间关系表

深度(m)	地面塌陷时间(年)	稳定时间(年)
200	1	2
500	1.5	3
1000	2~3	3~5

根据采空区地面塌陷与降雨的关系以及采空区塌陷自身的特性,给出塌陷危险度指数及与预报分级的关系,见表2。

表 2 降雨量与危险度指数、地质灾害预报级别一览表

降雨级别	0	小雨	中雨	大雨	暴雨	大暴雨	特大暴雨
危险指数	1	2	3	4	5	6	7
预报分级		1	2	3	4	5	

(2)滑坡崩塌预报模型

根据历年崩塌滑坡的资料分析,93%是强降雨(暴雨、大暴雨)和连阴雨造成的,而且雨量越大,崩塌滑坡的可能性越大。另外,在山体地质结构相同的情况下,崩塌滑坡还与其坡度有关,坡度越陡,越容易发生滑坡崩塌。据此给出了崩塌滑坡危险度指数的概念,危险度指数与

雨量成正比,与坡度成正比,并定义为线性关系,得到查算表,见表 3。

表 3　崩塌滑坡危险度指数查算表

坡度 \ 降雨级别	0	小雨	中雨	大雨	暴雨	大暴雨	特大暴雨
30	0	0	0	1	2	3	4
40	0	0	1	2	3	4	5
50	0	1	2	3	4	5	6
60	1	2	3	4	5	6	7
70	2	3	4	5	6	7	8
80	3	4	5	6	7	8	9
90	4	5	6	7	8	9	10

　　根据降雨的预报级别可以从表 3 中查到不同坡度山体的滑坡危险度指数,根据崩塌滑坡历史个例和力学分析,确定危险度指数与地质灾害预报级别的关系,见表 4。

表 4　危险度指数与崩塌滑坡灾害预报级别一览表

危险指数	1	2	3	4	5	6	7	8	9	10
预报分级	1		2		3		4		5	

　　依据上面的预报规则,可以根据隐患点的坡度、雨情,预报其地质灾害的级别。

(3)岩溶地面塌陷预报模型

　　根据岩溶地面塌陷的成因分析,地面塌陷主要是地下岩溶水持续下降造成的,而造成地下水持续下降的原因是:①过量开采地下水;②天气气候持续干旱,地下水得不到补充。而每年开采的地下水是有计划的,且开采量差异不大,但存在旱涝差异的情况下地下水位则有较大的不同,旱年的地下水位明显低于涝年。归根结底,气候干旱才是岩溶塌陷的最直接原因。而较大的降雨是岩溶地面塌陷的诱因和催化剂,或者说降雨加速和引发了岩溶地面塌陷。比如 1997 年 5 月 15 日至 7 月 15 日,持续两个月无有效降雨,降雨量不到常年同期的十分之一,而且正是蒸发量最大、农业生产用水量最大的季节,导致地下水位迅速下降。7 月 17 日白天突降特大暴雨,夜里在新生街民安巷发生地面塌陷,塌陷深度 3.5 米,倒塌民房 6 间。即干旱持续时间越长,降雨量越大,发生岩溶地面塌陷的可能性越大。根据历史个例归纳出岩溶地面塌陷危险度指数,见表 5(干旱日数指连续无有效降雨日数,有效降雨指对地下水有贡献的降雨(日雨量≥15 毫米))。

表 5　岩溶地面塌陷危险度指数查算表

干旱日数 \ 降水级别	小雨	中雨	大雨	暴雨	大暴雨	特大暴雨
40	0	1	2	3	4	5
50	1	2	3	4	5	6
60	2	3	4	5	6	7
70	3	4	5	6	7	8
80	4	5	6	7	8	9
90	5	6	7	8	9	10

　　根据历史个例统计分析,确定危险度指数与地质灾害预报级别的关系,见表 6。

表 6 危险度指数与岩溶地面塌陷灾害预报级别一览表

危险指数	1	2	3	4	5	6	7	8	9	10
预报分级	1		2		3		4		5	

1.3.2 预警信息的显示和判别

当某个地质灾害隐患点达到灾害预警级别时,系统通过界面显示监测信息,包括灾害隐患点的雨量和达到灾害的等级,并以某些特定方式提醒值班人员注意,经过人为判断和预测来决定是否进入发布流程,以排除虚假预警信息。采取自动监测判别提醒再加主观判断决策。

1.3.3 预警信息发布流程(图 1)

系统通过 GIS 气象信息服务系统获取预警信息,再由气象预报员把最新的预警信息使用网页或是手机发布给监管人员手机审查,审查及批准发布后由监管人员向所有信息员发布预警信息。预警信息的最终接收者是信息员,中间有驳回修改及领导审批环节。系统需针对每个角色,每个操作环节的修改、审批及汇报做操作记录。

系统可灵活配置更改角色的权限,可为每个角色创建多个用户,不同角色的权限之间控制严格,不会出现权限错乱现象,预警信息在无网络的情况下也可以使用手机短信的形式发布预警通知,不同角色间也可使用短信的形式来完成信息的审核发布及预警汇报等功能。可以使用手机短信来操作系统,有效跨越手机系统平台障碍,即使用户使用其他非安卓系统,也可以对系统预警信息灵活操作。

(1)A 预报员

主要工作:"发送"预警信息给地质灾害监管人员。

手机功能:①【信息查看】服务器预警信息,并带有新信息提示功能。

②【信息发布】

——发送到信息监管人员 B。

——群发至 B、C、D(需确认操作)。

③【查看发送记录】[信息到达回执][信息处理回执]。

网页功能:同上。

操作记录:记录预警信息的查看时间,发送处理时间,发送处理类型。

(2)B 监管人员

主要工作:"审核"预警信息,同预报员 A 协商,请求主管领导 C 批准。

手机功能:①【信息查看】由预报员 A 发送过来的信息,也可查看服务器所有信息,并带有新信息提示功能。

②【递交请求】

——送回信息到预报员 A 协商,并附加"理由"及最新改动。

——发送信息到领导 C,请求领导批准。

③【信息群发】针对已批准的信息群发至信息员 D,也可以有选择地发送。

④【查看发送记录】[信息到达回执][信息处理回执][处理时间]。

网页功能:同上。

操作记录:记录预警信息的查看时间,发送处理时间,发送处理类型。

(3)C 主管领导

主要工作:"批准"预警信息的发布,拒绝或同意来自地质灾害监管员 B 的群发预警信息的请求。

手机功能:①【信息查看】查看服务器所有信息,并带有新信息提示功能。

②【信息审核】

——处理来至地质灾害监管员 B 的群发预警信息的请求[拒绝][同意]并可附加备注意见。

③【信息群发】无此功能。

④【查看发送记录】[信息到达回执][信息处理回执][处理时间]。

网页功能:同上。

操作记录:记录接收信息时间,请求时间,处理回执时间。

(4)D 信息员

主要工作:"处理"灾情,查看或回报灾情信息。

手机功能:①【信息查看】查看由预报员 A 或监管员 B 发过来的预警信息,以便处理。

②【回报灾情】发送最新灾情实况信息或处理信息至 A、B。

③【信息群发】无此功能。

④【查看发送记录】信息接收时间[实况回报时间]。

网页功能:同上。

操作记录:记录信息接收时间,记录信息处理时间。

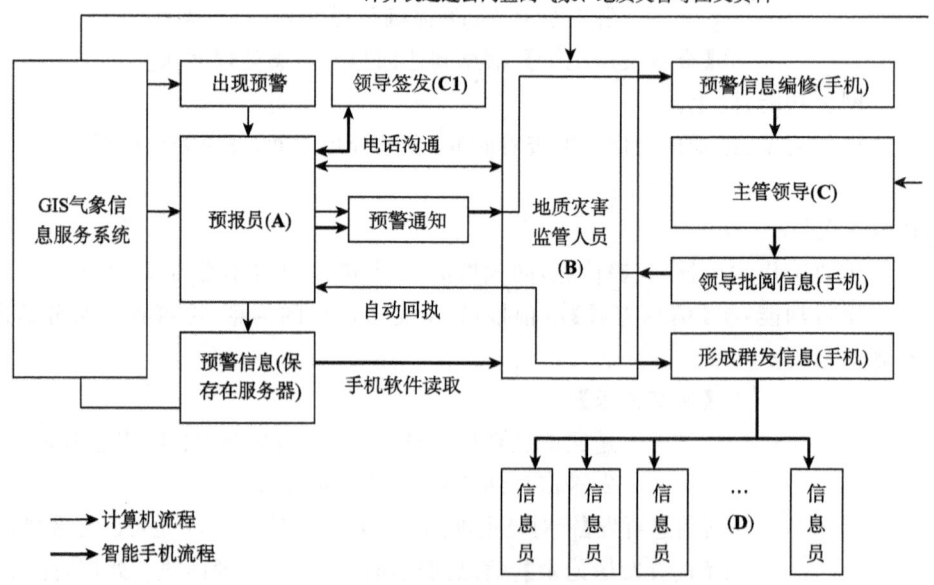

图 1　预警信息发布基本流程

系统架构主要分为三个层次,一是服务器服务程序,二是手机数字网络,三是手机短信网路。系统以架构成熟、应用广泛的安卓手机系统开发,使用 j2ee 环境,另由 php 或 asp 作为数据服务程序,使操作可以通过网络或手机完成。

2 结 论

基于 WebGIS 技术的徐州市地质灾害气象预报预警系统,实现了如下功能:

(1)提供实时气象观测和预报信息、地质灾害隐患点信息及气象因素引发的地质灾害监测预警等多源信息的综合显示,具有空间精细化、可视化、一体化的特点,做到实时多种资料共享。

(2)地质灾害预报预警以全市高密度分布的自动气象站降水监测资料为依据,通过将全市各地质灾害隐患点与邻近自动气象站数据设置相关联,根据各类地质灾害等级预报模型判断自动站出现的降水所对应级别的地质灾害预警,达到了精细化、分级定量的水平。

(3)系统可自动生成地质灾害预报预警服务产品,并利用智能通信设备实现在线批阅转发,经审查及批准发布后由监管人员向所有信息员发布预警信息,方便各级领导随时随地签批浏览预警信息,解决了地质灾害的突发性问题,加强信息传播的时效性。

参考文献

[1] 吴焕萍,罗兵,曹莉.地理信息服务及基于服务的气象业务系统框架探讨.应用气象学报,2006(17):135-140.

[2] 刘海峰,曲金华.浅谈地理信息系统(GIS)在气象中的应用.吉林气象,2002(2):10-11.

[3] 李刚,王茜.基于 Web 访问数据库的实现方案.计算机工程与应用,2002,36(2):112-115.

陕西省象园村泥石流地质灾害防治气象服务典型案例分析 *

梁　佳　李晓廉　李建科　寇小兰

(陕西省气象服务中心,西安　710014)

摘　要:通过对 2011 年 8 月 2 日陕西省商洛市镇安县达仁镇象园村泥石流地质灾害防治气象服务典型案例进行分析总结发现:手机短信、电视、电话是目前气象预警信息主要的传播渠道,持续降雨日数、降雨量和短时强降雨是引起地质灾害的主要因素,97%以上被调查人员对于气象服务工作表示肯定,认为气象服务工作及时、准确、实用,内容通俗易懂;经测算得出地质灾害气象监测预警服务效益贡献率为 72.65%,减少人员伤亡贡献率达 41%。气象监测预警服务在陕西地质灾害防御工作中发挥了重要的作用。

关键词:暴雨;地质灾害;预警;效益

引　言

　　地质灾害发生诱因复杂,具有随机性和不确定性,一旦发生,破坏力大,如果发生在人类活动区域还会造成人员伤亡和财产损失,对气象服务能力提出较高要求。本文通过对陕西省象园村泥石流地质灾害防治气象监测预警服务效益评估的分析,了解和评估陕西省地质灾害防治对气象服务需求与现状的差异,可以为进一步提升气象服务能力和服务方向提供参考,为气象部门向政府和决策部门进行地质灾害防治气象服务提供依据,为保障人民生命和财产安全,最大限度地减少气象灾害带来的损失提供支撑[1-3]。

1　概　况

1.1　案例概况

　　2011 年 7 月 28 日—8 月 1 日,陕西省出现区域性强暴雨过程,这次暴雨过程引发了多起地质灾害,其中,陕西省商洛市镇安县达仁镇象园村于 2011 年 8 月 2 日 18 时 20 分因强降雨过程造成山体滑坡,无人员伤亡,直接经济损失达 500 多万元。

1.2　暴雨特征

　　(1)影响范围广。暴雨涉及商洛、延安、铜川、宝鸡、咸阳、汉中、安康 7 市大部分县区,以及

＊ 2014 年被《安徽农业科学》录用

榆林、渭南、西安3市的个别县区,其中7月28日08时至29日08时,陕北南部、关中中西部、陕南西部共有44个县区的244个观测站出现暴雨,21个县区43个观测站出现大暴雨;7月31日08时至8月1日08时,陕南东部共有17个县区的172个观测站出现暴雨,9个观测站出现大暴雨。

(2)降水强度大。7月28日08时至29日08时,淳化县胡家庙24小时降水量达185.1毫米,洋县华阳镇165毫米。最强降水时段出现在28日晚上到29日06时,淳化县胡家庙29日00—03时3小时降水量高达100.7毫米,铜川市印台区楼子29日02—04时2小时降水量95.9毫米,彬县炭店乡28日23时—29日01时2小时降水量89.1毫米;镇坪31日20时至1日08时,降水量达122.6毫米,镇巴田坝31日05时至1日11时降水量达199.5毫米。

(3)过程雨量大。7月28日08时至8月1日11时过程降水量,陕北南部、关中中西部以及陕南大部分地区降水超过50毫米,其中铜川、宝鸡、汉中、安康、商洛、咸阳等市33个县(区)320个观测站过程降水量在100~200毫米。其中,商洛市镇安县平均降雨量达到142.7毫米,其中最大降雨量木王公园197.1毫米、达仁镇189.8毫米。

1.3 灾情及影响

商洛市镇安县因持续降雨引发河水上涨,达仁、木王、张家、杨泗、月河、青铜关、龙胜、西口、柴坪、云盖寺10个乡镇46个村195户681人不同程度受灾,致使部分粮食作物、烤烟、群众住房、滑坡体、公路、河堤、农田等基础设施不同程度毁坏,达仁镇象园村因持续降雨发生泥石流灾害,造成直接经济损失500万元,其中农作物经济损失280万元。

2 气象预警服务

2.1 监测联防

陕西省气象台、商洛等地市气象局加强天气会商力度,加强对市、县气象局短时临近预报预警和服务的技术指导,提醒其密切关注天气,做好泥石流等地质灾害防御的气象预警服务工作。暴雨过程中,陕西省气象台警报小组组织会商3次,参与中央气象台会商发言1次,组织紧急全省可视会商2次,召开新闻发布会2次。

市县气象局会商系统24小时开机,商洛、延安、铜川、宝鸡、咸阳、西安、汉中、安康等气象局及时向政府领导和应急、防汛、国土等相关部门汇报降水实况和滚动预报,县区气象局随时上报天气实况及灾情。商洛、宝鸡、咸阳等地市气象局与渭河上游气象台站加强联系,在天水市气象局的大力支持下,及时向市委、市政府和市防汛指挥办提供渭河上游的雨情、汛情及天气演变情况,做好监测联防工作。

2.2 预报预警

陕西省省、市、县气象局三级联动,对此次暴雨过程的预报提前量达24小时以上,预报预警准确率高,与实况较为吻合。陕西省气象台发布暴雨黄色预警信号2次,暴雨黄色预警信号2次,雷电预警信号6次,与国土资源厅联合发布《地质灾害等级预报》1期,组织各类紧急会商6次,召开新闻发布会2次,针对此次降雨过程中容易发生地质灾害的地区加强关注。

镇安县气象局于 2011 年 7 月 28 日 16 时启动商洛市气象灾害Ⅲ级应急响应,暴雨过程期间,共发布强降水时段消息 1 次,7 月 30 日—8 月 2 日降水预报 1 次,雷雨警报 2 次,雨情通报 4 份,并向各乡镇信息员多次发送每小时降雨量、三小时降雨量,密切关注暴雨集中的杨泗、木王、达仁、龙胜、青铜、铁厂等乡镇,随时做好灾害防御的气象预警服务工作。

2.3　决策气象服务

陕西省气象局第一时间向省领导和省应急办等相关部门主要负责人汇报了强降水预报预警情况。陕西省气象台通过传真向省委、省政府、省应急办、省防办等 15 个单位报送暴雨预警信息。省气象灾害应急指挥部 27 家单位迅速行动,按照《关于做好 7 月 28—30 日强降水过程气象灾害防御工作的通知》的要求开展联防联动,将气象灾害的损失降到了最低。应急响应期间,陕西省气象台每 6 小时向省政府值班室、省应急办、省防办报告一次降雨实况。

商洛、延安、汉中等地市气象局向当地党委、政府领导及时汇报天气监测、预报预警情况及服务情况。各受灾区县气象部门及时向当地党委、政府及应急部门报告天气及应急情况,及时上报各类决策材料 130 余期。

镇安县气象局自 28 日降雨开始,通过手机短信、电话等方式向县委办、政府办、防汛办、地灾办以及农业局、烤烟局等单位发送强降水时段消息 1 次,7 月 30 日—8 月 2 日降水预报 1 次,雷雨警报 2 次,雨情通报 4 份,截至 8 月 2 日,每天 08 时向县委办、政府办、防汛办、地灾办传递前 24 小时雨情,以及前期整个过程降雨量情况,提醒各级领导做好地质灾害防范工作。

2.4　公众气象服务

陕西省省、市、县三级气象部门通过多种途径传播预警信息,开展公众气象服务。陕西省气象局组织召开新闻发布会 2 次;通过陕西省电视台六个频道各档天气预报栏目插播节目信息 3200 多条,进行电视连线直播 3 次;12121 声讯电话拨打量达 15.5 万人次;通过电子显示屏向汉中、商洛、咸阳、宝鸡、铜川、延安等地边远山区发送预警信息 1799 屏次;通过短信平台向气象信息员发送预警信息 7405 人;通过 400 热线面向预警区域强降水落区信息员开展点对点外呼,外呼信息员 892 人,有效互动 399 人;通过省委组织部远程教育系统向全省农村发送预警信息 4 次;通过省应急办网站和中国天气网陕西站传播预警信息各 4 次;通过广播电台发布预警信息 10 次。

镇安县气象局及时与乡镇信息员互动,通过信息化平台多次向乡镇信息员发布每小时降雨量、三小时降雨量、强降水时段消息和雷雨警报,提醒他们做好地质灾害预警准备工作,要求各级气象信息员在出现灾情时,及时与县气象局联系,做好灾害预防及灾情上报工作。本次暴雨过程的气象预警信息覆盖面达到 90% 以上。

3　气象监测预警服务评价和效益分析

商洛市镇安县达仁镇象园村泥石流灾害是强降水引发地质灾害的典型案例,造成财产的严重损失,本文通过对象园村泥石流发生地的国土资源部门、相关政府部门、基层工作人员和公众进行了问卷调查,进而对地质灾害气象预警服务价值进行了评估和效益分析。

3.1　气象监测预警服务评价

通过对国土资源部门专家、相关政府部门专家、基层工作人员和社会公众四种人群发放调查问卷,分析总结得出不同人群对于气象监测预警服务的评价。

3.1.1　国土资源部门专家

(1)在整个地质灾害过程中,持续降雨天数、持续降雨量级和短时强降雨是引发地质灾害的主要气象影响因素。

(2)气象预警发布的及时性和天气预报准确率是开展地质灾害防御工作的首要保障条件,12小时以内提前预警对及时开展地质灾害防御工作最为有利。

(3)基层社区、乡村传播地质灾害相关气象预警信息的渠道主要有电话、社区大喇叭、手机短信、入户口头通知等。

(4)国土部门对于目前气象部门关于地质灾害提供的气象服务的满意率为90%;目前在地质灾害方面需要提高的地方主要有加强部门间联络与合作、提高天气预报准确率和技术水平、加强与国地部门信息资料的交换与共享。

3.1.2　相关政府部门专家

(1)气象预警信息在地质灾害防御过程中非常重要,其中,气象预警的及时性和天气预报的准确率对于防灾救灾起到了至关重要的作用,在应急决策的确定环节中发挥作用很大。

(2)在预警服务及时性方面相关部门专家认为应急决策确定应提前24小时,人员转移阶段提前6~12小时,财产转移阶段提前12~24小时,灾害易发点排查阶段提前1~12小时,相关设施除险加固阶段提前24小时以上。

(3)相关政府部门专家获取地质灾害相关气象预警信息的主要渠道为电话传真、网络、手机短信等。

(4)相关政府部门专家对于地质灾害气象服务的满意度为100%,在天气预报准确率和技术水平、气象科技知识宣传、气象监测的时空精度等方面还有待进一步提高。

3.1.3　基层工作人员

(1)天气预报准确率和气象预警信息的及时性是影响地质灾害应急防御工作的重要因素,气象预警信息80%都是通过政府部门发给基层工作人员,信息准确、实用,内容简单易懂。

(2)在有效保证地质灾害防御工作的组织和实施所需的气象预警信息时间上应急决策确定提前6~12小时,人员转移提前6~12小时,财产转移6~12小时,灾害易发点排查提前6~12小时,相关设施除险加固提前24小时以上。

(3)基层工作人员获取预警信息的主要渠道有电视、广播、电话、手机短信、电子显示屏、网络和上级传达等。

3.1.4　社会公众

(1)政府部门应急工作组织、相关部门联动配合和气象预警准确及时三个因素在地质灾害防御工作中比较重要。

(2)天气预报准确率和预警发布的及时性是地质灾害气象服务重要的指标,社会公众都可以通过电视、入户口头通知、锣鼓、小喇叭等方式获取气象预警信息,信息准确、及时、实用,为公众避险自救提供了帮助。

(3)在地质灾害应急防御工作中,社会公众认为提前 12～24 小时收到气象预警能有效避免灾害带来的损失,希望可以获取地质灾害相关气象预警、地质灾害相关天气实况和灾害影响等气象服务。

3.2　气象监测预警服务效益分析

3.2.1　气象监测预警服务效益贡献率

通过专家评估法,由公式(1)测算得出,陕西省象园村泥石流地质灾害气象监测预警服务效益贡献率达 72.65%。

$$e = \left[\sum_{i=1}^{n}(A_i - B_i)(P + T + C)\right]/D = \left[\sum_{i=1}^{n}(A_i - B_i)M\right]/D \qquad (1)$$

式中,e 为地质灾害气象预警服务贡献率;A_i 为应急救援第 i 个环节避免的损失;B_i 为第 i 个环节开展应急救援投入的各种资源的成本;P 为准确性,以过程气象预报平均准确率×权重系数表示;T 为时效性,以气象预警时效性×权重系数表示;C 为气象预警覆盖率,以气象预警覆盖率×权重系数表示;M 为气象服务主要指标;D 为气象引发地质灾害所威胁的直接财产总值。

3.2.2　气象监测预警服务减少人员伤亡贡献率

通过专家评估法,根据实际情况初步评估气象监测预警服务在减少人员伤亡方面的贡献率,通过填写《地质灾害防治气象监测预警服务减少人员伤亡贡献率评估表》测算得出。经测算,陕西省象园村泥石流地质灾害气象监测预警服务减少人员伤亡贡献率达 41%。

4　总　结

4.1　成功经验

(1)预报预警及时准确。陕西省省、市、县气象局预报提前量为 24 小时,大暴雨预报提前量为 12 小时,短临预报预警及时准确,预警信号准确率达到 100%,对开展地质灾害防御工作具有很好的指导意义。

(2)对政府及有关部门的决策服务到位,发挥了预警信息的先导作用。各地政府领导在气象部门的预警信息上做了批示,体现了气象信息"发令枪"的作用。尤其是在预警中提示政府及相关部门按照职责做好防暴雨准备工作,特别是对矿山塌陷区、淤地坝、水库等采取防御措施,政府部门采取了主动措施。

(3)气象灾害应急指挥部防灾减灾效益逐步体现。陕西省政府 7 月 18 日正式发文成立省气象灾害应急指挥部,在此次暴雨工程服务中,省气象灾害应急指挥部办公室首次下发了《关于做好 7 月 28—30 日强降水过程气象灾害防御工作的通知》,27 家指挥部成员单位迅速行动,通力合作,各部门应急防范措施到位,强降水未造成人员伤亡,使防灾减灾效益最大化。

(4)通过各种媒体和新型手段传播气象灾害预警信息,为有效防灾避灾和正确引导舆论起到了重要作用。过程开始前和结束后及时召开新闻发布会,通过各种媒体、电视直报、气象微博等铺天盖地的宣传,有效地传播了气象灾害信息,极大地提升了气象服务社会的良好形象。

4.2 建 议

（1）增加对防灾抗灾工作的投入。一是建立县级暴雨监测系统，地方投资建立气象微机远程终端工作服务站，以便为县领导提供准确、及时的气象预报情报服务，为决策者制定应急措施、实施防洪预案提供决策依据[4-5]。二是加强对气象科研经费的投入，培养高素质的气象科技队伍对暴雨灾害进行研究和预报，提高暴雨预报的准确率[6]。

（2）加强防灾减灾意识，防患于未然。组织对各级责任人员以及监测、抢险技术人员进行培训；利用会议、宣传资料、广播电视、学校教育等形式宣传地质灾害的基本知识和避灾常识；分户制定并发放防灾、避灾明白卡，在危险区、安全区以及转移路线上设立醒目、固定的标识牌和宣传牌，在受威胁人口相对集中的地方设立宣传栏；组织演习、演练，增强群众防灾、避险意识和自防、自救、互救能力[7]。

参考文献

[1] 王法健,胡思明,崔大伟.洪涝灾害对龙岩市农业生产的影响与对策.安徽农学通报,2011,**17**(16):55-57.

[2] 何秉顺,郭良,左吉昌.甘肃岷县"5·10"特大山洪灾害调查.中国水利,2012,**15**:113-117.

[3] 刘引鸽,葛永刚,周旗.秦岭以南地区降水量变化及其灾害效应研究.干旱区地理,2008,**31**(1):50-55.

[4] 胡晓静,吴敬东,叶芝菡,等.北京"2012.7.21"暴雨洪灾调查与影响因素分析洪涝灾害.中国防汛抗旱,2012,**22**(6):1-3.

[5] 冉菊华,钟有萍.印江"9·18"特大山体滑坡与暴雨的关系.贵州气象,2000,**24**(6):33-34.

[6] 赵琛,许明家.国家防汛抗旱指挥系统应用支撑平台的设计与实现.水文,2011,**31**(6):53-57.

[7] 宗永军,王成志,刘剑琼.北京市朝阳区防汛工作的实践与思考.防汛与抗旱,2012,**17**:38-40.

浙江省地质灾害防治气象监测预警服务效益评估

单　权　潘娅英

（浙江省气象服务中心,杭州　310017）

摘　要:以浙江省近2年发生的5个地质灾害典型案例为依托,针对气象监测预警预报服务对地质灾害发生地的社会公众、基层工作人员、相关政府部门专家、国土部门专家四类人群进行两轮问卷调查。结果显示,绝大多数(90%以上)被调查者能接收到气象部门的预警短信,对气象监测预警服务表示满意。经过两轮反馈调查,专家们估测,气象服务在地质灾害防治方面的效益为35.68%,在减少人员伤亡方面的贡献率为59.18%。此外,专家们还建议在今后的工作中能更多地进行数据共享、部门间互相协作,以达到更好的监测预警效果,尽可能地将地质灾害伤亡损失降到最低。

关键词:地质灾害;防治;气象服务;效益评估

引　言

　　地质灾害是由自然的、人为的或综合的地质作用引起地质环境产生突然的或渐进的破坏,并造成损失的事件;它是地质环境质量低劣的表现,它的发生不仅反映了自然地质环境的薄弱,还证明了人类活动与地质环境间矛盾的激化。根据地质灾害发生区的地理或地貌特征,可分为平原地质灾害(如地面沉降等)和山地地质灾害(如崩塌、滑坡、泥石流等)。

　　近年来,浙江省在地质灾害气象监测预警方面下了很大功夫,对于预警预报实现了从无到有、从弱趋强的变化态势,那么对于决策部门以及地质灾害发生地的基层工作人员和群众来说,气象预警预报服务究竟成效如何呢? 本文正是以5个地质灾害发生地的典型案例为基础,以问卷调查的方法,进行两轮反馈性评估调查,从而总体上估计地质灾害气象服务的效果和效益。

1　基本方法和步骤

　　地质灾害防治气象监测预警服务效益评估主要以专家评估法和对比分析法为基本方法,分为典型案例所在地气象服务效益评估和全行业气象服务效益评估两轮调查。其中,第一轮典型案例所在地气象服务效益调查将为第二轮全行业调查提供基础数据。

　　第一阶段:确定地质灾害防治气象监测预警服务效益评估典型案例和评估专家。

　　第二阶段:地质灾害防治气象监测预警服务效益第一轮调查评估。

　　第三阶段:地质灾害防治气象监测预警服务效益评估第一轮调查结果汇总反馈。

　　第四阶段:地质灾害防治气象监测预警服务效益评估第二轮调查评估。

2 地质灾害典型案例

本次调查共选取了近两年发生的 5 个典型案例,分布在浙江省的各市县,其基本情况如表 1 所示。

表 1 地质灾害典型案例基本情况

案例名称	发生时间	发生地点	主要致灾因子	地质灾害预警级别	天气预报准确率
金牛村泥石流灾害气象服务案例	2010 年 6 月 18 日	衢州市衢江区金牛村	强降雨	3 级	90%
牛头坟村滑坡灾害气象服务案例	2012 年 6 月 23 日	丽水市莲都区紫金街道牛头坟村	暴雨	3 级	90%
山头山自然村滑坡灾害气象服务案例	2011 年 6 月 17 日	衢州市开化县华埠镇华锋村山头山自然村	连续强降水	3 级	80%
岗岭头滑坡灾害气象服务案例	2012 年 6 月 18 日	兰溪市柏社乡岗岭下村岗岭头	连续降水	3 级	85%
梧源自然村后山体滑坡灾害气象服务案例	2012 年 3 月 3 日	丽水市缙云县仙源村梧源自然村	连续阴雨、强降水	4 级	80%

3 地质灾害防治气象监测预警服务业务现状

浙江省自 2005 年起建立地质灾害气象预报预警业务,全省共 9 个地市、50 个县开展该业务。地质灾害预报预警业务能力也在逐步发展,从最初没有预报模型到现在有自主研发的预报模型,目前预报模型包含坡度、高差、岩性、当日雨量、前 1～5 天逐日雨量、有效雨量、持续降雨日数、持续降雨量等因子,该模型预报最短时间间隔为 1 小时,预报时长 192 小时,预报精度达 3 km。目前,浙江省对外发布产品的时间间隔为 12 小时,预报时长 72 小时,预报精度 25 km。

4 第一轮调查结果分析

根据本次效益评估的方案,选取了包括开化县山头山自然村、兰溪市岗岭下村、丽水市牛头坟村、缙云县仙源村、衢州市金牛村在内的 5 个地质灾害发生地案例作为第一轮调查典型案例。分别在每个典型案例所在地选取对应数量的专家和公众进行问卷调查。调查结果如下。

4.1 地质灾害气象要素敏感度

国土部门专家共 27 名,其中 25 名认为持续降雨量是主要因素,23 名认为短时强降雨是主要因素,选择持续降雨日数的也有 21 名专家(图 1)。

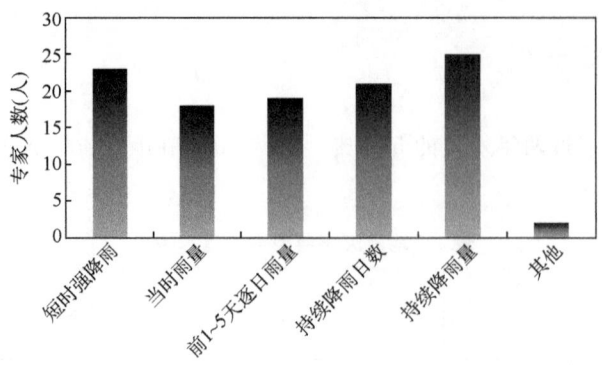

图 1　地质灾害气象要素的敏感度调查结果

4.2　地质灾害气象服务现状

从收到的所有问卷来看,国土部门专家中只有 1 名很少能收到预警信息,其余 26 名都能收到预警信息;相关政府部门 26 名专家中只有 3 名有时能收到预警信息,其余 23 名都能收到;基层工作人员 29 名专家中有 1 名没有收到信息,3 名有时能收到,其余 25 名均能收到;社会公众共 167 名参与调查,仅 2 名没有收到信息,2 名很少能收到,12 名有时能收到,其余 149名都能收到信息(图 2)。这说明在预警信息发送传达方面,总体来讲还是不错的。

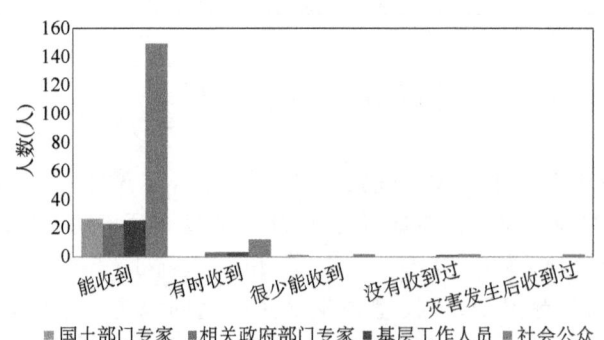

图 2　地质灾害预警信息接收情况

在获取气象信息的途径上,以电视、广播、手机短信三项为主,也有部分人通过电话和网络获取预警信息。

对于气象预警信息的准确性方面,除 4 名公众选择一般,其余均选择准确和比较准确;而在及时性上,有 1 名公众选择不太及时,7 名公众选择一般,其余的均选择及时和比较及时;在预警信息的实用性方面,有 1 名公众选择没有用,13 名公众选择一般,其余选择有用和比较有用;3 名公众认为预警信息不太容易理解,8 名公众选择一般,其余的均选择容易和较容易理解。

4.3　地质灾害气象服务需求

国土部门专家对于希望的服务产品中,有 25 人选择了地质灾害气象等级预报,22 人选择灾害易发区自动雨量监测,21 人选择 12～24 小时降雨预报,选择人数较多的还有地质灾害气候预测、气象预警信息和逐 3 小时降雨滚动预报。

　　基层工作人员对希望获取的气象服务中,所有人都选择了地质灾害相关气象预警,另外有20人选择地质灾害相关天气实况,17人选择地质灾害相关未来天气预报,16人选择灾害防御避险措施,15人选择气象防灾减灾知识。

　　社会公众对希望获取的气象服务中,149人选择了地质灾害相关气象预警,107人选择地质灾害相关未来天气预报,86人选择地质灾害相关天气实况,其余选择人数相对较少。

　　总体来看,基层工作人员和社会公众对于气象预警信息的需求度还是很大的,其次是地质灾害相关的未来天气预报,再次是地质灾害天气实况。而国土部门最希望获得的是地质灾害气象等级预报、易发区自动雨量监测和12～24小时降雨预报。

4.4　地质灾害气象服务满意度

　　社会公众中135人对于地质灾害气象服务表示满意,12人表示比较满意,其余18人选择一般,满意和比较满意率达到89%;相关政府部门专家中有1人选择了一般,其余均选择满意和基本满意;基层工作人员、国土部门专家的满意和比较满意率均达到了100%(图3)。

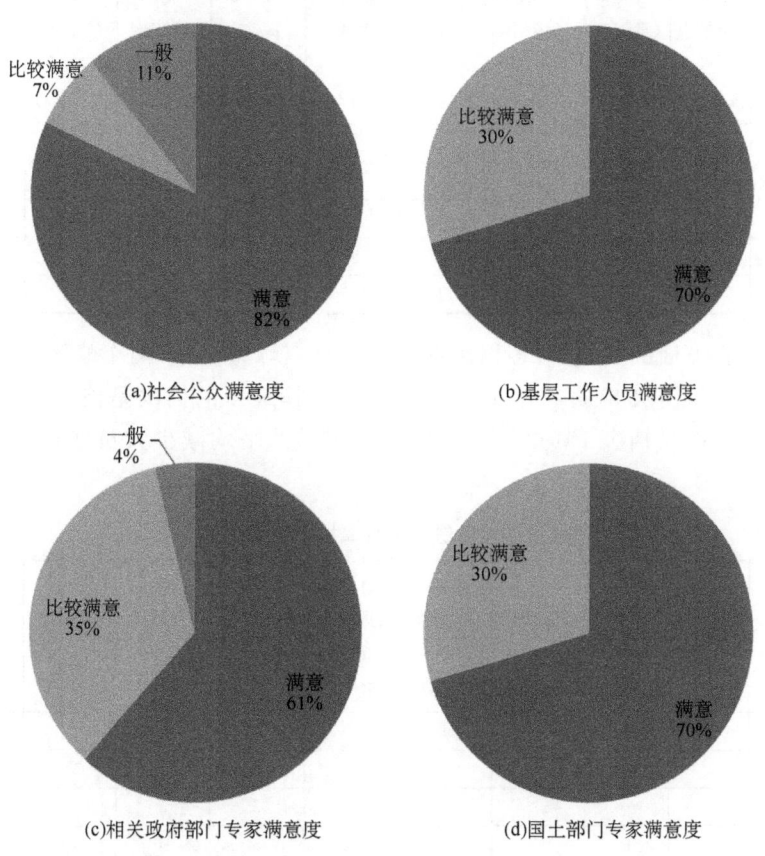

图3　地质灾害气象服务满意度

4.5　气象服务在减少人员伤亡方面贡献率

　　27名国土部门专家对于气象服务在减少人员伤亡方面的贡献率进行了估计,平均贡献率为67.6%,另外26名相关政府部门专家也对该贡献率进行了估计,其平均贡献率为57.3%。

5　第二轮调查结果分析

在第一轮调查的基础上,按照地质灾害调查方案,抓紧时间,组织了第二轮调查,在全省范围内开展地质灾害气象服务效益的评估。分别对省国土部门专家、省防指专家以及各地市基层工作人员和社会公众进行范围较广、涉及面较大的二轮调查。

第二轮主要的重心是对地质灾害气象服务效益贡献率和减少人员伤亡方面的贡献率。在第一轮调查的基础上,分别对这两项贡献率划分了 10 个档次,供专家进行选择。从调查结果看,对于气象服务效益贡献率 4 类调查人群选择档次 8(贡献率 44.38%~50.72%)的人最多,其次是档次 6(贡献率 31.7%~38.04%),再次是档次 5(贡献率 25.36%~31.7%)。平均气象服务效益贡献率为 35.68%(表 2)。

表 2　服务效益贡献率档次选择人数

专家类别	档次1(贡献率0~6.34%)	档次2(贡献率6.34%~12.68%)	档次3(贡献率12.68%~19.02%)	档次4(贡献率19.02%~25.36%)	档次5(贡献率25.36%~31.7%)	档次6(贡献率31.7%~38.04%)	档次7(贡献率38.04%~44.38%)	档次8(贡献率44.38%~50.72%)	档次9(贡献率50.72%~57.06%)	档次10(贡献率57.06%~63.4%)
国土部门专家						1	1	3		
相关政府部门专家		1			1	2	1			
基层工作人员			2		2	5	1	5	6	3
社会公众		9	6	11	14	13	8	16		7
合计	0	9	9	11	17	21	11	24	6	10

至于人员伤亡方面的贡献率,各档次选择人数呈双峰型分布,两个峰区分别是档次 4(贡献率 30%~40%)和档次 8(贡献率 70%~80%),选择最多的档次是档次 8(贡献率 70%~80%),有 23 人,其次是档次 10(贡献率 90%~100%)。平均减少人员伤亡方面的贡献率为 59.18%(表 3)。

表 3　人员伤亡贡献率档次选择人数

专家类别	档次1(贡献率0~10%)	档次2(贡献率10%~20%)	档次3(贡献率20%~30%)	档次4(贡献率30%~40%)	档次5(贡献率40%~50%)	档次6(贡献率50%~60%)	档次7(贡献率60%~70%)	档次8(贡献率70%~80%)	档次9(贡献率80%~90%)	档次10(贡献率90%~100%)
国土部门专家				1	1	1	1		1	
相关政府部门专家			2			1			1	1
基层工作人员			1		1	2	5	5	1	11
社会公众	2	9	9	14	12	5	10	18	13	6
合计	2	9	12	15	14	9	16	23	16	18

6　结论与建议

从两轮的调查结果来看,4 类调查人群对目前地质灾害监测预警气象服务的形式、发布渠道、时效、准确率、覆盖率、接收成功率、预警信息的内容是否易懂等的总体评价还是比较高的，但在预报准确率、预报精细化程度等方面还是提出了很多好的建议：如国土部门专家建议政府要加大气象科技投入力度，重视气象预报、监测基础设施建设，加强部门间的联络和合作，加强信息资料交换和共享；政府相关部门专家则建议今后气象部门要提高气象预报服务的精细化和网络化，提高预报的准确率，提供更丰富的预报服务产品；基层工作人员则希望全民普及气象防灾减灾知识，简化气象预警层次，细化气象预警措施，预报服务能更精细化；社会公众普遍希望今后天气预报能更准确，接收能更及时、方便。

参考文献

[1] 王晓平.山洪灾害气象预警预报工作任重道远——访中国气象局副局长许小峰.中国水利,2007,**14**：8-11.

[2] 高煜中,邢俊江,王春丽,等.暴雨山洪灾害成因及预报方法.自然灾害学报,2006,**15**(4):65-70.

[3] 刘传正,温铭生,唐灿.中国地质灾害气象预警初步研究.地质通报,2004,**23**(4):303-309.

[4] 谈昌莉,刘晖,徐成剑,等.山洪灾害防治效益分析研究.中国水利,2007,**14**:53-55.

[5] 刘传正.中国地质灾害气象预警方法与应用.岩土工程界,2004,**7**(7):17-18.

区域公路地质灾害致灾临界雨量预报方法

李宇梅 王 志

(中国气象局公共气象服务中心,北京 100081)

摘 要:选取四川与重庆地区开展区域地质灾害致灾临界雨量研究,取距离公路地质灾害点最近的自动站逐时雨量数据,分析灾前 20 天逐日雨量,并将这 20 天逐日雨量作为可能致灾雨量因子进行因子分析。通过因子的主成分分析、聚类分析,发现因子间相关性差,难以分类;除当天雨量因子平均值较大外,其他 19 天逐日雨量因子平均值均较小,因此引入 20 天有效雨量来表示公路地质灾害致灾雨量的因子,对其发生概率(频率)进行拟合,建立公路地质灾害概率预报方程,用 2009 年实况灾情数据检验证明概率预报方程具有较好的预报能力。

关键词:公路地质灾害;致灾临界雨量;有效雨量;概率预报

引 言

公路自然灾害的主要类型包括地质灾害和气象灾害。地质灾害如崩塌、滑坡和泥石流等;气象灾害如暴雨洪涝、连阴雨等。它们是导致路基破坏、路面堆积等各种公路损毁的主要直接原因。

降水引发的公路泥石流是山丘地区公路建设及养护过程中普遍存在且破坏作用极其强烈的公路水毁及病害类型,也是毁损穿越泥石流沟的公路建构筑物的主要外在动力。由滇北、川西、藏东南、西秦岭山地共同构成的横断山区是我国泥石流强烈发育的地带,制约着境内国道108 线、212 线、318 线、319 线及 10 余条省级干线公路的正常营运;新疆独山子至乔尔玛段的北天山是我国西北泥石流集中发育的地区,制约着国道 217 线的正常运行。

降水引发的滑坡同样对公路损毁产生重大影响。2008 年 9 月 25 日以来,兰州地区连续降雨,致使兰州周边兰临、兰海等高速公路多处路段发生大面积的山体滑坡,路基毁损,造成交通中断,其中山体塌方量达 12.2 万多立方米,造成直接经济损失达 4000 万元。2009 年 3 月川藏公路 K4122+200 米处,因山体崩塌将 30 余米的公路掩埋造成川藏公路中断,50 余台车辆被堵。广西壮族自治区 2009 年 7 月的大范围强降雨天气造成不少公路路基被冲毁,道路断道,累计中断交通 282 条,直接经济损失约 4.3 亿元。

从前期研究和灾害统计分析中可知,降雨是诱发地质灾害最重要的气象致灾因素[1,2],而暴雨诱发地质灾害对公路的运行、养护和运输安全造成极大危害,但是目前我国开展公路地质灾害致灾临界雨量研究的案例[3]较少,因此,很有必要开展重点区域公路沿线地质灾害致灾临界雨量研究,寻找各种降雨指标与公路地质灾害的经验关系,为以后制定和建立公路地质灾害潜势预报提供预警技术方法基础和临界雨量指标。

资助项目:中国气象局公共气象服务中心业务服务专项基金项目〔2012〕第 007 号"公路地质灾害致灾临界雨量研究";中国气象局公共气象服务中心山洪地质灾害防治气象保障工程 2012 年第一批建设项目

1 确定研究区域和资料处理

1.1 研究区域和灾害样本序列的确定

选取 2009—2012 年全国公路地质灾害灾情信息,开展公路地质灾害分布研究,发现四川与重庆的灾害点最多,其他省灾点分布散且少,难以代表区域特点,因此选取四川、重庆为研究区域开展公路地质灾害致灾临界雨量研究。

公路地质灾害历史灾情数据主要从交通部的路况信息上报的文字灾情中收集而来,在灾情描述时,大多能将灾害发生的时间精确到时分,可以按小时整理出灾情信息表。但灾害发生地点描述是省地某条路信息,具体地点使用路段桩号标记,没有灾害点经纬度信息。本研究处理是通过公路信息和地名信息,选取灾害所处行政区域公路的中间位置作为灾害点位置,提取形成发生时间精确到分、带发生点经纬度信息的公路地质灾害灾情表,最后整理形成 334 条有效灾情数据。

1.2 降雨观测资料的确定

在国家级地质灾害气象预报业务中地质灾害气象预报模型应用的是国家站和一般站约 2500 个气象站的逐日降雨资料来分析和建立预报模型的。这与难以确定地质灾害发生确切时间有关,地质灾害灾情数据一般能确定发生日期,且国家级业务保证 2500 个观测站逐日雨量观测的准确性和及时性,因此,业务中应用国家站 24 h 雨量观测数据建立预报模型是合理的。

在本研究中,可以获得发生时间精确到小时的灾情信息,而且全国自动加密站监测自 2007 年以来的不断发展,监测密度大,准确性和及时性也有所保证,能够提供逐时雨量监测,截至 2012 年 9 月,可用自动站个数接近 3 万个,可以用于研究。

雨量站的位置一般与灾点位置不一致,但自动站和国家站已比较密集,因此,通过判断灾点附近雨量观测站的距离,选取最近的雨量观测站数据作为灾点降雨数据。灾点与雨量站平均距离为 7.3 km,有很多雨量站离灾点只有 1~2 km,但也有一些公路很偏,灾点离雨量站最远距离有 56 km,离雨量站远的灾点数极少,不足 10 个。

地质灾害的发生与前期雨量和当前降雨都有很大关系,因此按灾害发生的时刻往回推 20 天,提取灾点对应雨量站的逐时雨量,再累加为逐日雨量。如重庆 G326 秀河线甘溪沟隧道口在 2011 年 10 月 14 日 15:00 发生滑坡导致交通中断,提取 2011 年 10 月 14 日 15:00 至 2011 年 9 月 24 日 15:00 整 20 天逐时雨量,再累积为逐 24 h 的 20 天雨量。

2 四川与重庆地区地质灾害和致灾降雨分布特征

2009—2012 年四川与重庆地区主要公路地质灾害类型包括崩塌、滑坡、泥石流、边坡垮塌、地面塌陷、路基塌陷几类,滑坡、泥石流、崩塌共占灾害总数的 85%,具体分布如图 1 所示。

2009—2012 年四川与重庆地区主要公路地质灾害往往在 5—9 月多发(图 2),占全年的 86%,其中 7 月公路地质灾害发生得最多,累计有 109 次。

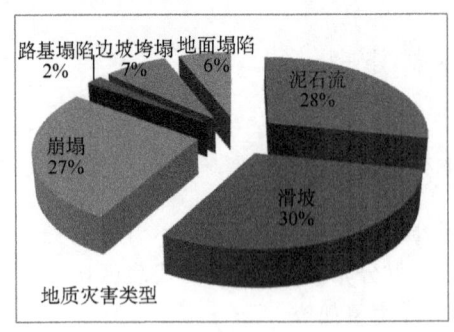

图1 2009—2012年四川与重庆地区主要公路地质灾害类型分布

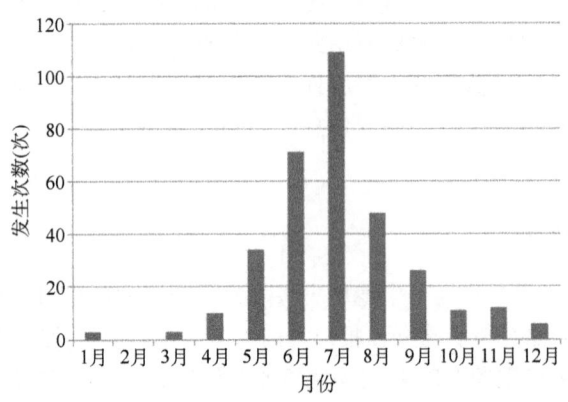

图2 2009—2012年四川与重庆地区主要公路地质灾害发生时间分布

2009—2012年四川与重庆地区主要公路地质灾害灾前20天逐日平均雨量分布特征如图3所示,灾前2~20天逐日雨量平均值相差不大,均不足10 mm;但当天雨量较其他天雨量要大,平均值为28.2 mm。

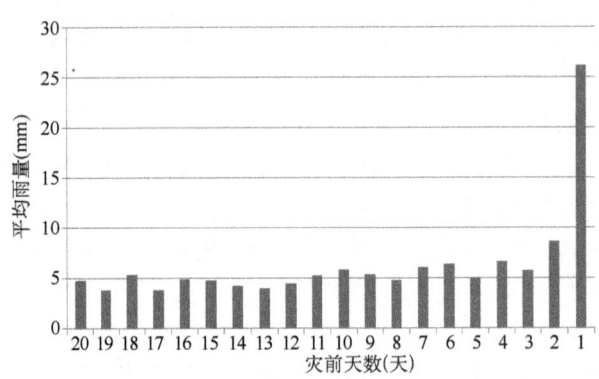

图3 2009—2012年四川与重庆地区主要公路地质灾害灾前20天逐日平均雨量(mm)

3 因子分析和确定

四川和重庆地区同处于西南地区,地形地貌条件较为相似,出现地质灾害的公路往往是山区公路,人工切坡修路并不少见,在地质灾害气象预警分区上位于同一大区,灾点的地质灾害危险度分析上基本相近,在研究中假设灾点的地理地质条件一致,主要分析降雨因子。前期雨量和当前强降雨皆能诱发地质灾害,因此选取 20 天逐日雨量共 20 个因子来开展致灾雨量因子分析。应用 SPSS 分析软件开展分析。

3.1 因子相关性分析

在 20 个雨量因子中,哪个因子或哪些因子作用更大? 需要对因子群做相关分析。相关分析结果表明,20 天逐日雨量因子相互独立,因子间相关系数低,绝大部分的系数 <0.3,其对应的 Sig 值较小,普遍 <0.4,说明这些变量相关性差,每个因子独立性较强。

3.2 主成分分析

由于因子间相关性差,因此难以选取出代表性强的因子,对 20 天逐日雨量因子做主成分分析,发现:

(1)样本 KMO 检验。20 个因子的 KMO 值为 0.521,接近不宜进行因子分析的 0.5 值,也表明不适合进行因子分析。

(2)衡量因子样本共同度的公因子方差值一般 <0.71,如图 5 所示,r_1(当天雨量)因子的共同度为 0.523,说明公因子只能解释 r_1 方差的 52.3%。

(3)方差解释表。从图 4 中可看出,公因子共取到 10 个,但这 10 个公因子只能解释 65.218% 的累积方差,并不能很好地解释原有因子所包含的信息,需要取到 17 个公因子才能解释 92% 累计方差,这会使因子数量过多。

Total Variance Explained(解释总方差)

Component (成分)	Initial Eigenvalues (初始特征值)			Extraction Sums of Squared Loadings (提取平方和载入)			Rotation Sums of Squared Loadings (旋转平方和载入)		
	Total (合计)	% of Variance (方差%)	Cumulative % (累积%)	Total (合计)	% of Variance (方差%)	Cumulative % (累积%)	Total (合计)	% of Variance (方差%)	Cumulative % (累积%)
1	1.980	9.900	9.900	1.980	9.900	9.900	1.748	8.742	8.742
2	1.712	8.560	18.460	1.712	8.560	18.460	1.620	8.102	16.845
3	1.383	6.913	25.373	1.383	6.913	25.373	1.394	6.97	23.815
4	1.331	6.657	32.030	1.331	6.657	32.030	1.322	6.610	30.425
5	1.193	5.963	37.993	1.193	5.963	37.993	1.269	6.344	36.769
6	1.143	5.713	43.706	1.143	5.713	43.706	1.195	5.975	42.744
7	1.127	5.636	49.342	1.127	5.636	49.342	1.168	5.840	48.584
8	1.113	5.563	54.905	1.113	5.563	54.905	1.155	5.773	54.357
9	1.045	5.224	60.129	1.045	5.224	60.129	1.115	5.574	59.932
10	1.018	5.090	65.218	1.018	5.090	65.218	1.057	5.287	65.218
11	0.930	4.649	69.867						
12	0.894	4.471	74.338						
13	0.834	4.170	78.509						
14	0.774	3.872	82.381						
15	0.728	3.642	86.023						
16	0.695	3.475	89.497						
17	0.615	3.074	92.571						
18	0.571	2.856	95.427						
19	0.485	2.426	97.853						
20	0.429	2.147	100.000						

图 4 方差解释输出

由上所述,通过因子主成分分析,难以选出主要因子来代表 20 天逐日雨量因子。

3.3 因子聚类分析

对前 20 天逐日雨量采用二步法聚类分析,结果聚为一类,表明这 20 个因子不适合聚类分析。

3.4 有效雨量因子

由于 20 个因子在聚类分析中聚为一类,因此引入有效雨量[4]概念,将 20 天逐日雨量结合起来,作为 20 天有效雨量因子,计算公式如下:

$$R_{20} = \sum_{k=1}^{20} 0.8^{k-1} r_k$$

式中,R_{20} 为 20 天有效雨量;k 为日数,灾害发生当天 $k=1$,灾害发生前 20 天 $k=20$;r_k 为逐日雨量。

20 天有效雨量将 20 天逐日雨量综合起来,距灾害发生时间愈近,日雨量对灾害发生作用就愈大,将前期降雨和当前降雨对地质灾害的影响有效统一起来,因此选用 20 天有效雨量作为公路地质灾害致灾雨量因子。

4 公路地质灾害概率拟合方程

对灾害样本所有的 20 天有效雨量序列做百分位排序,分析其分布形态。20 天有效雨量百分位对应为发生地质灾害的 20 天有效雨量概率(频率)分布。

首先用 1% 间隔做 20 天有效雨量百分位排序,用 SPSS 选择线性、对数、二次方、三次方、幂、指数拟合方法对百分位曲线做拟合(图 5)。

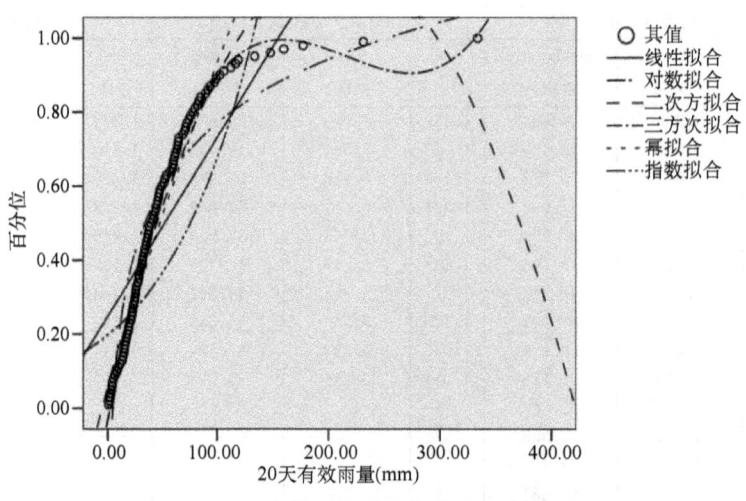

图 5　20 天有效雨量百分位曲线拟合对比图

初步分析表明,二次方和三次方拟合的 R^2 分别为 0.957、0.996,非常接近 1,表明拟合程度很好,三次方拟合得更好。因此重点用三次方方法分析拟合曲线。在图 6 中,可以看到 20 天有效雨量百分位值在 100~400 mm 分布点很少,大概有 6 个点比较分散,二次方和三次方曲线拟合上在这个区间拟合效果一般,因此将 20 天有效雨量百分位值分为 2 部分,取在 93%~100% 区间的 20 天有效雨量百分位值为系列 1,在 1%~92% 区间的 20 天有效雨量百分位值为系列 2,分别做拟合。由于系列 1 的样本个数过少,将其再按 0.05% 间隔做 93%~100% 区间 20 天有效雨量百分位排序,再做二次方和三次方曲线拟合,发现三次方拟合的 R^2 均达 0.997,三次方曲线拟合效果很好(图 6)。系列 2 仍按 1% 间隔排序做拟合,三次方拟合的 R^2 达 0.979,三次方曲线拟合效果好于二次方拟合。

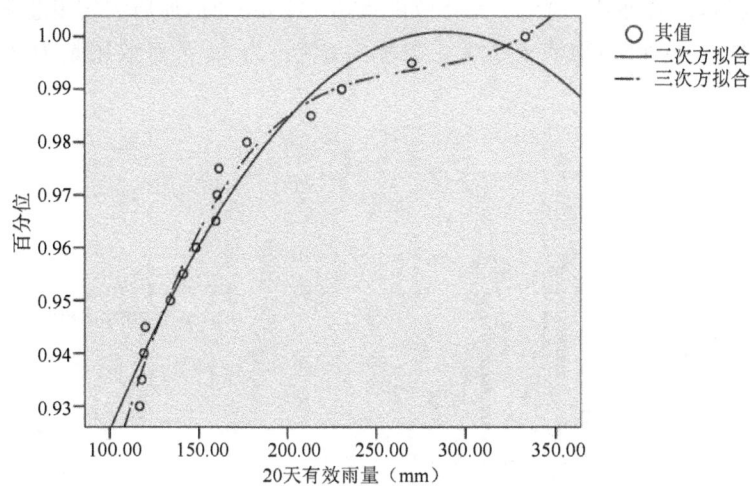

图 6   20 天有效雨量 93%~100% 百分位值曲线拟合图

因此以 20 天有效雨量 93% 百分位对应的 116.5 mm 雨量为临界值,建立 2 个预报方程:

当 $X < 116.5$ mm 时,$P_1 = -0.014 + 0.014X - 0.000\ 022\ 6X^2 - 0.000\ 000\ 249X^3$

当 $X \geqslant 116.5$ mm 时,$P_2 = 0.71 + 0.003X - 0.000\ 010\ 9X^2 + 0.0\ 000\ 000\ 134X^3$

式中,P_1、P_2 为地质灾害发生的概率;X 为 20 天有效雨量。

5 拟合方程检验

5.1 拟合方程自检验

拟合方程是用 2010—2012 年数据拟合的,在自检验中,看看方程计算的 20 天有效雨量分布与实际分布的差异。图中真值为实际 20 天有效雨量的 1%~100% 概率值,拟合值为拟合方程计算的概率值,从图 7 中可以看出自检验效果不错。

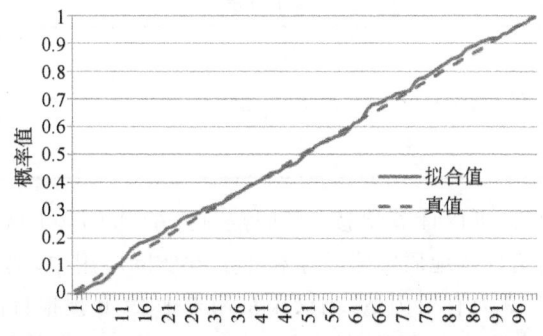

图 7   2010—2012 年地质灾害 20 天有效雨量概率分布拟合对比

5.2 拟合方程预报检验

用不参与拟合的 2009 年灾点雨量样本计算 20 天有效雨量,代入拟合方程,发现地质灾害发生概率预报值与 20 天有效雨量的变化同步(图 8),20 天有效雨量高值时,地质灾害发生概率预报值也为高值,反之亦然。当 20 天有效雨量达 149 mm 时,地质灾害发生概率达 96%;当 20 天有效雨量为 82 mm 时,地质灾害发生概率为 84%;当 20 天有效雨量为 33 mm 时,地质灾害发生概率为 41%。

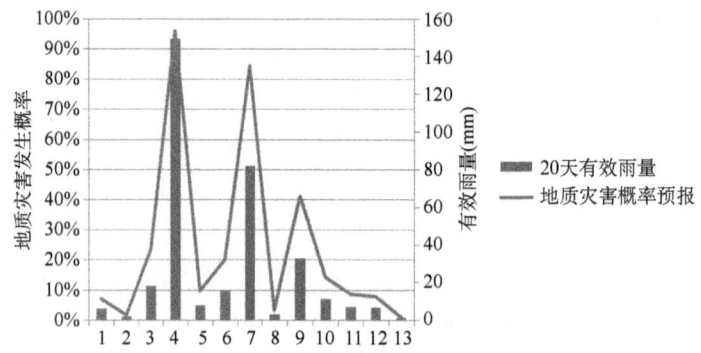

图 8 2009 年地质灾害概率预报与 20 天有效雨量对比

在 2009 年样本中有 3 例的 20 天有效雨量均不足 4 mm(概率预报均<4%),但也发生了地质灾害,说明在 20 天内降雨很小的情况下道路发生地质灾害的主要因素是人为因素,与人工修路加剧道路两侧地理地质环境变化有很大关系。通过检验,证明拟合方程效果良好,可用于地质灾害发生概率预报。

6 公路地质灾害概率预报和临界雨量等级划分

为了突出降雨诱发地质灾害因素,可将 20 天有效雨量小的部分不予考虑,按 25%、50%、75%、93% 概率划分 20 天有效雨量临界值,共分为 4 个降雨诱发地质灾害气象预警等级,分别为 4 级、3 级、2 级、1 级,对应发生地质灾害概率低、较高、高、很高,见表 1。

表 1 公路地质灾害致灾临界雨量指标和等级划分

20 天有效雨量 X(mm)	等级划分	等级含义
$X \geqslant 116.5$	1	发生地质灾害概率很高
$70.5 \leqslant X < 116.5$	2	发生地质灾害概率高
$39.6 \leqslant X < 70.5$	3	发生地质灾害概率较高
$21.7 \leqslant X < 39.6$	4	发生地质灾害概率低

另外,通过拟合方程,也可以计算出按 1% 间隔排序的 0.01～1 区间的 20 天有效雨量数据表,也可以根据查表给出具体地质灾害发生概率。在实际应用中,选取公路某处附近代表雨量站数据,可以先算出前 19 天有效雨量,当天雨量用未来 24 h 预报日雨量代替,计算出 20 天有效雨量,代入概率预报方程或查表得到该处未来 24 h 公路地质灾害发生概率,做出相应级别的地质灾害气象预警。

7 小 结

(1)通过分析确定 20 天有效雨量为四川与重庆地区公路地质灾害致灾雨量因子。

(2)20 天有效雨量的公路地质灾害致灾临界雨量为 116.5 mm,对应地质灾害发生概率 93%以上;75%的地质灾害发生概率对应的 20 天有效雨量致灾临界雨量为 70.5 mm。

(3)对于 20 天有效雨量的发生概率拟合,用三次方曲线拟合方法最好,总体拟合程度 R^2 达 0.996。

(4)检验证明,三次方拟合方程适用于地质灾害发生概率预报,在业务中可以根据定量降水预报,计算短期区域公路地质灾害发生概率,按概率级别给出预警提示,具有很好的应用前景。

参考文献

[1] 刘传正,刘艳辉,温铭生.中国地质灾害区域预警方法与应用.北京:地质出版社,2009:39.

[2] 李媛,孟晖,董颖,等.中国地质灾害类型及其特征——基于全国市县地质灾害调查成果分析.中国地质灾害与防治学报,2004,**15**(2):29-34.

[3] 曾毅.公路地质灾害面线点多层次综合预报方法.湘潭:湖南科技大学,2012:45-46.

[4] 徐晶,张国平,张芳华,等.基于 Logistic 回归的区域地质灾害综合气象预警模型.气象,2007,**33**(12):3-8.

基于 GIS 的全国交通道路气象信息反演算法研究

鹿业涛   王慕华   丰德恩   渠寒花

(中国气象局公共气象服务中心,北京   100081)

摘 要:梳理交通和气象的数据融合、组网信息等技术细节,实现气象数据由数据库表结构向专业 GIS 可视化数据图形的转换,探讨缓冲区分析、泰森多边形等多种空间分析技术对于实现气象要素插值算法的综合应用,讨论动态分段技术在实时的气象要素道路反演过程中的应用。通过实时的交通气象业务产品的展示和校验,表明该交通气象反演算法在实时的气象服务中是可行的,生成的交通气象业务产品可以为人们的出行提供参考和指导。

关键词:动态分段;泰森多边形;道路反演

1 交通气象反演算法研究背景

日益发展的交通运输对气象服务提出了更高更新的要求,恶劣气象条件对交通运输质量和安全的影响也受到全社会的广泛关注,尤其是雾(霾)、强降水、大雪、高温等恶劣天气对公路交通运输的安全造成了很大的影响。根据丁德平等关于"京津唐高速交通事故与气象条件之间的相关关系"的研究成果:①相对于交通事故发生次数,气象条件和伤亡人数之间的相关性更好,主要是由于恶劣气象条件往往引起车辆失控或严重影响驾驶员判断等。②伤亡人数和气象条件的月季变化之间有很好的相关性。伤亡人数和降水量、相对湿度之间呈显著的正相关关系,和能见度、地面气压之间呈显著的负相关关系[1]。由此可见气象条件不利时往往引起车辆失控或者司机判断失误,极易发生人员伤亡和财产损失的严重交通事故,而限于我们人力、物力的关系,我们不可能无限度地增加交通观测站点,因此,对于各种气象要素在公路交通干线的反演研究在一定程度上弥补了该不足,对交通保障起到积极的作用。

2 反演算法研究原理介绍

算法采用的数据基于全国国家观测站、区域自动站和交通观测站的站点入库的气温、降水、能见度、相对湿度、风的实况观测数据,针对该 5 种气象要素进行道路气象信息反演和产品加工,其中国家观测站 2696 个,区域自动站 39381 个,交通观测站点 415 个。算法采用的工具是 ESRI 公司的 ArcGIS 工具,算法实现是采用 Model Builder 来构建;反演算法的基本思路:首先站点数据组网,融合国家观测站、区域自动站和交通观测站的数据,筛选有气象要素观测站点并且对公路沿线 10 千米范围内的站点,对筛选的站点进行缓冲区分析和泰森多边形的计算,对分析结果进行空间分析;生成具有代表性的气象要素区域,进行道路反演,然后对道路数据进行分级和着色,形成相对要素的产品或者进行 Web 服务。算法的框架结构图如图 1 所示。

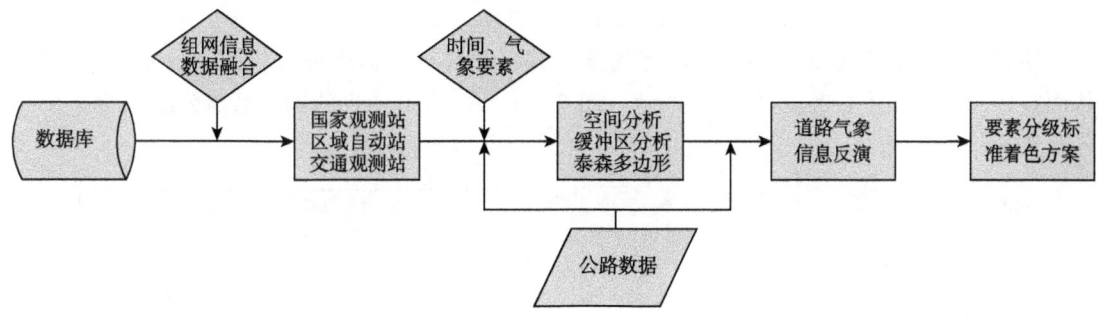

图 1　算法的框架结构图

3　反演算法中关键技术分析

3.1　站点信息空间展示

气象信息的站点展现是通过 ArcGIS 二次开发的组件来直接连接 oracle 数据库实现的，该工具是通过 ADO 来连接 Oracle 数据库，查询数据生成相应的 GIS shape 文件（如图 2 所示），工具参数介绍如下。

参数一：不同数据库所对应的 provider，例如 Oracle 为 OraOLEDB. Oracle. 1。

参数二：数据源的名称，例如 nmcmdb。

参数三：所连接数据源的用户名。

参数四：所连接数据源的密码。

参数五：查询语句，支持复杂查询。Select ＊ from table。

参数六：查询语句中用于空间的经度。

参数七：查询语句中用于空间化的纬度。

参数八：根据查询结果生成的 shape 文件存放位置及名称。

连接 Oracle 数据库工具关键技术代码：

```
string strConn＝" Provider＝OraOLEDB. Oracle. 1;Persist Security Info＝False;"＋"
User ID＝"＋DBUser＋";Password＝"＋Password＋";Data Source＝"＋DataSource;
    m_Conn＝new OleDbConnection();
    m_Conn. ConnectionString＝strConn;
    m_Conn. Open();
    dt＝this. QueryData(sqlstr);
    string[] tableFields＝this. getFields(dt);
    esriFieldType[] fieldsType＝this. getFieldsType(dt);
    string shpPath＝System. IO. Path. GetDirectoryName(featPath);
    string shpName＝System. IO. Path. GetFileNameWithoutExtension(featPath);
    IFeatureClasspFeatCla＝null;
    pFeatCla＝this. CreateShapefile(shpPath,shpName,esriGeometryType. esriGeometryPoint,ta-
bleFields,fieldsType ,null);
```

this. insertFeatCla(pFeatCla，dt，tableFields)；

通过该连接数据库的插件就可以将气象站点按照地理坐标生成对应的 shape 格式文件，从而在 ArcGIS 软件中展示，如图 2 所示。图 3 是由 ArcGIS 产生的国家高速公路周边站点的分布信息。

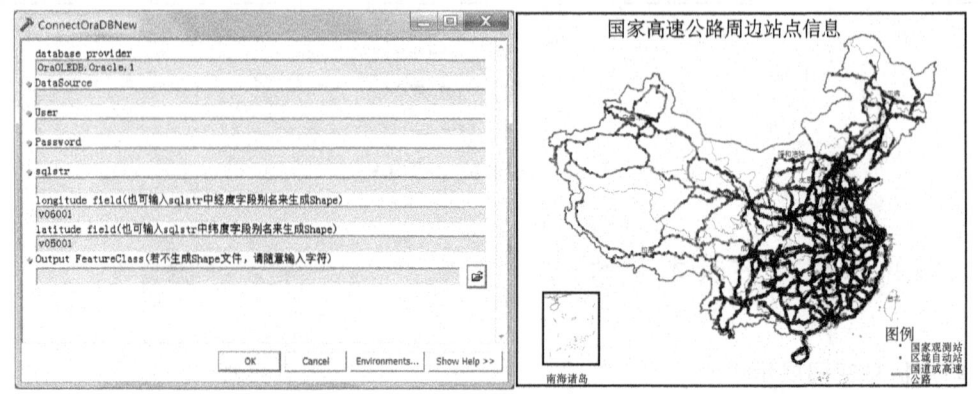

图 2　计算机操作界面　　　　　图 3　由图 2 产生的国家高速公路周边站点分布

3.2　组网信息和数据融合

ArcGIS 中 Append 方法是合并输入要素类、表、栅格影像及栅格目录到一个已有的要素类、表、栅格影像及栅格目录中。当 schema type 选项为 test 时，输入输出的要素类属性表结构必须一致，即字段名、类型、排列顺序必须完全相同，当 schema type 选项为 no_test 时可以不同。Append 可以合并点、线、多边形等要素类和表、栅格影像及栅格目录，但必须是相同类型。Append 不处理要素，只简单地把要素放到一个要素类中，因此输出的要素类可能有重叠和缝隙。Append 结果的属性表和输出要素类的属性表相同，输入要素类属性表中的字段如果在输出要素类属性表中没有将会被丢弃，但可以做字段映射，将输入要素类的某个字段映射到输出要素类的某个字段。

由于不同类型站点存储在不同 Oracle 数据库中，将站点信息连同气象要素信息筛选出后，采用 ArcGIS 的 Append 工具，先将 Oracle 数据库中选择出来的站点转换成 shape 文件，然后对相同的字段进行融合。

3.3　基于缓冲区分析和泰森多边形的混合空间分析

缓冲区分析是指以点、线、面实体为基础，自动建立其周围一定宽度范围内的缓冲区多边形图层，然后建立该图层与目标图层的叠加，进行分析而得到所需结果[2]。它是用来解决邻近度问题的空间分析工具之一。邻近度描述了地理空间中两个地物距离相近的程度。

缓冲半径是缓冲区分析的主要量化指标，可以是常量或变量，缓冲区域为距离目标小于等于缓冲半径的全部点的集合，所以缓冲半径决定生成缓冲区的大小。点状要素的缓冲区一般为圆形，也可根据不同需求而生成三角形、矩形等特殊形态；线状要素的缓冲带一般是两侧对称的，也可生成两侧不对称的缓冲区；面状要素的缓冲区可分为内侧缓冲区和外侧缓冲区。其中，要素所生成的缓冲区都是指新生成的多边形，不包括原来的点、线、面要素。根据缓冲区内影响度是否相等，可以分为静态缓冲区和动态缓冲区。静态缓冲区内目标对各点的影响度是相等的,不随距离目标的远近而变化;动态缓冲区中目标对各点的影响则会随距离目标的远近而发生一定的变化。

交通道路气象反演算法中采用的是静态缓冲区的方式,等距离的气象站点缓冲区是一个以点目标为圆心,以缓冲距离为半径的圆,通过该站点气象信息来反演缓冲区内地区的气象信息。

泰森多边形用于空间分析,主要是用离散点的性质来描述泰森多边形区域的性质。创建 ArcGIS 中泰森多边形的理论背景如下:

- S 是坐标或欧式空间 (x,y) 中点的集合,对于该空间中的任意点 p,S 中有一个与 p 相距最近的点,除非点 p 与 S 中的两个或者多个点的距离相等。

- 由到 S 中的单个点的距离最近的所有点 p 定义单个临近多边形(Voronoi 像元),即所有点 p 到 S 中的给定点的距离比到 S 中的任何点的距离都近的全部区域[3]。

泰森多边形的构建步骤:在所有点中划分出符合 Delaunay 准则的不规则三角网(TIN)。三角形各边的垂直平分线即可形成泰森多边形的边。各平分线的交点决定泰森多边形折点的位置。

采用泰森多边形方法进行插值,都必须满足泰森多边形的三个性质,具体为:

性质 1:每个泰森多边形所控制区域的属性均由内部的原始已知点的属性决定。

性质 2:泰森多边形内任意点与其内部已知点的距离均小于与外部其他已知点的距离。

性质 3:位于泰森多边形边界上的点,到以此边为公共边的相邻泰森多边形内的原始已知点的距离相等。

前期考虑采用泰森多边形来进行气象要素插值,但是从全国区域站点分布现状来看,东部站点密集、西部站点稀疏的特点很明显,西部地区插值误差比较大,因此该算法采用缓冲区分析和泰森多边形双重分析方法来确定插值区域,即将缓冲区分析和泰森多边形两者分析结果进行空间求交集(intersect),这样东部地区站点密集可以保留泰森多边形插值效果,西部地区站点稀疏可以通过设定缓冲区半径来确定气象要素插值效果。

3.4　道路反演

动态分段(Dynamic Segmentation)的思想是由美国威斯康星交通厅戴维·弗莱特先生于 1987 年首先提出的。动态分段是在 ARC/INFO 的弧段—结点数据模型的基础上根据不同的属性按照某种度量(Measures)标准(如时间、距离等)对线性要素进行动态相对定位的一种技术。动态分段技术主要采用路径(Route)、路段(Segment)、事件(Event)概念来实现对线性要素的刻画[4]。根据其基本原理,路径可以用来表述国家主干道路,而道路中间某一小部分则可以用路段表示,而每一路段的事件则可以表达道路反演结果中应具有的重要属性:气象要素信息[5]。

道路反演是采用 GIS 空间叠加分析,即将气象要素信息和道路信息进行空间叠加,利用动态分段技术打断道路,根据不同站点的气象要素属性,赋予路段不同的属性值,并且按照规范的分级标准进行分级和着色。

4　反演算法模型建设

算法采用 GIS 地理建模技术(GeoProcessing)[6]。模型是一种数据流图,能将一系列的工具和数据"串"起来以创建高级的功能和流程,实现复杂的、面向特定领域的建模能力。根据本文提出的算法流程,将一些特殊处理过程开发成相应的工具,并建立工作流式的地理模型,最终部署成后台批处理作业任务。

模型生成器(Model Builder)是 ArcGIS 所提供的构造空间除了工作流和脚本的图形化建模工具,加速复杂空间处理模型的设计和实施[7]。Model Builder 为设计和实现空间处理模型(工具,脚本和数据的组合)提供了一个图形化的建模框架。在 Model Builder 环境中,数据对象和空间分析工具均以图标(ICON)形式展示给用户。用户在对图标的定义、选择和操作中完成空间处理模型的定义和检验。在 Model Builder 环境下,用户将 ArcToolbox 空间处理工具和 GIS 数据集拖动到一个模型中,然后按照有序的步骤把它们连接起来,创建高级的功能和流程以实现复杂的 GIS 任务。Model Builder 创建的空间处理模型过程中,用户可以使用具体数据和设置工具的具体参数进行模型设计和实时验证。模型创建好后运行模型就可以得到处理结果。当基于具体数据的模型创建好后,把具体数据和工具参数设为空值,则得到一个空间处理模型,再将其相关参数设置为模型输入参数,就得到了一个通用的处理工具[8]。

气象要素信息反演道路交通算法的模型设计有 14 个处理过程(图 4),依次是从 oracle 数据库中筛选数据(ConnectOraDB)、修复地理几何数据(Repair Geometry)、数据融合(Append)、筛选气象要素(Select)、公路受影响筛选(Intersect)、转换投影(Project)、站点缓冲区分析(Buffer)、泰森多边形(Create Thiessen Polygon)、空间求交(Clip)、道路反演(Identity)、气象要素筛选、分级、着色(Select)、制作专题图(PrintMapPro)。

需要说明的是,缓冲区分析和泰森多边形的空间求交集在模型中用的是 Clip 工具,这里也可以用 Intersect 工具,但由于两者空间叠加关系复杂,Intersect 之后需要再做融合(Dissolve)处理,这样处理的结果和 Clip 结果是一样的。

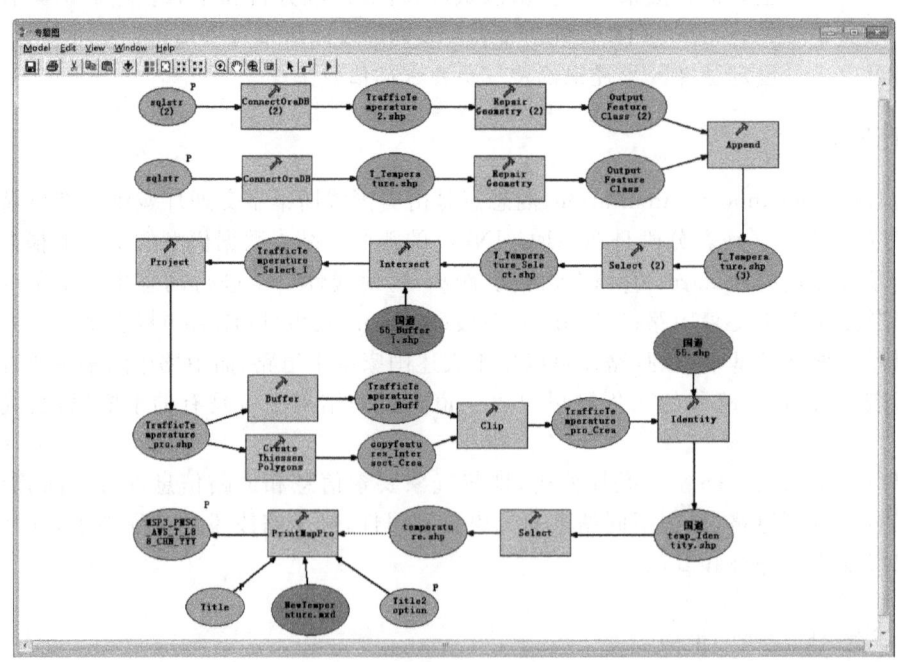

图 4　气象要素信息道路反演算法模型

5　反演算法检验和应用

反演算法检验采用抽样检验的方法,即抽样调查动态分段的路段所在附近省、市、县观测站点气象要素属性,反演路段的气象信息与站点观测信息进行比对,通过该校验结果的误差来反复调整缓冲区半径的参数,平衡全国插值算法误差相对于不同的气象要素气温、降水、风、能见度、相对湿度,所设定的缓冲区半径也不同。根据机器性能的差异,该模型算法主要在缓冲区分析和生成泰森多边形耗时较长。

业务产品实例:针对气温、降水、风、能见度、相对湿度 5 种气象要素每小时一时次进行交通气象业务专题图的输出,上传中国气象局公共气象服务中心产品库服务平台并对外服务。图 5 为该算法生成的逐小时相对湿度监测产品图,图 6 为生成的逐小时的气温监测产品图。

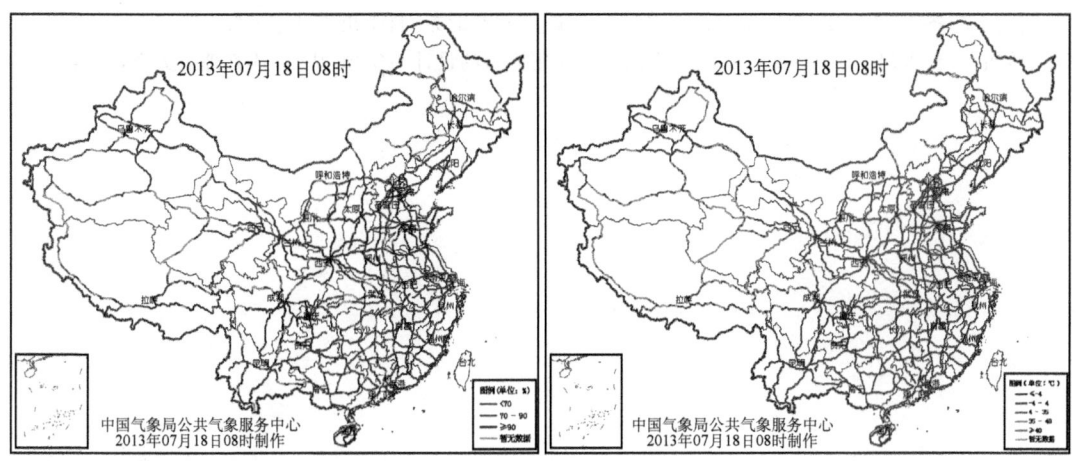

图 5　全国主要公路相对湿度监测产品图　　　图 6　全国主要公路气温监测产品图

Web 系统应用:图 7 是交通气象反演算法用于 ArcGIS Flex 技术的 Web 页面的展示。

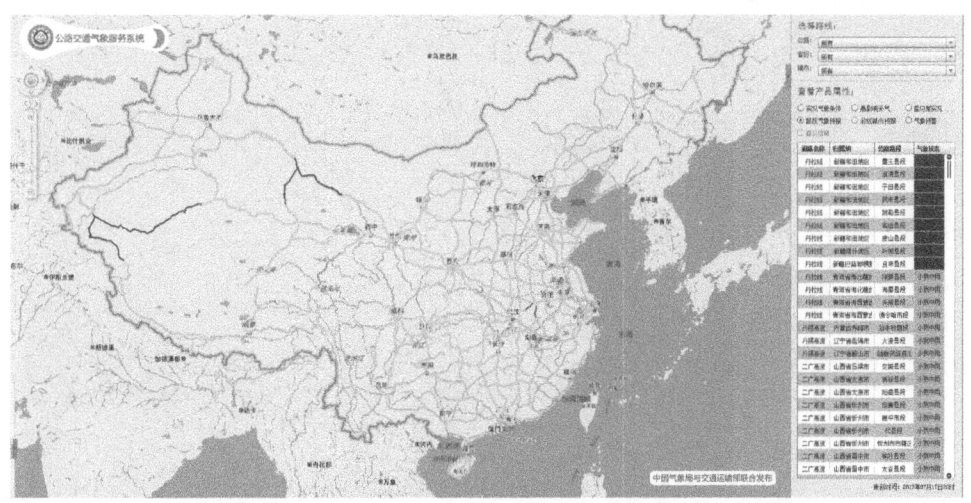

图 7　交通气象反演算法用于 ArcGIS Flex 技术的 Web 页面展示

参考文献

［1］ 邓德平,李迅,张德山,等.G2 京津塘高速公路万辆车流的交通事故灾害与气象综合指数的关系.灾害学,2012,**27**(3).

［2］ 唐春娜,邹逸江.基于 GIS 的宁波市地质灾害信息系统初步研究.测绘与空间地理信息,2010,**33**(6).

［3］ ArcGIS Resource.ArcGIS Help10.1Create Thiessen Polygon.http：//resources.arcgis.com/zh-cn/help/main/10.1/index.html♯//00080000001 m000000.

［4］ McCoy J,Johnston K,Kopp S,et al.线性参考使用手册.北京：ESRI 中国(北京)有限公司,2004.

［5］ 吴焕萍,韦锦超,赵琳娜,等.基于 GIS 的道路气象图形与文本自动生成.计算机工程,2010,**36**(22).

［6］ An Overview of Model Builder［EB/OL］.(2009-05-01).http：//resources.esri.com/help/9.3/arcgis-desktop/com/gp_toolref/automating_your_work_with_models/an_overview_of_modelbuilder.htm.

［7］ 汤国安,杨昕.ArcGIS 地理信息系统空间分析实验教程.北京：科学出版社,2006.

［8］ 陈雪冬.红水河上游"龙滩水库 GIS"空间分析应用模型的设计与实现.成都：成都理工大学,2004.

安徽省高速公路低能见度状况及
雾对交通影响初步分析

周建平　吴和红　刘承晓　王传辉　江　春

(安徽省公共气象服务中心,合肥　230031)

摘　要:大雾天气对交通运输危害巨大,2010年末安徽省建立了高速公路能见度监测系统。通过主要分析2012年安徽省高速公路六要素站的低能见度数据,并将数据统计结果和高速公路交通管制信息进行对比验证,得到以下结论:2012年安徽省淮北及江淮之间北部发生大雾次数比南部地区多,各站平均雾日达到36.5天,10月为全年大雾次数最多的月份,全年发生多次大范围大雾和浓雾天气,70%的大雾持续时间在4小时以内,发生时段多在夜间至早晨,大雾发生时气温多在1～25℃,而86%的大雾发生时风速低于2 m/s。通过验证,低能见度数据能反应安徽省雾的整体分布状况,但是南部局部站点存在数据准确性的问题。

关键词:高速公路;低能见度;雾

引　言

根据气象观测规范定义,雾是指大量微小水滴浮游空中,使水平能见度小于1 km的天气现象。雾对居民身体健康、交通运输均有不利影响,而随着公路、航空、水路等交通运输体系的飞速发展,雾、强降水等恶劣天气对交通运输的安全威胁日益凸显。灾害性天气对交通运输的危害是无法避免的,但是了解和掌握灾害性天气发生的规律能有效降低其对交通运输的影响,尤其是准确的预报和及时的预警能为交通管理和群众的出行提供科学的参考,具有重要的意义。为了有效降低灾害性天气影响,2010年安徽省建成了高速公路全网恶劣气象条件监测预警服务体系,截至2011年8月全省3000余千米的高速公路上建成了196个气象监测站,包括93个六要素站(能见度、降雨、温度、湿度、风向、风力),100个单能见度站(能见度)和3个路面观测站(路面冰、雨、雪厚度、路面温度等)。通过不间断的交通气象服务,安徽省高速公路受天气影响的交通事故发生率和生命财产损失有明显降低。

目前,许多学者对高速公路大雾以及安徽省大雾的分布进行了研究,袁成松等[1]研究了低能见度浓雾监测、临近预报,并发现了浓雾形成前的"象鼻"现象,具有较好的预报意义。吴彬贵等[2]总结了京津塘高速公路秋冬季雾气象要素与环流特征,为该地区预报提供了有效的依据。针对安徽省的大雾,石春娥等[3]从雾的气候变化角度研究了城市化对雾的影响,指出城市雾发生率下降的原因可能是城市热岛和大气气溶胶粒子增多共同作用的结果;陶寅等[4]采用地面站数据分析了安徽省大雾的气候特征及时空变化,并探索了大雾与相对湿度、风速等要素的关系。由于安徽省高速公路建自动气象监测站较晚,目前还缺乏针对自动站的完整分析。本文主要分析93个六要素站的低能见度数据,了解安徽省高速公路大雾发生的特点,为高速公路大雾形成原因、预报和灾害影响分析提供初步的数据支撑,以期提高交通气象服务效果,并探讨高速公路观测站点数据的分析方法和相关标准的应用。

1　初步质量控制及相关说明

本文采用的是 2012 年 1 月 1 日至 12 月 31 日安徽省 93 个高速公路六要素站 10 分钟一次的监测数据。仪器故障、周边环境、检修不及时等因素影响了高速公路自动站监测数据的质量,而能见度数据受树叶、昆虫等环境影响更加明显,因此需要对能见度数据进行质量控制。除了 6 月初和 10 月初的烟雾天气外,本文主要通过相对湿度 80% 的界限对数据进行初步的质量控制,原始数据 83392 条,经过处理后得到 76876 条。本文采用的 10 分钟数据对突然降低的能见度也能有效规避。

根据大雾发生的特点及气象观测规范,本文采用 20 时为日界,有利于保证雾日的连续性,为了进一步剔除能见度短时下降的影响,台站需要超过 30 分钟能见度均在 1000 m 以下才记为有雾。由于雾是影响交通运输的主要天气,而通过长期的服务表明低能见度数据主要也是由于雾造成的,本文还没有细分,如无特别说明,暂时将低能见度数据均认为是雾。

2　数据分析

2.1　2012 年雾日分布

通过分析经过处理的数据,分别计算各台站发生大雾的日数,得到如图 1 所示的高速公路雾日分布 93 个台站雾日平均 36.5 天。如图 1 所示,雾日较多的站点分布在安徽省北部地区和江南局部地区,主要包括 G30 连霍高速、S04 泗宿高速、G36 宁洛高速、G35 济广高速亳(州)阜(阳)段、G42 沪蓉高速六武安徽段、S12 滁新高速、G3 京台高速合徐南段、铜汤段、G50 沪渝高速宣广段。合肥以南至沿江地区大雾发生日数则相对要少。

虽然存在统计标准和站点的差异,但高速公路能见度数据基本能反映 2012 年安徽省大雾

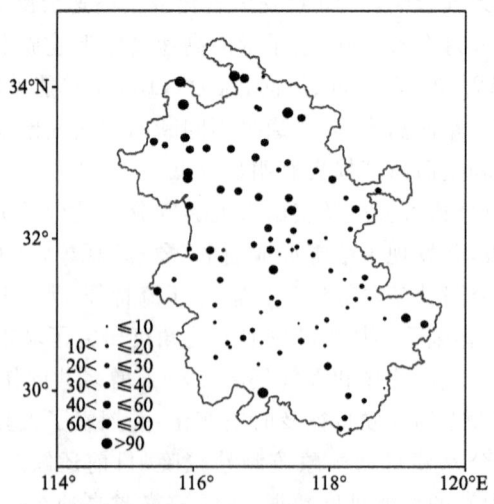

图 1　2012 年安徽省高速公路各站点雾日分布(单位:d)

的分布趋势,与全省气象台站雾日[3-4]历史分布有一定的差异,2012 年大雾多发地区在除了通常的山区路段较多以外,沿淮淮北地区较常年有明显增加。一方面 2012 年全省雾区分布与往年有一定的差异,另外一方面高速公路自动站站点与气象台站分布也有不同。

通过 2012 年各月的平均雾日数(图 2)的月际变化可以看出,全省 10 月份雾日最多,6 月次之,7 月最少。春、秋季节是大雾多发的季节,大雾日数相对于其他冬季和夏季区域差异要小。2012 年夏季相对于其他年份大雾多发,主要是 6 月前期全省北部地区秸秆焚烧增加了地区的烟霾天气,再加上环流形势不利于烟雾的扩散,空气湿度大,增加了烟雾或大雾发生的频率。而冬季北部地区的辐射雾明显要多于南部(图略)。

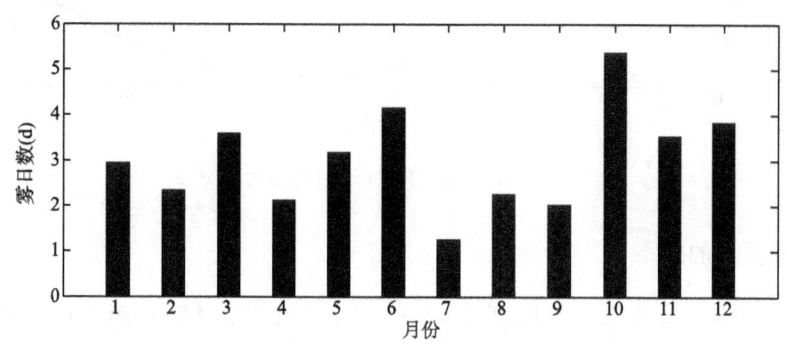

图 2   2012 年安徽省高速公路自动站平均雾日数逐月分布

2.2   大雾发生范围

通过大雾发生的台站数来反映安徽省大雾发生的范围,得到如表 1 所示的分布状况,可以看出 2012 年共发生了 83 次超过 12 站的大雾天气,9 次 62 站以上的大范围大雾天气。能见度低于 200 m 的浓雾或强浓雾对交通影响较严重,1/3 以上的台站发生 200 m 以下的浓雾也有 6 次,其中有两次超过 12 站有 50 m 强浓雾,分别是 6 月 12 日合肥以北地区受烟雾影响,大部分路段能见度均降至 200 m 以下,22 站能见度降至 50 m 以下;而 10 月 28 日发生全省大范围的大雾天气,有 20 站有 50 m 以下强浓雾,而该天有 67 站有 200 m 以下的浓雾。

表 1   不同等级大雾发生范围的日数(d)

能见度	1~12 站	12~31 站	31~62 站	>62 站
1000	220	57	17	9
500	229	36	10	6
200	183	17	5	1
50	57	2	0	0

2.3   大雾持续时间及发生时间分布

从大雾持续时间来看,小于 1 小时的有 796 站次,依据定义持续时间也超过半小时;70% 的大雾在 4 小时以内,17.4% 在 4~8 小时,而有 10% 的持续时间在 8~12 小时,超过 12 小时的大雾有 79 站次,长时间的低能见度尤其是白天随着车流量的增加,大雾对交通运输影响更严重。

对 7 万多条低能见度数据分析发现,一天中大雾发生时段概率最高的是 5 时至 7 时,最低的是白天的 10—18 时。夜里概率缓慢增加,0 时后增速加快,至 5 时、6 时达到最高,8 时过后迅速降低(图 3)。这与安徽省多辐射雾的特点相关。

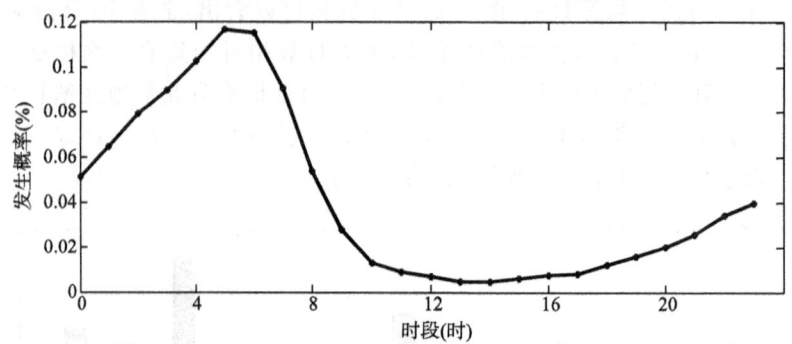

图 3　2012 年高速公路 24 小时有雾时段分布

2.4　雾和其他要素的关系

统计表明,2012 年发生大雾时风速在 2 m/s 以下的比例占 86%,而 1 m/s 以下比例则降至 40%。95% 的大雾发生在 25℃ 以下,一方面是大雾多发生于夜间至清晨,另一方面也说明夏季大雾也相对少;99.5% 的大雾发生在 1℃ 以上,而约有 1/5 的大雾发生在 1~5℃。雾是由空气中的水滴组成的,与相对湿度有直接关系,本文由于通过采用相对湿度对数据进行了筛选,所以不分析相对湿度与大雾的关系。

3　雾对交通运输的影响

交通管制是交通管理部门出于安全的原因对于部分或者全部路段的车辆和人员进行的控制措施,安徽省高速公路采取管制措施中大多是由于恶劣天气造成的,分析管制原因、频率、持续时间能直接反应恶劣天气对交通运输的影响。

分析 2012 年由天气影响而导致的交通管制原因,因大雾而造成的管制比例达到 40%,高于其他天气,加上烟雾、雨雾,这一比例则达到 60%,说明低能见度是影响安徽省交通运输的主要天气因素。

考虑低能见度对交通运输的影响,通过服务经验和专家评估办法,按照如下的公式换算管制时长:

$$L = Tc_1 + 0.6Tc_2 + 0.4Tc_3 + 0.2Tc_4$$

式中,L 表示管制时长,由于管制等级以三级管制为主,一般实际时长要高于这一数值;Tc_1,…,Tc_4 分别表示一级到四级管制。由于雨雾主要是受降水影响,统计的低能见度信息主要是雾和烟雾,得到图 4 所示的管制空间分布图。

可以看出影响较高的路段高值区位于安徽省北部、西部,基本符合能见度数据统计特点。沿淮西部的 G36 宁洛高速亳州段、G35 济广高速阜周段、S12 滁新高速和大别山区的 G42 沪蓉高速六武安徽段,皖南山区的 G3 京台高速铜汤南段(太平湖至谭家桥段),前面三条路段所处地区有雾和烟雾的共同作用,后面两条路段受地形影响较为明显,均为多山区路段。G50 沪渝高速沿江西段、高界段、宣广段,G3 京台高速合庐铜段、汤屯段,G56 徽杭段等路段管制信息则相对较少。G35 济广高速周六段开通较晚,G25 长深高速天长段在安徽较短,管制数据可能相对较少。

　　管制信息与低能见度信息进行对比可以看出,G3 京台高速合庐段丰乐站,G35 济广高速花园站,G50 沪渝高速宣广段广德、十字铺站等站点存在差异较大,这些站点低能见度数据的真实性需要进一步核对。

图 4　2012 年安徽省高速公路雾天管制时长分布

4　结论与讨论

　　通过对能见度数据的分析表明,2012 年安徽省高速公路沿淮淮北地区发生大雾次数较多,全年平均有 36.5 天雾日,10 月份雾日最多而 7 月份最少。2012 年 2/3 以上站点发生大雾达到了 9 次,大雾持续时间多在 4 小时以内,而发生时间多在夜间至清晨。大雾发生时的气温、风速、相对湿度等气象要素也有一定特点,大多情况下风速小于 2 m/s,而气温多在 1～25℃。交通管制信息基本验证了安徽省高速公路低能见度分布特点,但是南部部分自动站数据需要进一步考查。

　　影响数据质量的因素多种多样,本文用相对湿度对数据进行初步的质量控制,还存在很多缺陷,需要进一步研究。低能见度是由于大雾、烟雾、雨雾和降雨等因素造成的,由于高速公路影响较大的主要是大雾,本文没有细化,需后续深入研究。

参考文献

[1]　袁成松,梁敬道,焦盛明,等.低能见度浓雾监测、临近预报的实例分析与认识.气象科学,2007,**27**(6):661-665.

[2]　吴彬贵,解以扬,吴丹朱,等.京津塘高速公路秋冬季雾气象要素与环流特征.气象,2010,**6**(6):21-28.

[3]　石春娥,杨军,邱明燕,等.从雾的气候变化看城市发展对雾的影响.气候与环境研究,2008,**13**(3):327-336.

[4]　陶寅,王胜,田红,等.安徽省大雾时空分布特征及其发生的气象条件.地理科学,2012,**32**(3):374-379.

甘肃省汛期精细化高速公路降水预报方法研究分析

刘　抗[1]　胡文超[1]　张　宇[2]　王有生[1]　王冬梅[1]　闫昕旸[1]

(1. 甘肃省气象服务中心,兰州　730020;2. 中国气象局兰州干旱气象研究所,兰州　730020)

摘　要:利用中国气象局数值预报中心下发的 T639 全球谱模式数值预报产品,以及甘肃省汛期 676 个区域站的降水资料,首先进行释用,然后通过建立多元线性逐步回归方程,得到甘肃省 2013 年 5 月,时效 0～72 小时,时间间隔 6 小时的逐日降水预报。并通过降水预报检验分析发现,各时次的降水预报在甘肃河西地区及中部的预报效果最好,河东以东的部分地方预报效果相对较好,高原边坡地带的部分市州预报效果相对偏差。而且释用后的精细化降水预报在后期制作甘肃省汛期高速公路预报时具有一定的参考意义和使用价值。

关键词:区域站降水;模式释用;高速公路预报

引　言

随着经济的快速发展,交通运输在整个国民经济发展中的基础作用越来越重要。其中高速公路运输因其快捷、高效的特点,在交通运输业中占有举足轻重的地位。而高速公路安全运营在很大程度上受到气象条件的影响和制约,特别是在全球气候变暖的大背景下,台风、暴雨、高温、大雾、暴风雪、冰冻、沙尘暴等灾害性天气及其衍生灾害日益增多,高速公路上因恶劣天气造成的交通事故占总事故的 1/4 左右,直接威胁到人民群众的生命财产安全[1-2]。天气因素造成的道路交通事故也越来越多地受到国内外专家的关注。欧美和中国等国在对交通事故的分析指出,与不良天气条件有关的事故数,特别是发生在灾害天气发生时交通事故率占到 19%～22%,特别是 2008 年,由于全国极端恶劣天气多发,由天气直接或间接导致的高速公路交通事故率高达 35.19%,其中 43.43% 的死亡人数、48.84% 的受伤人数和 38.45% 的直接经济损失均发生在降雨、降雪、浓雾、高温、低温等恶劣的天气环境中[3]。

甘肃省高速公路东西跨越较大,下垫面复杂多变,每年汛期各高速路段都不同程度地受到降水以及降水衍生的地质灾害的影响,部分高速路段毁坏严重或封闭停运。而当前,甘肃省气象服务中心以县站为主的高速公路天气预报已经很难满足防灾减灾、交通运输的服务需求。在现代天气业务快速发展的新形势下,以高时空分辨率的数值预报为基础,使用 MOS 数值预报释用技术[4-6],得到客观化、定量化、精细化的降水预报结果,建立甘肃省汛期精细化客观要素预报,向全省各高速路段提供高效、优质、准确、及时的专业气象预报服务,为甘肃省经济的进一步发展提供有力的保障,而且势在必行。

鉴于此,本文尝试利用中国气象局数值预报中心下发的 T639 全球谱模式数值预报产品

资助项目:2013 年甘肃省气象服务中心科技创新基金(2013-08)

和甘肃省汛期 676 个区域站的降水资料进行释用,降水预报由原来的城市细化到乡镇,研发基于 MOST639 的汛期区域站降水预报产品,为下一步专业化、精细化的高速公路预报服务提供技术支撑,提升单位在汛期的专业气象服务能力。

1 资料与方法

1.1 资　料

本文采用中国气象局数值预报中心下发的 T639 全球谱模式数值预报资料,时间为 2010 年 4 月 1 日—2012 年 9 月 30 日,空间范围 0.0—72.0°N,27.0—153.0°E,垂直分层 12 层,网格分辨率 0.5625×0.5625;根据建站时间和数据的完整性,选取甘肃省 676 个区域站(图 1)逐 6 小时降水资料,时间为 2010 年 4 月 1 日—2012 年 9 月 30 日。

对比图 1 和图 2,可以看到甘肃中部及河东地区,区域站基本覆盖全省高速公路,达到精细化的要求。

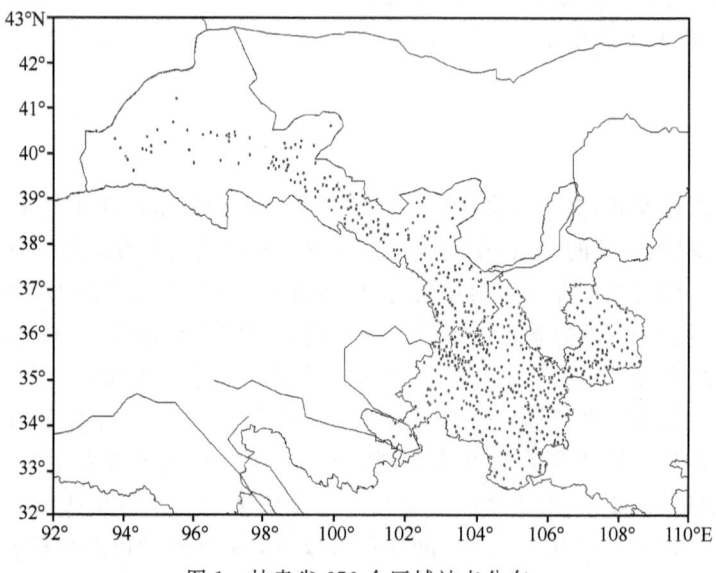

图 1　甘肃省 676 个区域站点分布

1.2 方　法

MOS 预报方法是指在模式预报的基础上结合实况观测资料,通过统计方法建立预报模型,并在此基础上给出预报服务需要的预报结果。它是业务应用中的主要方法,在国家气象中心和很多的省级业务部门都有应用。MOS 方法包括回归、判别、聚类等多种统计预报方法,但由于多元回归方法在实际业务中应用更为普遍,所以 MOS 方法更多的时候是指多元回归方法[7]。

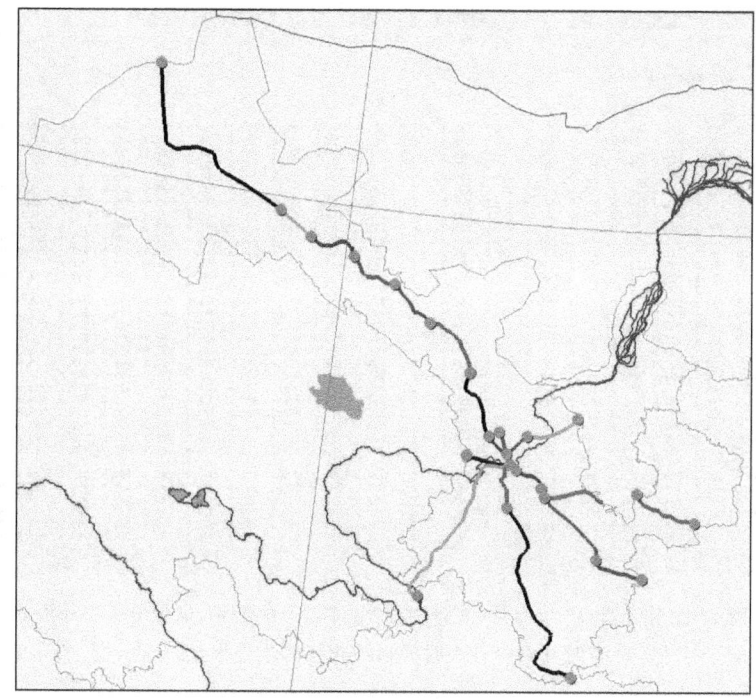

图2　甘肃省高速公路分布

2　建模及预报结果输出

本文针对 2013 年 5 月的降水进行建模及预报输出。

2.1　建　模

考虑降水资料的连贯性及逐 6 小时的特点,所以按月建模时,分别取当月、前一个月下旬、后一个月上旬共计 50 天左右的样本资料,建立 2013 年 5 月逐 6 小时的降水预报模型。另外,方程可选最大因子数设置为 25 个。

2.2　预报结果输出

在建模的基础上,对 2013 年 5 月每天逐 6 小时降水进行预报输出,得到甘肃省 2013 年 5 月 676 个区域站,时效 0～72 小时,时间间隔 6 小时的逐日降水预报(图3)。

目前,预报产品以精细化报文的格式存放。可向甘肃省省级预报指导业务示范平台、甘肃省气象局业务产品网、中国天气网甘肃站提供 4—9 月,每天 0～72 小时,时间间隔 6 小时的降水预报;可转换成多种预报服务产品,支持文本直接读取、MICAPS 调阅,GRADS 自动绘图等。

从图 4、图 5 可以看到,时间间隔 6 小时的精细化区域站降水预报的范围已经可以满足甘肃省高速公路预报的制作。另外,产品的预报量级普遍偏小,且由于 MICAPS3 数据显示原因,降水量略有偏移。

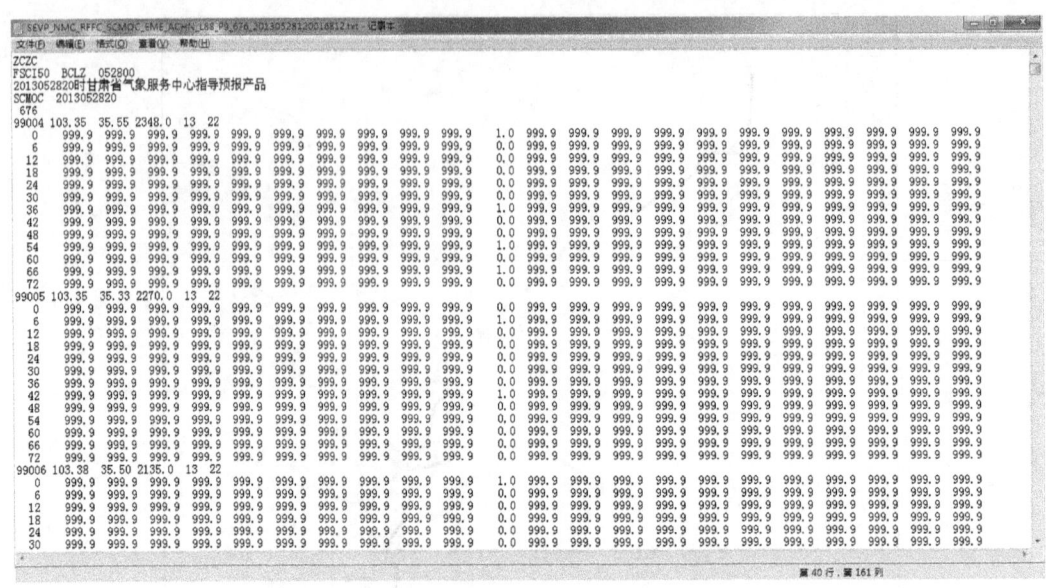

图 3　甘肃省 2013 年 5 月 28 日 20 时起 676 个区域站,时效 0~72 小时,
时间间隔 6 小时的精细化降水预报报文

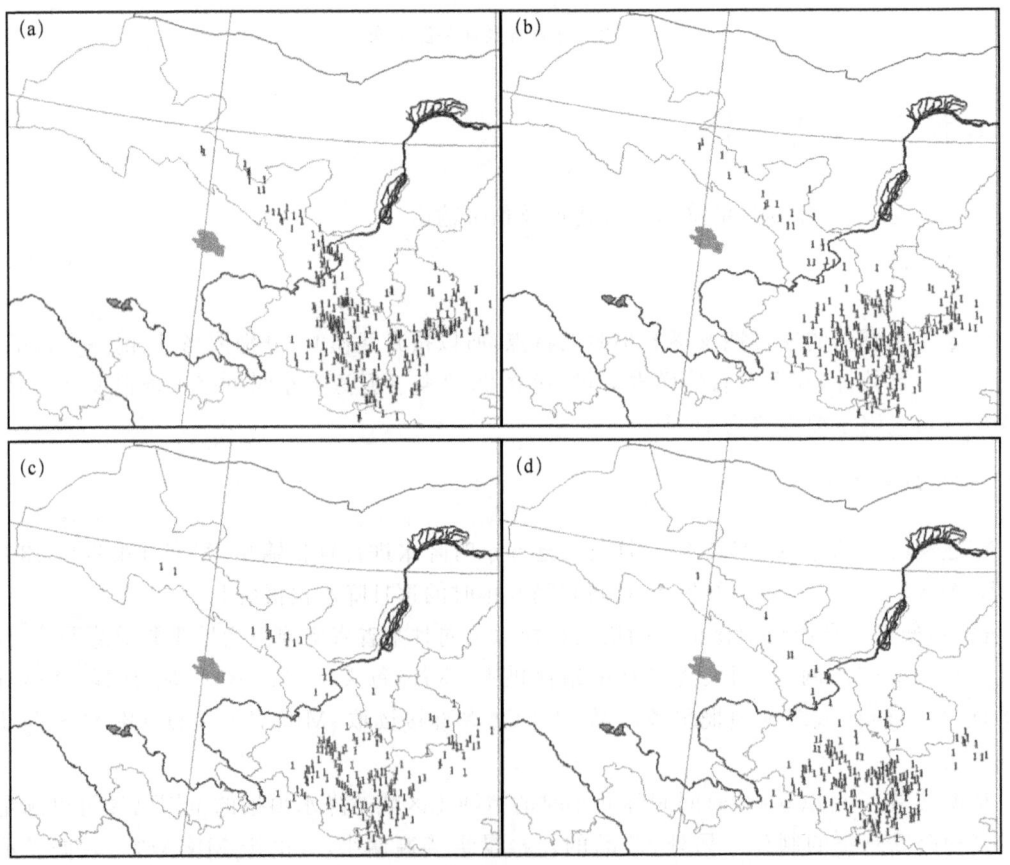

图 4　MICAPS 格式时间间隔 6 小时的精细化降水预报产品

(a)2013 年 5 月 28 日 14 时;(b)28 日 20 时;(c)29 日 02 时;(d)29 日 08 时

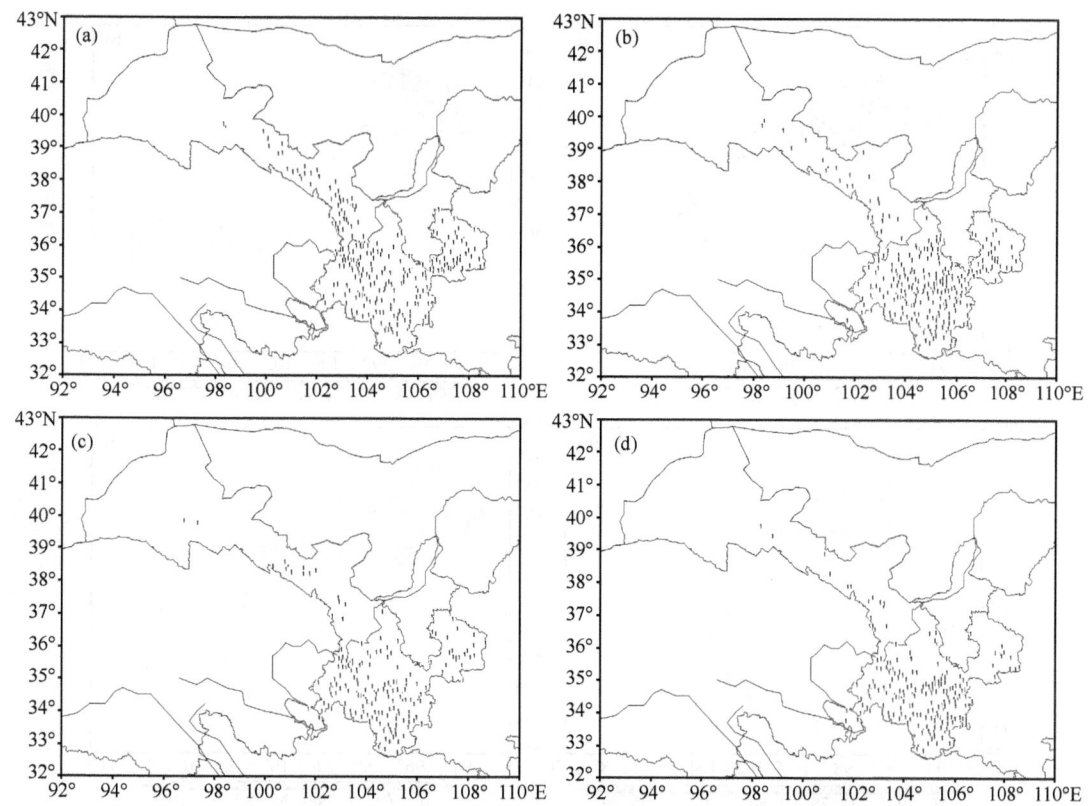

图5　GRADS自动生成时间间隔6小时的精细化降水预报产品

(a)2013年5月28日14时；(b)28日20时；(c)29日02时；(d)29日08时

3　降水预报检验

对于精细化区域站降水预报的检验,以中国气象局定义的累加降水 TS 检验为主,包括:

$$TS\ 评分:TS_k = \frac{NA_k}{NA_k + NB_k + NC_k} \times 100\%$$

式中,NA_k 为预报正确站(次)数;NB_k 为空报站(次)数;NC_k 为漏报站(次)数。

4　预报结果分析

对甘肃省 2013 年 5 月 676 个区域站,时效 0~72 小时,时间间隔 6 小时的逐日降水预报进行检验分析。

从图 6a 中可以看到,000 时降水预报在甘肃河西地区的预报效果较好,基本与实况一致,而河东地区略有减低,特别是甘南、陇南两州市的预报效果与实况相差很大。

从图 6b 中可以看到,006 时降水预报在河西地区以及定西、天水、陇南三市的局部地方效果较好,甘南地区的预报效果较差。

从图 6c 中可以看到,012 时降水预报整体有所提高,定西、临夏、甘南三市州的部分地方预报效果较好,而陇南、平凉两市的局部地方预报效果较差。

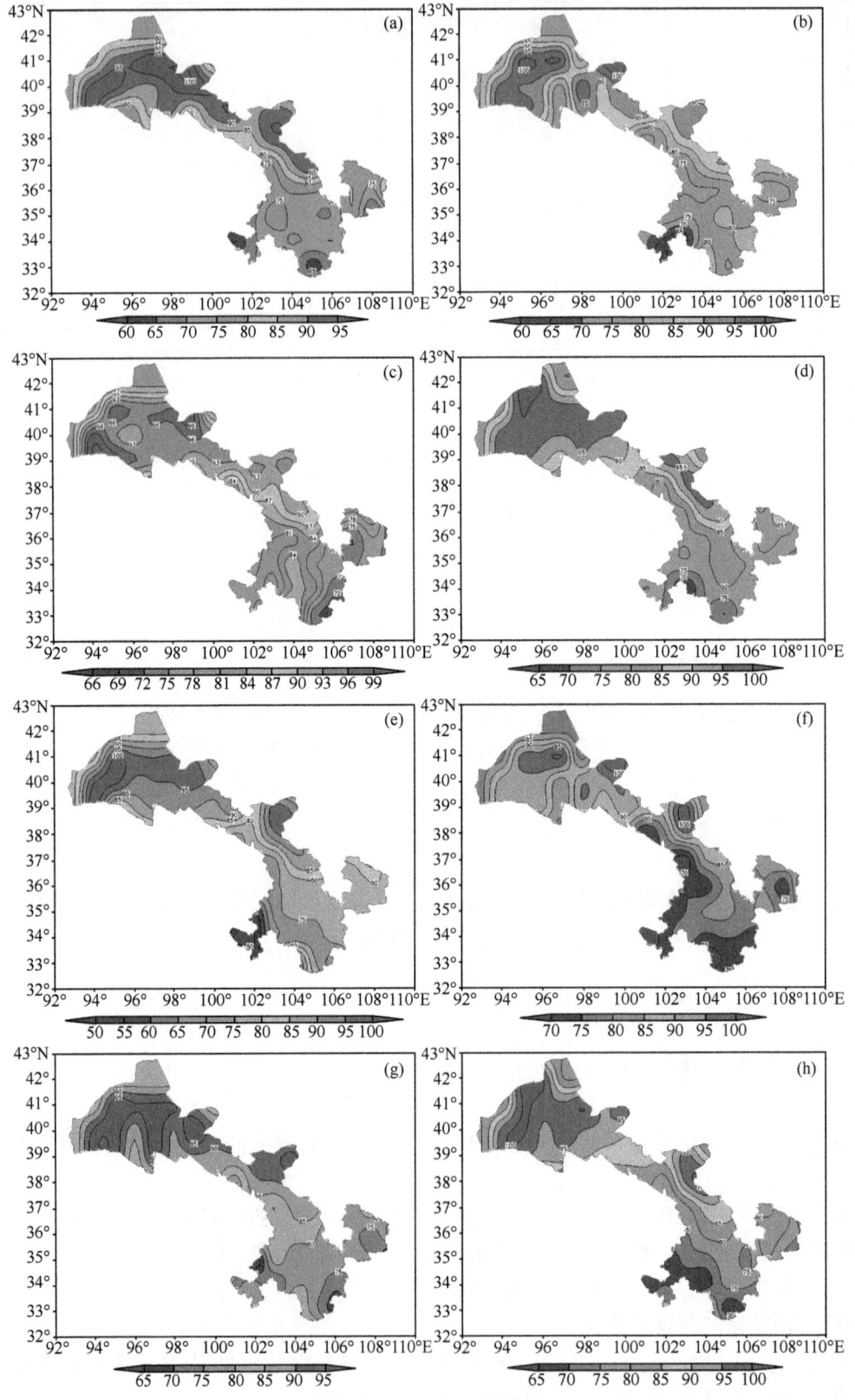

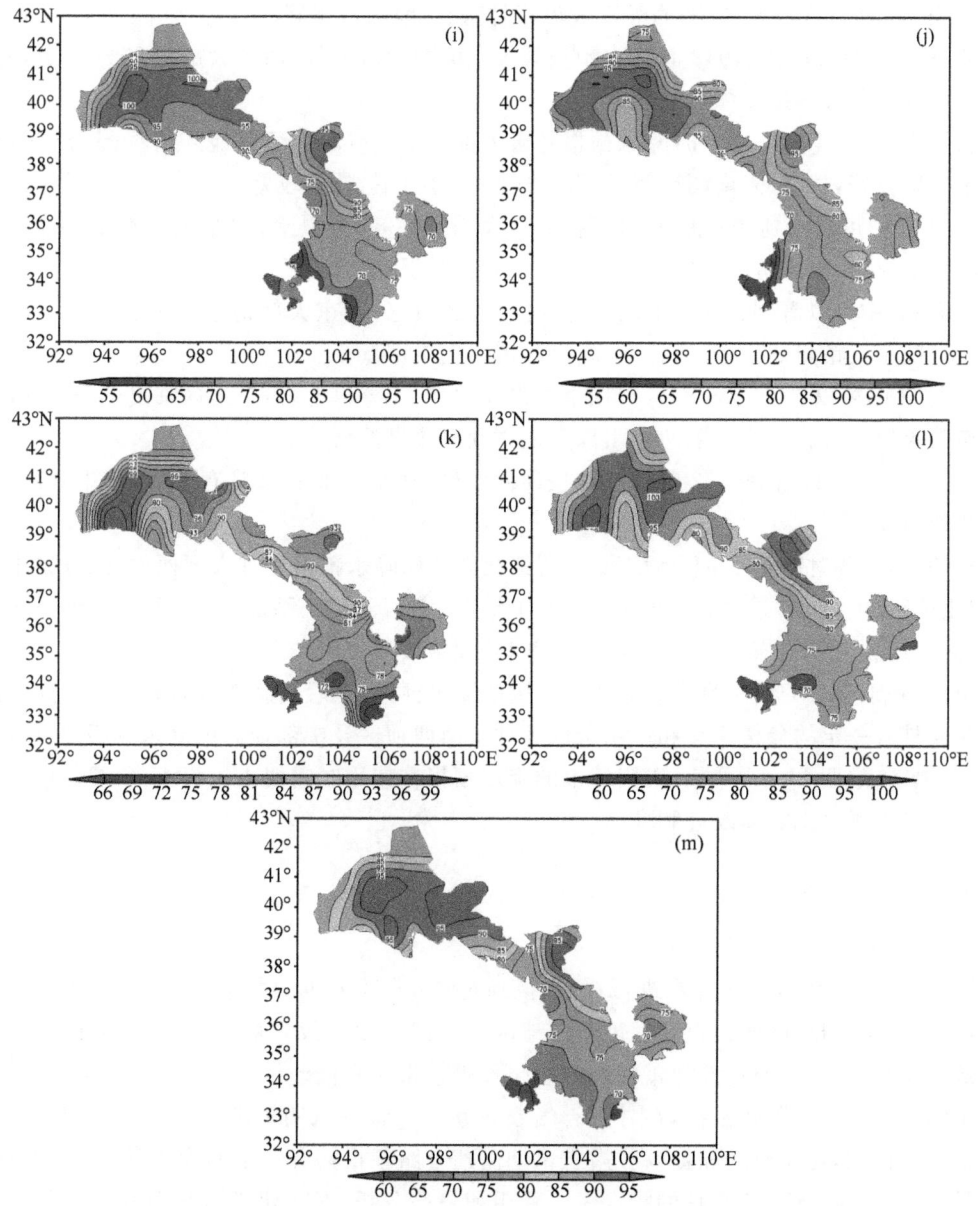

图6　2013年5月676个区域站,时效0~72小时,时间间隔6小时降水预报检验(单位:分)

(a)000 时;(b)006 时;(c)012 时;(d)018 时;(e)024 时;(f)030 时;(g)036 时;(h)042 时;

(i)048 时;(j)054 时;(k)060 时;(l)066 时;(m)072 时

从图6d中可以看到,018时降水预报在河西地区、定西、天水、平凉、庆阳等市效果较好,甘南州效果略低。

从图6e中可以看到,024时降水预报在甘肃大部的效果较好,而在临夏、甘南、陇南三市的效果较差,甘南州的效果最低。

从图6f中可以看到,030时降水预报整体有所下降,主要表现在陇南及高原边坡地带的甘南、临夏两州效果较低。

从图6g中可以看到,036时降水预报效果较好,河西大部都在80分以上,河东大部在

75~80 分,临夏、定西、天水、平凉等市效果较甘南、陇南两市州好。

从图 6 h 中可以看到,042 时降水预报效果在河西地区较好,河东大部在 70~80 分,甘南、陇南两市部分地方预报效果依然较低。

从图 6i 中可以看到,048 时降水预报甘肃大部在 70 分以上,河东地区定西、天水、平凉、庆阳等市效果较好,甘南、陇南两市州局部地方在 60 分以下,效果较差。

从图 6j 中可以看到,054 时降水预报河西大部都在 80 分以上,河东大部在 70~80 分,定西、天水、平凉、庆阳等市效果较好,甘南州在 60 分以下,效果偏低。

从图 6k 中可以看到,060 时降水预报河西地区较好,河东大部地区主要在 70~80 分,临夏、天水、庆阳三市州效果较好,甘南、陇南两市州效果偏低。

从图 6l 中可以看到,066 时降水预报甘肃大部在 70 分以上,河东地区临夏、天水、陇南、平凉等市效果较好,而甘南、庆阳两市州部分地方预报效果偏低。

从图 6m 中可以看到,072 时降水预报河西较好,河东大部效果略有下降,其中甘南、陇南两市州效果偏低。

总的来看,各时次基于 MOST639 的精细化区域站降水预报在甘肃河西地区、甘肃中部兰州、白银两市的预报效果最好,而在甘肃河东地区,定西、天水、平凉、庆阳等市的预报效果较好,在高原边坡地带的临夏、甘南、陇南三市州的预报效果相对较差。

所以,基于 MOST639 的汛期精细化区域站降水预报,在后期制作甘肃省汛期高速公路预报的时候具有一定的参考意义和使用价值。甘肃河西地区及中部地区的降水预报可以直接使用;河东地区,定西、天水、平凉、庆阳等市的降水预报在使用时需要人工订正;临夏、甘南、陇南三市州的降水预报则需要改进和提高。

5   结   论

对 T639 模式和区域站降水进行释用,得到时效 0~72 小时,时间间隔 6 小时的降水预报结果,经过检验分析,降水预报在甘肃河西地区及中部的预报效果最好,河东以东的部分地方预报效果相对较好,高原边坡地带的部分市州预报效果相对偏差。

精细化的区域站降水预报,在甘肃省气象服务中心做好汛期精细化气象服务保障的时候具有很大的作用,对于改进和提高甘肃省汛期高速公路预报具有一定的参考意义和使用价值。

目前,只针对 2013 年 5 月的降水做了释用和检验分析,对于汛期其他月份的预报效果还需在今后进一步完成。另外,精细化区域站降水预报对于甘肃省汛期精细化高速公路预报的技术支撑也将在今后一并完成。

参考文献

[1] 李岚,唐亚平,孙丽,等.辽宁省高速公路不良气象条件分析及服务探讨.气象与环境学报,2010,26(1):
     49-53.

[2] 张朝林,张利娜,程丛兰,等.高速公路气象预报系统研究现状与未来趋势.热带气象学报,2007,23(6):
     652-658.

[3] 王静,白静玉,段丽,等.我国交通出行事件的天气影响初析//第 28 届中国气象学会年会—S10 公共气

象服务政策体制机制和学科建设.2011.

[4] 刘世祥,陶健红,张铁军,等.西北区秋季短期气象要素客观预报检验评估.干旱气象,2010,**28**(3):346-351.

[5] 张秀年,曹杰,杨素雨,等.多模式集成MOS方法在精细化温度预报中的应用.云南大学学报(自然科学版),2011,**33**(1):67-71.

[6] 陈贝,张勇,詹晓琴,等.MOS预报方法研究.四川气象,2005,**92**(2):6-8.

[7] 赵声蓉,赵翠光,赵瑞霞,等.我国精细化客观气象要素预报进展.气象科技进展,2012,**2**(5):12-21.

贵州低能见度天气的统计特征及对交通的影响

唐延婧　夏小玲　谢清霞　廖　波

(贵州省气象服务中心,贵阳　550002)

摘　要:为进一步开展交通气象低能见度研究提供背景数据,对近 5 年贵州低能见度天气进行分类统计。研究发现,贵州大雾以上强度较大的低能见度天气多发在秋冬,浓雾的时空分布较为特殊。锋面雾、辐射雾、地形雾等其他类型雾频发季节不同,分别为冬、秋、春季;频发区域锋面雾西多东少,多在静止锋后及锋面附近;辐射雾东多西少,主要在海拔低处;地形雾等集中在大方、开阳、万山,多由冷空气引起。大范围雾在秋、冬季较多,小范围雾日约占总数一半,以地形雾等局地单点雾为主。辐射雾更易影响大范围区域,强浓雾 62.9% 发生在大范围辐射雾中。用能见度系数 W 定量表征低能见度天气对交通的影响,分析发现,锋面雾的高发站点也是对交通的高影响站点;辐射雾相对锋面雾来说,对交通的影响更大;地形雾等其他类型雾的高发站点 W 都较高,对交通影响严重。

关键词:低能见度;交通;锋面雾;辐射雾;地形雾;浓雾;能见度系数

引　言

随着我国交通事业的发展,低能见度对交通的影响越来越显著。低能见度天气易造成高速公路运输受阻,甚至出现交通事故、人员伤亡。国内开展了很多低能见度方面的天气、气候特征方面的研究[1-5]。贵州省是全国 14 个预防重特大道路交通事故的重点省份之一,也是雾发生频繁的地区。罗喜平等[6]指出贵州年平均雾日为 30 天,吉廷艳等[7]指出镇胜高速晴隆到普安附近雾日明显偏多。

贵州省地形复杂,水网交纵,下垫面复杂性和山区地形的影响使得贵州省雾的时空分布不均,有很强的地域差异,除常见的辐射雾外,有的地方如六盘水市的梅花山常年都有地形雾。地处云贵高原斜坡上的贵州,冬半年经常受到地域性天气系统——滇黔静止锋影响,锋后大片区域经常出现锋面雾。因此有必要按照雾的类型分类统计研究。另外,能见度小于 200 m、100 m 对高速公路交通运输造成的危害更大,因此需要进一步深入研究不同等级雾日的统计特征及其变化趋势。

本文对高速公路快速发展的近 5 年时间内的低能见度天气做了分类、分等级统计分析,研究其时空分布等气候特征,分析出地形原因引起的局地性低能见度天气高发区域,为进一步开展贵州省交通气象低能见度研究提供背景依据。为今后业务工作需要,提出能见度系数的概

资助项目:贵州省科技厅项目(黔科合 J 字〔2013〕2148 号);中国气象局预报员专项项目(贵州高速公路低能见度天气预报技术研究)

念,以统计结果表征雾的强度概率,并对贵州省内雾对交通的影响做了综合评价。

1 资料选取

资料选取 2008—2012 年 5 年期间贵州全省 84 个县级以上气象站点的逐日 3 个时次(08 时、14 时、20 时)地面气象要素资料作为统计对象。由于 02 时贵州省只有 34 个国家基准站有能见度观测记录,因此统计时不考虑 02 时资料。本文讨论的低能见度天气是一天中任一时次有任一站点的能见度记录小于 1 km 的天气,天气现象主要为雾和雨,为表述方便统称雾日。

按照能见度大小划分低能见度天气为 4 个等级(表 1)。按照一般规定,能见度不足 50 m 为强浓雾,但本文统计中发现常规地面观测资料中的能见度小于 100 m 时,记录中往往不再细分为几十米,因此本文将强浓雾定义为能见度在 100 m 以内,对轻雾不做讨论。

根据雾等低能见度天气过程天气形势特征和日常分类法,将雾分为锋面雾、辐射雾、地形雾等不同类型,其中包含了毛毛雨形成的雨雾。一天中出现不同类型的雾,按主要的类型统计雾日。

由于山区地形复杂,常出现小范围的低能见度天气,对行经影响区域内的车辆造成视程障碍,且有的地方常年有局地性的雾或雨雾出现,其发生规律值得进一步研究。此前对贵州省区域内小范围低能见度天气没有细分研究,本文将低能见度天气过程按照单日出现站点的多少来划分范围,其中冬半年(10 月—次年 3 月)较易发生雾,因此大范围雾日的标准与夏半年(4—9 月)不同(表 1),出现强浓雾站点时,大范围雾的标准可略放宽。

表 1 低能见度天气划分

等级	能见度 v(km)	类型	范围	冬半年	夏半年
雾	$0.5<v\leqslant1$	锋面雾	小范围	单日≤5 站次,且单时≤3 站次	
大雾	$0.2<v\leqslant0.5$	辐射雾	中等范围	介于小范围和大范围之间	
浓雾	$0.1<v\leqslant0.2$	地形雾等	大范围	单日≥15 站次或单时≥10 站,连续多日的可允许单日 10 站次,单次 8 站次	单日≥10 站次或单时≥8 站,连续多日的可允许单日 8 站次
强浓雾	$\leqslant0.1$	其他类型			

2 低能见度天气的分等级统计特征

统计表明,2008—2012 年,共有 1389 天有低能见度天气出现,年均 277.8 天,占全年的 76%。从 5 年平均值的年际变化来看(图略),每年的 12 月(27.2 天)到 1 月(28 天)是高峰期,其次,10 月到 11 月的年平均日数也在 25 天以上,7 月(16.7 天)到 8 月(18.4 天)则较少有低能见度天气发生。

从年平均雾日的分布来看(图 1),贵州省雾的分布局地性明显,年平均雾日 21.6 天。全省 63.1% 的站点年平均雾日都在 10 天以上,16.7% 的站点年均雾日在 30 天以上。雾日最多的超过了 100 天,为大方(155.8 天)、万山(208.4 天)和开阳(121.2 天)。虽然本文没有考虑 02 时资料,会使雾日统计较实际略偏少,但相比罗喜平[6]得出的 29.9 天的 44 年平均雾日,近 5 年的雾日(21.6 天)仍然较常年明显偏少;这与罗喜平指出的年雾日呈减少的年际变化趋势相符;60 天以上的站点明显减少,但万山雾日却有明显增加。

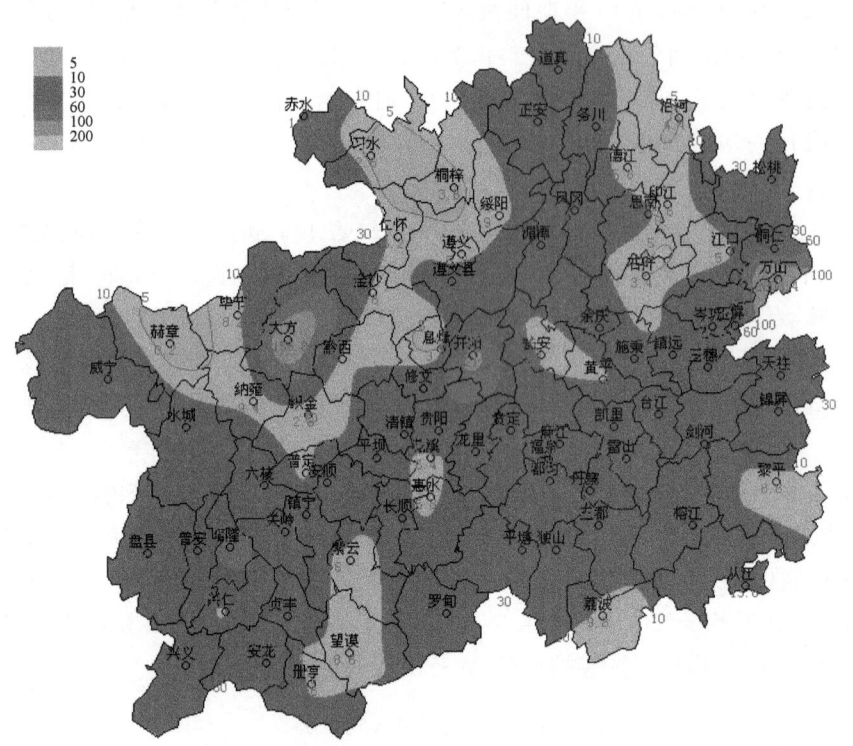

图 1 贵州省近 5 年年均雾日分布(单位:d)

2.1 不同等级低能见度天气的年际变化

实践证明,对交通造成严重影响的多是浓雾和强浓雾。能见度低于 200 m,即达到浓雾时,交管部门就要对车辆实行限速,因此将低能见度天气按能见度大小划分为 4 个等级。

从图 2 可见,雾的月变化幅度最小,高发时段为秋冬季 11 月—次年 1 月,一年四季都有雾的发生。大雾、浓雾的月变化相近:都在 7 月份最少发生时段,高发时段都在秋冬季,但浓雾变幅较大,高发时段更多。大雾 11 月—次年 1 月高发;浓雾 2 月、3 月发生频繁,达 80% 以上,为浓雾最易发生的时段,10 月份也为高发时段。浓雾在 10 月、2 月、3 月的频次甚至超过了大雾,可见贵州省冬季浓雾发生尤其频繁。强浓雾频次明显偏低,多在 10% 以下,7 月频次接近 0,11 月和 2 月为易发时段,11 月频次接近 20%。值得注意的是,每个月,即使在 7 月、8 月,都有发生强浓雾的可能,甚至在 8 月有一个小峰值。但统计中也发现强浓雾发生频次每年的差异较大。

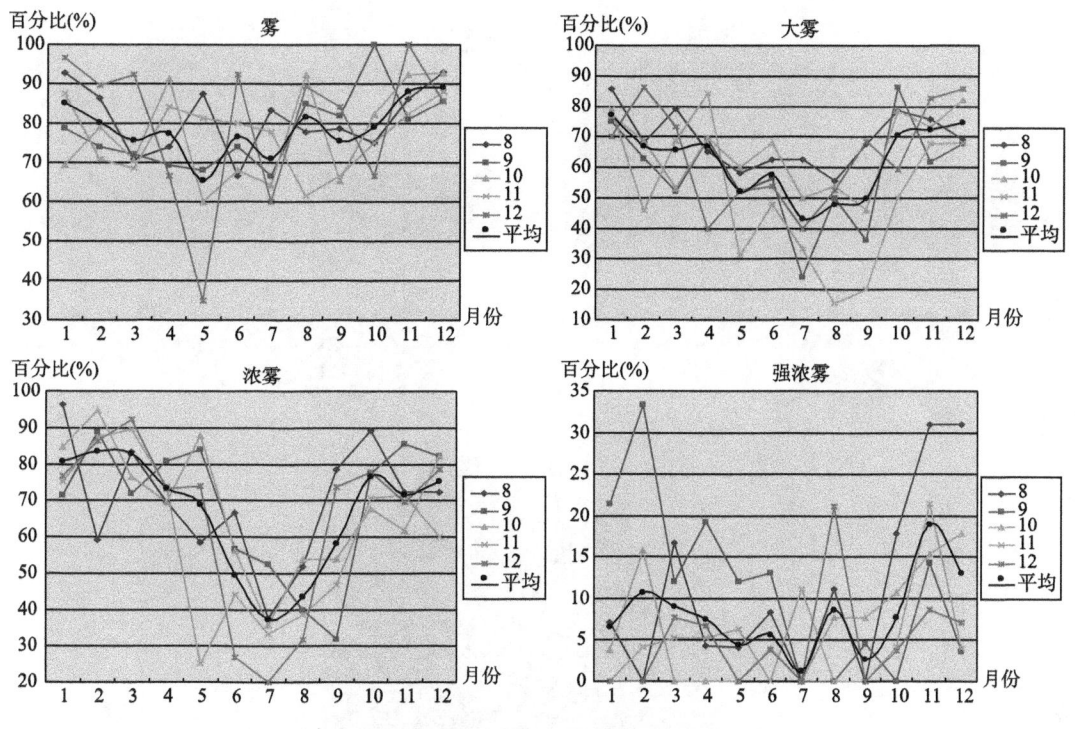

图 2　不同等级雾日的年际频次变化(单位:%)

2.2　不同等级低能见度天气的空间分布

图 3 给出了不同等级雾日的空间分布。各个级别的雾的分布都有很强的局地性,多发区域和少发区域交叉。雾、大雾和浓雾都在大方有一个多发中心。其中雾和大雾的分布相似,只是大雾多发区域较雾的明显收缩。浓雾的分布比较特殊,有多达 5 个站点的年平均日数在 40天以上,除大方外,其余 4 个站点的年平均日数甚至超过了雾和大雾的年平均日数,万山的年平均浓雾日数达到 183.2 天。可见贵州省雾发生的地域性很强,而且多发强度大的浓雾。强浓雾总日数少,以修文为中心的中部和东部的岑巩多发;全省有 26 个站点(占 31%)都有发生强浓雾的记录(图略)。

为进一步了解对交通危害较大的大雾以上级别雾日的发生规律,将不同等级雾日占总雾日的比例做一个比较。结果发现,大多数站点能见度等级和所占比例大小是对应的,即雾发生的比例大于大雾,大雾发生的比例又大于浓雾,这也符合一般的自然规律。但约有39%的站点并非如此。大雾对大部分站点来说都较频繁,占总数>20%,而浓雾发生比例差别很大,更多地集中在几个特定区域:西南部以普安为中心、中部以开阳为中心的区域和东部万山,万山甚至在 87.9%的情况下都出现浓雾。强浓雾发生的比例大多很低,但毕节、岑巩、望谟、修文发生强浓雾的比例都在 10%以上,其中修文发生强浓雾的概率甚至超过三分之一。

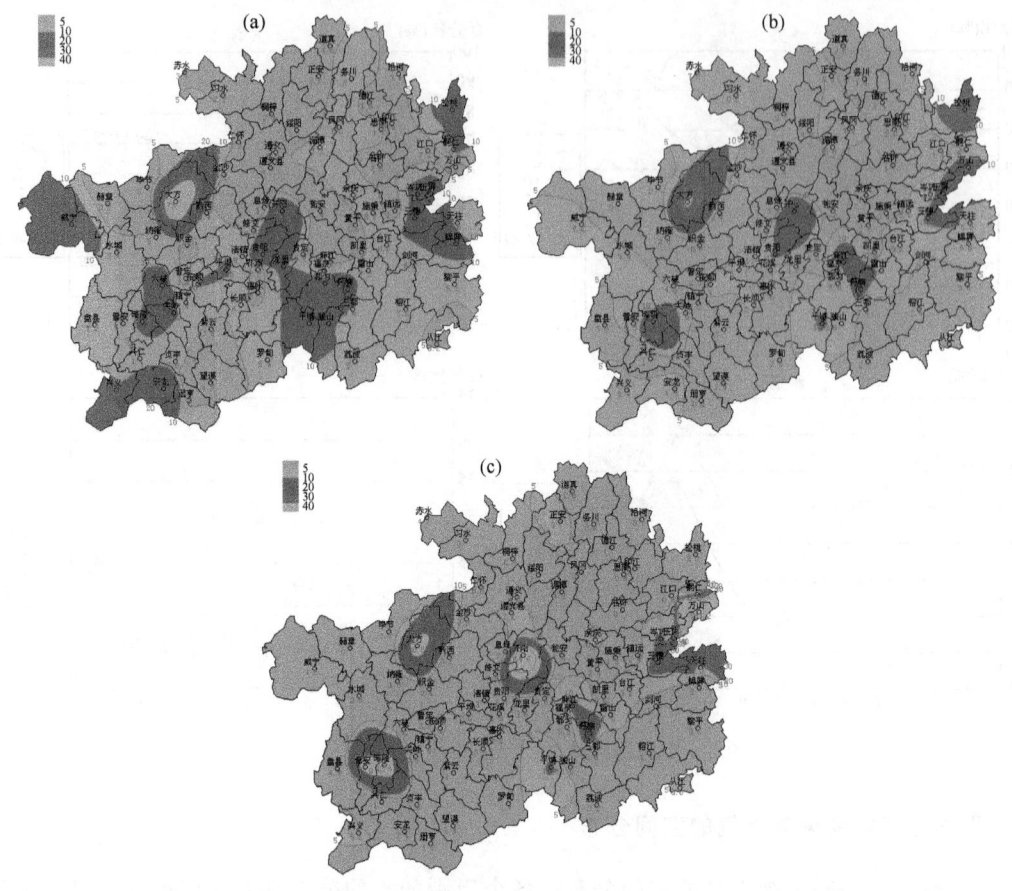

图3　不同等级雾日的空间分布(单位:d)

(a)年平均雾日数;(b)年平均大雾日数;(c)年平均浓雾日数

3　低能见度天气的分类型统计特征

将2008—2012年的雾按地面天气形势划分为锋面雾、辐射雾、地形雾等其他类型的雾三类,发现三种类型的雾各占三分之一左右,其中辐射雾所占比例略多(38.3%),锋面雾、辐射雾、地形雾等其他类型雾的年均雾日分别为84天、106.2天、88天。

3.1　低能见度天气的分类年际变化

各类型雾的年际分布频次见图4。锋面雾的年际变化较大:1月为高峰,频次接近55%,雾日16.4天,即1月一半以上都有锋面雾影响;12月、2月和10月发生也较频繁,7月为低谷。这与滇黔静止锋的季节性特征相符。辐射雾和地形雾等其他类型的雾年际变化较平稳,各月分布较平均。其中辐射雾在11月发生较频繁,9月到12月的平均雾日都在10天以上;而地形雾等其他类型的雾在5月到6月相对略多,夏季也没有低谷,甚至2008年8月还出现过高峰,可见不同季节雾的类型也有不同。

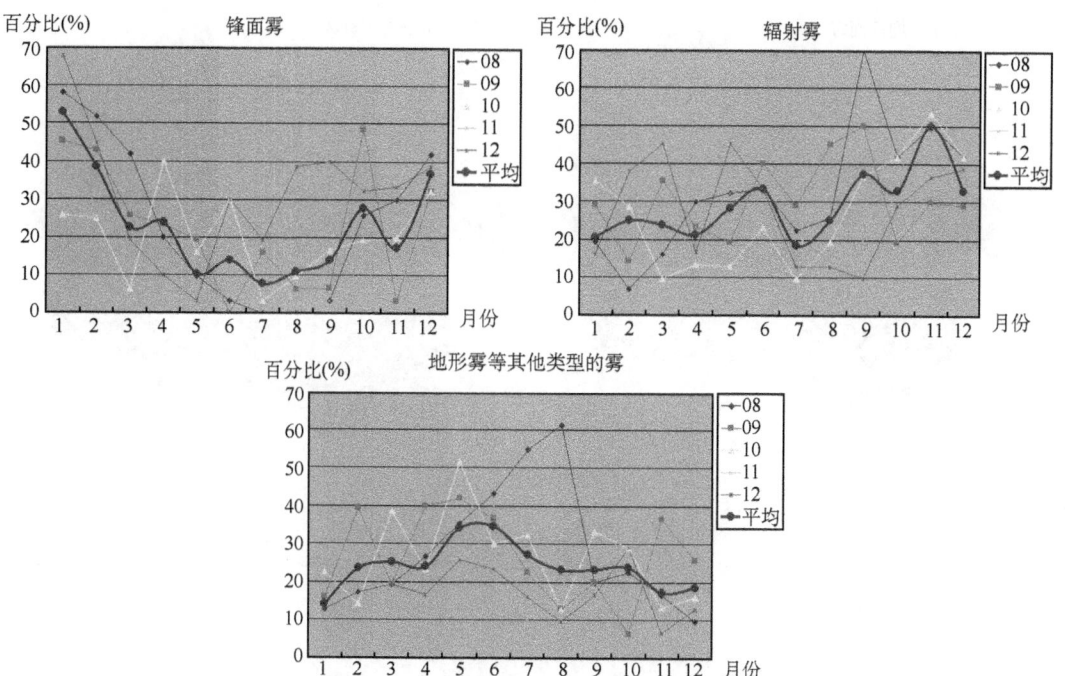

图 4　锋面雾、辐射雾、地形雾等其他类型的雾年际频次变化（单位：d）

3.2　低能见度天气的分类分布特征

图 5 给出了三种类型雾的空间分布图。锋面雾主要分布在中部以西，各地雾日差别明显：东部除万山外的大部分地区年均雾日都小于 1；锋面雾有明显的多发中心，在大方、开阳、丹寨、晴隆和普安一带年均雾日在 30 天以上，大方年均锋面雾日最大（80 天）。按文献[8]的分类法将滇黔准静止锋按所处位置分为 4 型：Ⅰ型静止锋位于昆明附近；Ⅱ型静止锋位于贵州的威宁与昆明之间；Ⅲ型静止锋位于威宁至贵阳之间；Ⅳ型静止锋位于贵州东北部。发现Ⅱ型和Ⅲ型静止锋影响下的锋面雾较多，占 65.5%，其中Ⅲ型最多（37.9%）。锋面雾发生区域与锋面位置对应较好（图略），多在锋面后及锋区附近。锋面雾的成因与平流雾相似：暖湿空气爬升到冷的下垫面上，冷暖空气交汇在近地面形成饱和。低空锋面逆温的存在也为雾的出现提供了可能；锋面附近常出现的毛毛雨，也会造成能见度低，且维持的时间较长。

辐射雾则全省都有一定的发生概率，且差别相对较小。易发区主要在东部、南部，也有三个中心，为松桃、三穗、平塘，年均雾日在 30 天以上，与罗喜平等[9]的研究结论大致相同。文献[9]还指出海拔高度和水网分布与辐射雾分布密切相关，在海拔较低的地区更易发生辐射雾。

地形雾等其他类型的雾则主要集中在大方、开阳、万山，年均雾日都在 50 天以上，万山的年均雾甚至达 171.2 天，一年中有一半的时间出现地形雾或其他类型的雾。经分析发现这三个地方地势相对周围较高，在冷空气影响之际，因高层冷空气最先影响到相对较高的地区，由降温引起水汽凝结成雾，这种情况占到了 70% 以上，具体的成因和规律需要进一步研究。其他地方较少地形雾等其他类型的雾发生。

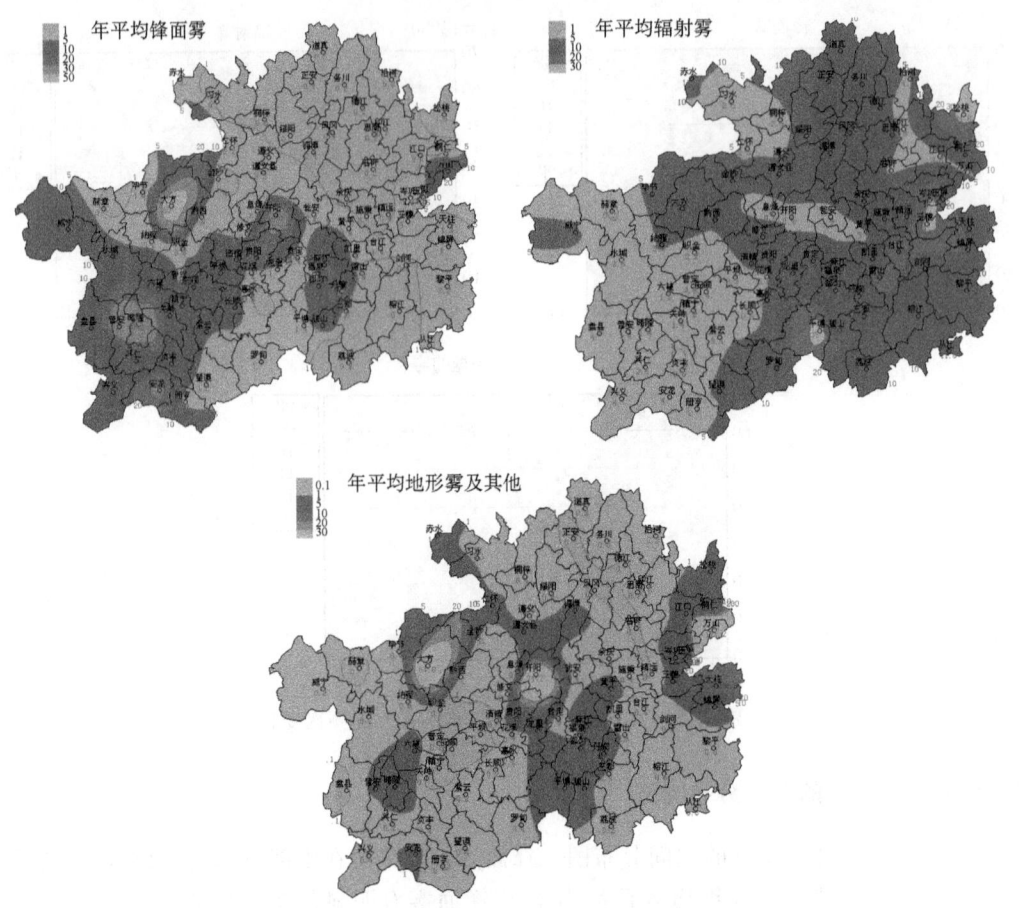

图5　各类型雾的年平均雾日分布(单位:d)

4　不同范围的低能见度天气的统计特征

从各范围雾日的年际变化来看,小范围雾日的年际变化与地形雾及其他类型雾的年际变化相似,大范围雾的年际变化幅度较大,且在秋冬季11月—次年1月较多,7月基本没有大范围雾日出现(图略)。

2008—2012年的年平均数据表明,小范围的雾日占总雾日的51.9%,中等范围的雾日为25.5%,大范围的为22.7%。分析不同范围雾的主要雾类型发现,小范围的雾以地形雾等其他类型的雾为主(50.4%),说明这类雾多是单点局地的。大范围的雾只有辐射雾和锋面雾两类,辐射雾占63.6%。

对交通造成严重影响的浓雾和强浓雾是低能见度天气预报中的重点和难点。因此将浓雾和强浓雾进一步做交叉分析,发现大范围雾日中有96.6%会出现浓雾,27.9%会出现强浓雾,出现浓雾的比例相当高。强浓雾的76.7%发生在大范围雾日中,其中有62.9%发生在大范围辐射雾中。因此在浓雾和强浓雾预报中,要特别关注大范围辐射雾。

5 贵州省低能见度天气对交通影响的综合评价

做出贵州省低能见度天气对交通影响的综合评价,找到低能见度天气对交通影响较重的区域,可为今后业务工作开展提供重要参考。低能见度天气影响(或危险性[10])的主要评价因子包括低能见度天气发生概率、范围、强度、持续时间。为方便业务应用,本文只讨论已知低能见度天气出现范围的情况下,其内各站点雾的强度,即对交通影响多重。

5.1 能见度系数

从前文分析可看出,贵州省低能见度天气的空间分布复杂,不同地区、不同类型的能见度特征差异很大。贵州山区复杂的下垫面和地形造成的小环境影响到雾的出现、分布和严重程度,但在预报中又极难全面而合理地做出综合考虑。以往的经验表明,合理地运用统计结论,是预报业务中行之有效且能化繁为简的方法。因此本文提出能见度系数 W(公式(1))的概念:

$$W = 1 + \sum P_{vi} \times w_i \qquad (1)$$

文献[10]指出,能见度是影响雾的标准化危险性指数的重要参数。因为能见度值的大小不同,造成交通事故的严重程度也不尽相同。参考其能见度权重系数 w_i 的计算方法,本文将能见度 v 按等级赋予系数:0.5 km$<v\leqslant$1 km,$w_1=0$;0.2 km$<v\leqslant$0.5 km,$w_2=1$;0.1 km$<v\leqslant$0.2 km,$w_3=2$;$v\leqslant$0.1 km,$w_4=3$。P_{vi} 为该能见度等级相应的发生频次,W 和 P_{vi} 都是无单位的比值。

设定针对交通服务的能见度预报以达到 1 km 起报,0.5 km 开始对交通有影响。当某站点发生雾这个级别的频次为 1,即不会发生更重级别的雾时,$W=1$;当某站点发生大雾以上级别的频次>50%时,$W>2$。W 最高为 4,表征的是该站点发生低能见度天气时,出现大雾以上级别能见度的综合概率,W 越高,能见度低的概率越大,即雾的强度越大,对交通可能造成的影响的程度越严重。在实际的能见度预报中,确定可能出现的低能见度天气的类型和范围后,W 可作为估算能见度具体数值的权重系数代替复杂的地形因子。

5.2 贵州省低能见度天气影响的综合评价

W 能够定量表现出某站点在低能见度天气中雾的强度,即对交通影响有多重,因此通过分析 W 可以评价各站点分类低能见度天气对交通造成的影响。还可与低能见度天气出现频次结合分析,综合考虑发生概率和严重程度。

前文分析得出各类型的雾之间统计特征差别较大,这里分别对锋面雾和辐射雾的 W 做了一些统计(表2)发现:锋面雾频次与 W 之间的相关系数为正的 0.4,即锋面雾高发区对应更易发生浓雾以上级别的低能见度天气,对交通影响越大;但同样不易发生锋面雾的地方,W 值也低。发生频次高与能见度低,使得因此锋面雾的高发站点也是对交通的高影响站点。但锋面雾中 W 的值大多小于辐射雾中的,有 19 站只出现雾($W=1$),这也充分说明锋面雾的局地性特点,在预报中需要重点关注锋面雾多发点、区域。而辐射雾频次与 W 之间无明显相关,总体的 W 值较高,只有 1 站 $W=1$。说明辐射雾的性质更均匀,低能见度程度更重,也再次验证了强浓雾多发生在大范围辐射雾中的结论。由于辐射雾影响的范围相对更广,出现频率更高,W

值也更高,因此辐射雾相对锋面雾来说,对交通的影响更大。

地形雾等其他类型的雾由于站点非常集中,因此只计算了高发站点:大方、开阳、万山的能见度系数 W(表3)。各站点都有相当比例的浓雾和强浓雾频次:开阳和万山的浓雾频次为各级别中最高,强浓雾频次也都在10%左右;万山的浓雾和强浓雾频次接近30%。因此大方的 W 接近2,开阳和万山的 W 都大于2,万山甚至达到了3。高 W 值和高发生频次累加,可见这几个点的低能见度天气灾害重,尤其处于交通干道上的开阳,更是对交通影响严重。因此出现小范围、局地单点的地形雾等其他类型雾的时候,也不能忽视其对交通的影响。

表2 锋面雾和辐射雾的 W 特征

	锋面雾	辐射雾
与发生频次的相关性	0.40	−0.16
W 平均值	2.2	1.6
W 值相比较大	9	75
$W \geqslant 2.5$	5	19
$W \geqslant 2$	24	54
$W = 1$(只出现雾)	19	1

表3 地形等其他类型雾中主要站点的 W

站点	发生频次				W
	雾	大雾	浓雾	强浓雾	
大方	47.0%	24.8%	19.4%	8.7%	1.9
开阳	20.2%	23.1%	46.4%	10.4%	2.5
万山	1.0%	9.7%	78.6%	10.7%	3

6 总 结

(1)贵州省内一年四季都有雾,大雾以上强度较大的低能见度天气多发在秋冬季,7月为低谷。浓雾的时空分布较为特殊,多发于冬季,甚至超过大雾频次;以万山为代表的局地区域内,更易发生浓雾。

(2)锋面雾、辐射雾、地形雾等其他类型雾各占总雾日的三分之一左右,但频发的季节不同:锋面雾冬季发生较多,1月为高峰,夏季很少;辐射雾多发在秋季,11月为高峰;地形雾春季较多,5月高发。三种类型的雾高发区域也大不相同:锋面雾西多东少,多发生在滇黔静止锋后及锋面附近;辐射雾东多西少,主要分布在海拔相对较低的地区;地形雾等其他类型的雾则集中在大方、开阳、万山,多由冷空气引起。

(3)大范围雾在秋冬季11月—次年1月较多。小范围雾日约占总数的一半,主要为地形雾等其他类型的雾,这类雾多是局地单点的。大范围雾中更易出现浓雾和强浓雾;辐射雾更易影响大范围区域;强浓雾也多发生在大范围辐射雾中(频次62.9%)。因此,大范围辐射雾是预报重点。

(4)能见度系数 W 能够定量表现某站点在低能见度天气中对交通影响有多重。锋面雾频次与 W 之间正相关,锋面雾的高发站点也是对交通的高影响站点。由于辐射雾影响的范围相对更广,频次更高,W 值也更高,因此辐射雾相对锋面雾来说,对交通的影响更大。地形雾等其他类型的雾的高发站点的 W 都较高,对交通影响严重。

参考文献

[1] 刘小宁,张洪政,李庆祥,等.我国大雾的气候特征及变化初步解释.应用气象学报,2005,**2**:220-230.
[2] 李子华.中国近四十年雾的研究.气象学报,2001,**59**(5):617-624.
[3] 周自江,朱燕君,姚志国,等.四川盆地区域性浓雾序列及其年际和年代际变化.应用气象学报,2006,**17**(5):567-572.
[4] 方乾,路红英,邓华君,等.宁沪高速公路大雾气候特征分析和预报.大气科学研究与应用,2001(2):32-37.
[5] 杜坤,魏鸣,许遐祯,等.江苏省雾的集中程度及其气候趋势研究.气象科学,2011,**31**(5):632-638.
[6] 罗喜平,杨静,周成霞.贵州省雾的气候特征研究.北京大学学报(自然科学版),2008,**44**(5):765-772.
[7] 吉廷艳,胡跃文,唐延婧,等.贵州高等级公路气象特征及预报.气象科学,2011,**31**(2):223-227.
[8] 杜正静,丁治英.2001 年 1 月滇黔准静止锋在演变过程中的结构及大气环流特征分析.热带气象学报,2007,**23**(3):284-292.
[9] 罗喜平,周明飞,汪超,等.贵州区域性辐射大雾特征与形成条件.气象科技,2012,**40**(5):799-806.
[10] 王炜,卢雪翠,解以扬.雾的标准化危险性指数计算方法及其应用.气象与环境学报,2010,**26**(1):16-20.

哈大高铁气象服务设计规划介绍

李 田 刘野军 谢静芳

(吉林省气象服务中心,沈阳 130062)

摘 要:以气象防灾减灾为出发点,加强高铁气象服务,推动高铁部门与气象部门开展合作,以资源共享为基础,预报为核心,预警为先导,决策为根本,针对灾害性气象条件造成的接触网覆冰、道岔结冰、雾闪、低能见度、大风、暴雨、沙尘、极端高温低温、雷电等对高铁运行造成影响的各种问题,利用现代化的气象服务手段,发布精细化的服务产品,设计了布局合理、界面简洁、可参考性强、信息量大的哈大高铁气象服务平台。为哈大高铁提供包括全线 24 个沿途站点在内的高铁专业预报和高铁沿线各区段气象灾害预警服务,供高铁调度指挥中心进行更加安全的调度参考,为高铁运行和人们出行提供气象服务保障。

关键词:哈大高铁;气象服务;预警

引 言

哈尔滨到大连高速铁路(简称"哈大高铁")是国务院批准的《中长期铁路网规划》"四纵四横"快速铁路网京哈高铁的重要组成部分。列车运行时速 350 km,全程仅需 4 小时,里程 921 km,是世界首条穿越高寒地区的高速铁路。采用中国北车制造的 CRH380B 型高寒动车组列车,适应环境温度零下 40℃至零上 40℃,同时增强了抗风、沙、雨、雪、雾等恶劣天气的能力。哈大高铁北起黑龙江省哈尔滨市,南至辽宁省滨海城市大连市,纵贯东北三省。全线共设 24 个车站。就常规高铁而言,比起其他交通工具如航空、水路、公路交通,受天气影响的程度小。但是一味追求任何气象条件下都高速运行,就目前的技术而言,并不现实,而且成本将会非常高。

我国是世界上气象灾害最严重的国家之一,防御气象灾害已经成为国家公共安全的重要组成部分。大风、雷电、暴雨洪水、冰雹、积雪、积沙、低温、冻雨、高温、大雾、扬沙等灾害性天气,都可对高铁运行或路基、桥梁、电网等设施产生不可忽视的影响。

哈大高铁是世界上第一条高寒地区的高速铁路。在高寒地区架设高速铁路,没有前人的经验可以参考,而且受天气的影响会更大更多,受到极端天气气候事件影响频繁。因此,哈大高铁运行与气象部门的气象服务密不可分。

加强高铁气象服务,推动哈大高铁与气象部门开展合作,利用现代化专业化的高科技气象服务手段,最大程度避开气象灾害的高发区和高发时段,为铁路部门列车调度,为旅客出行安排,提供有效参考和安全保障,都具有很重要的历史意义和现实意义。

通过建立哈大高铁专业气象预报,深入调查分析,全面弄清高寒地区高铁对气象服务的需求。从灾害区划角度着手风险评估,以资源共享为基础,预报为核心,预警为先导,决策为根本,保证服务每个环节紧紧相扣。季节不同,灾害种类不同,影响的程度不同,影响的区域不同,因此要以精细化为核心,加强精细化观测、精细化预报、精细化预警、精细化服务。在精细化的核心思想指导下,针对灾害性气象条件造成的接触网覆冰、道岔结冰、雾闪、低能见度、大风、暴雨、沙尘、极端高温低温、雷电等对高铁运行造成影响的各种问题,利用现代化的气象服务手段和精细化的服务产品,为哈大高铁提供包括全线 24 个沿途站点在内的高铁专业预报、高铁沿线各区段气象灾害预警服务。该服务每 3 小时更新一次,24 小时不间断滚动更新。

1 高铁专业预报

高铁专业预报,是将目前先进成熟的预报研究成果,改造成面向高铁服务业务的预报技术(对基于常规数据的预报进行区域性分析,并分析与哈大高铁服务相关的气象服务产品在哈大高铁的适应性),开展对成熟预报方法的定量化技术改造,确定高铁时间和空间天气预报技术规范,根据高铁路基、道岔、接触网、供电及指挥调度系统等实际情况,结合时间、空间区域定量化预报,构建哈大高铁业务预报框架,形成贯通哈大高铁全线的全方位的精细化集成预报服务。

高铁专业预报是针对自然的气候条件下,对高铁的路基、桥梁、电网以及供电和调度等日常运行产生不利影响的大风、雷电、暴雨洪水、冰雹、积雪、积沙、低温、冻雨、高温、大雾、扬沙等各种自然灾害现象,进行预报预警服务。下面对其主要内容进行详细介绍(图 1)。

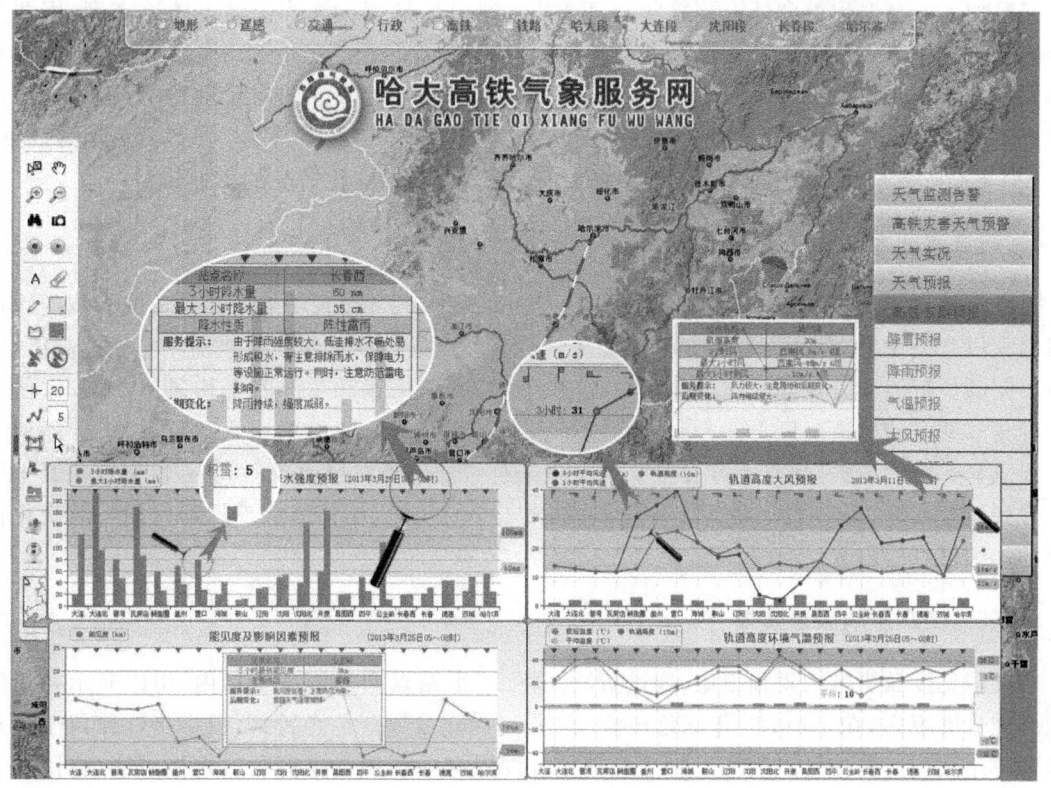

图 1　哈大高铁气象服务网

1.1 高铁沿线降雪和积雪预报

在高铁沿线降雪和积雪预报中,通过柱形图表将 24 个站点依次排列于图表坐标内,用不同个颜色的柱状图和双标尺方式,将各个站点降雪量与降水量有对比地显示于同一坐标当中。使用起来一目了然,鼠标指针停留于柱形图上显示单站数据。并在每个柱形图 y 轴坐标正上方设置有一个倒三角箭头热连接,将每个站点的降雪量、积雪深度、降雪性质和服务提示等信息详细地提供给用户供其参考。

1.2 沿线降水量和降水强度预报

在沿线降水量和降水强度预报中,通过柱形图表将 24 个站点依次排列于图表坐标内,用两种不同颜色的柱状图放于同一坐标点,分别标注 3 小时降水量和最大 1 小时降水量,并在 50 mm 以上和 100 mm 以上分别设置黄色和红色预警区域,鼠标指针停留于柱体上显示单站数据。在每个柱形图 y 轴坐标正上方设置有一个倒三角箭头热连接,鼠标停留在上面,将显示 3 小时降水量、最大 1 小时降水量、降水性质、相关服务提示和后期变化等详细信息。

1.3 轨道高度环境气温预报

在轨道高度环境气温预报中,分别在 +2℃ 和 -2℃ 加入了冻雨结冰预警区,在 +35℃ 和 -35℃ 加入了高温预警和低温预警区。每个站点通过柱形图标注当前站点轨道高度,用两条不同颜色折线分别显示该站轨道高度的相邻站点区间的极端温度和平均温度,可以方便地看到相邻站点的轨道高度和气温变化差距以及极端气温和平均气温的对比示意图,鼠标指针停留于折线点显示单站数据。各站区间上方设置蓝色三角块,鼠标停留其上可以看到轨道高度、3 小时最高气温、3 小时最低气温、相关服务提示和后期气温变化情况的详细信息。

1.4 轨道高度大风预报

在轨道高度大风预报中,分别在 12 m/s、15 m/s、26 m/s 设置可能对高铁造成影响的轨道高度大风蓝色预警、橙色预警和红色预警区。每个站点通过柱形图显示当前站点轨道高度,两条不同颜色折线图分别显示该站轨道高度的 3 小时平均风速和 1 小时平均风速,可以方便地看到相邻站点的轨道高度下 3 小时平均风速和 1 小时平均风速的对比示意,鼠标指针停留于折线点显示单站数据,站点上方设置有风向风速符号便于观测风速风向大小,鼠标停留其上可以看到轨道高度、3 小时风、最大 1 小时风、最大 1 小时侧风、相关服务提示和后期气温变化情况的详细信息等内容。

1.5 能见度及影响因素预报

在能见度及影响因素预报中,通过折线图将 24 个站点列于图表坐标内,用以显示各站区间的能见度距离,在 1 km 设置红色预警区,在 10 km 设置蓝色预警区,鼠标指针停留于折点显示单站数据。并在站点区间 y 轴坐标正上方设置有一个倒三角箭头热连接,鼠标停留在上面显示 3 小时最低能见度、主要成因以及相关服务提示和后期变化等详细信息。

1.6 霜雪冻结气象条件预报

在霜雪冻结气象条件预报中,在高铁整个线路上根据气象条件影响的不同绘制出红色、橙色、黄色、蓝色影响可能性由大到小的四类不同区域,简洁明了地显示各区域可能发生对接触网造成影响的列车运行区间和范围。并根据提示显示不同范围的详细信息和后期变化情况。

2 高铁沿线区段灾害天气预警影响区域预报

高铁沿线区段灾害天气预警影响区域预报(图2),包括以下内容。

在高铁各个区段线路上根据气象条件影响的不同,绘制出红色、橙色、黄色、蓝色对高铁运行造成影响性质由大到小的四类不同预警区域,并通过实体图案和条纹图案等分别显示暴雪、严寒、雷电、能见度、大风等预警区域,直观地显示各区域当前气象条件下可能发生对列车运行造成影响的区域和灾害程度,并在高铁灾害预警模块划分大连、沈阳、长春、哈尔滨4个区段,每个区段内显示各区段站点及相邻所有站点,鼠标移至站点显示相应站点详细预警信息和相应预警的详细解释说明。

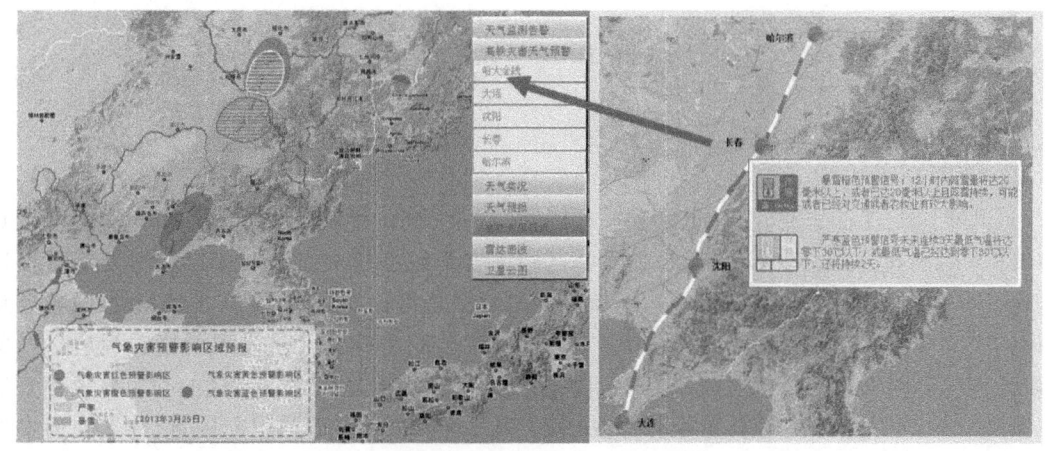

图 2　高铁沿线区段灾害天气预警影响区域预报

除此之外,还将降水、天气实况、相对湿度、主要过程预报、假日预报、春运预报、天气趋势、高铁沿线雷达拼图及卫星云图等产品,通过合理布局融入高铁气象服务网内,以供高铁调度指挥中心进行更加安全的气象参考,为高铁运行和人们出行提供气象服务保障。

以气象防灾减灾为出发点,推动哈大高铁与气象部门开展合作,利用现代化专业化的高科技气象服务手段,根据高铁路基、道岔、接触网、供电及指挥调度系统的实际情况,确定高铁时间和空间天气预报技术规范,设计布局合理、界面简洁、可参考性强、信息量大的哈大高铁气象服务平台,使哈大高铁运行最大程度避开气象灾害的高发区和高发时段,为高铁部门列车调度,为旅客出行安排,提供有效参考和安全保障。

黑龙江省降雪天气公路交通风险区划

姚俊英 刘玉霞 张 舒 孙含笑

(黑龙江省气象服务中心,哈尔滨 150030)

摘 要:采用公路交通雪灾危害的灾情普查资料和对应的气象资料对黑龙江省公路交通雪灾风险进行了研究。为了方便在实际气象服务中应用,在致灾气象条件风险等级确定时,主要参照日常天气预报和气象服务中降雪量等级的标准,同时把日最高气温和日最大风速作为辅助条件。结果表明:黑龙江省公路交通雪灾风险的概率较高,全省每年总的风险日数可达 1438 d,其中以 1~3级风险居多,4~5级风险概率小但危害大;黑龙江省降雪对公路交通的风险,北部大于南部,东部大于西部,西南部是各级风险中的低风险区,西北部是高风险区。受到高风险威胁的高速公路主要有哈黑高速北段、哈伊高速北段、哈同高速北段,这与黑龙江省北部冬半年较长,降雪日数较多有关。

关键词:降雪天气;公路交通;风险区划;黑龙江省

引 言

近几年黑龙江省公路建设的速度突飞猛进,截至 2010 年底,全省公路通车总里程达到151563 km,高速公路总里程突破 2000 km,其中国省干线已建成二级及二级以上公路里程达到 9933 km,占国省干线总里程的 74%,就连农村公路总里程都达到了 13.8 万 km。随着公路规模的扩大和国家高速公路主干网的逐步形成,公路已成为社会经济发展的坚强后盾。气象环境条件对公路交通的影响也越来越受到关注,研究表明:由气象灾害造成的交通事故频繁发生,其中有 60% 以上的交通事故发生在恶劣天气中,而冬季冰雪道路引起的重、特大交通事故约占全年交通事故的 30%[1-2]。

目前,不少学者开展了交通事故与气象条件关系的研究工作。国内外在这方面的研究均开始于 20 世纪 70 年代,王宝书等[3]对长春市交通事故与气象条件的关系进行了分析,从而总结出交通事故与气象条件的关系,其中也包括降雪对交通事故的影响。孙吉[4]研究了风吹雪对道路影响危害及防治。严玉彬等[2]分析了降水、低温、低能见度、大风等灾害性天气对交通的影响和交通线路选址及建设时应考虑的气象因素,并提出了减少气象因素引起的交通安全问题的对策。潘娅英等[5]研究了与交通事故有显著相关的气象要素有日照、雨量、最高气温、能见度、相对湿度等。李华蓉等[6]提出了基于主成分的山区公路雪灾强度模型和预警评估模型。在国外最早通过建立道路气象信息系统(RWIS)为公路部门冬季道路养护提供决策服务的是芬兰、瑞典、英国等国家,而且在 RWIS 方面做了很多开创性的工作,后来逐步推向全世界[7]。丹麦的 Sass[8]还研制出用于公路滑溜状况预测的数值预报系统,模式主要考虑了感热

资助项目:黑龙江省气象局科技项目"降雪天气公路交通致灾临界气象条件风险研究"

和潜热通量的计算,地面热通量计算,建立了公路积冰(水)的结冰或融化预报方程。

　　黑龙江省位于中国的东北部,是中国位置最北、纬度最高的省份,属温带、寒温带大陆性季风气候,冬季严寒而漫长。各地地面积雪日数一般在 70～180 d,大兴安岭北部、黑河等地一般在 150～180 d,西南部的松嫩平原一般在 70～150 d;其他地区一般在 90～160 d,一年当中有长达半年的时间受降雪天气影响。但是这方面的研究起步却较晚,2008 年,许秀红等[9]利用黑龙江省 2003—2005 年的交通事故资料,分析了事故的日、月、季变化特点,指出过渡季节的 3—4 月和 10—11 月为事故的多发期,雨、雪天气为事故多发的最不利的交通环境,由气象原因导致的不良路况中,冰雪路面占了绝大多数,建立了气象要素与事故发生可能的各种指数关系,确定公路安全等级。周传瑞等[10]分析了影响哈尔滨市交通的雪、雾、温度和大风等几种主要的气象因子,制作了冬季交通气象指数,指出降雪是影响哈尔滨市冬季交通最主要的因素。

　　据统计,下雪天公路交通事故率增加 25%,伤亡率增加一倍。黑龙江省公路受冰雪路面的影响时间长,历史上冰雪路面对公路交通的影响个例多于其他省份,有公路交通雪灾风险研究的优势和气象服务的需求。总结前人的研究成果基本都是采用交通事故资料研究其与气象条件的关系,在确定安全(或风险)等级时采用的是气象指数[9-10],计算比较麻烦,不方便日常服务应用。本文在分析 1972—2011 年黑龙江省公路交通雪灾危害的灾情普查资料(描述包括公路交通管制、封闭、客运停运信息等)的基础上,结合相关气象要素,确定了简单实用的风险等级划分方法,并对黑龙江省降雪天气公路交通风险进行了风险区划。

1　资料和方法

1.1　资料来源

　　(1)黑龙江省 72 个地面观测站 1972—2011 年的日最低气温、日最高气温、日降水量、日最大风速资料。在地面观测资料的选取上遵循以下原则:既要保证资料的连续性和可比性,又要尽量多地选取可用站点。

　　(2)1972—2011 年黑龙江省因降雪影响交通的历史灾情资料。通过调用灾情普查资料、查找史志、气象灾害大典、气候影响评价等多种途径获取第一手资料,通过进一步核实与分析,挑选出 252 个典型个例。

1.2　研究方法

　　致灾临界气象条件,是指出现何种气象条件会产生灾害,即可能产生气象灾害的气象条件,可以是一个指标,也可以是一些气象指标的组合,也可以是一个气象物理模型[11]。

　　灾害危险性区划,反映社会若干年内可能达到的灾害风险程度,即某地可能发生灾害的概率或超越某一概率的灾害最大等级。因为资料序列长度超过 30 年,因此把影响公路交通的各级风险日数每年发生的概率作为风险指数进行风险区划。

　　风险指数计算见公式(1)。

$$f = t/y \qquad (1)$$

式中:f 为致灾临界气象条件出现的概率;t 为在统计年限 y 内致灾临界气象条件出现的次数,y 一般要求 30 年以上。当 $f \leqslant 1$ 时,一般采用多少年一遇来表示。

2 研究内容

2.1 致灾气象因子的选取

通常情况下,在降雪天气时,交通受阻,事故明显增多。雪灾是多因子综合作用的结果[6],若能把所有的因子都考虑进去,不同等级雪灾之间的差异就更加明显。但是在对雪灾等级进行定量研究的时候,若考虑的雪灾因子(特征)愈多,对它们进行处理时的困难就愈大。为了从众多因子中找出其内在的规律性,我们在参考前人研究成果的同时,从分析降雪影响交通的主要原因着手。原因不外乎两点,一是在降雪时,使能见度变差;二是由于降雪使路面状况发生改变,摩擦力变小,车辆容易发生空转或打滑,一旦过快、转弯太急、加速、制动太猛等,都可能发生危险。

能见度的影响程度可直接由降雪量和当时风速的大小来体现,一般情况下降雪量和风速越大则能见度越差,另外风速可直接影响驾驶员对车辆的操控,因此本文在选取气象要素时没有选取能见度,而是选取降雪量和风速。降雪天气下路面状况的变化主要是由路面积雪的厚薄和路面是否结冰来体现的,路面积雪的厚薄主要是由降雪量的大小决定的,路面是否结冰主要是由温度的高低决定的。因此本文选取了日最低气温、日最高气温、日降水量、日最大风速4个气象要素作为致灾气象因子。

2.2 致灾临界气象条件的确定

严玉彬等[2]在分析影响交通安全的雪害时指出,一般积雪厚度 5~10 cm 时,路面湿滑,容易发生交通事故,车辆行驶速度也明显降低;积雪厚度 10~20 cm 时,车辆将行驶困难,甚至发生交通阻塞;积雪厚度 >20 cm 时,则不能行驶。可见降雪天气对公路交通的影响程度与路面积雪厚度密切相关。

一般情况下,一场大雪过后,高速公路的路面都会得到及时的清扫,因此降雪影响交通的一个主要条件是新增积雪,为此选取了哈尔滨 332 个降雪个例,计算了新增积雪与降雪量的关系(表1)。

表 1 降雪量与新增积雪的关系

降雪量(mm)	新增积雪(cm)	个例数
0.1~0.2	0.16	108
0.3~0.4	0.35	53
0.5	0.76	21
0.6~0.9	1.1	178
1~1.5	1.8	28
1.6~2	2	17
2.1~3	3.1	29
3.1~4.9	4.4	19

从表1可以看到,随着降雪量的增大,新增积雪厚度增大,平均每 1 mm 降雪新增积雪厚度约为 1 cm。降雪量 <0.5 mm 的微量降雪,新增积雪不足 0.5 cm,只要驾驶员稍加注意,对交通的影响极其轻微;而 0.5 mm 的降雪新增积雪接近 1 cm,可能造成车行缓慢,例如 2012 年

11 月 17 日哈尔滨市区降雪 0.6 mm,造成车行缓慢,部分路段出现堵车现象。因此本研究把降雪公路交通的致灾临界气象条件定为降雪量 $R \geqslant 0.5$ mm。

2.3 历史灾情资料统计分析

对 252 个因降雪影响交通的典型个例所对应的降雪时段内临近气象观测站气象观测数据资料(日降水量、次日日最低气温、日最高气温、日最大风速)进行统计分析,得出以下结论:

(1)所有个例都满足日最低气温 $T_d \leqslant 0℃$。0℃ 是区分雨雪的重要温度指标,当温度 $> 0℃$ 时,一般以雨或雨夹雪为主,而且不会形成道路结冰;当温度 $< 0℃$ 时,一般以雨夹雪或雪为主,而且会形成道路结冰。

(2)当日最大风速 $F_{max} \geqslant 8.0$ m/s 时,灾情加重。风速较大时会出现风吹雪,造成特殊路段积雪深度加厚,形成雪阻,另外大风也会加大驾驶员对车辆的控制难度。

例如:1985 年 2 月 21 日,虎林降雪量 17.8 mm,最大风速 8.0 m/s,出现吹雪天气。造成雪阻路段长度达 100 多米,其深度达 1.5~1.7 m,因公路堵塞,交通中断 4 天。还有 1988 年 1 月 21—23 日,地点也在虎林,降雪 9.4 mm,最大风速 12 m/s,形成吹雪。公路形成雪阻,最大深度达 2 m,造成公路交通中断 7 天。

(3)当日最高气温 $T_g \geqslant -3.0℃$ 时,雪或雨夹雪落至地面容易形成道路结冰,或使积雪"夜冻昼化",灾情加重。例如:1987 年 9 月 26 日哈尔滨市,降水量 35.5 mm,最大风速 9.7 m/s,当天最高气温 2.8℃,雪边下边化,最大积雪深度只有 2 cm,但由于夜间最低气温达到了 -0.1℃,形成了道路结冰,给公路交通造成严重影响。

为了进一步说明 $F_{max} \geqslant 8.0$ m/s 或日最高气温 $T_g \geqslant -3.0℃$ 时灾害强度加重,对典型灾情个例中日最大降雪量级为大雪的个例(96 个)进行统计分析。结果发现:在降大雪的同时 $F_{max} \geqslant 8.0$ m/s 或日最高气温 $T_g \geqslant -3.0℃$ 的个例为 56 个,占到一半以上,其中有 35 个(占 62.5%)个例描述中提到吹雪、雪阻或道路结冰,使灾害程度加重。如果考虑到灾情描述的不完备性,那么降雪当日实际发生吹雪、雪阻或道路结冰的概率会更高。

2.4 风险等级的确定

为了便于在实际预报服务中应用,在致灾气象条件风险等级确定时,按照致灾临界气象条件(降雪量 $R \geqslant 0.5$ mm),同时参照了日常预报和服务中降雪量等级的标准,分为日降雪量 0.5~2.4 mm 时为 1 级,2.5~4.9 mm 时为 2 级,依次类推,详见表 2(不同降雪等级的影响)。表 2 把历史灾情个例按照日降雪量的不同等级分类后,统计出不同降雪等级对公路、铁路、电力等行业的影响。由表 2 可见,等级越高灾害的影响越重。

此外,还统计分析了历史灾情个例中,日最大风速 $F_d \geqslant 8.0$ m/s 和日最高气温 $T_g \geqslant -3.0℃$ 在各致灾风险等级中所占的比例。由表 3 可见:随着等级增大,上述两个因子所占比例也相应增加,因此得出以下结论:(1)说明随着降雪量级增大出现大风的概率增加,常常风雪交加使灾害加重;(2)说明较大降雪出现在秋冬或者冬春过渡季节的概率较大,此时天气还不是非常寒冷,容易使道路变得泥泞、湿滑、结冰,灾害加重。

表 2 不同降雪等级的影响

| 等级 | 降水量（mm） | 总个例数（个） | 公路限速 | | 高速封闭 | | 客运停运 | | 铁路停运 | | 航班延误 | | 电力停电 | | 其他 | |
			个例数（个）	比例（%）	个例数（个）	比例（%）	个例数（个）	比例（%）	个例数（个）	比例（%）	个例数（个）	比例（%）	个例数（个）	比例（%）	个例数（个）	比例（%）
1	0.5~2.4	4	2	50	2	50	4	100								
2	2.5~4.9	38	7	18	25	66	32	84			5	13				
3	5.0~9.9	96	4	4	96	100	91	94	24	25	24	25			2	2
4	10.0~19.9	78			78	100	78	100	14	18	10	13	2	3	35	45
5	≥20.0	36			36	100	36	100	13	36	3	8	2	6	36	100

表 3 日最大风速 $F_d \geq 8.0$ m/s 和日最高气温 $T_g \geq -3.0℃$ 在各风险等级中的比重

| 等级 | 降水量（mm） | 总个例数（个） | $F_d \geq 8.0$ m/s | | $T_g \geq -3.0℃$ | |
			个例数（个）	占比例（%）	个例数（个）	占比例（%）
1	0.5~2.4	4	1	25	3	75
2	2.5~4.9	38	7	18	17	45
3	5.0~9.9	96	24	25	46	48
4	10.0~19.9	78	29	37	40	51
5	≥20.0	36	25	69	26	74
	合计	252	86	34	132	52

综上所述，确定公路交通雪灾风险等级时，综合考虑以下几个因素：

（1）致灾临界气象条件，降雪量 $R \geq 0.5$ mm。

（2）参照日常预报和服务中降雪量等级（小雪、中雪、大雪、暴雪、大暴雪）的标准。

（3）同时把风速和日最高气温作为辅助条件。当最大风速≥8.0 m/s，或者最高气温≥－3.0℃时增加一级，但是最大级别到 5 级为最高。

具体的划分标准及其影响描述见表 4。

表 4 公路交通雪灾的等级标准及灾害影响描述

等级	降雪量（mm）	灾害影响描述	备注
1	0.5~2.4	车行缓慢，高速公路有可能限速管制	当风速≥8.0 m/s，或者最高气温≥－3.0℃时增加一级，但是最大级别到5级为最高
2	2.5~4.9	不仅车行缓慢，为了保证行车安全，高速公路有可能限速管制或者暂时封闭，机场航班也有可能受到影响	
3	5.0~9.9	公路交通事故增多，高速公路封闭，有可能造成客运停运，甚至航班延误等，铁路也会受到影响	
4	10.0~19.9	公路交通事故增多，高速公路封闭，客运停运，甚至航班延误等，铁路也会受到影响。给社会经济造成较大损失	
5	≥20.0	公路、铁路、航空、电力甚至工农业都会受到严重影响，社会经济损失严重	

3 风险区划

根据黑龙江省 72 个地面气象观测站 1972—2011 年的日最低气温、日最高气温、日降水量、日最大风速资料,根据表 4 计算公路交通不同雪灾风险等级出现的日数(表 5)。黑龙江省公路交通雪灾风险的概率还是很高的,全省每年总的风险日数可达 1438 d,其中 1 级的为 418 d,2 级的为 426 d,3 级的为 342 d,4 级的为 153 d,5 级的为 99 d,以 1～3 级居多,4～5 级虽少,但是社会危害巨大。

表 5　各风险等级日数一览表(单位:d)

项目	1级	2级	3级	4级	5级	合计
全省年平均值	418	426	342	153	99	1438
每年每站平均值	6	6	5	2	1	20

根据计算的风险指数,绘制风险区划图,见图 1 至图 3。

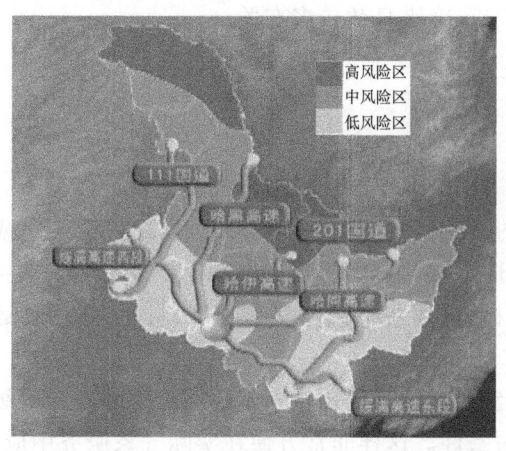
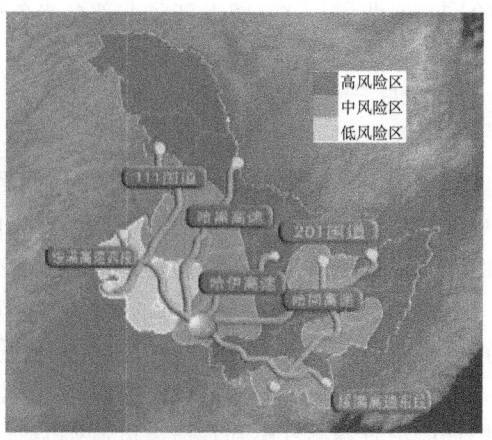

图 1　1 级风险区划图(左)和 2 级风险区划图(右)

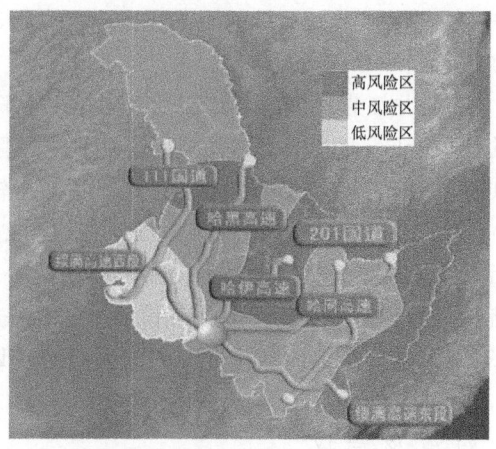

图 2　3 级风险区划图(左)和 4 级风险区划图(右)

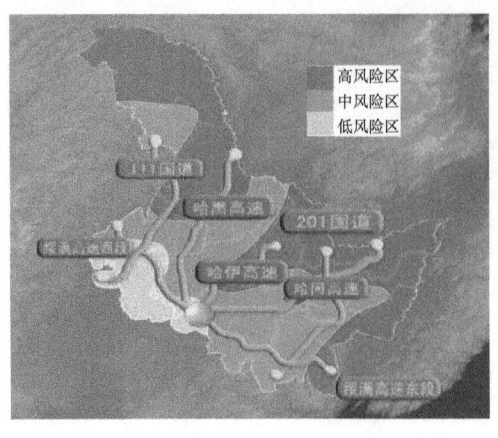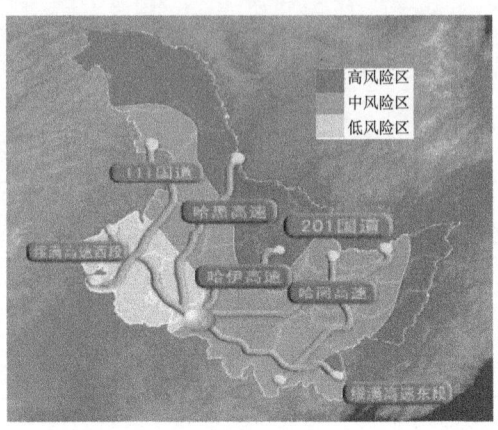

图 3 5 级风险区划图(左)和总的风险区划图(右)

总的来看,降雪对公路交通的风险,北部大于南部,东部大于西部。西南部是各级风险中的低风险区,西北部是高风险区。受到高风险威胁的路段主要有哈黑高速北段、哈伊高速北段、哈同高速北段。这与黑龙江省北部冬半年较长、降雪日数较多有关。

4 结论与讨论

(1)过去对降雪影响公路交通的研究,都是采用交通事故资料结合气象因素进行分析。然而,单纯的交通事故资料并不能完全反应雪灾的影响程度,当降雪很大时,公路就会中断或封闭性管制,在此期间没有车辆通行,不会发生交通事故,但它对社会经济的影响却是非常巨大的。本文采用公路交通雪灾危害的灾情普查资料(描述包括公路交通管制、封闭、客运停运信息等)代替交通事故资料,结论更接近实际情况。

(2)在确定致灾气象条件风险等级时,主要参照日常天气预报和气象服务中降雪量等级的标准,同时把日最高气温和日最大风速作为辅助条件。这样非常方便在实际气象服务中应用。

(3)黑龙江省公路交通雪灾风险的概率还是很高的。全省每年总的风险日数可达 1438 d,其中 1 级的为 418 d,2 级的为 426 d,3 级的为 342 d,4 级的为 153 d,5 级的为 99 d,以 1~3 级居多,但是 4~5 级危害大。

(4)黑龙江省降雪对公路交通的风险,北部大于南部,东部大于西部。西南部是各级风险中的低风险区,西北部是高风险区。受到高风险威胁的路段主要有哈黑高速北段、哈伊高速北段、哈同高速北段。这与黑龙江省北部冬半年较长、降雪日数较多有关。

(5)降雪对公路交通的影响非常复杂,本文主要考虑了降雪天气当天的情况,而对于降雪过后 2 d 甚至更长时间的情况没做考虑。此外,地形因子中的坡度、坡向,道路的路面材料、交通流量自身的抗灾能力等对一场降雪能否成灾也有着很重要的影响,也是较重要的雪灾判别因子,因此如果能把地理信息考虑进去会使区划结果更精确。这些都需待以后更进一步研究。

5 对策及建议

随着经济的发展,交通流量的增加,降雪天气对公路交通产生的影响或危害将会越来越

大,必须给予足够的重视。由此,我们参考国内外的研究成果,提出如下几点建议:

(1)周石硚等[12]研究了黑龙江省公路雪冰基本特征灾害防治对策,指出在雪冰减灾战略对策上,应逐步推广使用防滑汽车轮胎,建立较为完善的公路雪冰清除服务体系,并辅以必要的工程措施。

(2)严玉彬等[2]研究了影响交通安全的气象因素分析及防控对策,指出在道路设计施工前应先进行当地气候论证、评估等工作,在主干道路及辅路沿线建设气象监测站点,建立完善的道路气象灾害信息网等,以尽量减少因气象灾害造成的交通安全威胁。

(3)气象部门应建立高等级公路和城市道路气象服务系统[13-14],进行雪灾气象监测及预报预警,有助于提高公路交通气象服务能力,更好地发挥气象、公路交通在国民经济发展中的基础性作用,对高等级公路安全高效运行,减少公路交通气象灾害对人民群众的生命伤害和财产损失具有重大作用。

参考文献

[1] 张青珍,王慧芳,张明捷,等.濮阳市公路交通事故气象条件分析.气象与环境科学,2007,**30**(增刊):78-79.

[2] 严玉彬,姬社英.影响交通安全的气象因素分析及防控对策.气象与环境科学,2008,**31**(增刊):42-43.

[3] 王宝书,谢静芳,安红善.长春市交通事故与气象条件关系的分析及交通预报系统.吉林气象,2004(1):26-29.

[4] 孙吉.道路风吹雪的危害及防治.环日本海论丛,1994,**5**:89-95.

[5] 潘娅英,陈武.引发公路交通事故的气象条件分析.气象科技,2006,**34**(6):779-782.

[6] 李华蓉,赵一,潘建平.山区公路雪灾预警评估模型初探.城市勘测,2010(2):116-119.

[7] 包左军,汤筠筠,李长城,等.公路交通安全与气象影响.北京:人民交通出版社,2008:10-42.

[8] Sass B H.用于公路滑溜状况预测的数值预报系统.气象科技,2000,**28**(3):9-13.

[9] 许秀红,闫敏慧,于振宇,等.道路交通事故气象条件分析及安全等级标准——以黑龙江省为例.自然灾害学报,2008,**17**(4):53-58.

[10] 周传瑞,曹彦,王莹,等.冬季交通气象指数预报方法.黑龙江气象,2008,**25**(3):10-12.

[11] 章国材.气象灾害风险评估与风险区划.北京:气象出版社,2010;**33**,120-123.

[12] 周石硚,成田英器,小林俊一.黑龙江省公路雪冰基本特征与灾害防治对策.自然灾害学报,2005,**14**(3):114-118.

[13] 张后发,陈书丽,赵世发,等.建立高等级公路和城市道路气象服务系统的设想.气象教育与科技,2002,**24**(1):20-23.

[14] 吕红,田守丽,王莹,等.陕西省公路交通气象预报服务系统.陕西气象,2008(5):27-29.

京沈高速辽宁段不良气象条件分析及服务探讨

孙　丽[1]　李志江[2]　唐亚平[1]　李　岚[1]　息　涛[1]　赵　淼[1]

(1. 辽宁省气象服务中心,沈阳　110016;2. 辽宁省防雷技术服务中心,沈阳　110016)

摘　要:利用京沈高速公路辽宁段沿线 8 个气象站 1971—2010 年常规气象观测资料,采用气候倾向率和累积距平气候统计方法,分析该路段大雾、雨、雪、高温、雷暴、大风等灾害性天气变化特征。结果表明:近 40 a 沿线年平均大雾日数为 11.4～20.0 d,秋冬季、夏季分别是内陆、沿海地区雾的多发期;降雨、日降水量大于 50 mm 日数最多分别出现在 7 月、8 月;年平均降水量、年平均雷暴日数在波动中呈下降趋势;年平均高温日数则呈上升趋势;春季(3—5 月)是大风的多发季节。根据分析结果将沿线不良气象条件服务划为三个服务关键期,明确不同地区交通气象服务重点方向,加强灾害性天气预报预警与服务,不断完善交通气象服务手段,以期减少不良气象条件对高速公路安全运营的影响。

关键词:高速公路;不良气象条件;交通安全;服务关键期

引　言

随着高速公路网的快速发展,公路运输因快捷、高效的特点在国民经济中扮演着重要角色。近年来,在全球变暖的大背景下,极端天气事件频发,气候异常对交通运输的影响日益凸显,由此造成的交通事故不仅严重影响高速公路的正常运营,同时也给国家和人民的生命财产造成巨大损失。因此,如何有效地预防并减少不利气象条件对高速公路安全运营的影响,已经成为众多学者[1-5]研究的课题。

京沈高速公路辽宁段始于辽宁中部狭管地形带,穿越盘锦湿地,南濒渤海,途径沈阳、鞍山、盘锦、锦州、葫芦岛五市,全长约 360 km,是东北入京的重要高速通道,承担着繁重的交通运输任务。本文利用沿线沈阳、辽中、台安、盘锦、锦州、葫芦岛、兴城、绥中 8 个气象站 1971—2010 年常规气象观测资料,分析该路段不良气象条件的变化特征,以便更加深入细致地开展沿线气象服务,不断提高交通气象服务质量,以期为交通部门防灾减灾提供决策支撑。

1　京沈高速公路辽宁段灾害性天气的主要特征

1.1　雾的主要特征

雾是指大量微小水滴浮游空中,使水平能见度小于 1.0 km 的天气现象[6]。沿线有沿海和内陆之别,既有平流雾又有辐射雾。

1.1.1　雾的年际变化特征

通过对近 40 a 沈阳、绥中等 8 个气象站雾日数(20:00 至翌日 20:00 出现雾则计为 1 个雾日)统计得出,沿线年平均雾日数为11.4～20.0 d,其中绥中地区最多,锦州地区次之,沈阳地区最少,表现出沿海(15.5～20.0 d)多于内陆(11.4～13.8 d)的特征。20世纪70年代前期雾年平均日数变化平稳(图1),中后期明显上升,80年代呈下降趋势,90年代初期出现短暂的上升之后到21世纪初期又呈下降态势,中后期再次上升。总体来看沿线雾年变化不明显,近10 a而言,内陆地区雾日数呈下降趋势,沿海地区呈上升趋势。辽宁地处全球气候变暖的敏感区内,变暖趋势大于全球的平均变暖趋势[7],气候变暖导致辐射降温率的减小,不利于内陆辐射雾的形成[8],另外,空气质量的改善使空气中凝结核减少也是内陆雾日数减少的原因之一。沿海地区雾日数总体呈上升趋势,主要是由于沿海地区水汽充足、气候温和、气候变暖引起水面的蒸发加大,空气相对湿度也随之增大,海上的暖湿空气经偏南风向北输送到冷的陆地表面时,有利于水汽凝结,是沿海地区易形成平流雾的主要原因。

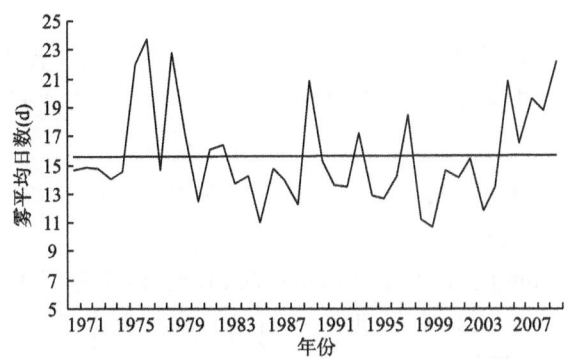

图1　1971—2010年京沈高速公路辽宁段年平均雾日数年际变化

1.1.2　雾的季变化特征

近40 a沿线雾平均日数季节变化因地理位置不同而存在差异,秋冬季节是内陆地区雾的多发期。夏季是沿海地区雾的多发期。秋季大气环流比较稳定,往往是晴朗少云、微风且昼夜温差较大,易形成辐射逆温层。冬季当气温回升时导致地面积雪融化,在湍流作用下,空气不断冷却,同时冬季取暖使大气中凝结核增多,有利于辐射雾的产生。海洋在夏季里吸收了大量的太阳辐射而增温,但海水散热远比陆地来得缓慢,在偏南气流及海陆风的作用下将海面大量的暖湿气流吹向沿海陆地,遇较冷的下垫面时则引发平流雾。

1.1.3　雾的月变化特征

锦州、葫芦岛、兴城、绥中地区月平均雾日数变化趋势基本一致,呈单峰型(图2),2—5月缓慢下降,6月明显上升,7月最多,之后到次年1月又呈下降态势。沈阳、辽中、台安、盘锦地区10月至次年1月变化平稳,盘锦、台安地区最大值出现在此时段,2—6月缓慢下降,各地在6月达到最少,之后逐渐上升,其中辽中地区在8月达到最多,沈阳地区在9月达到最多。

1.1.4　雾的日变化特征

近40 a沿线01—06时为雾生成的主要时段,而消散时间主要集中06—10时。即雾多在凌晨至日出前生成,日出后逐渐消散。大部分雾持续时间小于12 h,持续1～3 h的雾发生频率最高,其中沈阳地区为59%,绥中地区为51%。

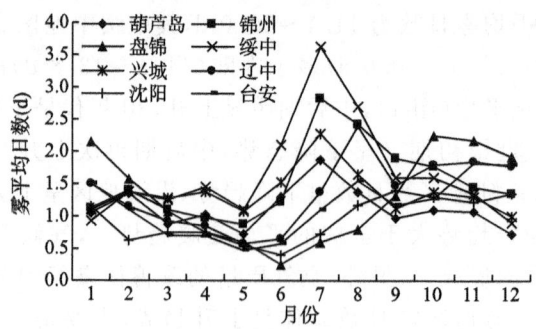

图2   1971—2010年京沈高速公路辽宁段平均雾日数月变化

1.2   降水的主要特征

近40 a年沿线8个气象站年平均降水量565～697 mm不等,其中锦州地区最少,沈阳地区最多。降水主要集中在6—8月(夏季),占全年降水量的61%～68%。冬季降水最少,占2%～4%。

1.2.1   降雨的主要特征

近40 a沿线年平均降水量在波动中呈下降趋势,平均每10 a下降8.7 mm,月平均降水量7月最多,8月次之,1月、2月最少。

沿线日降水量>50 mm的日数(表1),葫芦岛、兴城、绥中地区平均每年2.2～2.4 d不等,其他地区为1.7～1.9 d。总体来看,近40 a各地日降水量>50 mm日数变化不明显。但就近10 a而言,增加1.6 d,增加趋势明显。

沿线年平均降雨日数沈阳地区最多(78.1 d),台安地区次之(75.6 d),兴城地区最少(57.6 d)。降雨概率(表2)最大出现在7月,6月次之。

表1   1971—2010年京沈高速公路辽宁段降雨状况

站名	>50 mm 降水年平均日数(d)	年平均降雨日数(d)
沈阳	1.7	78.1
辽中	1.9	62.0
台安	1.8	75.6
盘锦	1.9	69.7
锦州	1.8	68.1
葫芦岛	2.2	59.5
兴城	2.3	57.6
绥中	2.4	63.2

表2   1971—2010年京沈高速公路辽宁段降雨概率(单位:%)

月份	沈阳	辽中	台安	盘锦	锦州	葫芦岛	兴城	绥中
4 月	30	26	27	25	24	22	23	20
5 月	34	26	33	30	28	25	25	24
6 月	37	29	40	35	36	29	31	27
7 月	40	31	42	39	40	36	37	35
8 月	34	27	34	31	31	28	28	28

1.2.2 降雪的主要特征

近 40 a 年沿线年平均降雪日数自东向西逐渐递减(图 3),其中沈阳地区年平均降雪日数最多,为 27.1 d,辽中地区次之,为 19.4 d,兴城地区最少,为 12.4 d。月平均降雪日数沈阳地区 12 月最多(5.8 d),2 月次之;其他地区 2 月最多(3.0~4.1 d),1 月次之。

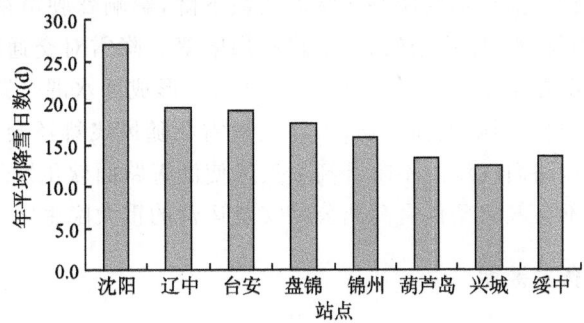

图 3　1971—2010 年京沈高速公路辽宁段年平均降雪日数

1.3 高温的特征

对沿线近 40 a 高温日数(日最高气温≥35℃)的历史资料进行统计,结果表明:年平均高温日数锦州地区最多(1.3 d),葫芦岛次之(0.9 d),盘锦地区最少(40 a 中只有 1 d 出现高温天气)。年平均高温日数整体呈增加趋势,平均每 10 a 增加 0.13 d。其中,2000 年沿线平均高温日数达 4.5 d,为历史最多年份。

1.4 雷暴的主要特征

近 40 a 沿线年平均雷暴日数各地差异不大,为 25~28 d,总体呈下降趋势,平均每 10 a 下降 1.5 d。各地月变化趋势一致,6 月出现次数最多(5.7~7.2 d),7 月次之。沿线各地出现雷暴的年平均日期均在 4 月下旬,结束的年平均日期兴城地区最晚,为 12 月 10 日;锦州、葫芦岛地区为 11 月上旬,其他地区为 10 月中旬左右。

1.5 大风的主要特征

瞬时风速>17 m/s 称之为大风。近 40 a 沿线年平均大风日数总体呈下降趋势,其中 20 世纪 80 年代初期下降明显,之后在波动中缓慢下降。近 10 a 沿线大风平均日数葫芦岛地区最多(21.5 d),台安地区次之(17.1 d),绥中地区最少(2.9 d)。沿线春季(3—5 月)是大风的多发季节,占全年大风日数的 52%~60%。各地大风月平均日数变化趋势趋于一致,4 月最多,5 月次之。

2 京沈高速公路辽宁段不良气象条件服务探讨

2.1 不良气象条件对高速公路运营的影响

从高速公路运营来讲,不良的天气如雾、雨、雪等往往是一些重大、特大事故的诱因。李岚等[9]对 2005—2008 年辽宁省高速公路各种交通事故统计中得出：由天气原因及其引起的不良路况所造成的交通事故占交通事故总数的 20.4%，在各类天气现象中，因雾引起的交通事故所占比例最高(占 41.0%)，雨次之(占 31.3%)。

雾使能见度降低，驾驶员的视距变短，往往造成汽车追尾事故的发生。降雨天气是影响公路路况最频繁的气象因素，雨天不仅使路面摩擦系数下降，影响驾驶员视线，如果雨量多且持续时间长，还会造成路面积水、路肩松软，甚至路基塌陷等。降雪对交通的影响比降雨天气更为明显，积雪经过车辆反复碾压后，当气温低于 0℃时，会形成冰水混合路面甚至结冰；积雪融化后，路面会十分泥泞，同样影响路面交通；另外大量雪花随风飞舞还会导致能见度偏低。高温天气里驾驶员易疲劳，路面气温的不断升高不仅易使沥青路面软化发黏，还容易导致爆胎现象的发生。由此可见，不良气象条件是高速公路安全运营的重大隐患之一。

2.2　不良气象条件服务关键期

各类不良气象条件发生的级别对交通安全运营的影响程度也存在不同。为了减少对高速公路安全运营的影响，提高交通气象服务质量，同时使服务更具针对性，将沿线不良气象条件服务划为三个服务关键期[10]，即特别关键期、关键期、次关键期。针对服务关键期内即将出现的不良气象条件提前 24～48 h 以服务专报的形式向交通主管部门发布，并进行跟踪服务。雾出现的月平均日数大于 2.5 d 为特别关键期，小于 2.5 d 大于 2.0 d 为关键期，小于 2.0 d 大于 1.5 d 为次关键期。月降雨概率大于 40% 为特别关键期，大于 35% 小于 40% 为关键期，大于 30% 小于 35% 为次关键期。月平均降雪日数大于 5 d 为特别关键期，小于 5 d 大于 3 d 为关键期，小于 3 d 大于 1.5 d 为次关键期。大风月平均日数大于 5 d 为特别关键期，小于 5 d 大于 3 d 为关键期，小于 3 d 大于 2 d 为次关键期(表 3)。

表 3　京沈高速公路辽宁段服务关键期划分

站名	类别	特别关键期	关键期	次关键期
沈阳	雾	—	—	—
	雨	7 月	6 月	5 月、8 月
	雪	1—2 月、12 月	3 月、11 月	—
	高温	7 月	8 月	6 月
	大风	—	4—5 月	3 月
辽中	雾	—	8 月	9—12 月
	雨	—	—	7 月
	雪	—	1—3 月、11—12 月	—
	高温	7 月	8 月	6 月
	大风	4—5 月	3 月	—
台安	雾	—	—	1—2 月 12 月
	雨	6—7 月	—	5 月、8 月
	雪	—	1—3 月、11—12 月	—
	高温	7 月	6 月	8 月
	大风	4 月	5 月	3 月

续表

站名	类别	特别关键期	关键期	次关键期
盘锦	雾	—	1月、10—11月	1月、8月、11—12月
	雨	—	7月	6月、8月
	雪	—	1—3月、12月	11月
	高温	7月	6月	8月
	大风	4月	3月、5月	—
锦州	雾	7月	8月	1月、9—11月
	雨	7月	6月	8月
	雪	—	1—3月	11—12月
	高温	6月	7月	8月
	大风	4—5月	—	3月
葫芦岛	雾	—	—	7月
	雨	—	7月	—
	雪	—	1—3月	11—12月
	高温	6月、7月	8月	—
	大风	4月	3月、5月	—
兴城	雾	—	7月	6月、8月
	雨	—	7月	—
	雪	—	1月	2—3月、11—12月
	高温	7月	8月	6月
	大风	4月	5月	3月
绥中	雾	7月	8月	4月、6月、9—10月
	雨	—	7月	—
	雪	—	1—2月	3月、11—12月
	高温	7月	8月	6月
	大风	—	—	4月

2.3　减少不良气象条件对高速公路安全运营的应对措施

　　一般在交通运输中,恶劣天气引发的交通事故伤亡惨重、损失巨大,但在危险天气来临之前,加强灾害性天气预报预警与服务工作就显得尤为重要,明确不同地区交通气象服务的重点方向,是保障交通安全运营的重要措施之一。比如:针对影响公路交通的常见多发气象要素(如雾、雨、雪等)开展面向高速公路和国道的气象灾害监测,提供准确可靠的天气预报产品,采取多种方式和途径及时对公路交通发布有针对性的气象预警信息,研发和广泛推广使用精细化程度高、针对性强、个性化明显的气象保障服务产品,做好交通沿线定时、定点、定量的高时空分辨率天气预报服务。同时在不断完善交通气象服务手段、增强气象服务能力的基础上,分析交通气象服务需求与现状的差异,以交通气象服务需求为牵引,不断提高交通气象服务质量,减少不良气象条件对高速公路安全运营的影响。

3 结 论

(1)近 40 a 沿线年平均雾日数为 11.4～20.0 d,其中绥中地区最多,锦州地区次之,沈阳地区最少。秋冬季节是内陆地区雾的多发期,沿线雾多在凌晨至日出前生成,日出后逐渐消散,持续 1～3 h 的雾发生频率最高。

(2)沿线年平均降水量在波动中呈下降趋势,平均每 10 a 下降 8.7 mm;年平均降雨日数沈阳地区最多(78.1 d),台安次之(75.6 d),兴城最少(57.6 d);降雨、降水量＞50 mm 的日数出现最高频率分别在 7 月、8 月。沿线年平均降雪日数自东向西逐渐递减,沈阳地区最多(27.1 d),兴城地区最少(12.4 d)。

(3)近 40 a 沿线高温日数呈增加趋势,平均每 10 a 增加 0.13 d。

(4)近 40 a 沿线年平均雷暴日数各地差异不大,为 25～28 d,总体呈下降趋势,平均每10 a 下降 1.5 d。

(5)沿线春季(3—5月)是大风的多发季节,占全年大风日数的 52％～60％。各地大风月平均日数变化趋势趋于一致,4 月最多,5 月次之。

(6)确定沿线不良气象条件服务关键期,明确不同地区交通气象服务的重点方向,以期减少不良气象条件对高速公路安全运营的影响。

参考文献

[1] 张清,黄朝迎.我国交通运输气候灾害的初步研究.灾害学,1998,**13**(3):43-46.

[2] 黄朝迎,张清.暴雨洪水灾害对公路交通的影响.气象,2000,**26**(9):12-14.

[3] 张朝林,张利娜,程丛兰,等.高速公路气象预报系统研究现状与未来趋势.热带气象学报,2007,**23**(6):652-658.

[4] 卢娟,郭刚,邢江月,等.辽宁省高速公路气象保障服务系统设计与展望.气象与环境学报,2007,**23**(2):50-53.

[5] 贺青亮.恶劣气象条件对高速公路安全运营的影响及防治对策研究.山西气象,2006,**3**(76):28-29.

[6] 中国气象局.地面气象观测规范.北京:气象出版社,2003:21-27.

[7] 李辑,陈传雷,龚强.辽宁省大雾演变规律及对气候变暖的响应研究.环境科学研究,2007,**20**(2):112-117.

[8] 李岚,李洋,邢江月,等.沈大高速公路雾气候特征与气象要素分析.气象与环境学报,2009,**25**(1):50-51.

[9] 李岚,唐亚平,孙丽,等.辽宁省高速公路不良气象条件分析及服务探讨.气象与环境学报,2010,**26**(1):49-50.

[10] 杨尚英."西—宝"高速公路不良气象条件分析及对策.防灾科技学院学报,2008,**10**(4):47-48.

中国公路交通气象服务系统开发与应用

丰德恩 王慕华 唐 卫 鹿业涛

(中国气象局公共气象服务中心,北京 100081)

摘 要:针对恶劣气象条件频频引发交通事故的现象,采用 B/S 和 C/S 相结合的体系架构,基于 ArcGIS Server 技术设计实现了中国公路交通气象服务系统。该系统实现了全国干线公路实况气象条件、路段气象预报、路段气象预警和沿线城市预报,以及用户比较关心的能见度实况和高影响天气实况六种交通气象产品展示,为公众和决策用户提供了及时有效的交通气象服务产品。

关键词:道路反演;交通气象;ArcGIS Server;气象服务

引 言

现代交通是人类社会生活和国民经济生产的动脉,为公众出行和货物运输提供快捷、高效、安全的运输服务。与此同时,各类不利天气对交通的影响日趋明显,恶劣气象条件成为引发交通事故的重要因素之一,已经严重影响到人民生命财产安全和国民经济有序发展。因此,为公众和决策用户提供准确实时的交通气象路况信息和道路气象预报信息对交通安全保障具有至关重要的意义,建立全国公路交通气象服务系统已经成为保证现代交通运输体系正常运行的迫切需求。

许多发达国家对交通气象保障服务工作极为重视,并投入大量人力物力开展预报方法和服务手段研究。如北美、欧洲等国家组织成立了国际道路天气常设委员会(SIRWEC),并合作研制出了道路天气信息系统(RWIS);德国联邦运输部、州公路局以及气象局联合开展了道路气象信息系统(SWIS)计划。在国内,南京交通气象研究所联合中国气象局公共气象服务中心利用 GIS 技术开发建立了交通气象信息服务业务系统,作为气象工作者实时监测全国交通站实况信息平台。中国气象局公共气象服务中心作为国家级天气服务单位,联合交通部每天以图片的形式向社会公众提供全国主干道气象预报、实况信息。

近年来,伴随着网络地理信息系统(WebGIS)技术在各领域应用的广泛深入,在气象领域的应用也越来越普及。WebGIS 是 Internet 与 GIS 技术相结合的产物,它不但具有传统 GIS 的数据管理、空间分析和地图联动等功能,而且具有 Internet 信息发布功能和数据共享特点,这为交通气象信息发布和共享提供了一个很好平台。结合国家级道路交通气象服务业务需求,公共气象服务中心也开展了基于 WebGIS 技术的中国交通气象服务系统建设。本文讨论了基于 WebGIS 技术的中国交通气象服务系统设计与关键技术。其关键技术在系统建设中的应用,提高了交通气象服务质量和服务能力;增强公众出行防范意识;协助相关部门采取相应防范措施,完善道路交通安全,避免或者降低恶劣天气对交通造成的不利影响。

1 系统结构设计

1.1 系统总体框架结构

为了能很好地将气象路段信息和地理数据、地理信息服务有机地集成,提供标准化、多元化的信息服务,本系统采用基于 ArcGIS Server 的三层 B/S 体系结构,可以提高应用服务器及数据库服务器的运行效率,降低应用系统部署和管理的难度。中国公路交通气象服务系统总体架构图如图 1 所示。

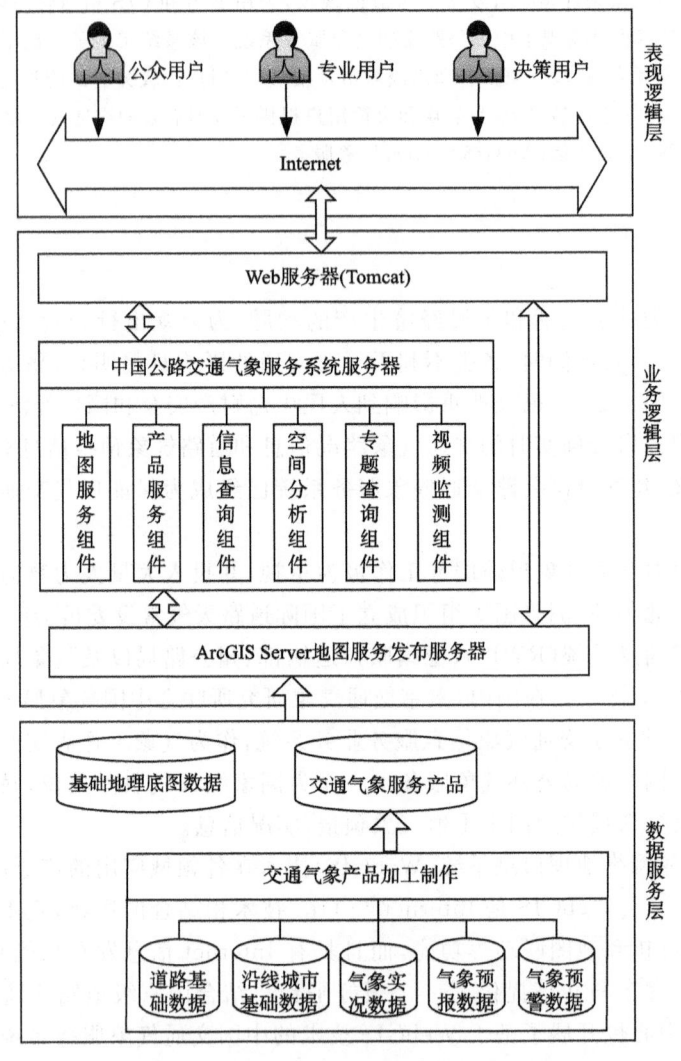

图 1　中国公路交通气象服务系统总体架构图

(1)表现逻辑层:利用 Flex 等技术,实现交通气象信息的显示,客户端向服务器发送请求后利用浏览器软件对服务器发回的执行结果进行本地解析后生成用于展示的 XML 页面。该层提供了用户与系统交互的界面,主要实现路段气象数据显示、系统交互等功能。客户端的浏览器通过 Web 传输协议将用户指令提交给业务层进行逻辑事务处理,并接受事务处理之后的结果。

(2)业务逻辑层:由 Web 服务器和 GIS 应用服务器组成。本系统使用 Tomcat 作为 Web 服务器,主要负责用户通过 Web 浏览器和 Web Services 发送的请求,并根据用户请求从 Arc-GIS Server 服务器中获取相应的服务对象代理。采用 ArcGIS Server 作为 GIS 应用服务器,提供空间数据集与交通气象服务信息的整合、发布、应用等功能。

(3)数据服务层:主要负责 GIS 数据组织和管理、交通气象数据的存储和深加工。本系统采用 ESRI 的 File Geodatabase 对基础地理地图数据、全国干线公路和沿线城市等空间数据进行管理,采用 Oracle 数据库存储国家观测站、区域自动站和交通监测站气象实况数据。开发后台数据处理程序对存放在数据库中的气象实况数据、预报员分析得出的气象预报和预警数据进行深加工,生成可用于客户端展示的交通气象服务产品。

1.2 系统功能结构

中国公路交通气象服务系统以气象监测数据和空间数据为基础,将气象实况、预报、预警数据与道路数据分析处理,采用数据反演技术,生成道路气象专题产品。利用 WebGIS 富客户端的方式进行发布和展示。系统集成气象服务数据库、气象数据处理子系统、服务产品制作子系统和综合信息展示与查询子系统。系统功能结构如图 2。

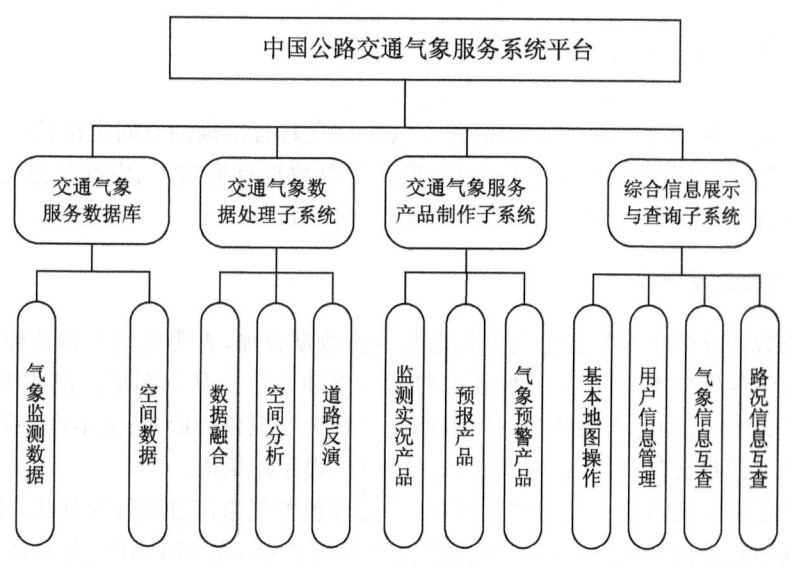

图 2 中国公路交通气象服务系统功能结构图

1.2.1 交通气象服务数据库

交通气象服务数据库实时收集存储全国范围内国家观测站、区域自动站和公路沿线气象站的气象观测数据和空间数据,对海量气象观测信息进行管理,供国家级公路交通气象服务系统使用。

1.2.2 交通气象数据处理子系统

交通气象数据处理子系统采用 C/S 体系架构,依托交通气象服务数据库,处理全国公路矢量数据,建立全国高速公路观测网,开展公路沿线国家观测站、区域自动站、交通监测站气象监测信息融合;以气象观测数据为基础,应用多种数据内插算法及人工神经网络、遗传算法等进行空间分析和道路反演,并将数据处理结果提供给综合信息显示与查询子系统使用。

1.2.3 交通气象服务产品制作子系统

交通气象服务产品制作子系统采用 C/S 体系架构,整合交通气象要素信息,制作监测实况(实况气象条件、能见度实况、高影响天气)、预报(路段气象预报、沿线城市预报)、预警(气象预警)三大类 6 种气象产品,并按照交通和气象行业标准,制定产品接口规范,为综合信息展示与查询子系统产品接入提供格式标准,子系统预留接口,为综合信息查询显示与查询子系统提供产品处理结果。

1.2.4 综合信息展示与查询子系统

综合信息展示与查询子系统采用 B/S 体系架构,接入全国干线公路地图,充分利用交通气象数据处理子系统和交通气象产品制作子系统处理结果,提供实况气象条件、高影响天气、能见度实况、路段气象预报、沿线城市 3 天预报以及气象预警 6 种气象产品和路况信息的地图显示、信息分段定位、气象信息和路况信息图表属性互查、重要信息标注等综合信息交互功能,真正实现了综合交通气象与路况信息一站式服务的公共交通气象服务平台。

2 设计与开发关键技术

由于气象信息本身具有超高时效性,路段气象信息具有准确的空间定位特征,在系统设计开发过程中,需要解决和使用的关键技术有:道路气象数据反演技术、空间信息与属性信息动态关联技术、地图服务组织管理技术、富客户端交互技术。

2.1 道路气象数据反演技术

道路气象数据反演技术是指将气象数据与道路数据叠加,表明道路受到某种天气影响,反演结果称道路沿线气象服务产品,一般要求包括图形和文字产品。图形产品主要以道路为专题表现载体,采用不同颜色来表达某一段道路受某种天气现象的影响;文本产品则逐一描述一段道路的实况或预报天气条件、影响等级、影响状况、提示用语等。

道路气象数据反演过程首先需要对预报、实况和预警气象信息进行深加工,生成可用于叠加分析的空间多边形图形气象产品。预报信息是落区产品,为 MICAPS 文本格式文件,表达了相应地理空间内未来可能发生的高影响天气类型,可直接转换成矢量多边形数据。实况信息数据组织是对存放在数据库中的国家观测站、区域自动站和交通监测站三种观测信息进行站点融合,全部参与道路气象数据反演,对融合后的站点信息采用构建泰森多边形的方法,生成多边形数据。预警信息组织是以预警站为中心,影响范围为半径生成缓冲区数据。气象数据经过预处理后,采用 GIS 空间叠加分析,即将天气信息与道路信息叠加,物理打断道路数据,然后根据不同的天气现象,赋予路段不同的属性值。道路气象数据反演技术流程如图 3 所示。

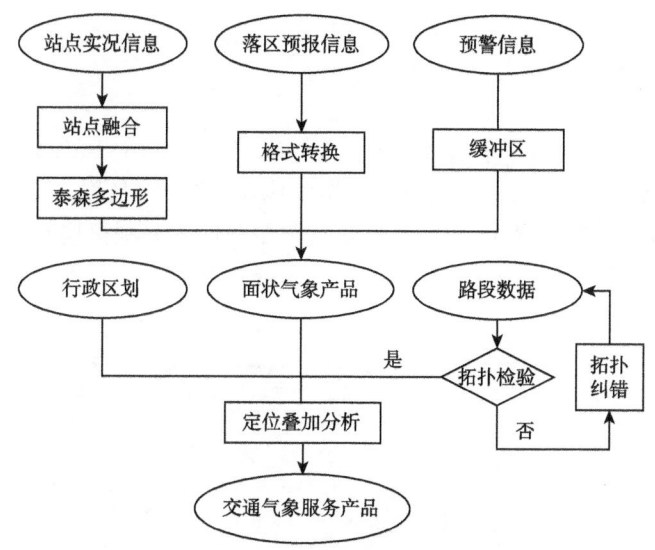

图 3   道路气象数据反演技术流程

2.2   空间信息与属性信息动态关联技术

系统的空间数据库和属性数据库之间是动态关联,能保证道路气象信息具有较高的实效性,路段属性表和路段气象信息表之间存在唯一关键字。制作 ArcGIS Server 发布地图文档(.mxd)文件时,在 ArcMap 中根据基础路段信息和气象产品信息相对应的关键字,使用 Join 工具实现路段空间位置信息和气象信息关联。关联气象信息之后路段图层具有气象属性。用户在查询图形信息时,利用气象信息表与图形库之间的动态连接,根据气象信息和基础道路属性筛选条件准确定位到路段地理位置。用户也可在可视化界面上直接操作道路图形数据,获得图元的属性信息、空间信息和气象信息。路段气象信息更新,只需在相应的路径下替换对应的 DBF 表文件,即可实现气象信息动态实时更新。

2.3   地图服务组织管理技术

系统使用 ArcGIS 地图文档(.mxd)组织和管理高影响天气等 5 种道路气象产品和沿线城市预报产品。道路气象产品数据组织是根据存放在 File Geodatabase 中全国干线公路基础数据关联相对应的路段气象信息表,在 ArcGIS 地图文档中分别对气象服务产品进行着色渲染,利用不用的颜色表示气象要素对道路交通的不同影响。根据 File Geodatabase 中沿线城市基础数据关联城市预报数据,生成沿线城市 3 天气象预报产品。通过 ArcGIS Server 对地图文档进行发布,地图服务的创建、删除和状态管理。

2.4   富客户端交互技术

在完成了地图服务的发布以后,如何实现地图数据的浏览、查询、检索等富客户端交互操作是较为重要的问题。本系统采用利用 ArcGIS Server 提供的 Map 控件实现客户端地图的放大、缩小、平移等地图操作;以及使用 IdentifyTask、QueryTask 等操作类函数实现道路图形数据和气象要素属性之间相互发送查询请求;利用 Flex 脚本语言对交通气象服务产品进行综合展示。

3　系统实现和应用

　　本文根据上述开发思路和关键技术,应用 ArcGIS Viewer for Flex 模板以及 Flex 技术构建中国公路交通气象服务系统,包括地图基本操作功能;按公路名称、行政区划筛选道路显示功能;交通气象服务产品图形显示,对 5 种路段气象服务产品分别根据不同分级阈值分颜色显示;交通气象产品属性显示,以弹出窗体的方式显示任意路段的 5 种气象服务产品以及提示用语。系统界面如图 4 所示。

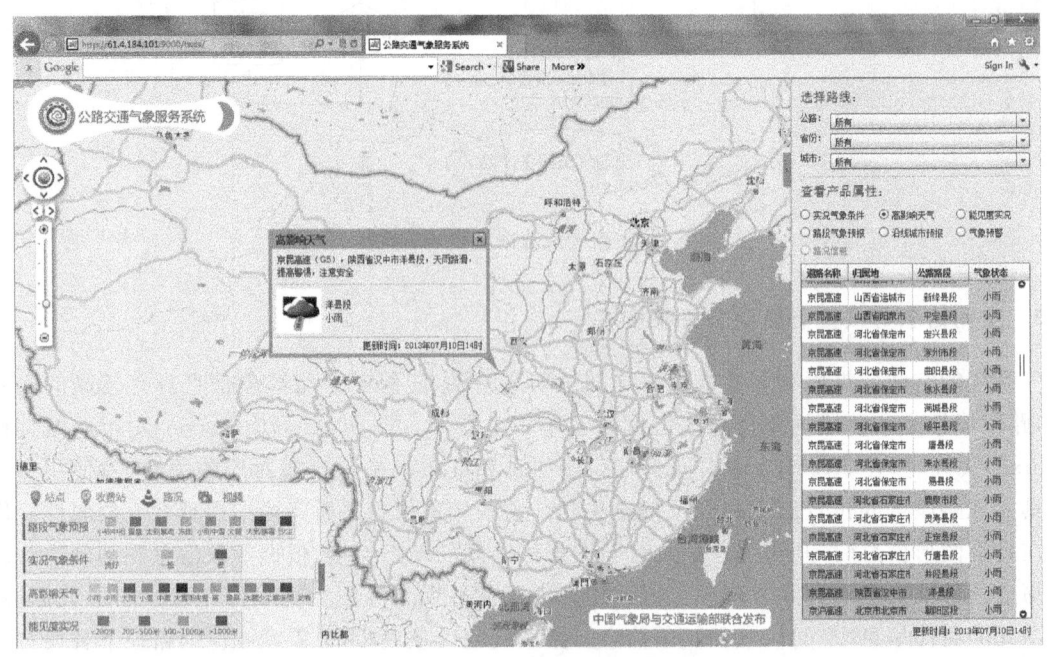

图 4　中国公路交通气象服务系统界面

　　基于 ArcGIS Server 设计开发的中国公路交通气象服务系统,为公众用户出行提供了实时有效的交通气象服务;为决策用户制定防灾减灾措施提供有效依据;避免或者减少因灾害天气造成的交通事故,确保交通运输过程中人民生命财产安全和国民经济有序发展。

参考文献

[1]　吴焕萍,韦锦超,赵琳娜,等.基于 GIS 的道路气象图形与文本自动生成.计算机工程,2010,**6**(22):277-279.

[2]　任刚,王炜.基于 GIS 的交通网络可视化编辑平台的开发.公路交通科技,2003,**20**(1):85-88.

[3]　王洪伟,张立朝,张海东,等.分布式 ArcGIS Server 体系结构的研究与开发.测绘科学技术学报,2007,**24**(2):110-113.

[4]　李长城,包左军,杨涛,等.道路交通气象应用发展状况与启示.公路交通科技,2007,**24**(7):123-127.

[5]　高勇,蔡先华,刘勘.基于 ArcGIS Server 的 WebGIS 系统开发.网络安全技术与应用,2007(12):68-69.

现代林业气象灾害预警精细化服务系统设计与应用

范永玲[1]　王文春[2]　张喜娃[1]　朱金花[1]　张　荣[1]

侯润兰[1]　崔栋梁[1]　高　欣[1]　朱　杰[1]

(1. 山西省气象服务中心,太原　030002;2. 山西省气象信息中心,太原　030002)

摘　要: 受异常气候条件影响,山西省林业灾害出现多发、高发的态势,这些灾害的发生,很大程度都与气象因素有直接或间接的关联。因此,气象部门与林业部门合作,合力建设一个直接面向林业的气象信息聚合和产品制作预警平台,使林业相关部门能够及时、准确地掌握气象防灾减灾科技信息。系统引用最新技术,基于功能强大的地理信息平台(ArcGIS),围绕 SOA 架构模型,结合 REST 服务技术、WCF 服务技术、ajax 技术和 SILVERLIGHT 前台技术,采用成熟的 C/S 与 B/S 相结合的架构方式。分析了系统的架构、数据库、功能、应用效果,设计实现的系统信息精细到乡镇、GIS 显示,实现了林业气象灾害预报预警全覆盖,对于山西省防治林业灾害、维护土地生态安全、促进人与自然的和谐发展十分必要。

关键词: 林业灾害预警;精细化服务;系统设计与应用

引　言

近年来,受异常气候条件影响,山西省林业灾害出现多发、高发的态势。每年因干旱少雨、森林火灾(在可能引发区域性森林火险的诸多因子中,气象条件一直被认为是最主要的因素之一)、冰雹、霜冻、雪灾和风灾等灾害造成的经济损失十分巨大,人民生命财产安全也遭受巨大的威胁[1]。山西省森林面积现达 3316 万亩①,比新中国成立之初增加了 5 倍。全省森林覆盖率达到 14.12%,比建国初期提高 11.7 个百分点,预计到 2020 年,全省森林覆盖率可达到 26%。森林在广阔、复杂的空间范围和漫长的生产周期内,随时可能遭受来自自然的或人为的破坏和干扰,这些灾害的发生,很大程度都与气象因素有直接或间接的关联。然而林业(林地、沙地和湿地)多地处偏远,缺乏对林业灾害发生和防范规律的研究,目前林业生产中总体防灾抗灾能力比较薄弱。对灾害性天气预报的准确性难度较大,林业生产防御灾害的能力还十分有限,已成为气象灾害防御的薄弱地区[2-3]。为此气象部门与林业部门合作,合力建设一个直接面向林业的气象信息聚合和产品制作预警平台,使林业相关部门能够及时、准确地掌握气象防灾减灾科技信息,对于山西省防治林业灾害、保护生态安全、促进生态文明建设和绿色山西建设十分必要。

---

① 1 亩＝666.67 平方米,下同

1 系统设计

1.1 数据库设计

1.1.1 数据库逻辑结构

数据库架构主要分为三部分:现代林业气象灾害指标库、气象资料库、现代林业气象灾害库。如图1。

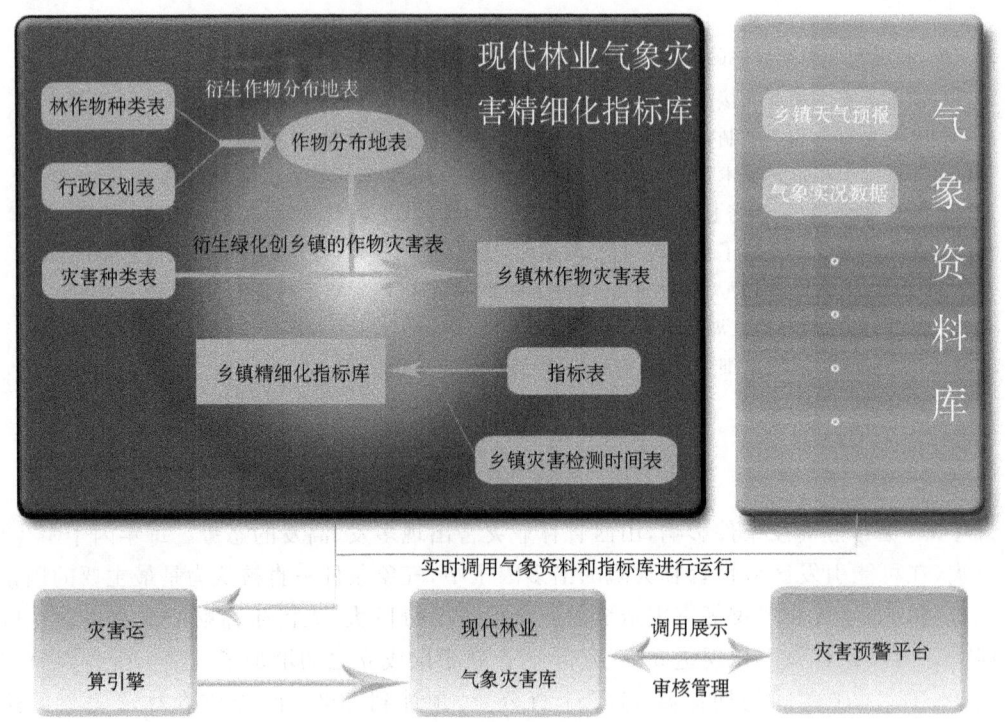

图1 现代林业气象灾害数据库逻辑结构图

1.1.2 基础数据库

该部分主要包括五个基础数据库的建设,为以后地图显示、灾害运算等做准备。

基础地理信息数据库建设:该部分主要包括地理区划数据建库、录入(包括山西省、市、县、乡镇区划),制作山西省、市、县、乡镇四级地图。

基础气象资料库建设:该部分主要包括乡镇预报、乡镇实况、卫星云图、雷达图等资料的建库、获取、解析、导入;为灾害运算提供所需气象资料。

基础林业资料库建设:该部分主要包括林业分布资料(细化到乡镇)、九大林区分布资料的收集、导入;为灾害运算提供所需林业资料,为做林区分布图、九大林区分布图做铺垫。所要监测的林业物种、各物种的物候期资料的建库、导入,为灾害运算做铺垫。

林业灾害指标库建设:该部分主要包括针对要检测的各个物种灾害资料,分析灾害基础数据库表、抽象表间关系结构、提取建立灾害指标模型数据库。包括研发乡镇森林火险等级预报预警精细化指标模型、苹果主要病虫害(病害:斑点落叶病;虫害:苹果红蜘蛛)预报预警指标模型、红枣裂果气象灾害预报预警精细化指标模型。

业务数据库建设:该部分主要是根据系统相关的业务逻辑,建立相应的业务逻辑数据库。包括用户模型数据库(包括气象用户、林业专家组用户、气象专家组用户、林业政府(省、市、县、乡镇四级)用户以及各级管理员用户)、历史灾害信息库、系统信息库、重要气象信息库以及产品数据库。

1.1.3 现代林业气象灾害指标库构成

主要有林作物种类表、行政区划表、灾害种类表、作物分布表、指标表、乡镇林作物灾害种类表、乡镇灾害监测时间表构成。

林作物种类表主要负责记录各种要监测的林业物种;行政区划表主要负责记录山西省、市、县、乡镇四级区划信息;灾害种类表主要记录各级管理员用户设定的灾害;作物分布表主要负责实现各林作物在各乡镇的分布,该表由作物种类表和行政区划表衍生而来;指标表主要负责记录用户设定的各种指标,该表是建立在用户表和灾害类型表之上;乡镇林作物灾害种类表为虚拟表,由灾害种类和作物分布表衍生而来;乡镇灾害监测时间表主要记录由乡镇灾害表和指标表衍生出来的乡镇指标指定灾害的检测时间。

1.2 现代林业预警平台架构设计

平台使用 B/S 构架,充分利用气象局的内网环境,使省、市、县三级共享使用[4]。

系统基于功能强大的地理信息平台(ArcGIS)开发,围绕 SOA 架构模型,结合 REST 服务技术、WCF 服务技术、ajax 技术和 SILVERLIGHT 前台技术,采用成熟的 C/S 与 B/S 相结合的架构方式搭建而成,系统采用分层设计的思想[5],把整个系统分成了基础数据层(基础数据和空间数据)、通用数据访问层、基础应用层、管理应用层、地图服务层和数据服务层。数据访问层可以与其他业务数据系统通过接口有效集成,确保数据的准确性和可靠性。基础应用层主要包括六大功能模块:林业气象灾害预警平台、气象实况资料、乡镇天气预报、气象监测数据、预警发布平台、林区分布;管理应用模块主要包括五大模块:基础林业维护、林业灾害设置、林业灾害维护、用户管理、用户审核。通过对系统合理的软件架构设计,保证了系统在开发时的分步设计和模块化开发,保证系统在实际应用中的分阶段实施和产品的灵活性、可靠性及稳定性。系统图架构如图 2 所示。

2 系统功能实现

2.1 气象资料收集

系统自动收集气象资料,文本和图像资料将可以直接显示,定量信息可作为系统的指标因子参与运算。

2.1.1 预报收集

实时收集省台的各种常规天气预报,包括短期、短时、周预报、旬预报、精细化预报、乡镇预报、省台数值预报产品。

系统架构图

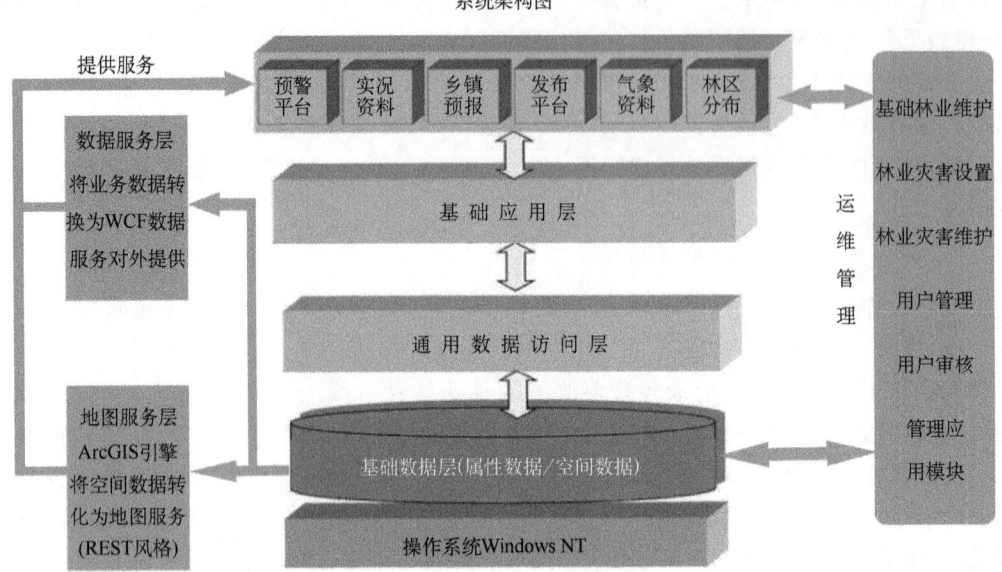

图 2　系统架构图

2.1.2　预警信息

省、市预警信息实时收集。

2.1.3　观测资料

全省 109 站自动站数据、全省多普勒雷达资料、卫星云图资料。

2.2　功能模块实现

系统具有良好的开放性、支持各类硬件平台及操作系统（Windows xp\2003\Win7\server2008），支持主流商业数据库（sql server），支持通用协议；系统具有应用级和系统级的多行政多区划的多级安全认证机制和周密完善的权限审核管理，保证了系统的安全性。系统主界面见图 3。

图 3　系统主界面

2.2.1 基础地理信息显示子系统

在 Web 页面上所有用户可以通过放大、缩小、漫游、查询等工具对地理图层进行操作,可以将有关图层显示或隐藏,可以查询特征图层的属性数据表,如图 4 所示。

图 4　基础地理信息显示

2.2.2 乡镇预报显示子系统

根据乡镇天气预报相关数据,在各乡镇预报未来 24 小时、48 小时、72 小时以内的天气情况,并且显示当地天气情况、最高温度、最低温度、风向、风速等信息,如图 5 所示。

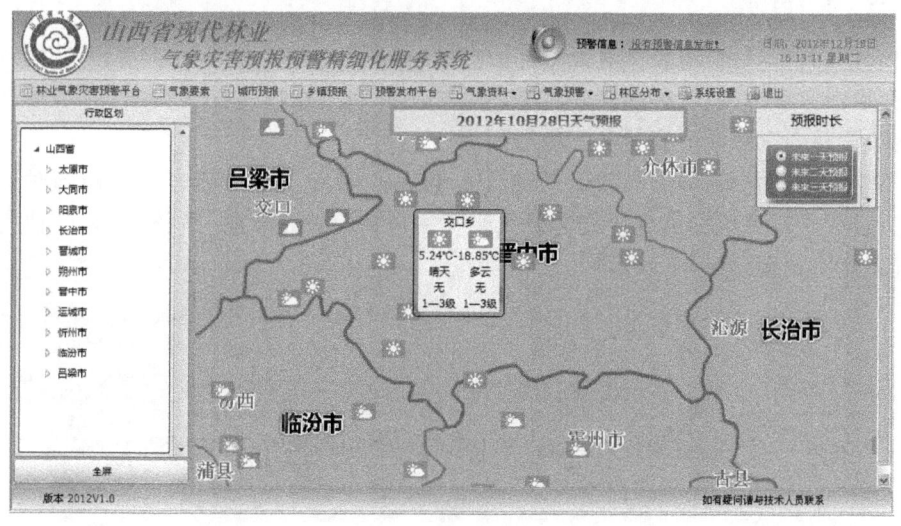

图 5　乡镇预报显示

2.2.3 气象资料显示子系统

天气实况、雷达图、卫星图、常规天气预报及根据乡镇天气预报相关数据,在各乡镇预报未来 24 小时、48 小时、72 小时以内的天气情况,并且显示当地天气情况、最高温度、最低温度、风向、风速等信息。

2.2.4 林业灾害预报预警信息显示子系统

根据各种灾害指标库系统结合相关数据实现对各种灾害的实时预测,在地图上以图示的方法显示受灾林业物种、受灾地区及灾情相关信息,当点击灾害预测项时系统会在地图中显示相关的信息及应对措施,如图 6 所示。

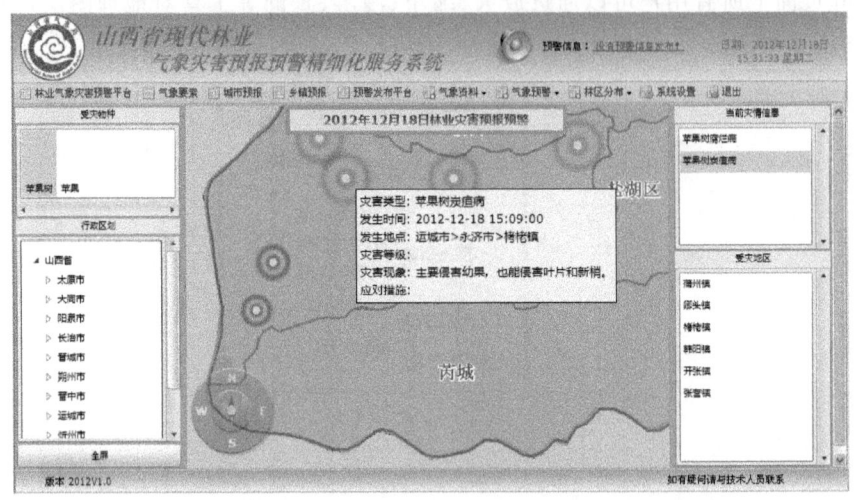

图 6　林业灾害预报预警信息显示

受灾信息:以坐标定位、列表两种方式显示,在受灾栏目中点击受灾地区,点击右键—曲线图,可以查看当前灾害发生的逐小时曲线图。

2.3　历史灾情子系统

历史灾情查询、显示:主要针对灾害的历史数据进行分析和查询,用户选择"历史灾害"菜单项时,会显示灾害类型,选择相应的类型后系统会提示出相应的操作模板,当选定日期点击提交后相关信息会以图文形式提示在数据列表中。

灾害调整、灾害发布:通过气象信息员与林业专家(乡级管理)等,通过网站随时提供周边气象信息;县级管理员根据信息管理全县各种气象与林业信息收集、审核,发布各种气象灾害信息及气象灾害预警,如图 7 所示。

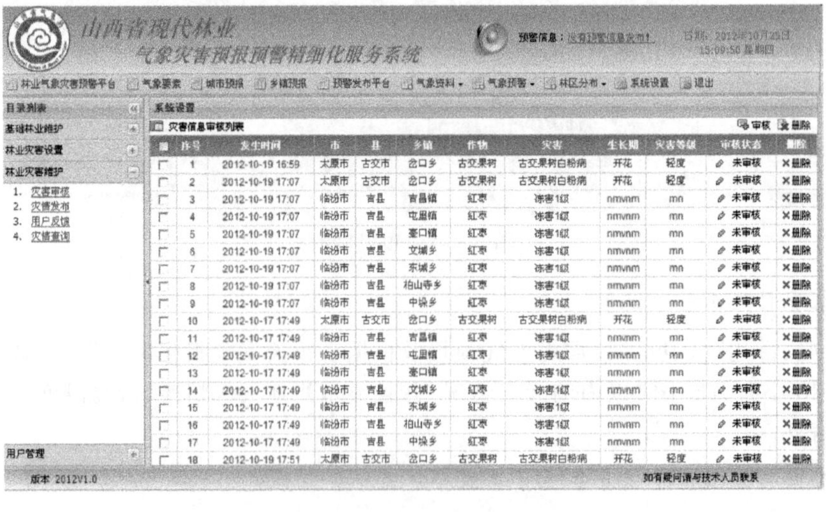

图 7　灾害调整、发布的显示

3 应用效果

建成的现代林业气象灾害预警精细化服务平台,已于 2013 年 11—12 月分别在林业部门和运城、临汾、晋中、阳泉等地试用,普遍反映具有实用价值。林业气象灾害预警信息的及时发布,为省、市、县、乡、村级决策指挥部门做好防灾减灾工作、趋利避害提供了帮助;实现了林业气象预警服务信息在乡镇"零公里落地"。现代林业气象灾害预警精细化服务系统运行后与山西省国家突发事件预警信息发布中心进行对接。林业气象服务信息发布系统将成为突发事件预警信息发布系统的组成部分之一,成为林业气象服务信息及突发事件预警信息发布的权威手段。逐步建设完成的遍布乡村及林区的大喇叭和 LED 显示屏也将成为最接近农村与林区的信息发布终端,真正达到气象科学助力农村林业经济发展之目的。

以运城厉山镇为例,厉山镇霜冻一级效果显示,如图 8 所示。

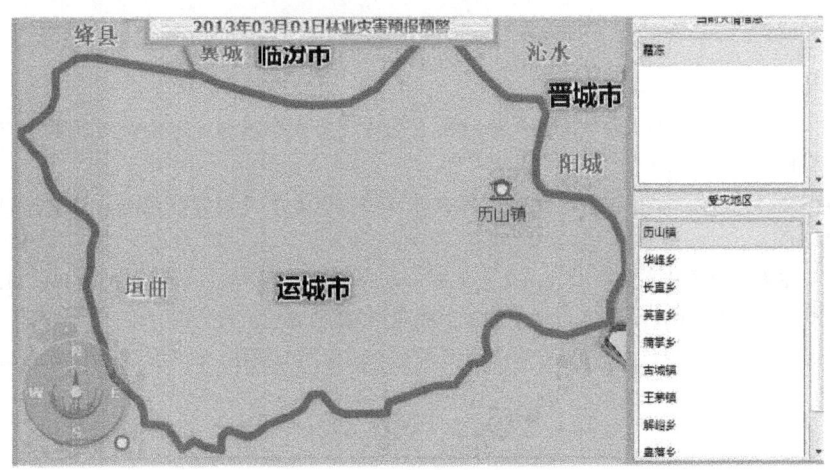

图 8 厉山镇霜冻一级效果显示

2013 年 1 月 23 日大雾橙色预警信号的前台显示效果见图 9。

图 9 预警信息显示

4 小 结

研究开发建成的现代林业气象灾害预警专家服务系统,技术手段先进、功能齐全、界面友好、显示方式多样、使用灵活方便,第一时间为省政府及林业部门防灾减灾,趋利避害开展精细化、覆盖广的气象服务。主要创新点如下。

(1)系统提供了一个通用的林业气象精细化服务平台,省、市、县三级气象部门都能以此平台为基础,利用本平台提供的各种气象信息及 GIS 平台,进行各自的气象林业指标选取与预警信息制作。

（2）可扩展性与智能化。本系统从两方面体现了好的可扩展性：分别为气象数据的可扩展性和林作物指标体系的可扩展性；另外，本系统中的指标设计器可以根据林业用户的指标需求，只需通过简单的点击，就可以把用户描述的文字指标智能转化为系统可以识别的公式。

（3）系统还提供了气象信息专用接口，省、市、县三级气象部门，可把自己特有的气象信息放入，并在此基础上建立本地特色的林业气象灾害预警。

现代林业气象灾害预警精细化服务系统运行后成为林业气象服务一种新的手段和方式，在林业气象灾害预警服务方面，为广大林区灾害防御提供了良好的参考；同时林业气象灾害预警信息的及时发布，也为省、市、县、乡、村级决策指挥部门做好防灾减灾工作、趋利避害提供了帮助；实现了林业气象预警服务信息在乡镇"零公里落地"，成为科学发展农村林业经济的好帮手。同时充分体现了气象为林业服务在应对气候变化的独特作用，为提高山西省森林和林果的数量和质量，全面增强森林碳汇功能具有实用价值。

参考文献

[1]　夺取冰雪救灾全面胜利——国务院新闻办就雨雪冰冻灾害对中国林业影响及灾后重建召开新闻发布会.国土绿化,2008(03).

[2]　袁虹,孙小霞,郭生祥,等.祁连山自然保护区森林自然灾害发生危害调查及防治对策探讨.甘肃科技,2011,27(20).

[3]　沈国舫.关注重大雨雪冰冻灾害对我国林业的影响——主编的话.林业科学,2008,144(13).

[4]　陈维社.浅谈3S数字化技术在林业建设管理中的应用.新疆农业科技,2011(4).

[5]　刘涛,谷建才,陈凤娟,等."3S"技术在森林资源调查中的应用与展望.中国农学通报,2008,24(11).

格尔木地区光伏电站太阳辐射预报方法研究

郭晓宁[1] 保广裕[2] 李海凤[1] 李 兵[1] 石秀云[1] 马生玉[1]

(1. 青海省格尔木市气象局,格尔木 816000;2. 青海省气象服务中心,西宁 810001)

摘 要:利用 1961—2010 年格尔木地区及其周边站点的常规和辐射气象资料,通过天气学原理和方法,针对格尔木地区影响光伏电站太阳辐射的天气环流形势和影响系统,进行了详细的研究和分析,提取了预报指标并建立了预报方法,并对预报的结论进行了检验,结果表明:此研究建立的辐射预报方法预报与实况误差较小,该方法对逐时、逐日太阳辐射的预报均具有使用价值,该方法能为格尔木地区光伏产业发展提供必要的气象科技支撑和决策依据。

关键词:格尔木地区;太阳辐射预报;光伏电站

引 言

格尔木地处青藏高原腹地,柴达木盆地南缘,空气稀薄,干燥少雨,日照时间长,太阳能资源十分丰富,在全国属高值区。2011 年建成太阳能并网发电项目 24 个,装机规模 573 兆瓦,为全市经济社会发展提供了电力支撑。2012 年格尔木市根据电网接入、土地、园区基础设施等条件,新开工太阳能并网光伏发电项目 21 个,装机规模 530 兆瓦。规划建设东出口、南出口、格尔木河西岸、小灶火和乌图美仁 5 个光伏发电园区,总规划用地面积 721 平方千米、总规划装机容量 7210 兆瓦。光伏电站的发电量受太阳辐射强度变化而起伏不定,它受云量、大气透明度等气象因素的影响变化幅度明显,当光伏电站发电量在整个电网流动中占有一定的比重后如何最大限度地发挥光伏电站的效益,并且保证供电网安全、平衡成为电力调度部门高度关注的问题。光伏电与水电、火电相比可控性差,为了保持供电网的安全与平衡,作为电力部门、光伏企业必须掌握光伏电站地区的太阳辐射强度逐日逐时变化状况,针对光伏发电量多与少,调剂水电、火电发电量来保证电量供给和传输电网安全。光伏电站发电量的多少直接与本地太阳辐射强度、时间密切相关。研究光伏电站地区的太阳辐射强度变化,分析和掌握变化规律及影响的因素,从天气学和统计学方面研究太阳辐射的预报指标和方法,建立光伏电站气象预报服务系统,可以实现太阳能资源的充分利用,充分发挥气象科技为政府决策的作用,并可以对发电企业进行科学合理的布局和调度。对满足格尔木电力服务需求,提高专业气象服务水平,进一步拓展专业气象服务领域,提高专业气象服务经济效益,加强气象与电力部门的合作起到积极的推动作用;也为保护生态环境、促进经济的可持续发展起到积极的促进作用。

资助项目:青海省气象局气象科学技术研究项目"格尔木光伏电站太阳辐射估算及气象服务系统建设"

1　资料的选取

选取 1961 年 1 月—2010 年 12 月格尔木、德令哈、乌兰、大柴旦、冷湖、茫崖、小灶火、茶卡、诺木洪和都兰等 10 个气象站的日照、地面温度等气象资料。为了研究方便,选取西宁、格尔木、刚察的辐射进行对比分析。应用刚察的日照时数、地面最高温度建立刚察月总辐射量计算方程,用该方程计算了 2005 年 1 月—2009 年 12 月诺木洪、都兰、小灶火地区 1—12 月日太阳总辐射量进行对比分析。

2　辐射预报方法的建立

2.1　天气背景

根据调查研究,格尔木地区对太阳能利用影响最大的气象灾害是降水、大风和沙尘暴。进入 21 世纪,格尔木地区降水量呈增多趋势,且夏半年较冬半年明显,不同量级雨日平均雨量也呈增大趋势,尤其是夏半年≥10 mm 的雨日明显增多。春季(3—5 月)是沙尘暴天气出现次数最多的季节,占年总次数的 50% 以上,其次是冬季(12—次年 2 月),而秋季(9—11 月)出现次数最少。分析发现,格尔木地区沙尘暴日数总的变化呈减少趋势,大风日数为 12.4～50.0 d,中心在诺木洪附近。大风日数主要集中在 3—6 月份,约占全年大风日数的 50%～70%。年沙尘暴日数约 3～5 d。沙尘暴日数主要集中在 2—5 月,约占全年沙尘暴日数的 70%～90%。大风日数空间分布与沙尘暴日数空间分布关系极为密切。

2.1.1　大风和沙尘暴环流形势

通过天气学方法,分析格尔木地区大风、沙尘暴天气的历史资料,将大风并伴有沙尘暴天气的 500 hPa 高空环流形势(范围:55°—130°E,15°—65°N)划分为 5 种类型:蒙古冷槽型、巴尔喀什湖低槽型、西北气流型、西亚横槽型、西风急流型。沙尘暴天气的影响系统一般有冷低压槽、强冷锋和飑线等中小尺度系统配合。大风和沙尘暴天气的冷空气路径一般有西北路径、偏西路径和偏北路径三条。

2.1.2　降水环流形势

根据格尔木地区系统性降水的特点,在 500 hPa 天气图上,将 55°—130°E,15°—65°N 的范围内,对造成降水的天气形势进行了分型,分为南北槽叠加型、两高一低型、西风槽型、高原切变型、副高东退型 5 种。通过天气个例统计分析,发现形成格尔木地区区域性降水的影响系统主要有低压槽、低涡、切变线、冷锋、锢囚锋等,且区域性降水主要出现在大尺度环流背景下。

2.2　辐射预报方法的建立

2.2.1　大风沙尘暴天气学预报模型

对应大风、沙尘暴天气形势,统计分析出了大风沙尘暴出现前一天 08 时、20 时或出现当天 08 时高空及大风出现前一天 14 时地面指标或当天 05 时地面指标,以巴尔喀什湖低槽型为例,当满足以下 3 个条件中的两个条件时,则预报未来 24 h 内有大风沙尘暴天气:

(1)08 时 500 hPa 高空图上,额济纳旗(52267)、乌鲁木齐(51463)、哈密(52203)、若羌(51777)、马鬃山(52323)、敦煌(52418)、酒泉(52533)、茫崖(51886)、格尔木(52818)、都兰(52836)中至少有六个站风速≥20 m/s,且茫崖(51886)、格尔木(52818)、都兰(52836)三站中有两站与前一日风速差≥2 m/s。

(2)额济纳旗(52267)、乌鲁木齐(51463)、哈密(52203)、酒泉(52533)、茫崖(51886)五站中至少四站风速≥24 m/s,且伊宁(51431)气温≤−24℃。

(3)14 时或当日 05 时西北区地面图上,乌鲁木齐(51463)、铁干里克(51765)、若羌(51777)、且末(51855)ΔP_3≥1 hPa 且托勒(52633)、野牛沟(52645)、祁连(52657)、刚察(52754)、大柴旦(52713)、德令哈(52737)、冷湖(52602)、恰卜恰(52856)八站中至少有两站的 ΔT_{24}≥4℃。

从稳定度指标来看,前一天 08 时或第二天 08 时理查森数 Ri 资料。当气层处于不稳定状态时,湍流发展旺盛,往往会造成持续性的大风和强沙尘暴天气。理查森数 Ri 是判断某层热力不稳定的一个重要判据,其公式为:

$$Ri=\left|\frac{\frac{g}{T}\left(\frac{\partial \overline{T}}{\partial z}+\gamma_d\right)}{\left(\frac{\partial u}{\partial z}\right)^2+\left(\frac{\partial v}{\partial z}\right)^2}\right|$$

式中,$\overline{T}$ 为两个高度上绝对温度的平均值;$\frac{\partial u}{\partial z}$ 和 $\frac{\partial v}{\partial z}$ 为两个高度之间的风速分量随高度的变化;$\frac{\partial \overline{T}}{\partial z}$ 为大气温度随高度的变化率;γ_d 为大气干绝热温度直减率;g 为重力加速度。

若 $Ri>1$,则湍流减弱;若 $Ri<1$,则湍流发展。大风、沙尘暴天气出现前一天或当天该台站 08 时 700~500 hPa、500~400 hPa、400~300 hPa 三层中有一层理查森数≤0.7。

2.2.2 降水天气学预报模型

(1)高空温度条件:预报当天 08 时 500 hPa 图上茫崖(51886)温度<−4℃,且 52652、格尔木(52818)、都兰(52836)、西宁(52866)、沱沱河(56004)、结古(56029)、达日(56046)、那曲(55299)、昌都(56137)、合作(56080)台站中有 6 个以上台站温度≥−4℃,且都兰(52836)温度—酒泉(52203)温度≥6℃。

(2)水汽输送条件:(a)500 hPa 图上都兰(52836)、格尔木(52818)、拉萨(55591)、那曲(55299)、沱沱河(56004)、林芝(56312)、甘孜(56146)、昌都(56137)、结古(56029)、达日(56046)站中有 5 个以上台站风向为 85°~260°,且风速≥6 m/s,且沱沱河(56004)、结古(56029)、酒泉(52533)、茫崖(51886)、格尔木(52818)、都兰(52836)、52652、那曲(55299)、56137、拉萨(55591)、52418、林芝(56312)、达日(56046)站中有 6 个以上台站 $T-T_d$<4℃。(b)500 hPa 图上格尔木(52818)、都兰(52836)、沱沱河(56004)、那曲(55299)、拉萨(55591)、昌都(56137)、达日(56046)站中有 3 个以上台站风向为 130°~195°,且风速≥8 m/s,且沱沱河(56004)、结古(56029)、酒泉(52533)、茫崖(51886)、格尔木(52818)、都兰(52836)、张掖(52652)、那曲(55299)、昌都(56137)、拉萨(55591)、敦煌(52418)、林芝(56312)、达日(56046)站中有 6 个以上台站 $T-T_d$<8℃,且成都(56294)、巴塘(56247)、林芝(56312)、拉萨(55591)站风向为 75°~160°,且 $T-T_d$<4℃、风速≥10 m/s。

2.2.3 辐射与云状预报模型

为了辐射预报的准确性,统计分析了格尔木近 5 年 1—12 月逐时太阳辐射、日照时数变化与对应的天气背景,对不同云量的变化进行分类,确定太阳辐射和日照时数变化的范围,规定天空低云在 1 到 3 成为晴天,4 到 7 成为多云,8 成以上为阴天,其分析结果如下:

1 月辐射出现在 10—20 时,13—16 时为高峰值,每时累计量 $\geqslant 1.6$ MJ/m^2,日辐射总量 Q 平均为 10.86 MJ/m^2,最大值 15.03 MJ/m^2,最小值 1.4 MJ/m^2。日太阳辐射逐日递增,$Q>$ 12(单位为 MJ/m^2,以下部分省略)出现在中旬,$Q>13$ 出现在下旬,$Q>14$ 出现在下旬 25 日后。$Q\leqslant 6$ 时出现强降温,日最高气温下降 10℃以上,天气阴。$6<Q\leqslant 8$ 时出现降温,日最高气温下降 5℃以上,云量>9 成,$8<Q\leqslant 10$,云量>7 成,$Q>10$ 占 68%,日最高气温稳定,为晴到少云天气。

2 月辐射出现在 9—20 时,14—16 时为高峰值,每时累计量 $\geqslant 2.27$ MJ/m^2,日辐射总量 Q 平均为 14.23 MJ/m^2,最大值 20.24 MJ/m^2,最小值 6.36 MJ/m^2。日太阳辐射逐日递增,$Q>$ 14 出现在中旬,$Q>15$ 出现在下旬,$Q>17$ 出现在下旬 25 日后。$Q\leqslant 10$ 时出现强降温,日最高气温下降 10℃以上,天气阴。$10<Q\leqslant 14$ 时出现降温,日最高气温下降 5℃以上,云量>9 成,$Q>15$ 占 68%,日最高气温稳定,为晴到少云天气。

3 月辐射出现在 9—20 时,12—17 时为高峰值,每时累计量 $\geqslant 2$ MJ/m^2,日辐射总量 Q 平均为 19.13 MJ/m^2,最大值 25.88 MJ/m^2,最小值 10.23 MJ/m^2。日太阳辐射逐日递增,$Q>$ 23 出现在下旬 21 日后。$Q\leqslant 12$ 时出现强降温,日最高气温下降 10℃以上,天气阴。$12<Q\leqslant 15$ 时出现降温,日最高气温下降 5℃以上,云量>9 成,$15<Q\leqslant 19$,云量>7 成,$Q>10$ 占 68%,日最高气温稳定,为晴到少云天气。

4 月辐射出现在 8—21 时,13—16 时为高峰值,每小时累计量 $\geqslant 2.79$ MJ/m^2,日辐射总量 Q 平均为 22.87 MJ/m^2,最大值 30.94 MJ/m^2,最小值 7.31 MJ/m^2。日太阳辐射逐日递增,$Q>26$ 出现在中旬,$Q>28$ 出现在下旬,$Q>29$ 出现在下旬 25 日后。$Q\leqslant 10$ 时出现强降温,日最高气温下降 10℃以上,天气阴。$10<Q\leqslant 18$ 时出现降温,日最高气温下降 5℃以上,云量>9 成,$18<Q\leqslant 22$,云量>7 成,$Q>22$ 占 60.7%,日最高气温稳定,为晴到少云天气。

5 月辐射出现在 8—21 时,13—16 时为高峰值,每时累计量 $\geqslant 2.8$ MJ/m^2,日辐射总量 Q 平均为 25.46 MJ/m^2,最大值 33.59 MJ/m^2,最小值 10.22 MJ/m^2。云量>9 成,$Q\leqslant 13$、$13<Q\leqslant 19$、$19<Q\leqslant 23$、$23<Q\leqslant 26$,日最高气温稳定,为晴到少云天气。

6 月辐射出现在 8—21 时,13—16 时为高峰值,每时累计量 $\geqslant 2.8$ MJ/m^2,日辐射总量 Q 平均为 25.48 MJ/m^2,最大值 34.31 MJ/m^2,最小值 8.34 MJ/m^2。日太阳辐射逐日递增,$Q\leqslant$ 12 天空阴或有>0.1 mm 的降水。$12<Q\leqslant 18$,云量>9 成或微量降水。$18<Q\leqslant 24$,云量>7 成,$24<Q\leqslant 29$,云量>5 成,$29<Q\leqslant 34$,云量>4 成;$Q>34$ 为晴到少云天气。

7 月辐射出现在 8—21 时,12—17 时为高峰值,每时累计量 $\geqslant 2$ MJ/m^2,日辐射总量 Q 平均为 21.34 MJ/m^2,最大值 32.11 MJ/m^2,最小值 4.36 MJ/m^2。$Q\leqslant 8$ 天空阴或有>0.1 mm 的降水。$8<Q\leqslant 12$,云量>9 成或微量降水。$12<Q\leqslant 18$,云量>7 成,$18<Q\leqslant 24$,云量>5 成,$24<Q\leqslant 29$,云量>4 成;$Q>29$ 为晴到少云天气。

8 月辐射出现在 8—21 时,13—16 时为高峰值,每时累计量 $\geqslant 2.66$ MJ/m^2,日辐射总量 Q 平均为 23.01 MJ/m^2,最大值 32.19 MJ/m^2,最小值 6.37 MJ/m^2。$Q\leqslant 8$ 天空阴或有$>$ 0.1 mm 的降水。$8<Q\leqslant 12$,云量>9 成或微量降水。$12<Q\leqslant 18$,云量>7 成,$18<Q\leqslant 24$,云量>5 成,$24<Q\leqslant 29$,云量>4 成;$Q>29$ 为晴到少云天气。

9 月辐射出现在 9—20 时,12—16 时为高峰值,每时累计量 $\geqslant 2.1$ MJ/m^2,日辐射总量 Q

平均为 19.41 MJ/m²,最大值 27.17 MJ/m²,最小值 3.74 MJ/m²。$Q \leqslant 8$ 天空阴或有＞0.1 mm的降水。$8 < Q \leqslant 14$,云量＞9 成或微量降水。$14 < Q \leqslant 20$,云量＞7 成,$20 < Q \leqslant 24$,云量＞5 成,$24 < Q \leqslant 26$,云量＞4 成;$Q > 26$ 为晴到少云天气。

10 月辐射出现 9—20 时,13—16 时为高峰值,每时累计量$\geqslant 2.21$ MJ/m²,日辐射总量 Q 平均为 16.8 MJ/m²,最大值 14.22 MJ/m²,最小值 9.51 MJ/m²。日太阳辐射逐日递增,$Q > 18$ 出现在上旬到中旬,$Q > 20$ 出现在上旬。$Q \leqslant 10$ 时出现强降温,日最高气温下降 10℃以上,天气阴。$10 < Q \leqslant 15$ 时出现降温,日最高气温下降 5℃以上,云量＞9 成,$15 < Q \leqslant 18$,云量＞7 成,$Q > 18.0$ 占 52.2%,日最高气温稳定,为晴到少云天气。

11 月辐射出现在 9—19 时,13—15 时为高峰值,每时累计量$\geqslant 1.97$ MJ/m²,日辐射总量 Q 平均为 12.82 MJ/m²,最大值 17.1 MJ/m²,最小值 4.85 MJ/m²。云量＞9 成,$12 < Q \leqslant 14$,$14 < Q \leqslant 16$,日最高气温稳定,为晴到少云天气。

12 月辐射出现在 10—19 时,13—16 时为高峰值,每时累计量$\geqslant 1.3$ MJ/m²,日辐射总量 Q 平均为 9.22 MJ/m²,最大值 12.58 MJ/m²,最小值 5.86 MJ/m²。$Q \leqslant 6$ 时出现强降温,日最高气温下降 8℃以上,天气阴。$6 < Q \leqslant 8$ 时出现降温,日最高气温下降 5℃以上,云量＞9 成;$8 < Q \leqslant 10$,云量＞7 成,$Q > 10$ 占 71%,日最高气温稳定,为晴到少云天气。

2.3 资料与相关计算

首先分析未来 5 天影响格尔木地区的高低空环流形势、影响系统等,并根据短期预报结果确定未来 5 天格尔木地区的天空状况,然后再根据天气状况是晴天、多云天还是阴雨天研究未来 5 天逐日逐时和日总辐射预报方法。

利用 2005 年 10 月 1 日—2009 年 12 月 31 日格尔木的逐日天气状况、最高气温、最低气温和通过 9210 工程下发的欧洲数值预报产品的格点为 2.5°×2.5°数值预报产品资料中的 25°—50°N、80°—110°E 范围内高度、温度、相对湿度、地面气压、全风速,以及计算得出的 24 小时变压和变温等资料作为预报因子,选取格尔木逐时辐射日和日总辐射资料作为预报对象,采用多元逐步回归方法将预报因子和预报对象建立逐月逐时辐射的客观预报方程,建立了客观定量的逐月逐时辐射预报方法。

首先利用上述资料分别与格尔木、诺木洪、都兰、小灶火 4 个站逐时辐射日和日总辐射资料进行相关普查,选出相关系数绝对值较大的因子作为逐步回归分析的备选因子。样本长度 n 为 100 天时,其显著性水平 $\alpha = 0.001$、0.01、0.02、0.05 时,所对应的临界相关系数分别为 0.3211、0.2540、0.2301、0.1946。所用计算相关系数公式为:

$$R_{kl} = \frac{\sum_{i=1}^{n}(X_{ki} - \overline{x}_k)(X_{li} - \overline{x}_l)}{\sqrt{\sum_{i=1}^{n}(X_{ki} - \overline{x}_k)^2 \sum_{i=1}^{n}(X_{li} - \overline{x}_l)^2}}$$

式中,R_{kl} 为相关系数;X_{ki} 为预报因子变量;X_{li} 为预报量;n 为样本长度。相关系数通过信度水平为 0.001 的 t 检验,t 是 $(1, n-2)$ 的 t 分布,统计量公式如下:

$$t = \sqrt{n-2} \times \frac{|r|}{\sqrt{1-r^2}}$$

式中,r 为相关系数;n 为样本长度。

2.4 预报方程建立

欧洲数值预报产品以及相关的资料因子量较大,样本长度也长,本研究选用逐步回归方法提取预报因子,为此需要做多元回归分析,采用逐步回归分析方案,在因子引进时,显著性水平 α 取为 0.001,分别建立了逐月逐时辐射预报方程。应用第一次和第二次相关普查选入的预报因子进行逐步回归分析,分别建立预报方程。在回归分析时,为了方程的稳定性,一般取 3~8 个预报因子;每个站每日要建立 15 个方程,4 个站逐月逐时共建立了 4(站)×12(月)×15＝720 个方程,为了业务化方便,方程中未来 5 天的天气状况、最高气温和最低气温采用短期预报的结果,下面以格尔木 5 月 15 时的预报方程为例进行说明。

$$Y = 5.2471 + 0.2185X_1 - 0.5659X_2 - 0.274X_3 - 0.4247X_4 + 1.6691X_5 + 0.4326X_6 - 0.7435X_7$$

式中,X_1 是茫崖最高气温预报;X_2 是茫崖最低气温预报;X_3 是冷湖最低气温预报;X_4 是德令哈最高气温预报;X_5 是格尔木最高气温预报;X_6 是格尔木最低气温预报;X_7 是 35.0°N,95.0°E 的 850 hPa 温度。

3 太阳辐射量预报检验

利用格尔木日辐射预报和日辐射实况进行了检验,检验时段为 2010 年 3 月 1 日—2011 年 10 月 21 日共 234 天,期间格尔木日辐射实况最大值为 33.19 MJ/m²,预报最大值为 37.04 MJ/m²;最小实况日辐射值为 6.91 MJ/m²;预报最小日辐射值为 12.37 MJ/m²;234 天中格尔木辐射实况平均值为 21.64 MJ/m²,预报日辐射平均值为 23.61 MJ/m²,预报与实况相差 1.97 MJ/m²。

从逐月格尔木日辐射预报和日辐射实况对比可见(图 1),3 月格尔木辐射实况平均值为 19.54 MJ/m²,预报日辐射平均值为 17.82 MJ/m²,预报与实况相差－1.72 MJ/m²,预报辐射量偏小。4 月格尔木辐射实况平均值为 24.18 MJ/m²,预报日辐射平均值为 26.94 MJ/m²,预报与实况相差 2.76 MJ/m²,预报辐射量偏大。5 月格尔木辐射实况平均值为 23.76 MJ/m²,预报日辐射平均值为 28.71 MJ/m²,预报与实况相差 4.95 MJ/m²,预报辐射量偏大。6 月格尔木辐射实况平均值为 23.77 MJ/m²,预报日辐射平均值为 27.89 MJ/m²,预报与实况相差 4.12 MJ/m²,预报辐射量偏大。7 月格尔木辐射实况平均值为 23.16 MJ/m²,预报日辐射平均值为 25.44 MJ/m²,预报与实况相差 2.28 MJ/m²,预报辐射量偏大。8 月格尔木辐射实况平均值为 21.92 MJ/m²,预报日辐射平均值为 23.31 MJ/m²,预报与实况相差 1.39 MJ/m²,预报辐射量偏大。9 月格尔木辐射实况平均值为 18.78 MJ/m²,预报日辐射平均值为 18.89 MJ/m²,预报与实况相差 0.11 MJ/m²,预报辐射量偏大。10 月格尔木辐射实况平均值为 16.44 MJ/m²,预报日辐射平均值为 18.36 MJ/m²,预报与实况相差 1.92 MJ/m²,预报辐射量偏大。

6 月 3 日、6 月 15 日、6 月 17 日、7 月 11 日、8 月 3 日、9 月 5 日、10 月 10 日柴达木盆地出现了降水天气,而这几天的辐射预报与实况相差显著偏大,由图 1 格尔木太阳辐射预报与实况曲线变化也可以看出预报与实况的差别,说明降水天气对太阳辐射预报制约比较明显;天气晴好、日照时数较长时,太阳辐射预报误差明显减小。在这 234 天中,辐射预报与辐射实况相关系数为 0.695,通过 0.001 的显著性检验。均方根误差 0.95,平均误差 0.23,绝对误差 1.68。因此,该预报方法在太阳辐射预报中具有使用、参考价值。

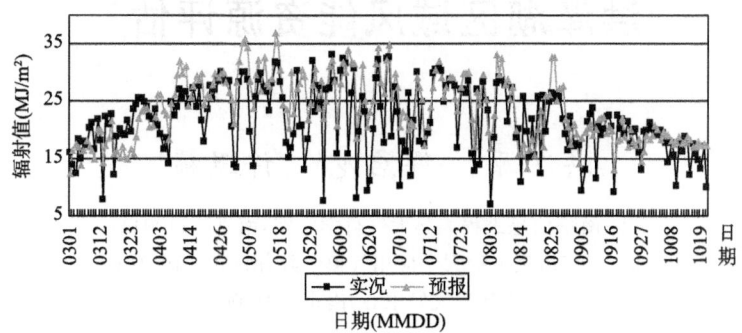

图 1　格尔木太阳辐射预报与实况曲线变化图

4　结论与讨论

　　(1)格尔木地区日照时数最多的月份是 5 月,8 月和 10 月为日照时数相对高值期,隆冬季节的 1 月、2 月和 12 月的日照时数最少,月日照时数变化曲线呈三峰型;年日照时数变化呈明显下降趋势。

　　(2)格尔木地区辐射月平均总辐射从 3 月开始急剧增加,5 月达峰值,7 月开始下降,9 月迅速下降,冬季 12 月、1 月达最小值;日辐射持续时间最长的是 5 月、6 月和 7 月,日辐射时间分别达到 15 h,但早晨 7 时和 21 时的辐射量非常小;日辐射持续最短的是 1 月和 12 月,日辐射时间分别为 11 h 和 10 h。

　　(3)通过对太阳辐射预报结果和实测值进行检验发现,逐日太阳总辐射预报与实况误差较小,该方法对逐时逐日太阳辐射的预报均具有使用价值。

　　(4)格尔木太阳辐射预报受天气条件制约比较明显,天气晴好、日照时数较长时,太阳辐射预报误差明显减小;阴雨天气时,预报误差明显增大。如何降低阴雨天气时的预报误差,是下一步工作中需要研究的重点。

　　(5)格尔木地区是青海省太阳能光伏电站发展的集聚区,研究太阳辐射预报方法,为光伏产业发展提供决策、为发电企业进行科学合理布局和调度,具有十分积极的作用。

参考文献

保广裕,张景华,钱有海,等.2012.柴达木光伏发电地区逐时太阳辐射预报方法研究.青海农林科技(1):17-18.

丁一汇.2005.高等天气学.北京:气象出版社.

李芬,陈正洪,成驰,等.2011.太阳能光伏发电量预报方法的发展.气候变化研究进展(2):136-142.

刘布春,卢志光,高景民,等.2003.干旱、半干旱地区紫外线辐射强度及其预报方法的研究.中国农业气象,**24**(01):57-62.

刘金兰.1994.火山爆发对柴达木盆地太阳辐射、气温、蒸发量的影响.青海气象(3).

朱乾根,林锦瑞,寿绍文,等.2000.天气学原理和方法(第三版).北京:气象出版社.

洪泽湖区域风能资源评估[*]

洪浩源[1] 缪启龙[2] 许遐祯[3]

(1. 南京信息工程大学大气科学学院,南京 210044;

2. 南京信息工程大学应用气象学院,南京 210044;

3. 江苏省气候中心,南京 210008)

摘 要:利用洪泽湖周边气象站 1978—2010 年的逐时平均风速、风向、温度、气压、水汽压、10 分钟最大风速等和湖岸边梯度观测塔 2009—2010 年自动观测的相关资料,对洪泽湖区域风能资源进行分析。结果表明:龙集镇 10 m 杆附近地区 70 m 高度上风功率密度达到 250 W/m²,具有开发风能的潜力;同时也对该区域不同高度 50 年一遇最大风速进行估算,运用回归订正法与筛选大风速数据,进而使用幂函数拟合风切变指数相结合的手段,主要推算风机轮毂高度(70 m)50 年一遇最大风速分布特征,为今后风电场的建设提供参考;最后利用 ArcGIS 空间插值和绘图功能对洪泽湖区域风能资源的分布进行区划。

关键词:气候资源;风能资源评估;风切变指数;50 年一遇最大风速

引 言

目前中国乃至全世界都非常关注气候变化以及人类与自然的可持续发展,节能减排、低碳环保成为当今社会的主题。能源问题是全世界所面临的亟须解决的重要问题之一。风能资源作为气候资源的一种,拥有无污染、可再生等特点,越来越成为全球能源重要的来源。江苏省目前处于经济快速发展之中,能源紧缺且风能资源丰富,政府也一直致力于推进风电事业的发展,而对某个地区的风能资源评估是风电场建设的前提和基础。

国内外许多学者在风能资源评估和抗风系数方面进行了大量的研究。李泽椿等[1]对风能资源评估技术方法进行研究,说明了数值模拟技术与风能资源测量相结合是风能资源评估的有效技术手段。Sahin[2]对风能资源的评估方法和风电发展现状进行概括总结。赵彦厂等[3]运用基于区域气候模式的江苏省风能评估试验得到江苏中南沿海海面适合建造风电场。杨宏青等[4]采用统计的方法对湖北省风能资源进行评估。高阳华等[5]采用 GIS 技术对复杂地形的风能资源模拟研究。贺志明等[6]引入区域边界层模式对鄱阳湖区域风能资源进行数值模拟。Kavak 等[7-8]比较了 Weibull 模式和 Rayleigh 模式研究风速和风能的变化情况,并对 Elizag 区域的风能参数进行分析。陈正洪等[9]对武汉阳逻长江公路大桥设计风速值的研究得出桥位区不同重现期(100 年、50 年、30 年)10 m 高度处 10 分钟平均年最大风速。呼津华等[10]提出 5 d 最大 10 分钟平均风速取样法,用 I 型极值概率分布来估算风电场不同高度 50 年一遇最大风速。

洪泽湖地处江苏省北部,具有开发风能资源的潜力,为了满足当地对能源需求的日趋增

* 2014 年被《风能》录用

多,有必要对洪泽湖的风能资源进行评估。因此,利用周边气象站与洪泽湖湖岸边梯度观测塔的观测资料,对洪泽湖区域的风能资源进行分析评估,以期为风电场开发、建设提供参考。

1 观测资料

1.1 气象站资料

气象站观测资料由江苏省气候中心提供的地面气象月报表数据文件进行筛选,选取洪泽湖周边气象站:泗洪县、盱眙县、金湖县、洪泽县、宝应县、楚州区、淮阴区、泗阳县等 1978—2010 年逐时平均风速、风向、温度、气压、水汽压、10 分钟最大风速等相关资料。

1.2 测风塔的地理位置

洪泽湖泗洪区域的 5 个测风塔地理位置如表 1 和图 1 所示,其中太平镇周嘴村 10 m 杆位于湖岸边,龙集镇龙集居委会 10 m 杆也位于湖岸边,半城镇安河口新建村 10 m 杆离湖岸 2～3 km,临淮镇 60 m 塔离湖堤约 500 m,有部分房屋和树木,龙集镇东嘴居委会 70 m 塔距离湖岸约 200 m,后两个观测塔位于湖中半岛上。

表 1　观测塔地理位置

塔名	塔号	观测高度(m)	地理位置
太平镇 10 m 杆	塔 A	10	33°30′29″N,118°29′32″E
龙集镇 10 m 杆	塔 B	10	33°25′8″N,118°32′40″E
半城镇 10 m 杆	塔 D	10	33°20′55″N,118°26′15″E
临淮镇 60 m 塔	塔 E	60	33°14′27″N,118°24′48″E
龙集镇 70 m 塔	塔 C	70	33°21′12″N,118°39′32″E

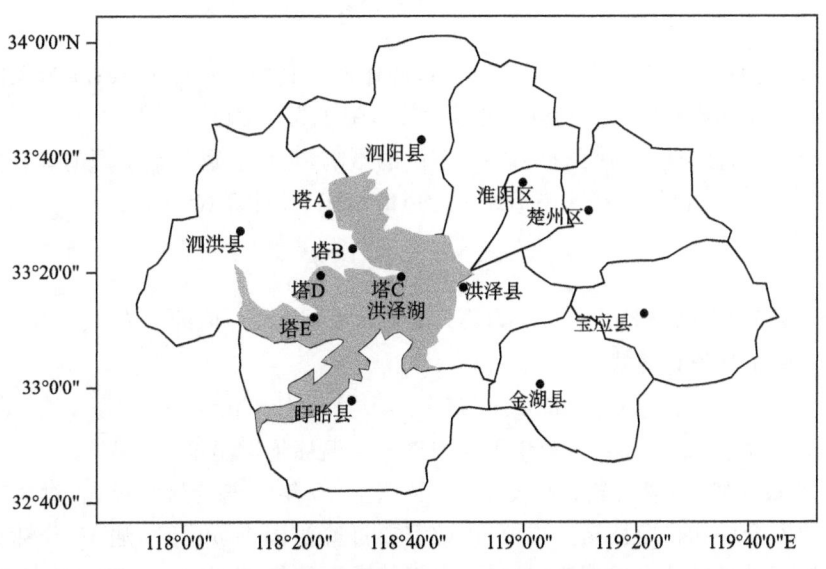

图 1　洪泽湖泗洪区域气象站和观测塔位置

1.3 观测仪器

为了确保观测的一致性,各观测点均采用相同的风向风速观测仪器。选取天津气象仪器厂生产的 EL15-1A 杯式风速传感器和 EL15-2A 风向传感器,两种传感器的主要性能指标相近。数据采集、存储系统采用南京金子辰科技有限公司开发的数据采集传输系统。各测风点采用自动观测、自动存储,数据采用 GPRS 无线传输。在江苏省气候中心架设各测点运行监控系统,24 小时不间断监控观测系统运行情况,以保证数据的完整和有效。

1.4 观测内容及时间

各风观测塔观测内容:逐日 24 次正点 10 分钟平均风速、风向;逐日 10 分钟平均最大风速、风向及风时;逐日瞬时最大风速、风向及风时。观测时间:2009 年 6 月 30 日 20 时至 2010 年 6 月 30 日 19 时。

1.5 计算方法

平均风速($\overline{V}_E$):在风能资源评估中,平均风速按下式[11]计算。

$$\overline{V}_E = \frac{1}{n} \sum_{i=1}^{n} V_i$$

式中,$\overline{V}_E$ 为平均风速;V_i 为风速观测序列;n 为平均风速计算时段内(年、月)风速序列个数。

风能方向频率(F):根据风速、风向逐时观测资料,按不同方位(16 个方位)统计计算各方位具有的能量,其与总能量之比作为该方位的风能频率。例如,按下式[11]计算年风能方向频率。

$$F_{东} = \frac{\frac{1}{2}\rho \sum_{i=1}^{m} V_i^3}{\frac{1}{2}\rho \sum_{j=1}^{n} V_j^3} \tag{1}$$

式中,$F_{东}$ 为一年内东风所具有的能量占总能量的比值。其中,$i=1,\cdots,m$;m 为风向为东风的小时数;$j=1,\cdots,n$;$n=8760$ 或 8784(平年为 8760,闰年为 8784)。

风功率密度蕴含风速、风速分布和空气密度的影响,是风电场风能资源的综合指标。平均风功率密度(D_{wp})能够很好地反映一个地区的风能情况,其计算式[11]为:

$$D_{wp} = \frac{1}{2} \sum (\rho)(v_i^3) \quad (\text{W/m}^2) \tag{2}$$

式中,ρ 为月平均空气密度(kg/m³);v_i^3 为第 i 记录的风速(m/s)值的立方。

空气密度的估计值计算式[11]为:

$$\rho = (353.05/T)e^{-0.034(z/T)} \quad (\text{kg/m}^3) \tag{3}$$

式中,z 为风场的海拔高度(m);T 为年平均空气开氏温标绝对温度。

50 年一遇最大风速:风机轮毂高度 70 m 及以上 50 年一遇的最大风速,对风能的实际开发和利用中的安全性和稳定性至关重要,因此需要推算洪泽湖 50 年一遇 10 分钟平均最大风速。观测塔位于洪泽湖的西岸湖边,且只有 1 年的观测资料,没有 30 年以上长期 10 分钟平均年最大风速观测资料,不具备做概率统计的条件。文中,综合借鉴风速重现期的计算方法[12],

结合当地实际地理环境和气候特征,首先计算附近气象站 50 年一遇的最大风速,然后再根据两地现有同期观测年日最大风速资料,找出两地之间的统计关系和相关性,最后将气象站 50 年一遇的最大风速换算到观测区域。而不同高度的最大风速的推断,则是通过对风速随高度变化的拟合得出的在大风速情况下的风切变指数,从而推断到风机轮毂高度 70 m 及以上 50 年一遇的最大风速。

气象站 50 年一遇的年最大风速采用极值 I 型分布计算,具体方法[11]如下:风速的年最大值 x 采用极值 I 型的概率分布,其分布函数为:

$$F(x) = \exp\{-\exp[-\alpha(x-u)]\} \tag{4}$$

式中,u 为分布的位置参数,即分布的众值;α 为分布的尺度参数。分布的参数与均值 μ 和标准差 σ 的关系按以下公式确定:

$$\mu = \frac{1}{n}\sum_{i=1}^{n}V_i, \qquad \sigma = \sqrt{\frac{1}{n-1}\sum_{i=1}^{n}(V_i-\mu)^2}, \alpha = \frac{c_1}{\sigma}, \qquad u = \mu - \frac{c_2}{\alpha} \tag{5}$$

式中,V_i 为连续 n 个年最大风速样本序列($n \geqslant 15$);c_1 和 c_2 为计算系数,见表 2。

表 2　50 年一遇最大风速计算系数 c_1 和 c_2

n	c_1	c_2	n	c_1	c_2
10	0.94970	0.49520	60	1.17465	0.55208
15	1.02057	0.51820	70	1.18536	0.55477
20	1.06283	0.52355	80	1.19385	0.55688
25	1.09145	0.53086	90	1.20649	0.55860
30	1.11238	0.53622	100	1.20649	0.56002
35	1.12847	0.54034	250	1.24292	0.56878
40	1.14132	0.54362	500	1.25880	0.57240
45	1.15185	0.54630	1000	1.26851	0.57450

测站 50 年一遇最大风速 V_{50_max} 按下式计算:

$$V_{50\_max} = u - \frac{1}{\alpha}\ln\left[\ln\left(\frac{50}{50-1}\right)\right] \tag{6}$$

风能资源分布由于文中是基于气象站点和观测塔的风能资源评估,考察洪泽湖整个区域的风能分布特征需要通过空间插值这一手段来实现。根据附近气象站和观测塔的经纬度资料,运用 ArcGIS 软件,采用反距离权重法[13](IDW)对风能资源参数结果进行空间内插计算。最后依据表 3 给出的等级标准进行风能区划。

表 3　我国风能区划等级标准[14]

项目	丰富区	较丰富区	可利用区	贫乏区
有效风功率密度(W/m²)	>200	150～200	50～150	<50
年有效小时数(h)	>5000	4000～5000	3000～4000	<2000

2 结果分析

2.1 风 速

　　泗洪气象站观测期间 2009 年 7 月—2010 年 6 月和长期(1956—2008 年)各月风速变化情况以及泗洪气象站 1979—2008 年历年年平均风速见图 2,总体上看,观测的这段时间各月的平均风速都比气象站长年平均值低,历年年平均风速也属于小风速年。不过风速总体年变化趋势是一致的,冬季和春季的月平均风速比夏季和秋季大,其中 3 月份最大,10 月份最小。另外,观测期间各月风速明显小于历史平均值,即观测期间属风速较小的时间段。

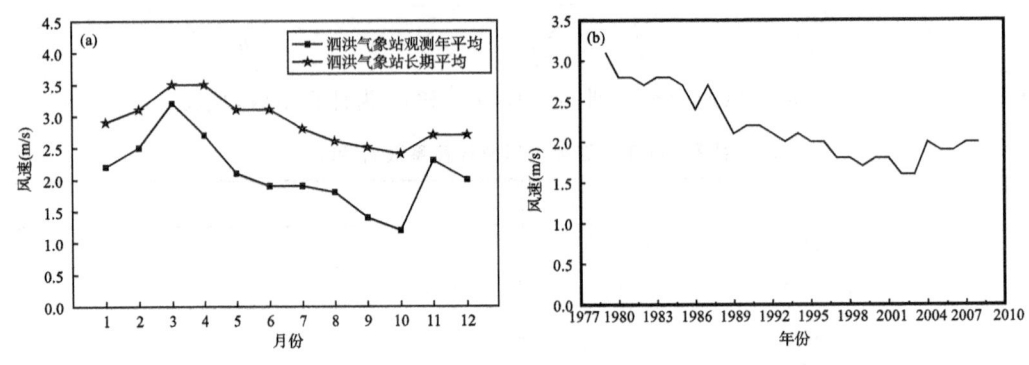

图 2　泗洪气象站风速变化

(a)泗洪气象站(2009 年 7 月—2010 年 6 月)和长期(1956—2008 年)风速月变化;(b)泗洪气象站 1979—2008 年历年年平均风速变化

　　图 3a 和 3b 分别给出了洪泽湖西岸临淮镇 60 m 塔和龙集镇 70 m 塔不同高度的风速各月变化曲线,两个观测塔不同高度上的风速均表现为 3 月风速最大,而 10 月则最小,与泗洪气象站多年平均的月风速变化规律大致相同。图 3c 为洪泽湖西岸 3 个 10 m 杆与气象站的风速年变化曲线,通过计算分析可知,半城镇、龙集镇、太平镇(10 m 杆)都是春季 3 月、4 月平均风速较大,风速值分别为 4.3 m/s、5.6 m/s、5.2 m/s;秋季 10 月份风速较小,风速值分别为 1.8 m/s、2.9 m/s、3 m/s;冬季和春季的风速比夏季和秋季风速大。

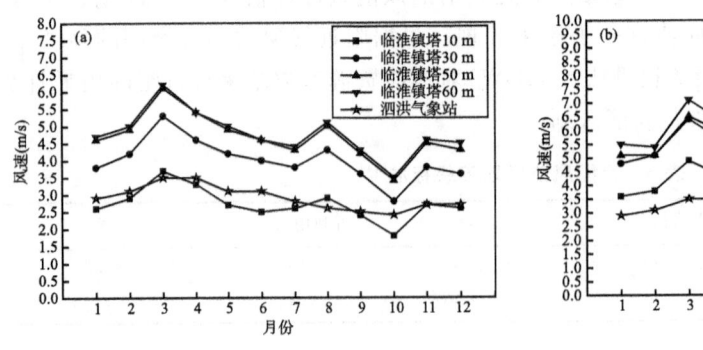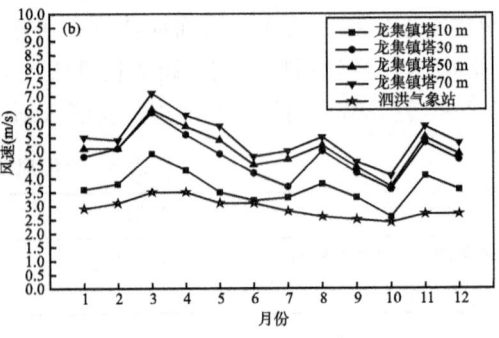

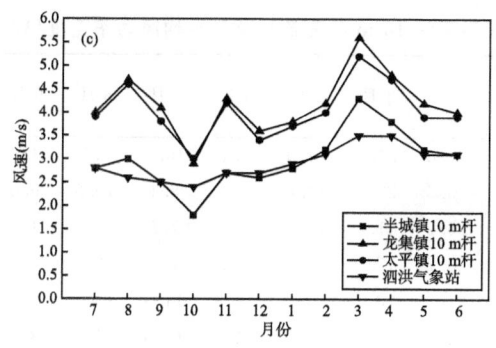

图 3　两个观测塔和三个观测杆、泗洪气象站的风速月变化

(a)临淮镇 60 m 塔；(b)龙集镇 70 m 塔；(c)三个 10 m 杆和泗洪气象站

2.2　风能方向频率

风能方向频率代表了各方向所蕴含能量的比重,频率越大,该方向的风能资源越多。结合该区域的风向分布情况进行对比分析,了解洪泽湖区域风能空间分布的情况有助于风机的架设,使风功率密度能够最大化体现。10 m 高度上,太平镇和龙集镇 10 m 塔附近地区风能主要集中在 N 和 NNE,频率分别达到 34.5% 和 29.3%;半城镇地区则主要集中在 NE 和 ESE,频率达到 31.7%。通过临淮镇 60 m 塔和龙集镇 70 m 塔的实测资料可知:临淮镇 60 m 高度风能主要集中在 E 频率,达到 17.8%;龙集镇 70 m 塔高度风能主要集中在 ESE,频率达到 12.3%,如图 4 所示。

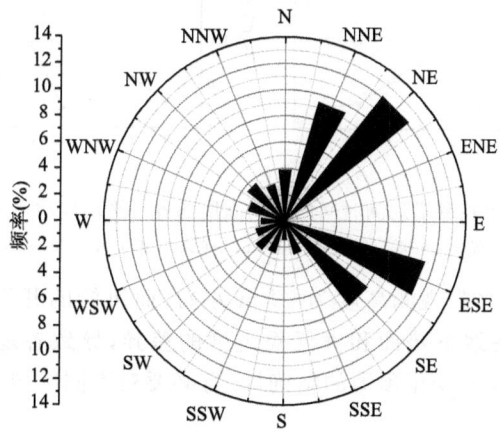

图 4　龙集镇 70 m 高度风能玫瑰图

2.3　风功率密度

气象站的年平均风功率密度采用同期观测年即 2009 年 7 月—2010 年 6 月这一年的时间。经过计算得到洪泽湖区域 10 m 高度风功率密度如表 4 所示,洪泽湖西岸观测塔地区风功率密度比其他地区大,其中龙集镇 10 m 杆地区风功率密度最大达到 90.6 W/m²。两个观测塔观测时间内不同高度的各月平均风功率密度如图 5 所示。

表 4　洪泽湖 10 m 高度各月及年平均风功率密度(W/m²)

站号	站点	1月	2月	3月	4月	5月	6月	7月	8月	9月	10月	11月	12月	年平均
58135	泗洪县	16.1	21.9	37.0	25.4	11.9	9.1	10.5	8.5	4.7	6.1	20	10	15.1
58138	盱眙县	13.6	21.0	30.5	23.7	13.6	11.4	8.4	10.5	9.0	5.1	21.1	11.0	14.9
58139	洪泽县	13.2	13.8	25.9	21.0	10.9	5.7	7.2	8.1	4.6	5.2	20.0	8.7	12.0
58132	泗阳县	7.1	13.3	20.7	17.8	9.5	6.1	7.9	12.0	6.1	4.6	11.9	6.0	10.3
58148	宝应县	16.0	19.5	31.9	26.4	20.0	14.0	14.6	14.2	10.5	7.2	19.6	10.0	17.0
58145	楚州区	13.4	24.5	36.8	29.8	18.2	11.3	12.6	15.2	8.9	6.2	24.2	12.5	17.8
58141	淮阴区	18.8	29.0	48.6	43.2	23.5	14.5	15.2	16.7	9.2	7.8	24.1	15.4	22.2
58147	金湖县	13.5	25.2	37.9	21.5	10.9	7.9	3.6	3.4	2.1	2.5	13.5	10.2	12.7
	塔 A	61.5	90.7	143.6	128.4	68.0	61.5	53.3	102.2	53.7	32.1	125.9	50.4	80.9
	塔 B	69.3	97.3	165.9	138.2	81.6	78.9	60.4	110.6	64.1	34.0	130.7	56.3	90.6
	塔 C	55.0	64.9	113.5	95.3	44.7	35.3	29.2	56.8	31.8	22.3	95.8	50.0	68.1
	塔 D	25.7	44.0	74.8	60.0	28.8	32.0	18.7	27.7	18.1	7.0	25.7	20.6	31.9
	塔 E	18.6	30.4	50.4	38.7	20.3	17.9	13.3	23.0	12.2	6.7	22.5	18.6	23.0

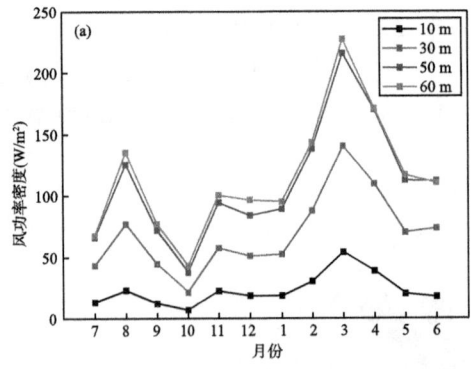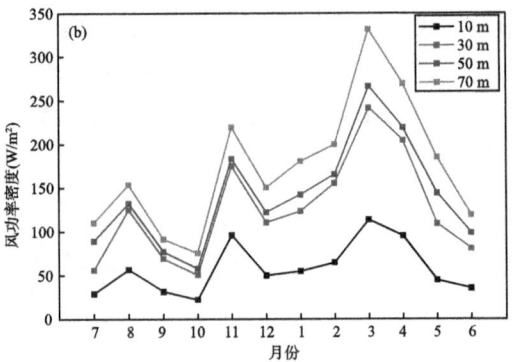

图 5　两个观测塔观测时间内不同高度的各月平均风功率密度变化

(a)临淮镇 60 m 塔;(b)龙集镇 70 m 塔(2009 年 7 月—2010 年 6 月)

目前全国气象站的大多数观测高度为 10 m 左右,而风能的开发和利用的轮毂高度一般在 70～100 m,由于全国各地下垫面和大气稳定度的差异,导致各地风速随高度变化不尽相同,为了提高对不同高度风速变化预测的精确性,有必要对不同区域的风切变指数进行研究和探讨。

假设混合长度随高度变化有简单指数关系,由此推导的风切变指数律[15]的形式如下:

$$\frac{U}{U_r} = \left(\frac{Z}{Z_r}\right)^\alpha \tag{7}$$

式中,U 为距地面高度 Z 处的平均风速(m/s);U_r 为距地面高度 Z_r 处的平均风速(m/s);Z 和 Z_r 分别为风速廓线上的某一点距离地面的高度(m);α 为风切变指数。

因此根据指数律公式可以推出公式[16]:

$$v = mh^\alpha \tag{8}$$

式中,v 为风速(m/s);h 为高度(m);α 为风切变指数。

利用 SPSS18.0 曲线拟合方法[17],以高度(h)为自变量,风速(v)为因变量,拟合对数函数、指数函数和幂函数 3 个函数含有常数项的曲线方程,其中本文图 6 中的 Qbserved 为观测值、logarithmic 为对数函数、power 为幂函数、Exponential 为指数函数。资料为 2009 年 7 月—2010 年 6 月每 10 分钟风速资料,如表 5 所示。

表 5　两个观测塔各个高度的代表月和年平均风速(m/s)

观测点	1 月	4 月	7 月	10 月	年平均
临淮镇塔 10 m	2.6	3.3	2.6	1.8	2.7
临淮镇塔 30 m	3.8	4.6	3.8	2.8	4.0
临淮镇塔 50 m	4.6	5.4	4.3	3.4	4.7
临淮镇塔 60 m	4.7	5.4	4.4	3.5	4.8
龙集镇塔 10 m	3.6	4.3	3.3	2.6	3.7
龙集镇塔 30 m	4.8	5.6	3.7	3.6	4.8
龙集镇塔 50 m	5.1	5.9	4.7	3.7	5.1
龙集镇塔 70 m	5.5	6.3	5	4.1	5.5

临淮镇 60 m 塔年平均风速随高度曲线拟合的结果:由表 6 和图 6(a)临淮镇含有常数项 3 种曲线拟合结果可以看出,在显著性水平取 0.01 时,指数函数都不具有显著性,同时也是标准误差最大的,R^2 是对数函数最大,标准误差是幂函数最小,F 值则是对数曲线最大,因此对数函数和幂函数是比较适合临淮镇 60 m 塔附近区域的风速随高度变化的方程。

表 6　临淮镇 60 m 塔含有常数项 3 种曲线拟合结果

曲线模型	方程	R^2	SE	F	Sig
含有常数项对数曲线	$V = -0.064 + 1.200 \times \ln h$	0.993	0.061	741.0	0.001
含有常数项幂函数	$V = 1.275 \times h^{0.330}$	0.994	0.026	310.3	0.003
含有常数项指数曲线	$V = 2.369 e^{0.011 \times h}$	0.911	0.097	20.5	0.045

注:R^2 为拟合曲线的非线性解释量;SE 为拟合曲线的标准误差;F 为 F 分布值;Sig 为拟合曲线的显著性检验水准

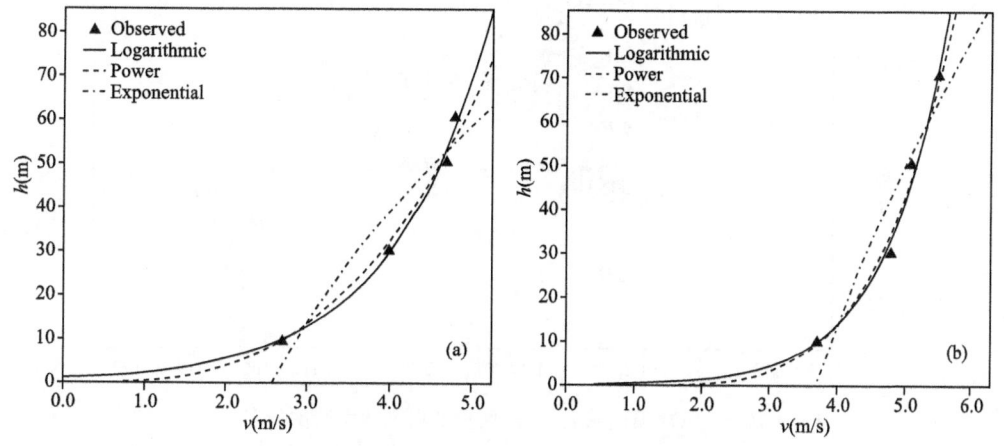

图 6　风速随高度变化拟合(含有常数项)
(a)临淮镇 60 m 塔;(b)龙集镇 70 m 塔

龙集镇 70 m 塔风速随高度变化的结果如表 7 和图 6b 所示:其中在含有常数项的曲线拟合模型中,在显著性水平取 0.01 时,指数曲线不含显著性水平,对数曲线比幂函数曲线的标准误差略大,综合各项指标来看同样是幂函数为最优方程,其次是对数曲线。

表7 龙集镇70 m塔含有常数项3种曲线拟合结果

曲线模型	方程	R^2	SE	F	Sig
含有常数项对数曲线	$V = 1.641 + 0.904 \times \ln h$	0.982	0.084	254.2	0.004
含有常数项幂函数	$V = 2.352 \times h^{0.201}$	0.987	0.024	153.0	0.006
含有常数项指数曲线	$V = 3.679 e^{0.006 \times h}$	0.878	0.074	14.4	0.063

通过拟合计算得到临淮镇60 m塔区域风切变指数为0.330,龙集镇70 m塔风切变指数为0.201。从两个观测塔的地理位置和环境来看,临淮镇附近有较多的房屋和树木,有成排的、高大的、枝叶茂盛的意杨树,遮挡物较多;龙集镇有部分树木和房屋,不过比临淮镇下垫面要略平坦。因此由于下垫面性质和大气稳定度的差异,测风塔所在区域风切变指数明显高于国家标准的1/7(0.143)。通过对各个测风塔下垫面性质、地理环境的比较,龙集镇70 m塔与龙集10 m杆、太平10 m杆较为接近和相似,这3座塔的风切变指数可以近似取为0.20;而半城镇10 m杆、临淮镇梯度60 m塔由于离湖岸相对较远,两者地理环境比较类似,因此这两个观测点的风切变指数近似取为0.33。最后推算各个观测点距地不同高度的年平均风功率密度。由图7可以看出,洪泽湖区域风机轮毂高度上年平均风功率密度的特征情况,洪泽湖西岸太平镇10 m杆和龙集镇10 m杆附近地区是风功率密度最大的两个区域,达到250 W/m²,具有开发风能资源的潜力。

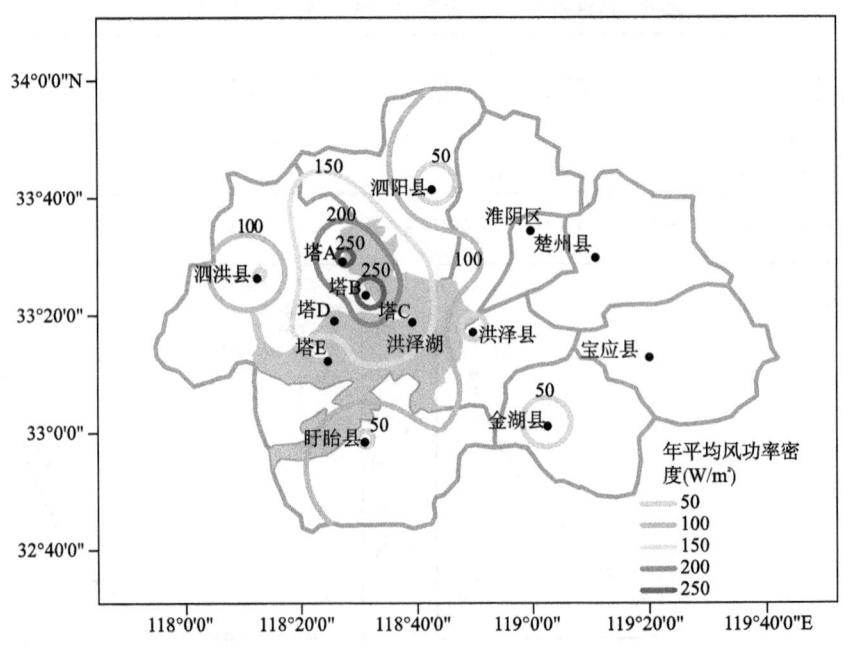

图7 洪泽湖区域70 m高度年平均风功率密度分布

2.4 不同高度50年一遇最大风速

由于风的随机性很强,观测塔在观测年内观测到的各个层次的最大风速出现的时刻不尽相同,为了减小时间序列上的不均一性产生的影响,因此剔除一些明显错误不合理的数据,并对各个高度的最大风速进行计算(表8)。

表8 洪泽湖区域两个观测塔10分钟最大风速平均值

观测点	风速(m/s)
临淮镇塔 10 m	9.7
临淮镇塔 30 m	12.5
临淮镇塔 50 m	13.1
临淮镇塔 60 m	13.6
龙集镇塔 10 m	11.2
龙集镇塔 30 m	13.8
龙集镇塔 50 m	14.0
龙集镇塔 70 m	14.5

采用幂函数拟合得到临淮镇60 m塔和龙集镇70 m塔在最大风速情况下的风切变指数值分别为0.187和0.133(表9、图8),通过了信度0.01的显著性检验,结果是合理的。由于风电场风塔的建设高度一般在100 m,因此通过对最大风速随高度变化的分析,得到风切变指数值。由于龙集镇10 m塔、太平镇10 m塔和龙集镇70 m塔下垫面性质和地理环境相接近,因此采用风切变指数0.133进行推算不同高度的50年一遇最大风速;临淮镇60 m塔和半城镇10 m杆则采用0.187进行推算。表10给出了各个观测点不同高度50年一遇最大风速,回归订正法[18]的结果能很好地反映洪泽湖西岸边50年一遇最大风速的情况,因此比较各个观测点回归订正法的结果,可以得出洪泽湖泗洪区域风机轮毂高度70 m、100 m、150 m的50年一遇最大风速分别为31.1 m/s、33.2 m/s、35.8 m/s。

表9 洪泽湖区域临淮镇、龙集镇最大风速随高度变化拟合结果

观测点	曲线模型	方程	R^2	SE	F	Sig
临淮镇 60 m 塔	幂函数	$V = 6.38 \times h^{0.187}$	0.976	0.029	80.7	0.01
龙集镇 70 m 塔	幂函数	$V = 8.4 \times h^{0.133}$	0.987	0.024	153.0	0.006

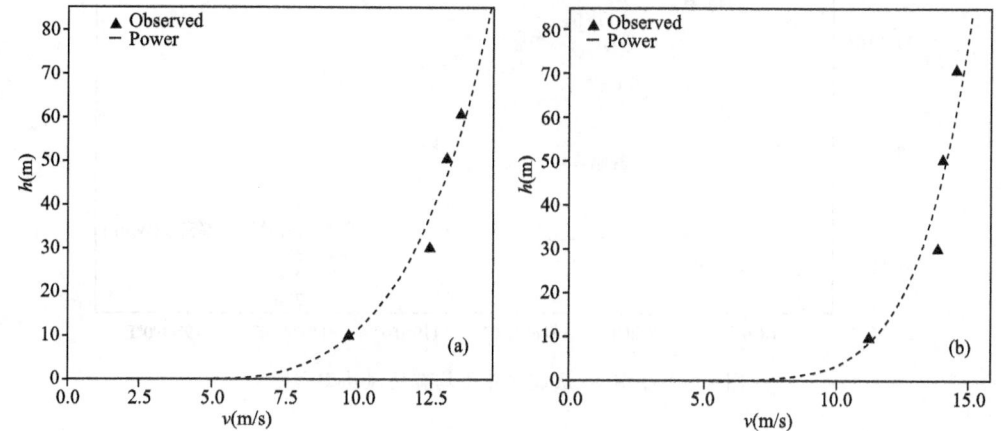

图8 最大风速随高度变化拟合曲线

(a)临淮镇 60 m 塔;(b)龙集镇 70 m 塔

表 10　采用回归订正法估算各测风点不同高度 50 年一遇最大风速(m/s)

观测点	30 m	50 m	70 m	100 m	150 m
龙集镇 10 m 杆	27.4	29.3	30.7	32.1	33.9
半城镇 10 m 杆	25.1	27.6	29.4	31.5	33.8
太平镇 10 m 杆	27.7	29.7	31.1	32.5	34.4
龙集镇 70 m 塔	26.9	28.8	30.1	31.6	33.4
临淮镇 60 m 塔	26.5	29.1	29.8	33.2	35.8

　　距离地面 70 m 高度是风机轮毂高度,因此对这个高度的风速极值研究是至关重要的。由计算太平镇地区 70 m 高处 50 年一遇最大风速达到 31 m/s,其他几个地区 70 m 高处最大风速值也均大于 29 m/s。

2.5　风能资源分布

　　将有效风功率密度和有效小时数这两个风能参数作为考察风能资源储量的指标。图 9 和图 10 分别给出了洪泽湖地区的 70 m 高度年平均风功率密度与年有效小时数。而风电场可利用高度一般在 70 m,因此根据各点 70 m 高度的有效风能参数将洪泽湖区域风能资源划分为 3 个区域(图 11)。

　　(1)风能资源丰富区。主要包括洪泽湖西北岸观测塔附近地区,太平镇 10 m 杆、龙集镇 10 m 杆、龙集 70 m 塔、半城镇 10 m 杆等附近地区有效风功率密度均大于 200 W/m²,有效小时数也大于 6900 小时。

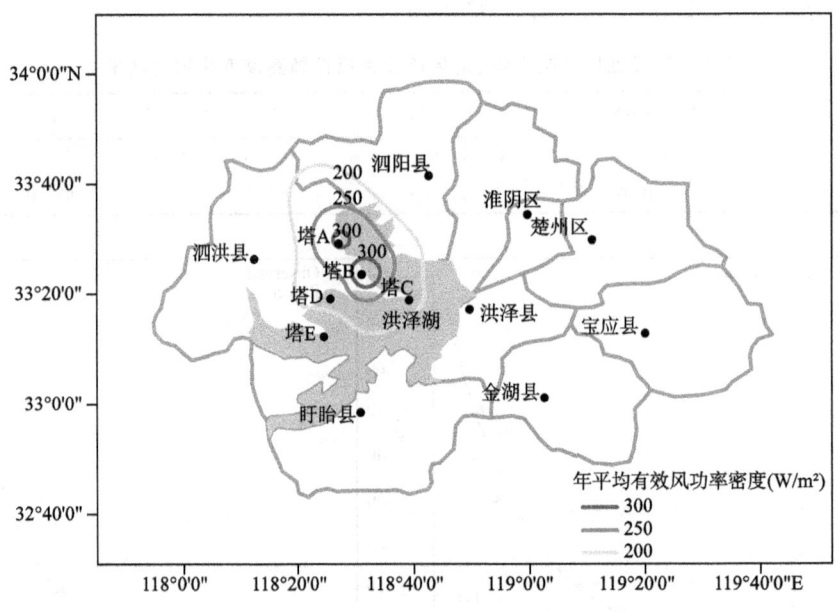

图 9　洪泽湖 70 m 高度年平均有效风功率密度

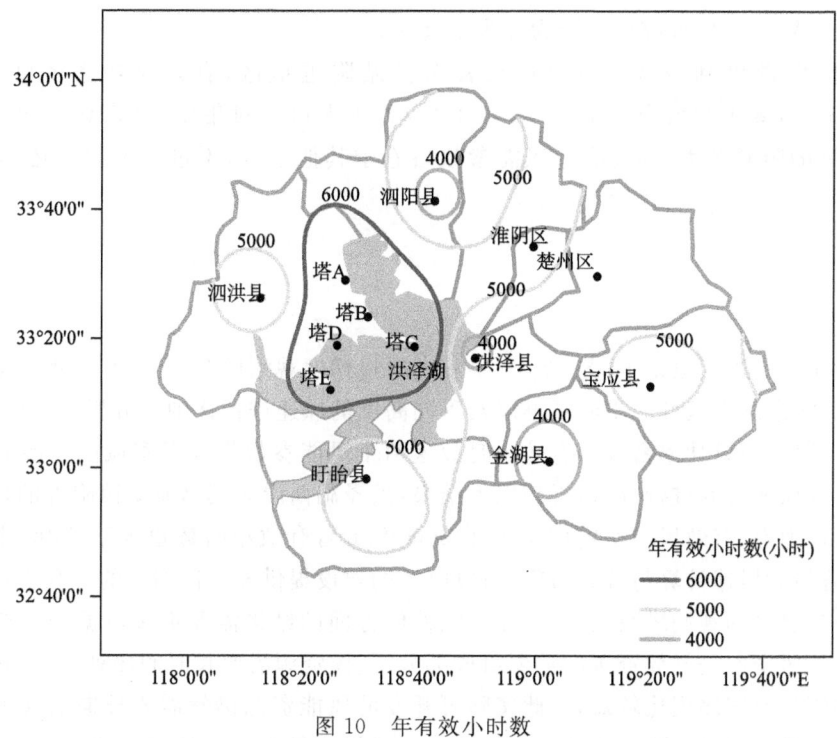

图 10　年有效小时数

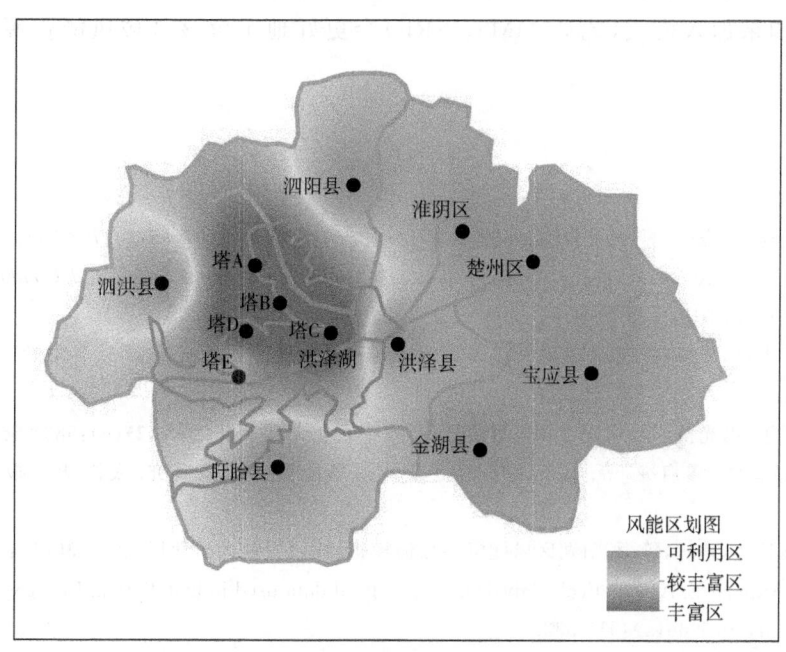

图 11　洪泽湖区域风能资源区划

（2）风能资源较丰富区。整个洪泽湖西岸向周围延伸的区域,由于洪泽湖长年盛行东南风,西岸只有泗洪一个县城,城市化影响相对较小,大部分是下垫面比较平坦的农田等,而东岸城市化比较集聚,对整个大气环流有一定的阻滞作用,因此风速相对于西岸来说要小。总的来说,较丰富区以临淮镇 60 m 塔地区为代表的,年有效小时数大于 6000 小时,不过有效风功率密度仅为 171 W/m²,因此综合评定为较为丰富区。

　　(3)风能资源可利用区。主要包括各个县站附近地区,有效风功率密度为 72.4～111.5 W/m²,有效小时数为 3513～5323 小时,由于人口相对集中,城市化建设,下垫面比较粗糙,对风的阻碍较大,因此有效风能参数略逊于其他地区,不过总的说来还是属于可利用区。

3　小结与讨论

　　利用洪泽湖周边气象站 1978—2010 年和湖岸边梯度观测塔 2009—2010 年自动观测的观测资料,对洪泽湖泗洪区域的不同观测以及不同高度的风速进行详细的分析,对风能评估个参数进行计算,以有效风功率密度与有效小时数这两个风能参数作为考察风能资源储量的指标对洪泽湖区域风能资源进行分析,得到以下结果:洪泽湖西岸尤其是龙集镇附近的地区是风电场建设的最佳地点,有效风功率密度均大于 200 W/m²,有效小时数也大于 6900 小时。通过对 50 年一遇最大风速计算与分布研究,对风电场的建设提供安全性指标的参数支撑。

　　由于缺少更多的观测塔数据,因此在空间差值方面的结果需要更多数据的支持以得到更精确的结果。风资源是气候资源的重要组成部分,气候资源需要长时间序列进行讨论分析,由于观测塔的资料时间序列比较短,因此实际可开发的风能资源仍然需要长期的观测资料进行研究。在风能研究方面,仅仅采用了气象站与观测塔相结合的方法进行研究,缺少模式的引入,因此本文如果加入模式(比如 MM5、WRF)会更好地了解该区域风能资源分布的特征情况。

参考文献

[1]　李泽椿,朱蓉,何晓凤,等.风能资源评估技术方法研究.气象学报,2007,**65**(5):708-717.

[2]　Sahin A D. Progress and recent trends in wind energy. *Progress in Energy and Combustion Science*, 2004,**30**(5):501-543.

[3]　赵彦厂,江志红,吴息,等.基于区域气候模式的江苏省风能资源评估试验.南京气象学院学报,2008,**31**(1):75-82.

[4]　杨宏青,刘敏,冯光柳,等.湖北省风能资源评估.华中农业大学学报,2006,**25**(6):683-686.

[5]　高阳华,邱新法,缪启龙,等.基于 GIS 的复杂地形风能资源模拟研究.太阳能学报,2008,**29**(2):163-169.

[6]　贺志明,聂秋生,曾辉,等.鄱阳湖区风能资源数值模拟.江西农业大学学报,2008,**30**(1):169-173.

[7]　Kavak E,Akpinar S. A statistical analysis of wind speed data used in installation. *Energy Conversion and Management*,2005,**46**(4):515-532.

[8]　Kavak E,Akpinar S. An assessment on seasonal analysis of wind energy characteristics and wind turbine characteristics. *Energy Conversion and Management*,2005,**46**(11/12):1848-1867.

[9]　陈正洪,杨宏青,向玉春,等.武汉阳逻长江公路大桥设计风速值的研究.自然灾害学报,2003,**12**(4):160-169.

[10]　呼津华,王相明.风电场不同高度的 50 年一遇最大和极大风速估算.应用气象学报,2009,**20**(1):108-113.

[11] 风电场风能资源评估方法(GB/T 18710-2002).中华人民共和国国家标准,北京,2002.

[12] 黄浩辉,宋丽莉,植石群,等.重现期风速风压计算系统介绍.广东气象,2009,**31**(3):1-3.

[13] 封志明,杨艳昭,丁晓强,等.气象要素空间插值方法优化.地理研究,2004,**23**(3):357-364.

[14] 孟莹.辽宁大风气候特征及风能资源分析.南京:南京信息工程大学,2005.

[15] 张玉良,杨从新.风速梯度对风力机设计影响的理论分析.兰州理工大学学报,2007,**33**(3):55-57.

[16] 杜燕军,冯长青.风切变指数在风电场风资源评估中的应用.电网与清洁能源,2010,**26**(5):62-66.

[17] 张岸,齐清文.基于 GIS 的城市内部人口空间结构研究.地理科学进展,2007,**26**(1):95-104.

[18] 么枕生,丁裕国.气候统计.北京:气象出版社,1990.

河北省电网气象灾害风险评价 *

付桂琴[1] 张文宗[2]

(1. 河北省气象服务中心,石家庄 050021;2. 河北省气象科学研究所,石家庄 050021)

摘 要:气象灾害是电网事故的主要影响因素。根据 1983—2008 年河北省灾情直报数据统计,大风、暴雨、雷电气象灾害是造成河北省电网安全事故的主要气象灾害,占事故总数的 98.5%。应用气象灾害风险指数方法,对电网气象灾害进行风险评价,将河北省电网气象灾害分为高、中、低三个等级。结果表明:电网气象灾害高风险集中在燕山南麓的唐山和太行山东麓北段的保定,中度风险主要出现在太行山东麓中南段的邢台、邯郸,还有沿海的沧州地区。电网气象灾害中高度风险出现在受地形影响局地强对流天气较多的区域,还有沿海多大风的地区;电网气象灾害发生的频率随着年气象灾害发生次数的增加而显著减少。

关键词:河北电网;气象灾害;风险评价

引 言

气象条件不仅与电力负荷有着紧密关系[1-2],还对电网安全造成一定影响。在全球气候变暖的背景下,极端天气事件频发,气象灾害对电网安全运行的影响愈加明显[3-4]。1999 年 3 月 12—17 日,京津唐地区由于大雾、雨雪天气,绝缘子覆冰雪,致使京津唐电网 110 千伏、220 千伏、500 千伏共 10 条线路 47 条次的闪络,闪络线路持续时间之长、影响范围之大成为电力系统多年来之最[5];2007 年 7 月 12 日,重庆华浩冶炼有限公司粉末厂因雷击致 10 千伏高压输电线路着火,造成该厂近千万元的损失[6]。2008 年 1 月,我国南方低温雨雪冰冻灾害造成大范围电网瘫痪,直接经济损失 1516 亿元[7]。受局地雷雨大风的影响,2009 年 7 月 23 日,邢台任县 500 千伏输电线路发生一次性串倒输电铁塔 8 基,直接经济损失超过 1 个亿[8]。气象灾害导致的电网事故给国家经济带来严重损失,也极大地影响了人民群众的生活。

河北省地处中纬度沿海与内陆交接地带,从西北向东南依次为坝上高原、燕山和太行山地、河北平原三大地貌单元。复杂的地形地貌、气候特征使得河北省气象灾害种类多,且发生频繁[9]。河北省电网承担着以 500 千伏和 220 千伏电网构成主网架,东联山东、西通山西、南承华中、北接京津,是“西电东送、南北互供、全国联网”的重要通道,在电网高速公路中具有重要的区域位置。因此,开展气象灾害对电网风险影响评价,对加强气象灾害防御和风险管理,有效抵御和减轻气象灾害造成的损失有着重要意义。

资助项目:中国气象局关键技术项目“多时间尺度电力负荷预测关键技术集成应用”(CMAGJ2013M04);河北省气象局科技基金重点项目“气象灾害风险评估技术应用的研究”(09ky08)。

* 已在《干旱气象》2014 年第 3 期发表

1 资料及方法

资料:根据《中国气象灾害大典(河北卷)》、《河北省气候影响评价》、气象报表,地方民政局、农业局、档案局、电力公司等灾情记录,统计汇总成的河北省灾情直报数据。灾情资料由省、市、县气象局收集,整理汇总到省气候中心。资料时长为 1983—2008 年 26 a,以地市为单位整理出对电力设施、电网安全造成损害的气象灾情记录样本 596 个。各部门电网气象灾害资料占样本总数的百分比见表1。

表 1 电网气象灾害资料来源及百分比

部　门	档案局	农业局	气象局	民政局	电力公司	县志	气象灾害大典	雷电灾情汇编	保险取证	网通公司	水利局	其他	合计
百分比(%)	9.6	5.4	22.1	24.8	11.2	5.2	5.9	1.7	3.5	1.8	1.8	6.9	100.0

方法:气象灾害的分类原则是,根据雷雨大风天气造成电力系统事故特点,电线杆被刮倒、刮断或输电铁塔倾倒主要是由于瞬时大风造成的,则此类气象灾害记为大风灾害。输电电线短路、雷击、烧毁等灾害事故主要是由雷电造成的,在统计时记为雷电事故。既有输电线杆被风刮倒,又有变电器等遭雷电事故的,以造成损失程度严重的灾害为主进行统计。

2 灾害统计分析

2.1 电网气象灾害统计分析

1983—2008 年的 26a,气象灾害造成河北省电网安全事故 596 起。大风、暴雨、雷电等气象灾害致电网安全事故百分率见图 1。其中,大风灾害造成电力系统安全事故 407 起,占到所有气象灾害的 68.3%,在气象灾害中排序第一;暴雨及暴雨引发的洪水灾害 100 起,占灾害总比例的 16.8%,位居第二;雷电气象灾害排序第三,所占比率 13.4%。大风、暴雨、雷电气象灾害占整个气象灾害的 98.5%,成为影响电力系统安全事故的主要气象灾害。另外,低温冰冻(暴雪)、雾闪等灾害对电网安全也造成一定的影响,但所占比例只有 1.5%。

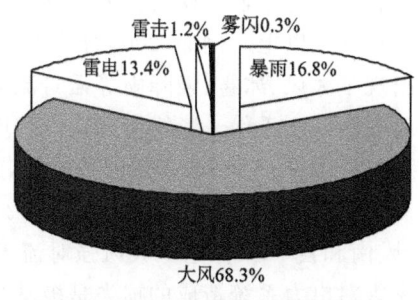

图 1 河北省气象灾害致电网事故百分率

表 2 是电网气象灾害事故在全省范围内分布情况。由表 2 可见,暴雨、大风、雷电等主要气象灾害在全省空间分布极不均匀,其中,唐山、保定、沧州、邢台地区电网气象灾害相对较多,所占比率都在 10% 以上,唐山最高达 18.5%;石家庄、廊坊电网气象灾害所占比例不足 5%;其他地市在 5.0%～9.1%。

表 2　　1983—2008 年河北省电网气象灾害事故频数(起)

	张家口	承德	唐山项目	秦皇岛	廊坊	保定	沧州	石家庄	衡水	邢台	邯郸	合计
暴雨	5	21	11	4	4	8	10	6	3	16	12	100
大风	20	8	79	22	16	73	64	17	27	48	33	407
雷电	17	4	19	12	3	12	1	1	0	4	7	80
冻雨雾闪			1	2	1	1	1			1	2	9
合计	42	33	110	40	24	94	76	24	30	69	54	596
百分率(%)	7	5.5	18.5	6.7	4	15.8	12.8	4	5	11.6	9.1	100

从各灾种频数看:除承德外,大风灾害在各地市都占首位,尤其是雷雨、大风是造成电网安全事故主要灾害。承德暴雨灾害发生次数最多为 21 起,其次是邢台为 16 起,衡水暴雨灾害事故最少,只有 3 起。雷电灾害的分布也极不均匀,其中唐山和张家口较多,分别为 19 起和 17起,衡水没有雷电灾害事故记录,石家庄、沧州分别只有 1 起。雪、冻雨、雾闪灾害发生次数较少,相对较多的秦皇岛、邯郸都是 2 起,其他地区只有 1 起或没有。

2.2　电网设施损坏统计分析

气象灾害对电网设施具有破坏性影响。据统计,输电线杆倒杆、断杆、电线断线、变电器烧毁是气象灾害造成的最主要电网事故。高压线遭雷击熔断、供电设备损坏、开关、电表遭雷击烧毁也是普遍存在的气象灾害。

图 2 是 1983—2008 年大风、暴雨、雷电气象灾害造成电网设施损坏及年代灾害次数。从灾害年代变化看,20 世纪 90 年代气象灾害次数最多,所造成的经济损失最为严重。26 a 来由气象灾害造成电力系统输电线路电线杆被大风刮倒、刮断、洪水冲倒、折断的累计有 88610 根。在气象灾害造成电线杆倒杆的分类统计中,61.9% 的是由大风灾害所致。特别强的对流天气,还有可能造成输电铁塔被大风刮倒。26 a 间发生大风致输电铁塔倒塔事故 9 起,其瞬时风力都在 9 级以上。例如:2009 年 7 月 23 日 23 时—24 日 02 时,京广铁路邢台段沿线和滏西地区出现了大风、冰雹、强降雨等强对流天气,任县、南和地区出现阵风 10 级。受恶劣天气影响,河北电网 500 千伏辛彭线南和境内 8 座铁塔倒塌,7 条 220 千伏线路跳闸,3 条 110 千伏线路 12基电杆倒杆;2 条 10 千伏线路断线,15 处设备毁损;35 千伏变电站全停 18 座,线路故障 21 条次、损失负荷 2.49 万千瓦,倒杆 862 基,受损线路 308 千米,断杆 1092 根,基站停电 334 个,任县、南和县 70% 停电。大风强对流天气造成电力系统直接经济损失达 1 亿多元。可见,大风灾害对电力系统造成的损失是极其严重的。

暴雨灾害造成电网设施损坏主要有:输电线杆被暴雨冲倒、电线杆被抻断、变电器进水毁坏等。其中"96·8"河北历史罕见暴雨灾害,造成河北省 17 县市出现电力系统事故。被洪水冲毁电线杆 6700 根,造成 1443.64 千米输电线路中断,有 283 台变电器进水损坏,据不完全统计,造成直接经济损失 7.56 亿元,成为 1983 年以来由暴雨引发电网安全事故之最。

雷电灾害对电力系统的影响主要表现在:变电器遭雷击烧毁、供电设备遭雷击损坏、输电开关被烧、高压线被雷击熔断、电线遭雷击着火等。在所有的雷电灾害中,变电器遭雷击是最频繁的气象灾害。例如:2008 年 6 月 23 日,廊坊市大城县出现雷雨大风强对流天气,由于雷电击坏供电局电力变压器 5 台,造成低压线路 LJG-35 型 650 米、单级刀闸 630A 型 1 只、222线跚 120 千克、电杆 10 米的 2 基等电力设施受损,直接经济损失 20.5 万元。

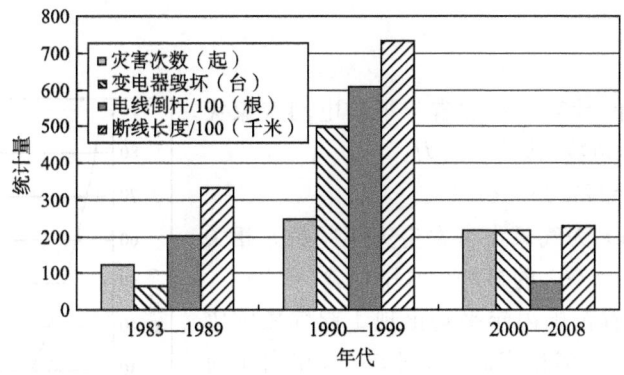

图 2 气象灾害造成电网设施损坏及灾害次数统计

3 气象灾害风险评价

3.1 电网气象灾害年份的界定

为客观合理地评价气象灾害对电网安全的影响,首先需要确定不同程度灾害发生的频率。本文规定:每年出现因气象灾害造成电网安全事故 1 起及以上的年份为电网气象灾害年,年灾害次数越多,灾害程度越重。表 3 给出了河北省各地市 1983—2008 年电网气象灾害频数对应的灾年数。由表 3 可见,多数灾年的频数在 1~6 起,灾害程度在 6 起以下的灾年数占总灾年数的 89%,随着灾害程度的增加,灾年数呈减少趋势。

表 3 1983—2008 年电网气象灾害频数对应的灾年数

灾年频数(起/年)	1~3	4~6	7~9	10~12	13~15	合计
中　值	2	5	8	11	14	
张家口	13	4	0	0	0	17
承　德	10	2	1	0	0	13
唐　山	10	6	3	3	1	23
秦皇岛	12	1	0	0	0	13
廊　坊	16	1	0	0	0	17
保　定	11	5	4	1	1	22
石家庄	11	1	0	0	0	12
沧　州	13	4	2	1	0	20
衡　水	13	3	0	0	0	16
邢　台	8	8	3	0	0	19
邯　郸	13	6	0	0	0	19
合　计	130	41	13	5	2	191
频　数(%)	68	21	7	3	1	100

3.1　气象灾害频率

按照表 3 的统计,计算了河北省年平均电网气象灾害频率及其发生的年频数,其关系式为:

$$y = 177.18 \times e^{-1.0385x}$$

式中,y 为灾害频率;x 为气象灾害发生灾年频数。相关系数 $R = 0.998$,通过 0.001 的显著性水平检验(图 3)。

由图 3 可知,全省范围内年平均出现 1 起气象灾害造成电网安全事故的频率相当高,达到 68%,相当于每 1.6 年就有一个地市电网遭受气象灾害。随着电网年气象灾害次数的增加,灾害发生频率明显降低,年气象灾害次数达到 5 起时,平均每 4.7 年出现一次,年气象灾害次数达到 10 起以上的,平均每 33.3 年出现一次,据统计,历史上只有唐山、保定和沧州出现过。

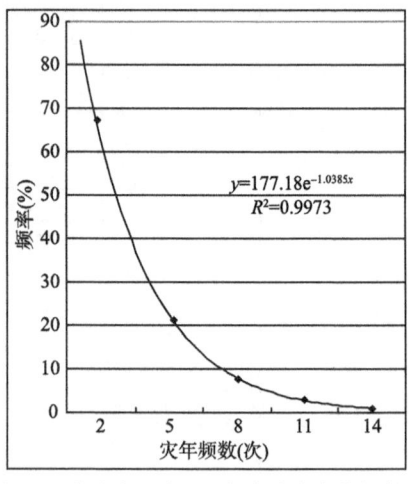

图 3　河北省各地市电网气象灾害事故概率

3.2　气象灾害风险指数

为有效抵御和减轻气象灾害造成的损失,对电网气象灾害进行风险影响评价。在此,引入气象灾害风险指数概念[10]作为气象灾害风险评价指标。其计算公式为:

$$K_I = \sum_{i=1}^{M} \frac{D}{N} H_M \tag{1}$$

式中,K_I 为气象灾害风险指数;D 为各地区不同级别气象灾害年数;N 为各地区气象灾害总年数;H 为各级别气象灾年频数的中值;M 为气象灾害分级数。根据对河北省 26a 来暴雨、大风、雷电造成电网灾害频率的统计,发现气象灾害频次最少的只有 1 次/a,最多的可达 14 次/a。为此根据气象灾害频率及对应灾害出现的年份(表 3),依据(1)式,其中 H 为表 3 中每一组的中值,M 为表 3 中组数,N 为灾害年数,计算的河北省各地市电网气象灾害风险指数如表 4 所示。

表 4　河北省气象灾害风险评价指数

地市	张家口	承德	唐山	秦皇岛	廊坊	保定	石家庄	沧州	衡水	邢台	邯郸
风险指数	1.77	1.46	4.65	1.12	1.12	4.00	1.04	2.04	1.58	3.08	2.15

由表 4 可知:河北省范围内电网气象灾害风险最大的是唐山,气象灾害风险最低的是石家庄。根据气象灾害风险指数,将河北省气象灾害致电网安全事故风险划分为三个等级,则处于高风险区的是唐山、保定地区,气象灾害中等风险区包括邢台、邯郸和沧州,张家口、承德、秦皇岛、石家庄、廊坊和衡水处于气象灾害低风险区。

气象灾害高风险区的唐山处于太行山南麓,保定处于太行山东麓北段,气象灾害中等风险区的邢台、邯郸处于太行山中南段,可见地形的影响造成局地灾害性天气相对较多,因此气象灾害风险相应也大[11]。沧州地区受沿海大风的影响,多大风致电网安全事故,气象灾害风险属于中等风险区域。气象灾害风险评价结果与电网灾害事故统计、气象灾害相对多发区域相一致。

4 防御对策

灾害风险评价的目的是为气象防灾减灾提供指导,为电力部门及时有效地防御灾害性天气造成的损失提供支持,同时为电力系统建设、电网结构布局上提供决策参考[12],达到趋利避害的效果。

首先,在气象灾害风险指数较高的区域,提高电力设备抗灾性能。特别要提高电力设备抗风设计标准,增强电力设施防雷措施,同时气象灾害受地形影响明显,即使在气象灾害风险指数较高的区域,灾害性天气也有一定的移动路径和影响区域,根据各县市气候特征适当避开雷雨、大风及暴雨洪水多发区域。

其次,开展针对性强的行业专项气象服务研究。特别是针对电网输电线路走向,制作电网输电线路沿线灾害性天气跟踪气象服务,使电力部门能及时采取应对措施,减少和降低灾害性天气损失。

第三,加强气象自动监测站建设[13],为预报预警服务提供基础支撑。现有的气象站一般都布设在县城、市区,而电力输电线路、铁塔都布设在野外,因此气象站点无论是密度上,还是位置上都不能满足野外特殊观测的需要。为此,需要加强野外输电线路沿线自动监测站建设,以满足灾害性天气监测需求。

5 结 论

河北省受其特殊地形地貌影响,自然灾害频发。根据1983—2008年河北省气象灾害对电力设施损坏灾情记录的统计,以及对气象灾害风险进行评价,初步得出以下结论:

(1)大风、暴雨、雷电灾害是造成河北省电网安全事故的最主要气象灾害。三种灾害之和占总气象灾害的98.5%,另外,低温冰冻、暴雪、大雾对河北电力系统也有一定的影响,只是出现的频次较少。

(2)河北电网气象灾害事故以20世纪90年代最为突出。气象灾害对电力设施和电网安全影响,主要以输电线电杆断杆、倒杆,输电线断线,供电设备、变电器遭雷击烧毁等灾害为主。气象灾害造成的电力系统损坏是相互联系的,无论哪种灾害都会带来大面积停电和严重的经济损失。

(3)通过电网气象灾害风险评价,高风险区主要集中在燕山南麓、太行山东麓,受地形影响的强对流多发区域。随着气象灾害次数的增加,灾害频率明显降低,年出现1起气象灾害电网安全事平均为1.6年一次,年出现5起气象灾害电网安全事故平均为4.7年一次。在此基础上,提出防灾减灾、趋利避害措施的建议。

参考文献

[1] 付桂琴,李运宗.气象条件对电力负荷的影响分析.气象科技,2008,**36**(6):795-800.
[2] 尤焕苓,丁德平,王春华,等.应用回归分析和BP神经网络方法模拟北京地区电力负荷.气象科技,2008,**36**(6):801-805.

[3]   特别策划.回顾国内外自然灾害造成的电力系统事故.中国电力教育,2008,**21**(3):440-443.

[4]   殷娴,尹丽云,许迎杰,等.云南省雷灾特征分析及灾情评估.气象科技,2013,**41**(1):184-190.

[5]   韩昌.上海常见气象灾害及电力系统安全应对策略.上海电力,2008,**21**(5):440-443.

[6]   李家启,申双和,陈宏,等.重庆10 kV高压输电线路雷击火灾事故分析.气象科技,2010,**38**(6):
       821-824.

[7]   谢强,张勇,李杰.华东电网500 kV任上5237线飓线风致倒塔事故调查分析.电网技术,2006,**30**(10):
       59-63,89.

[8]   付桂琴,曹欣.雷雨大风与河北电网灾害特征分析.气象,2012,**38**(3):353-357.

[9]   吴孟恒,田艳婷,崔海华,等.2003—2008年河北省雷电灾害特征统计分析.自然灾害学报,2010,**19**(1):
       21-25.

[10]   张文宗,赵春雷,康西言,等.河北省冬小麦旱灾风险评估和区划方法研究.干旱地区农业研究,2009,**27**
       (2):10-15.

[11]   顾丽华,蔡云泉,李嘉鹏,等.德清县雷电时空分布特征及雷击灾害风险区划.气象与环境学报,2012,**28**
       (4):73-78.

[12]   王蕊,张巍,季兰,等.基于GIS的输变电项目景观可视化环境影响评价研究.气象与环境学报,2012,**28**
       (3):61-64.

[13]   陈伯,郜庆林,吴明江.金华近56年电线积冰气候特征及灾害防御.气象,2009,**35**(8):85-90.

青海高寒地区采暖与气象条件的关系[*]

朱宝文

（青海省西宁市气象局，西宁　810003）

摘　要：利用高寒地区青海省刚察县 2009—2011 年热力—气象条件试验数据和 1961—2010 年气象观测资料，应用相关分析、回归分析等数理统计方法，探讨了采暖热力指标与气象条件之间的关系及其在采暖运行中的应用。结果表明，在高寒地区最低气温高低是影响日供暖时间长短的主要气象因子；综合温度和风速效应的风寒相当温度与供水温度之间存在线性相关关系；日燃煤量多少取决于日平均气温高低；采暖初、终日期与 9 月、5 月平均气温关系密切，根据冬季平均气温可以预测年采暖能耗；利用风寒相当温度建立的采暖气象指数可以宏观指导采暖供热；通过对采暖期气候阶段的划分，绘制了供暖运行曲线，在 2010—2011 年采暖期供暖运行中进行了试运行检验，该曲线简单易懂，操作方便，容易掌握。

关键词：供水温度；风寒相当温度；采暖气象指数

引　言

在寒冷的季节，如何既能创造一个温暖舒适的生活、工作和居住环境，又可节约能源、保护环境，是关系到当今社会每个人、每个单位的一件大事。改革开放以来，我国城市住宅建设迅猛发展，北方锅炉集中供暖面积逐年递增，但热水供暖管理水平仍多处于"经验型"和政府指令阶段，造成了能源的较大浪费，同时还引起公众的不满。现阶段因物价开放，煤价、电费、水费逐年上涨，势必造成供暖成本大幅度增加，进而加大了社会及个人的经济负担，因此，采暖供热也迫切需要向科技要效益。

青海省刚察县位于青藏高原东北部，海拔高度为 3200～5100 m，县城海拔高度为 3301 m，冬季平均温度为 -11.6℃，极端最低气温平均值为 -24.7℃，年平均风速为 3.6 m/s[1]。在长达 8 个月的采暖期内，如何保证正常的室内温度，又能达到节约能源、减少大气污染，是各级政府、供暖单位及专业气象服务人员值得思考的问题。

高海拔地区由于气温低、风速大、太阳辐射强等特点，供暖与气象条件的关系有其特殊性。早在 20 世纪 50 年代，Thom[2-4]首先利用度日探讨了能源消耗与温度之间的关系，北京市专业气象台的张德山等人与北京市热力集团公司联合，以热力—气象试验数据建立了供热气象节能模型，并研发了节能气象预报系统[5]。陕西省气象台的刘勇等[6]提出了"节能系数"的概念，并通过控制日耗煤量、供水温度来调节室内温度，通过试验，气象节煤率达 11％～28％。刘琪等[7]对唐山地区采暖期气候阶段进行了细化，并对每一阶段实施不同的量调节和质调节，从而达到了气象节能的目的。北京市海淀区采暖经营中心的杨可耕和赵凤香[8]提出了通过室外温

＊ 已在《应用气象学报》2012 年第 5 期以短论形式发表

度、室内温度、供水温度等要素计算出分运行阶段、分运行时段的多条倾斜不同的运行曲线,并研发了气候补偿器,加强了供暖运行调节管理,节约了能源。吴树森等[9]通过考虑太阳辐射、日照、风速等因子,建立了供暖气象指数,并根据供暖气象指数等级提出了应对措施。

近年来,刚察县气候变暖趋势明显,尤以冬季变暖最为明显[10-12]。本文通过分析试验获得的供热数据与气象条件的关系,建立了开炉、闭炉预测方法和供暖指标预报模式,确定了采暖气象等级及供暖运行曲线,将外界气象条件的变化与供热采暖有机结合起来,充分发挥气象预报产品科学指导供暖运行的作用,使供热单位在供暖上变粗放管理为科学管理。

1　资料与方法

1.1　试验设计

2009年9月—2010年4月、2010年9月—2011年5月和2011年10月,县供热公司记录每日燃煤量、供热时间、供回水温度等热力指标。

1.2　资料来源

供热指标来自刚察县供热服务中心,气象资料来源于刚察县气象局。

1.3　分析方法

1.3.1　采暖初终日及采暖期长度

根据《采暖通风与空气调节设计规范(GB50019—2003)》[13]规定,设计计算采暖期天数,应按累年日平均温度稳定低于或等于采暖室外临界温度的总日数确定。其中采暖室外临界温度的选取,一般民用建设和工业建筑采用5℃[14]。日平均气温≤5℃的初终日采用5 d滑动平均法确定。采暖期长度为采暖初日与终日之间的天数。

1.3.2　采暖度日

采暖度日HDD(heating degree-day)就是日平均气温与规定的基准温度的实际离差[2-4]。采用下列公式计算:

$$HDD_i = T_b - T_i \tag{1}$$

式中,HDD_i为第i天的采暖度日值;T_b为基准温度;T_i为第i天的日平均气温,基准温度T_b为5℃。温度越高,HDD越小,表明采暖能耗越少,采暖度日能较好反映采暖期能耗的高低。

采暖度日变率(D_i)计算公式为:

$$D_i = \frac{HDD_i - HDD}{HDD} \times 100\% \tag{2}$$

式中,HDD为研究时段采暖度日平均值。

1.3.3　相关分析和回归分析

对供暖指标和对应时段的气象要素进行相关分析,筛选影响不同供暖指标的关键气象因子,通过多元线性回归和逐步回归建立预报模型。应用DPS软件实现相关分析、回归分析。

2 结果与分析

将研究时段内日供暖时间、供回水温度和日燃煤量等供热指标与日平均气温、最低气温、最高气温、气温日较差、日照时数、相对湿度、平均风速、风向频率、降水量、云量等气象因子以及采暖初、终日期，采暖能耗与前期气温、降水、日照等资料进行相关分析，查找关键因子，通过多元线性回归和逐步回归建立供热指标与气象因子之间的预报模型和中长期预测模式，并对预报方程进行检验。

2.1 日供暖时间与气象条件

通过因子普查法，找出影响每日供暖时间长短的主要气象因子是当日最低气温，表现为气温越低，建筑物散热越快，需要延长供热时间，保持较为恒定的室内温度，预报方程为：

$$Y_{time} = -12.327T_{min} + 453.78 \tag{3}$$

式中，Y_{time} 为日供暖时间(min)；T_{min} 为日最低气温(℃)。相关系数 R 为 -0.5680，回归效果达到 0.001 的极显著相关水平。

由式(3)可以看出，在高原地区，冬天最低气温的高低是影响日采暖时间长短的主要因子，这与供暖经验结论相一致。日照时数是影响日供暖时间长短的又一气象因子，回归方程为：

$$Y_{time} = -0.1902S + 11.865 \tag{4}$$

式中，Y_{time} 为日供暖时间(min)；S 为日照时数(h)。相关系数 R 为 -0.1987，检验回归效果达到 0.1 的显著相关水平。

日照时间越长，建筑物围护结构吸收太阳辐射聚集的热量越多，这些热量除了向室外发散外，也可以通过屋面、墙体传递至室内，保持室内温度所需的供热时间相对会缩短。太阳辐射对供暖时间的影响很大程度上取决于建筑物围护结构的传热系数。

将日最低气温、日照时数设为自变量，供暖时间设为因变量，通过逐步回归建立多元回归预测模型，发现只有最低气温能够入选模型，日照时数被剔除，得出的回归预报模型依然为公式(3)。

2.2 供水温度与气象条件

供水温度与日平均气温之间存在负相关关系，分析还发现，供水温度与日平均风速表现为正相关关系，但回归效果未通过显著性检验，表现为室外日平均气温高，保持室内温度所需的供、回水温度就较低；风速大，室内的热量向外扩散迅速，需要提高供水温度以保持室内温度。为了综合考虑温度和风速对供水温度的综合效应，引入了 Steadman[15] 风寒相当温度 T_e：

$$T_e = 33 - \frac{(12.12 + 11.6\sqrt{v} - 1.16v)(33 - T)}{27.81} \tag{5}$$

式中，T_e 为风寒相当温度(℃)；v 为日平均风速(m/s)；T 为日平均气温(℃)。利用式(5)计算出的风寒相当温度与供水温度建立预报方程如下：

$$T_{供} = -0.364T_e + 63.782 \quad (R = 0.4764, P < 0.001) \tag{6}$$

式中，$T_{供}$ 表示供水温度(℃)。

2.3 燃煤量与气象条件

日平均气温高低直接影响着日燃煤量多少。表现为日平均气温越高,所需燃煤量越少,方程为:

$$Q = -0.8526T_{mean} + 23.5718 \quad (R = 0.3490, P < 0.01) \tag{7}$$

式中,Q 为日燃煤量(t);T_{mean} 为日平均气温(℃)。

2.4 采暖初、终日期与气象条件

根据《采暖通风与空气调节设计规范(GB50019—2003)》标准计算得出的刚察县采暖初、终日期与前期气象条件进行因子普查,筛选出关键气象因子,利用逐步回归方法,建立了该县采暖初、终日预测方程(表1)。采暖初日模式与采暖开始时的9月平均气温之间存在极显著的正相关关系,终日模式与5月平均气温关系密切。

表 1　刚察县采暖初、终日期预测模型

初　日		终　日	
方　程	相关系数	方　程	相关系数
$Y = 5.1115T_9 + 139.93$	0.6366^{***}	$Y = -5.2972T_5 + 85.816$	0.4151^{**}

注:Y 为距 4 月 1 日的天数;T_5、T_9 为 5 月和 9 月的平均气温;＊＊表示通过 0.01 水平信度检验;＊＊＊表示通过 0.001 水平信度检验

2.5 采暖能耗与气象条件

采暖期每日的气温高低直接影响供热所耗能源的多少。当室外温度较高时,可以减少供热时间,降低供水温度,从而节约能源。研究表明,采暖度日变率与冬季或最冷月平均气温关系较为密切,分析两者的相关关系可得出:

$$Y = -5.5637X_w - 64.546 \tag{8}$$

式中,Y 为采暖度日变率;X_w 为冬季平均气温。二者相关系数为 -0.8828,模型通过了 0.001 的显著性检验。从式(8)可以看出,冬季平均气温越高,采暖度日变率越小,采暖能源需求越小,这与白美兰等[16]的研究结果一致。

2.6 模型检验

选择 2011 年 10 月逐日气象资料和热力数据,利用式(4)、(6)、(7)预报模型,对逐日采暖指标预报效果进行检验(图1)。由图1可以看出,预报值与实测值相对误差均在 ±10% 以内,说明高寒地区刚察县供暖指标预报模型可以应用在供暖专业气象服务中。利用海北州气象台每日 16 时发布的 24 h 气温、风速预报结果,可提前一天做出次日供暖时间、供水温度和燃煤量等指标,供热公司充分利用气象条件适时调度采暖供热,供热决策管理由经验管理向科学管理逐步转变,同时还可节水、节电和减少大气污染。

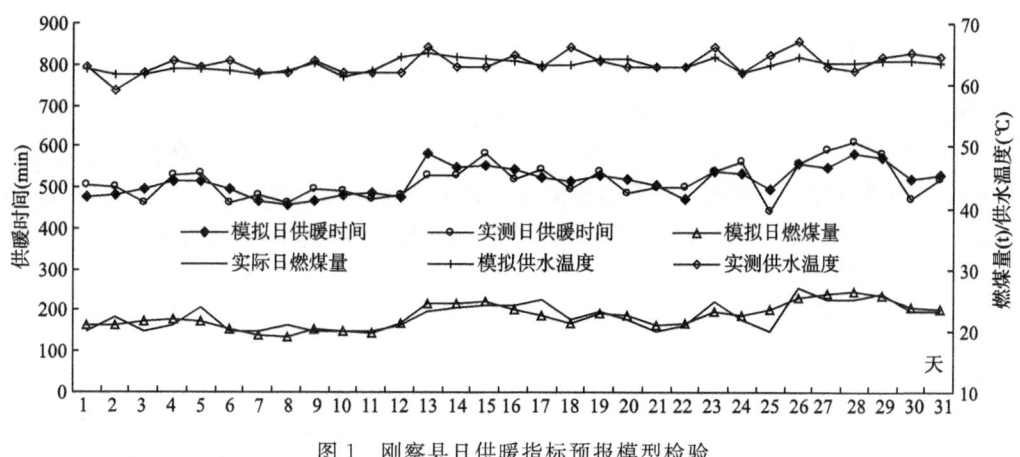

图 1   刚察县日供暖指标预报模型检验

利用 2008—2011 年刚察县地面观测资料与表 1 和式(8)的预测模型,分别计算近 3 年该地区采暖初日、终日及能源需求趋势预测,并与《采暖通风与空气调节设计规范(GB50019—2003)》[13]规定计算出的初、终日期进行比较,其结果如表 2 如示。近 3 年利用模型预测出的初日和终日与规范计算出的实况相差均在 3 天之内,基本符合实际工作之需。采暖期能源消耗预测结果与实际调查结果接近。上述验证说明,刚察县采暖期预测模型可应用在气候对采暖能源影响分析服务中。同时利用此预测模式,结合月动力延伸预报[17]结果,可提早做出该县采暖起止日期趋势预测,为供热部门合理安排燃煤运输、存储和开闭炉提供参考依据。

表 2   刚察县采暖初、终日期及采暖能源需求预测模式验证

项目	2008—2009 年			2009—2010 年			2010—2011 年		
	初日	终日	能耗	初日	终日	能耗	初日	终日	能耗
预测值	9.26	5.26	异常偏少	10.1	5.22	异常偏少	9.29	5.20	正常
实况值	9.28	5.23	偏少	9.30	5.22	偏少	9.28	5.21	正常
差 值	−2	3	—	1	0	—	1	−1	—

2.7   采暖气象指数

建筑物的耗热量受太阳辐射、温度、风速、相对湿度等因素的影响而发生变化[9]。而在高海拔地区温度是主要影响因子,对温度变化影响的因子有温度平流、气团性质、太阳辐射、日照、云状、云量、云高、云厚以及云维持时间等。因此,在建立采暖气象指数时要着重考虑包含温度和风速的风寒相当温度。根据温度和风速计算的风寒相当温度,将刚察采暖气象指数分为 5 级(表 3)。

表 3   刚察县采暖气象指数

等级	风寒相当温度(℃)	供热强度	指 示 意 义
1	5～−5	最低	天气较暖和,早晚少量供暖或暂停供暖;空间上只需对很少部分建筑供热如宾馆、学校、医院等
2	−5～−15	低	天气不太冷,但室内的温度略低,白天需少量供暖,早晚适量供暖
3	−15～−25	中等	天气很冷,容易散热,室内降温幅度很大,基本上全天供热
4	−25～−35	高	天气寒冷,由于室内的热量向外扩散迅速,需加大供暖量
5	−35～−50	最高	天气很寒冷,室外滴水成冰,室温散热非常快,需要全力供暖

2.8　供暖运行曲线

对刚察县 2000—2010 年采暖季各月室外温度(气温)平均日变化进行分析(图略),发现采暖季各月变化规律较一致。7—8 时气温达到最低值,此后气温逐步回升,日最高值出现在 15—16时,以后又呈下降趋势。分析刚察县采暖期温度变化呈中间低两头高的波谷。利用 1961—2010年 50 a 日平均气温,以≤5℃作为界限温度,5℃为间隔温度可以把整个采暖期划分为七个气候阶段,即初寒期、前寒冷期、前严寒期、酷寒期、后严寒期、后寒冷期和末寒期(图 2)。

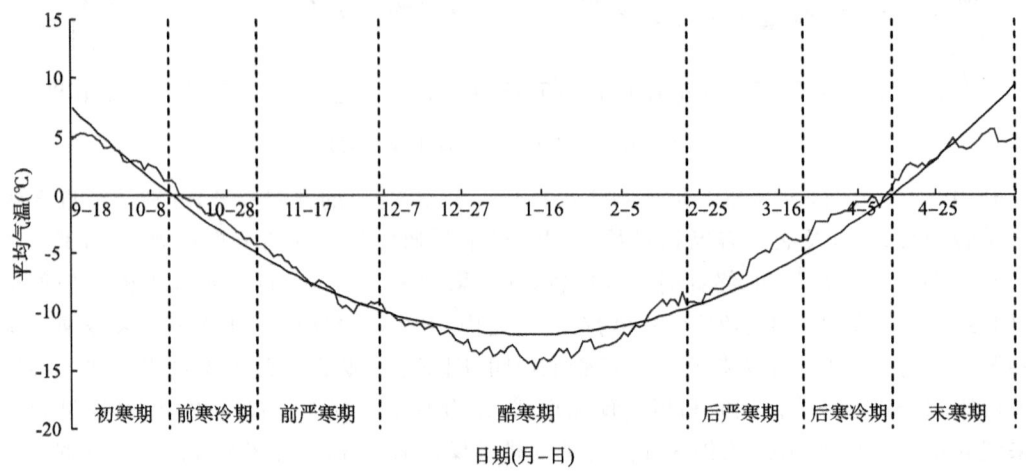

图 2　刚察县采暖气候阶段划分

根据采暖季室外温度变化规律,结合一天中人在建筑物中活动的范围、方式等,将每天24 h 的供暖运行划分为 5 个运行时段,以适应人在不同时段对室温的不同需求,即停止运行段、正常运行段、保温运行段、升温运行段和降温运行段。在停止运行段,由于夜间人们入睡,活动少,门窗关闭,室内温度保持较好,人对室温要求不高,供水温度可大幅降低或停止供暖。正常运行段是人们活动集中的时段,对室温要求高。在保温运行段,早晨之后,由于太阳辐射影响,室外温度不断上升,即使无太阳光照条件下,由于房间蓄热性能好,此时运行温度也可适当下调。因此,根据每个时段的不同特点,结合图 2 和 2000—2010 年逐时平均气温变化规律,绘制不同采暖气候阶段供暖运行曲线(图 3),指导供暖单位合理安排供暖运行。

以图 3(a)为例说明其运行方式。I—A'和 A—B 段时间为夜间 21 时至次日 6 时,此时段停止供暖,但在酷寒期此阶段按正常运行温度的 50% 进行供暖;从 6 时至 8 时以及 17 时至 18时为升温阶段,对锅炉进行燃煤加热,当供水温度达到运行标准时,可转入正常运行阶段;8 时至 10 时、18 时至 19 时为正常运行阶段,此时供水温度可根据式(6)计算,在实际运行中正常运行时长可根据日供暖时间预报结果做适当调整;D—E 和 H—I 段为降温运行段,可调整锅炉运行,使供水温度下降;11 时至 17 时,即 E—F 段为保温运行阶段,将供水温度控制在正常运行温度的 60%～70%。

供暖运行曲线于 2011 年采暖季在刚察县供热服务中心供暖运行中得到试运行检验,运行人员反映该曲线简单易懂,操作方便,容易掌握。

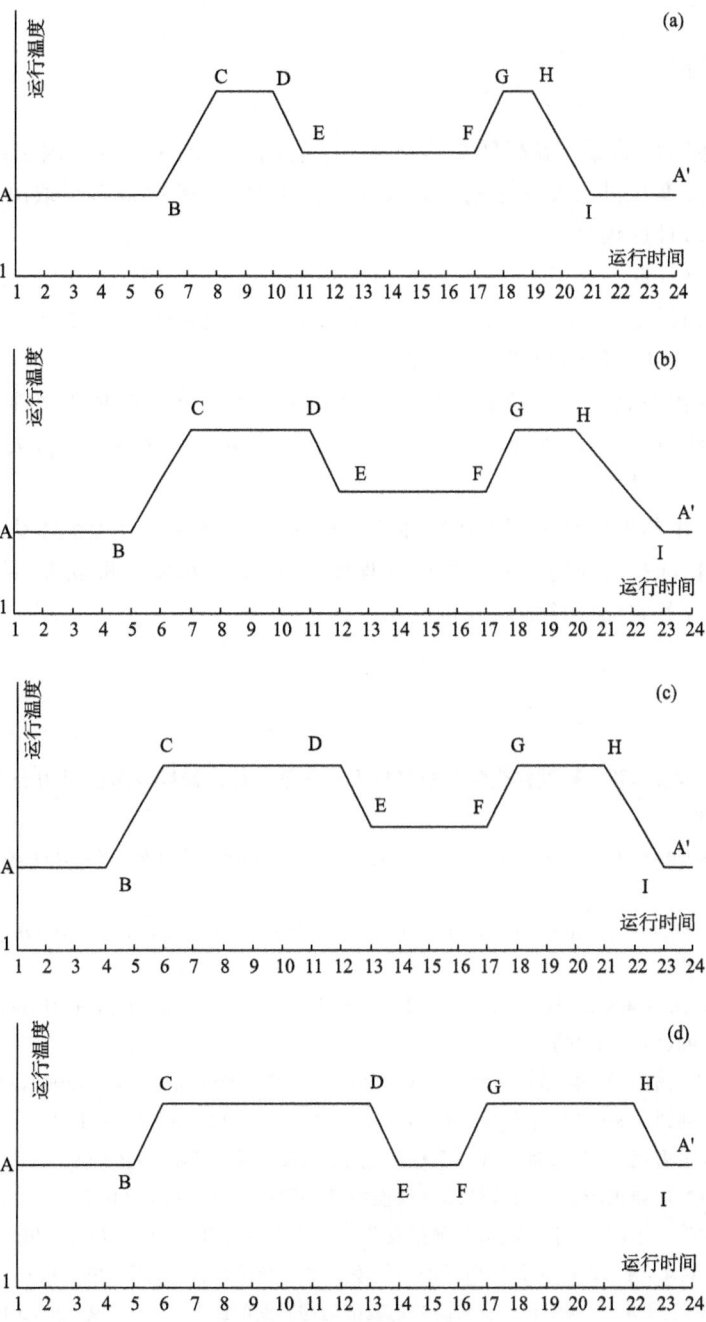

图 3　刚察县采暖运行曲线

（（a）、（b）、（c）、（d）分别代表初末寒期、前后寒冷期、前后严寒期和酷寒期，A—B 和 I—A' 段为停止运行段，B—C 和 F—G 段为升温运行段，C—D 和 G—H 段为正常运行段，D—E 和 H—I 段为降温运行段，E—F 段为保温运行段）

3　结论与讨论

（1）在高寒地区日最低气温高低是影响日供暖时间长短的主要气象因子；综合温度和风速效应的风寒当量温度与供水温度之间存在线性相关关系；日燃煤量多少取决于日平均气温高低，日平均气温高，日燃煤量少。

（2）采暖初、终日期与9月、5月平均气温关系密切，冬季平均气温高低影响年采暖能耗；结合月动力延伸预报结果，可提早做出研究区采暖起止日期和能耗趋势预测，为供热部门合理安排燃煤运输、存储和开闭炉提供参考依据。

（3）利用风寒当量温度建立的采暖气象指数可以宏观指导采暖供热；绘制的不同采暖气候阶段供暖运行曲线，在2010—2011年采暖期供暖运行中进行了检验，运行人员反映该曲线简单易懂，操作方便，容易掌握。

（4）高寒地区用预报模型中引入风寒当量温度来衡量户外寒冷程度不失为一个较好的指标，在感冒指数、伤冻指数研究及对动物受寒程度推断、对汽车发动机危害、对露天训练士兵的影响等专业气象服务方面应该加以分析应用。

参考文献

[1] 朱宝文,侯峻岭,哈承智,等.气候变暖对刚察县采暖气象条件的影响及节能潜力分析.气象科技,2011, **39**(6):744-748.

[2] Thom H C. Seasonal degree day statistics for the United States. *Monthly Weather Review*,1952,**80**(2): 143-149.

[3] Thom H C. The relationship between heating degree-days and temperature. *Monthly Weather Review*, 1954,**82**(1):1-6.

[4] Thom H C. Normal degree-days above any base by the universal truncation coefficient. *Monthly Weather Review*,1966,**94**(2):461-465.

[5] 王保民,张德山,汤庆国,等.节能温度、供热气象指数及供热参数研究.气象,2008,**31**(1):36-38.

[6] 刘勇,王毅,张列锐.采暖期应用气象节能的技术方法.陕西气象,1994(6):11-12.

[7] 刘琪,范永祥,霍秀英.合理采暖与气象条件的应用.气象科技,1987(5):64-69.

[8] 杨可耕,赵凤香.加强供暖运行调节管理节约能源.区域供热,2007(3):23-27.

[9] 吴树森,张秀红,于翠霞.气象供暖指数预报在集中供热中的应用.区域供热,2009(5):29-32.

[10] 杨明,李维亮,刘煜,等.近50年我国西部地区气象要素的变化特征.应用气象学报,2010,**21**(2):198-205.

[11] 李红梅,马玉寿,王彦龙.气候变暖对青海高原地区植物物候期的影响.应用气象学报,2010,**21**(4):500-505.

[12] 陈峪,任国玉,王凌,等.近56年我国暖冬气候事件变化.应用气象学报,2009,**20**(5):539-545.

[13] 中华人民共和国建设部.采暖通风与空气调节设计规范(GB50019—2003).北京:中国计划出版社,2003.

[14] 中国建筑科学研究院.民用建筑节能设计标准(采暖居住建筑部分)(JCJ26—95).北京:中国建筑工程出版社,1996.

[15] Doxon J C,Prior M J.风寒指数研究.气象科技,1988,**16**(6):28-32.

[16] 白美兰,郝润全,李喜仓,等.内蒙古地区采暖期变化特征及预测方法.气象科技,2010,**38**(6):709-714.

[17] 陈豫英,陈楠,王素艳,等.MOS方法在动力延伸期候平均气温预报中的应用.应用气象学报,2011,**22**(1):86-95.

气象服务中的气温监测方法及应用

孙晓巍　　韩秀君

(沈阳中心气象台,沈阳　110016)

摘　要:采用 C/S 与 B/S 结构相结合方法,辽宁省建立了针对农业生产关键期和重要天气转折期的气温监测预报系统。该系统利用逐日气温实况及城镇预报等资料,能够图形化显示近期的气温、5 日滑动平均气温实况及常年的日平均气温实况,结合相应预报资料及计算,可以用于农业生产关键期指导春播生产,提前精细化预报到乡镇该地区什么时间适宜播种玉米、水稻、大豆。也可用于监测某段时间的气温异常和监测预报气象意义上的四季,对农业生产和人们的生产生活起到很好的指导作用。本文介绍该系统的功能、特点和技术路线,提供的服务种类及针对实际需求,提出下一步的系统开发设想。

关键词:气象服务;气温监测;农业生产;指标;5 日滑动平均气温

引　言

近年来,气象灾害极端事件频繁发生,气象灾害对经济影响呈明显上升趋势,给工农业、社会经济等各方面,尤其是给农业生产带来影响,因此,政府和社会对气象服务的要求越来越高。提高气象服务质量,需要深入考虑当地政府领导和人民群众的需求,做到主动服务、超前服务,要了解不同季节、不同时段、不同对象对服务工作的需求,更需要有良好的平台作为支撑,提高服务的主动性、及时性、准确性。

气象服务既要提供防灾救灾预报服务,还要为党政领导、人民群众在农业生产方面提供气象信息服务。辽宁省是一个四季分明、春秋季短、雨热同季、寒冷期长的省份,一年中气温变化比较显著,直接影响到人们的日常生产生活。因此,针对此特点研发了针对农业生产关键期及重要天气转折期的气温监测预报系统,主要针对春播期、季节转换期等特殊时段对人们生产、生活的一些指导。下面主要介绍该系统的功能、特点和技术路线,提供的服务种类等。

1　指标的选取

1.1　春、夏、秋、冬、隆冬的进入和退出

关于季节划分,惯常以 3—5 月为春季,6—8 月为夏季,9—11 月为秋季,12 月至次年 2 月为冬季的天文划分方法。为了使季节划分更能反映当地的气候寒暖和符合当地农业生产实际情况,利于更准确地预报和指导人类生产活动,以气候寒暖的具体指标为根据的候平均气温划分法相对理想,而辽宁省采用 5 日滑动平均气温季节划分法制定了季节的划分,既可以保存候平均气温划分法的优点,还可消除其不合理的人为割裂天气过程的现象,使四季划分更为客

观。辽宁省气象意义上的春、夏、秋、冬、隆冬划分标准分别为:

(1)春季:定为5日滑动平均气温稳定≥10℃的第一天为春季的开始日期,而5日滑动平均气温≥22℃第一天的前一天是春季的结束日期。某市辖区内超过70%的县站进入春季,定为该市进入春季;超过70%的县站退出春季的当天,定为该市退出春季。全省超过70%的市地进入春季,定为辽宁省春季开始日;超过70%的市地退出春季的当天,定为辽宁省春季结束日。辽宁省最早进入春季日期为1994年和2002年的4月1日,最晚进入春季的时间为1954年的5月2日,系统将最早、最晚进入春季的时段定为宣布该季节进入的关键时段。

(2)夏季:定为5日滑动平均气温稳定≥22℃的第一天为夏季的开始日期,而5日滑动平均气温稳定<22℃第一天的前一天是夏季的结束日期。某市辖区内超过70%的县站进入夏季,定为该市进入夏季;超过70%的县站退出夏季的当天,定为该市退出夏季。全省超过70%的市地进入夏季,定为辽宁省夏季开始日;超过70%的市地退出夏季的当天,定为辽宁省夏季结束日。辽宁省最早进入夏季的时间为1994年6月9日,最晚进入夏季的时间为1954年8月1日,系统将最早、最晚进入夏季的时段定为宣布该季节进入的关键时段。

(3)秋季:定为5日滑动平均气温稳定<22℃的第一天为秋季的开始日期,而5日滑动平均气温稳定<10℃第一天的前一天是秋季的结束日期。某市辖区内超过70%的县站进入秋季,定为该市进入秋季,超过70%的县站退出秋季的当天,定为该市退出秋季。全省超过70%的市地进入秋季,定为辽宁省秋季开始日;超过70%的市地退出秋季的当天,定为辽宁省秋季结束日。辽宁省最早进入秋季的时间为1977年8月10日,最晚进入秋季的时间为1999年9月13日,系统将最早、最晚进入秋季的时段定为宣布该季节进入的关键时段。

(4)冬季:定为5日滑动平均气温稳定<10℃的第一天为冬季的开始日期,当最后一次寒潮爆发终止后,5日滑动平均气温稳定≥10℃的第一天的前一天是冬季的结束日期。某市辖区内超过70%的县站进入冬季,定为该市进入冬季;超过70%的县站退出冬季的当天,定为该市退出冬季。全省超过70%的市地进入冬季,定为辽宁省冬季开始日;超过70%的市地退出冬季的当天,定为辽宁省冬季结束日。辽宁省最早进入冬季的时间为1980年10月8日,最晚进入冬季的时间为2000年11月6日,系统将最早、最晚进入冬季的时段定为宣布该季节进入的关键时段。

(5)隆冬:定为5日滑动平均气温稳定<-10℃的第一天为隆冬的开始日期,当5日滑动平均气温稳定≥-10℃的第一天的前一天是隆冬的结束日期。某市辖区内超过70%的县站进入隆冬,定为该市进入隆冬;超过70%的县站退出隆冬的当天,定为该市退出隆冬。全省超过70%的市地进入隆冬,定为辽宁省隆冬开始日;超过70%的市地退出冬季的当天,定为辽宁省隆冬结束日。辽宁省最早进入隆冬的时间为1993年11月18日,最晚进入隆冬的时间为1951年1月1日和2008年1月11日,系统将最早、最晚进入隆冬的时段定为宣布该季节进入的关键时段。

季节转换预报服务是辽宁省提供的一个常态化的气象服务产品,以前没有专门针对此项服务的系统,主要靠工作人员在相应时段每天参考实况资料和询问预报员,再主观判断是否符合某一季节标准。而气温监测及天气转折关键期预报服务系统将相关数据计算并图形化显示在网页中,使此项服务工作更加精细化、准确化,节省了大量的人力,产品形式有文字材料和短信两种。

1.2　春播生产关键期

辽宁省主要农作物为水稻、玉米和大豆。把握作物最佳播种时机,可以在保证秧苗成活的前提下,尽最大可能延长作物的营养生长期,增加其营养生长量,从而增加产量。经研究统计:

(1)水稻的适宜种植温度为日平均气温稳定通过 5～6℃。

(2)玉米适宜种植温度为日平均气温稳定达到 8～10℃。

(3)大豆适宜种植温度为日平均气温稳定通过 12℃。

5 日滑动平均法,是指在一个长序列的逐日资料中,按日序从第一天到第五天,第二天到第六天,第三天到第七天,……每相应 5 天的资料计算其平均值,由此得到的一序列资料称为 5 日滑动平均值,此算法的优势为消除不稳定的波动,显示出温度变化的平稳性,充分利用热量资源。因此,采用 5 日滑动平均气温作为作物的适宜播种气温,将 5℃、8℃、12℃ 设定为标准,提示春播期间,某个地区是否符合某作物种植条件。

1.3　气温异常

随着全球气温变暖,极端天气事件有增加的趋势,对于某段时期气温的偏离实况的预报监测工作尤为重要,也成为决策气象服务工作的重要部分。可以根据系统曲线走向判断某时段气温异常偏低或偏高,对比依据为 1981—2010 年的每日平均气温实况数据。

2　系统设计

2.1　系统流程设计

气温监测及天气转折关键期预报服务系统采用 Visual basic 2008 程序代码实时读取决策现有的 foxpro 要素库文件,同时读取 ftp 下载的 168 小时城镇天气预报,计算获取数据 5 日滑动平均气温。对于当日实况资料可以计算出来的气温采用实况气温资料,对实况未录入的气温,读取城镇预报提供的温度预报,计算 5 日滑动平均气温,并对计算结果进行存储。最后,以网页形式图形化显示辽宁省气温实况及预报、5 日滑动平均气温变化和重要天气转折期报警。

由于气象学的 5 日滑动平均多用于研究,例如,稳定通过 5℃ 的日期为某一温度序列 5 日滑动平均气温达到 5℃ 的第一天,因此在预报服务应用过程中,计算当日的 5 日滑动平均气温所用的预报值多于实况值,这种情况在预报误差大的时候会存在一些不准确性。因此,总结以上特点,本系统采用 C/S 与 B/S 结构相结合,提供了两种滑动方式,分别为向前和向后滑动。这样,一个页面全部为实况数据,一个页面主要为预报数据,决策服务人员可以结合当时天气状况,未来天气预报,有无大幅度的气温变化选择适宜的时间来宣布通过某一温度标准。该程序每天运行 2 次,对数据进行更新,早晨 8:30 运行对前一日实况温度计算、更新,下午 17:00 对预报温度更新,以网页形式图形化显示辽宁省气温实况及预报、5 日滑动平均气温变化和重要天气转折期报警。

2.2　系统功能

(1)图形显示功能

B/S 结构应用 ASP. NET 技术对计算结果显示,提供历史逐日查询方式。同时显示折线图,提供了 5 条折线图,第一条为季节温度标准折线,第二条为全省平均温度实况折线,第三条为全省平均温度预报折线,第四条为全省平均温度 5 日滑动平均实况折线,第五条为全省平均温度 5 日滑动平均温度预报折线(图 1)。

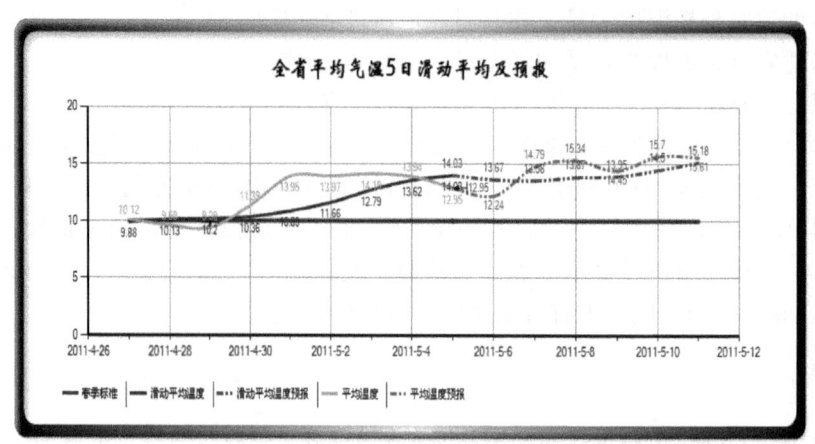

图 1 图形显示部分

(2)文字表述功能

除了滑动平均气温曲线可供参考外,网页平台还针对全省 58 个城镇的 5 日滑动平均温度是否达到某个季节标准而进行提示(图 2),提示标准为全省 60% 站点进入某个季节,同时对某个地市达到的温度标准进行个数提醒,使监测人员提前掌握气温变化趋势及达到某节点温度站点个数,及时做出相关服务。

日期	提示	滑动平均温度	达到春季标准	达到夏季标准	达到秋季标准	达到冬季标准
2011-04-27	春季	9.88	37个:(63.79%)沈阳(4)大连(5)鞍山(3)丹东(1)锦州(2)营口(2)阜新(2)辽阳(2)铁岭(1)朝阳(1)盘锦(2)葫芦岛(3)	0个(0.00%)	0个(0.00%)	21个(36.21%)沈阳(1)鞍山(1)抚顺(1)营口(1)铁岭(1)朝阳(1)葫芦岛
2011-04-28	春季	10.13	41个:(70.69%)沈阳(5)大连(5)鞍山(3)丹东(1)锦州(1)营口(1)阜新(1)辽阳(2)铁岭(1)朝阳(1)盘锦(2)葫芦岛(3)	0个(0.00%)	0个(0.00%)	17个(29.31%)抚顺(3)本溪(1)丹东(1)朝阳(1)葫芦岛(1)
2011-04-29	春季	10.2	42个:(72.41%)沈阳(5)大连(5)鞍山(3)本溪(1)丹东(3)锦州(2)营口(4)阜新(1)辽阳(2)铁岭(2)朝阳(1)盘锦(3)葫芦岛(3)	0个(0.00%)	0个(0.00%)	16个(27.59%)鞍山(2)抚顺(3)本溪(2)铁岭(2)朝阳(1)葫芦岛(3)
2011-04-30	春季	10.36	46个:(79.31%)沈阳(5)大连(5)鞍山(3)本溪(4)丹东(4)锦州(6)营口(4)阜新(1)辽阳(2)铁岭(3)朝阳(1)盘锦(5)葫芦岛(3)	0个(0.00%)	0个(0.00%)	12个(20.69%)抚顺(3)本溪(2)丹东(2)铁岭(2)朝阳(1)葫芦岛(2)
2011-05-01	春季	10.89	51个:(87.93%)沈阳(5)大连(5)鞍山(3)抚顺(1)本溪(4)丹东(3)锦州(6)营口(4)阜新(2)辽阳(2)铁岭(3)朝阳(5)盘锦(5)葫芦岛(4)	0个(0.00%)	0个(0.00%)	7个(12.07%)抚顺(3)本溪(2)丹东(1)
2011-05-02	春季	11.66	51个:(87.93%)沈阳(5)大连(5)鞍山(3)抚顺(1)本溪(4)丹东(3)锦州(6)营口(4)阜新(2)辽阳(2)铁岭(3)朝阳(5)盘锦(5)葫芦岛(4)	0个(0.00%)	0个(0.00%)	7个(12.07%)抚顺(3)本溪(2)丹东(1)
2011-05-03	春季	12.79	57个:(98.28%)沈阳(5)大连(5)鞍山(3)抚顺(4)本溪(4)丹东(4)锦州(6)营口(5)阜新(2)辽阳(2)铁岭(3)朝阳(5)盘锦(5)葫芦岛(4)	0个(0.00%)	0个(0.00%)	1个(1.72%)朝阳(1)
2011-05-04	春季	13.62	57个:(98.28%)沈阳(5)大连(5)鞍山(3)抚顺(4)本溪(4)丹东(4)锦州(6)营口(5)阜新(2)辽阳(2)铁岭(3)朝阳(5)盘锦(5)葫芦岛(4)	0个(0.00%)	0个(0.00%)	1个(1.72%)朝阳(1)
2011-05-05	春季	14.03	52个:(100.00%)沈阳(5)大连(7)鞍山(3)抚顺(4)本溪(3)丹东(3)锦州(6)营口(3)阜新(2)辽阳(4)铁岭(5)朝阳(4)盘锦(5)葫芦岛(4)	0个(0.00%)	0个(0.00%)	0个(0.00%)

图 2 文字表述部分

(3)历史值查询功能

对于前两部分的显示,每次页面刷新都会自动显示最新数据。如果查询历史相关温度实况可对日期查询界面进行操作。

采用 B/S 与 C/S 结合方式有查询速度快、查询方便、查询人员不需安装客户端、维护方便等优点。该系统对预报员、决策服务人员掌握全省温度变化情况有较好的提示作用,特别是季节变换和温度变化剧烈时预警的发布和提示有一定的参考价值。

应用该系统,辽宁省将农业生产关键期和重要天气转折期决策服务准确化、精细化、及时化,大大减少了人力,增加了时效性。图形化显示更加直观,在相应关注时段,以短信形式提前7~10天提供服务,取得了较好的服务效果。

2.3　系统改进设想

(1)增加水稻、玉米夏季低温冷害提醒

农作物低温冷害是我国主要农业气象灾害之一,并以北方地区特别是我国东北地区发生得最为频繁和严重。由于气候异常的事件增多,年内气温波动幅度加大,使作物障碍型低温冷害有频繁和严重的趋势,因此防御低温冷害是东北各地农业生产的重要工作内容之一。

辽宁主要粮食作物为水稻、玉米,因此依据低温冷害指标(表1、表2),增加水稻、玉米夏季低温冷害提醒很有必要。

表1　水稻低温冷害标准

种类	程度	指　标	作物形态
播种期低温		5 cm 地温小于 5℃	不利出苗,以致受害
秧苗期低温		日平均气温低于 12℃,最低气温低于 5℃	生长缓慢
分蘖期低温冷害		在分蘖期前后 10 天左右,气温在 12~13℃	分蘖推迟,有效分蘖减少
夏季低温	轻度	最低气温小于 17℃连续 3 天	不能正常开花,不能完成受精过程,空壳率增多
	中度	最低气温小于 17℃连续 4~5 天	空壳率显著增加
	重度	最低气温小于 17℃大于 5 天	严重影响产量

表2　玉米低温冷害标准

种类	程度	指　标	作物形态
播种期低温		地温小于 7℃	发芽极为缓慢,且容易感染病害而发生霉烂
苗期低温冷害	轻度	日最低气温低于 5℃	幼苗根停止生长
	中度	日最低气温 2~3℃	影响幼苗正常生长
	重度	日最低气温低于 −1℃	−1℃的短时低温幼苗受伤,受冻死亡指标为 −2~−4℃
夏季低温	拔节—抽雄期	生殖分化期日平均气温低于 17℃;开花期为 18℃	不利开花,授粉不良
	灌浆期	气温低于 16℃	影响淀粉酶的活动而不利于物质的传输和积累,灌浆速度急剧下降

(2)增加初霜日期提醒

每年入秋后,第一次出现的霜冻,称为早霜冻,也叫初霜冻。初霜冻出现的早晚对东北地区秋收的水稻和玉米产量影响极大。因此霜冻的预报服务对农作物的生长是有重要意义的。辽宁初霜出现日期的地域分布为:朝阳、葫芦岛西部、北部、锦州北部、沈阳北部、铁岭、抚顺、本溪地区出现在 9 月下旬,其中朝阳的建平、铁岭的西丰地区出现在 9 月中旬。大连地区出现在10 月中旬,其他地区出现在 10 月上旬。系统读入最低气温实况及预报资料,可在对应时段自动进行提示,注意初霜发生。

3　小结与讨论

(1)系统采用 B/S 与 C/S 结合方式,有查询速度快、查询方便、查询人员不需安装客户端、维护方便等优点。

(2)采用的乡镇预报资料经过人工订正,具有实效长、预报相对准确的特点,再结合运行稳定的 foxpro 实时、历史数据库,确保资料的准确性。

(3)用气象学方法计算当日的 5 日滑动平均气温所用的预报值多于实况值,在预报误差大的时候会存在一些不准确性。本文提供的两种滑动方式能基本克服这一缺点,对于定在哪个时间节点能够提供更好的服务,还需进一步探索。

(4)对于气温异常提醒部分,要人为监测并与历史值对比,精细化、自动化程度不足,需要进一步研究相关指标,给出准确范围,系统根据制定指标来判断气温异常或气温突变。

参考文献

刘文彬.2011.低温冷害对农作物生长发育的影响.黑龙江科技信息(19):204.

王凡,韦淑军,罗建平,等.2009.提高决策气象服务能力需把握的几个环节.气象研究与应用,**30**(增刊 2):213-214.

熊亚军,扈海波,王迎春,等.2008.随机决策方法在气象服务中的应用.气象,**34**(5):14-19.

于波,韩桂荣,严明良,等.2000.新型的决策气象服务系统.气象科学,**20**(2):206-215.

张建忠,田翠英,王维国,等.2010.决策气象服务质量评估方法.北京:气象出版社.

钟保粦.1995.用 5 天滑动平均气温作深圳市的四季划分.气象,**21**(6):22-23.

基于气候变化背景下西北航道自然环境风险评估

杨理智[1] 张 韧[1] 葛珊珊[1] 黄待静[2]

(1. 解放军理工大学气象海洋学院军事海洋教研中心，南京 211101；
2. 福建省南平市气象局，南平 353000)

摘 要：基于气候变化背景下北极冰川加速融化致使西北航道的开通所带来的机遇与挑战，针对西北航道复杂的自然地理环境，分析并建立了西北航道及传统航道自然环境风险指标体系，通过指标量化并运用地理信息系统 GIS 平台得到两条航道综合风险指数，风险区划及评价结果为我国能源、贸易运输决策制定提供一定参考意见。

关键词：西北航道；风险评估；指标体系

引 言

西北航道指从北大西洋经加拿大北极群岛进入北冰洋，再进入大西洋的一条航道，其东起加拿大东北部戴维斯海峡和巴芬湾，西至美国阿拉斯加北面的波弗特海。北极海冰的融化，西北航道的开通，对世界航运事业有着重要的意义[1]，亦为我国较为单一的能源通道开辟新的道路，极大地减轻了我国南海航线的运输压力，并显著地缩短运输航线，具有显著的经济价值。2013 年 5 月 13 日，北极理事会成员国一致决定同意我国成为北极理事会正式观察员，站在我国地理位置、国家实力、国家未来发展层面，对西北航道相关动态追踪、相关理论研究的重要性日益凸显，直接影响着我国未来在该航道事务上的话语权，为我国合理合法开辟北极新战场具有重要意义。

目前，国内外对西北航道地缘政治安全、通航安全等的研究已相继展开，学者们对北极地区的自然环境及船舶的可通航性做了大量的研究[2-4]，而我国学者也就我国的实际情况分析确立了我国在西北航道问题上的位置以及我国在此区域可获取的利益，也提出了我国现有研究的滞后性等问题[5]。在基于大量定性研究的基础上，李振福[6-7]用层次分析法、模糊综合评价法等方法对西北航道地缘政治安全、通航环境安全进行量化的评估。但就目前研究状况而言，较为缺少定量化的评估，同时，现有少量对环境风险的量化评估区域过于广泛，未给出既定航线风险大小，此外，在强调西北航道航程较短等优势时，也并未与传统航道航运风险做出对比。

基于此，文章拟通过对西北航道与传统航道风险评估指标体系进行量化表达，并运用 ArcGIS 软件平台对数据进行识别、插值、融合、区划，最终得到两区域两条既定航线的风险指数，为促进西北航道开发、科学运用西北航道优势提供宝贵参考意见。

1　评价模型

1.1　西北航道

1.1.1　指标体系定义与量化

西北航道自然环境风险可分为危险性和脆弱性两个方面。危险性包含海洋环境危险性及复杂地形危险性,由海冰厚度、海冰密集度、航道宽度、航道深度等指标构成,而脆弱性则分为暴露性和敏感性,暴露性包含船舶运载量及船舶航行时间指标,敏感性主要指航道管理和维护情况,基于此,构造西北航道自然环境风险指标体系,如图 1 所示,由准则层 B、准则层 C、指标层 D 构成,对指标层 D 指标进行定义及量化。

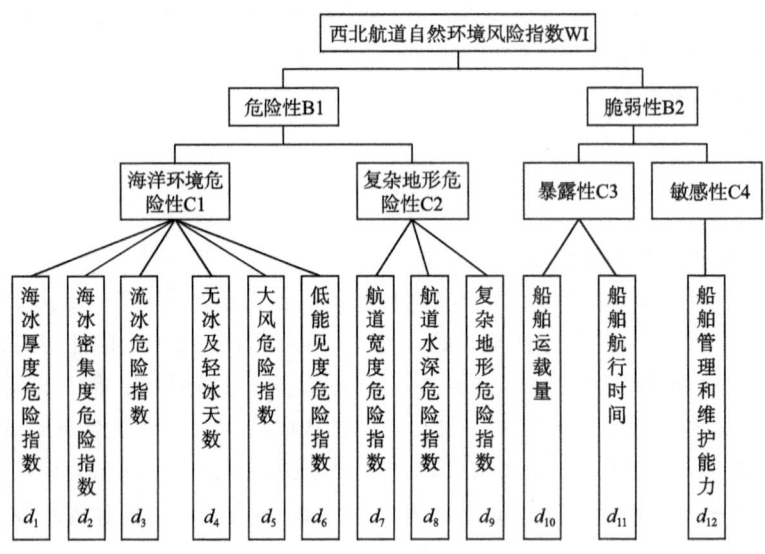

图 1　西北航道自然环境风险指标体系

(1)d_1——海冰厚度危险指数

定义及量化:综合评价评估目标区域内海冰的厚度对船舶航行安全的潜在威胁度。

(2)d_2——海冰密集度危险指数

定义及量化:综合评价评估目标区域内海冰的面积对船舶航行安全的潜在威胁度。海冰密集度达到 50% 时对航行会造成重大威胁,当其密集度≤15% 时对航行的威胁较小。

(3)d_3——流冰危险指数

定义及量化:综合评价评估目标区域临近海域漂来的浮冰量及浮冰漂流速度对船舶航行安全的潜在威胁度。

(4)d_4——无冰及轻冰天数

定义及量化:综合评价评估目标区域内海冰密集度<10% 及<50% 的天数,其值越大,海冰对船舶航行安全的潜在威胁度越小。

(5)d_5——大风危险指数

定义:综合评价评估目标区域内大风的强度和发生频次对船舶航行安全的潜在威胁度。

量化：
$$d_5 = \frac{V^2}{V_{\min}^2} \times \frac{N}{D \times Y} \tag{1}$$

式中，V 为评估区域评估时间内平均风速；$V_{\min}$ 为大风最低标准值，依据蒲福风力等级表将大风最低标准值取为 10.8；N 为热带气旋发生的总频次；D 为评估月份的天数；Y 为统计时段的年数。

(6)d_6——低能见度危险指数

定义：综合评价评估目标区域内低能见度强度和出现频率对船舶航行安全的潜在威胁度。

量化：
$$d_5 = \frac{r_0}{r} \times \frac{N}{D \times Y} \tag{2}$$

根据国际雾级规定，凡低于 4 km 的能见度称为不良能见度，能见度越小，该指标值越大，危险性越高，其中 d_0 为最高标准值 4 km。

(7)d_7——航道宽度危险指数

定义：综合评价评估目标航道内宽度的可航行性对船舶航行安全的潜在威胁度。

量化：构造航道宽度影响函数为

$$d_7 = \begin{cases} 1 & bre \leqslant K_1 \\ \dfrac{K_2 - bre}{K_2 - K_1} & K_1 < bre < K_2 \\ 0 & bre \geqslant K_2 \end{cases} \tag{3}$$

式中，K_1、K_2 为宽度上下限标准参数，取为 1000 m 和 10000 m；bre 为评估单元在评估时段的航道宽度值，可以根据现有高程数据确定。

(8)d_8——航道水深危险指数

定义：综合评价评估目标航道内水深的可航行性对船舶航行安全的潜在威胁度。

量化：构造航道水深影响函数为

$$d_8 = \begin{cases} 1 & dep \leqslant K_1 \\ \dfrac{K_2 - dep}{K_2 - K_1} & K_1 < dep < K_2 \\ 0 & dep \geqslant K_2 \end{cases} \tag{4}$$

式中，K_1、K_2 为水深上下限标准参数，取为 10 m 和 100 m；dep 为评估单元在评估时段的航道水深值。

(9)d_9——地形复杂性危险指数

定义：综合评价评估目标航道内暗礁、浅滩等复杂地形对船舶航行安全的潜在威胁性。

量化：专家打分法能够将定性化的描述进行定量转换，其评分标准如表1。

表1　地形复杂性危险指数评价

暗礁、浅滩数量描述	极少	较少	中等	较多	很多
赋值	0.1	0.3	0.5	0.7	0.9

(10)d_{10}——船舶运载量

定义及量化：综合评价评估目标航次内船舶运载量对其航行安全的影响程度。

(11)d_{11}——船舶航行时间

定义及量化：综合评价评估目标航次内船舶航行总时长对其航行安全的影响程度。

(12)d_{12}——航道管理和维护能力

定义:综合评价评估目标航道内航道管理和维护能力对船舶航行安全的影响程度。

量化:专家打分法得到评分标准如表 2。

表 2　航道管理和维护能力评价

航道管理和维护能力	很强	较强	一般	较低	很低
赋值	0.1	0.3	0.5	0.7	0.9

1.1.2　指标赋权

层次分析法由美国运筹学家 T. L. Saaty 教授于 20 世纪 70 年代初期提出的,简称 AHP,是一种定性与定量分析相结合的多准则决策方法,其基本方法是对复杂问题的本质、影响因素及其内在关系进行深入分析后,构建一个层次结构模型,然后利用较少的定量信息,把决策的思维数学化。它首先将复杂问题分解为目标、准则、方案等层次,从最低层次起,构造两两比较判别矩阵,通过两两对比及运算并进行一致性检验得出各因素的权重,由低到高层层分析计算。由此,得到西北航道自然环境风险指标体系各层指标权重,如表 3 所示。

表 3　西北航道风险指标权重

综合评价指标	准则层 C	权重	指标层 D	权重
西北航道自然环境风险指数 WI	海洋环境危险性 C1	$W_{C1}=0.45$	d_1	$W_1=0.05$
			d_2	$W_2=0.39$
			d_3	$W_3=0.16$
			d_4	$W_4=0.09$
			d_5	$W_5=0.15$
			d_6	$W_6=0.15$
	复杂地形危险性 C2	$W_{C2}=0.26$	d_7	$W_7=0.18$
			d_8	$W_8=0.32$
			d_9	$W_9=0.50$
	暴露性 C3	$W_{C3}=0.11$	d_{10}	$W_{10}=0.57$
			d_{11}	$W_{11}=0.43$
	敏感性 C4	$W_{C4}=0.17$	d_{12}	$W_{12}=1.00$

1.1.3　数学模型

由于各指标的量纲不同,在进行指标融合之前,须对指标进行标准化:

$$V' = \frac{V - V_{\min}}{V_{\max} - V_{\min}} \tag{5}$$

式中,V' 为评估单元指标标准化后的值;V 为该指标原始值;$V_{\min}$ 为研究范围内该指标最小值;$V_{\max}$ 为研究范围内该指标最大值。

指标标准化后,构建西北航道自然环境风险数学模型:

$$WI = \sum_{i=1}^{4} W_{Ci} \times C_i \tag{6}$$

$$C_i = \sum_{j=1}^{12} W_{d_j} \times d_j \tag{7}$$

式中,WI 为西北航道自然环境风险指数;C_i 为准则层 C 风险指数;W_{Ci} 为其对应权重;d_j 为指标层 D 的指标风险指数;W_{d_j} 为其对应权重。

1.2 传统航道

1.2.1 指标体系定义及量化

与西北航道相同,传统航道自然环境风险指数同样分为危险性及脆弱性两方面。危险性由海洋环境危险性及复杂地形危险性组成,脆弱性由暴露性及敏感性构成。不同之处在于传统航道海洋环境危险性包含热带气旋、大风、大浪、风暴潮、低能见度等指标,由此得到传统航道自然环境风险指标体系(图 2)。

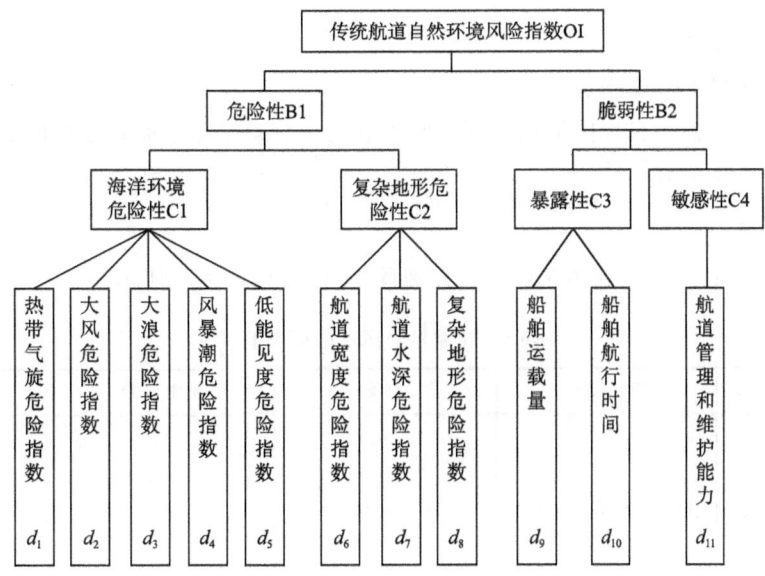

图 2　传统航道自然环境风险指标体系

现将传统航道与西北航道不同的指标因子加以说明:

(1)d_1——热带气旋危险指数

定义:综合评价评估目标区域内热带气旋强度和出现频率对船舶航行安全的潜在威胁度。

量化:热带气旋强度和频率分别为:$I_{TD} = \dfrac{(v_{TD1}^2 + v_{TD2}^2 + \cdots + v_{TDN}^2)}{N_{TD}}$,$P_{TD} = \dfrac{N_{TD}}{N}$,热带风暴、强热带风暴等强度及频率表达式相同。

$d_1 = (I_{TD} \times P_{TD} + I_{TS} \times P_{TS} + I_{STS} \times P_{STS} + I_{TY} \times P_{TY} + I_{STY} \times P_{STY} + I_{SuperTY} \times P_{SuperTY}) \times \dfrac{N}{D \times Y \times 4}$,其中,TD、TS、STS、TY、STY、SuperTY 对应热带气旋等级及其中心风速如表 4 所示,N 为热带气旋发生的总频次,D 为评估月份的天数,Y 为统计时段的年数。台风 6 小时观测一次,一天观测 4 次。I_{TD} 为热带低压发生的强度,P_{TD} 为热带低压发生的频次。

表 4　热带气旋等级表

热带气旋等级(TC)	底层中心附近最大平均风速(m/s)	底层中心附近最大风力(级)
热带低压(TD)	10.8~17.1	6~7
热带风暴(TS)	17.2~24.4	8~9

续表

热带气旋等级（TC）	底层中心附近最大平均风速（m/s）	底层中心附近最大风力（级）
强热带风暴（STS）	24.5～32.6	10～11
台风（TY）	32.7～41.4	12～13
强台风（STY）	41.5～50.9	14～15
超强台风（SuperTY）	≥51.0	16 或以上

（2）d_3——大浪危险指数

定义：综合评价评估目标区域内大浪强度和出现频率对船舶航行安全的潜在威胁度，依据海浪等级表将最低海浪值取为 2.5 m。

量化：同 2.1.1 节 d_5。

（3）d_4——风暴潮危险指数

定义：综合评价评估目标区域内风暴潮强度和出现频率对船舶航行安全的潜在威胁度。

量化：同 2.1.1 节 d_5。

1.2.2 权重赋权

同样运用 AHP 方法得到传统航道自然风险指标权重，如表 5 所示。

表 5 传统航道风险指标权重

综合评价指标	准则层 C	权重	准则层 D	权重
传统航道自然环境风险指数 OI	海洋环境危险性 C1	$W_{C1}=0.50$	d_1	$W_1=0.43$
			d_2	$W_2=0.08$
			d_3	$W_3=0.16$
			d_4	$W_4=0.27$
			d_5	$W_5=0.05$
	复杂地形危险性 C2	$W_{C2}=0.30$	d_6	$W_6=0.16$
			d_7	$W_7=0.30$
			d_8	$W_8=0.54$
	暴露性 C3	$W_{C3}=0.14$	d_9	$W_9=0.57$
			d_{10}	$W_{10}=0.43$
	敏感性 C4	$W_{C4}=0.06$	d_{11}	$W_{11}=1$

2 仿真实验

2.1 航线选择

西北航道目前主要有 7 条航线可供使用[8]，最为常用的是在夏季冰情最好的第 5 条航线，该条航道冰情最为严重的维多利亚海峡，在最佳季节海冰密集度一般均小于 4/10，可供一般冰级船舶通过。为保证西北航道与传统航道风险的可对比性，选取相同出发点及目的地作为两条航道的起始点，即针对两个既定港口之间能源货运输运分别设计两条航线，具体路径如图 3 所示，西北航道全程 8106 海里，传统航道全程 10581 海里。

2.2 数据选择及数据处理

本文选取 0—80°N,120°E—30°W 为研究范围。所用西北太平洋热带气旋数据选用《CMA-STI 热带气旋最佳路径数据集》,东太平洋、西大西洋飓风数据选用美国国家飓风中心(美国国家气象局)发布的多年历史数据,风速、海浪、能见度等数据采用 ICAODS 船舶数据,海冰数据采用 NSIDC 提供的日平均 SIGRID-3 等资料,地形数据选用国家图像和测绘局(NIMA)发布的 SRTM30 高程数据,航线数据采用中国地图出版社出版的《世界地理地图》。文章运用 Matlab 读取数据并提取规定年限数据,利用 Excel 将数据进行整合,最后,用 ArcGIS10.0 根据指标量化公式进行数据处理,如图 4 所示,最后以航线 10 km 范围做缓冲区,得到缓冲区内各要素对航道风险值的贡献值。

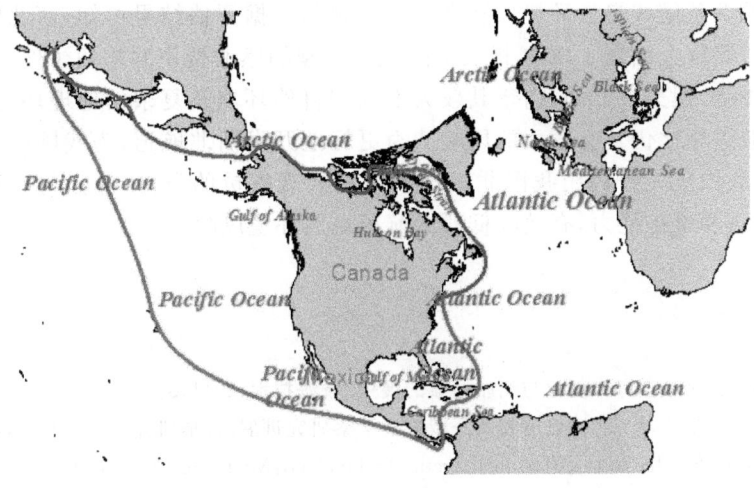

图 3 能源运输航线(蓝色:西北航线(左侧);红色:传统航线(右侧))

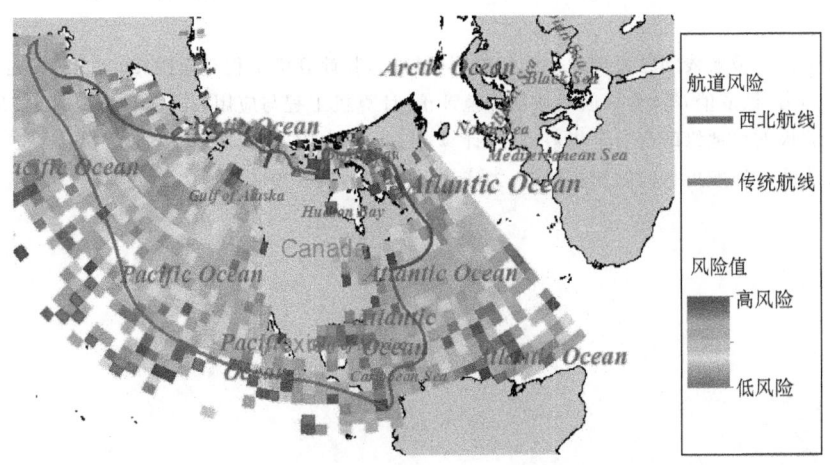

图 4 ArcGIS 风险区划图

2.3 评估结果

根据已有指标体系量化及指标融合方案得到西北航道与传统航道自然环境风险指数:西

北航道航线风险指数 WI=0.46,传统航道航线风险指数 OI=0.27。

就西北航道自然环境而言,一方面由于海上浮冰在夏季依然大量存在,伴随浮冰产生的蒸汽雾,严重影响航道安全;另一方面,由海湾暖流与北极冷水相遇产生的浓雾导致较低的能见度,并伴有辐射雾等更降低了能见度,致使海洋环境危险性较大。并且相对于传统航道而言,西北航道地形危险性也较大。此外,由于航道管理能力不如传统航道完善、健全,故航道的敏感性也较高。由此,西北航道与传统航道相比,风险指数较高,风险性更大。

3 结 论

文章通过建立西北航道与传统航道自然环境风险指标体系并对指标进行定义与量化,对从上海到纽约的两条航线自然环境风险做出量化评估。据评估结果可知,西北航道一方面比传统航道在航行路程上缩短了 1/4,极大地降低了高额的燃油费用并缩短了航行时间,具有极为显著的经济优势,但另一方面,由于其较为不利的自然环境及复杂的地理环境,西北航道最优航线与传统航道相比仍具有较大的风险。为更好地开发西北航道,为我国能源运输等行业开辟新的战场,我国应充分利用我国北极理事会正式观察员的身份,加强与北极周边国的合作,加强航道管理和维护能力,有效降低西北航道自然环境风险。

参考文献

[1] 顾维国,肖英杰.北冰洋海冰变化与船舶通航的展望.航海技术,2011,**3**:2-5.

[2] 何剑锋,吴荣荣,张芳,等.北极航道相关海域科学考察研究进展.极地研究,2012,**24**(2):187-196.

[3] Sou T, Flato G. Sea Ice in the Canadian Arctic Archipelago:Modeling the Past(1950—2004)and the Future(2041-2060). J Cli,2009,**22**:2181-2198.

[4] 苏洁,徐栋,赵进平,等.北极加速变暖条件下西北航道的海冰分布变化特征.极地研究,2010,**22**(2):104-124.

[5] 李振福.中国北极航线问题协调地位的云模型模糊识别.计算机工程与应用,2009,**45**(11):16-18.

[6] 李振福,闫力,徐梦俏,等.北极航线通航环境评价.计算机工程与应用,2013,**49**(1):249-253.

[7] 李振福.北极航线地缘政治安全指数研究.计算机工程与应用,2011,**47**(35):237-241.

[8] 曹玉墀.北冰洋通航可行性的初步研究.大连:大连海事大学,2010.